KB088383

'좌충우돌' 건축물에너지평가사 도전하기

1권: 수험에세이

‘좌충우돌’ 건축물에너지평가사 도전하기

1권: 수험에세이

초판 발행 | 2015년 7월 3일
1차 개정판 발행 | 2016년 4월 12일
2차 개정판 발행 | 2017년 4월 14일
3차 개정판 발행 | 2018년 4월 25일
4차 개정판 발행 | 2019년 4월 26일

지은이 | 정성우
펴낸이 | 이종권

책임편집 | 이종권
편집진행 | 안주현 · 강수정
디자인 | 정성우
펴낸곳 | (주)한솔아카데미
출판등록 | 1998년 2월 19일 (제16-1608호)
대표전화 | 02)575-6144/5
홈페이지 | www.inup.co.kr / www.bestbook.co.kr
주소 | (137-944) 서울시 서초구 마방로10길 25 트윈타워 A동 2002호

ISBN | 979-11-5656-778-3 13500

• 잘못된 책은 구입처에서 교환해 드립니다.
• 정가는 뒤표지에 있습니다.

이 도서의 국립중앙도서관 출판예정도서목록(CIP)은 서지정보유통지원시스템 홈페이지(http://seoji.nl.go.kr)와 국가자료공동목록시스템(http://www.nl.go.kr/kolisnet)에서 이용하실 수 있습니다. (CIP제어번호 : CIP2019014956)

" 2019년 개정판 "

- 최신 법령과 기준으로 업데이트한 수험정보
- 2013년 ~ 2018년 건축물에너지평가사 자격시험 출제경향분석

'좌충우돌' 건축물에너지평가사 도전하기

1권: 수험에세이

"건축물에너지평가사 자격시험 합격을 위한 안내서"

한솔아카데미

정성우

시작하는 말

나의 직업은 건축가다. 솔직히 그렇게 불리길 바라지만, 사람들은 건축설계회사에 다니는 회사원 정도로 생각한다. 나이는 40대 중반으로 접어들고 있고, 아내와 딸아이, 부모님과 함께 한집에 살고 있다. 경제적으로나 사회적으로 자립할 수 있는 여건을 만들거나 능력을 키워야 하지 않을까 하는 고민을 하면서 '자기계발'을 떠올리게 되었고, 자격시험을 생각하기에 이르렀다. 하지만, 회사에서 일을 적당히 잘한다는 소리를 들으면서, 가족을 원만히 챙기는 가장으로 인정받으면서 자격시험에 도전한다는 것이 엄두를 내기에 쉬운 일이 아니다.

'건축물에너지평가사'를 처음 알게 된 것은 2013년 여름, 학원에서 보내 준 안내서를 통해서다. 안내서를 읽고, 오리엔테이션 강의를 들어보아도 '나와는 상관없는 시험'이라고 느껴졌다. 이 자격의 역할이 내 적성에 맞을까 하는 의구심이 들었고, 무엇보다 건축하는 사람이 준비하기에는 어려운 시험으로 보였다.

회사동료의 부추김으로 얼떨결에 시작한 건축물에너지평가사 자격시험은, 준비하는 과정이 좌충우돌과 시행착오의 연속이었다. 하지만,

그 과정에서 기대하지 않았던 작은 즐거움이 있었다. 공부 자체가 유익했고, 어설프게 알았던 것을 제대로 알게 되는 소소한 재미가 있었다. 덕분에 '수험'이라는 부담이 있었음에도 꾸준히 할 수 있었고, 합격의 행운까지 얻게 되었다.

정부의 녹색건축정책을 실현하기 위한 일환으로 건축물에너지평가사라는 전문인력을 선발하는 제도가 마련되었다. 많은 사람이 관심을 가지고 있고, 그만큼 건축물에너지평가사 자격시험 정보에 대한 수요도 많다. 하지만, 이를 충족시킬 만한 정보가 별로 없는 것이 현실이다.

건축물에너지평가사 관련학원이나 카페의 게시판을 보면 이 자격시험에 대한 질문이 많이 올려져 있다. 시험준비는 어디서부터 시작해야 하고, 교재는 무엇이 좋으며, 학원을 다니는 것이 좋은지, 어느 학원이 잘 가르치는지, 어떻게 하면 합격할 수 있는지, 합격 후에는 무엇을 하는지 등 질문들이 쏟아지고 있으나, 이에 대한 답변은 충분하지 못하다.

수험생에게는, 건축물에너지평가사 제도수립과정의 참여자나 자격시험문제의 출제자, 시험과목의 분야별 전문가가 제공하는 정보가 정확하고, 유익할 것이다.

다른 한편으로는, 시험제도가 초기이기 때문에 '자격시험 합격자'가 말하는 현장감 있는 경험담과 공부하면서 깨달은 사실들 또한 유용한 정보가 될 수 있을 것이라 기대한다.

나에게 '정리노트'는 중요한 '합격비법'이었다. 합격자발표 이후, 몇몇 지인에게 공부하면서 만든 정리노트를 복사해서 나눠 준 적이 있다. 그런데 이 노트가 수험과정에 만든 것이라 시행착오도 많고, 중복된 것도 있고, 틀리게 적힌 것도 있고 해서 다시 정리해 두면 쓸모 있는 자료가 될 수 있겠다고 생각했다. 그리고, 수험과정에 겪은 에피소드와 노하우를 알려 주면 다음 시험에 도전할 '미래의 건축물에너지평가사'에게 도움이 될 수 있지 않을까 하는 작은 기대감이 생겼다. 그래서 출판사 문을 두드렸고, 다행히 마음이 통하여 책을 낼 수 있게 됐다.

이 책은 두 권으로 구성되어 있다.

'1권 수험에세이'는, 미래의 건축물에너지평가사가 알아 둬야 할 정보와 저자가 자격시험을 공부하면서 겪었던 에피소드로 구성되어 있다. 건축물에너지평가사의 정의와 자격시험의 기본정보·자격시험 도전이야기·출제경향 분석·분야별 공부법·합격자발표 이후 이야기를 담았다.

건축물에너지평가사 자격시험이 분야가 다양하고 범위가 넓어서 공부를 시작하기가 부담스럽다. 하지만 건축물에너지평가사의 정의와 역할을 잘 이해하면 그 범위를 어느 정도 좁힐 수 있다고 믿는다. 이 책에 그 논리를 정리했다. 나의 이야기를 참고삼아, 미래의 건축물에너지평가사가 각자의 여건과 상황에 맞추고 조정하여 '본인만의 합격이야기'를 만들기 바란다.

'2권 합격노트'는 수험과정에 직접 작성한 정리노트를 모아서 다시 편집하고, 틀린 부분은 수정하고, 보완해서 만든 합격노트다. 수험에세이에서 말하는 '공부흔적'을 보여주고 싶었다. 1차시험과 2차시험의 범위를 망라하여 4개 과목으로 분류해서 정리했다. 정리하는 김에 최신 법령과 기준으로 업데이트했다.

자격시험공부를 하게 되면, 빠른 시일 내에 전체 출제범위와 학습량에 대한 감을 익히는 것과 구조·위계를 이해하는 것, 핵심사항을 파악하는 것이 중요한데, 합격노트가 그런 맥락에서 유용할 것이다. 시중에 나와 있는 기본서나 문제풀이집과 함께 합격노트를 활용하길 바란다. 노트를 어떤 식으로 구성하고, 위계를 구분하고, 표현했는지 유심히 봐 주길 바란다. 잘 참고해서 미래의 건축물에너지평가사가 각자 스타일에 맞춰서 '본인만의 합격노트'를 만들면 좋겠다.

나도 미래의 건축물에너지평가사처럼 수험생이었다. 정도의 차이는 있겠지만, 어려운 여건에서 공부를 했다. 새로 준비하는 미래의 건축물에너지평가사와 비슷한 입장에서 이야기하려고 노력했고, 공감대가 형성되면 좋겠다. 그래서 함께 극복하기를 기대한다.

끝으로 이 책이 나오기까지 도와주시고 격려해주신 가족, 선배님, 후배님, 출판사, 그리고 평가사 여러분들께 머리 숙여 감사 인사 드리고, 책을 쓴다는 핑계로 제대로 못 놀아주고 그 사이 훌쩍 커 버린 우리 딸에게 미안함과 고마움을 함께 전한다.

2015년 한 해의 절반을 마치며

정 성 우

* 사생활 보호를 위해 지은이를 제외한 모든 인물은 실명을 밝히지 않았다.

2019년 개정판을 내며

2019년 건축물에너지평가사 자격시험이 3월8일에 공고되었다. 1차시험 원서접수 기간은 4월8일부터 4월26일까지로, 한국에너지공단 건축물에너지평가사 누리집(http://bea.energy.or.kr)을 통해 진행된다. 1차시험이 6월29일에, 2차시험이 10월19일에 치러지고, 최종합격자는 12월6일에 발표될 예정이다.

2019년 건축물에너지평가사 자격시험 일정

- **1차시험:** 원서접수(4/8~4/26), 시험일(6/29), 합격예정자발표(7/12), 합격자발표(8/19)
- 응시자격 증빙자료 제출(7/12~7/24)
- **2차시험:** 원서접수(8/19~8/30), 시험일(10/19), 합격자발표(12/6)

원서접수에서 시험까지 준비기간이 여유롭지 않다. 집중해서 공부할 필요가 있고, 무엇보다 자격의 역할을 정확히 이해하고, 시험의 맥을 잘 파악하는 것이 중요하다. 그런 면에서 이 책이 수험생에게 도움이 되길 기대한다.

2019년 개정판의 주요 변경내용은 아래와 같다.

'1권 수험에세이'는, 개정된 최신 법령과 기준으로 업데이트했다. 2018년에 치러진 건축물에너지평가사 자격시험(1차시험 · 2차시험)의 출제경향분석을 추가했다. 2013년 · 2015년 · 2016년 · 2017년 자격시험과 비교하고 분석했으며, 다음 번 시험에 대한 예상도 함께 넣었다.

1권 수험에세이 개정내용

- 개정된 **최신 법령과 기준으로 업데이트했다.**
- **2018년 자격시험의 출제경향분석을 추가**하고, 2013년 · 2015년 · 2016년 · 2017년 자격시험과 비교하고 분석했다.

'2권 합격노트'는 1과목(건물에너지관계법규)을 개정된 최신 법령과 기준으로 업데이트해서 합격노트를 다시 썼다. 그리고, 4과목(건물에너지효율설계 · 평가)에서 건축물에너지효율등급인증 및 제로에너지건축물 인증 기준과 건축물의 에너지절약설계기준을 최신 내용으로 수정했다. 부록에 자격시험(1차 · 2차) 기출문제(2017년 · 2018년)를 첨부했는데, '1권 수험에세이'의 출제경향 분석과 비교하면서 공부하면 효과가 클 것이다.

2권 합격노트 개정내용

- 1과목(건물에너지관계법규)과 4과목(건물에너지효율평가 · 설계)을 개정된 **최신 법령과 기준으로 합격노트를 다시 썼다.**
- 합격노트에서 **자격시험**(2013년 · 2015년 · 2016년 · 2017년 · 2018년)**에 출제된 부분을 표시했다.**
- 부록에 **자격시험**(1차 · 2차) **기출문제**(2017년 · 2018년)**를 첨부했다.**

합격노트에 예년 자격시험(2013년 · 2015년 · 2016년 · 2017년 · 2018년)에 출제된 부분을 표시해서 미래의 건축물에너지평가사가 출제경향을 쉽게 인식하고, 시험에 대한 감각이 생기도록 했다. 이 출제부분 표시가 합격노트를 공부하는 과정에 집중력을 키워준다.

합격노트: 자격시험 출제부분 표시

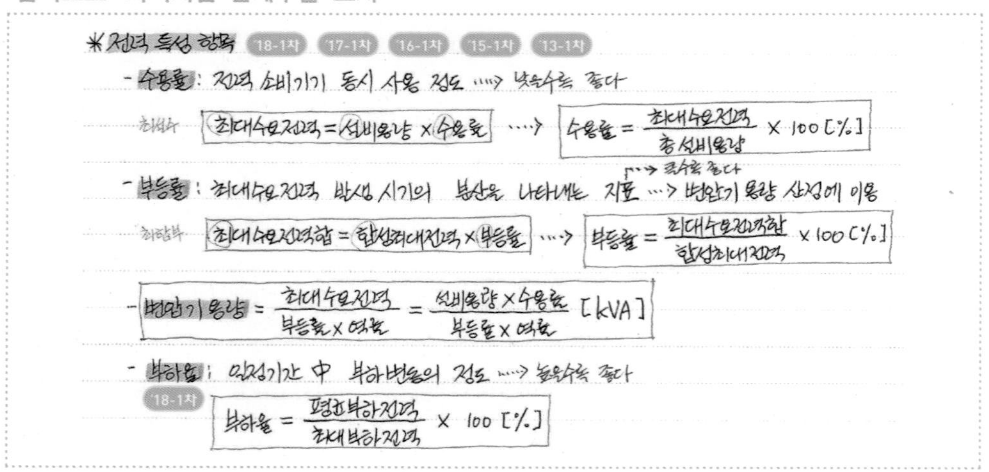

*전력 특성 항목 '18-1차 '17-1차 '16-1차 '15-1차 '13-1차
- 수용률: 전력 소비기기 동시 사용 정도 ····> 낮을수록 좋다
최대수요전력 = 설비용량 × 수용률 ····> 수용률 = 최대수요전력 / 총설비용량 × 100 [%]
클수록 좋다
- 부등률: 최대수요전력 발생 시기의 분산을 나타내는 지표 ····> 변압기 용량 산정에 이용
최대수요전력합 = 합성최대전력 × 부등률 ····> 부등률 = 최대수요전력합 / 합성최대전력 × 100 [%]
- 변압기 용량 = 최대수요전력 / 부등률 × 역률 = 설비용량 × 수용률 / 부등률 × 역률 [kVA]
- 부하율: 일정기간 中 부하변동의 정도 ····> 높을수록 좋다
'18-1차
부하율 = 평균부하전력 / 최대부하전력 × 100 [%]

건축물에너지평가사 자격시험은 출제범위가 넓고, 새로운 분야가 많다. 최소한의 노력으로 합격하고 싶은 것이 수험생의 마음이다. 이를 위해서 효율적인 공부가 필요하다. 시험에 대한 정확한 이해, 핵심사항의 파악, 시간투자 최소화, 합리적인 계획과 실행이 효율적인 공부라 하겠다.

여기에 실전에서의 응용능력이 더해지면 금상첨화다. 익숙한 문제는 신속·정확하게 답안을 작성해서 고득점을 획득하고, 익숙하지 않은 문제는 알고 있는 정보와 지식을 응용해서 극복해야 한다.

결론적으로 효율적인 공부와 실전에서의 응용이 합격을 위한 중요한 열쇠다. 1권 수험에세이의 분석내용이 효율적인 공부를 위한 안내서가 되고, 실전에서의 응용과 극복을 위한 에너지를 부여하길 바란다.

2권 합격노트를 통해 전체 출제범위에 대한 감각을 익히고 짧은 시간에 자격시험의 핵심사항을 파악할 수 있다. 실제 합격노트의 내용이 자격시험에서 많이 출제됐다. 아껴진 시간을 깊이 있는 공부에 투자하기 바란다.

이 책의 초판이 나왔던 것이 엊그제 같은데 벌써 네 번째 개정판이다. 많은 분들의 성원에 너무나 감사하다. 그만큼 더 책임감도 느끼게 된다. 좋은 책이 되도록 꾸준히 노력하겠다. 조언을 아끼지 않았던 선배님, 동기님, 후배님과 가족들에게 다시한번 감사와 사랑의 인사를 전한다.

2019년 꽃샘추위가 유별난 봄날에,

정 성 우

차례

제3장. 나는 이렇게 공부했다

제1장

건축물에너지평가사란?

건축물에너지평가사
건축물에너지평가사 자격시험

건축물에너지평가사

: 정의를 정확히 알고, 의미를 확실히 정하자

새로운 일을 시작할 때, 그 정의를 정확히 알고, 자신에게 어떤 의미가 될지 고민하고 정하는 것이 매우 중요하다. 그렇게 하면 새로운 일에 대한 목표의식이 뚜렷해지고, 뚜렷한 목표의식은 꾸준히 추진할 수 있게 하는 동력을 만들어 낸다.

건축물에너지평가사의 정의

온실가스 증가에 따른 지구온난화가 지속적으로 진행되고, 이로 인한 기후변화가 우리의 환경과 생활에 큰 영향을 미치고 있다. 에너지원 부족이 심각한 사회문제로 부각된 지 오래다. 에너지절감 이슈는 현재뿐 아니라, 미래에도 지속적인 화두가 될 것이다.

2020년이 만기인 교토의정서를 대체하여 2020년 이후의 기후변화 대응을 위한 파리협정이 2015년 12월 유엔기후변화협약 당사국총회에서 채택됐다. 선진국에게만 온실가스 감축의무가 있었던 교토의정서와 달리 196개 당사국 모두에 구속력이 있는 기후합의였고, 우리나라는 2030년 배출전망치(BAU) 대비 37% 감축목표를 발표했다.

제1차 녹색건축물 기본계획(국토교통부, 2014.12.30)에 따르면, 건물부문의 온실가스 배출량이 국가 배출량의 약 25.2%(총 에너지 소비량의 22%)으로 산업부문의 50.1% 다음으로 높은 비중이다. 선진국일수록 건물부문의 온실가스 배출비중이 높으며, 건물부문의 비중은 향후 40%까지 증가할 것으로 전망된다.

산업부문과 수송부문은 주로 기계설비에 의해 에너지가 소비되고, 기계설비의 효율은 그 한계가 있다. 이에 반해 건물부문은 건축물의 에너지부하 감소, 기계·전기설비의 에너지효율 극대화, 신재생에너지의 적용 등 여러 방면으로 에너지소비량 절감과 온실가스 배출량 감소의 잠재요소가 많다. 그런 만큼 에너지 정책에 있어서 건물부문에 대한 관심이 커지고 있다. 건축물의 에너지 소비량 절감과 온실가스 배출량 감축을 위해 녹색건축물*1을 조성하는 정책이 추진되고 있으며, 건축물 에너지효율등급 및 제로에너지건축물 인증대상과 건축물 에너지절약 계획서 제출대상이 확대되었다.

녹색건축물 조성확대를 위해 건축·기계·전기·신재생 부문의 종합적 지식을 갖춘 에너지분야의 전문인력 필요성이 대두되었고, 그 전문인력이 '건축물에너지평가사'이며, 첫 번째 자격시험이 2013년에 치러졌다. 당시에는 자격시험이 한국에너지공단(당시 에너지관리공단)에서 시행하는 민간자격이었으며, 2015년 5월 29일 이후 국가자격으로 전환되었다.

---

*1 녹색건축물이란, 에너지이용효율 및 신재생에너지의 사용비율이 높고, 온실가스 배출을 최소화하는 건축물(저탄소녹색성장기본법 제54조)이며, 건축물과 환경에 미치는 영향을 최소화하고 동시에 쾌적하고 건강한 거주환경을 제공하는 건축물(녹색건축물조성지원법 제2조)이다.

건축물에너지평가사의 정의

- **제1차 녹색건축물 기본계획**(국토교통부, 2014.12.30)
  녹색건축물 조성확대를 위해 건축·기계·전기·신재생 부문의 종합적 지식을 갖춘 에너지 분야의 전문인력

- **녹색건축물조성지원법 제2조**
  에너지효율등급 인증평가 등 건축물의 건축·기계·전기·신재생 분야의 효율적인 에너지 관리를 위한 업무를 하는 사람

건축·기계·전기·신재생에너지를 각각 논하자면, 특별히 새로운 분야라고 할 수 없으나, '건축물에너지'는 이 4개 분야가 복합적으로 결부되어 있고, 서로 상호작용을 한다. 따라서, '건축물에너지평가사'는 건축·기계·전기·신재생에너지 등 각 분야에 대한 개별적인 전문지식뿐 아니라, 복합적으로 이해할 수 있는 융합된 지식을 필요로 하는 전문자격으로, 향후 정부의 녹색건축정책 추진에 있어 그 역할이 매우 중요할 것이다.

역할과 전망

건축물에너지평가사의 역할과 관련하여, 현행 법령에 명시된 것은 아래와 같다.

현행 법령상 건축물에너지평가사의 역할

- **건축물에너지효율등급 인증평가 업무** (녹색건축물조성지원법 제17조)
- **그린리모델링 사업자 등록기준 중 인력기준** (녹색건축물조성지원법 시행령 제18조의 4)
- **녹색건축물조성 시범사업의 자문전문가** (녹색건축물조성지원법 시행규칙 제11조)
- **건축물에너지효율등급인증 기술위원회 기술위원** (건축물에너지효율등급 인증제도 운영기준 제18조)
- **건축연면적 3,000m² 이상 공공기관 에너지진단** (공공기관에너지이용합리화 추진에 관한 규정 제7호)

이 가운데 가장 중요한 역할이 '건축물에너지효율등급 인증평가'다. 녹색건축물조성지원법(시행 2015.5.29) 제17조 제3항은, '건축물에너지효율등급 인증을 받으려는 자는 대통령령으로 정하는 건축물의 용도 및 규모에 따라 제2항에 따른 인증기관에게 신청하여야 하며, 인증평가업무는 인증기관에 소속되거나 등록된 건축물에너지평가사가 수행하여야 한다.'고 되어 있다.

건축물에너지평가사의 인증평가 업무범위는 건축물에너지효율등급 인증 및 제로에너지건축물 인증에 관한 규칙 제11조의 2에 나와 있다.

건축물에너지평가사의 인증평가 업무범위

실무교육을 받은 건축물에너지평가사는 다음 각 호의 업무를 수행한다.

- **인증평가에 따른 도서평가, 현장실사, 인증평가서 작성 및 건축물 에너지효율 개선방안 작성**
- **예비인증평가**

제1차 녹색건축물 기본계획(국토교통부, 2014.12.30)에서 4대 전략 및 10대 정책과제를 제시하고 있다. 그 중 '녹색건축물 기준 선진화' 전략의 실천과제로 에너지소비총량제 확대시행, 신축 공공건축물 에너지효율 1등급 의무화 대상확대를 제시하고 있다. 그리고, '녹색건축산업 육성' 전략의 실천과제로서 건축물에너지평가사 제도강화를 설명하고 있으며, 이를 위해 건축물에너지평가사를 국가자격으로 승격하고, 건축물에너지평가사의 역할에 녹색건축물의 운영관리업무, 에너지성능개선 사업기획부문을 명시하겠다는 내용을 밝혔다.

또한 기존 건축물의 에너지효율을 높이기 위한 녹색건축물 전환 범위가 확대되고 있다. 이를 위해서 건축물에너지평가사의 역할이 필요하다.

지금까지 논의되어 온 건축물에너지평가사의 역할을 정리하면 다음과 같다. 향후 정책추진 및 제도정립 과정에서 그 내용과 일정이 변동될 수 있겠지만, 맥락적으로 참고하면 좋겠다.

건축물에너지평가사의 예상 역할

- **건축물에너지효율등급 인증평가**
- **건축물에너지절약계획서 검토 및 이행 확인**
- **그린리모델링 관련 에너지성능평가 및 개선방안 컨설팅**
- **건축물에너지관리시스템(BEMS)의 기술개발 및 관리**
- **녹색건축물의 운영관리**
- **에너지성능개선 사업기획**
- **건축물에너지 관련 컨설팅**: 제도운영 · 설계 · 시공 · 유지관리 · 학술연구 등

온실가스 감축과 에너지 절감을 골자로 하는 녹색건축정책은 거스를 수 없는 시대적 흐름이다. 건축물에너지평가사는 녹색건축정책의 효과적인 수행을 위해 만들어진 전문자격이다. 제도가 시행되는 초기에 자격을 취득하고, 건축물에너지평가사로서 능동적인 역할수행을 통해 스스로 활동영역을 넓히는 것이 매우 중요하다.

의미 정하기

수험생은 시험에 응시하는 다양한 사연과 이유와 목적과 목표가 있다. 나는 이를 '의미'라고 하겠다. 건축물에너지평가사 자격시험에 임하는 의미를 살펴보자.

건축물에너지평가사 자격시험의 의미

- 법에서 규정하는 '**건축물에너지효율등급 인증평가업무 수행을 위한 관문**'
- 친환경건축가, 녹색건축물 컨설턴트 등 '**실무적 의미**'
- 녹색건축물과 건축물에너지에 대한 '**학습의 기회**'
- 녹색건축관련 '**사업의 기회**'
- '**자기계발**'
- '**합격의 성취감**'

나는 특별한 소명의식 없이, 친구가 좋을 것 같다니까, 덩달아 시험에 응시했다. 그래서 수험초기에는 딱히 의미까지는 아니지만, '합격의 성취감'과 '막연한 기대감'이 큰 비중을 차지했다. 공부를 하는 과정에 건축설계 실무에서 겪었거나, 어설프게 알던 것을 많이 접하게 됐고,

제대로 파악하는 기회가 되어 상당히 유익했으며, 의미가 '학습의 기회'로 발전했다.

합격 이후에는 여러 건축물에너지평가사와 관계자를 만나고, 교류하면서 건축물에너지평가사가 갖는 의미는 계속해서 변했고, 현재는 좀 더 '실무적 의미'로 발전하고 있으며, 나의 진로에서 확정된 것은 아니지만 좋은 '기회'의 의미가 생겨났다.

다시 한 번 강조한다. 건축물에너지평가사의 정의를 정확히 알고, 자격시험에 임하는 개인적인 의미를 고민하고 정하길 바란다. 의미는 시간에 따라 변할 수 있다. 의미가 변한다고 하여 문제가 될 것은 전혀 없다. 중요한 것은 내가 왜 이 시험을 응시하는지 이유를 제시해 줄 거라는 사실이고, 이는 결국 수험공부하는 데 있어 동력이 되어줄 것이다.

건축물에너지평가사 자격시험

: 건축물에너지평가사를 알고, 자격시험을 이해하자

건축물에너지평가사 자격시험은, 건축물에너지평가사의 정의에서 드러나듯 건축·기계·전기·신재생에너지 등 여러 분야를 망라하는 포괄적이면서 전문적인 시험이다. 대부분의 수험생이 이 중 한두 개 전공 또는 실무분야 출신이기 때문에 나머지 분야는 새로 공부해야 한다. 전공분야의 실무경험자가 응시하는 기술사시험과 다른 가장 큰 특징이다. 그래서 어려운 시험이다. 그렇지만, 수험생 모두 비슷한 여건이라는 점이 포기할 수 없는 이유이다.

자격시험 개요

건축물에너지평가사 자격시험은 1차시험과 2차시험으로 나뉜다. 1차시험에 합격해야 2차시험에 응시할 수 있고, 1차시험 합격자는 다음 회 시험에 한정하여 1차시험을 면제받는다. 1차시험은 객관식(4지선다 선택형)이고, 4개 과목(건물에너지관계법규, 건축환경계획, 건축설비시스템, 건물에너지효율설계·평가) 각 20문항으로 구성되어 있으며, 시험시간은 120분이다. 2차시험은 주관식(기입형·서술형·계산형)이고, 1개 과목(건물에너지효율설계·평가) 10개 내외 문항이며, 시험시간은 150분이다.

1차시험은 검정색 컴퓨터용 사인펜으로 답안카드를 작성하고, 2차시험은 검정색·파랑색 필기구를 사용하여 답안을 작성해야 한다.

건축물에너지평가사 자격시험 검정방법 및 합격기준

- **1차시험:** 4개 과목(건물에너지관계법규, 건축환경계획, 건축설비시스템, 건물에너지효율설계·평가)
  ⇒ 4지선다 선택형(80문항, 120분)
- **2차시험:** 건물에너지효율설계·평가
  ⇒ 기입형·서술형·계산형(10문항 내외, 150분)
- **합격기준:** ①1차시험: 100점 만점기준 과목당 40점 이상, 전과목 평균 60점 이상
  ②2차시험: 100점 만점기준 60점 이상

* 시험시간: 면제과목이 있는 경우 면제 1과목당 30분씩 감소
* 면제과목이 있는 경우 해당 면제과목을 제외한 후 평균점수 산정
* 관련 법률, 기준 등을 적용하여 정답을 구하여야 하는 문제는 '시험시행 공고일' 현재 시행된 법률, 기준 등을 적용하여야 함

1차시험은 100점 만점 기준으로 과목당 40점 이상, 전 과목 평균 60점 이상이어야 합격이고, 2차시험은 100점 만점 기준으로 60점 이상이어야 합격이다.

시험과목의 일부 면제기준이 있다. 건축사는 1차시험 과목 중 2과목(건축환경계획)의 면제를 선택할 수 있고, 건축전기설비·발송배전·건축기계설비·공조냉동기계 기술사는 3과목(건축설비시스템)의 면제를 선택할 수 있다. 건축사와 해당 기술사 자격을 동시에 보유한 경우 2개 과목 동시면제가 가능하다.

관련 법률, 기준 등을 적용하여 정답을 구하여야 하는 문제는 '시험시행 공고일' 현재 시행된 법률, 기준 등을 적용해야 한다. 법률의 '공포일'이 아니고, '시행일'임을 명심해야 한다.

자격시험의 원서접수는 한국에너지공단 건축물에너지평가사 누리집(http://bea.energy.or.kr)에서 진행하는데, 회원가입이 필요하다.

응시자격

건축물에너지평가사 응시자격은 아래와 같으며, 응시자격·면제과목·경력산정의 기준일은 1차시험 시행일이다. 1차시험 합격예정자는 합격자 발표 후 응시자격과 과목면제를 증명하는 서류(졸업·학위증명서 원본, 자격증 사본, 경력·재직증명서 원본 등)를 제출해야 한다. 나는 1차시험 합격 후 건축사 자격증 사본을 증빙서류로 제출했다.

응시자격

1. **기사 자격**을 취득한 후 관련 직무분야에서 **2년 이상** 실무에 종사한 자
2. **산업기사 자격**을 취득한 후 관련 직무분야에서 **3년 이상** 실무에 종사한 자
3. **기능사 자격**을 취득한 후 관련 직무분야에서 **5년 이상** 실무에 종사한 자
4. 관련학과 **4년제 이상 대학**을 졸업한 후 관련 직무분야에서 **4년 이상** 실무에 종사한 자
5. 관련학과 **3년제 대학**을 졸업한 후 관련 직무분야에서 **5년 이상** 실무에 종사한 자
6. 관련학과 **2년제 대학**을 졸업한 후 관련 직무분야에서 **6년 이상** 실무에 종사한 자
7. 관련 직무분야에서 **7년 이상** 실무에 종사한 자
8. 관련 국가자격의 직무분야에 해당하는 **기술사 자격**을 취득한 자
9. 건축사법에 따른 **건축사 자격**을 취득한 자

* 위에 설명한 기사·산업기사·기능사·기술사·관련학과는 국가기술자격법 시행규칙 별표2의 직무분야 중 건설·기계·전기·전자·정보통신·안전관리·환경·에너지에 한정함

시험과목과 출제범위: 1차시험

건축물에너지평가사 운영규정(2013.9.10)에 따르면, 건축물에너지평가사 자격시험의 검정기준은 아래와 같으며, 건축물의 에너지효율등급 평가 등을 위한 건축물에너지 관련 실무기술 지식과 행정사항을 중심으로 출제하겠다고 밝혔다. 운영규정 제정 이후 시험제도가 일부 바뀌었지만, 건축물에너지평가사의 역할과 일맥상통하므로 참고하면 좋을 것 같다.

자격등급별 검정기준 〈출처: 건축물에너지평가사 운영규정(2013.9.10) 별표3〉

1. 건축물에너지평가에 필요한 **관계법규**를 파악하고, 관련법을 적용하여 평가업무를 수행할 수 있는 능력 평가
2. 건축물에너지에 영향을 미치는 **건축환경계획**(열환경 · 공기환경 · 빛환경)에 대한 이해도
3. 건축물을 구성하는 **기계 · 전기 · 신재생에너지 설비**에 대한 이해도
4. 건축 · 기계 · 전기 · 신재생 부문의 정확한 **도면 이해**를 통해 **건축물에너지절약설계기준** 및 **건축물에너지효율등급 인증제도**에 활용하는 능력 평가

시험과목은 건물에너지관계법규, 건축환경계획, 건축설비시스템, 건물에너지효율설계 · 평가 등 4개 과목으로, 시험시간은 120분, 과목별 20문항씩 총 80문항의 문제가 출제된다. 1문제당 1분30초의 시간이 주어진다. 문제풀이와 답안지 작성을 생각하면 여유로운 시간이 아니다.

1차시험의 각 과목별 주요항목과 출제범위는 다음과 같다.

1과목: 건물에너지관계법규 (20문항)

주요항목	출제범위
1. **녹색건축물조성지원법**	1. 녹색건축물조성지원법령
2. **에너지이용합리화법**	1. 에너지이용합리화법령 2. 고효율에너지기자재 보급촉진에 관한 규정 및 효율관리기자재 운용규정 등 관련 하위규정
3. **에너지법**	1. 에너지법령
4. **건축법**	1. 건축법령(총칙·건축물의 건축·유지와 관리·구조 및 재료·건축설비) 2. 건축물의 설비기준 등에 관한 규칙 3. 건축물의 설계도서 작성기준 등 관련 하위규정
5. **그 밖에 건물에너지 관련법규**	1. 건축물에너지 관련법령·기준 등(건축·설비 설계기준, 표준시방서 등)

2과목: 건축환경계획 (20문항)

주요항목	출제범위	
1. **건축환경계획 개요**	1. 건축환경계획 일반 3. 건물에너지 해석	2. Passive 건축계획
2. **열환경계획**	1. 건물 외피계획 3. 부위별 단열설계 5. 습기와 결로	2. 단열과 보온계획 4. 건물의 냉난방 부하 6. 일조와 일사
3. **공기환경계획**	1. 환기의 분석 3. 필요환기량 산정	2. 환기와 통풍
4. **빛환경계획**	1. 빛환경 개념	2. 자연채광
5. **그 밖에 건축환경관련 계획**		

3과목: 건축설비시스템 (20문항)

주요항목	출제범위	
1. 건축설비관련 기초지식	1. 열역학 3. 열전달 기초	2. 유체역학 4. 건축설비 기초
2. 건축기계설비 이해 및 응용	1. 열원설비 3. 반송설비	2. 냉난방·공조설비 4. 급탕설비
3. 건축전기설비 이해 및 응용	1. 전기의 기본사항 3. 조명·배선·콘센트 설비	2. 전원·동력·자동제어 설비
4. 건축신재생에너지설비 이해 및 응용	1. 태양열·태양광 시스템	2. 지열·풍력·연료전지 시스템 등
5. 그 밖에 건축관련 설비시스템		

4과목: 건물에너지효율설계·평가 (20문항)

주요항목	출제범위
1. 건축물에너지효율등급평가	1. 건축물에너지효율등급 인증 및 제로에너지건축물 인증에 관한 규칙 2. 건축물에너지효율등급 인증 및 제로에너지건축물 인증 기준 3. 건축물에너지효율등급 인증제도 운영규정
2. 건물에너지효율설계 이해 및 응용	1. 에너지절약설계기준 일반(기준·용어의 정의) 2. 에너지절약설계기준 의무사항·권장사항 3. 단열재의 등급분류 및 이해 4. 지역별 열관류율 기준 5. 열관류율 계산 및 응용 6. 냉난방용량 계산 7. 에너지데이터 및 건물에너지관리시스템(BEMS) (에너지관리시스템 설치확인 업무 운영규정 등)
3. 건축·기계·전기·신재생 분야 도서분석능력	1. 도면 등 설계도서 분석능력 2. 건축·기계·전기·신재생 도면의 종류 및 이해
4. 그 밖에 건물에너지관련 설계·평가	

시험과목과 출제범위: 2차시험

2차시험 과목은, '건물에너지효율설계 · 평가'로 주요항목은 '건물에너지효율설계 및 평가실무', '그 밖에 건물에너지관련 설계 · 평가'이며, 건축 · 기계 · 전기 · 신재생에너지 등의 출제범위로 구성되어 있다.

2차시험: 건물에너지효율설계 · 평가

주요항목	출제범위
1. 건물에너지 효율설계 및 평가 실무	1. 각종 건축물의 **건축계획**을 이해하고, 실무에 적용할 수 있어야 한다. 2. 단열 · 온도 · 습도 · 결로방지 · 기밀 · 일사조절 등 **열환경**에 대해 이해하고, 실무에 적용할 수 있어야 한다. 3. **공기환경계획**에 대해 이해하고, 실무에 적용할 수 있어야 한다. 4. **냉난방 부하계산**에 대해 이해하고, 실무에 적용할 수 있어야 한다.
	5. **열역학 · 열전달 · 유체역학**에 대해 이해하고, 실무에 적용할 수 있어야 한다. 6. **열원설비** 및 **냉난방설비**에 대해 이해하고, 실무에 적용할 수 있어야 한다. 7. **공조설비**에 대해 이해하고, 실무에 적용할 수 있어야 한다. 8. **전기의 기본개념** 및 **변압기 · 전동기 · 조명설비** 등에 대해 이해하고, 실무에 적용할 수 있어야 한다. 9. **신재생에너지설비(태양열 · 태양광 · 지열 · 풍력 · 연료전지 등)**에 대해 이해하고, 실무에 적용할 수 있어야 한다. 10. 전기식 · 전자식 자동제어 등 **건물에너지절약시스템**에 대해 이해하고, 실무에 적용할 수 있어야 한다.
	11. **건축 · 기계 · 전기 도면**에 대해 이해하고, 실무에 적용할 수 있어야 한다. 12. **난방 · 냉방 · 급탕 · 조명 · 환기 조닝**에 대해 이해하고, 실무에 적용할 수 있어야 한다. 13. **에너지절약설계기준**에 대해 이해하고, 실무에 적용할 수 있어야 한다. 14. **건축물에너지효율등급인증 및 제로에너지빌딩인증 기준**을 이해하고, 실무에 적용할 수 있어야 한다. 15. **에너지데이터 및 BEMS의 개념, 설치확인 기준**을 이해하고, 실무에 적용할 수 있어야 한다.
2. 그 밖에 건물에너지 관련 설계 · 평가	

공통적으로 '이해하고, 실무에 적용할 수 있어야 한다.'고 되어 있다. 해당 범위에 대한 이론문제와 함께 건축물에너지관련 실무에 대한 응용문제가 출제된다.

다음의 분석과 같이 2차시험의 분야별 출제범위는 1차시험에서 1과목(건물에너지관계법규)을 제외한 나머지 3개 과목의 범위에 해당한다.

2차시험의 분야별 출제범위와 1차시험 과목과의 관계

분야	2차시험 출제범위	1차시험
주요항목	1. 건물에너지효율설계 및 평가 실무 2. 그 밖에 건물에너지 관련 설계·평가	4과목 (건물에너지)
건축환경	건축계획·열환경·공기환경·냉난방 부하계산	2과목 (건축환경)
기계설비	열역학·열전달·유체역학·열원설비·냉난방설비·공조설비	3과목 (건축설비)
전기설비	전기의 기본개념·변압기·전동기·조명설비	
신재생에너지	태양열·태양광·지열·풍력·연료전지	
에너지절약	건물에너지절약시스템·조닝(난방·냉방·급탕·조명·환기)·에너지데이터·BEMS	
에너지절약설계	에너지절약설계기준	4과목 (건물에너지)
에너지효율등급	건축물에너지효율등급인증 기준·제로에너지빌딩인증 기준	

건축물에너지평가사를 다시 정의하고, 자격시험을 이해하자

자격시험 공부를 하다 보면 '왜 이런 과목이 있어서 이렇게 속을 썩이는 거지?'하고 불만을 품을 때가 있다. 자격과 시험과목의 연관성을 이해하지 않으면 불평만 생기고, 공부에 집중하기가 어렵다.

자격시험은 자격에 필요한 지식과 소양, 실무능력을 검정하는 절차이다. 자격시험의 과목과 범위는 자격의 정의와 역할을 고려해서 정해진다고 볼 수 있다. 그래서 자격의 정의·역할과 시험과목의 연관성을 이해하는 것은 수험준비에 있어서 매우 의미가 있는 일이다.

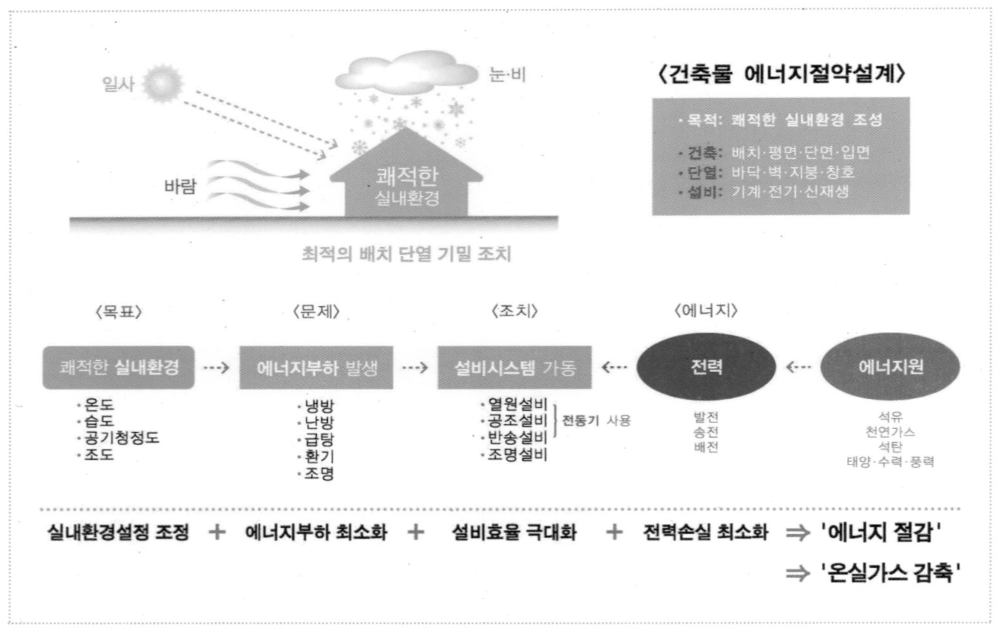

건축물에너지 메카니즘 | 쾌적한 실내환경을 위해 1차적으로 최적의 건물배치·단열·기밀조치를 한다. 하지만 목표 실내환경을 유지하는 과정에 에너지부하가 발생하는데, 이 부하에 대응하기 위해 설비시스템을 가동한다. 그리고 설비시스템을 가동하기 위해 전력을 사용하는데, 대부분의 전력은 화석 연료로 생산된다.

먼저 건축물에너지를 살펴보자. 건축물은, 인간을 자연으로부터 보호하고, 쾌적한 환경을 제공하는 것을 목적으로 지어진다. 외부환경의 영향을 최소화하기 위해 1차적으로 최적의 건물배치를 하고, 벽을 세우고, 단열을 하고, 기밀조치를 한다.

하지만, 목표로 하는 실내환경(예를 들어 적정 온도·습도·공기청정도·조도)을 유지하는 과정에서 냉방·난방·급탕·환기·조명 등 에너지부하가 발생하는데, 이 부하에 대응하기 위해 열원·공조·반송·조명 등 설비시스템을 가동한다. 그리고, 설비시스템을 가동하기 위해 전력을 사용하는데, 대부분의 전력은 석유·천연가스·석탄 등 화석연료를 태워서 생산된다. 그리고, 화석연료를 태우면 온실가스가 발생하고, 이는 지구온난화의 주원인이다.

지구온난화를 억제하기 위해 온실가스 발생량을 감축해야 하는데, 이를 위해 건축물에서 사용되는 에너지소비량을 줄여야 한다.

건축물에서 사용되는 에너지소비량을 줄이기 위해서는, 건축물에서 발생할 수 있는 에너지부하를 최소화하고, 설비시스템의 효율을 극대화해야 한다. 그리고, 건축물에 신재생에너지를 설치하여 열원으로 활용하고, 자체적으로 전력을 생산해서 에너지소요량을 최소화함으로써 '제로에너지 빌딩'을 구현할 수 있다.

건축물 에너지부하 최소화 + **설비시스템 효율 극대화** + **신재생에너지**(열원생산·전력생산)

⇒ **'제로에너지 빌딩'**

앞의 내용을 기초로, 건축물에너지평가사를 논해 보자.

첫째, 건축물(建築物)을 잘 아는 사람이어야 한다. 건축물의 이해 정도를 검정하기 위해 '건축환경계획'과 '건축설비시스템'이 필요하다.

둘째, 건축물에서 발생할 수 있는 에너지(Energy) 부하 종류의 파악과 계산능력을 검정하기 위해 '건축환경계획'이 필요하다.

셋째, 에너지소요량에 대한 이해와 분석과 평가(評價) 능력을 검정하기 위해 '건물에너지효율설계·평가'가 요구된다.

마지막으로, '건축물에너지평가사'에서 '사(士)'는 제도에 의해 부여되고 운영되는 자격으로, 제도와 행정절차에 대한 이해정도를 검정하기 위해 '건물에너지관계법규'가 필요하다.

건축물에너지평가사 = '건축물' + '에너지' + '평가' + '사'

- **건축물(建築物)** ······ 건축물의 이해 ⇒ **건축환경계획·건축설비시스템**
- **에너지(Energy)** ····· 에너지부하 종류의 파악 및 계산능력 ⇒ **건축환경계획**
- **평가(評價)** ·············· 에너지소요량의 이해·분석·평가 ⇒ **건물에너지효율설계·평가**
- **사(士)** ······················ 제도에 의한 자격, 제도와 행정절차의 이해 ⇒ **건물에너지관계법규**

1차시험은 건축물에너지평가사가 갖춰야 할 지식과 소양의 검정이며, 위에 제시한 4개의 출제과목으로 구성되었다. 2차시험은, 1차시험에서 요구되는 지식과 소양을 전제로 건축물에너지평가사의 실무능력을 검정하는 절차이다.

결과적으로 1차시험 준비는, 2차시험의 심화학습을 위한 교양과정이라 하겠다. 그래서 1차와 2차 두 시험은, 학습의 깊이와 실무적용의 차이가 있긴 하겠으나, 법규를 제외한 나머지 분야는 맥락적으로 범위가 거의 동일하다고 할 수 있다.

(2차시험 범위) ≒ (1차시험 범위) − (건물에너지관계법규)

제2장

건축물에너지평가사 도전하기

왜 이 시험을 봐야 하고, 어떻게 시작하지?

2013년 7월, 학원에서 보낸 건축물에너지평가사 자격시험을 홍보하는 안내서가 집으로 날아왔다. 유망한 전문자격증으로 시행초기에 응시하는 것이 합격확률을 높일 수 있고, 전망도 밝다는 내용이었다. 학원 홈페이지에 들어가서 보니, 응시예정자의 설문조사분석이 있었고, 강의 커리큘럼과 과목별로 오리엔테이션 강의도 올려져 있었다.

나와 상관없는 시험이라 생각했다

처음에는 이 자격증이 '나'와는 상관이 없다고 생각했다. 우선 건축물에너지평가사의 역할이 내 적성과 잘 맞지 않을 것 같았다. 시험과목을 보니, 기계설비 종사자가 전기설비 공부를 하거나, 전기설비 종사자가 기계설비를 공부해서 응시할 만한 시험으로 보였다. 기계나 전기 쪽으로 문외한인 나 같은 건축 출신은 어림도 없을 것 같았다.

친구 따라 일단 강남에 갔다

2013년 8월 초순, 회사 동료 P와 점심식사를 함께 하면서 건축물에너지평가사 이야기가 나왔다. P는 동영상강의를 듣고 있다며, 이번 시험이 1회인 만큼 2회나 3회보다 응시자가 덜 몰려 합격확률이 높고, 1회의 특수성이 있는 만큼 뭐라도 되지 않겠냐는 말을 했다.

자세히는 모르겠지만, 친구 따라 강남 간다고, 해 두면 좋을 것 같은 생각이 들었다. '1회라는 특별함'에 마음이 끌렸다.

학원의 설문조사 결과를 자세히 보니, 이 자격에 관심 있는 사람의 상당수가 건축분야 출신이었다. 기계·전기가 어려운 것은 다들 매한가지일 거라는 생각이 들었다. 결심했다, 도전하기로. 원서접수를 하는 홈페이지에 가 보니, 이미 접수가 시작되었고, 마감일을 넘기기 전 원서접수를 끝냈다.

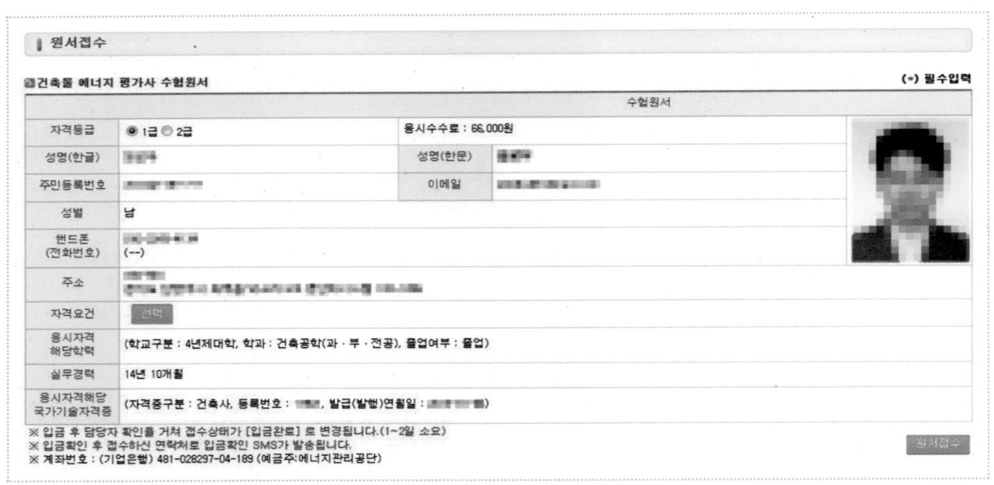

원서접수

건축물 에너지 평가사 수험원서 (*) 필수입력

수험원서			
자격등급	◉ 1급 ◎ 2급	응시수수료 : 66,000원	
성명(한글)	[illegible]	성명(한문)	[illegible]
주민등록번호	[illegible]	이메일	[illegible]
성별	남		
핸드폰 (전화번호)	[illegible] (--)		
주소	[illegible]		
자격요건	선택		
응시자격 해당학력	(학교구분 : 4년제대학, 학과 : 건축공학(과 · 부 · 전공), 졸업여부 : 졸업)		
실무경력	14년 10개월		
응시자격해당 국가기술자격증	(자격증구분 : 건축사, 등록번호 : [illegible], 발급(발행)연월일 : [illegible])		

※ 입금 후 담당자 확인을 거쳐 접수상태가 [입금완료] 로 변경됩니다.(1~2일 소요)
※ 입금확인 후 접수하신 연락처로 입금확인 SMS가 발송됩니다.
※ 계좌번호 : (기업은행) 481-028297-04-189 (예금주:에너지관리공단)

원서접수

건축물에너지평가사 수험원서 | 친구 따라 강남 간다고, 덩달아 원서접수를 했다.

서점에서 가장 얇은 책을 샀다

원서접수를 마치고, 서점에 갔다. 건축물에너지평가사 수험서가 여럿 있었다. 그 중 눈에 들어오는 책이 하나 있었는데, 4개 과목을 아우르는 요점정리 개념의 책이었다. 문제도 수록되어 있고, 무엇보다 '얇은 두께'가 가장 마음에 들었다. 회사를 다니면서 시간이 많은 것도 아니니, 이것만 제대로 하자는 생각이었다. 과목별로 분책을 하고, '링제본'을 해서 출퇴근 길에 지하철에서 보기 시작했다.

4과목인 '건물에너지효율설계·평가'부터 공부를 시작했는데, 평소 건축실무를 하면서 접하는 내용이 많아서 부담 없이 책을 넘길 수 있었다. 복습하는 의미도 있고, 여러 모로 유익하겠다는 생각도 들었다. 그렇다고 파고드는 공부는 아니었다. 그렇게 한 달이 훌쩍 지났다.

하루는 회사동료 P에게 부탁해서 동영상강의를 잠깐 구경했는데, 장난이 아니었다. 가볍게 생각했던 것과는 분위기가 영 딴판이었다. 강의는 건축·기계·전기 각 분야의 전공수업을 펼쳐 놓은 듯한 느낌이었다. 학습량이 무지 많았고, 나에게는 그 수준이 높게만 느껴졌다. 서점에서 샀던 '얇은' 요점정리 책으로 대적이나 할 수 있을까 싶었고, 요점정리 책이 제대로 된 요점정리일까라는 의구심이 들기 시작했다. 어려운 시험임을 깨달았다.

학원청강을 했다

문제유형 발표도 없고, 기출문제도 없다. 출제기준은 발표됐지만, 구체적으로 어느 범위에서 출제될지도 모른다. 문제수준이 어느 정도일지도 모른다. 혼자 해서 될 일은 아닌 것이 분명했다. 숙고에 숙고를 거듭한 끝에 학원에 다녀야겠다고 마음먹었다. 학원에 가야 뭐라도 정보를 얻고, 억지로라도 책상에 앉아서 수업을 듣고, 주변 수험생의 면학분위기도 느끼고 해야 공부를 제대로 할 것 같았다.

하지만, 검증되지 않은 학원에 대한 믿음이 조금은 부족했고, 적지 않은 학원등록금이 부담스럽고 해서 더 고민을 했다. 그러던 차에 학원에서 청강 기회를 줬고, 나는 청강을 한 후 다닐지 말지를 결정하기로 했다.

교재를 빌려서 강의를 들었다. 그래서 책에 메모를 하지 못하고, 강의 내용을 종이에 노트를 했다. 8시간 동안 하루치 강의를 쭉 들었다. '건축환경계획'과 '에너지절약서 및 건축물에너지효율등급' 두 개 과목이었는데, 건축환경계획 수업은 학원이 아니라 대학교 수업을 듣는 듯한 착각이 들 정도로 매우 학구적인 분위기였다. 단순히 '수험'뿐 아니라, '교양'을 위한 공부가 될 것 같았다.

학원에는, 머리가 희끗희끗한 여러 분이 앞자리에 진을 치고 계셨다. 강사 선생님이 수업 중 학생들에게 질문을 했다. "왜 건축물에너지평가사를 준비하십니까?" 앞자리에 계신 한 분이 말씀하셨다. "나이 들어서 돈벌이라도 하려고요." 열정을 느낄 수 있었지만, 현실이 척박하다는 것도 알 수 있었다. 자격증에 대한 기대감도 엿볼 수 있었다.

청강한 수업이 좋아서 학원을 등록하기로 했다. 그런데, 이게 웬일인가? 이미 정원이 꽉 차서 더 이상 등록을 받을 수 없다는 것이다. 등록시켜 달라고 간청을 했지만, 환급과정 수업은 정원을 초과해서 운영하면 벌칙을 받는다며 불가하다는 직원의 '매우 상냥하고 에누리 없는' 답변뿐이었다.

민망했다. 학원에 등록할지 말지 몇 날 며칠을 고민했건만 막상 등록하려니, 이미 마감이었다. 떡이 떨어져 가는 줄도 모르고, 나는 어느 김칫국을 마실지 혼자만 고민하고 있었던 거다.

하는 수 없이 동영상강의 신청을 했다. 홈페이지를 열고 강의실에 들어갔다. 다시 한 번 놀라지 않을 수 없었다. 강의 수가 엄청 많았고, 진도가 너무나 많이, 그리고 멀리 나가 있었다. 고민만 하다가 진도만 한참 뒤처져서 시작하게 됐다.

무엇을 하든지 계획을 잘 세워야 해

업무를 보거나 공부를 할 때, 우리는 항상 계획을 세우고, 계획에 맞춰 실행을 한다. 계획과 실행의 과정을 살펴보자.

계획과 실행의 과정: 일상업무

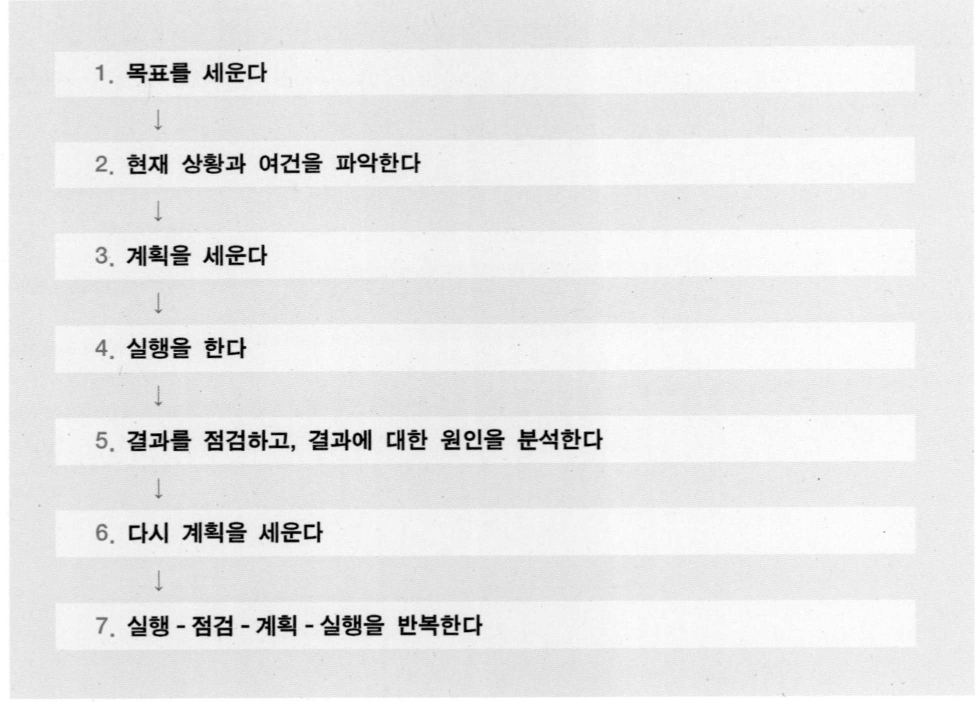

1. **목표를 세운다**

↓

2. **현재 상황과 여건을 파악한다**

↓

3. **계획을 세운다**

↓

4. **실행을 한다**

↓

5. **결과를 점검하고, 결과에 대한 원인을 분석한다**

↓

6. **다시 계획을 세운다**

↓

7. **실행 - 점검 - 계획 - 실행을 반복한다**

이를 다시 자격시험 준비를 기준으로 그 과정을 짚어 보자.

계획과 실행의 과정: 자격시험준비

1. 목표를 세운다
: 합격

↓

2. 현재 상황과 여건을 파악한다
: 학습범위 · 학습가능시간 · 회사일 · 경조사 · 아이와 놀아 주기 등

↓

3. 계획을 세운다
: 교재 · 공부시간 · 공부방법 · 학습진도 · 모의고사 등

↓

4. 실행을 한다
: 공부 · 모의고사 응시

↓

5. 결과를 점검하고, 결과에 대한 원인을 분석한다
: 학습진도 파악 · 원인 분석(잘된 원인 · 잘못된 원인)

↓

6. 다시 계획을 세운다
: 교재 · 공부시간 · 공부방법 · 학습진도 · 모의고사 등

↓

7. 실행 – 점검 – 계획 – 실행을 반복한다

계획의 달인 1

나는 어려서부터 '공부'는 잘하고 싶은데, '공부'하는 것이 무척 싫었다. 전자의 '공부'는 시험문제를 잘 풀어서 우수한 성적표를 받는 것이고, 후자의 '공부'는 책상에 앉아 책을 펴고, 공부하는 것이다. 공부를 잘해야 한다고 생각했지만, 막상 공부하기는 무척 싫었다. 목표의식은 분명한데, 태생적으로 게을렀다.

평소엔 어영부영 놀다가 시험에 닥쳐서는 벼락치기 일쑤였다. 얼마 남지 않은 시간을 잘 쪼개서 전과목 100점이 나올 만큼의 초인적인 계획을 세웠다. 물론 계획대로 실행되지는 않았다. 하지만 어느 정도 진도를 나갈 수 있었다.

다시 시험일까지 남은 시간을 잘 헤아려 또 한 번 초인적인 계획을 세웠고(예를 들어 평균 95점은 나올 만큼), 실행하고, 또 계획을 조정하고, 이런 식으로 공부를 했다.

벼락치기 하는 습관이 좋은 것이라고 볼 수는 없지만, 짜임새 있게 계획을 세우는 연습이 되었고, 부족한 시간을 효율적으로 사용하는 훈련이 되었다. 결과적으로 어른이 되어 회사에서 일하는 데 도움이 된 것 같다.

계획을 하면, 해야 할 일이 명확해지고, 주어진 시간이 정확히 파악되고, 시간을 어떻게 활용할지가 정해진다. 학습범위와 학습시간을 적절히 배분할 수 있다. 학습계획표는 체크리스트로 활용할 수 있다. 책상에 앉아서 당장 어떤 책을 펴고 무엇을 공부할지 고민할 시간을 줄일 수 있다. 그리고, 심리적으로 안정이 되고, 심리적 안정은 진도를 나가는데 윤활유 역할을 한다.

어떤 사람은 본인의 능력보다 목표를 낮게 잡아 성취감을 고양시키는 것이 중요하다고 한다. 나는 조금은 버거울 정도로 계획을 세웠다. 실행이 계획대로 되지 않더라도, 목표치를 높이면 그렇지 않은 것보다 더 많이 하게 된다고 생각한다. 나는 의지가 강한 편이 아니어서 계획을 느슨하게 세우면 느슨한 대로 실행이 덜 되는 편이어서 대체로 계획을 버겁게 하는 편이다.

중요한 점 하나는, 계획을 하는 순간에도 시간이 흐른다는 사실이고, 계획 자체가 공부는 아니라는 것이다. 주목적이 공부인 만큼 너무 훌륭한 계획을 세우느라 공부가 소홀히 되어서는 안 된다. 합리적인 계획을 신속하게 세우고, 공부에 매진해야 한다.

계획의 달인 2

다음은 건축물에너지평가사 2차 실기시험 준비 당시 만들었던 학습 계획표다. 구성은 날짜별 일정계획, 출제기준별 진도계획, 모의고사 문제풀이계획, 동영상강의 학습계획, 기타 교재의 진도계획 등이다. 내용은 수정테이프를 써가면서 지속적으로 보완했다. 공부해야 할 범위를 파악하고, 남은 일정·학습계획·진척도를 확인할 수 있는 체크리스트로 활용했다.

■건축물에너지평가사 2차실기

일	월	화	수	목	금	토
			5	6	7	8
9	10	11	12	13	14	15
16	17	18	19	20	21	22
23						

건축물에너지평가사 1급 출제기준(실기)	키워드			노트	비고
1. 건축계획				2/9	
2. 열환경: 전열, 단열, 온도, 습기, 결로				2/9	
3. 공기환경				2/9	
4. 냉난방 부하계산				2/9	
5. 열역학, 연소, 유체역학					
6. 열원설비, 냉방설비				2/16	
7. 공조설비				2/18	
8. 전기 기본개념, 변압기, 전동기, 조명				2/17	
9. 신재생에너지설비(태양열광, 지열, 풍력)				2/15	
10. 건물에너지절약시스템: 자동제어					
11. 도면의 이해: 건축, 기계, 전기					
12. 조닝: 난방, 냉방, 급탕, 조명, 환기				2/15	
13. 의무사항, 에너지성능지표					

한솔 모의고사	구분	1차	2차	3차	비고	구분	1차	2차	3차	비고
	1회	2/16				4회	2/21			
	2회	2/20				5회	2/21			
	3회	2/20				6회				

한솔 동영상 강의	내용	동영상	복습1	복습2	비고
1권	1. 건축물에너지절약설계기준				
	2. 도서분석능력				
	3. 건축물에너지효율등급				
2권	1. 에너지절약계획서 예제		2/5		
	2. 기계설비: 습공기선도, 송풍량·온도, 냉난방부하, 송풍기, 환기, 냉각코일, 전열교환기				
	3. 전기설비: 기본사항, 변압기		2/4		
3권	1. 건축환경계획: 건축계획, 열환경, 공기환경				
	2. 기계설비: 도면이해, 자동제어				
	3. 기계설비: 난방설비, 열원설비, 냉방설비				
	4. 열역학, 연소, 유체역학				
	5. 전기설비: 조명, 동력				
	6. 신재생에너지				

기문당	1차	2차	비고	기문당	1차	2차	비고
1. 건축계획 및 건축환경				8. 전기 일반			
2. 열전달과 열환경				9. 신재생에너지			
3. 공기환경과 공조 프로세스				10. 난방, 냉방, 급탕, 조명, 환기, 조닝			
4. 냉난방 부하계산				11. 건물 에너지절약 시스템			
5. 설비원론				12. 에너지절약계획서 검토			
6. 열원설비 및 냉방설비				13. 건축물에너지효율등급 인증기준			
7. 공조설비				부록. 에너지절약계획서 작성			

학습 계획표 | 일정계획·출제기준별 진도계획·모의고사 계획·동영상강의 학습계획·기타 교재계획으로 구성되어 있다.

볼펜 선택도 전략이다

2차시험은 주관식이고, 답안을 '검정볼펜'으로 작성해야 한다. 심리적으로 위축된, 확실한 '을'의 입장인 수험생에게 연필도 아닌 '볼펜'으로 답안을 작성하는 것은 큰 부담이다. 나는 이 부담을 조금이라도 덜기 위해 볼펜을 잘 선택해야 한다고 생각했다.

빅BIC 볼펜이 적당히 부드러워서 필기하기에 좋다는 옛 친구의 말이 떠올랐다. 회사 앞 문구점에 가서 빅 볼펜을 고르면서, 괜스레 직원에게 물었다. "어떤 볼펜이 부드럽게 잘 써져요?" 친절한 점원은 젯스트림Jetstream 펜을 보여 줬다. "이 볼펜이 부드럽게 잘 써진다고들 하세요." 시험 삼아 종이에 써봤다. 볼펜에 기름칠을 한 듯 너무 부드러웠다. 처음 겪어 보는 '부드러움'이었다.

이젠 볼펜 심 굵기를 고민해야 한다. 0.5mm를 할 것이냐? 0.7mm를 할 것이냐? 아니면 1.0mm를 선택할 것이냐? 한번에 결정하지 못하고, 0.5mm와 0.7mm 두 가지를 구입했다. 써 보면서 결정하기로 했다.

학원 게시판을 보니, 수험생의 마음은 다들 비슷한지, 볼펜 심 굵기와 관련된 글이 올라왔다. 계산문제는 숫자를 정확히 해야 하니까 가는 볼펜을 사용하고, 서술형은 빨리 쓰기 위해 굵은 볼펜을 쓰겠다는 내용이었다. 글쎄? 시험문제가 얼마나 친절하게 계산문제와 서술문제를 잘 구분해서 나올지 모르겠지만, 시간도 여유롭지 않을 텐데, 가는 볼펜과 굵은 볼펜을 번갈아 쓴다? 어림없다. 나는 못할 거 같았다.

하나를 결정해야 한다!

고민을 하던 와중에 회사동료 P가 명쾌한 해답을 내놓았다. “가는 볼펜은 시험 보면서 급하게 쓰다가 답안지가 찢어질 수 있지…….” 0.7mm로 결정했다.

볼펜 제품과 심 굵기를 모두 결정하긴 했는데, 책상에는 사 뒀던 볼펜들이 널브러져 있었다. 견물생심이라고 눈에 들어오니, 자꾸 이 볼펜 저 볼펜 써 보게 됐다. 손에 부담이 안 가는 것은 점원이 소개해 준 젯스트림 볼펜이었지만, ‘너무 부드러운 것’이 오히려 부담스러웠고, 글을 쓰는 필기감은 빅 볼펜이 나에게 잘 맞았다. 그래서 빅 볼펜으로 공부를 했다.

수험생의 마음은 갈대와 같아서, 시험 보기 전날 마음을 바꿔 먹었다. 시험당일에 시간관리로 애먹을 게 분명한데, 필기감은 호사일 것 같았다. 주어진 시험시간 내에 무조건 빨리 쓰기나 해야겠다는 생각을 했고, ‘부담스럽게 부드러운’ 젯스트림 볼펜을 쓰기로 결정했다.

수험표 유의사항을 보면, 답안지교체는 불가하며, 답안정정 시에는 두 줄을 긋고 다시 쓰라고 되어 있는데, ‘세 줄을 그으면 부정행위일까? 표를 작성하다가 잘못 써서 쓸 칸이 부족하면 화살표를 뽑아서 써 줘야 하나?’ 별의별 생각이 들었다.

■ **응시자 유의사항**

- 검정당일 **신분증 미지참시 시험응시가 불가**하오니 반드시 신분증을 지참하시기 바랍니다.
- 자격검정을 받는 자가 검정에 관하여 **부정한 행위**를 한 때에는 당해 **검정을 중지 또는 무효로 하고 3년간 응시자격이 제한**됩니다.
- 수험자는 시험시간 중 시험관련 물품(계산기 등)을 수험자간 대여 할 수 없습니다.
- 2차 실기시험 답안정정 시에는 정정할 부분을 두 줄(=)로 긋고 다시 기재합니다.
  *** 답안지 교체 및 수정테이프, 수정액 사용은 불가**
- 시험당일 주차장 이용이 불가 하오니, 대중교통을 이용해 주시기 바랍니다.

수험서의 응시자 유의사항 | 답안정정 시에는 두 줄을 긋고 다시 기재하라고 쓰여 있다.

2차시험을 치르면서, 한 번 썼던 답안을 고치기 위해 세 줄, 네 줄, 다섯 줄 직직 긋기도 하고, 칸이 부족해서 화살표로 뽑아서 여백에 답안을 쓰기도 했다. 점수결과를 봐서는 답안을 고쳐 쓴 방법 때문에 감점을 한 것 같지는 않다. 내가 채점자가 아닌 이상 확실히 보장할 수는 없지만, 촉박한 시험시간에 깔끔하게 두 줄을 긋는 것보다 정답을 고민하는 것이 훨씬 중요하지 않을까?

과정은 좌충우돌이고, 어쭙잖은 이야기로 들릴지 모르겠다.

2차시험에서 한 문제는 시간부족으로 답안을 못 쓸 뻔했다. 하지만, 볼펜의 '부담스러운 부드러움' 덕분에 갈기면서 겨우 답안을 쓸 수 있었다. 그 순간의 답안은 나의 글씨체가 아니었다.

내 점수가 61점이니, 볼펜 선택이 신의 한 수였을까?

이제 제대로 공부해 볼까?

공부할 때는, 빠른 시일 내에 학습범위와 학습량을 파악하는 것이 중요하다. 그리고, 확보가능한 학습시간을 가늠해야 한다. 학습량을 학습시간으로 나누면 '학습밀도'가 된다. 학습밀도는 공부의 집중정도라 하겠다. 너무 수학적으로 들릴지 모르겠는데, 실질적으로도 학습범위와 학습량의 파악은 중요하다. 공부하면서 심리상태에 영향을 미치기 때문이다.

학습범위와 학습량의 파악이 충분히 되지 않으면, 이 공부의 끝이 어디까지인지를 몰라서 막연한 불안감이 생긴다. 반면, 학습량이 파악되면 불안감이 해소되고, 어느 정도 마음이 안정된다. 마음이 안정되면, 학습밀도 증진에 도움이 되고, 학습밀도가 높아지면 학습시간에 여유가 생긴다.

- **학습량** ÷ **학습시간** = **학습밀도** ⇒ 학습량과 학습시간이 파악되면 요구되는 '학습밀도'가 결정된다.
- **학습량** ÷ **학습밀도** = **학습시간** ⇒ 학습밀도를 높이면 학습시간에 여유가 생긴다.

학습량 파악은 두 단계로 나눠진다. 첫 번째 단계는, 출제범위, 교재의 차례, 교재의 페이지 수를 통해 학습량을 파악하는 것이다. 두 번째 단계는, 실제학습을 통해 학습량을 몸소 겪어 보는 것이다.

50kg이라고 써 있는 운동기구를 눈으로만 보고 필요한 근력을 가늠하는 것과 실제 들어서 필요한 근력을 느껴 보는 것은 차이가 크다. 교재의 전체 페이지를 한 번 공부하면, 그 다음은 '막말로' 외우기만 하면 된다.

공부할 건 많은데, 시간이 부족하다

학원에서 발행한 1차시험 교재는 기본서 4권, 총정리 및 문제풀이집 2권, 핵심정리 포켓북 1권이었다. 책이 순차적으로 나오기 때문에 정확한 파악은 어려우나, 초반에 나온 1권과 2권의 분량을 보니, 전체 분량이 어마어마할 거라는 것을 예감할 수 있었다. 1차시험까지 두 달 여 남은 기간 동안 이 두꺼운 교재와 방대한 동영상강의를 들어야 하다니, 현기증이 나려 했다.

각 과목의 출제기준을 차례 개념으로 분류하고, 공부해야 할 목록인 기본서·정리노트·문제집을 표시한 체크리스트를 만들었다. 체크리스트를 만들고 보니, 방대한 공부량에 대한 '막연했던' 부담감이 '구체적인' 부담감으로 다가왔다. 공부할 건 무지 많은데, 시간은 턱없이 부족했다. 있는 시간, 없는 시간 다 끌어 모아야 했다. 나의 현재 상황과 생활패턴을 분석했다.

아침 일찍 지하철을 1시간 정도 타고 회사에 도착하면 산더미 같은 일들이 기다리고 있다. 도면검토·스케치·도면작성·자료검색·보고서 작성·보고·미팅·전화통화·각종 행정서류작성 등. 쉴 새 없이 일을 하다 보면 밤이 되고, 다시 지하철을 타고 집에 와서 씻고 잠을 잔다. 가끔은 주말에 회사일을 집으로 가져와서 하기도 한다. 하지만, 주말은 주로 딸아이와 놀고, 부모님·장모님 댁에 인사를 가기도 한다.

기존의 생활패턴을 유지해서는 공부시간을 확보할 수가 없었다. 특단의 결정이 필요했다. 우선 출퇴근 지하철 시간은 무조건 공부하는 시간이다. 잠은 새벽 2시 이전에 자면 안 된다. 주말은 책상에 박혀 있어야 한다.

시간확보를 위해서 생활패턴을 바꾼다고 한들 매 순간 한계가 있기 마련이다. 규칙적으로 공부하는 것이 좋은 건 잘 알지만, 회사를 다니면서 규칙적이기가 쉽지 않다. 야근을 하기도 하고, 집안에 일이 생기면 처리해야 할 순간이 있고(아주 빈번하게), 컨디션이 나쁠 때도 있고, 책상에 앉는다고 항상 집중이 되는 건 아니고 해서 그때그때 상황에 따라 대처를 해야 했다. 그래서 공부시간이 평일·휴일을 가리지 않고 들쭉날쭉했다.

■건축물에너지평가사 준비(Y2013)

시험과목	주요항목	세부항목	기본서	정리	문제집	비고
녹색건축물 관계법규	1. 녹색건축물 조성 지원법	1. 녹색건축물 조성 지원법령				
		2. 건축물 에너지 소비증명에 관한 기준				
	2. 에너지이용 합리화법	1. 에너지이용 합리화법령				
		2. 고효율에너지기자재 보급촉진에 관한 규정 등 관련 하위규정				
	3. 에너지법	1. 에너지법령				
	4. 건축법	1. 건축법령				
		2. 건축물의 설비기준 등에 관한 규칙				
		3. 건축물의 설계도서 작성기준 등 관련 하위규정				
	5. 기타	1. 건축물 에너지 관련 정책				
		2. 건축물 에너지 관련 법령·기준 등				
건축환경계획	1. 건축환경계획 개요	1. 건축계획 일반				
		2. Passive 건축계획				
		3. 건물에너지 해석				
	2. 열환경계획	1. 건물 외피 계획				
		2. 단열과 보온 계획				
		3. 부위별 단열설계				
		4. 건물의 냉·난방 부하				
		5. 습기와 결로				
		6. 일조와 일사				
	3. 공기환경계획	1. 환기의 분석				
		2. 환기와 통풍				
		3. 필요환기량 산정				
	4. 빛환경계획	1. 빛환경 개념				
		2. 자연채광				
	5. 기타					
건축설비 시스템	1. 건축 기계설비의 이해 및 응용	1. 열역학				
		2. 유체역학				
		3. 열원설비				
		4. 냉난방·공조설비				
		5. 배관 반송설비				
	2. 건축 전기설비 이해 및 응용	1. 전기의 기본사항				
		2. 전원·동력설비				
		3. 조명·배선·콘센트설비				
	3. 건축 신재생에너지설비 이해 및 응용	1. 태양열·태양광시스템				
		2. 지열·풍력·연료전지시스템				
	4. 기타					
에너지 절약계획서 및 건축물 에너지 효율등급	1. 건축물 에너지절약설계기준	1. 에너지절약설계기준 용어정의				
		2. 건축, 기계, 전기부문 의무 사항				
		3. 건축, 기계, 전기, 신재생부문 에너지성능지표				
		4. 에너지절약계획서 작성, 검토, 완화기준 등에 관한 사항				
		5. 건축물 에너지 소비 총량제에 관한 사항				
		6. 단열재의 등급 분류 및 이해				
		7. 지역별 열관류율 기준				
		8. 열관류율 계산 및 응용				
		9. 냉난방 용량 계산				
	2. 건축물 에너지효율등급	1. 건축물 에너지효율등급 인증에 관한 규칙				
		2. 건축물 에너지효율등급 인증기준				
		3. 건축물 에너지효율등급 인증제도 운영규정				
	3. 건축, 기계, 전기, 신재생분야 도서 분석능력	1. 도면 등 설계도서 분석능력				
		2. 건축, 기계, 전기, 신재생 도면의 종류 및 이해				
	4. 기타					

1차시험 체크리스트 | 과목별 출제기준과 공부할 목록을 분류하고, 일정계획과 진행여부를 표시했다. '정리'는 공부하면서 만든 '정리노트'를 의미한다.

동력이 필요하다 1

일을 추진하기 위해서는 동력이 필요하다. 여기서 동력이란, 동기이고, 의지이고, 추진력이며, 어쩔 수 없이 해야 하는 상황이다. 건축물에너지평가사 공부를 꾸준히 추진하기 위해 '동력만들기'에 들어갔다.

첫째, 동기부여 다. 실무와 밀접한 소양을 쌓게 되니 유익해서 좋고, 자격을 취득하면-그것도 첫 회에-어떤 형태로든 도움이 될 것이라는 기대를 했다. 그리고 명함에 자격증을 하나 더 표시하면 뿌듯할 것 같았다.

둘째, 믿음 이다. 나의 잠재력을 믿었고, 확인하고 싶었다. 그리고, 교재와 학원은, 결정 전에는 많이 고민했지만, 결정 후에는 의심하지 않았다. 여유롭지 않은 시간에 방대한 분량을 소화해야 하는데, 딱히 검증할 방법도 없이 더 좋은 교재가 있을까 하는 고민이 의미가 없었다.

셋째, 상황 이다. 돈을 들여서 공부하는 만큼, 아까워서라도 열심히 해야 했다. 그리고, 주변 사람들에게 시험을 준비한다는 사실을 부지런히 알렸다. 친구, 회사동료, 가족, 그리고, 건축주까지, 내가 이 시험에 응시한다는 사실을 모르는 사람이 거의 없게 했다. 떨어지면 창피하기 때문에라도 공부를 해야 했다.

넷째, 격려와 지지 다. 시험에 응시한 회사동료와 지인이 몇 명 있었는데, 어설프나마 정보를 나누고, 서로 위로하고 격려했다. 그리고 가족과 회사의 팀원들이 묵묵히 지지해 줬다.

수험과정에 특별한 슬럼프는 없었는데, 아무래도 앞에서 말한 동력을 만들었던 덕분이 아닐까?

동력이 필요하다 2

유홍준님의 〈나의 문화유산답사기: 돌하르방 어디 감수광〉에 닭 이야기가 나온다. 동물은 새끼가 독립적으로 생활할 수 없을 때는 모든 것을 걸고 지켜 주지만, 독립이 가능해지는 시기에는 정떼기를 한다. 하지만 사람은 어른이 되어서도 부모가 자식을 돌봐 준다. 그래서 사람이 동물과 구별되는 것이 있으니, 그것이 효도이다.

건축물에너지평가사 공부를 하는 내내 부모님께 합격소식을 들려 드리고 싶은 마음이 굴뚝 같았다. 집안에 이런저런 근심거리가 있던 상황이어서 부모님께 '합격'이라는 소식으로 잠시나마 기쁘게 해 드리고 싶었다.

학생일 때는 부모님으로부터 공부하라는 말이 그렇게도 듣기 싫었는데, 느지막이 철이 들었는지, 스스로 공부를 했다. 불혹을 넘긴 아들이 공부하겠다고 책상에 앉아 있으면 기특해 하시고, 합격하면 자격증이 어디에 쓰이는지도 모르시면서 합격소식에 무지 기뻐하셨다. 부모님 마음이 다 매한가지 아닐까?

지하철 예찬론

우리는 출퇴근하면서 지하철을 많이 이용한다. 알고 보면 지하철은 장점이 참 많다.

지하철의 장점

- **제 시간에 맞춰서 온다.** (가끔은 늦기도 한다)
- **버스에 비해 빠르다.** (가끔은 지하철이 막히기도 한다)
- **쾌적하다.** (거친 숨으로 입내를 내뿜는 어르신 앞에 섰을 때는 화생방훈련이 따로 없다)
- **공조가 빵빵하다.** (공조가 약할 때는, 만원 지하철은 말 그대로 '지옥철'이 되기도 한다)
- **지하철 안에서는 책을 읽을 때 어지럼증이 생기지 않는다.** (가장 마음에 드는 장점이다)

출퇴근 시간에 지하철은 많은 사람으로 북적이지만, 그 가운데 고요한 분위기가 있다. 책을 읽거나, 신문을 보거나, 음악을 듣거나, 핸드폰을 만지작거리거나, 각자의 행동을 하면서 서로 간섭하지 않는 무관심의 오묘한 분위기가 있다. 이 분위기에 의외로 집중이 잘된다. 교재를 보거나 전날 만든 정리노트를 복습했다. 시간적으로도 지하철에서 공부한 시간이 평일 공부시간의 상당 비율을 차지했고, 집중 정도를 고려했을 때는 그 이상의 효과가 있는, 나에게 '도서관'이나 다름없는 곳이었다. 이 원고의 상당 부분도 지하철에서 스마트폰으로 메모한 것이다.

버스는 진동 때문에 어지러워서 힘든데, 지하철에서는 책을 읽을 수 있다. 출퇴근 시간에만 책을 봐도 한 달에 2~3권 정도는 읽게 되는 것 같다. 지하철에서 책을 보면 좋은 장점이 더 있다.

지하철에서 책을 보면 좋은 장점

- **숙취가 덜 깬 어르신 입내를 책으로 막을 수 있다.**
- **기침이 날 때, 침이 튀는 것을 막을 수 있다.**
- **만원 지하철에서 모르는 사람과 마주 보는 민망한 상황에 책으로 얼굴을 가릴 수 있다.**

'화성인 바이러스'라는 TV 프로그램에서 이경규님이 일본 유학시절을 이야기하면서, 일본 사람들이 지하철에서 책을 많이 읽는 이유가 서로 신경 쓰지 않기 위해서라고 설명한 적이 있다. 독서가 먼저인지 신경 쓰지 않으려는 것이 먼저인지는 모르겠으나, 지하철 안의 풍경을 보면, 이 두 가지가 모두 설명되는 건 사실이다.

출근길은, 밀린 숙제가 있을 때, '레이트late'를 면할 수 있게 하는 보너스 타임 같은 것이어서 항상 마음이 든든하다.

성연아, 아빠 다녀오셨어요? 해야지 1

일과 중에 작은 소망이 있었다.

회사일을 마치고 집에 도착하면 소파에 앉아서 일일 드라마를 조금 보다가 저녁밥상이 차려지면 뉴스를 보면서 밥을 먹고, 샤워하고, 바로 서재로 가는 것이었다. 하지만 현실은 나를 배려하지 않았다.

현관문을 열고 집에 들어서면 바로 딸아이가 "아빠! 엄마가 렛잇고 언니 스티커도 안 사 주고, 내 방에 있는 스티커 다 없애 버린대!"하고,

나는 “성연아, 아빠 다녀오셨어요? 해야지.” 한다. “아빠 다녀오셨어요?(‘꾸벅’과 동시에) 아빠! 렛잇고 언니 스티커 사 줘!” 아내는 “저 계집애가 블라블라…….”

아이들은 어른과 대화를 하기 위해 무던히 애를 쓴다. 자기가 아는 단어를 짜깁기하여 새로운 말을 만들어 내는데, 정말이지 기발하다. 예를 들어 미국드라마 배우를 지칭하면서 “저 아줌마는 영어사람이지?”라든지, 고궁을 가고 싶을 때는, “아빠 전하집 가고 싶어.”라고 한다. “성연이는 머리생각이 좋지?”는 기억력이 좋다는 말이다.

피곤한 몸으로 집에 돌아온 나에게 우리 딸아이는 “놀아 줘! 놀아 줘!”, “사 줘! 사 줘!” 노래를 부른다. 결국 방바닥에 앉아 블록맞추기, 그림 그리기를 함께 한다. 밥이 차려지면 먹고 바로 일어나서 서재에 가고 싶은데, 현실은, 딸아이를 먹여 주면서 밥을 먹고, 남은 반찬 차곡차곡 냉장고에 넣고, 행주로 식탁정리를 한다. 그렇게 하고 잠깐 TV를 보러 소파로 갈 때면 아내의 볼멘 소리가 가끔 등 뒤로 들린다. “오빤 설거지는 잘 안 하더라.”

이래저래 하다 보면 야근을 하지 않는 날에도 책상에 앉으면 11시가 다 된다.

성연아, 아빠 다녀오셨어요? 해야지 2

딸아이와 하는 가장 흔한 대화가 있다.

"성연아, 아빠 좋아하지?"
"응."
"얼마나 좋아해?"
"많이."
"얼마나 많이?"
"아~주 많이."
"아~주 얼마나 많이?"
"하늘, 땅만큼! 아빠 그만 좀 해!"

일요일 아침 원고를 정리하는 지금도 내 무릎에는 우리 딸아이가 앉아서 밋밋한 신데렐라와 백설공주 그림에 색깔을 부여해 주고 있다.

"아빠도 색칠해. 응?"
"아빠, 성연이는 신데렐라 옷 색칠하니까, 아빠는 이거 성 색칠하라고."
"아빠, 왜 성 안 색칠해?"

"아빠, 책 만들어?"
"응."
"아빠, 무슨 책 만들 거야?"
"성연아, 무슨 책 만들까?"
"하트 책, 아니면 결혼 책. 그러면 하트가 있을 거 아냐."

딸아이의 녹색건축물 | 집에서 굴러다니던 것을 우연히 발견한 그림이다. 가르치지도 않았는데, 원근법을 적용한 2소점 투시도를 그렸다. 옥상녹화를 했고, 건물마다 하트가 있다. 사랑이 넘치는 녹색건축물이다.

소소한 사건과 사고는 모두 행운의 부적이라 생각했다

합격과 불합격의 결과에서 따라오는 차이가 워낙 크기 때문에 수험생은 심리적으로 예민해지기 쉽다. 집중해야 하는데 조금이라도 이를 해치는 상황이 발생하면 짜증스럽기 마련이다.

학습시간이 중요하지만, 얼마나 밀도 있게 공부를 하느냐가 더 중요하다. 집중할 수 있는 여건을 만드는 것이 관건인데, 이를 위해서는 심리적 안정감이 필요하다. 하지만, 예민한 수험생에게 소소한 사건이라도 일어나면 심리적으로 불안정해지기 마련이다.

나는 좋아하는 필기구가 몇 가지 있다. 이유는 모르겠으나, 필기구를 자주 잃어버리곤 했다. 신경이 쓰이는 건 사실이지만, 연연하지 않으려고 마음을 다스렸다. 건축사시험 당시에도 시험 보기 며칠 전 부모님이 주신 의미가 있는 컵을 떨어뜨려 깨뜨린 적이 있었는데, 부정 탄다거나 하는 마음을 두지 않았다. 그 이유 때문은 아니겠지만, 그해 건축사시험에 합격했다.

아빠가 책상에 앉아 공부한다고, 딸아이도 작은 의자를 옆에 두고 앉아서 함께 공부하는 시늉을 했다. 나는 책을 보고 딸아이는 그림책을 펴서 색칠을 하곤 했는데, 그러다가 나에게 장난을 걸고 싶어서 노트 한켠에 그림을 그리거나 낙서를 하곤 했다. 그래도 딸아이가 조심스럽게 글씨가 써 있는 부분은 피해서 낙서를 했고, 정리노트의 내용을 볼 수 없게 되는 상황이 발생하지는 않았다. 너무나 사랑스러웠고, 조금은 정리노트가 지저분해졌지만 딸아이가 나에게 주는 행운의 부적이라 생각했다.

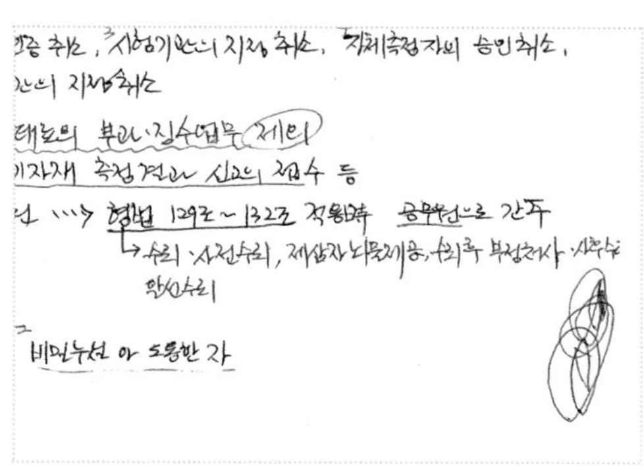

딸아이의 낙서1 | 행운의 부적이다.

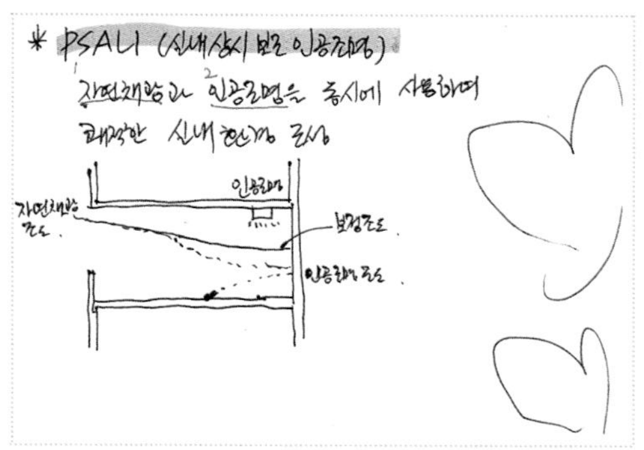

딸아이의 낙서2 | 평소에는 하트를 큼지막하고 예쁘게 그리는데, 혼날 줄 알았는지 소심하게 그렸다.

정리노트: 짐이 될 것이냐? 신의 한 수가 될 것이냐?

학원청강을 하면서 시작한 노트필기는 공부하는 내내 족쇄였다. 시간도 많이 걸리고, 누락된 범위 없이 노트를 만들어야 하는 부담감도 컸다. 학습방법을 바꿔서 공부할까도 생각했지만, 중간에 바꾼다는 것이 말처럼 쉽지 않았다. 결국 꾸역꾸역 정리노트를 만들어 갔다. 동영상강의도 듣고, 노트필기도 하니, 늦게 시작한 공부가 한없이 더디기만 했다. 결국 1차시험 때까지 학원이 제공한 전체 동영상강의의 30% 밖에 수강하지 못했다. 동영상강의량이 심하게 많아서 수강률이 낮긴 했지만, 진도가 느린 건 부정할 수 없는 사실이었다.

정리노트를 만든다는 것은, 단순히 노트에 필기만 하는 개념이 아니었다. 동영상강의를 교재와 함께 집중해서 듣고, 분석하고, 요약해서 필기하는 일련의 과정이었다. 이 과정은 결과적으로 집중해서 공부하는 효과가 있었다.

쌓여 가는 노트를 보면서 진도가 차곡차곡 쌓여 감을 알 수 있었고, 뿌듯함도 늘었고, 마음도 안정되었다. 항상 수험을 대비해서 공부를 할 때마다 느끼는 것이, 속도가 더디더라도 꾸준히 하다 보면 어느 순간 실력이 일취월장하는 것을 깨달을 때가 온다는 것이다. 이번 시험에는 그 상황이 너무 늦게 나타나는 바람에 애를 태우긴 했지만.

동영상강의량과 강의진도는 감당하기가 정말 힘들었다. 18%이던 학습진도율(= 수강강의수 ÷ 업로드강의수)이, 오늘 하루 열심히 해서 20%를 채우면 다음날 새 강의가 여럿 업로드되어 학습진도율이 다시 18%로 내려가는 식이었다. 재생속도를 1.5배로 한들 소용이 없었다. 내려오는 에스컬레이터를 거꾸로 오르며 역주행하는 느낌이었다.

아직도 학습범위를 채우지 못했다

학습범위를 골고루, 비슷한 밀도로 공부하고 싶었다. 하지만, 시간부족과 나의 더딘 공부속도 때문에, 전체 학습범위를 한 번이라도 봐야겠다고 마음을 고쳐 먹었다. 학원은 기본서·문제풀이집·최종요약집 순으로 교재를 줄기차게 발간했다. 앞서 진행 중이던 교재가 마무리되지 않은 상황에서 새 교재를 시작하는 것은 엄두를 낼 수 없었다. 막판에는 기본서와 문제풀이집은 과감히 포기하고, 최종요약집과 그동안 만들어 왔던 정리노트만으로 공부를 했다.

차시	강의명	주요강의내용	시간	진도	학습하기	횟수
1차시 (2013.10.16) 관계법규①	1. 제1편 에너지법 (0:59:54)	에너지법①	34:54	학습전	수업듣기	0
		에너지법②	25:00	학습전	수업듣기	0
2차시 (2013.10.17) 건축환경①	2. 제1편 건축계획일반 (1:50:42)	건축계획일반 핵심정리	46:30	학습전	수업듣기	0
		건축계획일반 종합예상문제	20:35	학습전	수업듣기	0
		Passive 건축계획 핵심정리	11:45	학습전	수업듣기	0
		Passive 건축계획 종합예상문제	11:55	학습전	수업듣기	0
		건물에너지 해석 핵심정리	13:53	학습전	수업듣기	0
		건물에너지 해석 종합예상문제	6:04	학습전	수업듣기	0
3차시 (2013.10.18) 설비시스템①	3. [제2편 건축전기설비 이해 및 응용]1. 전기기초공학 (3:40:34)	전기의 기본법칙①	33:00	학습완료	수업듣기	1
		전기의 기본법칙②	20:58	학습완료	수업듣기	1
		전기의 기본법칙 종합예제문제	17:30	학습완료	수업듣기	1
		회로이론①	37:29	학습완료	수업듣기	1
		회로이론②	35:30	학습완료	수업듣기	1
		회로이론 종합예제문제	43:52	학습전	수업듣기	0
		변압기	15:13	학습완료	수업듣기	1
		변압기 종합예제문제	17:02	학습전	수업듣기	0
4차시 (2013.10.21) 에너지절약①	4. 제1편 건축물의 에너지절약 설계기준① (3:58:15)	총칙①	39:51	학습완료	수업듣기	1
		총칙②	25:49	학습전	수업듣기	0
		총칙③	31:56	학습전	수업듣기	0
		총칙④	39:51	학습전	수업듣기	0
		총칙 종합예제문제	19:45	학습전	수업듣기	0
		에너지절약 설계기준에 관한 기준①	36:02	학습전	수업듣기	0
		에너지절약 설계기준에 관한 기준②	34:43	학습전	수업듣기	0
		에너지절약 설계기준에 관한 기준 종합예제문제	10:18	학습전	수업듣기	0
5차시 (2013.10.23) 관계법규②	5. 제2편 녹색건축물 조성지원법 (1:34:24)	녹색건축물 조성지원법①	29:05	학습전	수업듣기	0
		녹색건축물 조성지원법②	27:10	학습전	수업듣기	0
		녹색건축물 조성지원법③	38:09	학습전	수업듣기	0
6차시 (2013.10.24) 건축환경②	6. 제2편 열환경계획① (2:43:30)	건물외피계획 핵심정리①	41:35	학습전	수업듣기	0
		건물외피계획 핵심정리②	23:58	학습전	수업듣기	0
		건물외피계획 종합예제문제	25:43	학습전	수업듣기	0
		단열과 보온계획 핵심정리	32:53	학습전	수업듣기	0
		단열과 보온계획 종합예제문제	10:58	학습전	수업듣기	0
		부위별 단열설계 핵심정리	13:21	학습전	수업듣기	0
		부위별 단열설계 종합예제문제	15:02	학습전	수업듣기	0
7차시 (2013.10.25) 설비시스템②	7. [제2편 건축전기설비 이해 및 응용]2. 전원 · 동력설비 (2:49:28)	전원설비	37:52	학습완료	수업듣기	1
		전원설비 종합예제문제	33:28	학습전	수업듣기	0
		동력설비①	33:21	학습완료	수업듣기	1
		동력설비②	14:05	학습완료	수업듣기	1
		동력설비 종합예제문제①	25:20	학습전	수업듣기	0
		동력설비 종합예제문제②	25:22	학습전	수업듣기	0
8차시 (2013.10.28) 에너지절약②	8. 제1편 건축물의 에너지절약 설계기준② (2:53:27)	건축, 기계, 전기, 신재생부분 에너지성능지표	29:57	학습전	수업듣기	0
		건축, 기계, 전기, 신재생부분 종합예제문제	8:33	학습전	수업듣기	0
		에너지절약계획서 작성 및 검토, 완화기준 등에 관한	28:37	학습전	수업듣기	0
		에너지절약계획서 작성 및 검토 등에 종합예제문제	6:38	학습전	수업듣기	0
		건축물 에너지 소비 총량제 관한 사항	18:48	학습전	수업듣기	0
		건축물 에너지 소비 총량제 관한 사항 종합예제문제	7:44	학습전	수업듣기	0
		단열재의 등급 분류 및 이해	8:00	학습전	수업듣기	0
		단열재의 등급 분류 및 이해 종합예제문제	3:25	학습전	수업듣기	0
		지역별 역관류율	22:39	학습전	수업듣기	0
		지역별 역관류율 종합예제문제	5:44	학습전	수업듣기	0
		열관류율 계산 및 응용	11:50	학습전	수업듣기	0
		열관류율 계산 및 응용 종합예제문제	4:14	학습전	수업듣기	0
		냉난방용량계산	13:01	학습전	수업듣기	0
		냉난방용량계산 종합예제문제	4:17	학습전	수업듣기	0

동영상강의 목록 | 동영상강의량이 어마어마하고 강의진도가 너무 빨라서 감당하기가 정말 힘들었다.

도구 이야기 1: 수험기간

평소 책상에서, 그리고 시험장에서 필요한 도구가 있다. 공부하는 매 순간 마주치는 것이 교재이고, 동영상강의 화면이며, 학습도구이기 때문에, 도구선택은 신중히 하되, 빨리 결정하고, 결정하고 나서는 될 수 있으면 바꾸지 않아야 한다. 나는 그렇게 하지 못했지만.

수험용 도구: 수험기간

- **필기구**: ① 메모 @ 교재: 4색볼펜(검정 · 파랑 · 빨강 · 초록)
  ② 필기 @ 정리노트: 4색볼펜(검정 · 파랑 · 빨강 · 초록), 형광펜(하늘색 · 분홍)
  ③ 문제풀이: 샤프 · 지우개
- **계산기**
- **스프링제본**
- **연습장** (이면지를 집게로 집은)

공부하면서 샤프 · 지우개는 기본적으로 필요한 도구이고, 나는 특별히 4색볼펜(검정 · 파랑 · 빨강 · 초록)과 형광펜(하늘색 · 분홍)을 많이 사용했다. 처음에는 시험삼아 여러 색상의 볼펜과 형광펜을 사용했는데, 차츰 학습체계가 잡히면서 각 필기구의 쓰임이 명확해져 갔다.

필기구는 교재와 정리노트에 맞춰서 사용패턴이 정해졌다. 교재에서 중요한 부분은 빨강볼펜으로 표시하고, 설명을 넣을 때는 성격에 따라 파랑과 초록을 번갈아 사용했다. 노트필기를 할 때는, 기본적으로 검정 볼펜으로 필기를 하고, 형광펜으로 마킹했다. 출제기준의 주요항목 중 중요사항에 해당하는 '작은제목'은 하늘색으로, '핵심사항'은 분홍으로 마킹했다. 추가적으로 중요한 부분은 빨강볼펜으로 표시하고, 부연설명 부분은 파랑과 초록볼펜을 사용해서 노트했다.

회사에서는 업무로, 집에서는 공부로 계산기를 써야 했다. 2년 전 건축사시험을 준비하는 과정에 회사에서 계산기를 잃어버리고 새로 장만했는데, 또 잃어버릴까 봐, 새로 산 계산기는 집에 모셔 두었다. 회사와 집의 두 계산기가 버튼 크기·배열이 달라서 적응하기가 어려웠다. 결국 시험이 닥쳐서는 사무실과 집을 오가며 계산기 하나만 쓰면서 버튼 누르기에 익숙해지는 연습을 했다.

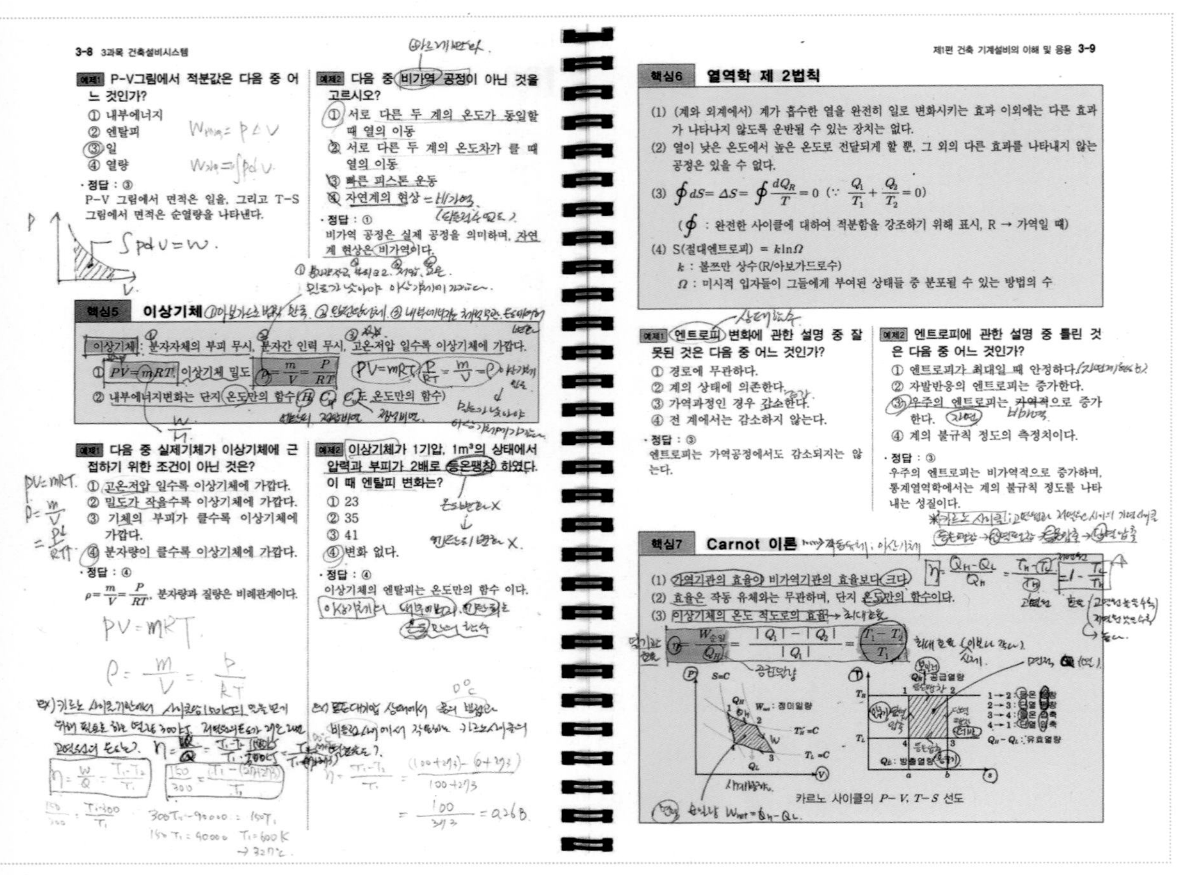

3-8 3과목 건축설비시스템

예제1 P-V그림에서 적분값은 다음 중 어느 것인가?

① 내부에너지
② 엔탈피
③ 일
④ 열량

· 정답 : ③
P-V 그림에서 면적은 일을, 그리고 T-S 그림에서 면적은 순열량을 나타낸다.

예제2 다음 중 비가역 공정이 아닌 것을 고르시오?

① 서로 다른 두 계의 온도가 동일할 때 열의 이동
② 서로 다른 두 계의 온도차가 클 때 열의 이동
③ 빠른 피스톤 운동
④ 자연계의 현상

· 정답 : ①
비가역 공정은 실제 공정을 의미하며, 자연계 현상은 비가역이다.

핵심5 이상기체

이상기체 : 분자자체의 부피 무시, 분자간 인력 무시, 고온·저압 일수록 이상기체에 가깝다.
① $PV = mRT$, 이상기체 밀도 $\rho = \frac{m}{V} = \frac{P}{RT}$
② 내부에너지변화는 단지 온도만의 함수(H, C_p, C_v도 온도만의 함수)

예제1 다음 중 실제기체가 이상기체에 근접하기 위한 조건이 아닌 것은?

① 고온·저압 일수록 이상기체에 가깝다.
② 밀도가 작을수록 이상기체에 가깝다.
③ 기체의 부피가 클수록 이상기체에 가깝다.
④ 분자량이 클수록 이상기체에 가깝다.

· 정답 : ④
$\rho = \frac{m}{V} = \frac{P}{RT}$, 분자량과 질량은 비례관계이다.

예제2 이상기체가 1기압, 1m³의 상태에서 압력과 부피가 2배로 등온팽창 하였다. 이 때 엔탈피 변화는?

① 23
② 35
③ 41
④ 변화 없다.

· 정답 : ④
이상기체의 엔탈피는 온도만의 함수 이다.

제1편 건축 기계설비의 이해 및 응용 3-9

핵심6 열역학 제 2법칙

(1) (계와 외계에서) 계가 흡수한 열을 완전히 일로 변화시키는 효과 이외에는 다른 효과가 나타나지 않도록 운반될 수 있는 장치는 없다.
(2) 열이 낮은 온도에서 높은 온도로 전달되게 할 뿐, 그 외의 다른 효과를 나타내지 않는 공정은 있을 수 없다.
(3) $\oint dS = \Delta S = \oint \frac{dQ_R}{T} = 0 \ (\because \frac{Q_1}{T_1} + \frac{Q_2}{T_2} = 0)$
($\oint$: 완전한 사이클에 대하여 적분함을 강조하기 위해 표시, R → 가역일 때)
(4) S(절대엔트로피) = $k \ln \Omega$
k : 볼쯔만 상수(R/아보가드로수)
Ω : 미시적 입자들이 그들에게 부여된 상태들 중 분포될 수 있는 방법의 수

예제1 엔트로피 변화에 관한 설명 중 잘못된 것은 다음 중 어느 것인가?

① 경로에 무관하다.
② 계의 상태에 의존한다.
③ 가역과정인 경우 감소한다.
④ 전 계에서는 감소하지 않는다.

· 정답 : ③
엔트로피는 가역공정에서도 감소되지는 않는다.

예제2 엔트로피에 관한 설명 중 틀린 것은 다음 중 어느 것인가?

① 엔트로피가 최대일 때 안정하다.
② 자발반응의 엔트로피는 증가한다.
③ 우주의 엔트로피는 가역적으로 증가한다.
④ 계의 불규칙 정도의 측정치이다.

· 정답 : ③
우주의 엔트로피는 비가역적으로 증가하며, 통계열역학에서는 계의 불규칙 정도를 나타내는 성질이다.

핵심7 Carnot 이론

(1) 가역기관의 효율이 비가역기관의 효율보다 크다.
(2) 효율은 작동 유체와는 무관하며, 단지 온도만의 함수이다.
(3) 이상기체의 온도 척도로의 효율

$$\eta = \frac{W_{순일}}{Q_H} = \frac{|Q_1| - |Q_2|}{|Q_1|} = \frac{T_1 - T_2}{T_1}$$

카르노 사이클의 $P-V$, $T-S$ 선도

스프링제본 | 책을 펼쳐보기가 편하고, 반으로 접는 효과가 있어서 만원 지하철에서 보기에 안성맞춤이다.

교재는 분책을 해서 스프링제본을 했다. 분책을 하면 책두께를 원하는 대로 조절할 수 있고, 스프링제본을 하면 책을 펼쳐보기가 편하고 반으로 접는 효과가 있어서 만원 지하철에서 보기에 안성맞춤이었다. 교재의 챕터마다 두께가 다양해서 어느 선에서 분책할지는, 매 순간의 고민거리였다.

도구 이야기 2: 시험당일

시험당일 준비물을 잘 챙기는 것은 두말할 것 없이 중요하다. 수험표와 신분증은 기본이다. 1차시험과 2차시험의 큰 차이점이, 1차시험은 답안을 검정 컴퓨터용사인펜으로 OMR카드에 표시하고, 2차시험은 답안을 볼펜으로 쓰는 것이다. 두 시험 모두 샤프·지우개·계산기 등은 필수 준비물이다. 무엇보다 손목시계를 꼭 준비해야 한다. 예전에 다른 시험을 치를 때 시험장에 시계가 없거나, 시험장 시계의 시간이 정확하지 않아 애를 먹은 적이 있었다. 그래서 손목시계를 전날 밤에 지갑 위에 올려놓고 일어나서 확실히 챙겨서 시험장에 갔다.

감독관이 틈틈이 시간을 알려 준다 하여도 본인이 알고 싶을 때 바로 알 수 있는 것이 마음이 편하고, 시간관리도 원활히 할 수 있다. 시험당일 교실에 시계가 있더라도 시계를 보다 보면 감독관과 눈이 마주치는 경우가 있는데, 딱히 잘못한 것도 없이 기분이 개운하지 않다. 손목시계를 꼭 준비하길 '강추'한다.

수험용 도구: 시험당일

- **수험표 · 신분증**
- **필기구**: 문제풀이(샤프 · 지우개)
  답안작성(1차시험: 검정 컴퓨터용사인펜, 2차시험: 검정볼펜)
- **계산기**
- **손목시계**
- **기타**: 여행용티슈 · 물

모의고사 이야기 1

모의고사는 문제유형과 시험시간과 시험장분위기에 익숙해지는 데 유용한 훈련이고, 응시생 중에서 나의 실력을 파악할 수 있는 좋은 기회다.

동계올림픽의 장거리 스피드 스케이팅 경기에서 두 선수가 같은 위치가 아닌 정반대 레인에서 출발하는 것을 TV를 통해 봤을 것이다. 바로 옆에서 경주를 하지 않기 때문에, 코치가 매 바퀴마다 선수에게 신호를 보낸다. 상대선수보다 빠르면 체력안배를 하든지 더 치고 나갈 수 있고, 느리면 쫓아가기 위해 분발할 것이다.

모의고사가, 1차시험에는 학습진도와 학업성취도를 파악하는 데 도움이 됐다. 매 모의고사마다 성적이 향상되었는데, 공부가 착착 잘 진행되고 있음으로 해석했다. 2차시험은 다른 수험생의 수준과 나의 위치를 파악하는 데 좋은 기회였다. 2차시험 모의고사가 한 번으로 끝난 것이 못내 아쉽긴 했으나, 점수는 낮아도 비율 상으로 합격권이라는 나름의 판단을 했고, 남은 기간 동안 자신감을 가지고 공부에 정진할 수 있었다.

모의고사는 학업성취도와 나의 위치를 파악할 수 있는 좋은 기회였고, 다행히 모의고사의 점수나 석차 비율이 나쁘지 않았던 상황이 심리적으로 안정감을 얻는 계기가 되었고, 이 또한 슬럼프에 빠지지 않게 했던 원인 중 하나가 아닐까 싶다.

모의고사 이야기 2

앞서 1차시험 모의고사는 학습진도와 학업성취도를 파악하는 좋은 기회였다고 밝혔다. 나의 실제 모의고사 점수 추이와 실전시험에서의 점수를 토대로 학습진도를 분석해 보겠다. 괄호는 석차비율이다.

모의고사 점수 변화추이와 실전점수 (괄호: 석차비율)

구분	모의고사			실전(12월1일)
	1회(9월16일)	2회(10월28일)	3회(11월18일)	
1과목(법규)	35점 (73%)	40점 (64%)	65점 (13%)	65점
2과목(환경)	65점 (43%)	85점 (1%)	85점 (23%)	75점
3과목(설비)	25점 (93%)	40점 (38%)	55점 (38%)	65점
4과목(에너지)	55점 (54%)	65점 (41%)	80점 (20%)	90점
평균점수	45점 (80%)	57.5점 (29%)	71.25점 (25%)	73.75점

각 과목별 점수 변화를 살펴보자. 초록으로 표시한 것은 내 점수이고, 파랑으로 표시한 것은 모의고사에 응시한 수험생의 평균점수이다.

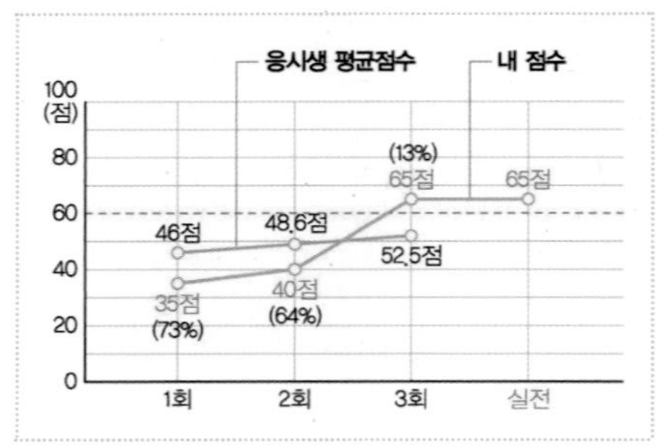

1과목: 건물에너지관계법규

시간이 지남에 따라 상승곡선을 그리긴 했으나, 건축법 외에는 대부분 생소한 법규였고, 각 법령마다 암기량이 많고, 유사한 듯하면서도 구별해야 할 내용이 많아 점수를 끌어올리는 데 한계가 있었다.

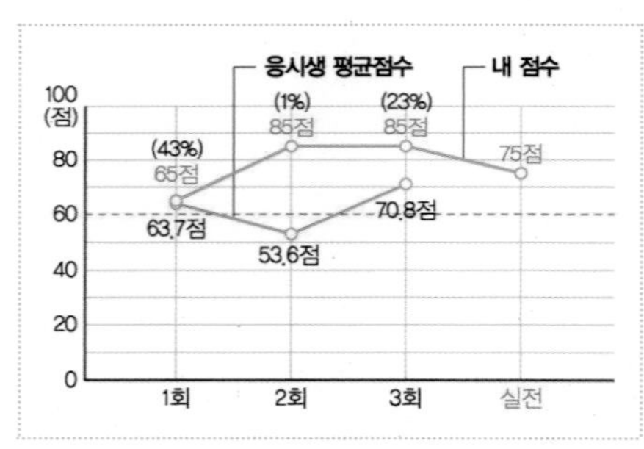

2과목: 건축환경계획

전공분야여서 그런지 다른 과목에 비해 시작이 덜 부담스러운 과목이었고, 학습진도에 따라 점수도 상승했다. 그러나 막상 실전에서는 헛갈린 부분이 많아서 애를 먹었다. 깊이 있게 공부하지 않은 이유일 거다.

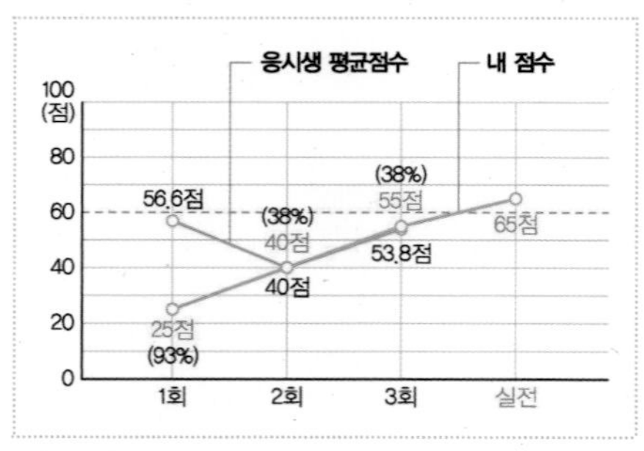

3과목: 건축설비시스템

기계설비시스템은 기본이론에서 미리 질려 버려서 진도가 나가질 못했고, 점수상승도 더뎠다. 과락을 면하는 것이 목표였다. 건축분야 출신에게 가장 벅찬 과목이다. 다행인 건 2차 실기시험에서는 한 번 본 내용이어서 조금 익숙해졌다.

4과목: 건물에너지효율설계 · 평가

평소 설계실무를 하면서 건축물에너지절약계획서를 작성하기 때문에 어느 정도 익숙함이 있었고, 학습량이 다른 과목에 비해 적어서 부담이 덜했다. 공부를 하는 만큼 점수가 상승하는 전략과목이다.

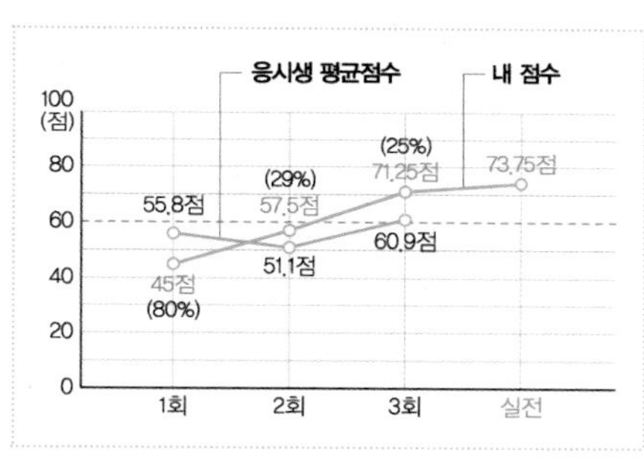

평균점수

시간이 흐르면서 학습진도에 따라 모의고사 점수도 상승했다. 2회에 57.5점이던 점수가 3회에 71.25점으로 많이 상승했지만, 석차비율은 29%에서 25%까지 오르는데 그쳤다. 경쟁 수험생의 학업성취도가 함께 높아졌음을 짐작할 수 있다.

드디어 결전의 날이다 : 1차시험

시험전날, 미리 생각해 두었던 준비물 이것저것을 챙겨서 가방에 넣어 두었다. 수험표 · 신분증 · 필기구(특히 컴퓨터용사인펜) · 샤프 · 지우개 · 필통 · 계산기 · 정리노트 · 손목시계 · 여행용티슈 등.

결전의 날 아침

아침에 작은 보온물병과 귤 몇 개를 챙겼고, 시험직전에 먹기 위해 '자유시간'(나는 아몬드가 들어간 걸 좋아한다)을 구입하려고 이리저리 헤매면서 편의점을 겨우 찾았다. 단것을 먹으면 머리회전이 잘된다는 말을 들어서이다.

시험장으로 지하철을 타고 가면서 정리노트를 읽었다. 평소엔 침대에서 자고 있을 일요일 아침이라 몽롱한 상태에서 잘 읽히진 않았다.

1차시험은 건국대학교에서 치러졌다. 학교가 넓기도 하거니와 시험장이 교정 안쪽 깊숙이 있어서, 그렇지 않아도 차가운 12월의 떨리는 날 아침에 시험장을 찾아가는 일도 고역이었다.

막상 시험장에 도착하니 내가 첫 번째 입장이었다. 대학교 강의실이었는데, 강의실 내에 시계가 없었다. 회사동료 P가 같은 시험장에서 시험을 치렀는데, 손목시계를 준비하지 않아 시험 중 은근히 신경이 쓰였나 보다. 합격했으니 망정이지, 시험장에서는 소소한 것도 크게 느껴질 수 있으니, 준비를 잘해 둬야 한다.

화장실도 몇 번 가고, '자유시간'도 먹고, 귤도 까먹고, 책상에 앉아서 정리노트를 읽어 내려가는데, 참 기분이 묘했다. 시험을 경험한 지 30년이 훨씬 더 됐건만, 시험장의 분위기는 적응이 되질 않았다. 정리노트를 읽어 내려가는 족족 단어들이 머릿속에서 지워지는 듯한 느낌이 영 개운치 않았다. 하지만, 계속 읽을 수밖에 없었다.

문제지는 집에 가져가는 거 아니었어?

시험장에 오기 전부터 나의 시나리오는 이랬다. 시험이 끝나면 답안이 표시된 문제지를 들고 집에 간다, 집에 도착해서 학원 홈페이지를 열면 모범답안이 떠 있고, 다음날은 해설강의도 뜬다, 나는 채점을 하고 합격인지 불합격인지를 단번에 안다.

시험이 시작하기 전 시험감독관이 주의사항을 알려 주면서, 답안지와 함께 문제지를 회수하겠다고 했다. 그럼 어떻게 답안을 맞추라는 거지? 1차시험 합격자발표는 12월 30일이고, 2차시험이 2월 23일인데, 합격자발표까지 점수도 모르고 빈둥거리다가 50일만 공부하라고?

게다가 설 연휴에, 동계올림픽까지 있는데?

아무튼 깊이 생각할 겨를도 없이 시험 시작을 알리는 벨이 울렸다. 1차시험은 80문제인데, 2시간 동안 문제를 한 번 풀고, 검토를 한 번 하기에도 상당히 벅찼다. 답안을 OMR카드로 옮겨 써야 하는 부담감도 있었다. 마음이 들뜬 건 아닌데, 알차게 본 것도 아니고, 아무튼 매가리 없이 시험을 치렀다. 2시간은 정말이지 빨리 흘러갔다.

주워듣기로, 다른 시험의 경우 학원이 문제복원을 위해 아르바이트생을 고용하기도 한다는데, 이번 시험에는 학원이 그런 대비를 못한 것인지, 아니면 주워들은 것이 뜬소문인지, 학원의 문제복원은 시간이 많이 걸리기도 했고, 정확하지도 않았다.

회사동료 한 명은 수험표 뒷면에 본인이 쓴 답을 적어서 학원의 답안과 맞춰 보며 채점을 했고, 바로 합격을 예상했다. 나는 어떤 답을 골랐는지 기억이 나지 않는 문제가 많았고, 예상점수 범위가 광대역 수준이었다. 합격자발표일까지 3주일 내내 마음만 졸였다. 떨어질지도 모르는 상황에 다음 단계를 진행할 수 없었다.

2차시험 준비를 위해서 학원을 알아보거나, 교재를 선택하는 일이 영 내키지 않았다. 합격여부가 미궁에 빠진 터라 공부를 한들 집중이 될 리 없었다. 그렇다고 모든 걸 포기하고 여행이라도 떠날 만큼의 배짱도 없었다. 녹화방송보다 생방송을 선호하듯이, 결과만 보는 것보다 기다리는 과정을 은근히 즐겼는지도 모르겠다.

학원마다 문제복원에 혈안이었다. 이 상황을 대비하지 못해서인지, 문제복원 속도가 매우 더뎠고, 수험생들의 기억력에 호소하는 분위기였다. 문제와 예상답안이 인터넷게시판에 올려졌지만, 문제의 지문이 완성되지 않은 것이 많았고, 객관식보기 4개 중 답안이라고 예상되는 보기만 올리다 보니, 내가 쓴 답안이 도통 기억나질 않았다.

기억나지 않는 문제만 열 개다

객관식의 보기가 모두 보여지면 생각이라도 나련만, 답을 무엇으로 썼는지 기억나지 않는 문제만 열 개다. 매가리 없이 시험을 치른 결과였다. 집중해서 봤으면 이렇게 기억 못할 수 있을까? 채점결과 최저 58.75점, 최고 71.25점이다. 한 문제만 기억이 나면 합격일 거 같은데, 도저히 생각이 나질 않았다. 합격자발표 예정일이 3주일 넘게 남았는데, 무기력하게 하루하루를 보내는 상황이었다.

두세 문제는 학원과 나의 답안이 서로 달랐는데, 그렇다고 내가 틀린 것 같지도 않았다. 정답이 두 개일 수도 있겠다는 생각이 들었다.

시험이 있은 후 며칠간 수험페이지를 통해 출제문제에 대해 의견을 개진하는 기간이 있었다. 나는 답안이 두 개라고 생각되는 문제에 대해 의견을 적어서 올렸다.

학원들은, 합격자 발표예정일보다 보름 정도 앞서 2차 실기시험을 대비해서 개강을 했다. 1차시험에 불합격할 경우 환불해 주겠다는 조건까지 나왔다. 2차시험일이 두 달밖에 남지 않았기 때문에, 학원들은 모두 '고go'를 외치고 있었다.

떨어질지도 모르는 상황에, 2차시험 준비를 할 마음의 여유가 생기질 않았다. 합격자발표만을 손꼽아 기다렸다. 건축물에너지평가사 시험을 보겠다고 여기저기 알리고 다녔으니, 떨어지면 무지 창피할 일만 남게 생겼다.

합격! 하지만 새로운 고민이 발목을

"시험문제를 공개해라.", "합격자발표를 빨리 해라." 민원이 빗발쳤다. 한국에너지공단은 1차시험 합격자발표를 당초계획인 12월 30일에서 일정을 당겨 발표하겠다고 밝혔다. 결국 예정보다 10일을 당겨서 합격자발표를 했다. 사실인지는 모르겠으나, 카페의 어느 회원이 말하길, 합격자발표가 있는 날 순간적이나마 네이버 검색순위 1위가 '건축물에너지평가사'였다고 한다.

카페의 게시판에는 여러 의견들이 올라왔다. 보통 합격자발표를 월요일 오전에 하는데, 주말 전인 금요일 오후 늦게 발표하는 것은 발표 이후 민원제기를 방지하기 위한 조치가 아니냐는 '음모론'도 있었다. 당일 오후 5시에 발표하겠다고 했다가 내부 시스템 오류로 지연되어 결국 5시 40분쯤 합격자발표를 했다. 홈페이지를 열고 로그인해서 떨리는 마음으로 합격여부를 확인했다.

'합격'.

'73.75점'.

의외로 점수가 잘 나왔다. 기억이 나지 않았던 열 문제는 모두 맞추고, 한 문제를 더 맞춘 것 같다. 아무래도 중복답안이 있지 않았나 싶다. '4지선다'라는 말이 중복답안을 포함하는 뜻이던가?

합격을 기다리면서 그렇게도 마음을 졸였건만, 정작 합격의 감흥은 오래 가지 않았다. 곧바로 2차시험을 준비해야 하는데, 어느 학원을 선택할지 결정하지 못해서다. 2차시험과 관련해서 각 학원의 자료를 읽고, 오리엔테이션 강의를 들어 보아도 딱히 판단이 서질 않았다. 학원을 바꿀 것이냐? 말 것이냐? 고민에 고민을 했다. 합격자발표가 있은 후 2주일 동안 고민을 하다 결국 결정을 했다. 교재의 폰트와 강의스타일에 익숙한 기존학원의 동영상강의를 듣기로.

결과적으로 1차시험이 끝나고 35일이나 공부는 안 하고 무기력하게 보내다가 2차시험일까지 50일을 남기고 공부를 시작하게 됐다. 시험공부는 시험이 끝남과 동시에 다 잊어버리는 동서고금의 진리가 있는데, 1차시험 이후 많은 날이 지났기 때문에, 새로 하는 거나 다름없었다.

1월 첫째 주 금요일 저녁에 학원사무실까지 찾아가서 동영상강의 신청을 하고, 교재도 직접 받아왔다. 금쪽같은 주말을 허송세월할 수는 없어서다. 동영상강의를 열었더니, 1차시험을 시작할 때와 마찬가지로 학원은 진도가 너무 많이 나가 있었다. 기본서 세 권 중 벌써 첫 번째 권이 끝난 상태였다. 시작부터 '벅참'이 제대로 느껴졌다.

학원은 합격자발표 1주일 전에 개강을 했는데, 발표 이후에도 2주일을 허비했으니, 결과적으로 3주일만큼 진도가 처진 것이었고, 남은 7주일 동안 만회를 해야 했다. 소치동계올림픽·설 연휴·'별에서 온 그대'를 극복하면서.

2차시험을 준비하면서 가장 먼저 한 일이, '예상문제 리스트'를 만드는 것이었다. 시작이 늦었기 때문에 학습범위를 빨리 파악하자는 차원이었다. 1차시험 정리노트(A4용지로 100페이지 정도 된다)를 펼쳐 놓고, 이를 2차시험의 출제기준 세부항목에 맞춰 분류를 했다.

'예상문제 리스트'를 만들었다

예상문제 리스트를 만들고 나니, 2차시험에 대한 전체적인 윤곽이 그려졌다. 나만의 착각일 수 있겠는데, 그때는 그렇게 느껴졌다.

다른 한편으로 예상문제 리스트에 한계가 있었던 것이, 1차시험 정리노트를 기준으로 만들었기 때문에 정리노트 자체의 범위와 내용의 한계가 그대로 드러났다. 키워드 위주의 정리여서 계산문제와 도면제시문제에 대해서는 대응하기 어려웠다. 그럼에도 불구하고, 리스트를 만든 덕에 전체 학습범위에 대한 감이 잡혔고, 시간이 촉박함으로 인한 불안감이 어느 정도 해소됐다. 심리적인 안정감을 되찾는 계기가 되었으며, 이는 늦게 시작한 공부에 대한 충분한 보상이 되었다.

2차시험이 끝나고 난 후, 출제된 문제 중에서 '예상문제 리스트'에서 출제된 비중을 확인해 보니 50% 정도였다.

"출제기준" 분석 → 예상문제 도출

에너지절약설계기준 "의무사항" "에너지성능지표" …→ "출제기준" 단계 파악 → 예상문제 도출

■건축물에너지평가사 실기(Y2014)

연번	분야	문제	답안	비고
1	건축계획	건축환경조절(실내환경제어)	①자연형 조절(Passive Control): 건축(배치, 단열, 미기후) ②설비형 조절(Active Control): 고효율기자재 ③효과(그래프) ④신재생에너지	
		제로에너지 빌딩	①정의 ②건물부하 저감(80%) ③시스템효율 향상(8%) ④신재생에너지 활용(12%) ⑤통합유지관리	
		기후지역별 자연형조절기법	①한랭기후 ②온난기후 ③고온건조기후 ④고온다습기후	
		Passive House 인증 성능기준	①난방에너지요구량 ②냉방에너지요구량 ③기밀성능 ④1차에너지요구량 ⑤전열교환기 효율 ⑥시뮬레이션: PHPP	
		기후요소	①정의 ②기온 ③습도 ④바람 ⑤강수량 ⑥일사량 ⑦기후인자+다이어그램(육지, 바다)	
		열쾌적지표	①유효온도(ET) ②수정유효온도(CET) ③신유효온도(ET*) ④표준유효온도(SET) ⑤불쾌지수 ⑥건구온도, 습구온도	
		패시브 디자인 요소	①배치 ②건물형태 및 단면 ③공간프로그램 및 실내계획 ④외피계획 ⑤조경계획 ⑥다이어그램	
		자연형태양열시스템(패시브태양열시스템)	①기본원리 ②특성 ③종류 및 특징 ④다이어그램	
		설비형태양열시스템(액티브태양열시스템)	①기본원리 ②특성 ③종류 및 특징 ④다이어그램	
		패시브 쿨링	①기본개념 ②방안	
		건물에너지 해석	①목적 ②건물에너지 해석단위 ③건물에너지해석시 영향을 주는 설계인자 ④종류(정적해석법/ 동적해석법)	
		교토의정서	①정의 ②감축대상가스 ③감축수단: 청정개발체제(CDM), 배출권거래제도(EF), 공동이행제도(JI)	
		온실효과	①기본개념 ②다이어그램 ③영향 ④온실가스 ⑤대처방안	
		일사획득 최소화 방안	①기본개념 ②남향 배치 ③식재(남측, 서측) ④차양 ⑤백색외벽마감 ⑥단열 ⑦맞통풍 ⑧단면 다이어그램	
		건물생체기후도	①정의 ②그래프 ③활용성	
		옥상녹화	①기본개념 ②상세도 ③효과 ④장단점	
2	열환경	열전달	①전도 ②대류 ③복사	
		건물의 전열과정	①정의 ②종류(열전도, 열전달, 열복사) ③열관류 단면도 ④열전달율 ⑤열전도율 ⑥열전달저항 ⑦열관류율(낮을수록 단열성능 우수)	
		벽체의 온도구배	①개념 ②단면상세 ③계산식 ④온도구배 사례(필요 단열재 두께 확인)	
		열관류율 계산: 부위별 열전달율 확인	①열관류율=열전달저항의 역수 ②외벽 ③최상층 ④최하층 ⑤바닥난방(중간바닥, 최하층)	
		단열/ 단열재 종류	①정의 ②단열재 종류: 저항형, 반사형, 용량형 ③단열공법: 내/ 중/ 외단열 ④열교 ⑤단열에 의한 에너지절약	
		단열계획(내단열, 외단열)	①내단열: 단면상세(+온도구배)/ 특징/ 적용부위/ 단점/ 방습층 ②외단열: 단면상세(+온도구배)/ 특징/ 장점	
		열교현상	①개념 ②효과 ③발생 부위 ④단면상세(내단열) ⑤조치: 단열재 연속 설치	
		단열재 기준	①단열재 등급 ②지역별, 부위별 열관류율 기준(지역구분: 중부, 남부, 제주) ③지역별, 부위별 단열재 두께 기준 ④표면 열전달저항(별표5)	
		손실 열량	①구조체를 통한 손실 열량 ②환기에 의한 손실 열량 ③에너지절약 설계방안(구조체: K, A, Δt 작게, 환기: Q 작게(고기밀), Δt 작게)	
		기밀성능기준 및 용어	①기밀성능기준(기밀성능 읽는 방법) ②기밀성능 용어: 침기, 누기, 환기	
		습공기 표시 단위	①건구온도, 습구온도, 노점온도 ②절대습도, 상대습도, 수증기분압 ③엔탈피, 현열비	
		습공기선도	①정의 ②구성요소 ③습공기선도 그래프 ④활용 ④공기: 가열/ 냉각 효과 ⑤상대습도 100%	
		결로	①정의 ②종류: 표면결로(발생, 대책), 내부결로(발생, 대책) ③원인 ④결로 제거 방법: 환기, 난방, 단열, 방습층	
		일사	①개념 ②일사의 강도(다이어그램) ③일사량 ④계절별 일사량(그래프)	
		일사조절계획	①방위계획 ②형태계획: S/F비, S/V비, 장단변비 ③일사차폐계획: 창, 차양 ④인동간격	
		창호설계 가이드라인(+패시브 가이드)	①창호 ②창호성능요소 ③계획요소: 향, 창면적비, 차양, 조명제어 ④창호성능 개선 기술	
		차양계획	①열획득 차감방법 ②종류: 가변여부, 설치위치, 방위별 ③에너지성능지표 기준(남측, 서측 창호의 80% 이상 적용시 배점 부여)	
		차폐계수, 태양열 획득계수	①차폐계수 정의, 단위 ②낮을수록 우수 ③태양열 획득계수 정의, 단위 ④낮을수록 우수	
		유리의 종류 및 특성	①개요 ②유리관련 성능계수 ③투명유리 ④복층유리⑤로이유리 ⑥반사유리, 저반사유리 ⑦망입유리 ⑧칼라유리	
		Time-Lag, Decrement Factor	①Time-lag 정의 ②Decrement Factor 정의 ③열용량과 타임랙 ④활용	
		창호성능 개선방안	①필요성 ②창호단열기본원리 ③창호성능개선기술	
		자연채광방식	①정의 ②주광 ③채광창 ④측창 ⑤정광창	
		주광설계지침	①기본사항 ②세부 주광설계지침	
		아트리움	①정의 ②원기능 ③부가기능 ④설계시 고려사항	
		설비형 자연채광방식	①개요 ②태양광 추미방식 ③덕트형 자연채광방식 ④홀라이트 ⑤광화이버 ⑥광선반 ⑦적용 분야	
3	공기환경	환기	①역할 ②종류 ③실내공기 오염원 ④환기량, 환기회수 정의, 단위 ⑤환기기준 ⑥실내공기성능기준 ⑦필요환기량 산정식	
		환기방식 종류	①자연환기(풍력환기, 중력환기) ②강제환기(제1종, 제2종, 제3종) ③하이브리드 환기 ④다이어그램	
		자연환기(패시브 디자인)	①연돌효과: 원인, 문제점, 조치, 장점 ②벤츄리효과: 베르누이 정리, 활용기법 ③맞통풍 ④나이트퍼지	
		연돌효과	①개념+다이어그램 ②원인 ③장점 ④문제점 ⑤발생장소 ⑥작용방향 ⑦조치방안	
		나이트퍼지	①정의+다이어그램 ②종류 ③축열체 ④기후조건 ⑤효과	
		필요환기량 산정	①정의 ②필요환기량 산정식: CO2 농도/ 분진, 유해가스/ 온도상승/ 수증기/ 발열 ③환기회수	
4	냉난방 부하계산	난방부하(손실 열량)	①종류(다이어그램): 건물외피(구조체) 열손실, 환기 열손실 ②난방부하 계산식: 구조체, 틈새바람	
		냉방부하(현열, 잠열 구분)	①종류(다이어그램): 실부하, 외기부하, 설비부하 ②냉방부하 계산식: 유리창, 구조체, 틈새바람, 실내발생열	
		부하계산 설계조건	①기본개념 ②용도별 난방, 냉방 기준 ③중앙관리 공조설비 기준 ④외기조건(위험률, 지역별 외기 기준)	
		에너지소요량	①단위면적당 에너지요구량 ②에너지소요량 ③1차에너지소요량: 개념/ 산식 ④1차에너지 환산계수	
5	설비원론	열역학법칙	①0법칙 ②1법칙 ③2법칙 ④3법칙	
	·열역학	현열, 잠열		
	·연소	이상기체		
	·유체역학	Carnot 이론		
		Rankie 사이클		
		공기표준 Otto 사이클(가솔린), 디젤		
		성능계수		
		발열량		
		유체의 연속방정식		
		뉴턴의 점성법칙	①개념 ②산식 ③단위	

예상문제 리스트 | 1차시험 정리노트를 기준으로, 2차시험 출제기준에 맞춰 예상문제와 답안의 키워드를 정리했다. 리스트를 만드니, 전체 학습범위에 대한 감이 잡혔고, 심리적인 안정감을 되찾았으며, 늦게 시작한 것에 대한 보상이 되었다.

이번에도 수업진도를 쫓아가기가 벅찼다

1차시험처럼 2차시험 역시 늦게 시작했고, 그래서 이번에도 동영상강의 진도를 쫓아가는 것이 관건이었다. 형사는 범인을 쫓는 게 힘들겠지만, 수험생은 수업진도를 쫓는 게 정말 힘들다.

공부를 많이 하고 나서 전국모의고사에 응시하고 싶었으나, 2차시험 공부를 시작한 지 3주도 되지 않아 모의고사를 치렀다. 그것이 처음이자 마지막 모의고사인 것이 두고두고 아쉬웠다. 하지만, 2차시험에 임해서는 1차시험 때보다 더 뚜렷한 '합격'이라는 목표의식이 있었고, 녹록하지 않은 여건 속에서 학습의지를 불살랐다. 다행히 동영상강의 업로드 속도가 1차시험에 비해서는 덜 빨랐고, 그래서 무던히 쫓아갈 수 있었다.

동영상강의실에는 1차시험 당시 제공된 기초이론 관련 동영상강의가 다시 업로드되었다. 나는 기초이론은 포기하고, 2차시험 동영상강의만 열심히 파고들었다. 2차시험에는 전체 251개 강의 중 207개를 청취했다. 82%의 학습진도율이다. 진도율 100%에 복습도 했어야 하는 거 아니냐고 핀잔을 받을지 모르겠는데, 당시에 50일간 207개의 강의를 듣는 것도 나로서는 엄청난 성과였다.

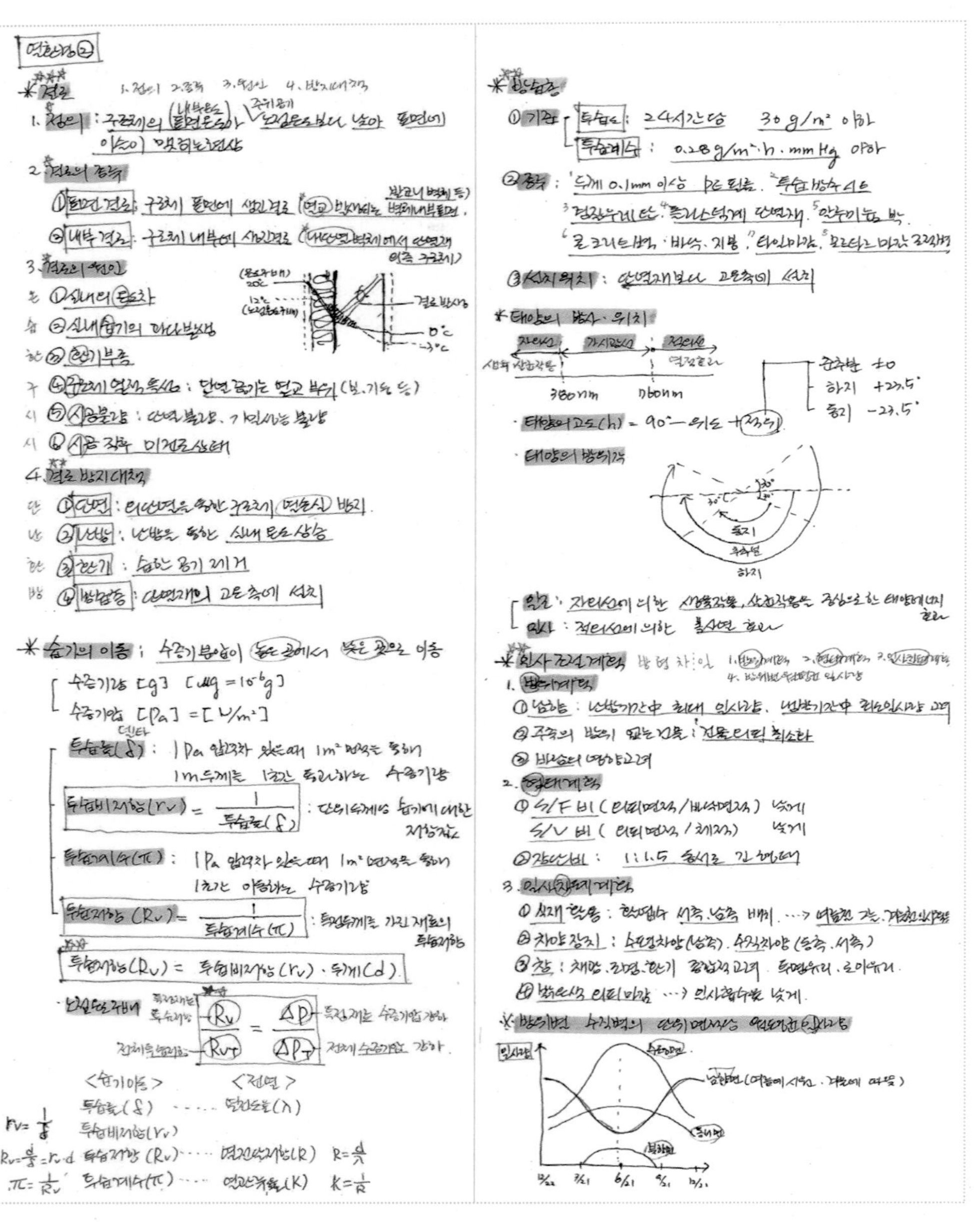

2차시험 정리노트 | A4용지를 세로로 반을 접어 2단편집 하는 식으로 구성했는데, 만원 지하철에서 들고 다니기에 수월했고, 읽기에도 편했다.

정리노트: 다시 한 번 짐이 될 것이냐? 신의 한 수가 될 것이냐?

공부방법을 바꾼다는 것이 쉽지 않았다. 1차시험 당시 공부했던 것처럼, 2차시험에도 정리노트를 만들면서 공부를 했다. 2차시험이 1차시험의 법규를 제외하고, 그 내용이 대체로 중복되기 때문에, 1차시험에 만들었던 노트를 활용할 수 있었다.

1차시험 당시에는 정리노트를 잘 만들었다고 생각했는데, 2차시험을 준비하면서 다시 보니, 많이 부족해 보였다. 다듬고, 조정할 필요가 있었다. 그래도 한 번 해 둔 것이 있으니, 어느 정도 도움이 된 건 분명했다. 1차시험 정리노트는 어설펐지만, 이를 토대로 2차시험 정리노트는 한층 업그레이드될 수 있었다.

2차시험의 정리노트는, 중요사항을 키워드 개념으로 설명하는 형식인데, 이는 예상문제와 서술형답안의 구성이 되었다. 예상문제에 해당하는 '작은제목'은 하늘색 형광펜으로 '마킹'하고, 서술형답안에 해당하는 세부내용 중 '핵심사항'은 분홍 형광펜으로 '마킹'했다. 일관성 있는 마킹은 전체구성을 명확하게 하고, 시각적으로 정리되어 보였고, 가독성을 좋게 만들었다. 복습하기에 딱 좋았다.

서술형답안 작성을 고려하면서 노트를 만들다 보니, 노트내용이 1차시험보다 간결해졌다. 내용이 간결해져서 종이에 여백이 많아졌는데, 종이를 경제적으로 사용하기 위해 A4용지를 반으로 접어서 노트를 만들었다.

의도한 건 아닌데, 반으로 접은 것이 A4용지 전체를 펼쳐서 보는 것보다 만원 지하철에서 들고 다니기에 수월했고, 읽기에도 편했다. 이번 자격시험은 준비과정에 의도하지 않은 소소한 성과들이 있었던 것이 참 기분 좋았다.

모의고사 이야기 3

2차시험 공부를 시작한 지 3주일이 지나 학원이 주관하는 전국모의고사가 있었다. 시험일이 한 달이 채 남지 않은 시점이었다. 공부한 건 정말이지 별로 없었지만, 용기를 내어 모의고사에 응시했다. 답을 한 줄이라도 쓸 수 있을까 하는 걱정이 컸다. 시험문제를 보니, 어디선가 본 듯한 내용도 있고, 전혀 새로운 것도 있고, 계산문제는 공식이 알쏭달쏭했다. 뭐든 제대로 풀 만한 문제는 없었다. 그래도 열과 성의를 다하여 모의고사 시간을 꽉 채우며 문제를 부지런히 풀었다.

뭐라도 답을 쓰면 괜히 내가 맞춘 것 같은 착각이 들곤 한다. 시험을 보고 나서 내심 100점 만점에 50점은 나오지 않을까 기대를 했다. 결과를 보니 점수가 36점이었고, 등수는 답안 제출자 71명에서 20등(석차비율 28.2%)이었다. 점수는 실망스러웠으나, 등수는 희망을 주는 숫자였다. 정답을 맞췄다고 생각했던 계산문제들은 줄줄이 틀렸는데, 계산기 두드리는 연습이 부족했던 것 같다. 이 경험은 계산기 사용을 신중히 해야겠다는 각오를 다지는 좋은 계기가 되었다. 계산기를 정확히 조작해서 답을 맞췄다면 10등 안에는 들 수 있는 성적이었다.

모의고사에 응시자는 많았는데, 답안지를 제출하지 않은 사람이 아주 많았다. 나의 석차는 71명 중 20등이지만, 답안지 미제출자를 포함한 학원 전체 수강생 400여명 중 20등에 해당한다고 생각했다. 그렇게 하면 석차비율이 약 5%의 계산이 나온다. 물론 실력자 중 모의고사에 참여하지 않은 수험생도 있고 독학하는 수험생도 있겠지만, 나에게 유리한 방향으로 생각했다.

1차시험 전체 합격인원이 1,172명이므로, 이 인원이 모두 2차시험에 응시한다고 가정할 때, 석차비율 5%를 적용하면, 석차가 58~59등 정도다. 못해도 100명은 뽑을 테니, 합격범위 안에는 들겠구나 하는 판단이 섰고, 자신감을 가질 수 있는 계기가 됐으며, 조금은 마음 편하게 공부할 수 있었다. 어떻게든 점수만 60점까지 끌어올리자고 다짐했다.

실제 2차시험에서 내 점수는 61점이다. 1급 합격자가 95명인데, 그 중 60점 합격자가 15명 정도라고 한다. 동점자를 고려해서 내 등수가 7~80등 정도라고 가정하면, 1급 응시자 1,000여 명 중 석차비율은 약 7~8%이다. 학원 모의고사에서 석차 5%였는데, 실전에서 7~8%이니, 모의고사에 참여하지 않은 숨은 실력자를 감안할 때, 등수는 비슷하거나 조금 떨어진 것으로 보여진다. 나는 36점에서 61점까지 점수를 끌어올렸는데, 많은 수험생들도 막판에 스퍼트를 열심히 했나 보다. 소치동계올림픽·설 연휴·'별에서 온 그대'를 극복하면서.

모의고사 이야기 4

회사동료 P는 2차시험 모의고사 시험날에 계산기를 가지고 오지 않아 시험시간 중에 스마트폰에 계산기 어플리케이션을 깔면서 문제를 풀었다. 스마트폰에 계산기 기능이 있는데, 왜 계산기 어플리케이션을 깔았냐고 물으니, "핸드폰은 공학용 계산기가 안 되잖아."라고 하는 거다. 핸드폰을 세로·가로로 움직이며 보여 줬다. "세로로 하면 일반계산기, 가로로 하면 공학계산기!"

평소에 똑똑한 사람도 수험생이 되면 어리숙해지기 마련이다. 예전에 건축사시험을 준비할 때, 모의고사 문제의 글귀를 자꾸 잘못 보고 틀리는 바람에 안과를 찾은 적이 있다. 의사선생님은 정상이라며, 걱정 말라고 했다. 마음이 불안한 게 문제였다.

1차시험은 객관식이니까 찍어서라도 답안을 제출할 수 있지만, 2차시험은 주관식이어서 모르는 문제는 답안을 작성할 수 없다. 모의고사에 많은 사람이 응시했지만, 시험중간에 포기하고 나가는 사람이 꽤 있었고, 남아 있던 응시자들조차 시험종료 후 답안지를 제출하지 않는 사람도 많았다. 의외였다. 다들 열심히 준비를 했을 텐데 답안지를 제출하지 않고 나가 버리다니. 그만큼 답안쓰기가 만만치 않았으리라.

나는 공부한 것도 별로 없었고, 답안을 쓰기도 무척 난감하고 민망했지만, 끝까지 남아서 문제를 풀고 답안지를 작성했다.

내 점수야 그렇다고 치고, 다른 수험생들의 수준이라도 알고 싶어서 꾸역꾸역 답안을 써서 제출했다. 공부를 하든지 안 하든지, 아는 문제가 있든지 없든지 항상 시험시간은 부족하다. 시간이 빠듯하게 겨우 답안지를 제출할 수 있었다.

명절 연휴는 밀린 학습진도를 채울 수 있는 좋은 기회이기도 하면서, 오히려 평일보다 공부를 못할 가능성도 많다. 부모님댁에 가서 명절 준비를 도와야 하고, 처가에도 인사를 드려야 하며, 명절이라고 들떠 있는 딸아이와도 잘 놀아 줘야 한다.

설 연휴는 약이냐? 독이냐?

1차시험에는 추석이 시험일까지 두 달 반 정도 여유가 있어서 추석연휴를 공부와 담을 쌓고 지내도 특별히 부담될 것이 없었다. 하지만, 2차 실기시험은, 설연휴가 시험일까지 3주 정도밖에 남질 않았고, 공부를 워낙 늦게 시작했기 때문에 설 연휴는 나에게 밀린 진도를 쫓아가기 위한 절호의 찬스였다. 공부를 하지 않는다면 남들보다 오히려 뒤처지겠지만.

결과는 '그럭저럭'. 밀린 진도를 쫓아가는 건 실패했지만, 그나마 학습감각은 유지할 수 있었다. 설날 부모님댁에 책을 바리바리 싸 들고 가서 조금이라도 틈이 나면 책을 들춰 보려고 했는데, 쉽지 않았다.

설날음식과 차례상 차리는 것을 도와드렸다. 차례상에 놓을 밤을 까면서도 머릿속은 온통 '책 봐야 하는데.' 생각뿐이었다. 장모님께는 죄송하지만, 처가에서 저녁밥만 먹고 집으로 왔고, 연휴의 마지막 날은 책상에 앉아서 공부할 수 있었다.

소치올림픽도 소치올림픽이지만

이번 소치동계올림픽은 김연아 선수 경기만 보기로 마음을 굳게 다짐했는데, 결국은 실패했다. 어찌어찌 하다 보니 동계올림픽경기를 개막일부터 폐막일까지 계속 보게 됐다. 스피드스케이팅·컬링·쇼트트랙·피겨스케이팅 등. 소치와 한국의 시간차가 절묘하여, 한국의 초저녁 시간에 그날의 경기가 시작했다. 조금만 관심을 가지면 초저녁부터 다음날 새벽까지 쭉 올림픽을 볼 수 있었다. 스피드스케이팅 단체추발경기가 이렇게 재미있는 줄 이번에 처음 알았다.

다들 그렇듯이 나 또한 어려서부터 공부를 하다가도 하기 싫으면 별의별 핑계를 대서 딴짓을 하곤 했다. 괜히 손톱깎이를 찾고, 뉴스만 본다고 하다가 드라마까지 보고. 이번에도 공부 안 하려고 핑곗거리를 일부러 찾아 헤매는 사람이 돼 버렸다.

드라마라는 것이 참 그렇다. 스치듯 지나치면 그냥 지나가게 될 것을, 조금만 주의를 기울여서 보면 빠져들어서 눌러앉아 보게 되는 것이 드라마다. '별에서 온 그대'에 배우 전지현이 출연한다는 것은 익히 알고 있었지만, 솔직히 내가 좋아하는 배우도 아니고, 스쳐가듯 채널을 돌릴 때는 잘 모르고 있다가, 주변 사람들이 하도 재미있다고 하여 아내와 한 회를 봤는데, 이것이 구렁텅이에 빠지는 시작이었다.

수요일·목요일의 '본방사수'는 물론이고, 앞부분의 줄거리가 궁금해서 '다시보기'를 통해 1회부터 모든 회를 모두 다 봤다. 채널을 돌리다가 재방송이 나와도 또 보고.

'천송이와 도민준'. 중국에 새로운 한류 붐을 일으켰다는데, 나의 건축물에너지평가사 공부에도 지대한 영향을 미치셨다. 정말이지 일이 번거롭게 될 뻔했고, 수험생들에게 "쏴~ 리."하셔야 한다. 시험에 떨어졌으면 소치올림픽과 드라마 때문이라고 했을 텐데, 합격했기 때문에 공부하는 데 기분전환이 되는 청량제였다고 해야 할까?

설계변경에 실시납품에

회사생활을 하다 보면 시험준비과정에서 예견되지 않은 돌발변수가 생겨서 공부를 멈추거나 일정을 조정해야 하는 순간이 종종 생긴다.

건축물에너지평가사 자격시험을 준비하던 시기는 7년 가까이 진행하던 주거복합프로젝트의 실시설계를 마무리하는 단계였다. 그리고, 분양을 앞두고 모델하우스축조와 관련된 업무가 진행되다 보니 소소한 설계변경이 발생하게 되어, 실시설계와 설계변경업무를 동시에 진행하는 상황이었다.

전에는 회사일이 바쁘다는 핑계로 건축사시험을 몇 번이나 후순위로 미뤘었다. 원서접수를 하고도 시험장에 가지 못한 적도 여러 번 있다. 그렇다고 보상을 받은 것은 아니다. 나는 건축물에너지평가사를 포기할 생각이 추호도 없었고, 아무리 바빠도, 야근을 해도, 다음날 컨디션이 어떻게 되든, 집에 오면 서재에 가서 책을 폈고, 밀린 동영상강의를 꾸역꾸역 들었다.

도서관 도전하기

도서관이 공부하기에 좋은 장소라는 것은 누구나 잘 아는 사실이다. 그런데 하지 않던 일을 새로 하려고 하면 마음먹는 것도 쉽지 않고, 마음을 먹게 되더라도 행동으로 옮기려면 한 번 더 고비를 넘겨야 한다. 좋은 줄은 알았지만, 이만저만하다 보니 안 가게 되었고, 계속해서 집에서만 공부를 했다. 집에서 하는 공부의 불합리성과 비효율성이 계속 노출됨에도 불구하고.

시험을 앞두고 마지막 3일은 시험공부에 올인하기로 했다. 회사에 산적한 일을 생각하면 그럴 여유가 있는 건 아닌데, 여기까지 왔으니 마지막을 원 없이 '진하게' 하자는 다짐을 했다. 목요일·금요일 이틀간 휴가를 내고, 토요일까지 3일간 모든 것을 쏟아 붓기로 굳게 다짐했다.

다시 한 번 선택을 해야 했다. 집에서 공부할 것이냐, 한 번도 가보지 않은 도서관에서 할 것이냐? 집에 있으면 괜스레 TV를 켜 보거나 침대에 눕곤 했기 때문에 그런 유혹이 없는 도서관에 가기로 했다. 도서관에 가면 TV도 없거니와, 엄숙한 분위기 때문에라도 책상에 앉아 공부하게 되지 않을까 기대를 했다.

지금은 다른 곳에서 살고 있는데, 시험을 치를 당시 살던 동네에 이사 온 지 6년 만에 처음으로 동네도서관에 갔다. 첫 방문이라 우선 도서관 회원증을 발급받고 나서 열람실로 향했다. 생각보다 도서관 시설이 참 좋았다. 규모가 큰 건 아닌데, 각종 열람실(성인열람실·학생열람실·노트북열람실·책을 읽어 주는 열람실도 있다)이 아기자기하게 채워져 있었다. 무료인 것도 마음에 들었다. 세금 낼 만하다는 생각이 오랜만에 들었다.

'장소'에서 풍기는 분위기가 있다. 체육시설은 활기참이 느껴지고, 교회나 사찰에서는 경건함이 느껴진다. 그래서 장소의 성격에 맞춰서 설계를 잘해야 하는데, 아무튼, '도서관'이라는 장소에서의 분위기는 '면학'이다. 쾌적한 시설과 열람실의 면학분위기는, 내가 의자에 엉덩이를 딱 붙이고 지긋이 책을 보도록 만들어 줬다.

평일인데도 도서관에는 열심히 공부하는 젊은이들이 참 많았다. '청년실업, 청년실업' 하는데, 도서관에서 이 사실을 '레알' 느낄 수 있었다. 사회는 고령화되는데, 똑똑하고 활동적이어야 할 젊은이들은 도서관에 박혀 있으니, 지금은 누가 우릴 먹여 살리고 있고, 앞으로는 누가 먹여 살리게 될지 걱정스러웠다. 하지만 정신차리고 내 걱정부터 해야 했다.

시작이 반이라고? 마지막이 전부다

'시작이 반이다.'라는 말이 있다. 무슨 일이든 시작이 어렵지, 일단 시작하면 일을 끝마치기가 어렵지 않다는 뜻이다. 하지만, 이번에 치른 건축물에너지평가사시험에서, 마지막 1주일, 그 중에서 도서관에서의 3일은 7개월 대장정의 백미였다. 숫자상으로도 전체학습시간에서 상당한 비율을 차지했고, '초집중'을 하면서 학습밀도를 끌어올렸으며, '시험장에서의 매니지먼트'를 위한 '이미지 트레이닝'을 했다. 나에게 마지막 1주일은 이번 시험의 전부나 마찬가지였다.

2차시험은 얼추 계산하면, 50일간 학습시간이 210시간 정도인데, 마지막 3일간 도서관에서 공부한 시간이 40시간 정도이니, 50일 동안 공부한 시간의 약 20%를 3일 동안 채운 것이다.

물론 1주일만 열심히 하면 합격이라는 말은 아니다. 평소에 꾸준히 공부하는 것이 합격가능성을 여는 것이라면, 마지막 1주일은 합격이 실현되게 만드는 기간이라 하겠다.

시험 보기 전날은 무리하지 말고, 컨디션조절을 하라고들 하는데, 나는 다르게 생각했다. 2차시험의 시험시간이 2시간 30분이다. 체력적으로 그리 부담스럽지 않은 시간이다. 나는 시험전날 더 열을 올려서 공부했다. 2차시험 전날은 밤 12시 도서관이 문을 닫을 때 나왔다.

3일간 도서관에서 공부한 내용은 다음과 같다.

마지막 3일간 공부한 내용

1. **정리노트 정독**
2. **정리노트 요약** (이건 하지 말았어야 했다)
3. **모의고사 문제풀이 2회**
4. **교재의 계산문제 풀기** (특히, 공조기 관련 각종 계산문제와 EPI 평점 관련문제)
5. **이미지 트레이닝**: "시험장에서 매니지먼트를 잘하자."

정리노트를 복습하면서 더 요약하고 싶은 충동이 생겼고, 그래서 요약작업을 했는데, 시간도 많이 잡아먹었고, 너무 제목 위주로 외우려는 상황이 되어서 내용에 대한 기억이 가물가물해지는 현상이 났다. 이건 하지 말았어야 했다.

학원에서 주기적으로 보내 준 모의고사가 6~7개 있었는데, 두 번 정도 문제를 풀었다. 문제를 푸는 것도 시간이 걸리지만, 답안지를 작성하는 데 한 문제당 2~3분이 훌쩍 흘렀다. 열 문제임을 감안하면 답안 작성시간이 2~30분이다. 그러니 2시간 30분의 시험시간 중 2시간 내에는 문제를 다 풀어야 했다.

도서관에서 공부하는 3일 내내 마음속으로 되뇐 것이 있다. '예상하지 못한 유형의 문제가 나올 것이고, 시간이 부족할 것이다. 침착하게 대응해야 하고, 문제를 덜 풀었더라도 시험종료 30분 전에는 무조건 답안지 작성을 시작해야 한다.'

다시 한 번 결전의 날: 2차시험

2차시험은 1차시험과는 분위기가 사뭇 달랐다. 결시생은 거의 보이질 않았고, 수험생 모두들 눈매가 또렷한 게 목표의식이 뚜렷해 보였다. 잠실의 한 중학교에서 시험을 치렀는데, 다들 드레스 코드를 맞춘 건지 검정 옷을 입은 것이 비장한 느낌마저 들었다. 나도 검정 점퍼를 입었다.

검정 옷 입은 사람들이 시험장을 가득 메웠다

시험이 끝나고 검정 옷을 입은 사람들이 우르르 쏟아져 나왔다. 나만 어려운 시험이 아니었나 보다. "시험문제가 어떻게 이럴 수 있느냐? 이러면 누가 합격하겠냐?" 불만을 토해 냈다.

시험이 끝날 때쯤, 아내와 딸아이가 시험장을 찾아왔다. 차에 올라탔더니, 아내가 "오빠한테 왜 이렇게 쉰내가 나?"이러는 거다. 의식하지 못해서 몰랐는데, 2시간 30분 동안 나는 내 몸의 모든 기를 내뿜고 있었던 거다. 쉰내가 날 정도로. 검정 옷을 입은 그들도 온몸의 기를 내뿜었겠지?

열 문제 내기로 한 거 아니었어?

시험감독관이 교실에 들어왔고, 문제지와 답안지, 그리고 도면을 나눠 주었다. 중학교의 작은 책상은 수험표와 신분증·볼펜·샤프·지우개·필통, 그리고 문제지와 도면, 이 모든 것을 올려놓기에 너무나 비좁았다. 시험 중에는 화장실을 갈 수 없다는 감독관의 말에, 시험 시작하기 전 화장실도 몇 번을 다녀왔다.

출제기준에 따르면 2차시험은 10문항이고, 문제유형은 서술·계산이다. 문제지에는 1번부터 10번까지의 문제가 써 있었지만, 많은 문제가 3-1. 3-2. 3-3 식의 작은 문제로 구성되었다. 문제 수로만 보면 큰 문제 10개, 작은 문제 20개인데, 작은 문제 내에서도 질문이 여럿이어서, 질문한 내용의 숫자로 보면 30개가 넘는다. 서술형이라고 하기엔 민망할 만큼 간단히 기술하는 단답형문제가 많이 출제되었다.

공조기 문제는 냉각코일부하 산정과정에서의 현열비·엔탈피·송풍량 등 단순계산문제가 아닌, 에너지절감량을 묻는 문제가 출제되었다. 원론적인 이론문제보다는 실무적이고, 응용력이 요구되는 문제가 출제되었다. 계산기를 사용해야 하는 문제가 많이 출제되었는데, 에너지성능지표에서 외벽 평균열관류율 평점을 구하는 문제는, 제시된 외벽이 꽤나 많아서 덧셈이 틀렸을까 봐, 몇 번이고 계산기를 두들겼다. 그 때문에 시간이 부족해서 한 문제는 아예 백지로 낼 뻔했다.

2시간 30분의 길지 않은 시간 동안 좁은 책상에서 문제지와 도면과 답안지를 오가며, 수많은 문제를 풀어 내고 답안을 작성하는 일은 엄청난 고역이었다.

무엇보다 마음의 안정을 유지하기 위해 마인드 컨트롤을 하고, 시간 확인을 빠짐없이 하고, 어떻게든 문제를 풀어서 답안을 써내려고 무던히 애를 썼다.

합격하고 싶다

나에게는 시험과 관련한 두 가지 징크스가 있다. 하나는, 한 번에 붙은 시험이 거의 없다는 사실이고(대학교·대학원·운전면허·건축사 시험 등), 다른 하나는, 마음먹고 제대로 공부해서 떨어진 시험도 없다는 것이다. 이번 시험은 두 가지 징크스 중 하나는 깨지는 시험이었다.

채점, 채점, 그리고, 또 채점

2차시험도 1차시험 때처럼 문제지를 걷어 갔고, 첨부도면까지 있으니, 제대로 된 문제복원은 불가능한 일이었다. 학원마다 다른 문제와 다른 배점과 다른 답안이 나왔다. 각 학원의 답안을 보면서 채점할 때마다 그 결과는 오르락내리락했고, 나의 마음도 함께 오르락내리락했다.

모 학원 게시판에 처음으로 2차시험 문제와 답안이 올라왔다. 내 기억과 다른 문제도 있고, 배점이나 답안 모두 정확해 보이지 않아서 대강 채점할 수밖에 없었다. 얼추 65~68점이 예상됐다. 마지막 15점짜리 문제는 시험장에서 나올 때부터 확실히 맞췄다는 확신이 있었고, 나에게는 든든한 보루였다.

다른 학원에서도 문제와 답안을 올렸는데, 좀 더 구체적이었다. 내가 문제를 잘못 본 것이 드러나기 시작했다. 점수가 차츰 내려갔다. 문제 글귀와 배점과 답안이 수시로 바뀌면서 공지되었다. 다시 한 번 나의 점수는 널을 뛰었다.

하루에도 몇 번이고 채점을 했다. 너그럽게도 하고, 엄격하게도 하고, 아주 객관적으로도 하고.

어려운 여건에 나름대로 열심히 했는데, 기대도 컸건만, 떨어지면 어쩌지 하고 자꾸만 걱정이 됐다. 다시 시험을 보면 잘 풀어낼 것 같다는 생각이 들긴 했으나, 그 어려운 공부를 한 번 더 시작한다는 생각을 하니 아찔했다. 내가 할 수 있는 건 시험당일 모두 쏟아 부었고, 현재 할 수 있는 건 채점이 잘되게 해 달라는 기도 말고는 딱히 없었다.

합격자발표 며칠 전 한 수험생이 학원게시판에 글을 올렸다. 마지막 10번 문제에 대한 학원의 답안이 잘못됐다는 것이었다. 공조용 송풍기 효율을 계산해서 에너지성능지표 평점을 구하는 문제였는데, 형식이 상이한 공조기이므로, 용량가중하여 계산한 효율로 배점을 구하는 것이 아니라, 각각의 효율에 따른 배점을 먼저 구한 후 용량가중하여 배점을 계산해야 한다는 거다.

나는 용량을 가중하여 나온 효율값으로 배점을 구했고, 학원의 해설도 그렇게 했기 때문에, 당연히 정답을 맞췄다고 생각했다. 얼마 후 학원의 답변은, 나를 좌절시켰다. '게시판에 글을 올린 수험생의 기억이 확실하다면 그 수험생의 답안이 정답이다.'라고 대답했다.

5점 짜리다.

가슴이 덜컹 내려앉았다.

다시 채점을 했다.

58점이다.

최대한 후하게 한다는 가정을 하고 다시 채점을 해봤다.

61점이다.

가슴이 콩닥콩닥했다.

지옥문턱까지 다녀왔다

합격자발표일 아침, 출근하자마자 컴퓨터를 켜고 한국에너지공단 수험게시판부터 봤는데, 아침 10시에 합격자발표를 하겠다는 공지가 떴다. 카페의 게시판에도 긴장감이 흘렀다.

평상시처럼 월요일 팀 미팅을 하고 나서 시계를 보니 9시 40분이다. 카페 게시판을 보니 뭔가 분위기가 심상치 않다. 합격자발표가 예정보다 빨리 났나 보다. 합격했다는 사람, 불합격했다는 사람, 점수는 왜 공개를 안 하는지 모르겠다는 불평도 있고.

부리나케 로그인을 해서 확인해 보니 'null'이다. 불합격인가? 하늘이 노랗다. 다시 카페 게시판을 봤다. 여기저기에서 'null'이 무슨 의미인지 모르겠다. 에러가 난 것 같다. 의견이 분분하다.

10시까지 시계만 보며 기다리다 다시 로그인했다.

'합격'.

'61점'.

턱걸이 합격이다.

아내와 부모님께 전화를 드리고 합격소식을 알렸다. 오랜만에 기분 좋은 소식이었다.

접수현황

신청구분	자격등급	원서접수일자	수수료	계좌번호	응시자격	입금여부	총점	합격여부	응시자격 적격여부
2차 실기시험	1급	2014-01-07	82,000원	기업은행:431-043733-97-298		입금완료	61	합격	적격
1차 필기시험	1급	2013-08-12	66,000원		건축사	입금완료		합격	적격

결과:2 (1/1) 1

※ 건축물에너지평가사 운영규정 제28조에 의거, 응시자격 "부적격"은 1차 필기시험 합격를 취소

합격여부 발표화면 | 자격등급·응시자격·총점·1차 및 2차시험의 합격여부·응시자격 적격여부 등이 표시되어 있다.

합격자 직무교육

2013년 건축물에너지평가사 자격시험에는 1차시험과 2차시험에 합격하고 응시자격 서류심사를 통과하더라도, 직무교육을 이수해야 자격증을 취득할 수 있었다. 합격자에 대한 직무교육이 두 달 동안 진행됐고, 모든 합격자가 직무교육에 참여했다.

직무교육 신청도 전쟁이다

건축물에너지평가사 최종합격자 발표일에 직무교육 일정도 함께 발표되었다. 1급을 대상으로 3회, 2급을 대상으로 1회가 진행되었다.

회사에서 진행하던 프로젝트의 일정과 개인적인 사정이 있기도 했고, 무엇보다 빨리 마무리하고 싶은 마음에 1차 교육을 신청해야겠다고 생각했다. 교육신청이 인터넷 홈페이지에서 선착순으로 진행한다는 사실은 안내를 통해 알고 있었다.

신청일 아침, 한국에너지공단의 자격시험 홈페이지에 들어갔다. 계속해서 키보드의 'F5'를 누르면서 인터넷 화면을 갱신해도 아무런 변화가 없었다.

내가 뭘 잘못 봤을까 하고 안내문을 다시 한 번 꼼꼼히 읽으니, 교육 관련 홈페이지 주소가 따로 있었다. 얼굴이 빨갛게 달아올랐다. 부리나케 해당 홈페이지로 가서 1차 교육신청 버튼을 클릭하니, 회원가입을 해야 했다. '큰일 났구나!' 하면서 회원가입을 열심히 했다. 가입이 완료된 건지, 안 된 건지 화면이 다음 단계로 넘어가질 않았다. 다른 아이디로 가입하려고 한참 인적 사항을 입력하다가 혹시나 하고 방금 가입한 아이디로 로그인을 시도했다. 들어가졌다. 교육신청을 클릭했다. 화면에는 '신청마감'이라는 글이 떴다.

한국에너지공단에 전화를 걸어, 다른 날짜는 교육을 받을 수 없는 사정이 있으니 선처를 바란다고 간곡히 부탁했다. 돌아온 답변이, 그쪽 화면은 아직 마감이 아니니 신청을 하라는 거다. 몇 번을 로그아웃하고 로그인을 해 봐도 내 화면에는 여전히 '마감'이었다. 한국에너지공단은 마감되지 않았다고 하고, 나는 마감돼서 못한다고 하고 서로 옥신각신했다. 조치를 취했으니 다시 한 번 로그아웃한 후 신청해 보라고 했다. 로그아웃을 하고 신청화면을 보니, 신청이 가능하다. 그래서 로그인을 했다. '신청마감!' 이게 무슨 시츄에이션이란 말인가? 한국에너지공단에 전화번호를 남기면서 꼭 연락을 주어야 한다고 신신당부를 했다.

10분쯤 지났을까? 한국에너지공단에서 연락이 왔고, 문제를 해결했으니, 다시 신청하라고 했다. 나는 한 번 숨을 고른 후, 로그인을 해서 교육신청 버튼을 눌렀다. 신청이 됐다!

소문으로는 8분 만에 1차 교육신청이 마감됐다는데, 나의 경우를 봐서는 20여 분 만에 마감된 것 같다. 12분 동안 에러가 났고, 그 와중에 신청이 됐다. 나는 시험에서 운 좋게 합격을 했고, 교육신청도 우여곡절은 있었으나, 운 좋게 원하는 날짜로 할 수 있었다.

직무교육이 다가 아니다

직무교육을 받으면서 건축물에너지평가사 자격시험과 관련된 이야기를 들었다. 국토교통부나 한국에너지공단 모두 첫 번째 치러진 시험의 결과에 관심과 걱정이 많았다고 한다. 출제된 문제가 어려웠던 점을 어느 정도 인정했고, 그만큼 합격자의 수준이 높다는 것을 잘 인식한다고 말했다. 출제위원은 본인이 해당하는 분야만큼은 문제난이도가 적정했다고 판단할 수 있겠으나, 건축·기계·전기·신재생 4개 분야를 한꺼번에 소화해야 하는 수험생 입장으로는 어려울 수밖에 없는 시험이었다.

직무교육은 월요일부터 금요일까지 진행됐다. 첫날은 건축물에너지평가사 관련제도와 역할에 대한 국토교통부와 한국에너지공단의 설명과 토론이 있었고, 건축물에너지효율등급 평가 프로그램(ECO2: 에코투)에 대한 설명도 있었다. 나머지 4일 동안 에코투의 교육과 실습이 진행됐고, 교육 마지막 날은 평가가 있었다. 두 번씩이나 어려운 시험을 치렀는데, 자격증을 받기 전에 또 시험이라니, 정말 험난한 여정이었다.

에코투 교육은, 도면(개요 · 배치도 · 평면도 · 입면도 · 단면도 · 창호도 · 형별 성능내역 · 입면전개도 · 전등도면 · 장비일람표 · 덕트계통도 · 배관계통도 등)을 읽어서 도면에 표시된 값을 그대로 입력하거나, 계산을 해서 얻은 환산 값을 입력해서 프로그램에 의해 연산된 결과값(단위면적당 에너지요구량 · 에너지소요량 · 1차에너지소요량 등)으로 건축물에너지효율등급을 판정하는 과정이었다.

도면과 장비일람표를 읽어서 해석하는 일이 2차시험 문제를 푸는 것보다 훨씬 어려웠고, 처음 접하는 프로그램이라 모니터 화면 구성에 대한 적응이 쉽지 않았고, 입력하는 과정 모두가 생소했다. 에너지관련 실무를 하는 실력자들이 꽤 보였는데, 나는 아는 게 별로 없어서 질문도 많이 하고, 메모도 아주 열심히 했다.

연습과제는 두 가지였는데, 공동주택 1개 동(80여 세대)과 사무소 건물 1동이었다. 입력존 · 입력면 · 난방기기 · 난방공급기기 · 냉방기기 · 신재생에너지 · 열관류율 등을 도면과 장비일람표를 보면서 그 내용을 하나하나 부지런히 입력했다.

직무교육의 분위기를 알려 주자면, 커리큘럼은 강도가 상당히 높았고, 강사님도 열심히 교육했다. 하지만, 수강생은 그보다 강도가 훨씬 셌다. 예리한 질문이 계속 쏟아져서 진도가 제대로 나가지 못할 정도였다. 들은 바에 의하면, 2차와 3차 교육에는 강사님을 당황하게 하는 질문공세가 더 많았다고 한다.

전문가로서의 능력과 의욕을 엿볼 수 있는 기회였고, 관련부처와 기관도 그것을 충분히 느꼈을 것이다. 교육과정에서 합격자끼리 서로 배려하고 도와주는 모습도 보기 좋았다. 교육이 끝나고, 며칠이 지나 자격증이 우편으로 날아왔다. 날짜를 따로 잡고 자리를 마련해서 격식 있는 자격증 수여식이었으면 더 의미가 있었을 것 같다.

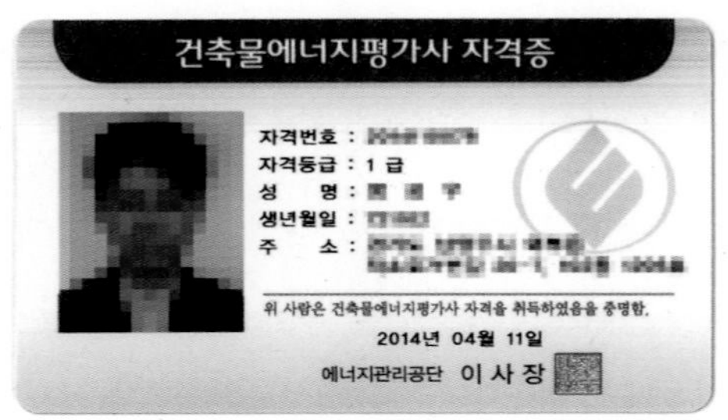

자격증 전면 | 자격번호·자격등급 등이 표시되어 있다.

자격증 후면 | 교육기간·교부·갱신일자 등을 기록하는 칸이 있다.

2015년 5월 29일 새롭게 개정된 녹색건축물조성지원법이 시행되면서 녹색건축물조성지원법 시행규칙(시행 2015.5.29) 부칙 제2조 '한국에너지공단이 시행한 건축물에너지평가사 자격취득자에 대한 특례'에 따라 민간자격 건축물에너지평가사의 국가자격 전환을 위한 교육이 6월 4일과 5일 이틀에 걸쳐 진행되었다.

국가자격 전환교육

건축물에너지평가사의 국가자격 전환교육은, 국가자격제도 시행에 따른 후속조치이기도 하고, 새로 시행되는 녹색건축물조성지원법에 따라 시행되는 건축물에너지효율등급 인증관련 업무공백을 최소화하기 위한 조치의 의미도 있다. 녹색건축물조성지원법 제17조 제3항에 의거, 건축물에너지효율등급 인증평가업무는 국가자격 건축물에너지평가사가 수행하여야 하기 때문이다.

자격전환교육은 6월과 10월 두 차례 예정 공고되었고, 건축물에너지평가사 108명 중 80여명이 1차교육에 참가했다. 1일차에는 건축물에너지효율등급 인증제도, 건축물에너지효율등급 평가 입력요소에 대한 교육이 있었다. 2일차에는 녹색건축정책과 건축물에너지평가사 제도에 대한 설명이 있었다.

교육? 시험?

국가자격 전환교육의 프로그램에 건축물에너지효율등급 평가 프로그램인 ECO2(에코투)의 실습이 있었다. 말이 '실습'이지, '시험'이라는 이야기를 들었었기 때문에, 없는 시간을 내어 몇몇 건축물에너지평가사와 함께 짬짬이 연습을 했다.

직무교육 당시 에코투를 처음 배우고 1년을 넘게 프로그램을 사용하지 않다 보니, 많은 것이 새로웠지만, 이내 익숙해졌고, 공부가 나름 재미있었다.

'시험장'은 호텔 볼룸이었는데, 어둑어둑한 데다 도면의 글씨가 워낙 작아서 애를 먹었다. 사실 더 애를 먹은 것은 에코투 입력에 관련한 경우의 수를 다 꿰지 못해 일어나는 나의 실수였다.

첫째 날은 비주거건축물의 평가였고, 둘째 날은 공동주택의 평가였다. 직무교육에 배웠던 분량보다 훨씬 많은 도면의 정보를 분석하고, 에코투 프로그램에 입력하여 에너지소요량을 계산하는 과정이었다.

도면분석은 열심히 했으나, 에코투 입력연습은 더 필요했다. 하지만, 조금만 더 연습하면 충분히 잘할 수 있겠다는 자신감도 얻었다. 건축물에너지평가사가 에코투 입력을 정확히 하는 것도 중요하지만, 건축물에너지관련 전문가로서 설계내용을 정확하게 분석·평가하여 에너지효율을 개선하는 방안을 제시하는 것이 더 중요하다고 생각한다.

자격전환교육이 끝나고, 조촐한 국가자격증 수여식이 있었다.

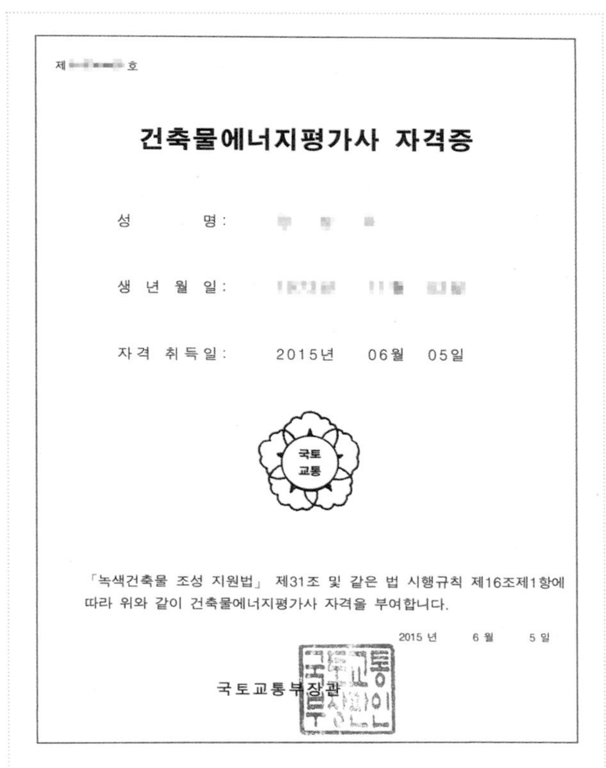

제 호

건축물에너지평가사 자격증

성 명 :

생 년 월 일 :

자 격 취 득 일 : 2015년 06월 05일

「녹색건축물 조성 지원법」 제31조 및 같은 법 시행규칙 제16조제1항에 따라 위와 같이 건축물에너지평가사 자격을 부여합니다.

2015 년 6 월 5 일

국토교통부장관

건축물에너지평가사 자격증 | 자격번호·성명·생년월일·자격취득일 등이 표시되어 있다.

제3장

나는 이렇게 공부했다

나는 이렇게 공부했다
정리노트는 합격노트였다

얼떨결에 원서접수를 했고, 서점에서 가장 얇은 책을 골라 설렁설렁 보면서 시간을 흘려보냈다. 그러다 이 시험을 제대로 볼 것인지, 아니면 참가에 의의를 둘 것인지 결정을 해야 하는 순간이 있었고, 나는 '합격'을 목표로 설정하고, 공부에 '진격'을 하기 시작했다.

공부시간

회사원 수험생이 공부시간을 내는 것이 쉽지 않다. 있는 시간, 없는 시간 쪼개서 공부할 시간을 만들어야 했다.

평일 출퇴근길에 1시간 정도는 공부를 했다(가장 규칙적이고 안정적인 공부시간대였다). 야근을 하지 않을 때에는 집에 도착해서 밥 먹고, 정리하고, TV 보고, 딸아이랑 놀아 주고, 샤워하면 금방 11시가 됐다. 야근을 하게 되면 책상에 앉는 시각이 밤 12시를 훌쩍 넘겼다. 야근하는 날은 TV보기와 딸아이와 놀아 주기가 생략되니, 야근하는 날과 야근하지 않는 날의 학습시간이 큰 차이가 나진 않았다.

너무 피곤하거나, 공부가 잘되지 않는 날에는 그냥 잠을 자곤 했으니, 공부시간이 길어야 3시간, 그나마 1시간도 못 채우는 날이 더 많았다.

주말은 평일의 부족한 학습진도를 만회할 수 있는 절호의 기회지만, TV의 유혹(특히 '별에서 온 그대'와 '소치동계올림픽'), 딸아이와 놀아 주기, 부모님 뵈러 가기, 롯데월드 가기(우리 가족은 연간회원이다) 등으로 공부시간이 평일보다 오히려 널을 뛰었다.

이런저런 핑계로 공부를 안 하고 어영부영 넘기게 되는 일요일 밤에는 월요일부터 있을 회사업무의 중압감, 공부를 못한 것에 대한 아쉬움, 앞으로 해야 할 밀린 학습량에 대한 부담감이 한꺼번에 마음을 불편하게 짓눌렀다.

1주일 학습시간을 숫자로 대강 계산해 보면,

1. **평일**: 출퇴근 공부 30~90분 ⇒ 평균 1시간
   집에서 공부 1~3시간 ⇒ 평균 2시간
2. **주말**: 하루 평균 7~8시간

⇒ **1주일 평균** = 평일(3시간 × 5일) + 주말(7.5시간 × 2일) = 30시간

이를 토대로 전체 학습시간을 계산하면 아래와 같다.

- **1차시험**: 30시간 × 11주 = 330시간
- **2차시험**: 30시간 × 7주 = 210시간

동영상강의 중 이론강의는 거의 제쳤고, 기본서는 전체범위를 한 번 겨우 청취했고, 정리노트를 만들어서 출퇴근길에 복습했다. 교재의 문제와 모의고사는 3~4번 정도 풀었다. 이 정도의 학습을 하는데, 1차시험에서 330시간, 2차시험에서 210시간 정도가 소요됐다고 보면 될 것 같다.

나는 운이 좋기도 했고, 가까스로 합격한 경우라 미래의 건축물에너지평가사는 공부시간을 더 확보하는 것이 좋을 것 같다.

한솔・대산학원 출신 합격자의 공부시간 조사결과를 보면, 1차시험은 평균 460시간(최소 100시간~최대 900시간)이고, 2차시험은 평균 400시간(최소 200시간~최대 700시간)이다. 공부한 시간을 정확하게 측정할 수는 없기 때문에 오차가 많다. 그리고, 사람마다 학습시간이 학습진도와 정비례하지 않기 때문에, 이 조사결과만으로 미래의 건축물에너지평가사에게 필요한 학습시간을 논하는 것도 한계가 있다. 가볍게 참고하길 바라며, 중요한 사실은 공부시간이 많이 필요하다는 것이다. 본인의 학습속도를 잘 파악하고, 전체범위를 돌파하기 위해 얼마만큼의 시간이 필요한지 계산하길 바란다. 이를 토대로 계획하고, 실행하자.

동영상강의를 청취하고, 그 진도를 기록하면서 학습진도율을 파악하는 것은 마치 게임을 하는 것 같았다. 점수를 차곡차곡 쌓으면서 다음 단계로 넘어가는. 다이어트를 하면서 매일 체중계를 보면서 좌절하든지 기뻐하든지 하는 것과도 비슷할 것 같다.

수험준비는 장기전이기 때문에, 체력관리·컨디션관리가 중요하고, 갑자기 무리하지 말라고들 한다. 나는 이 말을 따르기에는 너무 불규칙한 삶을 살고 있었다. 매일매일 계획대로 학습진도가 나가는 것도 아니고, 항상 공부가 잘되는 것도 아니고 해서, 공부가 잘된다 싶은 날은 밤을 새워서라도 쭉 진도를 나갔다. 범위가 방대한데, 날이면 날마다 공부에 '필feel' 받는 것도 아니어서, 이런 날은 축복이라고 생각하고, 그 분위기를 십분 살려 나갔다. 공부가 잘되지 않고, 너무 하기 싫을 땐 과감히 침대로 가고, 다음날 새벽에 일어나서 하곤 했다.

공부환경

공부환경이 중요하다는 것은 강조하지 않아도 다들 잘 아는 사실이다. 유혹이 차단되어야 하고, 공부에 집중할 수 있는 여건이어야 하며, 학습의 흐름이 끊기지 않게 해 줄 수 있는 장치가 있으면 더할 나위 없이 좋다.

나의 서재는 상당히 너저분한 편이다. 공부를 마치고 잠자리로 갈 때, 딱히 책상정리를 하지 않았다. 책도 공부하던 페이지 그대로, 필기구도 책 위에 그대로 내동댕이쳐 있었다. 내가 게으른 이유이기는 했지만, 결과적으로 다음날 책상에 앉았을 때 책을 책장에서 꺼내거나 오늘 봐야 할 페이지를 새로 펼쳐야 하는 번거로움은 덜었던 것 같다. 전날 공부와의 연속성도 생기고.

아내가 나의 프라이버시를 존중해서 책상을 그대로 둔 건지, 아니면 귀찮아서 정리를 하지 않은 건지는 잘 모르겠다. 책상을 그대로 둔 이유를 물으면 왜 정리를 안 하냐는 핀잔으로 알아듣고 "오빠가 알아서 치워!"라고 성질낼까 봐 물어보진 않았다.

회사에서 쓰고 남은 수많은 이면지를 모아서 집으로 가져왔고, 정리노트를 작성하는 용도로 사용하고, 연습장으로도 활용했다. 침대로 가기 전에는 연습장 끝에 다음날 진도 나갈 부분을 간단히 메모했다. 우리 회사는 다른 건 절약을 강조하지만, 이면지사용을 금지하는 불문율이 있다. 이면지를 사용하다가 프린터에 종이가 걸리거나 고장이 나면 생산성이 떨어질 수 있다는 이유다. 그래서 우리 회사에는 이면지가 넘쳐난다.

퇴근 후 집에 와서 책상에 앉으면 책은 어제 공부한 페이지 그대로이고, 연습장에는 오늘 해야 할 계획이 메모되어 있으니, 오늘 무엇을 할지 생각할 시간을 벌 수 있고, 그만큼 집중도 빨라진다. 미리 예열을 조금 해 두는 효과라고 할까? 예열시간 하루 10분을 6개월로 계산하면 1800분, 30시간이다.

이 모든 것이 전제조건이다

누구나 어려운 상황이 있다. 이 어려운 상황은 두 가지로 분류될 수 있을 것 같다. 하나는, 나의 의지와 노력으로 개선될 수 있는 상황이고, 다른 하나는, 나의 의지와 노력으로 개선될 수 없는 상황이다. 후자의 경우, 받아들이는 거 말고 딱히 방법이 없다. 얼마나 불만을 품고 있느냐 아니냐 정도의 차이가 있을 것 같다. 나는 이것을 '전제조건'으로 받아들였다.

영화 '러브 액츄얼리'를 보면, 여자직원이 회사에서 짝사랑하는 남자직원과 첫 데이트를 하는 장면이 나온다. 분위기가 무르익을라치면 지병이 있는 오빠에게서 전화가 온다. 계속해서. 여자직원은 오빠 전화가 올 때마다 친절하게 받아 주었고, 결국 첫 데이트를 망치고 만다. 사랑하는 사람과의 데이트가 얼마나 절실했겠는가? 하지만 본인의 전제조건을 거부하지 않았다. 한 영화의 결론을 일반화할 의향은 없지만, 결과적으로 둘의 사랑은 이루어진다.

나에게는 남에게 다 말할 수 없는, 감당하기에 조금은 버거운, 여러 상황들이 있었다. 진행하고 있는 업무, 직장상사와 아래 직원과의 관계, 친구·가족·집안 문제 등. 이 모든 상황을 생각하면 자격시험 준비를 게을리한들 나에게 뭐라고 할 사람은 없었을 거다. 하지만, 나는 합격을 하고 싶었고, 이 상황들을 전제조건으로 받아들이고 극복할 수밖에 없었다.

1차시험이 2차시험보다 더 어렵다?

일반적으로 자격시험은, 2차시험이 1차시험보다 어렵다. 1차시험에서 걸러진 예비합격자를 대상으로 2차시험을 통해 최종합격자를 뽑는다. 1차시험은 대체로 객관식이고, 2차시험은 주관식이다. 주관식이 객관식보다 어렵게 느껴지는 것은 자연스러운 현상이다.

건축물에너지평가사 시험을 두고 말하자면, 이런 일반론을 벗어났다고 단정하는 것은 아니지만, 이 시험만의 조금은 특별한 점이 있었다. 시험의 난이도로 봐서는 2차시험이 1차시험보다 어려웠다. 하지만, 준비하는 수험생의 입장으로, 1차시험이 더 부담스러웠다. 1차시험은 우선 학습범위가 매우 넓었고, 생소한 부분이 많아서 적응이 필요했다. 2차시험은 범위가 대부분 1차시험과 비슷해서 복습하는 개념이었기 때문에 공부 자체의 부담은 1차시험보다는 덜했다.

1차시험은 과목이 많기도 하고, 취약한 과목의 과락도 신경이 쓰였다. 3과목(건축설비시스템)은 시작부터 시험일까지 계속 어려웠다. 새로 공부하는 분야가 많아서 적응하기가 쉽지 않았다. 2차시험은 법규가 없는 점도 부담을 덜어 줬다. 1차시험에서 학습한 내용을 다시 복습하는 기분으로 2차시험 공부를 진행했다. 1차시험에서 어렵게만 느껴졌던 공조기 관련 계산문제도 2차시험을 공부하면서 서서히 풀리기 시작했다.

전략과목 정하기: 1차시험

1차시험은 평균 60점이 넘어야 하고, 40점 미만인 과락이 없어야 한다. 전략과목과 취약과목을 분류하여 전략과목은 고득점을, 취약과목은 과락 면하기를 목표로 진행했다.

나는 전공이 건축이기 때문에 2과목(건축환경계획)이 상대적으로 유리하고, 3과목(건축설비시스템)이 취약할 거라고 생각했다. 평소 설계 업무를 하면서 기계나 전기 관련 협의를 열심히 하고, 도면체크도 많이 하지만, 대체로 건축공간과의 관계 위주로 확인할 뿐, 용량 계산은 결과만 보고, 관련이론이나 계산과정을 확인할 엄두도 내지 못했다. 관련 전문가가 어련히 잘했을 거라 생각하기 때문이다. 막상 기계·전기의 이론과 계산을 해야 한다니, 너무 부담스러웠고, 그래서 과락을 면하는 것이 목표였다.

1과목(건물에너지관계법규)에서 건축법은 설계실무를 하면서 접해봐서 상대적으로 부담이 덜했다. 하지만, 에너지관련법규는 거의 처음 접하는 거라서 많이 생소했다. 건축법도 자세히 보려니 어려운 건 매한가지였다. 결과적으로 1과목은, 전략과목도 취약과목도 아닌 '주변과목'으로 분류했다.

4과목(건물에너지효율설계·평가)도 공부를 시작할 때는 '주변과목'으로 분류했는데, 익숙한 내용이 많고, 범위가 다른 과목에 비해 상대적으로 좁은 편이라 부담도 작아서, '전략과목'으로 분류를 다시 했다.

전략과목 분류

- **전략과목:** 2과목(건축환경계획) · 4과목(건물에너지효율설계 · 평가)
- **취약과목:** 3과목(건축설비시스템)
- **주변과목:** 1과목(건물에너지관계법규)

공부를 해 보니, 예상대로 건축설비시스템은 기계 · 전기 모두 어려웠다. 기본이론부터 그 어마어마한 학습량과 생소함과 난해함에 질려 버렸다. 하지만 전략과목으로 생각했던 건축환경계획도 막상 공부를 해 보니 만만하지 않았고, 학습량이 많아서 부담스러웠다. 오히려 4과목(건물에너지효율설계 · 평가)이 진도를 내기에 편했고, 공부하기에 가장 무난한 과목이었다.

4과목은 정리노트를 만들면서 공부를 하고, 추가로 '건축물의 에너지절약설계기준' 전문을 출력해서 지속적으로 정독을 했다. 에너지성능지표도 크게 출력해서 메모를 해가며 정독했는데, 정리노트보다 더 효과적인 복습방법이었다.

을 포함한다)·집무·작업·집회·오락 기타 이와 유사한 목적을 위하여 사용되는 방을 말하나, 특별히 이 기준에서는 거실이 아닌 냉방 또는 난방공간 또한 거실에 포함한다.

나. "외피"라 함은 거실 또는 거실 외 공간을 둘러싸고 있는 벽·지붕·바닥·창 및 문 등으로서 외기에 직접 면하는 부위를 말한다.

다. "거실의 외벽"이라 함은 거실의 벽 중 외기에 직접 또는 간접 면하는 부위를 말한다. 다만, 복합용도의 건축물인 경우에는 해당 용도로 사용하는 공간이 다른 용도로 사용하는 공간과 접하는 부위를 외벽으로 볼 수 있다.

라. "최하층에 있는 거실의 바닥"이라 함은 최하층(지하층을 포함한다)으로서 거실인 경우의 바닥과 기타 층으로서 거실의 바닥 부위가 외기에 직접 또는 간접적으로 면한 부위를 말한다. 다만, 복합용도의 건축물인 경우에는 다른 용도로 사용하는 공간과 접하는 부위를 최하층에 있는 거실의 바닥으로 볼 수 있다.

마. "최상층에 있는 거실의 반자 또는 지붕"이라 함은 최상층으로서 거실인 경우의 반자 또는 지붕을 말하며, 기타 층으로서 거실의 반자 또는 지붕 부위가 외기에 직접 또는 간접적으로 면한 부위를 포함한다. 다만, 복합용도의 건축물인 경우에는 다른 용도로 사용하는 공간과 접하는 부위를 최상층에 있는 거실의 반자 또는 지붕으로 볼 수 있다.

바. "외기에 직접 면하는 부위"라 함은 바깥쪽이 외기이거나 외기가 직접 통하는 공간에 면한 부위를 말한다.

사. "외기에 간접 면하는 부위"라 함은 외기가 직접 통하지 아니하는 비난방 공간(지붕 또는 반자, 벽체, 바닥 구조의 일부로 구성되는 내부 공기층은 제외한다)에 접한 부위, 외기가 직접 통하는 구조이나 실내공기의 배기를 목적으로 설치하는 샤프트 등에 면한 부위, 지면 또는 토양에 면한 부위를 말한다.

아. "방풍구조"라 함은 출입구에서 실내외 공기 교환에 의한 열출입을 방지할 목적으로 설치하는 방풍실 또는 회전문 등을 설치한 방식을 말한다.

자. "기밀성 창호", "기밀성 문"이라 함은 창호 및 문으로서 한국산업규격(KS) F 2292 규정에 의하여 기밀성 등급에 따른 기밀성이 1~5등급(통기량 5㎥/h·㎡ 미만)인 창호를 말한다.

차. "외단열"이라 함은 건축물 각 부위의 단열에서 단열재를 구조체의 외기측에 설치하는 단열방법으로서 모서리 부위를 포함하여 시공하는 등 열교를 차단한 경우를 말하며, 외단열 설치비율은 단열시공이 되는 외벽면적(창호제외)에 대한 외단열 시공 면적비율을 말한다. 단, 전체 외벽 면적에 대한 창면적비가 50% 미만일 경우에 한하여 외단열 접수를 부여한다.

카. "방습층"이라 함은 습한 공기가 구조체에 침투하여 결로발생의 위험이 높아지는 것을 방지하기 위해 설치하는 투습도가 24시간당 30g/㎡ 이하 또는 투습계수 0.28g/㎡·h·mmHg 이하의 투습저항을 가진 층을 말한다.(시험방법은 한국산업규격 KS T 1305 방습포장재료의 투습도 시험방법 또는 KS F 2607 건축 재료의 투습성 측정 방법에서 정하는 바에 따른다) 다만, 단열재 또는 단열재의 내측에 사용되는 마감재가 방습층으로서 요구되는 성능을 가지는 경우에는 그 재료를 방습층으로 볼 수 있다.

타. "야간단열장치"라 함은 창의 야간 열손실을 방지할 목적으로 설치하는 단열셔터, 단열덧문으로서 총열관류저항(열관류율의 역수)이 0.4㎡·K/W 이상인 것을 말한다.

파. "평균 열관류율"이라 함은 지붕(천창 등 투명 외피부위를 포함하지 않는다), 바닥, 외벽(창 및 문을 포함한다) 등의 열관류율 계산에 있어 세부 부위별로 열관류율값이 다를 경우 이를 면적으로 가중평균하여 나타낸 것을 말한다. 단, 평균열관류율은 중심선 치수를 기준으로 계산한다.

하. 별표1의 창 및 문의 열관류율 값은 유리와 창틀(또는 문틀)을 포함한 평균 열관류율을 말한다.

거. "차양장치"라 함은 태양 일사의 실내 유입을 차단하기 위한 장치로서 외부 차양과 내부 차양 그리고 유리간 사이 차양으로 구분된다. 가동 유무에 따라 고정식과 가변식으로 나눌 수 있으며, 가변식은 수동식과 전동식, 센서 또는 프로그램에 의하여 가변 작동될 수 있는 것을 말한다. 단, 외부 차양장치는 하절기 방위별 실내 유입 일사량

건축물의 에너지절약설계기준 | 건축물에너지 관련 기본교양이라 할 수 있다. 전문을 출력해서 원문 글귀대로 공부했다. 2차시험에서 차양장치의 종류와 성능조건을 묻는 문제가 출제되었다.

[별지 제1호 서식]

(제1면)

에너지절약계획 설계 검토서

1. 에너지절약설계기준 의무 사항					
항 목	채택여부 (제출자 기재)		근거	확 인 (허가권자 기재)	
	채택	미채택		확인	보류
가. 건축부문					
① 이 기준 제6조제1호에 의한 단열조치를 준수하였다.					
② 이 기준 제6조제2호에 의한 에너지성능지표의 건축부문 1번 항목을 0.6점 이상 획득하였다.					
③ 이 기준 제6조제3호에 의한 바닥난방에서 단열재의 설치방법을 준수하였다.					
④ 이 기준 제6조제4호에 의한 방습층을 설치하였다.					
⑤ 외기에 직접 면하고 1층 또는 지상으로 연결된 출입문을 제5조제9호아목에 따른 방풍구조로 하였다.(제6조제4호라목 각 호에 해당하는 시설의 출입문은 제외)					
⑥ 거실의 외기에 직접 면하는 창호는 기밀성능 1~5등급(통기량 5 ㎥/h·㎡ 미만)의 창호를 적용하였다.					
나. 기계설비부문					
① 냉난방설비의 용량계산을 위한 설계용 외기조건을 제8조제1호에서 정하는 바에 따랐다.(냉난방설비가 없는 경우 제외)					
② 펌프는 KS인증제품 또는 KS규격에서 정해진 효율이상의 제품을 채택하였다.(신설 또는 교체 펌프만 해당)					
③ 기기배관 및 덕트는 건축기계설비 표준시방서에서 정하는 기준 이상 또는 그 이상의 열저항을 갖는 단열재로 단열하였다. (신설 또는 교체 기기배관 및 덕트만 해당)					
④ 공공기관은 에너지성능지표의 기계부문 11번 항목을 0.6점 이상 획득하였다.(연면적 3,000㎡ 이상 신축, 증축하는 경우만 해당)					
다. 전기설비부문					
① 변압기는 제5조제11호가목에 따른 고효율변압기를 설치하였다. (신설 또는 교체 변압기만 해당)					
② 전동기에는 대한전기협회가 정한 내선규정의 콘덴서 부설 용량기준표에 의한 역률개선용콘덴서를 전동기별로 설치하였다.(소방설비용 전동기 및 인버터 설치 전동기는 제외하며, 신설 또는 교체 전동기만 해당)					
③ 간선의 전압강하는 대한전기협회가 정한 내선규정에 따라 설계하였다					
④ 조명기기 중 안정기내장형램프, 형광램프, 형광램프용안정기를 채택할 때에는 제5조제11호라목에 따른 고효율 조명기기를 사용하고 안정기는 해당 형광램프 전용 안정기를 선택하였다.					
⑤ 공동주택의 각 세대내 현관, 숙박시설의 객실 내부입구 및 계단실을 건축 또는 변경하는 경우 조명기구는 일정시간 후 자동 소등되는 제5조제11호마목에 따른 조도자동조절 조명기구를 채택하였다.					
⑥ 거실의 조명기구는 부분조명이 가능하도록 점멸회로를 구성하였다. (공동주택 제외)					
⑦ 층별, 구역별 또는 세대별로 제5조제11호하목에 따른 일괄소등스위치를 설치하였다.(실내조명 자동제어설비를 설치하는 경우와 전용면적 60제곱미터 이하의 주택, 카드키시스템으로 일괄소등이 가능한 경우는 제외)					
⑧ 공동주택의 거실, 침실, 주방에는 제5조제11호카목에 따른 대기전력자동차단장치를 1개 이상 설치하였으며, 대기전력자동차단장치를 통해 차단되는 콘센트 개수가 제5조제9호가목에 따른 거실에 설치되는 전체 콘센트 개수의 30% 이상이 되도록 하였다. 공동주택 외의 건축물은 제5조제11호카목에 따른 대기전력자동차단장치를 통해 차단되는 콘센트 개수가 제5조제9호가목에 따른 거실에 설치되는 전체 콘센트 개수의 30% 이상이 되도록 하였다.					

에너지절약설계검토서의 의무사항 | 공부를 위해서, 그리고, 실무를 위해서 에너지절약계획 설계검토서 양식에 익숙해져야 한다. 2차시험에서 전기설비부분 의무사항 문제가 출제되었고, 나는 정답을 쓸 수 있었다.

다음은 나의 전략과목과 목표점수·실전점수를 정리한 것이다.

전략과목 설정과 실전과의 관계

과목	과목명	고려사항	전략과목 여부	목표점수	실전점수	평가
1과목	건물에너지관계법규	• 건축법: 익숙함 • 에너지관련법: 생소함	주변과목	60점	65점	선방
2과목	건축환경계획	• 전공	전략과목	90점	75점	실패
3과목	건축설비시스템	• 비전공	취약과목	50점	65점	성공
4과목	건물에너지효율설계·평가	• 실무경험 • 범위가 상대적으로 좁음	전략과목	90점	90점	성공
평균				72.5점	73.75점	

전략과목으로 분류했던 2과목(건축환경계획)은 실패했고, 4과목(건물에너지효율설계·평가)은 성공했다. 주변과목인 1과목(건물에너지관계법규)은 선방했고, 취약과목으로 분류했던 3과목(건축설비시스템)은 의외로 좋은 결과가 나왔다. 예상과 정확히 일치한 것은 아니지만, 전략과목과 취약과목의 양상은 어느 정도 유지된 결과였다.

객관식은 객관식에 맞는, 주관식은 주관식에 맞는 공부법이 있다

1차시험은 객관식 4지선다형이다. 2차시험은 주관식 서술형과 계산형이다.

자격시험이라는 것이 고득점도 좋지만, 꼴찌라도 '합격'하는 게 중요하다. 순수하게 공부 자체에 의의를 두고 진행하는 것은 현실적으로 어렵고, 한곳에 파고들면서 공부하면, 시간배분이 잘되지 않아 합격이 보장될 수 없다. 특별한 비법이 있었던 것은 아니지만, 1차는 1차대로, 2차는 2차대로, 객관식과 주관식의 특성을 감안하면서 공부를 진행했다.

객관식은, 계산문제 외에, '이해를 요구하는 문제'와 '맞거나 틀린 것을 고르는 문제'가 주로 출제된다. 이해를 요구하는 문제는 전반적인 흐름을 알면 어느 정도 답을 찾을 수 있다. 하지만, 맞거나 틀린 것을 고르는 문제는 일정부분 암기가 필요하다. 내용이 쉬운 부분은 전체를 암기할 수 있겠지만, 전체를 다 암기하기 어려운 부분은, 내용 중에서 상대적으로 암기하기 편한 부분만 외웠고, 헷갈리는 부분은 아예 암기목록에서 제외했다. 그렇게 하면 대체로 맞는 답을 고르든지 틀린 답을 찾을 수 있었다.

지역별 건축물 부위의 열관류율은, 실무를 할 때는, 기준이 어디에 있고 어떻게 해석하는지 알면 충분한데, 시험은 또 시험인지라 대비를 해야 했다.

최하층 바닥 부분은 대충 읽어만 보고, 외벽과 최상층의 직접외기 부분만 확실히 외웠다. '27-34-44', '18-22-28' 이런 식으로. 단열재 등급에서 열전도율은 '34-40-46-51'로 외웠다. 이때 '34'를 먼저 외우고, 이 후 '6'만큼 증가하다 마지막 '5'를 더한다는 것을 기억해 뒀다.

*지역별 건축물 부위의 열관류율 (W/m²·K)

부위		중부지역	남부지역	제주지역
외벽	직접외기	0.27	0.34	0.44
	간접 ″	0.37 (1.4배)	0.48 (1.4배)	0.64 (1.4배).
최상층	직접외기	0.18	0.22	0.28
	간접 ″	0.26 (1.4배)	0.31 (1.4배)	0.40 (1.4배)
바닥난방인 최하층바닥		0.81	0.81	0.81

*단열재 등급 분류 ; KS L 9016. 20±5℃ 시험조건

	열전도율(W/m·K)	제품
가	0.034 이하	압출법, 비드법2종, 우레탄, 그라스울48K
나	0.035~0.040	비드법1종, 미네랄울, 그라스울48K 미만
다	0.041~0.046	비드법1종4호.
라	0.047~0.051	

*지역별 단열재 두께(mm)

부위		중부지역 가	중부지역 나	남부지역 가	남부지역 나	제주지역 가	제주지역 나
외벽	직접외기	120	140	90	110	70	80
	간접 ″	80	1.5 95	60	1.6 70	45	1.65 50
최상층	직접외기	180	215	145	175	115	135
	간접 ″	120	145	100	120	75	90.
바닥난방인 최하층바닥		30	35	30	35	30	35

열관류율과 단열재 두께 | 전체를 외우지 않고, 외벽과 최상층의 직접외기 부분만 암기해서 객관식에 대비했다. 2015년 자격시험에서 최하층 바닥의 열관류율 문제가 나왔기 때문에, 이젠 모두 암기해야 한다.

장황한 교재를 지루하게 읽는 것보다, 해당범위의 객관식문제를 풀면서 공부를 하면, 의외로 이해도 잘되고, 암기에 도움이 됐다. 학습내용이 어떤 식으로 출제될 수 있는지에 대한 감도 익힐 수 있었다.

주관식은 객관식에 비해 수험생에게 부담이 훨씬 크다. 객관식 문제는 답을 몰라도 찍어서 답안을 작성할 수 있고, 25%의 정답을 맞출 확률을 기대할 수 있지만, 주관식은 모르면 백지를 내야 하고, 기대할 수 있는 점수가 없다.

2차시험의 문제유형은 서술형과 계산형이었다. 서술형을 대비해서 기술사 자격시험의 서술형 답안방식으로 정리노트를 만들면서 공부를 했다. '개요 – 개념도 – 특성(장점 · 단점) – 종류' 이런 식이다.

계산형은, 관련된 각종 공식을 한꺼번에 모아서 쓰고, 그 안에서 나름대로 규칙을 찾으려 노력했고, 내 입맛에 맞게 정리했다. 그리고 정리한 것을 반복해서 암기했다. 공식들을 띄엄띄엄 건너뛰면서 노트해 두면 계산식끼리 구분이 잘 되질 않고, 오히려 헷갈렸다. 그런데 한꺼번에 정리하면 비슷한 듯 다른 계산식의 구분이 한번에 되어 결과적으로 암기하기가 편했다.

계산문제는, 교재에 나온 여러 유형의 문제를 풀어 보되, 응용문제보다는 기본유형문제를 반복해서 여러 번 풀었다. 공부시간이 부족했기 때문에 기본유형문제의 개념을 확실히 다지는 것을 우선적으로 진행했다. 시간적 여유가 없어서 응용문제는 거의 풀어 보지 못했다.

계산형문제는 계산이 틀리더라도 공식에 대입하면서 시도를 해 보겠는데, 서술형문제는 어렴풋이 해서는 정말 한 글자도 못 쓸 것 같았다. 꼭 좋은 방법이라 할 수는 없지만, 앞 글자만 모아서 외우기를 했다. 안타까운 건 앞 글자만 생각나고, 그 뒤에 써야 할 내용이 전혀 기억나지 않을 때가 많다는 것이다.

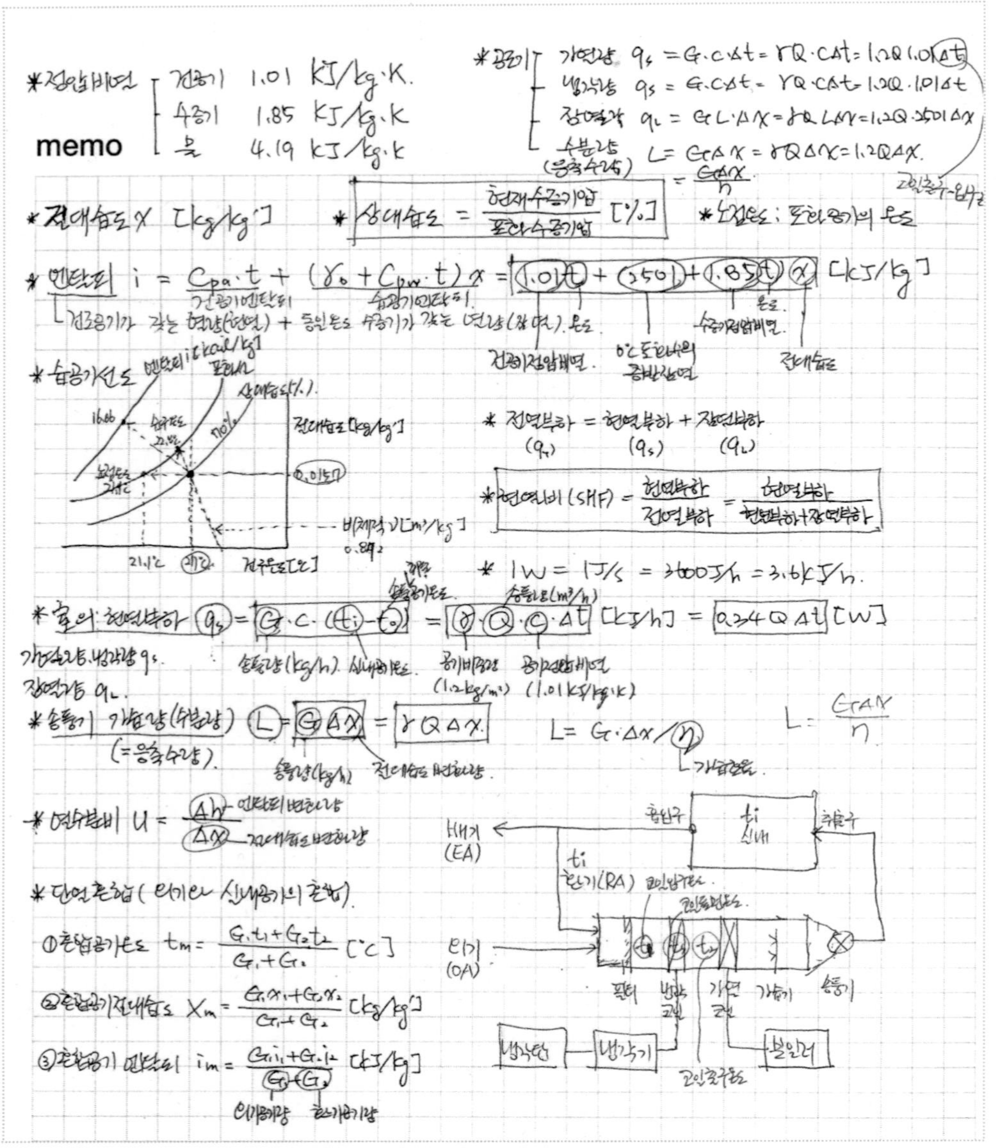

공조설비관련 공식정리 | 각종 공식을 한꺼번에 모아서 쓰고, 그 안에서 나름대로 규칙을 찾으려고 노력했고, 내 입맛에 맞게 정리했다.

공부를 하면서 도저히 감당이 안 되는 부분은 과감하게 포기했다. 학생 때처럼 점수를 90점을 넘겨서 A학점을 받아야 하는 것도 아니고, 60점이면 합격이기 때문에 고득점의 과욕을 부리지 않았다. 솔직히 말해서 여력이 없었다. 방대한 학습범위를 진행해야 하는데 막힌 부분이 생겼다고 매달리다간 완주를 못할 거 같았다. 그리고, 어설프게 공부한들 정답을 써낼 수도 없을 것 같았다. 포기한 부분이 시험문제로 나올 확률도 낮을 거라는 기대도 했다. 포기하니 마음이 편해졌고, 마음이 편해지니 공부가 잘됐다.

유형별 공부법

1. 객관식

- 암기량이 많아서 부담스러운 경우 일부분만 확실히 암기
  ⇒ 맞거나 틀린 것을 고르는 문제에 대응이 가능하다.
- 객관식 문제를 풀면서 공부
  ⇒ 내용 이해가 잘되고, 문제유형에 대한 감을 익힐 수 있다.

2. 주관식

- 서술형 ① 모범답안 만들기: '개요 – 개념도 – 특성(장점 · 단점) – 종류'의 구성으로
  ② 앞 글자로 단어만들기
- 계산형 ① 관련공식을 한꺼번에 모아서 정리하고, 암기하기
  ② 기본유형 위주의 문제를 여러 번 풀기

3. 공통사항

- 도저히 감당하기 어려운 부분은 과감하게 포기하기

나이가 들면 기억력이 나빠진다던데 1: 집중이 필요하다

나이가 들면 기억력이 나빠진다는데, 나도 예외가 될 수 없음을 이번 기회에 제대로 깨달았다. 공부를 시작하는 초반에는 책을 볼 때마다 금방금방 외워지는 것 같아서 나이와 기억력은 상관없는 거라 안심했다. 그런데, 하루 이틀만 지나면 지우개로 지운 것처럼 생각이 전혀 나질 않는 현상이 일어났다. 나중에 깨달은 건데, 금방 외워진 것이 아니라 이해력이 좋아진 것을 잘 외워진다고 착각했던 게다.

머리가 좋으면 암기가 잘되긴 하겠지만, 건축물에너지평가사 자격시험은 머리가 좋다고 해결될 시험은 아닌 것 같다. 열심히 공부해야 한다. 집중해서.

자격시험을 대비해서 열심히 공부하는 것은, 다음의 3단계로 정리될 것 같다.

공부의 3단계

본습 (本習: 집중해서) → **정리** (整理: 집중해서) → **복습** (復習: 집중해서)

교재와 동영상강의로 본습을 하고, 핵심을 파악해서 정리노트를 만들고, 정리노트를 반복해서 복습했다.

잠들기 전에 공부한 것을 아침에 일어나자마자 보면 기억이 오래간다는 말이 있다. 의도한 것은 아닌데, 아침 출근길 지하철에서 전날 밤에 만든 정리노트를 복습했는데, 확실히 효과가 있었던 것 같다. 실력이 좋아지는 것이 느껴졌고, 모의고사 점수도 상승곡선을 그렸다.

사람들은 집중을 위해서 조용하고, 쾌적한 환경조성이 중요하다고 말하는데, 나 같은 경우, 너무 조용하면 집중이 잘 되질 않았다. 평소에 나는 서재에서 책을 보고, 거실에서 아내와 딸아이가 TV를 보곤 했는데, 이때 의외로 집중이 잘됐다. 집중은 아니더라도 공부가 잘됐다. 아내의 큰 웃음소리가 들리면, 거실에 가서 뭐가 그리 재미있냐고 말을 걸곤 했다. 그렇게 했다고 공부의 맥이 끊기는 건 아니었다. 휴일에 혼자 집에 있는 경우에는 너무 적막해서 오히려 집중이 되질 않았다.

지하철에서도 은근히 집중이 잘됐다. 반복되는 덜컹거리는 소리와 문이 열리고 닫히는 소리, 연속적인 사람들의 드나듦 때문인지는 모르겠으나, 나에게 지하철은 집중이 잘되는 도서관 같은 곳이었다. 이 상황이 기술적으로 '화이트 노이즈'라고 설명이 될지는 모르겠으나, 나에게는 진정한 화이트 노이즈였다.

나이가 들면 기억력이 나빠진다던데 2: 앞 글자로 단어만들기

공부량은 많고, 기억력이 감퇴하다 보니 원래 좋아하는 방식은 아니었으나, 앞 글자만 따서 단어로 만들어 외우는 방식으로 공부를 했다.

앞 글자로 단어만들기

- **도쿄의정서 온실가스:** '이메아수과육'
  (이산화탄소 · 메탄 · 아산화질소 · 수불화탄소 · 과산화탄소 · 육불화황)
- **녹색건축물 기본계획 순서:** '작협의심수'
  (기본계획안 작성 → 협의 → 의견 청취 → 심의 → 수립 · 고시)
- **지역 녹색건축물 조성계획 순서:** '협작심수보'
  (협의 → 작성 → 심의 → 수립 · 확정공고 → 보고)
- **설계도서 해석 우선순위:** '공설전표산 / 상유감'
  (공사시방서 · 설계도면 · 전문시방서 · 표준시방서 · 산출내역서 / 상세시공도면 · 유권해석 · 감리자 지시사항)
- **냉동기 사이클:** 압축식냉동기 '압응팽증'(압축기 → 응축기 → 팽창기 → 증발기)
  흡수식냉동기 '증흡발응'(증발기 → 흡수기 → 발생기 → 응축기)

2차시험에는 서술형문제에 대비해서 예상문제와 모범답안의 구성으로 정리노트를 만들었고, 앞 글자만 모아서 외웠다.

2차시험을 대비한 앞 글자로 단어만들기: '예상문제+모범답안'의 구성

- **보일러 절약방안:** '고대인공 / 응급 / 증증 / 드슈' (발음하기 쉽게 끊어서 외웠다)
  (고효율기기, 대수분할제어, 인버터제어, 공기비 적정관리 / 응축수 · 배열 회수, 급수 수질관리 / 증기트랩 관리, 증기 · 물 누설방지 / 드레인 관리, 슈트블로어 채택)
- **에너지절약설계 의무사항 전기부문:** '수간 / 조대'
  (수변전설비, 간선 · 동력 / 조명설비, 대기전력자동차단장치)
- **신에너지 종류:** '수연 / 석중'
  (수소에너지 · 연료전지 / 석탄액화가스화 및 중질잔사유가스화)
- **공조조닝 기준:** '열용 / 시방 / 실환'
  (열부하 특성 · 용도 / 시간 · 방위 / 실 온습도조건 · 환기조건)

아쉬운 것이, 앞 글자만 따서 외우다 보니, 시간이 지나면 앞 글자는 기억이 나는데, 나머지 내용은 전혀 기억이 떠오르지 않는 경우가 허다했다. 나이가 들면 기억력이 나빠지는 것이 확실했다. '앞 글자 외우기'는 내용파악이 전제되어야 했다.

하지만, 이렇게 해서라도 진도를 나가야 했다. 달리 뾰족한 수가 없었다. 답안지에 한 글자도 못 쓰는 것보다 낫다고 위안했다. 단어를 만들다 보면 발음하기 편하거나, 외우기 편하게 하기 위해 교재에서 나열한 내용의 순서를 바꾸곤 했다. 또, 어감이 저속할수록 훨씬 잘 외워졌다.

나이가 들면 기억력이 나빠진다던데 3: 정리노트의 과정과 패턴

정리노트를 만드는 과정과 패턴 또한 기억에 도움이 됐다. 학습 시에는 교재내용을 분석해서 노트에 정리할 제목과 키워드를 파악하느라 집중을 해야 했고, 이 집중은 기억을 오래가게 했다.

정리노트는 '작은제목(중요사항) – 핵심사항 – 세부내용'의 구성이었고, 대체로 그 틀을 유지하면서 만들어 갔다. 정리노트를 만들면서 형광펜으로 '마킹Marking'을 했는데, 작은제목은 하늘색 형광펜으로, 핵심사항은 분홍 형광펜으로 마킹을 했다. 모든 노트에서 같은 방식으로 마킹을 하니, 위계가 한눈에 들어왔고, 복습할 때 파악이 편했고, 내용이 일목요연하게 눈에 잘 들어왔으며, 기억도 오래갔다.

* 에너지사용계획의 협의

- 정의: 일정 규모 이상 사업의 실시·시설의 설치에 따른 [1]에너지수급에 미칠 영향 (분석), [2]온실가스(CO_2) 배출 영향 (분석), [3]소요에너지의 공급 (계획), [4]에너지의 합리적 사용·평가 (계획)
- 에너지 사용계획 수립권자 (사업주관자)
  - ① 공공사업
    - 도시개발사업, 산업단지개발사업, 에너지개발사업, 항만·철도·공항건설사업, 관광단지개발사업
    - 연간 2,500 toe 이상 연료·열 사용 / 연간 1천만 kwh 이상 전력 사용
  - ② 민간사업
    - 도시개발사업, 산업단지개발사업, 에너지개발사업, 항만·철도·공항건설사업, 관광단지개발사업
    - 연간 5,000 toe 이상 연료·열 사용 / 연간 2천만 kwh 이상 전력 사용
- 에너지 사용계획 수립 대행
  : 국공립 연구기관, 정부출연 연구기관, 대학부설 연구소, 엔지니어링 사업자, 기술사, 에너지절약 전문기업
- 에너지사용계획의 내용
  : [1]사업 개요, [2]에너지 수요예측 및 공급계획, [3]에너지 수급 영향 분석, [4]온실가스(CO_2) 배출영향 분석, [5]에너지 이용효율 향상방안, [6]에너지 이용 합리화를 통한 온실가스(CO_2) 배출감소방안, [7]사후관리계획
- 제출 (to 산업통상자원부 장관): 인허가 신청 전
- 검토 (by 산업통상자원부 장관)
  - 공공사업: 협의
  - 민간사업: 의견청취
  - → 결과: 제출일~30일 이내 통보 (20일 연장 가능)
- 에너지사용계획의 변경 사유
  : [1]에너지 수요예측 및 공급계획, [2]계획 에너지 사용량 10% 이상 증가, [3]집단에너지 공급계획 변경, [4]냉난방 방식 변경
- 에너지사용계획 협의 효력: 협의 완료 前 공사 불가

* 에너지사용계획의 검토

- 검토기준: [1]에너지 수급·이용합리화 측면에서 사업의 타당성, [2]에너지 수요의 적정성, [3]건설계획의 적정성, [4]용지 이용·시설 배치 적정성, [5]고효율에너지이용 시스템·설비 적정성, [6]온실가스(CO_2) 배출감소방안 적정성
- 에너지사용계획 조정 조치 (by 산업통상자원부 장관)
  - ① 조치 사유: [1]에너지 수급 부적절, [2]에너지이용합리화 미흡, [3]CO_2 배출저감 부족
  - ② 조치 내용: 요청 (to 공공사업주관자), 권고 (to 민간사업주관자)
  - ③ 효력: 이행계획 작성·제출 or 이의신청 (30일 이내)

* 에너지 사용계획의 사후관리 (공공사업주관자)

: 협의 완료 후 실시설계서 확정 14일 이내 실시설계 반영 내용 제출 (to 산업통상자원부 장관)

정리노트: 마킹 전 | '중요사항 – 핵심사항 – 세부내용'의 구성으로 노트필기를 했다.

* 에너지 사용계획의 협의

- 정의: 일정 규모 이상 사업의 실시·시설의 설치에 따른 [1]에너지수급에 미칠 영향 (분석), [2]온실가스(CO_2) 배출 영향 (분석), [3]소요에너지의 공급 (계획), [4]에너지의 합리적 사용·평가 (계획)
- 에너지 사용계획 수립권자 (사업주관자)
  - ① 공공사업
    - 도시개발사업, 산업단지개발사업, 에너지개발사업, 항만·철도·공항건설사업, 관광단지개발사업
    - 연간 2,500 toe 이상 연료·열 사용 / 연간 1천만 kwh 이상 전력 사용
  - ② 민간사업
    - 도시개발사업, 산업단지개발사업, 에너지개발사업, 항만·철도·공항건설사업, 관광단지개발사업
    - 연간 5,000 toe 이상 연료·열 사용 / 연간 2천만 kwh 이상 전력 사용
- 에너지 사용계획 수립 대행
  : 국공립연구기관, 정부출연연구기관, 대학부설 연구소, 엔지니어링 사업자, 기술사, 에너지절약 전문기업
- 에너지 사용계획의 내용
  : [1]사업 개요, [2]에너지 수요예측 및 공급계획, [3]에너지 수급 영향 분석, [4]온실가스(CO_2) 배출영향 분석, [5]에너지 이용효율 향상방안, [6]에너지 이용 합리화를 통한 온실가스(CO_2) 배출감소방안, [7]사후관리계획
- 제출 (to 산업통상자원부 장관): 인허가 신청전
- 검토 (by 산업통상자원부 장관)
  - 공공사업: 협의 ··· → 결과: 제출일 ~30일 이내 통보 (20일 연장 가능)
  - 민간사업: 의견청취 ··· → 결과: 제출일 ~30일 이내 통보 (20일 연장 가능)
- 에너지 사용계획의 변경 사유
  : [1]에너지 수요예측 및 공급계획, [2]계획 에너지 사용량 10% 이상 증가, [3]집단에너지 공급계획 변경, [4]냉난방 방식 변경
- 에너지 사용계획 협의 효력: 협의 완료 前 공사 불가

* 에너지 사용계획의 검토

- 검토기준: [1]에너지 수급·이용합리화 측면에서 사업의 타당성, [2]에너지 수요의 적정성, [3]건설계획의 적정성, [4]용지 이용·시설 배치 적정성, [5]고효율에너지이용 시스템·설비 적정성, [6]온실가스(CO_2) 배출감소방안 적정성
- 에너지 사용계획 조정 조치 (by 산업통상자원부 장관)
  - ① 조치 사유: [1]에너지 수급 부적절, [2]에너지이용합리화 미흡, [3]CO_2 배출저감 부족
  - ② 조치 내용: 요청 (to 공공사업주관자), 권고 (to 민간사업주관자)
  - ③ 효력: 이행계획 작성·제출 or 이의신청 (30일 이내)

* 에너지 사용계획의 사후관리 (공공사업주관자)

: 협의 완료 후 실시설계서 확정 14일 이내 실시설계 반영 내용 제출 (to 산업통상자원부 장관)

정리노트: 마킹 후 | 중요사항은 하늘색 형광펜으로, 핵심사항은 분홍 형광펜으로 마킹을 했다. 전체적으로 구성과 위계가 명확히 보여서 눈에 잘 들어왔고, 복습할 때 파악이 편했다.

문제풀이 연습

문제풀이 연습은 주로 기본서와 모의고사로 진행했다. 문제집이 따로 있긴 했는데, 시간적으로 볼 만한 여력이 되질 않았다. 기본서의 문제를 통해 기본원리를 충실히 이해하려 노력했고, 모의고사문제를 통해 실전감각을 키웠다. 비전공인 기계설비분야는, 이론과 공식을 이해하기 위해 기본유형문제 위주로 반복해서 풀었다. 응용문제는 욕심을 부리지 않았다. 어려워서 회피한 이유도 있었고, 여유롭지 않은 시간에 기본이라도 하자는 마음이었다.

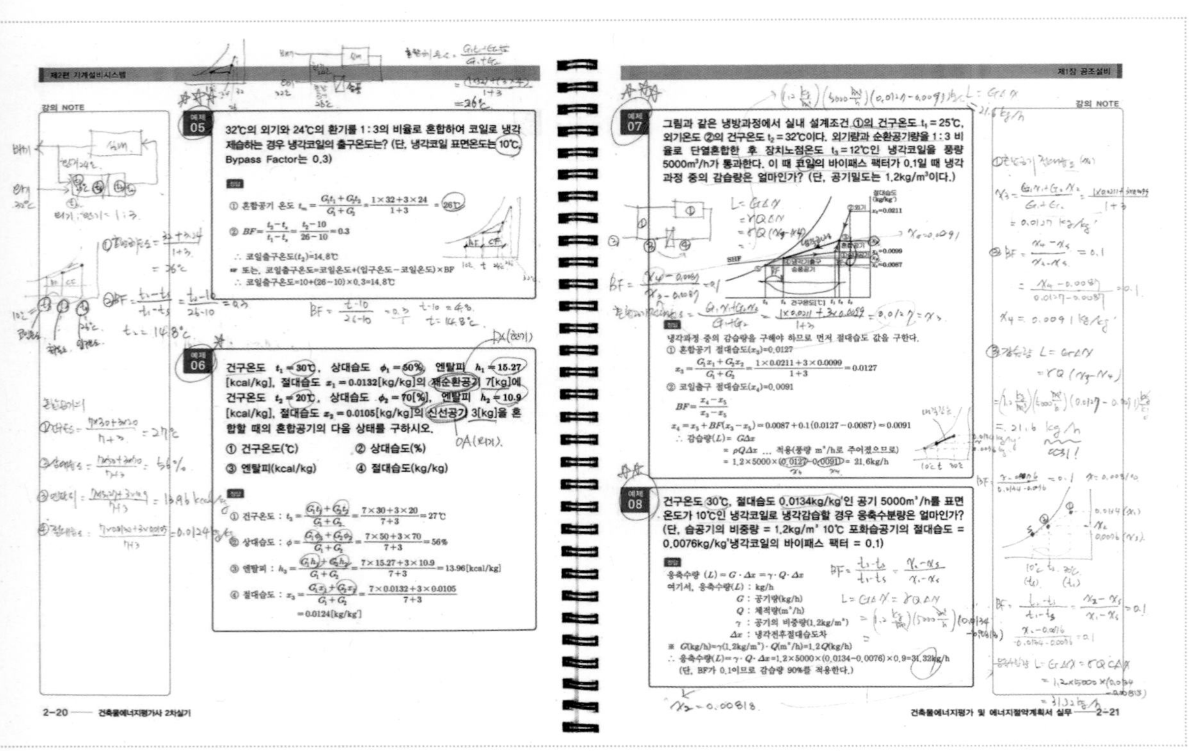

기본서 문제풀이 | 교재의 기본유형문제 위주로 반복해서 풀었다.

2차시험을 치르기 전 마지막 3일 동안 모의고사문제를 두 번 정도 풀었다. 학원이 제공한 모의고사 PDF파일을 편면으로 출력해서 제본을 했는데, 제본된 책을 펴면 왼쪽 페이지는 흰 종이 면이고, 오른쪽 페이지는 인쇄 면이다. 왼쪽 페이지는 자연스럽게 연습장이 되었다. 의도한 건 아닌데, 훌륭한 문제집 겸 연습장이 된 거다. 왼쪽의 연습장 페이지에 문제를 한 번 풀고 답을 맞춰 본 후, 오른쪽 페이지에서 복습하는 개념으로 다시 한 번 풀었다.

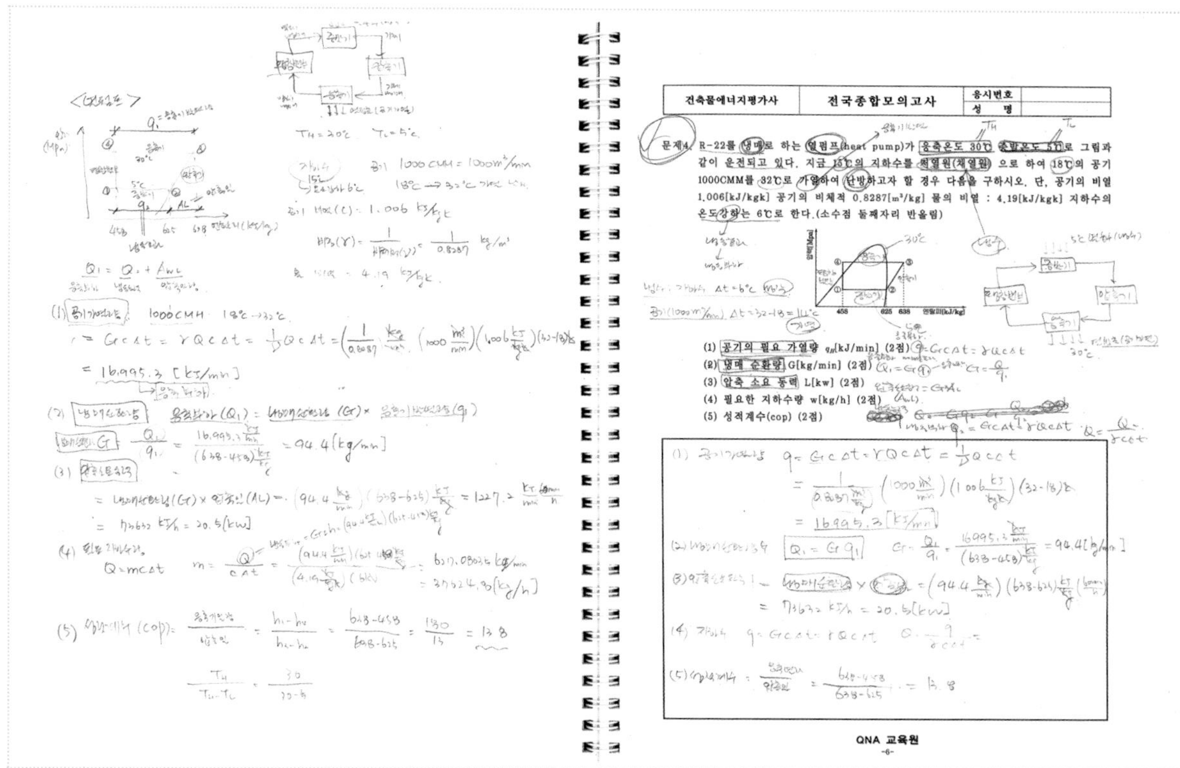

모의고사 모음집 1 | 모의고사 PDF파일을 출력해서 제본을 했다. 제본된 책을 펼치면, 왼쪽 페이지는 흰 종이 면, 오른쪽 페이지는 인쇄 면이어서, 의도한 건 아닌데, 훌륭한 문제집 겸 연습장이 되었다.

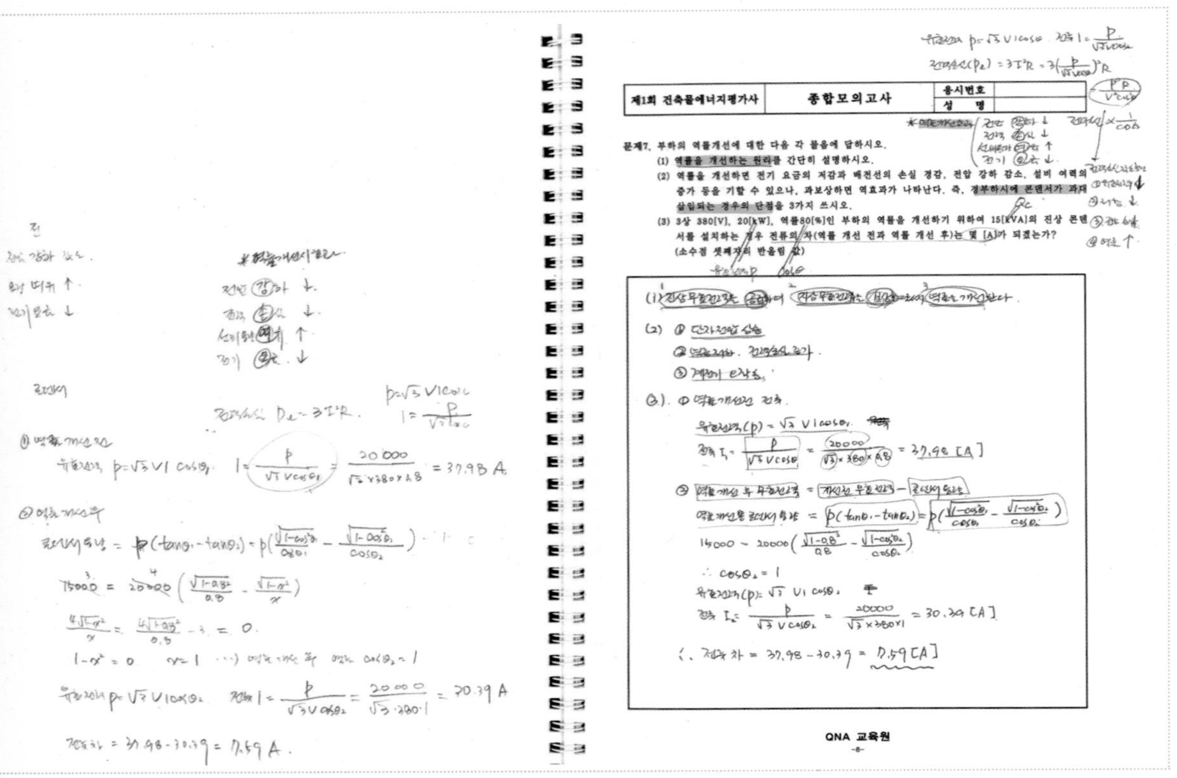

제1회 건축물에너지평가사	종합모의고사	응시번호	
		성 명	

문제7. 부하의 역률개선에 대한 다음 각 물음에 답하시오.

(1) 역률을 개선하는 원리를 간단히 설명하시오.

(2) 역률을 개선하면 전기 요금의 저감과 배전선의 손실 경감, 전압 강하 감소, 설비 여력의 증가 등을 기할 수 있으나, 과보상하면 역효과가 나타난다. 즉, 경부하시에 콘덴서가 과대 삽입되는 경우의 단점을 3가지 쓰시오.

(3) 3상 380[V], 20[kW], 역률80[%]인 부하의 역률을 개선하기 위하여 15[kVA]의 진상 콘덴서를 설치하는 경우 전류의 차(역률 개선 전과 역률 개선 후)는 몇 [A]가 되겠는가? (소수점 셋째자리 반올림 값)

QNA 교육원

-8-

모의고사 모음집 2 | 실전문제와는 조금 다르지만, 역률개선용콘덴서 용량 관련문제가 있다.

공부만이 능사가 아니다

자격시험이, 공부만 열심히 한다고 해서 합격이 보장되는 것은 아니다. 평상시 실력을 잘 쌓는 것이 중요하지만, 시험당일 돌발상황에 얼마나 잘 대처하느냐가 매우 중요하다.

2차시험은, 좁은 책상에 너무나 많은 문제지와 도면, 처음 접하는 문제유형, 예상치 못한 문항 수, 많은 계산문제, 시험 중 오타의 정정을 알리는 느려터진 방송 등 예상치 못한 돌발상황의 연속이었다. 나는 이 상황에 대처하여 '매니지먼트'를 잘해야 했다.

시험장에 가기 전부터 마음의 준비를 했다. 일종의 '이미지 트레이닝'이라 할 수 있겠다. 구체적으로 예상할 수는 없지만, 익숙하지 않은 문제유형이 출제될 것이 분명하고, 시험장에서 어떤 형태로든 돌발변수가 발생할 거라는 상황을 가정했다. 그 상황을 잘 헤쳐 나가야 한다고 생각했다. 시간조절을 잘해야 하고, 문제를 다 풀지 못했더라도 시험종료 30분 전에는 답안지 작성을 시작해야 한다고 다짐했다.

문제지와 도면을 받아 보면서 조금은 당황을 했지만, '매니지먼트'를 머릿속에 되새겼고, 모든 문제에 대하여 답안을 시험시간 내에 써냈고, 결과는 턱걸이 합격이었다.

시험을 앞둔 마지막 1주일간 수험생에게 필요한 덕목은, 밀린 학습진도를 채우는 것 외에 아래의 중요한 사항이 있다.

수험 막바지 중요덕목

1. **학습감각 유지**
2. **합격할 수 있다는 자신감회복과 유지**
3. **답안 쓰는 연습**
4. **이미지 트레이닝**: 시험장에서의 내 모습을 연상하고, 돌발변수에 대응하기 위한 마음의 준비
5. **컨디션 조절**

우리는 건축물에너지평가사 응시자일 뿐, 시험문제 평가사가 아니었다. 시험문제 수준이 좋건 나쁘건 우리는 주어진 시간 내에 답안을 제출해야 했고, 60점 이상의 점수를 받아야 했다. 시험문제를 평가하느라 1~2분을 소비했으면, 나는 마지막 문제의 답안을 쓰지 못했을 거고, 불합격했을 거다.

실무경험은 좋은 예습이었다

합격할 수 있었던 원인 중 하나는, 평소 설계업무를 진행하면서 겪었던 에너지절약계획서 실무경험이다. 나는 설계 초년병부터 에너지절약계획서 작성을 직접 해 왔다. 최근엔 엑셀을 이용해 쉽게 구하지만, 당시에는 부위별 열관류율을 직접 계산기를 두들겨 가면서 구했다. 에너지절약계획서 작성을 위해서 건축물의 에너지절약설계기준을 살펴봐야 했다.

에너지절약계획서와 관련한 에피소드가 하나 있다. 주거복합건물 인허가를 진행하면서 에너지절약계획서를 제출했고, 구청은 한국에너지공단에 검토의뢰를 했다. 나는 한국에너지공단을 방문해서 협의를 하려 했는데, 그쪽의 반응은 방문할 필요가 없다면서 검토결과를 문서로 보내겠다는 것이었다. 보름쯤 지나 검토의견이 날아왔다. 검토가 불가하니 미비한 서류를 보완하라고 했고, 제출된 에너지성능지표 점수는 인정할 수 없다는 내용이었다. 수긍이 가는 내용도 있었으나, 일부는 인정할 수 없었다. 몇 차례 시도 끝에 담당자를 만났고, 대판 언쟁을

벌였다. 담당자는 외단열 계획도 없이 왜 에너지성능지표에 외단열 배점을 했냐며, 자기네를 속일 수 있을 거라고 생각했냐며 일갈했다. 나는 외단열이 표시된 상세도면을 짚어 주었다. 담당자는 얼굴이 빨개져서 오히려 다른 지적 거리를 만들려 했고, 나도 굽히지 않고 맞불을 놓았다.

일반적으로 설계사무소에서 인허가 서류를 준비할 때 에너지절약계획서를 기계설비 설계업체에 일임하는 경향이 있는데, 매우 적절치 않은 처사다. 건축물에너지절약계획서는, 건축·기계·전기·신재생에너지 등 네 개 분야로 구성되어 있다. 설계 전체를 총괄하는 건축에서 챙겨야 하는 것이 마땅하다. 꼼꼼하게.

설계실무를 하면서 건축물의 에너지절약설계기준에 따라 설계를 하고, 에너지절약계획서를 작성하고, 첨부해야 할 자료를 작성했다. 이것은 건축물에너지평가사 자격시험의 좋은 예습이 되었다.

정리노트는 합격노트였다

학원청강부터 시작해 온 노트정리를, 계속할지 말지 고민을 했다. 진도가 더뎌서다. 달리 방법이 떠오르지 않았고, 시험을 마칠 때까지 계속해서 진행하게 됐다. 결과만을 두고 정리노트가 합격노트라고 단정할 수는 없다. 하지만, '정리노트 만들기'는 단순히 '필기행위'가 아닌 '공부하는 과정'이었으며, 이 공부하는 과정은 '합격의 과정'이 되었다.

정리노트 만들기 = 공부하는 과정 = 합격의 과정

정리노트는 합격노트였다

다시 한 번 강조하는데, '정리노트'는 단순히 '필기만 하는 과정'이 아니고, '공부하는 과정'이다. 그 과정은 아래의 단계를 거친다.

정리노트 과정

1. **강의를 청취하고, 교재를 읽는다.** (집중해서, 정리노트를 전제로)
2. **학습범위 · 구성 · 내용을 파악하고, 이해한다.** (집중해서, 정리노트를 전제로)
3. **핵심사항을 체계적으로 구조화하고, 정리한다.** (집중해서, 정리노트를 전제로)
4. **정리노트 필기를 한다.**
5. **마킹을 한다.** (작은제목과 핵심사항에 형광펜으로)
6. **정리노트를 반복해서 복습한다.**

강의를 듣는 동안 학습범위와 구성은 파악된다고 해도, 핵심사항을 발췌하고 정리하는 시간, 노트필기 하는 시간이 필요해서 강의만 듣는 것보다 3~4배의 시간이 소요됐다. 하지만, 지나고 깨달은 것이, 이 과정은 시간을 허비한 것이 아니라, 복습을 2~3번 하는 과정이었고, 집중이 필요한 순간이었기 때문에 학습효과가 컸던 것 같다.

정리노트를 전제로 교재를 보고, 정리노트를 전제로 동영상강의를 청취했다. 구성과 내용을 정확하게 파악하고 이해하기 위해 집중을 했다. 노트가 정리되면, 교재보다는 주로 정리노트를 보면서 복습을 했다. 두께가 얇아서 휴대하기도 편했고, 시각적으로 잘 정리되기도 했고, 무엇보다 내가 직접 정리한 내용이어서 복습할 때 효과가 좋았던 거 같다.

노트를 만들면서 단순히 베끼고 있다는 느낌이 드는 순간이 종종 있었는데, 이 상황은 집중이 잘되지 않고 정리도 제대로 하고 있지 않다는 신호였다. 정말이지 시간만 허비하는 순간이었다. 결국 나중에 다시 정리를 해야 했다.

공식은 단순화하고, 용어는 일관성을 유지하려고 노력했다. 교재는 챕터마다 집필자가 다르기 때문인지는 모르겠는데, 같은 물리량의 기호가 챕터마다 서로 다르게 표시되어서 설비분야의 문외한인 나로서는 불편함이 컸다. 강의게시판에 기호를 통일해 달라고 요청했으나, 현실적으로 불가능했다. 최소한 내 정리노트는 하나의 기호로 통일했다.

초기에는 단순나열식 정리이던 것이, 차츰 시간이 흐르면서 위계에 대한 정리도 하면서 노트정리가 업그레이드 되어 갔다. 노트정리속도도 빨라졌고, 노트가 차츰 눈에 잘 들어왔다. 쌓여 가는 노트를 보면서 진도파악도 됐고, 뿌듯함도 늘었고, 마음도 안정되었다.

교재의 내용 그대로 노트에 옮기지 않고, 내가 이해하고 보기 편하게 변형해서 재정리하기도 했다. 그렇게 하면 기억하기가 수월해졌다.

정리노트의 형식은 단순하게 하려 했다. 출제기준의 주요항목은 '큰제목'으로, 주요항목 범위 중에서 중요사항은 '작은제목'으로 하고, 중요사항의 '핵심사항'과 핵심사항을 설명하는 '세부내용'의 순서로 구성했다. 1차시험 과정에 만든 정리노트의 구성은, 의도한 것은 아니나 자연스럽게 2차시험을 위한 예상문제와 모범답안이 되었다.

주로 검정볼펜으로 필기를 했지만, 4색볼펜과 형광펜의 적절한 사용은 정리노트가 한눈에 잘 보이게 만들었다. 본습(本習)에도 그렇고, 복습(復習)에도 각 항목별 위계가 색깔에 의해 명확해지고 연속성이 생기기 때문에 핵심사항이 눈에 잘 들어와서 학습효과도 컸다.

1차시험 정리노트: 1과목(건물에너지관계법규)

법규는 원문이 문장으로 되어 있어서 소설을 보듯 쭉 읽으면 전체적인 맥락은 이해가 됐지만, 세부적인 사항을 외우는 데 어려움이 있었다. 그래서 체계적인 요점정리가 필요했다. 예를 들어 기본계획·지역계획 등 각종 계획이 많은데, 각 계획별로 같은 구성형식으로 정리했다. 수립권자·대상지역·수립주기·내용·절차 등으로.

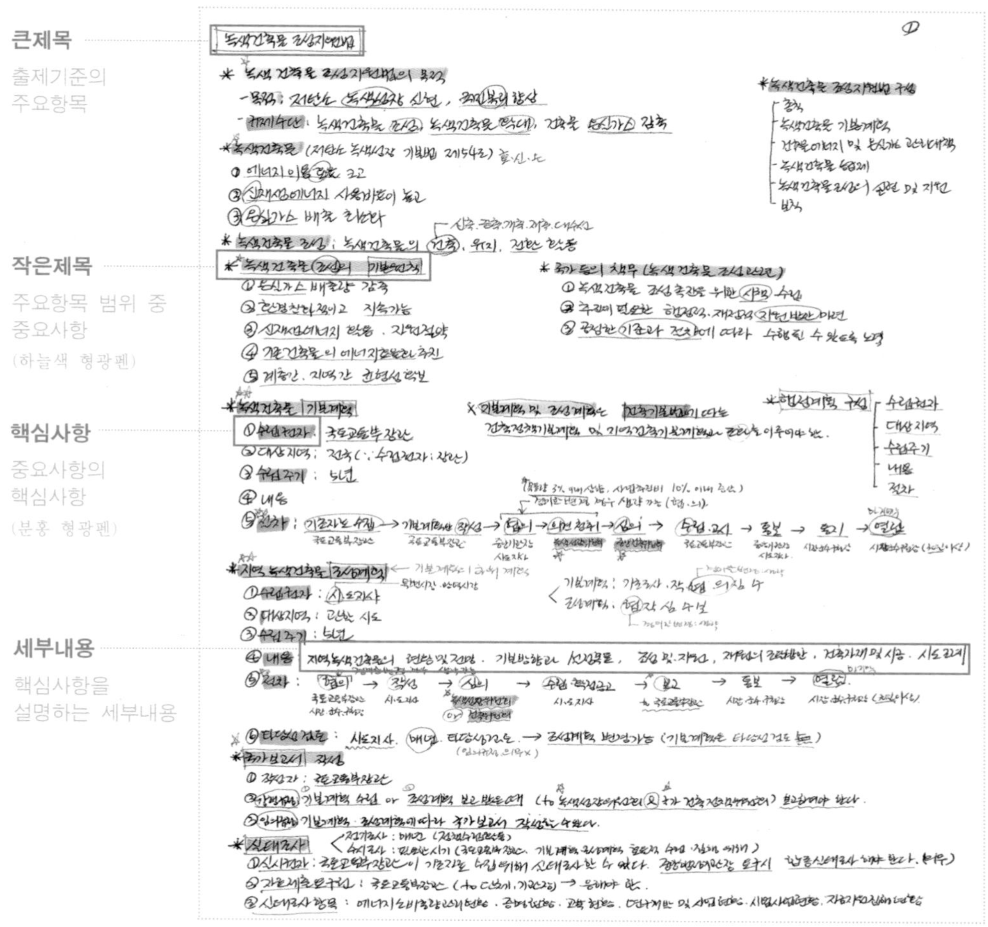

각 법규마다 목적·각종 계획·위원회의 내용이 복잡하고, 서로 비슷한 내용이 많아서 구분해서 암기해야 하는데, 기억을 유지하기가 어려웠다. 그래서 표로 정리했다.

■녹색건축물 관계법규

구분	녹색건축물 조성 지원법	에너지이용 합리화법	에너지법	건축법	비고
목적	녹색건축물 조성 및 확대, 건축물 온실가스 감축 ⇒ 저탄소 녹색성장 실현, 국민복리 향상	에너지수급 안정 및 이용 합리화, 환경피해 최소화 ⇒ 국민경제 발전, 국민복지 증진, 온난화 최소화	에너지 수급구조(안정·효율·환경친화) 실현방안규정 ⇒ 국민경제 지속가능한 발전, 국민복리향상	-건축물의 대지·구조·설비·용도 규정 ⇒안전·기능·환경·미관 향상 ⇒공공복리증진 이바지	
계획	녹색건축물 기본계획 -수립권자: 국토교통부 장관 -수립주기: 5년 -절차: 기초자료수집→작성→협의→의견청취→심의→수립·고시→통보→통지→열람	에너지이용합리화 기본계획 -수립권자: 산업통상자원부 장관 -수립기한: 5년마다 -실시계획(by 시도지사) 제출(to 산자부 장관) 1/31 계획 제출, 2/28 시행결과 제출	지역에너지 계획 -수립권자: 특별시장, 광역시장, 도지사 -수립기한: 5년마다(5년 이상의 계획) -절차: 제출(to 산업통상자원부 장관), 심의 x		
	지역 녹색건축물 조성계획 -수립권자: 시도지사 -수립주기: 5년 -절차: 협의→작성→심의→수립·공고→보고→통보→열람	수급안정조치 -주체: 산업통상자원부 장관 -시기: 에너지 수급 차질 발생 or 우려 -조치: 에너지 사용자, 에너지공급자, 에너지사용기자재 소유자 및 관리자 -절차: 7일 이전 -에너지저장의무: 전기·가스·석탄·집단에너지, 2만toe	비상계획 -수립권자: 산업통상자원부 장관 -수립시기: 에너지 수급 차질 예상 -수립절차: 에너지위원회 심의→확정		
		에너지이용 효율화조치 -부과대상: 국가, 지방자치단체, 공공기관 -부과의무: 에너지절약, 온실가스 감축, 홍보, 교육	에너지기술 개발계획 -수립: 정부 -수립기한: 5년마다(10년 이상의 계획) -절차: 협의→심의(과학기술심의or에너지위)→수립		
		수요관리 투자계획 -수립권자: 에너지공급자(전력, 가스, 지역난방공사) -수립시기: 매년 -10/31 투자계획, 2/28 시행결과, 변경(15일 이내)	연차별 실행계획 -수립: 통상자원부 장관 -수립기한: 매년 -절차: 의견청취→수립공고		
		에너지 사용계획 -수립권자: 공공사업(연간 2,500toe, 전력 1천만kw) 민간사업(연간 5,000toe, 전력 2천만kw) -제출(to 산업통상자원부 장관); 인허가 신청전 -검토: 협의(공공사업), 의견청취(민간사업) -조치: 요청(공공사업), 권고(민간사업)			
위원회		국가에너지절약 추진위원회 -목적: 에너지절약 정책 수립·추진사항 심의 -설치: 산업통상자원부/25명/ 임기 3년 -위원장: 산업통상자원부 장관 -심의: 기본계획 수립, 실시계획 종합조정, 에너지이용 효율화 조치	에너지 위원회 -구성: 위원장(산자부장관), 25명 이내, 2년 임기 -심의: 에너지기본계획, 비상계획, 에너지개발	중앙건축위원회 -설치: 국토교통부 -구성: 70명 이내, 2년 임기 -심의: 표준설계도서의 인정 분쟁의 조정·재정 녹색건축물 기본계획	
		실무위원회 -목적: 위원회상정안건심의, 위원회지시사항조치 -설치: 국가에너지절약추진위원회 산하/25명 -위원장: 산업통상자원부 제2차관	전문 위원회 -구성: 위원장(위원 중 호선), 20명 이내, 2년 임기 -심의: 에너지정책전문(전반적 내용), 기술기반전문(에너지기술, 신재생), 에너지개발전문(에너지 개발, 가격, 유통), 에너지산업전문(석유,가스,전력,석탄)	지방건축위원회 -설치: 특별시, 광역시, 도·특별자치도, 시군구 -구성: 25~100명, 3년 임기 -심의: 조례, 건축선 지정, 분쟁의 조정·재정, 다중이용건축물, 미관지구 내 건축물, 분양목적 건축물	

각 법규별 목적·각종 계획·위원회 | 내용이 복잡하고, 서로 비슷해서 표로 정리했다.

1차시험 정리노트: 2과목(건축환경계획)

용어의 정의를 명확히 하고, 단위를 정확히 표시하는 데 신경을 썼다. 항목별로 설명을 위한 그림과 그래프를 많이 활용했다. 공식을 정리할 때마다 각 기호의 의미를 부가적으로 표시해서, 단순히 기호의 암기가 아니고, 공식의 매커니즘을 이해하려 했다. 그리고, 공식의 이해를 돕기 위해 간단한 예제도 곁들였다.

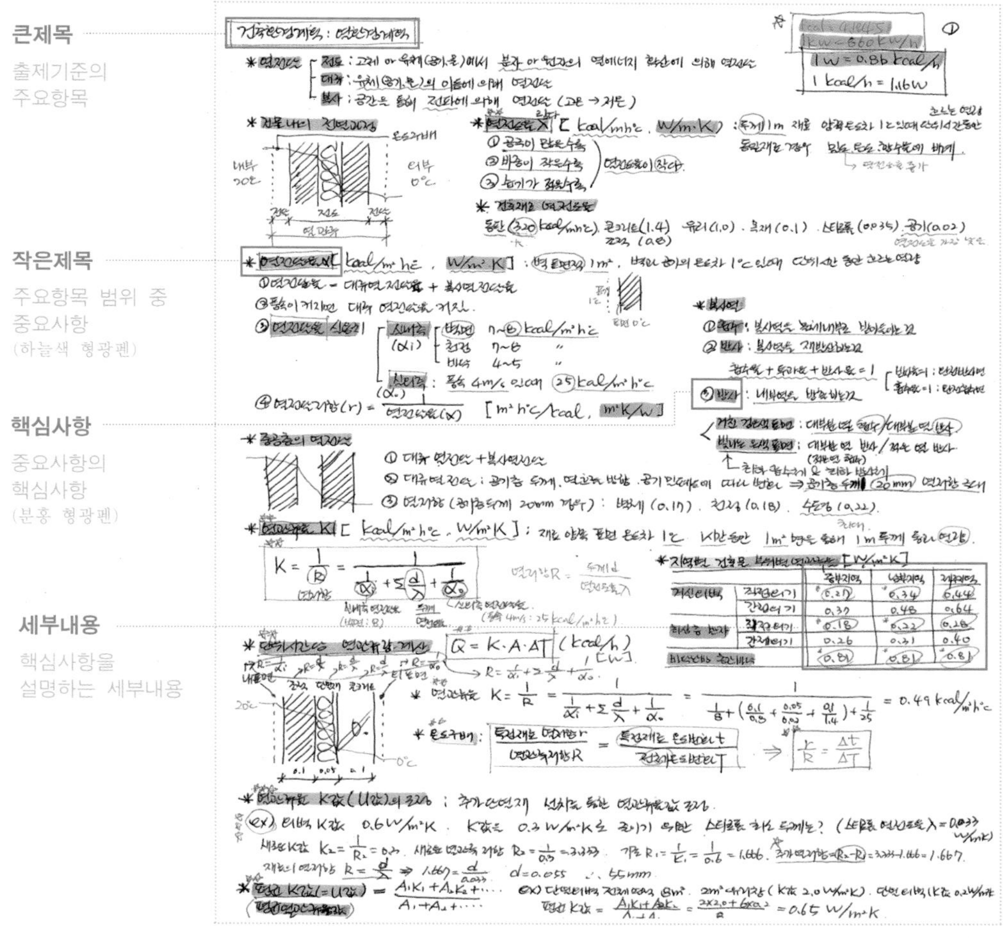

1차시험 정리노트: 3과목(건축설비시스템)

동영상강의는 비전공자를 위한 이론강좌가 진행됐는데, 나는 청취해야 할 강의가 많음에 오히려 마음이 불편했다. 노트필기를 하다 말다를 반복했다. 수험생 입장에서 "이것만 알아라." 해 주면 좋겠는데, 강의는 너무 친절하기만 했다. 반포기상태가 되었을 때, 마지막 요약강의가 있었고, 이 내용을 잘 받아 적어 노트정리를 했다.

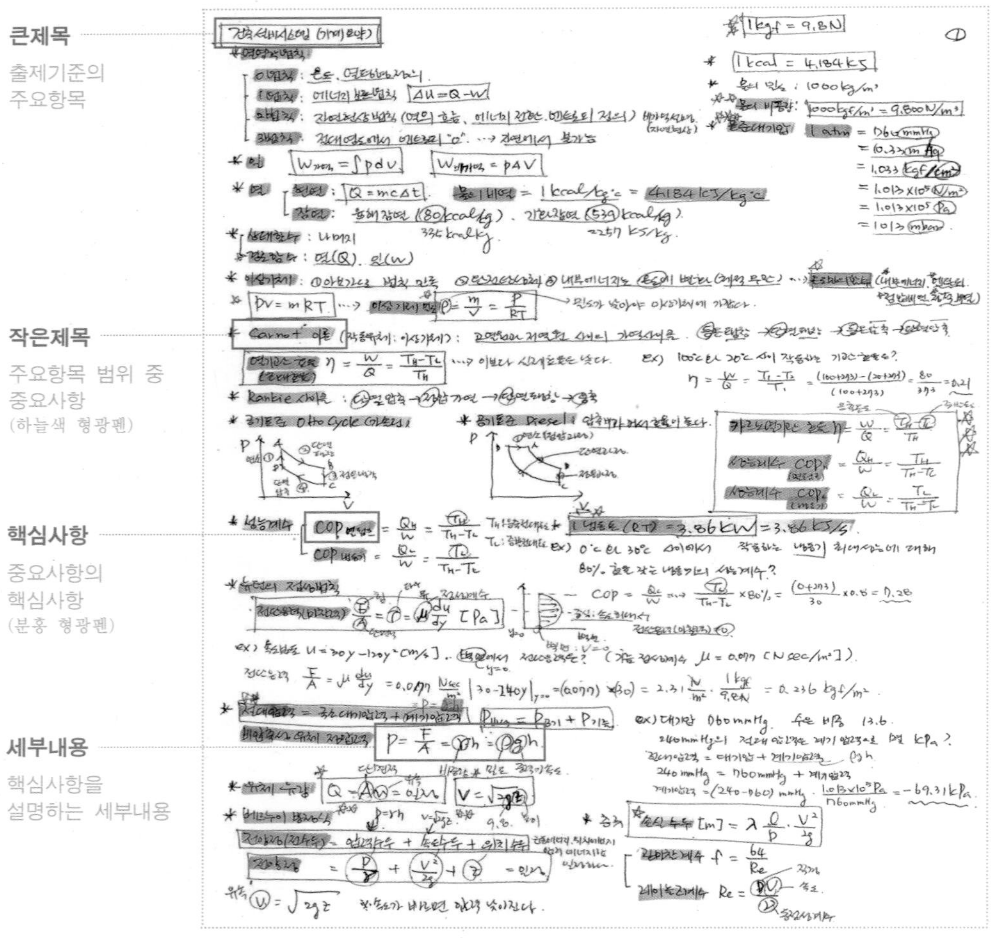

1차시험 정리노트: 4과목(건물에너지효율설계·평가)

에너지절약설계기준 전문으로 공부하고, 노트는 노트대로 보면서 맥락의 이해와 세부적인 암기를 병행했다. 정리노트는 에너지절약설계기준을 요약하는 의미도 있었지만, 전체 구성과 체계를 정리하는 개념으로 했다. 전체범위에 걸쳐 정리노트를 마무리하고 난 후 복습개념으로 이를 다시 요약해서 새로운 정리노트를 만들었다.

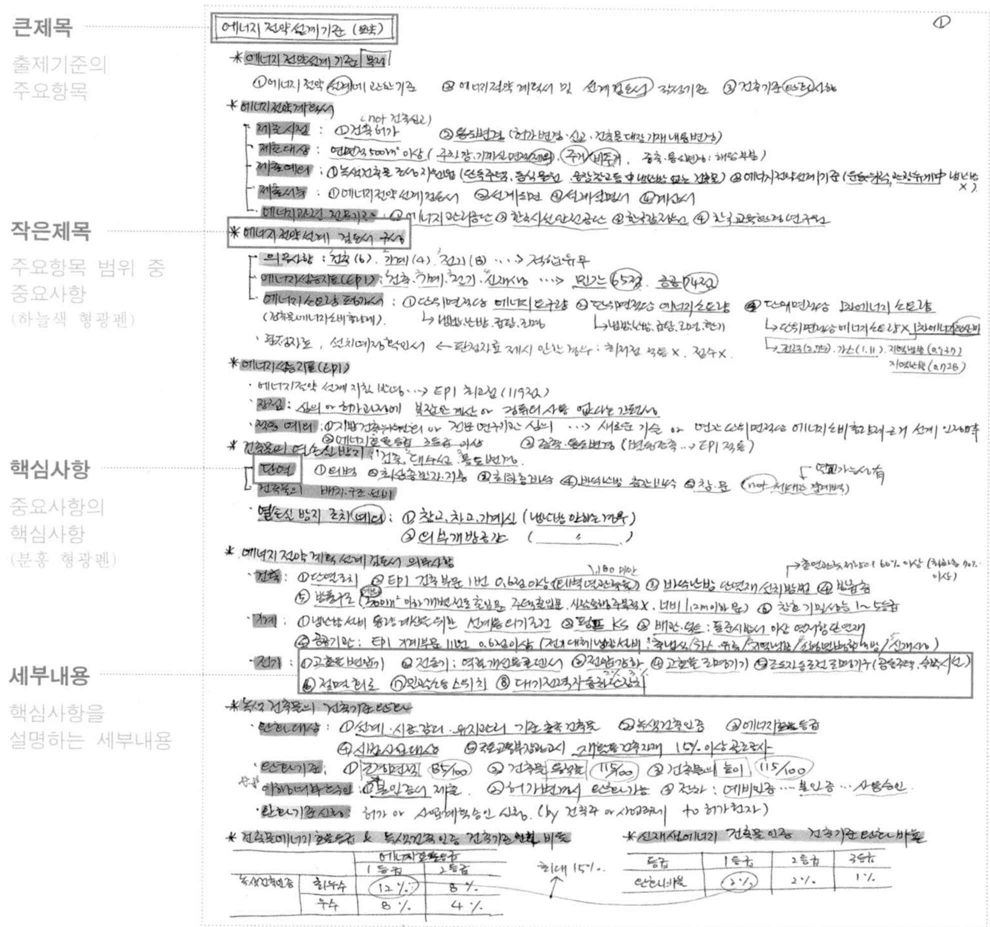

2차시험 정리노트: 서술형

서술형에 대비해서 '○○에 대해 논하시오.' 식의 문제를 가정하고, 이에 대한 모범답안을 쓰는 개념으로 노트정리를 했다. ○○는 중요사항에 해당하는 작은제목이다. 핵심사항을 분류하고, 핵심사항에 대한 세부내용을 설명하는 식으로 구성했다. 작은제목은 하늘색 형광펜으로 마킹하고, 핵심사항은 분홍 형광펜으로 마킹했다.

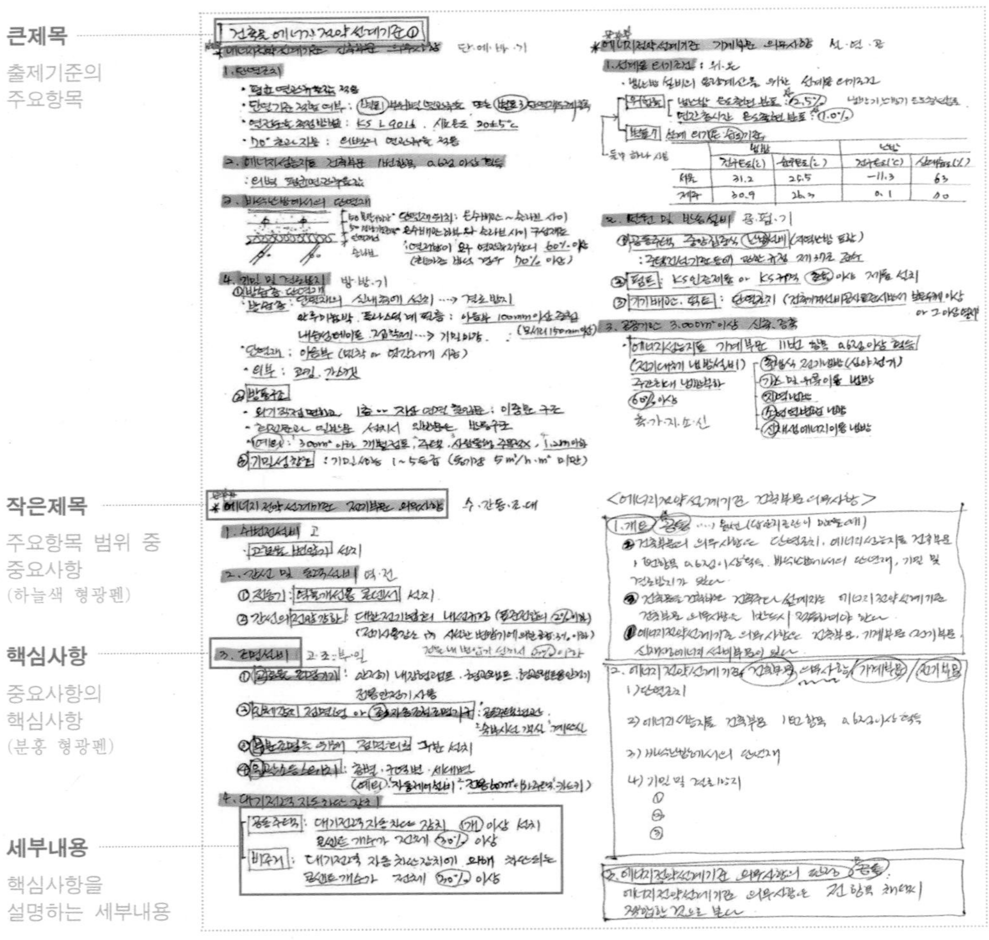

2차시험 정리노트: 계산형 1(건축환경계획)

계산형문제에 대비해서 관련공식을 한꺼번에 모아서 정리했다. 개별적으로 암기하는 것보다 모아서 암기하는 것이 효과적이었다. 냉방부하와 난방부하를 구성하는 요소와 그에 해당하는 공식을 정리하고, 에너지부하 저감방안도 함께 정리했다. 공식의 분모를 크게, 분자를 작게 하는 것이 에너지부하 저감방안이다.

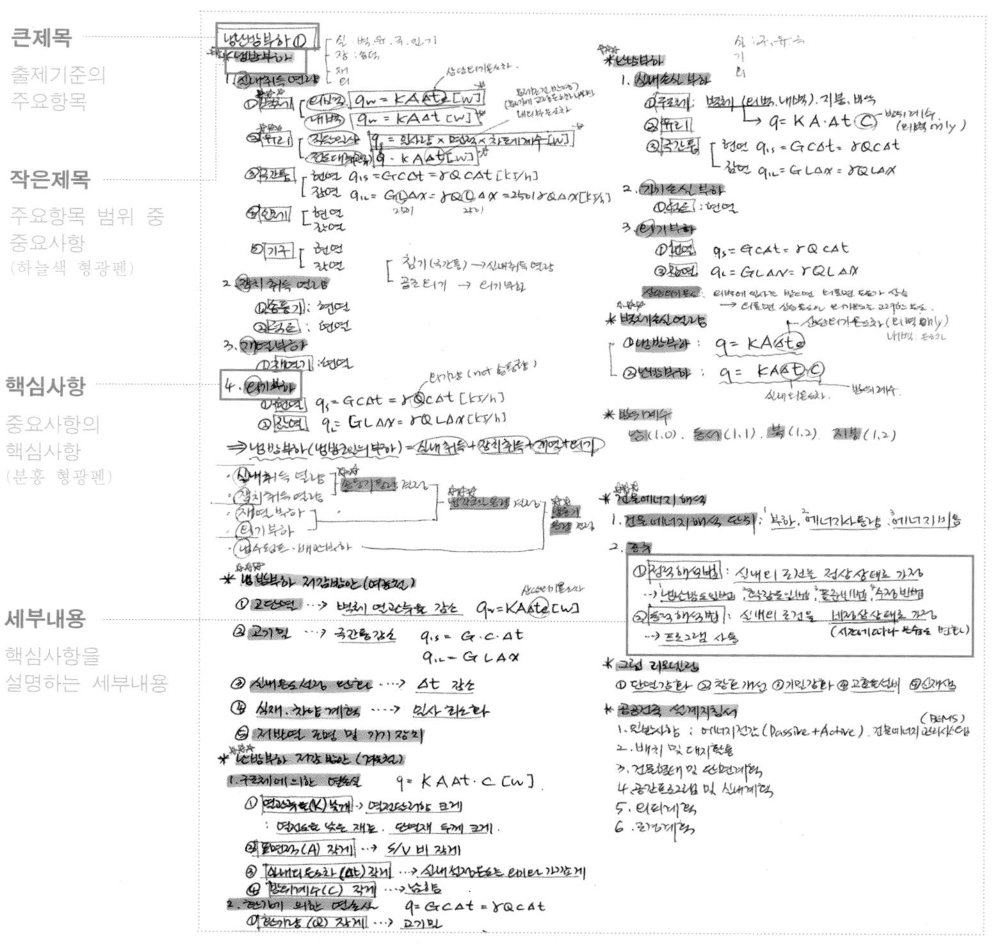

2차시험 정리노트: 계산형 2(기계설비시스템)

건축환경계획과 마찬가지로, 관련된 공식은 한꺼번에 모아서 정리했다. 각 공식의 기호와 숫자의 의미를 반복적으로 표시해서 익숙해지는 연습을 했다. 습공기선도는 여러 번 그리면서 이를 구성하는 습공기 상태량을 표시하는 연습도 꾸준히 했다. 공조기의 계통도와 지점별 습공기상태량과 공식이 일목요연하게 정리되도록 했다.

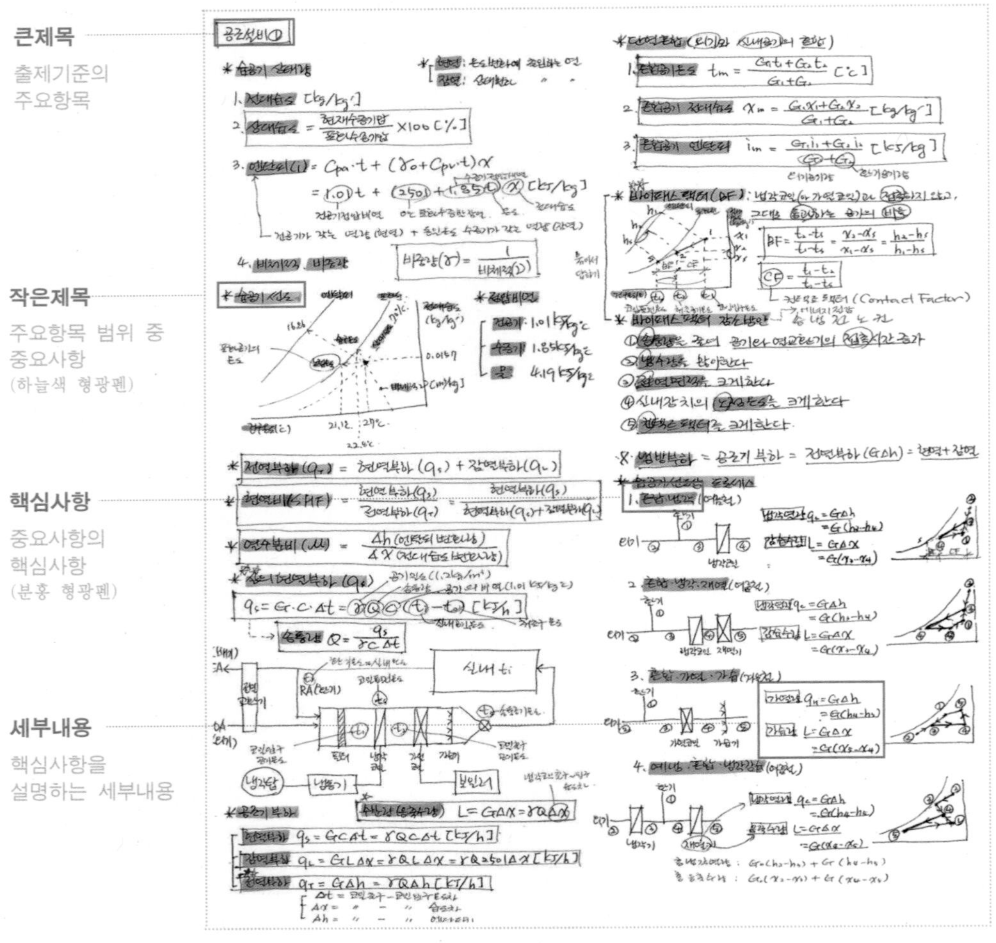

2차시험 정리노트: 계산형 3(전기설비시스템)

'○○를 논하시오.'를 대비해서 중요사항을 설명하는 서술형답안 개념으로 정리하고, 관련공식도 함께 정리했다. 예를 들어 역률은, 역률의 정의·역률개선용콘덴서용량 계산식·역률개선시 효과·전력손실 관련공식을 나열하고, 세부내용을 설명하는 식으로 구성했다. 이렇게 해서 서술형과 계산형을 동시에 대비했다.

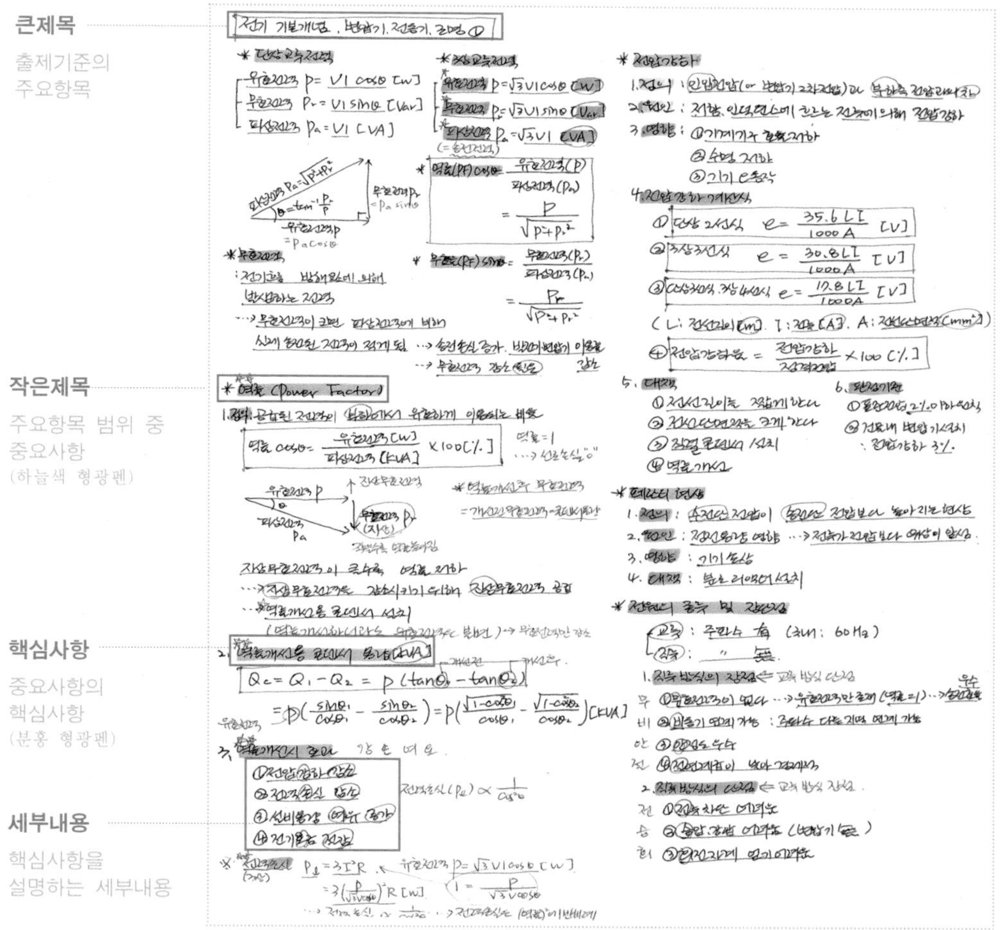

2차시험 요약노트

시험을 며칠 남기고, 복습차원에서 정리노트를 다시 요약하는 작업을 했다. 너무 키워드 위주의 정리를 하다 보니 막상 시험장에 가서 키워드는 기억나고, 그 세부내용이 가물가물해서 오히려 악수가 될 뻔했다.

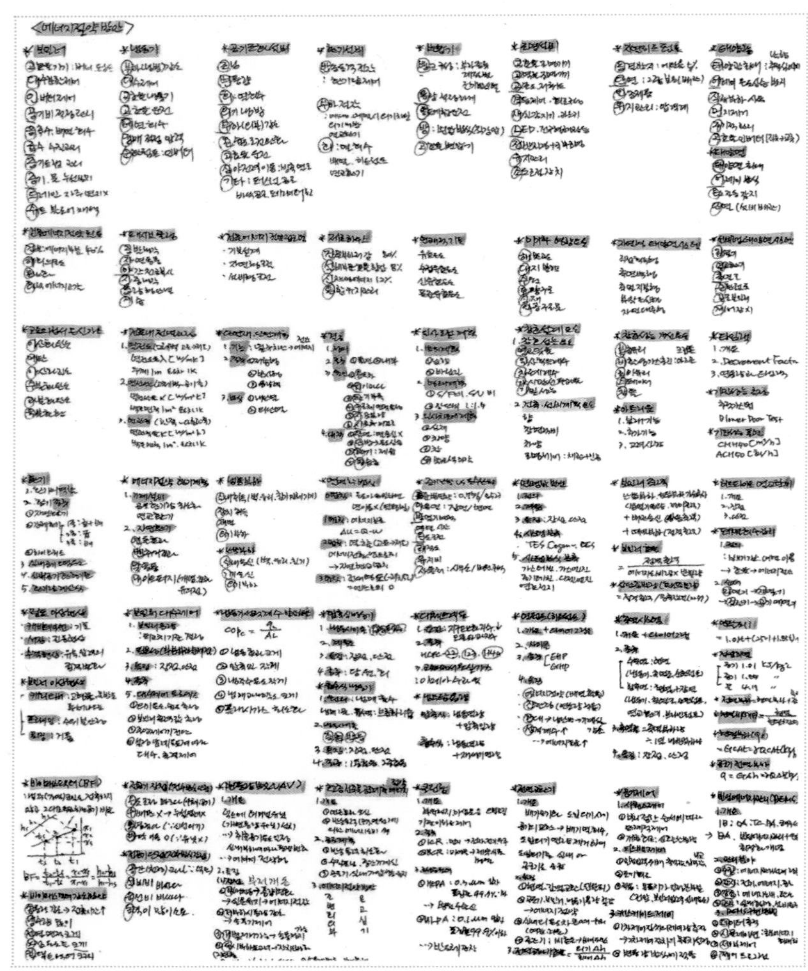

실기시험 요약노트 1 | 정리노트를 키워드 중심으로 다시 요약했다.

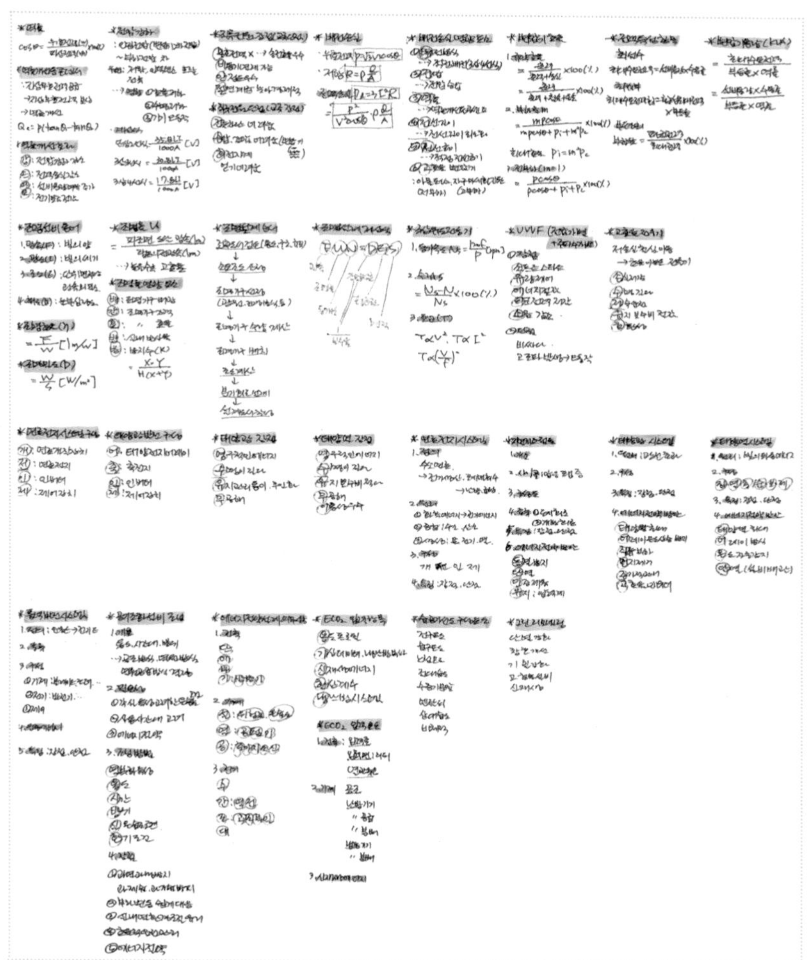

실기시험 요약노트 2 | 정리노트를 키워드 중심으로 다시 요약했다. 막상 시험장에 가서 키워드는 기억나고, 그 세부내용이 가물가물해서 오히려 악수가 될 뻔했다. 공부를 꾸준히 해온 수험생은 전체적인 맥락의 이해와 기억력 증진에 도움이 되니까, 요약노트 작성을 권장한다.

제4장
어떤 문제가 나왔는지 한번 봅시다

1차시험 출제경향 분석
2차시험 출제경향 분석
나름대로 총평

1차시험 출제경향 분석

2019년 개정판은 지금까지 다섯 차례 진행된 건축물에너지평가사 자격시험을 모두 망라하여 그 출제경향을 분석했다. 이 출제경향 분석은, 미래의 건축물에너지평가사가 공부를 시작하는 데 있어 이 자격시험에 대한 감각이 생기게 해줄 것이다.

이 책의 제1장에서 설명했듯이 건축물에너지평가사 1차시험은 4개 과목으로 구성되어 있다.

혼선을 방지하는 차원으로 민간자격시험(2013년)의 과목명을 국가자격시험 기준으로 출제경향을 분석했다.

1과목: 건물에너지관계법규

법 체계의 전체적인 맥락보다는 세부적인 사항의 암기를 요구하는 문제가 많이 출제되었다. 확실히 암기하지 않으면 주어진 '보기'만 봐서는 판단하기 어려운 문제들이었다. 학습을 충분히 한 수험생에게는 무난한 시험이겠으나, 넓되 얕게 공부한 수험생에게는 난처했을 것이다.

동영상강의에서 강사님의 말씀이 떠오른다. “수험생이 감당하기에는 상당히 많은 암기량이기는 하나, 수험생 입장에서 판단해서 정리해야 할 사안이라고 봅니다.” 외우라는 말씀인지, 시험문제로 출제되기에는 과하니까 적당히 넘기라는 말씀인지 애매했는데, 실제 시험문제를 보니 수험생 입장에서 외웠어야 했다.

출제경향 분석: 건물에너지관계법규 (2013년 자격시험)

출제기준	출제내용	출제비중
0. **공통**	• 녹색건축물관계법규의 특성	1문(5%)
1. **녹색건축물 조성지원법**	• 지역 녹색건축물 조성계획의 내용 • 기존건축물 에너지성능개선기준 내용 및 범위 • 건축물에너지효율등급 인증평가 항목 • 녹색건축물조성 시범사업의 종류 • 녹색건축물조성지원법 세부사항 규정을 위한 고시 • 건축물에너지소비증명에 관한 기준	6문(30%)
2. **에너지이용 합리화법**	• 에너지이용합리화 기본계획의 내용 • 공공기관 에너지이용효율화 조치 • 에너지공급자의 종류 • 에너지진단 대상	4문(20%)
3. **에너지법**	• 에너지열량 환산기준에 따른 석유환산율	1문(5%)
4. **건축법**	• ‘건축법’상 용어의 정의 • 다가구주택의 정의 • 건축물 면적 산정방법 • 태양열주택의 건축면적 산정방법 • 건축물의 유지관리 점검항목 • 열손실방지조치 부위(건축물의 설비기준 등에 관한 규칙) • 재료마감 반사율(건축전기설비설계기준) • 설계도서 우선순위(건축기계설비공사 표준시방서)	8문(40%)
합계		20문(100%)

출제경향 분석: 건물에너지관계법규 (2015년 자격시험)

출제기준	출제내용	출제비중
0. **공통**		
1. **녹색건축물 조성지원법**	• 녹색건축물 기본계획, 지역녹색건축물 조성계획 • 공공건축물 중 에너지소비량 공개대상 • 녹색건축물 조성의 활성화를 위한 건축기준 완화대상 • 그린리모델링 사업자의 등록기준 • 건축물에너지평가사의 자격취소 요건 • 에너지절약계획서 검토 및 수수료 • 녹색건축인증(녹색건축인증에 관한 규칙·인증기준) • 차양설치 의무대상	8문(40%)
2. **에너지이용 합리화법**	• 에너지사용계획 협의 • 고효율에너지인증 대상기자재 • 냉난방온도제한 • 에너지절약전문기업의 정부지원 사업 • 에너지저장의무 부과대상자, 에너지진단비용 지원대상, 에너지사용계획 제출대상	5문(25%)
3. **에너지법**	• 에너지열량 환산기준	1문(5%)
4. **건축법**	• 건축법의 목적 • 건축법에서 규정하는 내용 • 건축물의 유지관리를 위한 정기점검 대상항목 • 방습조치 대상 • 배연설비 설치대상 • 온수온돌설비 설치의 구성순서(건축물의 설비기준 등에 관한 규칙)	6문(30%)
합계		20문(100%)

출제경향 분석: 건물에너지관계법규 (2016년 자격시험)

출제기준	출제내용	출제비중
0. **공통**		
1. **녹색건축물 조성지원법**	• 녹색건축물 조성의 기본원칙 • 지역별 건축물의 에너지 총량 관리 • 개별건축물의 에너지소비 총량 제한 • 녹색건축물 조성 활성화를 위한 완화 항목 • 그린리모델링사업, 그린리모델링 창조센터 • 건축물에너지성능 정보의 공개 및 활용 • 건축물에너지평가사의 자격·경력관리 및 교육훈련 • 기존 건축물의 에너지성능 개선기준	8문(40%)
2. **에너지이용 합리화법**	• 에너지 저장의무 부과대상, 에너지다소비사업자, 에너지사용계획 • 에너지공급자의 수요관리투자계획 • 에너지관리시스템 구축에 따른 에너지진단 관련 혜택 • 붙박이에너지사용기자재의 효율관리 • 고효율에너지인증대상기자재 제외기준	5문(25%)
3. **에너지법**	• 에너지이용권의 발급 및 사용	1문(5%)
4. **건축법**	• 거실의 채광 및 환기 • 용어의 정의 • 건축설비 설치의 원칙 • 복합자재의 품질관리서 기재 내용 • 건축기계설비기술사 협력 대상 건축물 • 공동주택 및 다중이용시설의 환기설비기준	6문(30%)
	합계	20문(100%)

출제경향 분석: 건물에너지관계법규 (2017년 자격시험)

출제기준	출제내용	출제비중
0. **공통**		
1. **녹색건축물 조성지원법**	• 녹색건축물 조성의 기본원칙 • 건축물 에너지·온실가스 정보 제출 대상: 에너지 공급기관·관리기관 • 녹색건축물 조성 활성화를 위한 완화 항목 • 녹색건축물 기본계획 내용 • 건축물에너지평가사 자격취소·교육훈련·자격정지 • 벌칙 대상, 과태료 부과 대상 • 건축물에너지 성능정보 공개 대상	7문(35%)
2. **에너지이용 합리화법**	• 국가에너지절약추진위원회 관련 내용 • 에너지사용계획 협의 대상 • 에너지진단제도: 진단주기·진단기관·진단비용 지원 • 공공기관 에너지이용합리화 추진에 관한 규정: LED·효율등급·BEMS·에너지진단 • 고효율에너지기자재 보급 촉진에 관한 규정: 인증·인증유효기간·실적보고	5문(25%)
3. **에너지법**	• 지역에너지계획·에너지기술개발계획·에너지총조사·에너지열량 환산기준	1문(5%)
4. **건축법**	• 용어의 정의: 거실, 고층건축물, 증축, 이전 • 건축법 적용 대상 건축물 • 방화에 지장이 없는 외벽 마감재료 대상 건축물 • 기후 변화나 건축기술 변화 등에 따른 건축모니터링 대상 • 태양열을 주된 에너지원으로 이용하는 주택의 건축면적 산정기준 • 건축물의 설비 기준 등에 관한 규칙: 축냉식 또는 가스식 중앙집중냉방방식의 면적 기준 • 건축전기설비설계기준: 에너지절약방안	7문(35%)
합계		20문(100%)

출제경향 분석: 건물에너지관계법규 (2018년 자격시험)

출제기준	출제내용	출제비중
0. **공통**		
1. **녹색건축물 조성지원법**	• 녹색건축물 기본계획 • 건축물 에너지 · 온실가스 정보 체계 구축 • 공공건축물의 에너지소비량 보고서 내용 • 녹색건축센터 • 녹색건축물 조성 시범사업의 지원을 결정하기 위해 고려해야 할 사항 • 그린리모델링 사업 종류 • 건축물에너지평가사 자격 취소 또는 정지 기준	7문(35%)
2. **에너지이용 합리화법**	• 냉난방온도 제한 대상 민간건물 중 판매시설의 실내 냉난방 제한온도 • 에너지사용계획 • 에너지이용합리화를 위한 계획 및 조치 • 고효율에너지기자재 보급 촉진에 관한 규정, 효율관리기자재 운용규정 • 공공기관 에너지이용합리화 추진에 관한 규정	5문(25%)
3. **에너지법**	• 에너지열량환산기준	1문(5%)
4. **건축법**	• 용어의 정의: 지하층, 설계자, 내화구조, 불연재료 • 실내건축의 재료 또는 장식물 • 건축허가를 받으면 허가를 받거나 신고를 한 것으로 보는 사항 • 사용승인을 받은 건축물에 대하여 용도변경의 허가 대상 • 건축법에서 정하여 실시하는 건축물 인증제도 • 건축물의 설비기준 등에 관한 규칙에 따른 각 시설의 필요 환기량 • 설비설계기준: 열원기기 설계기준에 따른 냉열원기기 선정기준	7문(35%)
합계		20문(100%)

출제기준별 출제비중: 1과목 (건물에너지관계법규)

출제기준	2013년	2015년	2016년	2017년	2018년	평균
0. 공통	5%	–	–	–	–	1%
1. 녹색건축물조성지원법	30%	40%	40%	35%	35%	36%
2. 에너지이용합리화법	20%	25%	25%	25%	25%	24%
3. 에너지법	5%	5%	5%	5%	5%	5%
4. 건축법	40%	30%	30%	35%	35%	34%

1과목(건물에너지관계법규)의 분야별 출제비중은, 녹색건축물조성지원법(30~40%), 건축법(30~40%), 에너지이용합리화법(20~25%), 에너지법(5%) 순이다.

출제기준별 출제비중: 1과목(건물에너지관계법규)

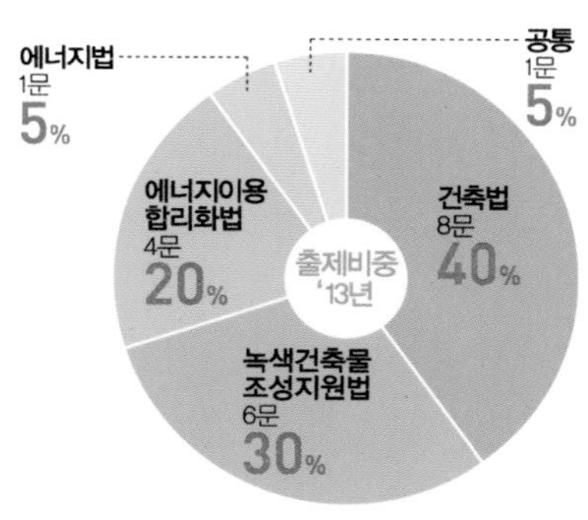

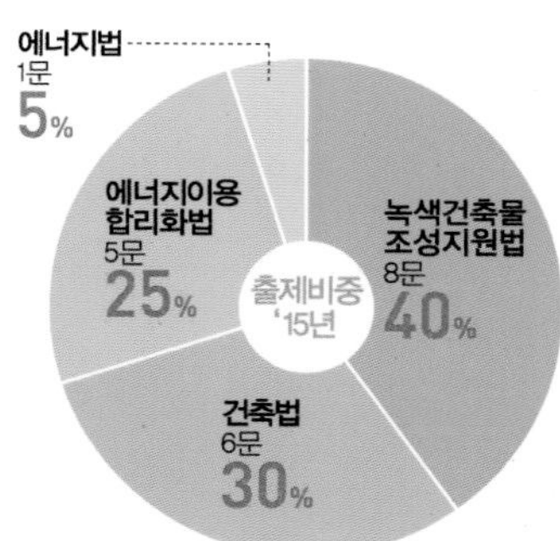

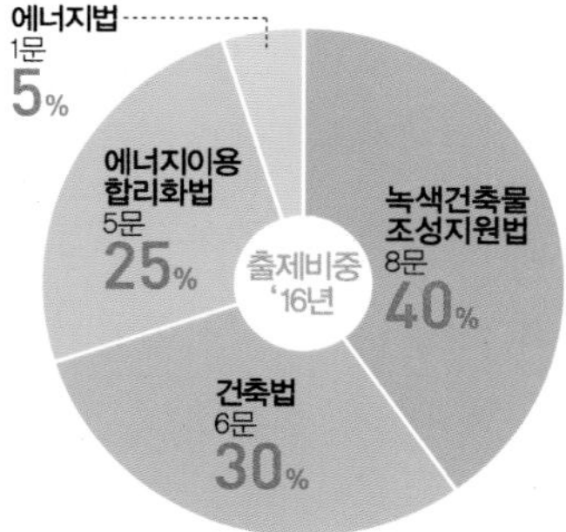

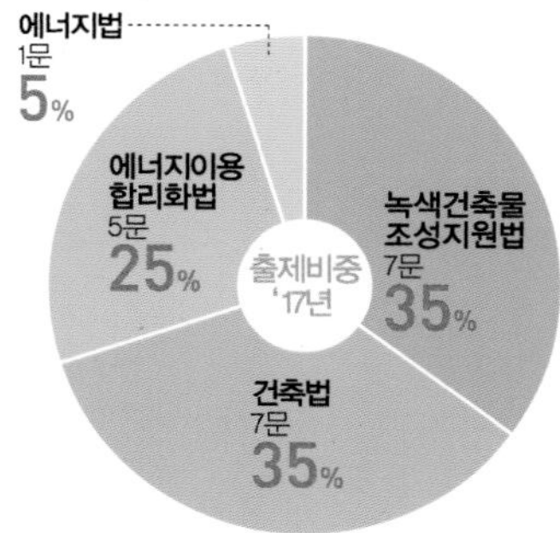

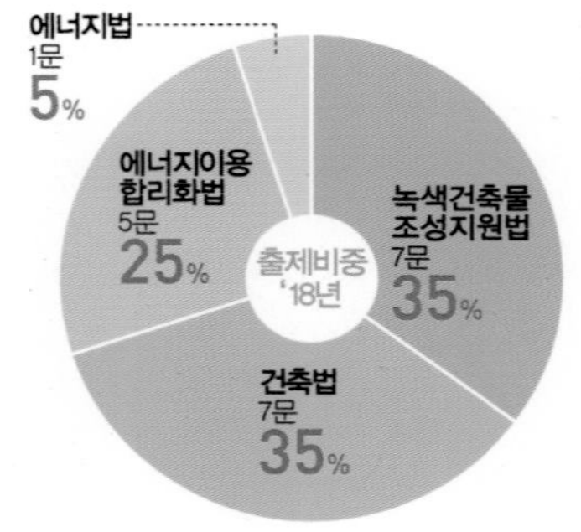

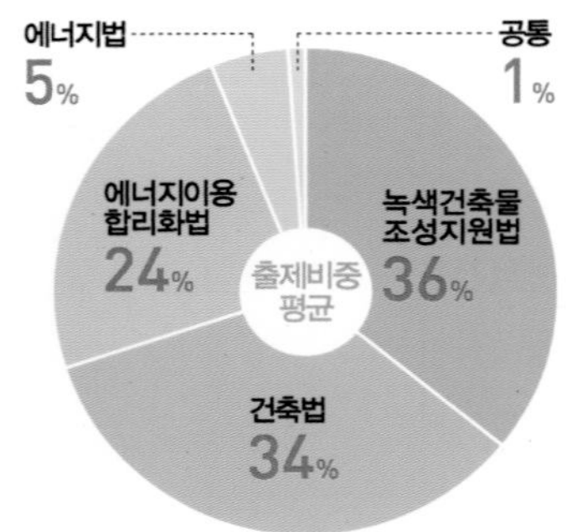

녹색건축물조성지원법과 건축법의 출제비중이 높고, 에너지관련법이 상대적으로 낮은 비중으로 출제되었다. 건축물에너지평가사가 에너지관련 전문가이기는 하나, 기본교양으로서, 녹색건축물조성 관련 제도를 잘 파악해야 하고, 건축물에 대한 기본적인 법적 소양이 중요함을 알 수 있다. 건축물에너지평가사의 근거와 역할은 녹색건축물조성지원법에 명시되어 있다. '에너지평가사'가 아니고, '건축물에너지평가사' 임을 유념해야겠다.

1과목(건물에너지관계법규)의 주요항목별 출제내용은 아래와 같다.

녹색건축물조성지원법 2013년 자격시험에서 지역 녹색건축물 조성계획, 기존건축물 에너지성능개선기준, 건축물에너지효율등급 인증평가 항목, 녹색건축물조성 시범사업, 녹색건축물조성지원법 관련고시, 건축물에너지소비증명이 출제되었다. 2015년 자격시험에서 녹색건축물 기본계획, 에너지소비량 공개대상, 건축기준 완화대상, 그린리모델링 사업자 등록기준, 에너지절약계획서 수수료, 녹색건축인증, 차양설치

의무대상, 건축물에너지평가사의 자격취소 요건이 출제되었다. 2016년 자격시험에서 녹색건축물 조성의 기본원칙, 지역별 건축물의 에너지 총량 관리, 개별건축물의 에너지소비 총량 제한, 녹색건축물 조성 활성화를 위한 완화 항목, 그린리모델링사업, 건축물에너지성능 정보 공개, 건축물에너지평가사의 자격·경력관리, 기존 건축물의 에너지성능 개선기준이 출제되었다. 2017년 자격시험에서 녹색건축물 조성의 기본원칙, 건축물 에너지·온실가스 정보 제출대상, 녹색건축물 조성활성화를 위한 완화 항목, 녹색건축물 기본계획, 건축물에너지평가사의 자격취소·교육훈련·자격정지, 벌칙 대상 및 과태표 부과 대상, 건축물에너지 성능정보 공개 대상이 출제되었다. 2018년 자격시험에서 녹색건축물 기본계획, 건축물 에너지·온실가스 정보 체계 구축, 공공건축물의 에너지소비량 보고서, 녹색건축센터, 녹색건축물 조성 시범사업, 그린리모델링 사업 종류, 건축물에너지평가사 자격 취소·정지 기준이 출제되었다.

에너지이용합리화법은 2013년 자격시험에서 에너지이용합리화 기본계획, 에너지이용효율화 조치, 에너지공급자의 종류, 에너지진단 대상이 출제되었다. 2015년 자격시험에서 에너지사용계획, 고효율에너지인증 대상기자재, 냉난방온도제한, 에너지절약전문기업, 에너지저장의무 부과대상자, 에너지진단비용 지원대상, 에너지사용계획 제출대상의 에너지사용량 기준이 출제되었다. 2016년 자격시험에서 에너지저장의무 부과대상, 에너지다소비사업자, 에너지사용계획, 에너지공급자의 수요관리투자계획, 에너지관리시스템 구축에 따른 혜택, 붙박이 에너지사용기자재, 고효율에너지인증대상기자재 제외기준이 출제되었다. 2017년 자격시험에서 국가에너지절약추진위원회, 에너지사용계획 협의 대상, 에너지진단제도, 공공기관 에너지이용합리화 추진에 관한 규정, 고효율에너지기자재 보급촉진에 관한 규정이 출제되었다. 2018년 자격시험에서 냉난방온도 제한 대상 민간건물 중 판매시설의 실내 냉난방 제한온도, 에너지사용계획, 에너지이용합리화를 위한 계획 및 조치, 고효율에너지기자재 보급 촉진에 관한 규정 및 효율관리기자재 운용규정, 공공기관 에너지이용합리화 추진에 관한 규정이 출제되었다.

에너지법 은 2013년 자격시험에서 에너지열량 환산기준에 따른 에너지원의 석유환산율이, 2015년 자격시험에서 에너지열량 환산기준에 대한 일반사항이 출제되었다. 2016년 자격시험에서 에너지이용권의 발급 및 사용 관련 문제가, 2017년 자격시험에서 지역에너지계획 및 에너지기술개발계획, 에너지총조사, 에너지열량환산기준이 출제되었다. 2018년 자격시험에서 에너지열량환산기준이 출제되었다.

건축법 은 2013년 자격시험에서 용어의 정의, 용도별 정의(특히 단독주택), 건축면적과 용적률 산정 바닥면적 등 면적기준이 출제되었다. 이 내용을 정확히 파악해야 에너지절약계획서의 제출대상과 용도, 규모를 판단할 수 있다. 그 외에, 건축물의 유지관리 점검항목, 열손실방지조치 부위, 재료마감 반사율, 설계도서 우선순위가 출제되었다. 2015년 자격시험에서 건축법의 목적, 건축법에서 규정하는 내용, 건축물의 유지관리 정기점검 대상항목, 방습조치 대상, 배연설비 설치대상, 온수온돌설비의 구성순서가 출제되었다. 2016년 자격시험에서 거실의 채광 및 환기, 용어의 정의, 건축설비 설치의 원칙, 복합자재의 품질관리서 기재 내용, 건축기계설비기술사 협력 대상 건축물, 공동주택 및 다중이용시설의 환기설비기준이 출제되었다. 2017년 자격시험에서 용어의 정의, 건축법 적용 대상 건축물, 방화에 지장이 없는 외벽 마감재료 대상 건축물, 건축모니터링 대상, 태양열 주택의 건축면적 산정 기준, 건축물의 설비 기준 등에 간한 규칙, 건축전기설비설계기준이 출제되었다. 2018년 자격시험에서 용어의 정의(지하층·설계자·내화구조·불연재료), 실내건축의 재료 또는 장식물, 건축허가 의제처리 사항, 용도변경 허가 대상, 건축법에서 정하여 실시하는 건축물 인증제도, 건축물의 설비기준 등에 관한 규칙에 따른 각 시설의 필요 환기량, 열원기기 설계기준에 따른 냉열원기기 선정기준이 출제되었다.

2과목: 건축환경계획

주요항목마다 세부 출제범위가 있는데, 전 범위가 골고루 출제되었다. 열환경계획의 세부 출제범위가 많기 때문에 출제비중이 높은데, 각 분야별 세부 출제범위 목록마다 한 문제 이상이 출제되었다. 2과목(건축환경계획)은 출제범위 전반에 대한 학습이 필요하다.

출제경향 분석: 건축환경계획 (2013년 자격시험)

출제기준		출제내용	출제비중
1. **건축환경계획 개요** (5문, 25%)	건축계획 일반	• 난방에너지 절감을 위한 건물형태계획	1문(5%)
	패시브건축 계획	• 자연형태양열 건물의 설계기법	1문(5%)
	건물에너지 해석	• 도일법 • 표준 기상데이터 • 건물에너지 해석	3문(15%)
2. **열환경계획** (11문, 55%)	건물 외피계획	• 난방에너지절약을 위한 외피계획 고려사항	1문(5%)
	단열과 보온계획	• 열교 • 외벽의 온도구배 분석 • 단열재의 종류 • 철근콘크리트 구조물에서 외단열과 내단열	4문(20%)
	부위별 단열설계		
	냉난방 부하	• 최대난방부하 계산시 고려사항	1문(5%)
	습기와 결로	• 표면결로방지를 위한 단열재 두께 • 결로	2문(10%)
	일조와 일사	• 동지의 태양남중시 일영길이 • 건축물의 일사조절 방법 • 로이유리의 특성	3문(15%)
3. **공기환경계획** (2문, 10%)	환기의 분석	• 자연환기	1문(5%)
	환기와 통풍		
	필요환기량 산정	• 환기회수 계산: 재실자 CO_2 발생량 고려	1문(5%)
4. **빛환경계획** (2문, 10%)	빛환경 개념	• 광도·조도 계산	1문(5%)
	자연채광	• 주광률의 내용	1문(5%)
합계			20문(100%)

출제경향 분석: 건축환경계획 (2015년 자격시험)

출제기준		출제내용	출제비중
1. **건축환경계획 개요** (4문, 20%)	건축계획 일반	• 열적조닝(Thermal Zoning) 계획	1문(5%)
	패시브건축 계획		
	건물에너지 해석	• 리모델링 후 난방에너지사용량 계산 • 건물에너지 해석방법 • 난방도일값 계산	3문(15%)
2. **열환경계획** (11문, 55%)	건물 외피계획	• 실내표면온도 계산(온도구배 분석) • 열관류율 충족을 위한 단열재 최소 두께	2문(10%)
	단열과 보온계획	• 단열재 종류 • 건물 외피의 열교	2문(10%)
	부위별 단열설계		
	냉난방 부하		
	습기와 결로	• 방습층 • 습공기의 특성 • 온도차이비율(TDR)	3문(15%)
	일조와 일사	• 유리의 성능 검토 고려항목 • 금속재 커튼월의 특성 • 창호 기술	3문(15%)
	기타	• 기계설비 열역학: 상변화에 필요한 열량	1문(5%)
3. **공기환경계획** (2문, 10%)	환기의 분석		
	환기와 통풍	• 건물 내 기류 제어	1문(5%)
	필요환기량 산정	• 창일체 선형 자연환기구의 최소 소요길이	1문(5%)
4. **빛환경계획** (3문, 15%)	빛환경 개념	• 측광량의 용어와 단위	1문(5%)
	자연채광	• 자연채광 관련 용어	1문(5%)
	기타	• 램프의 발광효율(전기설비 조명)	1문(5%)
합계			20문(100%)

출제경향 분석: 건축환경계획 (2016년 자격시험)

출제기준		출제내용	출제비중
1. **건축환경계획 개요** (3문, 15%)	건축계획 일반		
	패시브건축 계획	• 자연형 태양열 시스템의 특징	1문(5%)
	건물에너지 해석	• 동적건물에너지해석을 통한 에너지요구량 계산 시 고려사항 • 난방도일의 특성	2문(10%)
2. **열환경계획** (14문, 70%)	건물 외피계획	• 건물 외피계획: 구조체 열용량, 로이유리, 태양열취득률, 이중외피 • 외벽의 평균 열관류율 계산 • 상당외기온도차에 의한 총관류열량 계산 • 겨울철 외벽 내부의 정상상태 온도분포(온도구배)의 분석 • 구조체 내부 중공층의 단열효과 • 직접외기 외벽 구성체의 단열성능 향상방안	6문(30%)
	단열과 보온계획		
	부위별 단열설계	• 저항형 단열재를 사용한 외단열 방식 및 내단열 방식의 특징	1문(5%)
	냉난방 부하	• 건물의 냉방에너지사용량 감소 방법 • 건물의 최대 난방부하 계산을 위한 요소 • 건물의 연중 열회득 요소	3문(15%)
	습기와 결로	• 결로 방지대책 • 주거용 건물의 결로 • 습공기선도: 겨울철 평균복사온도 상승하는 경우 쾌적범위	3문(15%)
	일조와 일사	• 일사	1문(5%)
3. **공기환경계획** (2문, 10%)	환기의 분석	• 실내공기 오염물질	1문(5%)
	환기와 통풍	• 풍량 계산: 창 면적, 유량계수, 풍압계수, 풍속 제시	1문(5%)
	필요환기량 산정		
4. **빛환경계획** (1문, 5%)	빛환경 개념	• 평균조도 확보를 위한 최소 조명기구 수	1문(5%)
	자연채광		
합계			20문(100%)

출제경향 분석: 건축환경계획 (2017년 자격시험)

출제기준		출제내용	출제비중
1. **건축환경계획 개요** (3문, 15%)	건축계획 일반	• 인동간격, 야간단열장치, 자연채광, 단열재 등급 분류	1문(5%)
	패시브건축 계획	• 건물생체기후도 열쾌적 영역 바깥 지점에 대한 패시브건축 계획	1문(5%)
	건물에너지 해석	• 난방 및 냉방 에너지소요량의 동적 계산	1문(5%)
2. **열환경계획** (12문, 60%)	건물 외피계획	• 구성재료의 열적 특성: 겨울철 외벽의 정상상태 온도분포 제시 • 건물 외피의 열교: 발생 부위, 외단열, 실내외 단위 온도차당 전열량 • 실내표면온도 산출: 벽체 형별성능내역 제시	3문(15%)
	단열과 보온계획		
	부위별 단열설계		
	냉난방 부하	• 난방에너지 절약을 위한 공동주택의 계획 기법 • 냉방부하: 일사유입에 의한 획득열량 산출 요소 • 최대냉난방부하 계산시 부하요인·부하종류·부하	3문(15%)
	습기와 결로	• 온도차이비율(TDR) 산출, 공동주택 결로 방지를 위한 설계기준 만족 여부 • 공동주택의 결로 방지 대책	2문(10%)
	일조와 일사	• 복층 유리창(창세트)의 에너지 성능 관련 사항 • 국내 건물의 정북향 벽에 적합한 창호 구성 • 건물 방위별 월평균 일사량 • 용어의 정의: 균시차, 태양방위각, 태양정수, 대기투과율	4문(20%)
3. **공기환경계획** (3문, 15%)	환기의 분석		
	환기와 통풍	• 건축물에서 풍상측과 풍하측 간에 발생하는 압력차 산출 • 공기령(Age of Air)에 의한 환기성능 평가	2문(10%)
	필요환기량 산정	• 실내절대습도 유지를 위한 필요환기량 산출 : 수증기 발생량 제시	1문(5%)
4. **빛환경계획** (2문, 10%)	빛환경 개념	• 건축전기설비설계기준에 따른 실내조명설계 순서	1문(5%)
	자연채광	• 측창과 대비하는 수평형 천창의 채광 특성	1문(5%)
		합계	20문(100%)

출제경향 분석: 건축환경계획 (2018년 자격시험)

출제기준		출제내용	출제비중
1. **건축환경계획 개요** (4문, 20%)	건축계획 일반	• 에너지 절약을 위한 건축계획	1문(5%)
	패시브건축 계획	• 인체의 열쾌적 • 고온건조한 기후 지역에서의 패시브 냉방기법 • 에너지 절약을 위한 패시브 및 자연에너지 활용 건축기법	3문(15%)
	건물에너지 해석		
2. **열환경계획** (11문, 55%)	건물 외피계획	• 열전달: 복사, 실내표면열전달저항, 표면열전달저항, 방사율 • 창의 열성능: 유리 색깔, 중공층, 스페이서, 로이코팅 • 이중외피 커튼월 시스템 • 열교 부위의 선형 열관류율 • 열전도: 건축재료, 단열재, 열전도저항, 비드법보온판 1종·2종 • 벽체의 열관류율 산출 • 벽체의 실내표면온도 및 열관류율 산출	7문(35%)
	단열과 보온계획	• 단열: 용량형, 반사형, 저항형, 쿨루프	1문(5%)
	부위별 단열설계		
	냉난방 부하		
	습기와 결로	• 습공기선도에서 습공기의 특성	1문(5%)
	일조와 일사	• 일사: 직달일사량, 대기투과율, 태양고도, 춘분·하지 직달일사량 • 수평차양의 최소 길이 산출	2문(10%)
3. **공기환경계획** (3문, 15%)	환기의 분석		
	환기와 통풍	• 기밀성능 산출: 실내외 압력차, 외피면적당 누기량 제시 • 개구부를 통한 풍량 산출: 건물 개구부 전후 압력차 제시	2문(10%)
	필요환기량 산정	• 필요 환기회수 산출: 실내 체적, 수증기 발생량, 절대습도 제시	1문(5%)
4. **빛환경계획** (2문, 10%)	빛환경 개념	• 총광속법에서 조명률에 영향을 미치는 인자	1문(5%)
	자연채광	• 채광 및 조명	1문(5%)
		합계	20문(100%)

출제기준별 출제비중: 2과목 (건축환경계획)

출제기준	2013년	2015년	2016년	2017년	2018년	평균
1. 건축환경계획 개요	25%	20%	15%	15%	20%	19%
2. 열환경계획	55%	55%	70%	60%	55%	59%
3. 공기환경계획	10%	10%	10%	15%	15%	12%
4. 빛환경계획	10%	15%	5%	10%	10%	10%

2과목(건축환경계획)의 분야별 출제비중은, 열환경계획(55~70%), 건축환경계획 개요(15~25%), 공기환경계획(10~15%), 빛환경계획(5~15%) 순이다.

출제기준별 출제비중: 2과목(건축환경계획)

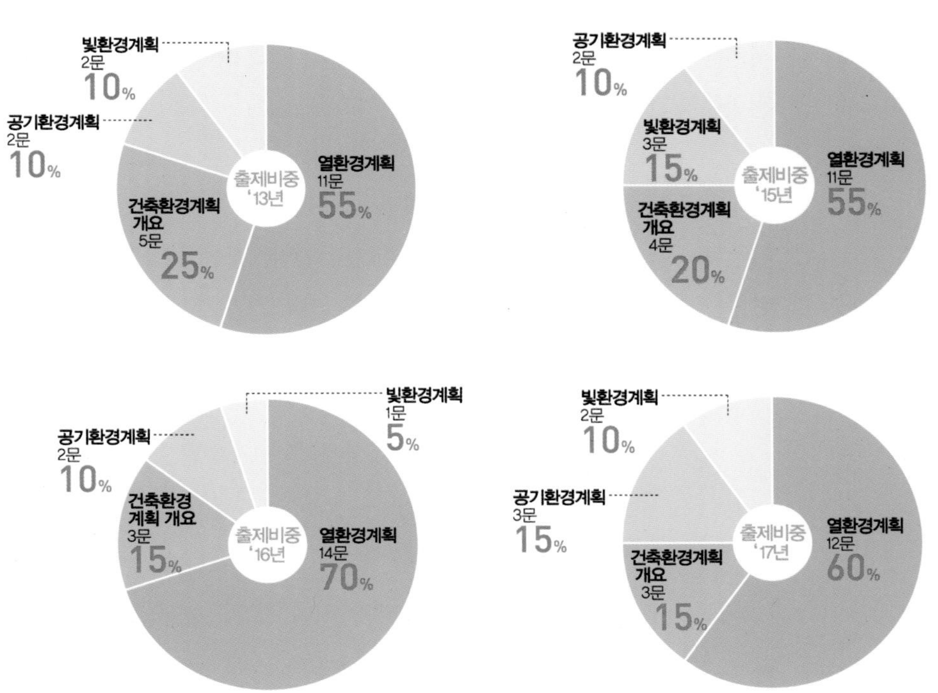

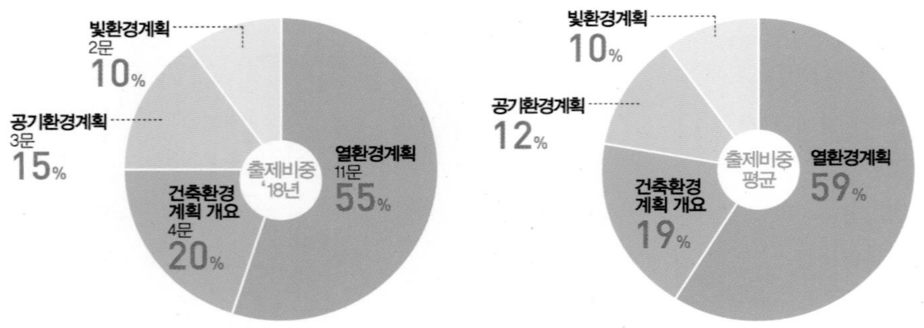

2과목(건축환경계획)은 열환경계획 의 비중이 매우 높다. 건물 외피계획·단열계획·습기와 결로·일조와 일사 등 열환경계획 전반에 대한 이해도와 응용력을 평가하는 문제들이었다. 실제 건축물 에너지부하에서 냉방부하와 난방부하가 큰 비중을 차지하는 만큼 열환경계획의 출제비중이 높은 것은 당연한 결과라 하겠다. 2018년에는 패시브 건축 관련문제가 많이 출제되었다.

건축환경계획 개요 는 건물에너지 해석 분야에서 많은 문제가 출제되었다. 건물에너지 해석 방법과 용어의 파악, 계산방법의 숙지가 필요한 문제들이었다. 2018년에는 열전달·열전도·창호 등 건물 외피계획 관련 문제가 많이 출제되었다.

공기환경계획 은 환기량 관련 계산문제가 지속적으로 출제되었고, 빛환경계획 은 용어의 정의와 빛환경·조명 관련 계산문제가 출제되었다.

2과목(건축환경계획)에서 계산문제가 지속적으로 출제되고 있다. 이론학습과 함께 계산연습을 병행해야 한다.

3과목: 건축설비시스템

3과목(건축설비시스템)은 설비분야 종사자도 부담스러워하는 과목이다. 진행하던 프로젝트에서 CM의 설비를 담당하는 이사님이 건축물에너지평가사 자격시험에 응시했는데, 내가 여쭤 보길, "3과목 건축설비시스템에서 기계나 전기 전공이신 분은 본인 전공만 맞춰도 50점이니까 과락은 면하시겠어요. 저는 둘 다 잘 몰라서 과락이 나올 거 같아 걱정인데." 그분의 답변은 이랬다. "안 그래. 나도 기계 일을 하지만 어려워. 일하는 거랑 시험문제 푸는 건 별개야." 내가 설계 일을 한다고 건축환경계획 과목에서 점수가 잘 나오는 건 아니니까 어떤 전공이든지 수험생의 고충은 매한가지인 것 같다.

출제경향 분석: 건축설비시스템 (2013년 자격시험)

출제기준		출제내용	출제비중
1. **건축기계설비** (12문, 60%)	열역학 · 유체역학	• 열역학법칙 • 용어의 정의(열역학 · 유체역학)	2문(10%)
	열원설비	• 열병합발전 • 보일러효율 계산 • 흡수식냉동기 · 압축식냉동기의 냉매 순환경로	3문(15%)
	냉난방 · 공조설비	• 공조기 냉각코일 부하 • 변풍량방식의 특성 • 공조기 냉각과정 감습량 • 송풍기 풍량제어 방식의 소비동력 순서 • 공조설비에서 취출관련 용어의 정의	5문(25%)
	배관 반송설비	• 펌프의 동력계산 (상사법칙: 회전수 · 토출량 · 동력) • 덕트의 동압 · 전압 계산	2문(10%)
2. **건축전기설비** (6문, 30%)	전기 기본사항		
	전원 · 동력설비	• 전기설비의 기능과 역할 • 부하율 계산 • 수변전설비의 에너지절약계획 • 전기보일러의 용량 계산 • 건물에너지관리시스템(BEMS)의 정전 및 복전	5문(25%)
	조명 · 배선설비	• 조명용 전등의 점멸장치(전기설비기술기준)	1문(5%)
3. **신재생에너지** (2문, 10%)	태양열 · 태양광	• 태양광발전시스템 설계시 고려사항	1문(5%)
	지열 · 풍력 · 연료전지	• 지열히트펌프시스템의 특성	1문(5%)
합계			20문(100%)

출제경향 분석: 건축설비시스템 (2015년 자격시험)

출제기준		출제내용	출제비중
1. **건축기계설비** (12문, 60%)	열역학 · 유체역학	• 용어의 정의 • 베르누이 방정식	2문(10%)
	열원설비	• 소형 열병합발전시스템 • 증기압축 냉동사이클	2문(10%)
	냉난방 · 공조설비	• 전공기방식의 종류 • 송풍기의 종류 • 공조설비 취출온도계산 • 공조기 냉각코일의 냉각열량 계산 • 습공기의 엔탈피 계산 • 변풍량(VAV) 공조방식의 특징	6문(30%)
	배관 반송설비	• 원심송풍기의 전압력 계산(송풍기의 상사법칙) • 배관의 마찰손실수두 계산	2문(10%)
2. **건축전기설비** (6문, 30%)	전기 기본사항	• 변압기의 전압변동률	1문(5%)
	전원 · 동력설비	• 역률개선용 콘덴서 용량 계산 • 가변전압가변주파수(VVVF) 제어방식인 전동기의 축동력과 회전수의 관계 • 1개월간 사용 전력량 계산	3문(15%)
	조명 · 배선설비	• 실내조명설비의 효율적인 에너지 관리 방안 • 옥내배선 전기방식의 특성	2문(10%)
3. **신재생에너지** (2문, 10%)	태양열 · 태양광	• 건물일체형 태양광발전(BIPV) 시스템의 특성 • 액체식 태양열 시스템의 특성	2문(10%)
	지열 · 풍력 · 연료전지		
합계			20문(100%)

출제경향 분석: 건축설비시스템 (2016년 자격시험)

출제기준		출제내용	출제비중
1. **건축기계설비** (11문, 55%)	열역학 · 유체역학	• 열역학 제1법칙 • 물을 가열하는데 필요한 시간 계산 : 수량, 소비전력, 전기온수기 효율 제시 • 보일러 증기의 비엔탈피 계산: 증기 압력, 포화수 엔탈피, 잠열 제시	3문(15%)
	열원설비	• 압축일 계산: 증기압축 냉동사이클 제시	1문(5%)
	냉난방 · 공조설비	• 공구-수 방식 공기조화방식의 종류 • 공조기 냉각코일 출구온도 계산: 외기 · 환기 · 코일 온도, 바이패스팩터 제시 • 공조기 냉각코일 냉각열량 계산: 전열 부하, 현열비 등 제시 • 정풍량 방식에서 풍량조절댐퍼가 닫히는 경우 풍량 및 정압 변화 • 가변풍량 터미널 유닛방식의 특징	5문(25%)
	배관 반송설비	• 공조 덕트의 정압 손실 계산: 덕트 크기, 풍량, 손실계수 등 제시 • 팬 구동동력 계산: 공기 온도, 풍량 제시	2문(10%)
2. **건축전기설비** (6문, 30%)	전기 기본사항	• 전력 관련 정의: 3상회로, 평형 Y부하, 복소전력, 3상 유효전력 • 전력품질 용어의 종류	2문(10%)
	전원 · 동력설비	• 변압기 용량 계산: 설비부하 용량, 수용률, 역률 제시 • 무정전 전원장치(UPS) 전원공급 순서 • 고효율 펌프의 전력절감량 계산: 효율 · 소비전력 · 양정 · 유량 등 제시	3문(15%)
	조명 · 배선설비	• LED 적용시 투자비 회수기간 계산 : 사용시간, 조명 용량 등 제시	1문(5%)
3. **신재생에너지** (3문, 15%)	태양열 · 태양광	• 신재생에너지설비 KS인증을 위한 태양열설비 종류 • 신재생에너지설비의 지원 등에 관한 규정: 태양광설비 시공기준	2문(10%)
	지열 · 풍력 · 연료전지	• 신재생에너지설비의 지원 등에 관한 규정: 지열 열펌프 시공기준	1문(5%)
합계			20문(100%)

출제경향 분석: 건축설비시스템 (2017년 자격시험)

출제기준		출제내용	출제비중
1. **건축기계설비** (10문, 50%)	열역학·유체역학	• 현열비 산출: 현열, 잠열 제시 • 습공기 상태의 엔탈피 • 레이놀즈 수	3문(15%)
	열원설비	• 냉동기의 냉매 순환량 산출: 압력-엔탈피 선도 제시 • 보일러의 정미출력 산출: 바닥면적, 부하(급탕·급탕·배관·예열) 제시 • 수축열방식과 빙축열방식의 축열조 부피 산출	3문(15%)
	냉난방·공조설비	• 공조용 송풍기의 절대 압력 산출 : 국소 대기압, 계기압력 제시 • 개별공조방식의 종류	2문(10%)
	배관 반송설비	• 공기조화설비용 덕트 내 마찰손실수두와 반비례하는 요소 • 수격현상 방지책	2문(10%)
2. **건축전기설비** (6문, 30%)	전기 기본사항		
	전원·동력설비	• 수변전설비의 에너지절약기법 • 수전시설 용량 산출: 전기설비용량, 수용률, 부등률, 부하역률 제시 • 고효율 전동기를 위한 전동기 손실 감소 및 효율 증대 방안 • 변압기 전일효율 산출: 용량, 부하, 역률, 전부하동손, 철손 제시	4문(20%)
	조명·배선설비	• LED 조명설비 교체 시 에너지절감량 산출 • 조명 교체(형광램프→LED) 시 절감 소비전력: 바닥면적, 소비전력, 전광속, 조도, 발광효율, 조명률, 감광보상률 제시	2문(10%)
3. **신재생에너지** (4문, 20%)	태양열·태양광	• 태양전지 모듈의 변환효율 공식 : 최대출력, 방사속도, 모듈전면적 제시 • 태양열·태양광 설비의 설비원별 일조시간 기준	2문(10%)
	지열·풍력·연료전지	• 신재생에너지설비 KS인증을 위한 지열 설비 • 신재생에너지설비의 지원 등에 관한 지침: 지열이용 검토서 작성기준의 용어 정의	2문(10%)
합계			20문(100%)

출제경향 분석: 건축설비시스템 (2018년 자격시험)

출제기준		출제내용	출제비중
1. **건축기계설비** (10문, 50%)	열역학 · 유체역학	• 열역학 물성치 단위 • 역카르노 사이클의 압력-비체적선도 • 분수 노즐의 최대 높이 산출: 배관 내 계기압력, 유속 제시	3문(15%)
	열원설비	• 증기압축식 히트펌프 • 압축식 냉동기의 응축기에서 방출되는 열전달률 산출	2문(10%)
	냉난방 · 공조설비	• 환기에 의한 현열부하 산출 • 주거공간 바닥난방 공급열량 산출 • 공조기 운전방식에 따른 습공기선도 상의 공조기 상태변화 • HAVC 시스템에서 냉방시 공조기 급기 온도 낮출 경우 결과	4문(20%)
	배관 반송설비	• 공조용 덕트의 마찰 손실	1문(5%)
2. **건축전기설비** (6문, 30%)	전기 기본사항		
	전원 · 동력설비	• 수용률의 정의 • 건축물 전기설비의 기능과 역할 • 변압기 총출력 및 이용률 산출 • 건물의 일부하율: 일일 전력부하 그래프 제시	4문(20%)
	조명 · 배선설비	• 형광램프를 LED 램프로 교체할 경우 절감 총 소비전력 산출 • 조명 관련 용어와 단위	2문(10%)
3. **신재생에너지** (4문, 20%)	태양열 · 태양광	• 태양열 이용 난방방식의 주요 구성요소 • 태양광 최소 설치면적 산출: 연간 총 에너지사용량 및 태양광발전 비율 제시	2문(10%)
	지열 · 풍력 · 연료전지	• 지열에너지설비의 지중열교환기 • 신재생에너지 기술: ESS, 연료전지, 풍력발전소, 마이크로 그리드	2문(10%)
합계			20문(100%)

출제기준별 출제비중: 3과목 (건축설비시스템)

출제기준	2013년	2015년	2016년	2017년	2018년	평균
1. 건축기계설비	60%	60%	55%	50%	50%	55%
2. 건축전기설비	30%	30%	30%	30%	30%	30%
3. 신재생에너지	10%	10%	15%	20%	20%	15%

3과목(건축설비시스템)의 분야별 출제비중은, 건축기계설비(50~60%), 건축전기설비(30%), 신재생에너지(10~20%) 순이다.

출제기준별 출제비중: 3과목(건축설비시스템)

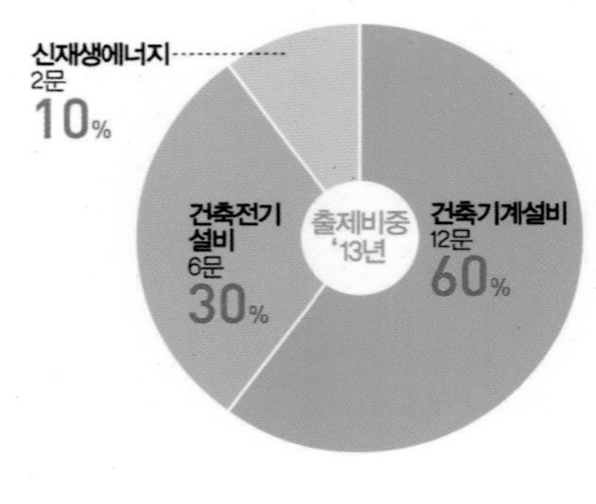

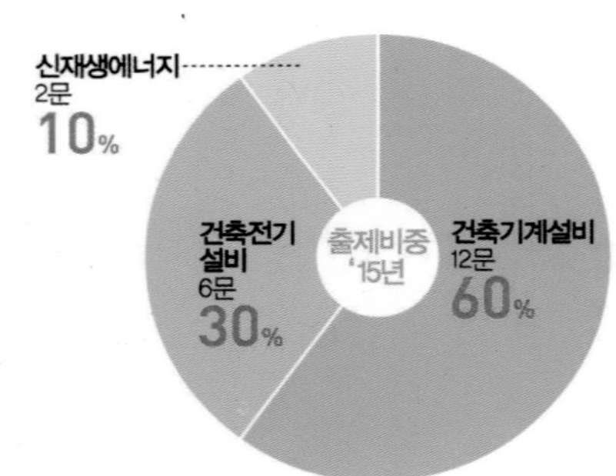

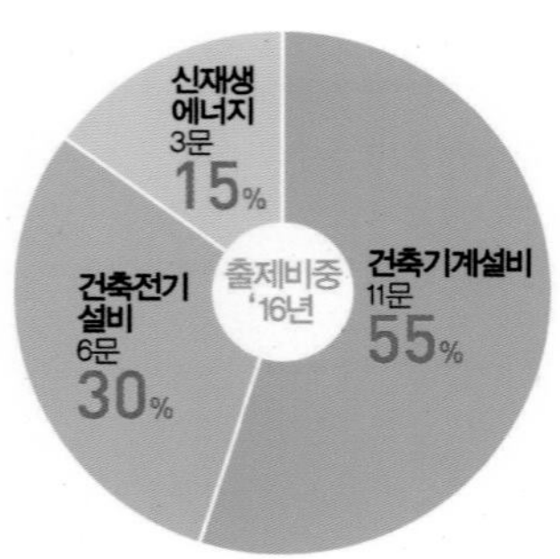

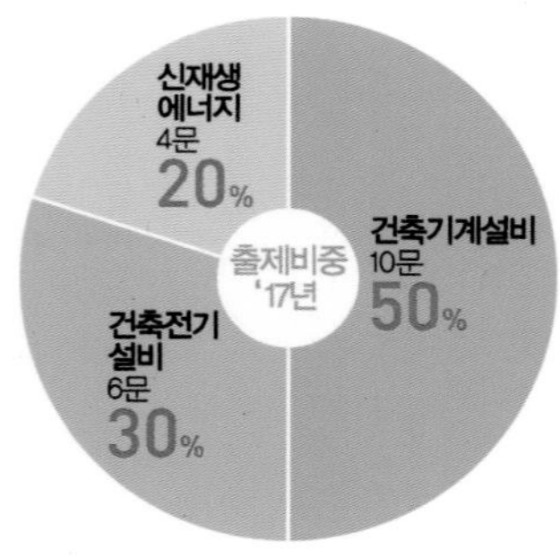

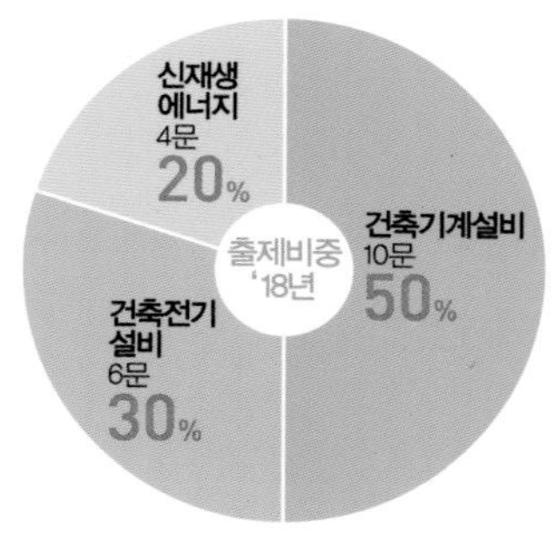

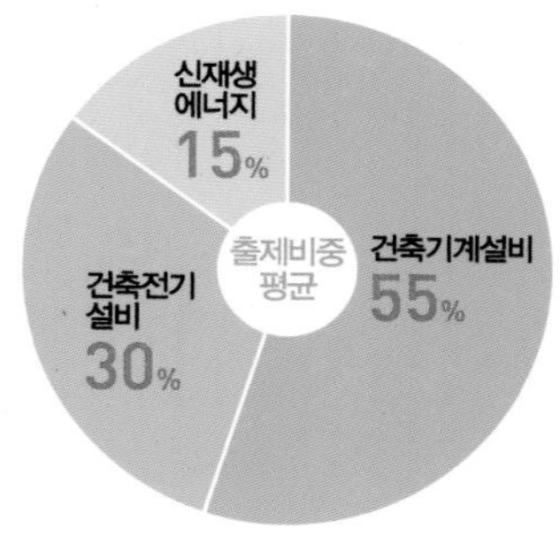

건축기계설비분야 는 열원설비, 냉난방·공조설비, 배관반송설비의 비중이 높은 편인데, 그 중 냉난방·공조설비의 문제가 많이 출제되었다. 건축전기설비분야 는 전원·동력설비의 비중이 높다. 이 책의 제1장에서 설명했듯이 건축물에너지평가사의 정의와 역할을 잘 이해하면, 범위가 넓은 기계분야와 전기분야도 어느 부분에 집중해야 할지가 분명해진다. 기출문제가 이를 증명해 보였다.

신재생에너지 는 태양광발전, 태양열시스템, 지열히트펌프시스템이 출제되었다. 건축물에 적용이 가능한 신재생에너지시스템은 종류가 많지 않기 때문에, 비슷한 맥락으로 출제가 될 것으로 예상된다.

3과목(건축설비시스템)에서 계산문제 비중이 높아지고 있다. 2013년 자격시험에서 6개, 2015년 자격시험에서 7개, 2016년 자격시험에서 10개, 2017년 자격시험에서 9개 문항이 출제되었다.

4과목: 건물에너지효율설계 · 평가

본 책자의 초판(2015년 7월 발간)에서 '에너지성능지표'가 1차시험 출제범위에 없지만, 공부가 필요하다고 강조했다. 실제로 자격시험에 '에너지성능지표' 관련 문제가 많이 출제되었다.

4과목(건물에너지효율설계 · 평가) 출제경향 분석은, 자격시험 공고 내용의 출제범위에 에너지절약계획서, 건축기준의 완화, 에너지소비총량제, 에너지성능지표를 추가하여 구분했다.

출제경향 분석: 건물에너지효율설계 · 평가 (2013년 자격시험)

<table>
<tr><th colspan="2">출제기준</th><th>출제내용</th><th>출제비중</th></tr>
<tr><td rowspan="3">1. 건축물 에너지효율등급 평가
(3문, 15%)</td><td>인증에관한규칙</td><td>• 건축물에너지효율등급 인증절차(신청~인증처리)</td><td>1문(5%)</td></tr>
<tr><td>인증기준</td><td>• 건축물에너지효율등급 판정
(1차에너지소요량 제시)</td><td>1문(5%)</td></tr>
<tr><td>인증제도 운영규정</td><td>• 건축물에너지효율등급인증제도 운영규정의 내용</td><td>1문(5%)</td></tr>
<tr><td rowspan="11">2. 건물 에너지효율설계 이해 및 평가
(14문, 70%)</td><td>용어의 정의</td><td>• 건축물의 에너지절약설계기준 용어의 정의</td><td>1문(5%)</td></tr>
<tr><td>의무사항</td><td>• 건축부문 의무사항(열손실방지 조치 예외)
• 전기설비부문 의무사항 항목</td><td>2문(10%)</td></tr>
<tr><td>에너지절약계획서</td><td>• 에너지절약 설계검토서의 구성</td><td>1문(5%)</td></tr>
<tr><td>건축기준의 완화</td><td>• 건축기준 완화 판정(효율등급 · 녹색건축 · 신재생)</td><td>1문(5%)</td></tr>
<tr><td>에너지소비총량제</td><td>• 건축물에너지소비총량제의 내용</td><td>1문(5%)</td></tr>
<tr><td>단열재의 등급</td><td>• 단열재등급(열전도율 제시)</td><td>1문(5%)</td></tr>
<tr><td>지역별 열관류율</td><td>• 별표1. 지역별 건축물 부위의 열관류율</td><td>1문(5%)</td></tr>
<tr><td>열관류율 계산</td><td>• 외벽 평균열관류율 계산
• 최하층바닥 열관류율 계산</td><td>2문(10%)</td></tr>
<tr><td>냉난방용량 계산</td><td></td><td></td></tr>
<tr><td>에너지성능지표</td><td>• 건축부문: 권장사항에서 배점받을 수 있는 사항
• 기계부문: 배점 기준
• 전기부문: 적용여부로 배점을 판정하는 항목
• 신재생에너지부문: 최대배점을 위한 신재생 최소용량</td><td>4문(20%)</td></tr>
<tr><td></td><td></td><td></td></tr>
<tr><td>3. 도서분석능력
(3문, 15%)</td><td>도서분석능력
도면의 종류 · 이해</td><td>• 중앙식 공기조화설비기기의 명칭(계통도 제시)
• 수변전설비 도면의 범례 및 주기사항
• 태양열시스템설비 요소 및 특성(구성개념도 제시)</td><td>3문(15%)</td></tr>
<tr><td colspan="3">합계</td><td>20문(100%)</td></tr>
</table>

출제경향 분석: 건물에너지효율설계 · 평가 (2015년 자격시험)

출제기준		출제내용	출제비중
1. **건축물 에너지효율 등급 평가** (4문, 20%)	인증에 관한 규칙	• 건축물에너지효율등급 인증대상 건축물 • 건축물에너지효율등급 인증서의 표기내용	2문(10%)
	인증기준	• 건축물에너지효율등급 인증기준 및 등급	1문(5%)
	인증제도운영규정	• 건축물 용도프로필	1문(5%)
2. **건물 에너지효율설계 이해 및 평가** (15문, 75%)	에너지절약설계기준 일반(기준·용어 정의)	• 용어의 정의(전기설비부문) • 용어의 정의(공통·건축부문)	2문(10%)
	에너지절약설계기준 의무사항·권장사항	• 의무사항과 권장사항의 구분	1문(5%)
	에너지절약계획서		
	건축기준의 완화	• 건축기준의 완화비율 (제로에너지빌딩 시범사업 효율등급)	1문(5%)
	에너지소비총량제	• 건축물에너지소비총량제의 내용	1문(5%)
	단열재의 등급	• 단열재 종류 및 두께(중부지역 공동주택)	1문(5%)
	지역별 열관류율	• 열관류율 기준(중부지역 공동주택)	1문(5%)
	열관류율 계산	• 에너지절약설계기준의 표면열전달저항을 통한 부위별 열관류율 계산	1문(5%)
	냉난방용량 계산		
	에너지성능지표	• 차양장치 설치비율 • 난방설비효율의 기준 발열량 (기름보일러·가스보일러) • 송풍기 효율에 따른 배점계산 • 전기대체 냉방설비의 종류 • 전기설비부문 항목 중 기본배점이 가장 큰 항목 • 대기전력자동차단 콘센트 적용배점 • 신재생부문의 배점 기준	7문(35%)
3. **도서분석능력** (1문, 5%)	도서분석능력 도면의 종류·이해	• 중온수 흡수식냉동기의 COP 계산 (장비일람표 제시)	1문(5%)
합계			20문(100%)

출제경향 분석: 건물에너지효율설계 · 평가 (2016년 자격시험)

출제기준		출제내용	출제비중
1. **건축물 에너지효율등급 평가** (6문, 30%)	인증에 관한 규칙	• 운영기관 및 인증기관	1문(5%)
	인증기준	• 연간 단위면적당 1차에너지소요량 계산, 인증등급 판정 • 건축물에너지효율등급 인증 평가결과 분석: 변경전 · 변경후	2문(10%)
	인증제도운영규정	• 별표1 기상데이터: 지역, 구성요소 • 별표2 건축물 용도프로필: 사용시간 및 운전시간 • 별표2 건축물 용도프로필: 소규모사무실과 대규모사무실의 차이점	3문(15%)
2. **건물 에너지효율설계 이해 및 평가** (14문, 70%)	에너지절약설계기준 일반(기준 · 용어정의)	• 외벽 평균열관류율값 산출 기준 (중심선 치수)	1문(5%)
	에너지절약설계기준 의무사항 · 권장사항	• 기계설비부문 의무사항 • 전기설비부문 의무사항: 간선 및 동력설비(전압강하 계산식) • 전기설비부문 권장사항: 수변전설비	3문(15%)
	에너지절약계획서	• 근거서류 중 MCC 결선도 필요 항목	1문(5%)
	건축기준의 완화		
	에너지소비총량제	• 건축물에너지소요량평가서 제출대상	1문(5%)
	단열재의 등급		
	지역별 열관류율	• 별표1 지역별 건축물 부위의 열관류율	1문(5%)
	열관류율 계산	• 열관류율 계산, 별표1 지역별 건축물 부위의 열관류율(외벽)	1문(5%)
	냉난방용량 계산		
	에너지성능지표	• 건축부문 5번(기밀성 창 및 문의 설치) 배점 계산 • 건축부문 8번(차양장치), 9번(태양열 취득) 적용 부위 • 기계설비부문 1번(난방설비효율) 평점 계산 • 기계설비부문 11번(전기대체 냉방설비 적용비율) 평점 계산 • 기계설비부문 미설치 경우 최하 배점 적용 항목 • 전기설비부문 11번(LED 조명기기 전력비율) 평점 계산	6문(30%)
3. **도서분석능력**	도서분석능력 도면의 종류 · 이해		
합계			20문(100%)

출제경향 분석: 건물에너지효율설계 · 평가 (2017년 자격시험)

출제기준		출제내용	출제비중
1. **건축물 에너지효율등급 평가** (4문, 20%)	인증에 관한 규칙	• 제로에너지건축물 인증서의 표시사항	1문(5%)
	인증기준	• 설계변경 항목: 설계변경에 따른 건축물 에너지효율등급 인증 평가결과 제시 • 건축물에너지효율등급 인증 및 제로에너지건축물 인증 수수료 • 제로에너지건축물 인증등급, 건축물에너지효율등급 산정: 건축물에너지효율등급 평가결과 제시	3문(15%)
	인증제도운영규정		
2. **건물 에너지효율설계 이해 및 평가** (14문, 70%)	에너지절약설계기준 일반(기준 · 용어 정의)	• 대기전력저감프로그램운영규정에 의한 대기전력저감우수 등록 제품 • 용어의 정의: 중앙집중식 난방방식 • 열손실 방지조치 예외 부위 • 일사조절장치의 태양열취득률 산출: 수평 차양의 돌출길이, 투광부 하단까지 길이, 유리 내측 가동형 차양의 태양열 취득률 제시	4문(20%)
	에너지절약설계기준 의무사항 · 권장사항	• 건축부문 의무사항 3번 만족하기 위한 단열재의 최소 두께 산출 • 기계설비부문 권장사항: 위생설비 급탕용 저탕조의 설계온도 • 전기설비부문 의무사항: 공동주택에 해당하는 내용 • 전기설비부문 권장사항: 동력설비 및 제어설비 • 공공건축물의 의무사항: 건축부문 · 기계설비부문 · 전기설비 부문	5문(25%)
	에너지절약계획서	• 에너지성능지표 제출 대상	1문(5%)
	건축기준의 완화		
	에너지소비총량제		
	단열재의 등급		
	지역별 열관류율		
	열관류율 계산	• 지붕의 평균 열관류율값 산출: 평지붕, 경사지붕, 천창 제시 • 외벽의 평균 열관류율값 산출: 구성재료 열관류율, 면적 제시	2문(10%)
	냉난방용량 계산		
	에너지성능지표	• 전기설비부문 12번(대기전력자동차단콘센트 비율) 평점 계산	1문(5%)
	기타	• 냉방부하 계산법: CLTD, CLF, SCL	1문(5%)
3. **도서분석능력** (2문, 10%)	도서분석능력 도면의 종류 · 이해	• 기계설비 계통도 제시: 기계설비 별 특성 • 변풍량 방식의 공조설비 각 지점별 측정기: 설비 평면도 제시	2문(10%)
합계			20문(100%)

출제경향 분석: 건물에너지효율설계 · 평가 (2018년 자격시험)

출제기준		출제내용	출제비중
1. **건축물 에너지효율등급 평가** (4문, 20%)	인증에 관한 규칙	• 건축물에너지효율등급인증 신청서 기재 항목	1문(5%)
	인증기준	• 개선조치에 따른 건축물에너지효율등급 평가 결과 변동 항목 • 에너지자립률 산출 • 제로에너지건축물 인증을 취득하기 위해 필요한 조치: 에너지효율 1++등급, 에너지 자립률 20%	3문(15%)
	인증제도운영규정		
2. **건물 에너지효율설계 이해 및 평가** (11문, 55%)	에너지절약설계기준 일반(기준 · 용어 정의)	• 용어의 정의 전기설비부문 • 건축물의 에너지절약설계기준 일부 또는 전부 예외 대상 • 건축물에너지절약계획서 제출 예외 대상	3문(15%)
	에너지절약설계기준 의무사항 · 권장 사항	• 건축부문 권장사항: 자연채광계획, 단열계획, 기밀계획, 평면계획 • 건축물의 에너지절약설계기준에 따른 열손실 방지조치 예외 부위 • 연면적 5천 제곱미터 공공기관 교육연구시실의 의무사항	3문(15%)
	에너지절약계획서		
	건축기준의 완화	• 건축기준 완화 비율: 연간 단위면적당 1차에너지소요량, 에너지자립률 제시	1문(5%)
	에너지소비총량제	• 건축물 에너지소요량평가서 표시 항목	1문(5%)
	단열재의 등급		
	지역별 열관류율		
	열관류율 계산		
	냉난방용량 계산		
	에너지성능지표	• 기계설비부문 3번 항목(공조용 송풍기의 우수한 효율설비) • 기계설비부문 4번 항목(펌프의 우수한 효율설비) • 기계설비부문 12번 항목(펌프의 에너지 절약 제어방식)	3문(15%)
3. **도서분석능력** (5문, 25%)	도서분석능력 도면의 종류 · 이해	• 수변전설비 단선결선도 부위별 기능 • 에너지성능지표 건축부분 1번 항목 외벽의 평균열관류율 산출 • 에너지성능지표 건축부문 4번 항목(외피열교부위의 단열성능) 평가대상 예외 • 에너지성능지표 전기설비부문 1번항목(거실의 조명밀도) 평점: 평면도(조명계획) 제시 • 에너지성능지표 신재생설비부문 4번 항목(조명설비전력에 대한 신재생에너지 용량 비율) 평점 3.2점 획득을 위한 최소 신재생에너지 용량	5문(25%)
합계			20문(100%)

출제기준별 출제비중: 4과목(건물에너지효율설계 · 평가)

출제기준	2013년	2015년	2016년	2017년	2018년	평균
1. 건축물에너지효율등급평가	15%	20%	30%	20%	20%	21%
2. 건물에너지효율설계 이해 및 평가	70%	75%	70%	70%	55%	68%
3. 도서분석능력	15%	5%	–	10%	25%	11%

4과목(건물에너지효율설계 · 평가)의 주요항목별 출제비중은, '건물에너지효율설계 이해 및 평가'(55~75%), '건축물에너지효율등급평가'(15~30%), 도서분석능력(0~25%) 순이다.

출제기준별 출제비중: 4과목(건물에너지효율설계 · 평가)

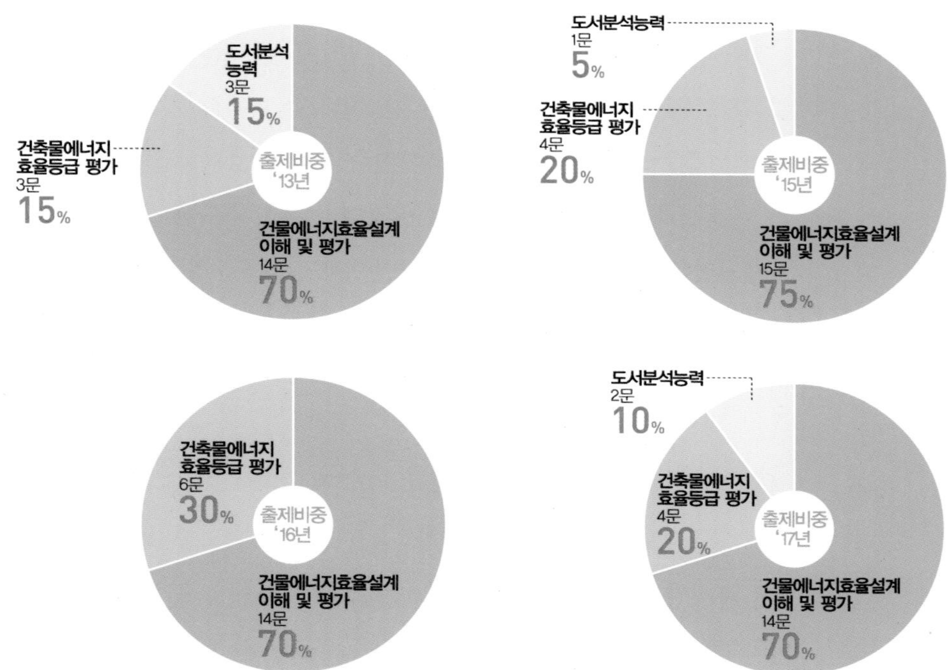

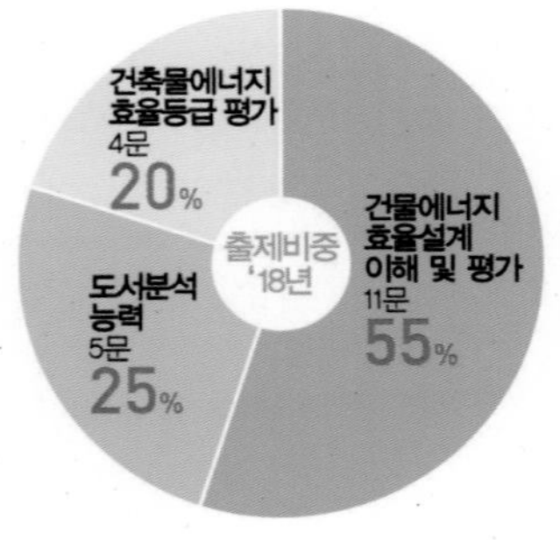

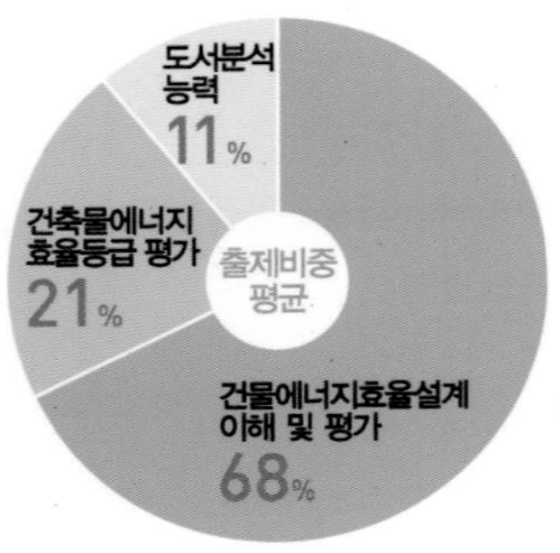

건축물에너지효율등급 관련하여 2013년 자격시험에는 인증절차, 등급 산정, 운영규정이 출제되었고, 2015년 자격시험에는 인증대상 건축물, 인증서의 표기내용, 용도프로필, 인증기준과 등급이 출제되었다.

2016년 자격시험에는 인증에 관한 규칙에 따른 운영기관 및 인증기관 관련 문제가 출제되었다. 연간 단위면적당 1차에너지소요량을 계산해서 인증등급을 판정하는 문제와 건축물에너지효율등급 인증 평가결과 변경전과 변경후를 분석해서 변경된 설계항목을 추정하는 문제가 출제되었다. 건축물에너지효율등급인증제도 운영규정의 별표1 기상데이터와 별표2 용도프로필에 대한 문제가 출제되었다. 각각의 구성요소의 파악여부와 용도프로필의 이해여부를 묻는 문제였다.

2017년 자격시험에는 제로에너지건축물 인증서의 표시사항을 묻는 문제가 출제되었다. 건축물에너지효율등급 평가 결과를 제시한 문제가 2개 출제됐는데, 하나는 평가결과 변화값을 토대로 설계변경 항목을 파악하는 문제이고, 다른 하나는 인증등급을 산정하는 문제였다.

2018년 자격시험에는 건축물에너지효율등급인증 신청서 기재항목, 개선조치에 따른 건축물에너지효율등급 평가 결과 변동 항목, 에너지 자립률 산출, 제로에너지건축물 인증을 취득하기 위해 필요한 조치가 출제되었다.

건물에너지효율설계 이해 및 평가 관련하여 2013년 자격시험에는 에너지절약설계검토서의 구성, 건축기준 완화, 단열재등급, 지역별 열관류율 등이 출제되었고, 2015년 자격시험에는 의무사항과 권장사항의 구분, 건축기준 완화, 단열재의 종류와 두께 등이 출제되었다.

2016년 자격시험에는 외벽 열관류율 산출 기준, MCC 결선도를 근거 서류로 하는 항목 등이 출제되었다. 난방·냉방·급탕·조명·환기 단위면적당 에너지소요량과 난방·냉방·급탕의 열원설비를 제시하여 해당 건축물의 등급을 판정하라는 문제가 있었다. 단위면적당 에너지소요량에 열원설비 별 1차에너지환산계수를 곱한 합계를 통해 연간 1차에너지소요량을 산출하고, 이를 인증등급 세부기준(암기해야 했다)에 대입해서 인증등급을 판정하는 복합적인 문제였다. 조명과 환기는 전력을 사용하기 때문에 1차에너지환산계수 2.75를 적용해야 했다.

2017년 자격시험에는 대기전력저감우수 등록 제품, 중앙집중식 난방방식의 정의, 열손실 방지조치 예외 부위, 일사조절장치의 태양열취득률을 산출하는 문제가 출제되었다. 에너지절약설계기준에서 각 부문별 의무사항과 권장사항이 출제되었다. 지붕과 외벽의 평균 열관류율값 산출 문제가 출제되었다. 에너지성능지표는 전기설비부문 1개만 출제되었다. 건축환경의 열환경에 해당하는 냉방부하 계산법 문제가 있었다. 기계설비(열원설비·공조설비 등) 계통도, 기계 · 전기설비 평면도 등 도면 제시 문제가 있었다.

2018년 자격시험에는 전기설비부문 용어의 정의, 에너지절약설계기준 예외 대상, 에너지절약계획서 제출 예외 대상, 건축물 에너지소요량 평가서 표시항목, 건축기준 완화비율이 출제되었다. 에너지성능지표 관련 기계설비부문 문제가 3개 출제되었다. 수변전설비 단선결선도를 제시하고 부위별 기능을 묻는 문제가 있었다. 건축물 개요, 평면도, 조명계획, 외벽 상세도를 제시하고 에너지성능지표 건축부문, 전기설비부문, 신재생설비부문을 묻는 문제가 출제되었다. 전반적으로 에너지성능지표 관련 실무 문제 비율이 높았다.

네 차례 시험에서 공통적으로 용어의 정의, 의무사항, 건축물에너지소비총량제, 열관류율 관련 문제가 출제되었고, 에너지성능지표 관련 문제가 많이 출제되고 있다.

2013년 2차시험 분석

2013년 2차시험은 출제기준에 나와 있는 범위 전체에 걸쳐 이론문제와 실무문제가 골고루 출제되었다. 각론적인 정의보다는 법규나 기준에 명시된 정의를 묻는 문제가 출제되었다. 출제기준상으로 10문항이나, 작은문제로 나눠져서 '아주 많은' 문제가 출제되었고, 계산문제도 많이 출제되었다.

시험문제가 크게 보면 10문항인데, 작은문제 20개가 출제되었고, 이 작은문제에서도 세부질문이 여럿 있어서 엄밀히 보면 총 36개의 문제가 출제되었다. 문제지에 제시된 그림·그래프·계통도 외에 별도로 다섯 장의 도면이 제공되었고, 개요·평면도·입면전개도·부위별 성능내역·장비일람표·태양광설비상세도 등의 내용으로 구성되었다. 모두 실무에서 사용하는 도면들이다. 2013년 2차시험의 분야별 출제내용은 다음과 같다.

분야별 출제경향 분석: 2차시험 (2013년 자격시험)

분야	세부항목	출제내용	유형	배점
건축 환경 (28점)	건축계획			
	열환경(18점)	• 투과율 가변유리의 종류	서술형	3점
		• 로이유리 코팅면 위치(난방에너지 절약) • 로이유리 코팅면 위치(냉방에너지 절약)	단답형+도면	2점
		• 창호의 기밀성등급 • 에너지소비효율등급(기밀성등급 · 열관류율 고려)	단답형+도면	4점
		• 열교 단열성능: 열관류율로 평가 못하는 이유 • 열교부위 단열성능 평가 방법	서술형	6점
		• 커튼월 열교현상 감소기술(멀리언) • 커튼월 열교현상 감소기술(스페이서)	서술+도면	3점
	공기환경			
	냉난방부하 계산(10점)	• 실의 냉방부하 계산	계산형+도면	10점
기계 설비 (30점)	열역학 · 연소 · 유체역학			
	열원설비 · 냉방설비			
	공조설비(30점)	• 송풍기풍량 제어방법(에너지절약효과 순서)	서술형	5점
		• 공조방식(바닥급기 · 복사냉난방): 개념도+특징 • 공조방식(저온공조 · 저속치환): 개념도+특징	서술형	10점
		• 공조용 풍량 • 냉각코일 부하	계산형+도면	3점
		• 이코노마이저 도입외기량(혼합공기 온도유지) • 이코노마이저 사용에 따른 절감동력량	계산형+도면	6점
		• 전열교환기 출구 엔탈피 • 전열교환기 출구 전열교환열량 • 연간 냉동기 절감동력량	계산형+도면	6점
전기 설비 (10점)	전기 기본개념 · 변압기 · 전동기 · 조명(10점)	• 최대 조명전력 필요한 장소 • 최대 조명전력 계산 • 조명기구 수량 계산	계산형+도면	5점
		• 역률개선용콘덴서 용량 계산	계산형+도면	5점
신재생 (5점)	신재생에너지(5점)	• 태양광발전 최대출력 • 월별 발전량(1월 · 7월 · 9월)	계산형+도면	5점
에너지	건물에너지절약시스템			
	조닝			
에너지 절약 설계 기준 (27점)	에너지절약설계기준 · 의무사항(12점)	• 차양장치 종류와 성능조건	서술형	4점
		• 에너지성능지표 배점부여를 위한 차양 조건	서술형	3점
		• 전기부문 의무사항	서술형	5점
	에너지성능지표(15점)	• 외벽 평균열관류율 획득 평점	계산형+도면	5점
		• 외단열공법 채택 획득 평점	계산형+도면	5점
		• 열원설비 및 공조용 송풍기의 효율 획득 평점	계산형+도면	5점
합계				100점

분야별 출제비율을 분석해 보자. 부분 점수가 있는 문제는 별도 문항인 것으로 분류했다. 문항당 점수는, 세부질문은 제외하고, 문제지에 주어진 문항 수를 기준으로 한 평균점수이다.

분야별 출제비율: 2차시험 (2013년 자격시험)

- **건축환경분야**: 문항 수 6개 (세부질문 10개), 배점 28점 (문항당 점수 4.7점)
- **기계설비분야**: 문항 수 5개 (세부질문 11개), 배점 30점 (문항당 점수 6.0점)
- **전기설비분야**: 문항 수 2개 (세부질문 4개), 배점 10점 (문항당 점수 5.0점)
- **신재생분야** : 문항 수 1개 (세부질문 4개), 배점 5점 (문항당 점수 5.0점)
- **에너지분야** : 문항 수 0개
- **에너지절약설계기준**: 문항 수 6개 (세부질문 4개), 배점 27점 (문항당 점수 4.5점)

분야별 문항 수 및 배점: 2차시험 (2013년 자격시험)

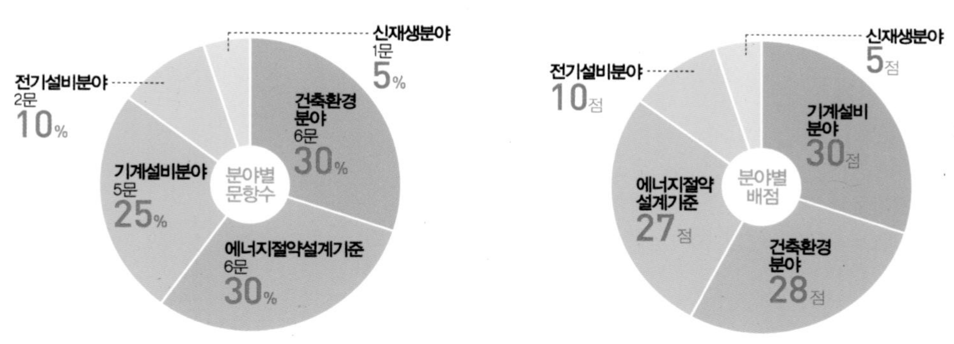

주로 기계설비와 건축환경, 에너지절약설계기준이 많이 출제되었다. 서술형과 계산형은 문항수가 동일한데, 배점은 계산형이 더 높다. 도면을 제시하여 도면의 해석능력을 평가하는 문제가 많이 출제되었다.

분야별 배점은, 기계설비(30점) · 건축환경(28점) · 에너지절약설계기준(27점) · 전기설비(10점) · 신재생(5점) 순이다. 에너지 분야의 출제문제를 건축 · 기계 · 전기 · 신재생의 각 분야로 분류할 경우, 건축환경(45점) · 기계설비(35점) · 전기설비(15점) · 신재생(5점)의 순이다.

출제기준의 세부항목 중 공기환경, 열 · 연소 · 유체역학, 열원설비를 제외한 모든 분야에서 골고루 출제되었다. 건축환경, 기계설비, 에너지절약설계기준의 점수비중은 차이가 있으나, 출제문항 수는 5~6문제로 비슷하다. 풀어야 할 문항 수가 비슷한 만큼 학습준비도 비슷한 비중으로 해야 할 것으로 판단된다.

문제형식: 2차시험 (2013년 자격시험)

- **서술형문제**(단답형 포함): 문항 수 10개 (45점)
- **계산형문제**: 문항 수 10개 (55점)

도면제시 여부: 2차시험 (2013년 자격시험)

- **일반문제**: 문항 수 7개 (36점)
- **도면제시문제**: 문항 수 13개 (64점)

문제형식 및 도면제시 여부: 2차시험 (2013년 자격시험)

서술형문제는 10문항(45점)이고, 계산형문제는 10문항(55점)이다. 계산기 조작에 익숙하지 않은 수험생은 빠듯한 시험시간에 정확성을 기해야 하기 때문에 어려움이 컸다. 나 또한 정확히 계산이 됐는지 몇 번을 계산기를 두드렸고, 그래서 막판에 시간이 부족해 고생을 했다.

별도로 제공된 도면을 분석해서 풀어야 하는 문제가 7문항(36점)이고, 문제에 그림·그래프·계통도가 표시된 문제까지 포함하면, 도면제시형 문제가 13문항(64점)이다.

2013년 2차시험의 출제문제별 학습요구사항을 다음의 표에 정리했다.

출제문제별 학습요구사항: 2차시험 (2013년 자격시험)

분야	세부항목	출제내용	학습요구사항
건축 환경	열환경	• 투과율 가변유리의 종류	• 유리종류의 이해
		• 로이유리 코팅면 위치(난방에너지 절약) • 로이유리 코팅면 위치(냉방에너지 절약)	• 로이코팅 개념과 원리의 이해
		• 창호의 기밀성등급 • 에너지소비효율등급 (기밀성등급 · 열관류율 고려)	• 기밀성등급 해석 • 에너지소비효율등급의 이해
		• 열교 단열성능: 열관류율로 평가 못하는 이유 • 열교부위 단열성능 평가방법	• 열교의 이해 • 단열성능 평가방법
		• 커튼월 열교현상 감소기술(멀리언) • 커튼월 열교현상 감소기술(스페이서)	• 커튼월 구성요소 및 기술
	냉난방부하 계산	• 실의 냉방부하 계산	• 냉방부하 종류 • 냉방부하별 계산식
기계 설비	공조설비	• 송풍기풍량 제어방법 (에너지절약효과 순서)	• 송풍기풍량 제어방법
		• 공조방식(바닥급기 · 복사냉난방) : 개념도+특징 • 공조방식(저온공조 · 저속치환): 개념도+특징	• 공조방식의 종류
		• 공조용 풍량 • 냉각코일 부하	• 공조기 프로세스 • 공조기 각종 계산식
		• 이코노마이저 도입외기량 (혼합공기 온도유지) • 이코노마이저 사용에 따른 절감동력량	• 이코너마이저 • 공조기 각종 계산식 • 절감동력량 계산
		• 전열교환기 출구엔탈피 • 전열교환기 출구전열교환열량 • 연간 냉동기절감동력량	• 공조기 프로세스 • 전열교환기 • 전열교환기 각종 계산식 • 절감동력량 계산

<table>
<tr><th>분야</th><th>세부항목</th><th>출제내용</th><th>학습요구사항</th></tr>
<tr><td rowspan="2">전기 설비</td><td rowspan="2">전기 기본개념 · 변압기 · 전동기 · 조명</td><td>• 최대조명전력 필요한 장소
• 최대조명전력 계산
• 조명기구 수량계산</td><td>• 조명전력 계산
• 조명기구 수량 계산</td></tr>
<tr><td>• 역률개선용콘덴서 용량계산</td><td>• 역률개선용콘덴서의 이해
• 역률개선용콘덴서 용량 계산식</td></tr>
<tr><td>신재생</td><td>신재생에너지</td><td>• 태양광발전 최대출력
• 월별 발전량(1월 · 7월 · 9월)</td><td>• 태양광발전 출력 계산</td></tr>
<tr><td rowspan="6">에너지 절약 설계 기준</td><td rowspan="3">에너지절약설계기준 · 의무사항</td><td>• 차양장치 종류와 성능조건</td><td>• 차양장치의 이해 (기준의 정의)</td></tr>
<tr><td>• 에너지성능지표 배점부여를 위한 차양 조건</td><td>• 에너지절약설계기준</td></tr>
<tr><td>• 전기부문 의무사항</td><td>• 에너지절약설계기준 의무사항</td></tr>
<tr><td rowspan="3">에너지성능지표</td><td>• 외벽 평균열관류율 획득평점</td><td>• 열관류율 계산능력
• 에너지절약설계기준 EPI 계산</td></tr>
<tr><td>• 외단열공법 채택 획득평점</td><td>• 외단열 상세 이해 및 면적계산</td></tr>
<tr><td>• 열원설비 및 공조용송풍기의 효율 획득 평점</td><td>• 장비일람표 해석
• 송풍기 평균효율계산
• 에너지절약설계기준 EPI 계산</td></tr>
</table>

2015년 2차시험 분석

2015년 2차시험은, 2013년과 비슷한 양상으로, 크게 보면 11문항인데, 작은문제 22개가 출제되었고, 이 작은문제에서도 세부질문이 총 45개 문제가 출제되었다. 2013년 2차시험에는 별도도면이 제공됐는데, 2015년 자격시험은 별도도면이 없었고, 문제지에 도면이 일부 있지만, 단순한 내용이었다. 2015년 2차시험의 분야별 출제내용은 다음과 같다.

분야별 출제경향 분석: 2차시험 (2015년 자격시험)

분야	세부항목	출제내용	유형	배점
건축환경 (12점)	건축계획			
	열환경(12점)	• 공동주택 결로방지 성능평가를 위한 온도차이비율(TDR) 산정부위	단답형	3점
		• TDR값 산출(외기온도, 실내표면온도 제시)	계산형	3점
		• 에너지사용량 최저점에서 에너지사용량의 의미	서술형	2점
		• 단열성능개선시 에너지소비특성 그래프의 변화 및 의미	서술형	4점
	공기환경			
	냉난방부하 계산			
기계설비 (30점)	열역학 · 연소 · 유체역학			
	열원설비 · 냉방설비 (13점)	• 냉각코일의 순환수량	계산형+도면	3점
		• 냉수배관의 유량 및 관경(배관마찰 손실선도 제시)	계산형+도면	3점
		• 냉수펌프 전양정 및 축동력	계산형+도면	4점
		• 고효율펌프 적용시 절감 축동력	계산형+도면	3점

분야	세부항목	출제내용	유형	배점
기계 설비 (30점)	공조설비(17점)	• 냉동기 용량을 결정하는 부하의 종류	단답형	3점
		• 공조기 송풍량을 결정하는 부하의 종류	단답형	2점
		• 변풍량 시스템의 제어계통도 지점별 측정 · 제어기기의 명칭 및 기능	서술형+도면	4점
		• 변풍량 방식에서 풍량제어시 고려사항 (실내공기질 관련)	서술형	2점
		• 회전수제어에 따른 송풍기 반송동력의 에너지절감 효과 • 에너지성능지표에서 공조용 송풍기의 에너지절약적 제어방식의 배점기준	서술형	6점
전기 설비	전기 기본개념 · 변압기 · 전동기 · 조명			
신재생 (5점)	신재생에너지(5점)	• 건물일체형 태양광발전(BIPV) 정의 • BIPV시스템의 장점(PV시스템과 비교)	서술형	5점
에너지	건물에너지절약 시스템			
	조닝			
에너지 절약 설계 기준 (35점)	에너지절약설계기준 · 의무사항(13점)	• 창의 단열성능에 영향을 주는 6가지 요소 및 단열성능 원리	서술형	8점
		• 거실의 외기에 면하는 부위의 기밀 성능(의무사항) • 거실의 외기에 면하는 부위의 기밀 성능 충족 부위 선택	서술형	5점
	에너지성능지표(22점)	• 기밀성 등급 및 통기량 취득 배점 및 취득 평점	계산형	7점
		• 전기설비부문 에너지성능지표 중 적용 여부로 점수를 획득하는 항목 및 근거 서류	서술형	5점
		• 거실의 조명밀도 계산 및 취득평점	계산형+도면	5점
		• 전압강하, 전압강하율, 취득평점	계산형+도면	5점
에너지 효율 등급 (18점)	에너지효율등급 실무 (18점)	• 연간단위면적당 1차에너지소요량 (급탕 · 조명)	계산형+도면	12점
		• 연간단위면적당 1차에너지소요량 합계 • 에너지소요량이 "0"이 되기 위한 태양광발전 연간 생산 전력량	계산형+도면	6점
합계				100점

분야별 출제비율을 분석해 보자. 부분점수가 있는 문제는 별도 문항인 것으로 분류했다. 문항당 점수는, 세부질문은 제외하고, 문제지에 주어진 문항 수를 기준으로 한 평균점수이다.

분야별 출제비율: 2차시험 (2015년 자격시험)

- **건축환경분야**: 문항 수 4개 (세부질문 5개), 배점 12점 (문항당 점수 3.0점)
- **기계설비분야**: 문항 수 9개 (세부질문 21개), 배점 30점 (문항당 점수 3.3점)
- **전기설비분야**: 문항 수 0개
- **신재생분야** : 문항 수 1개 (세부질문 2개), 배점 5점 (문항당 점수 5.0점)
- **에너지분야** : 문항 수 0개
- **에너지절약설계기준**: 문항 수 6개 (세부질문 13개), 배점 35점 (문항당 점수 5.8점)
- **에너지효율등급**: 문항 수 2개 (세부질문 4개), 배점 18점 (문항당 점수 9.0점)

분야별 문항 수 및 배점: 2차시험 (2015년 자격시험)

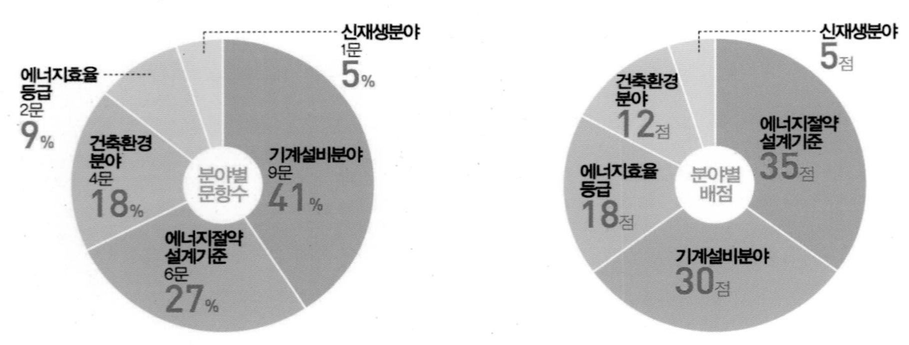

2013년에는 기계설비와 건축환경분야가 출제비중이 높았는데, 2015년에는 기계설비는 여전히 비중이 높지만 건축환경은 비중이 낮아졌고, 에너지절약설계기준의 비중이 높아졌다. 그리고, 2013년에는 출제되지 않았던 건축물에너지효율등급 분야가 비중있게 출제되었다.

분야별 배점은, 에너지절약설계기준(35점) · 기계설비(30점) · 에너지효율등급(18점) · 건축환경(12점) · 신재생(5점) 순이다. 문항 수는 기계설비(9개)가 가장 많다. 에너지효율등급은 문항 수가 2개로 문항당 점수(9.0점)가 가장 높다. 세부질문(각 2개)을 고려하더라도 다른 분야보다 문항당 점수 비중이 높은 편이다.

문제형식: 2차시험 (2015년 자격시험)

- **서술형문제**(단답형 포함): 문항 수 12개 (배점 49점)
- **계산형문제**: 문항 수 10개 (배점 51점)

도면제시 여부: 2차시험 (2015년 자격시험)

- **일반문제**: 문항 수 14개 (배점 60점)
- **도면제시문제**: 문항 수 8개 (배점 40점)

문제형식 및 도면제시 여부: 2차시험 (2015년 자격시험)

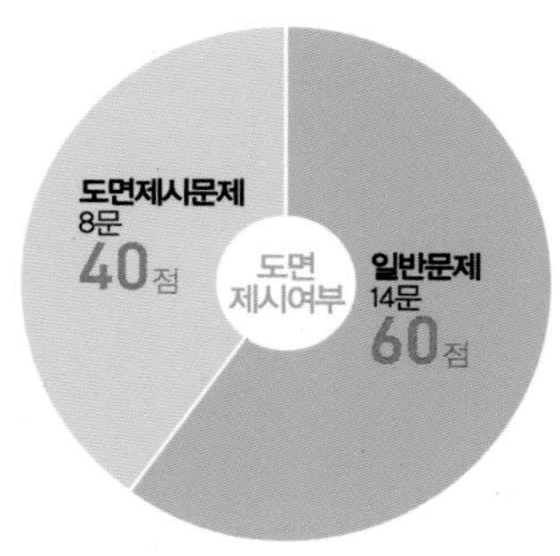

서술형문제는 12문항(49점)이고, 계산형문제는 10문항(51점)이다. 2013년 2차시험과 비교해서 서술형문제 비중이 소폭 상승(4점)했다.

2015년 2차시험의 큰 특징이, 도면제시 문제가 적다는 것이다. 그 내용도 단순했는데 실별면적과 조명밀도가 표시된 간단한 평면도와 용도프로필이 제시된 문제가 있었다. 그 외 변풍량 시스템 제어계통도, 냉수배관계통도, 전압강하계산서 등이 제시된 문제들이었다. 2015년 2차시험의 출제문제별 학습요구사항을 다음의 표에 정리했다.

출제문제별 학습요구사항: 2차시험 (2015년 자격시험)

분야	세부항목	출제내용	학습요구사항
건축환경	건축계획		
	열환경	• 공동주택 결로방지 성능평가를 위한 온도차이비율(TDR) 산정부위	• 공동주택 결로방지를 위한 설계기준
		• TDR값 산출(외기온도, 실내표면온도 제시)	• TDR값 공식
		• 에너지사용량 최저점에서 에너지사용량의 의미	• 연간 에너지소비특성
		• 단열성능개선시 에너지소비특성 그래프의 변화 및 의미	• 단열성능과 에너지사용량 관계
	공기환경		
	냉난방부하 계산		
기계설비	열역학 · 연소 · 유체역학		
	열원설비 · 냉방설비	• 냉각코일의 순환수량	• 냉각코일 순환수량 공식
		• 냉수배관의 유량 및 관경(배관마찰 손실선도 제시)	• 배관마찰 손실선도
		• 냉수펌프 전양정 및 축동력	• 양정 · 축동력 계산식
		• 고효율펌프 적용시 절감 축동력	• 효율변화 ~ 축동력 관계식

분야	세부항목	출제내용	학습요구사항
기계설비	공조설비	• 냉동기용량을 결정하는 부하의 종류	• 냉방부하와 기기용량
		• 공조기 송풍량을 결정하는 부하의 종류	
		• 변풍량 시스템의 제어계통도 지점별 측정 · 제어기기의 명칭 및 기능	• 제어계통도의 이해
		• 변풍량 방식에서 풍량제어시 고려사항(실내공기질 관련)	• 풍량제어 고려사항
		• 회전수제어에 따른 송풍기 반송동력의 에너지절감 효과	• 회전수제어의 효과
		• 에너지성능지표에서 공조용 송풍기의 에너지절약적 제어방식의 배점기준	• 에너지성능지표 배점기준
전기설비	전기 기본개념 · 변압기 · 전동기 · 조명		
신재생	신재생에너지	• 건물일체형 태양광발전(BIPV) 정의 • BIPV시스템의 장점(PV시스템과 비교)	• BIPV의 이해
에너지	건물에너지절약시스템		
	조닝		
에너지절약설계기준	에너지절약설계기준 · 의무사항	• 창의 단열성능에 영향을 주는 6가지 요소 및 단열성능 원리	• 창의 단열성능 요소 및 원리
		• 거실의 외기에 면하는 부위의 기밀성능(의무사항) • 거실의 외기에 면하는 부위의 기밀성능 충족 부위 선택	• 에너지절약설계기준 의무사항
	에너지성능지표	• 기밀성 등급 및 통기량 취득 배점 및 취득평점	• 에너지성능지표 배점기준(건축분야)
		• 전기설비 부문 에너지성능지표 중 적용여부로 점수를 획득하는 항목 및 근거서류	• 에너지성능지표 배점기준(전기분야)
		• 거실의 조명밀도 계산 및 취득평점	
		• 전압강하, 전압강하율, 취득평점	
에너지효율등급	에너지효율등급 실무	• 연간단위면적당 1차에너지소요량 (급탕 · 조명)	• 1차에너지소요량 계산 • 에너지소요량 계산 (환산계수 활용)
		• 연간단위면적당 1차에너지소요량 합계 • 에너지소요량이 "0"이 되기 위한 태양광발전 연간 생산 전력량	

2016년 2차시험 분석

2016년 2차시험은, 크게 보면 12문항인데, 작은문제 28문제가 출제되었고, 이 작은문제에서도 세부질문이 총 53문제가 출제되었다. 별도 도면이 제공되지 않았고, 물성을 나타내는 그래프, 에너지성능지표 배점표, 천장평면도가 제시되었다. 2016년 2차시험의 분야별 출제내용은 다음과 같다.

분야별 출제경향 분석: 2차시험 (2016년 자격시험)

분야	세부항목	출제내용	유형	배점
건축환경 (27점)	건축계획			
	열환경(15점)	• PMV 산출에 요구되는 물리적 온열환경 인자 및 개인적 인자 서술, PMV 척도의 최대값, 최소값 및 그 크기에 따른 온열 쾌적상태 서술	서술형	5점
		• PMV=0일 때 PPD값, PPD 정의 및 값이 "0"이 아닌 이유 서술, 열적 쾌적 범위를 나타내는 PMV값, PPD값 제시	서술형	5점
		• 실내 측 표면에서 결로가 발생하기 시작하는 외기온도 계산	계산형	5점
	공기환경			
	빛환경(12점)	• 자연채광연계조명제어시스템에 적절한 유리 선택 및 사유 서술	서술형	4점
		• 태양열취득률(SHGC)과 가시광선투과율(TVIS) 관계를 설명하는 성능지표 제시 및 의미 서술	서술형	4점
		• 유리의 TVIS 및 SHGC 값 제시 ⇒ 로이유리의 파장대별 투과 특성 서술	서술형	4점
	냉난방부하 계산			

분야	세부항목	출제내용	유형	배점
기계설비(22점)	열역학 · 연소 · 유체역학			
	열원설비 · 냉방설비			
	공조설비(16점)	• 중간기 냉방시 바이패스 모드와 전열교환기 모드 운전하는 경우 냉각코일 제거열량을 습공기 선도상에 표시	서술형	4점
		• 중간기 냉방시 바이패스 모드와 전열교환기 모드 중 에너지 효율적인 운전모드 선택 및 이유 서술	서술형	2점
		• CO_2 농도에 의한 인버터제어방식의 환기유닛 적용 경우, 1월 중 환기에 의한 열손실량 계산	계산형	6점
		• 환기량 일정 경우, 1월 중 급기 및 배기팬 전력소요량 합 계산	계산형	4점
	배관반송설비(6점)	• 펌프 축동력 계산	계산형	3점
		• 펌프 성능곡선 상에 운전점 표시	계산형	3점
전기설비(5점)	전기 기본개념 · 변압기 · 전동기 · 조명설비(5점)	• 난방공간의 조명밀도 및 1월 중 조명의 전력소요량 계산	계산형	5점
신재생(17점)	태양열 · 태양광(5점)	• 1월 중 전력소요량을 태양광발전으로 생산하는데 필요한 최소 모듈 개수 및 발전용량 계산	계산형	5점
	지열 · 풍력(12점)	• 지열히트펌프의 1월 중 전력소요량 및 지중채열량 계산	계산형	6점
		• 지열히트펌프의 수직밀폐형 지중열교환기 길이 산정에 영향을 미치는 요소	서술형	6점
에너지	건물에너지절약 시스템			
	조닝			
에너지절약설계기준(29점)	에너지절약설계기준(11점)	• 에너지절약계획 설계검토서를 건축물 에너지효율등급 예비인증서로 대체할 수 있는 내용	서술형	5점
		• 에너지절약설계기준 용어의 정의 : 거실, BEMS, 외주부	서술형	5점
		• 평균 열관류율 계산에서 복합용도 건축물의 지붕, 최하층 바닥, 벽체의 열관류율 "0" 경우	서술형	1점

분야	세부항목	출제내용	유형	배점
에너지 절약 설계 기준 (29점)	의무사항·권장사항 (10점)	• 난방 및 냉방설비의 용량계산을 위한 외기조건	서술형	1점
		• 기계설비부문 의무사항 4번(에너지성능지표 기계부문 11번 항목 0.6점 이상 획득)의 적합여부 및 판단근거 제시	계산형	2점
		• 외기냉방시스템의 종류	서술형	1점
		• 지하주차장의 에너지절약적 제어방식	서술형	1점
		• 전기설비부문 중 동력설비 및 동력제어설비와 관련된 에너지절약설계기준 5가지 서술	서술형	5점
	에너지성능지표(8점)	• 기계설비부문 2. 냉방설비의 평점계산	계산형	3점
		• 전기설비부문 중 수변전설비 단선결선도를 판단근거서류로 하는 항목 및 각각의 도면 작성방법	서술형	5점
에너지 효율 등급	에너지효율등급 실무			
합계				100점

분야별 출제비율을 분서해 보자. 부분점수가 있는 문제는 별도 문항인 것으로 분류했다. 문항당 점수는, 세부질문은 제외하고, 문제지에 주어진 문항 수를 기준으로 한 평균점수이다.

분야별 출제비율: 2차시험 (2016년 자격시험)

- **건축환경분야**: 문항 수 6개 (세부질문 18개), 배점 27점 (문항당 점수 4.5점)
- **기계설비분야**: 문항 수 6개 (세부질문 11개), 배점 22점 (문항당 점수 3.7점)
- **전기설비분야**: 문항 수 1개 (세부질문 2개), 배점 5점 (문항당 점수 5.0점)
- **신재생분야** : 문항 수 3개 (세부질문 6개), 배점 17점 (문항당 점수 5.7점)
- **에너지분야** : 문항 수 0개
- **에너지절약설계기준**: 문항 수 12개 (세부질문 16개), 배점 29점 (문항당 점수 2.4점)
- **에너지효율등급**: 문항 수 0개

분야별 문항 수 및 배점: 2차시험 (2016년 자격시험)

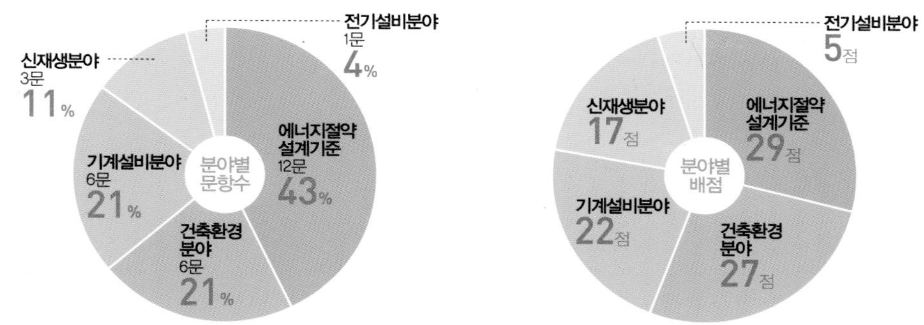

2015년 자격시험과 비교해서 분야별 문항 수, 출제비율의 변화가 있다. 에너지절약설계기준의 비중이 가장 높은데, 건축환경분야는 2015년에 비해 비중이 높아졌고, 기계설비분야는 상대적으로 낮아졌다. 신재생분야의 비중이 많이 높아졌고, 에너지효율등급 관련 문제는 출제되지 않았다.

분야별 배점은, 에너지절약설계기준(29점) · 건축환경(27점) · 기계설비(22점) · 신재생(17점) · 전기설비(5점) 순이다. 문항 수 역시 배점처럼 에너지절약설계기준(12개) · 건축환경(6개) · 기계설비(6개) · 신재생(3개) · 전기설비(1개) 순이다.

문제형식: 2차시험 (2016년 자격시험)

- **서술형문제**(단답형 포함): 문항 수 18개 (배점 58점)
- **계산형문제**: 문항 수 10개 (배점 42점)

도면제시 여부: 2차시험 (2016년 자격시험)

- **일반문제**: 문항 수 20개 (배점 62점)
- **도면제시문제**: 문항 수 8개 (배점 38점)

문제형식 및 도면제시 여부: 2차시험 (2016년 자격시험)

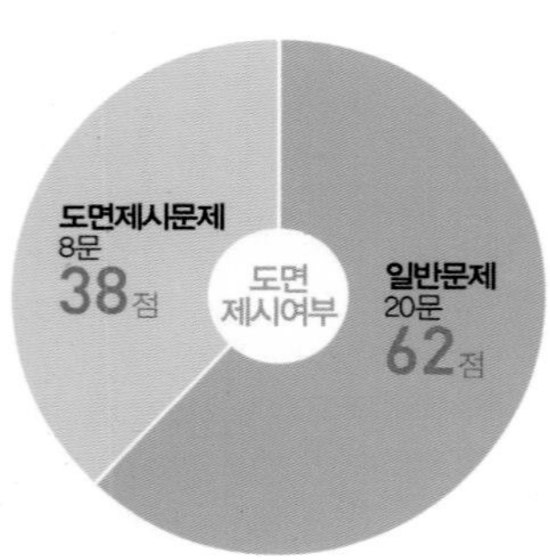

서술형문제는 18문항(58점)이고, 계산형문제는 10문항(42점)이다. 2013년·2015년 자격시험과 비교하여 서술형문제의 비중이 높아졌다. 도면제시문제는 2013년 자격시험 이후 비중이 감소하고 있다. 2016년 2차시험의 출제문제별 학습요구사항을 다음의 표에 정리했다.

출제문제별 학습요구사항: 2차시험 (2016년 자격시험)

분야	세부항목	출제내용	학습요구사항
건축 환경	건축계획		
	열환경	• PMV 산출에 요구되는 물리적 온열환경 인자 및 개인적 인자 서술, PMV 척도의 최대값, 최소값 및 그 크기에 따른 온열 쾌적상태 서술	• PMV 정의, 관련 인자, 척도
		• PMV=0일 때 PPD값, PPD 정의 및 값이 "0"이 아닌 이유 서술, 열적 쾌적 범위를 나타내는 PMV값, PPD값 제시	
		• 실내 측 표면에서 결로가 발생하기 시작하는 외기온도 계산	• 온도구배, 결로
	공기환경		
	빛환경	• 자연채광연계조명제어시스템에 적절한 유리 선택 및 사유 서술	• 자연채광연계조명제어시스템의 정의 • 유리의 특성
		• 태양열취득률(SHGC)과 가시광선투과율(TVIS) 관계를 설명하는 성능지표 제시 및 의미 서술	
		• 유리의 TVIS 및 SHGC 값 제시 ⇒ 로이유리의 파장대별 투과 특성 서술	
	냉난방부하 계산		
기계 설비	열역학·연소·유체역학		
	열원설비·냉방설비		
	공조설비	• 중간기 냉방시 바이패스 모드와 전열교환기 모드 운전하는 경우 냉각코일 제거열량을 습공기 선도상에 표시	• 공조설비, 바이패스, 전열교환기, 습공기 선도
		• 중간기 냉방시 바이패스 모드와 전열교환기 모드 중 에너지 효율적인 운전 모드 선택 및 이유 서술	
		• CO_2 농도에 의한 인버터제어방식의 환기유닛 적용 경우, 1월 중 환기에 의한 열손실량 계산	• 환기에 의한 열손실량 계산
		• 환기량 일정 경우, 1월 중 급기 및 배기팬 전력소요량 합 계산	• 팬 전력소요량 계산
	배관반송설비	• 펌프 축동력 계산	• 펌프 축동력 계산
		• 펌프 성능곡선 상에 운전점 표시	• 펌프 성능곡선

분야	세부항목	출제내용	학습요구사항
전기설비	전기 기본개념 · 변압기 · 전동기 · 조명설비	• 난방공간의 조명밀도 및 1월 중 조명의 전력소요량 계산	• 조명밀도, 전력소요량 계산
신재생	태양열 · 태양광	• 1월 중 전력소요량을 태양광발전으로 생산하는데 필요한 최소 모듈 개수 및 발전용량 계산	• 태양광 발전 모듈, 발전용량 계산
	지열 · 풍력	• 지열히트펌프의 1월 중 전력소요량 및 지중채열량 계산	• 지열히트펌프 전력소요량, 지중채열량 계산
		• 지열히트펌프의 수직밀폐형 지중열교환기 길이 산정에 영향을 미치는 요소	• 수직밀폐형 지줄영교환기
에너지	건물에너지절약 시스템		
	조닝		
에너지 절약 설계 기준	에너지절약설계기준	• 에너지절약계획 설계검토서를 건축물 에너지효율등급 예비인증서로 대체할 수 있는 내용	• 에너지절약계획 설계검토서
		• 에너지절약설계기준 용어의 정의: 거실, BEMS, 외주부	• 용어의 정의
		• 평균 열관류율 계산에서 복합용도 건축물의 지붕, 최하층 바닥, 벽체의 열관류율 "0" 경우	• 열관류율 계산 기준
에너지 절약 설계 기준	의무사항 · 권장사항	• 난방 및 냉방설비의 용량계산을 위한 외기조건	• 기계 의무사항
		• 기계설비부문 의무사항 4번(에너지성능지표 기계부문 11번 항목 0.6점 이상 획득)의 적합여부 및 판단근거 제시	• 기계 의무사항
		• 외기냉방시스템의 종류	• 외기냉방시스템
		• 지하주차장의 에너지절약적 제어방식	• 지하주차장 에너지 절약제어
		• 전기설비부문 중 동력설비 및 동력제어설비와 관련된 에너지절약설계기준 5가지 서술	• 동력설비 관련 에너지절약설계 기준
	에너지성능지표	• 기계설비부문 2. 냉방설비의 평점 계산	• 냉방설비 평점 계산
		• 전기설비부문 중 수변전설비 단선결선도를 판단근거서류로 하는 항목 및 각각의 도면 작성방법	• 에너지성능지표 첨부도서
에너지 효율 등급	에너지효율등급 실무		

2017년 2차시험 분석

2017년 2차시험은, 크게 보면 11문항인데, 작은문제 25문제가 출제되었고, 이 작은문제에서도 세부질문이 총 43문제가 출제되었다. 별도 도면이 제공되지 않았고, 인동거리가 표시된 주동단면도, 공조설비 계통도가 제시되었다. 2017년 2차시험의 분야별 출제내용은 다음과 같다.

분야별 출제경향 분석: 2차시험 (2017년 자격시험)

분야	세부항목	출제내용	유형	배점
건축환경 (16점)	건축계획			
	열환경(10점)	• 진공단열재(Vacuum Insulation Panel, VIP)의 심재(Core) 사용 재료	서술형	2점
		• 진공단열재(VIP)의 피복재(Envelope) 역할	서술형	2점
		• 진공단열재(VIP) 조인트에 발생하는 선형 열교현상 감소방안	서술형	2점
		• 결로방지를 위한 창 열관류율 최대 허용값 계산	계산형	4점
	공기환경			
	빛환경			
	냉난방부하 계산(6점)	• 난방부하(외피손실열량 · 환기손실열량) 계산	계산형	6점
기계설비 (18점)	열역학 · 연소 · 유체역학			
	열원설비 · 냉방설비(6점)	• 증기압축식 냉동사이클(A · B)의 성적계수(COP) 계산 : 압력 · 엔탈피 선도 제시	계산형	4점
		• 냉방부하가 일정한 경우, 냉동사이클이 A에서 B로 변경될 수 있는 응축기(실외기) 설치조건	서술형	2점
	공조설비(12점)	• 공조기 댐퍼 개폐상태에 따른 운전조건 및 실내외 온도, 에너지, 실내공기질	서술형	6점
		• 사무실 공조방식(정풍량 · 변풍량)별 공조기 급기풍량 계산	계산형	3점
		• 사무실 공조방식(정풍량 · 변풍량)별 에너지성능	서술형	3점
	배관반송설비			

분야	세부항목	출제내용	유형	배점
전기 설비 (10점)	전기 기본개념 · 변압기 · 전동기 · 조명설비(10점)	• 변압기의 에너지절감효과 계산 : 변압기의 전부하동선, 철손 제시	계산형	2점
		• 변압기의 최고효율 운전시 부하율 계산	계산형	4점
		• 간선의 전압강하율 계산	계산형	4점
신재생 (12점)	태양열 · 태양광			
	지열 · 풍력(12점)	• 지중열교환기 최소 천공수량 계산	계산형	3점
		• 지중열교환기 순환펌프 동력 계산	계산형	3점
		• 지열냉난방시스템 용량을 하절기 부하 기준으로 결정할 경우 동절기 발생 문제점 및 개선방안	서술형	6점
에너지	건물에너지절약 시스템			
	조닝			
에너지 절약 설계 기준 (32점)	에너지절약설계기준 (15점)	• 판매시설 1,500m^2 별동 증축 시 에너지절약계획서 제출서류 목록	서술형	3점
		• 업무시설 5,000m^{2}를 판매시설로 용도 변경 시 에너지절약계획서 제출서류 목록	서술형	3점
		• 창호 구성요소에 해당하는 별표4. 창 및 문의 단열성능에 따른 열관류율	서술형	5점
		• 에너지절약계획 설계 검토서(의무사항 · 에너지성능지표)에서 전등설비평면도를 통해 파악할 수 있는 조명 관련 항목	서술형	4점
	의무사항 · 권장사항			
	에너지성능지표(17점)	• 건축부문 1. 남부지역 업무시설의 외벽 평균 열관류율 배점 0.7점을 확보하기 위한 창의 최대 허용 열관류율 계산	계산형	6점
		• 건축부문 8. 차양장치 설치비율 기준	서술형	3점
		• 건축부문 12. 대향동의 높이에 대한 인동 간격비 배점 1점 획득을 위한 최소 인동간격 계산	계산형	2점
		• 기계설비부문 1. 난방설비의 평점 계산	계산형	6점

분야	세부항목	출제내용	유형	배점
에너지 효율 등급 (12점)	에너지효율등급 실무 (12점)	• 성능개선 전·후(6단계) 에너지성능평가 결과 제시, 단계별 성능개선 방안	서술형	6점
		• 냉방부문 1차에너지소요량 감소방안 (건축적·설비적 방안)	서술형	4점
		• 난방에너지요구량 증가 없는 범위 내 냉방에너지요구량 감소 요소기술	서술형	2점
합계				100점

분야별 출제비율을 분석해 보자. 부분점수가 있는 문제는 별도 문항인 것으로 분류했다. 문항당 점수는, 세부질문은 제외하고, 문제지에 주어진 문항 수를 기준으로 한 평균점수이다. 큰문제 11개, 작은문제 25개, 세부질문 43개가 출제됐다.

분야별 출제비율: 2차시험 (2017년 자격시험)

- **건축환경분야**: 문항 수 5개 (세부질문 6개), 배점 16점 (문항당 점수 3.2점)
- **기계설비분야**: 문항 수 4개 (세부질문 10개), 배점 18점 (문항당 점수 4.5점)
- **전기설비분야**: 문항 수 3개 (세부질문 4개), 배점 10점 (문항당 점수 3.3점)
- **신재생분야** : 문항 수 2개 (세부질문 4개), 배점 12점 (문항당 점수 6.0점)
- **에너지분야** : 문항 수 0개
- **에너지절약설계기준**: 문항 수 8개 (세부질문 10개), 배점 32점 (문항당 점수 4.0점)
- **에너지효율등급**: 문항 수 3개 (세부질문 9개), 배점 12점 (문항당 점수 4.0점)

분야별 문항 수 및 배점: 2차시험 (2017년 자격시험)

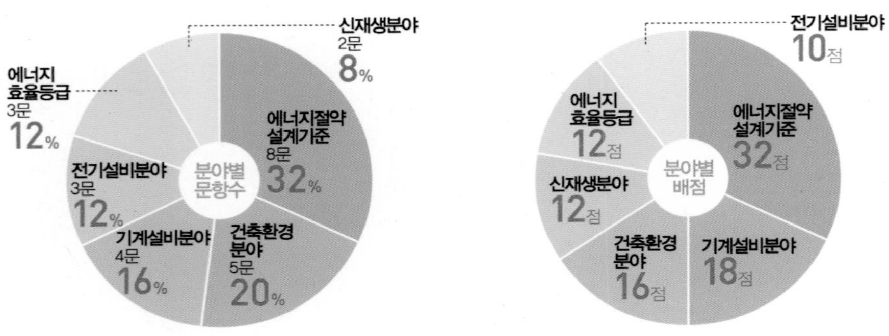

2016년 자격시험과 비교해서 분야별 문항 수, 출제비율의 변화가 있다. 에너지절약설계기준의 비중이 가장 높지만, 2016년에 비해 그 비중이 낮아졌다. 2016년에 출제되지 않았던 에너지효율등급 관련 문제가 출제되었다. 예년에 비해 건축환경분야와 기계설비분야의 비중이 낮아졌다. 신재생분야의 비중은 2016년과 비슷하다.

분야별 배점은, 에너지절약설계기준(32점) · 기계설비(18점) · 건축환경(16점) · 에너지효율등급(12점) · 신재생(12점) · 전기설비(10점) 순이다. 문항 수는 에너지절약설계기준(8개) · 건축환경(5개) · 기계설비(4개) · 에너지효율등급(3개) · 전기설비(3개) · 신재생(2개) 순이다.

문제형식: 2차시험 (2017년 자격시험)

- **서술형문제**(단답형 포함): 문항 수 14개 (배점 48점)
- **계산형문제**: 문항 수 12개 (배점 52점)

도면제시 여부: 2차시험 (2017년 자격시험)

- **일반문제**: 문항 수 23개 (배점 92점)
- **도면제시문제**: 문항 수 2개 (배점 8점)

문제형식 및 도면제시 여부: 2차시험 (2017년 자격시험)

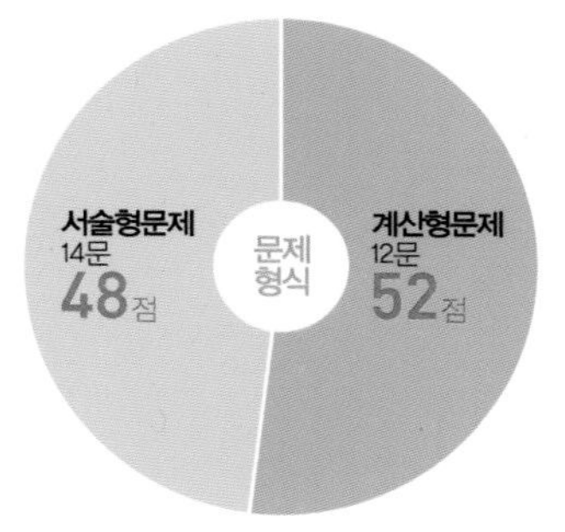

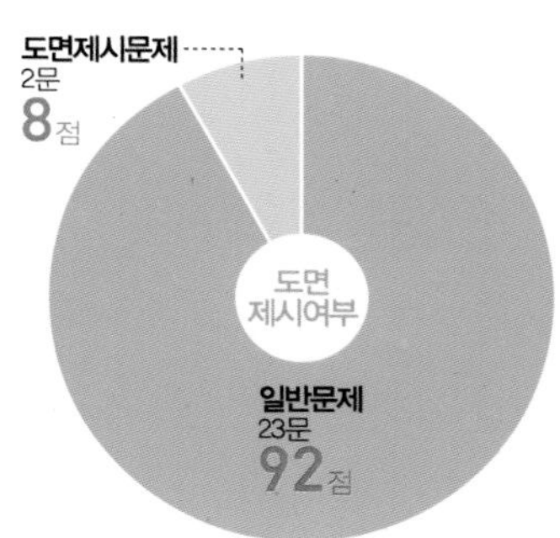

서술형문제는 14문항(48점)이고, 계산형문제는 12문항(52점)이다. 2016년 자격시험에는 서술형문제 비중이 높았고, 2017년 자격시험에도 비슷한 비율인데, 계산형문제 비율이 조금 더 높다. 도면제시문제는 2013년 자격시험에서 출제 비중이 높았는데, 2015년 이후 비중이 낮아지고 있다. 2016년 2차시험의 출제문제별 학습요구사항을 다음의 표에 정리했다.

출제문제별 학습요구사항: 2차시험 (2017년 자격시험)

분야	세부항목	출제내용	학습요구사항
건축 환경	건축계획		
	열환경	• 진공단열재(Vacuum Insulation Panel, VIP)의 심재(Core) 사용 재료	• 진공단열재 구성 및 특성
		• 진공단열재(VIP)의 피복재(Envelope) 역할	
		• 진공단열재(VIP) 조인트에 발생하는 선형 열교현상 감소방안	• 선형 열교 감소방안
		• 결로방지를 위한 창 열관류율 최대 허용값 계산	• 결로방지를 위한 창호 열관류율
	공기환경		
	빛환경		
	냉난방부하 계산	• 난방부하(외피손실열량 · 환기손실열량) 계산	• 난방부하 계산
기계 설비	열역학 · 연소 · 유체역학		
	열원설비 · 냉방설비	• 증기압축식 냉동사이클(A · B)의 성적계수(COP) 계산: 압력 · 엔탈피 선도 제시	• 압축식 냉동사이클 • 응축기
		• 냉방부하가 일정한 경우, 냉동사이클이 A에서 B로 변경될 수 있는 응축기(실외기) 설치조건	
	공조설비	• 공조기 댐퍼 개폐상태에 따른 운전조건 및 실내외 온도, 에너지, 실내 공기질	• 공조기 계통
		• 사무실 공조방식(정풍량 · 변풍량)별 공조기 급기풍량 계산	• 공조기 급기풍량
		• 사무실 공조방식(정풍량 · 변풍량)별 에너지성능	• 정풍량 · 변풍량
	배관반송설비		
전기 설비	전기 기본개념 · 변압기 · 전동기 · 조명설비	• 변압기의 에너지절감효과 계산 : 변압기의 전부하동선, 철손 제시	• 변압기
		• 변압기의 최고효율 운전시 부하율 계산	• 변압기 부하율
		• 간선의 전압강하율 계산	• 전압강하율

분야	세부항목	출제내용	학습요구사항
신재생	태양열 · 태양광		
	지열 · 풍력	• 지중열교환기 최소 천공수량 계산	• 지중열교환기 용량
		• 지중열교환기 순환펌프 동력 계산	
		• 지열냉난방시스템 용량을 하절기 부하 기준으로 결정할 경우 동절기 발생 문제점 및 개선방안	• 지열히트펌프 특성
에너지	건물에너지절약 시스템		
	조닝		
에너지 절약 설계 기준	에너지절약설계기준	• 판매시설 1,500m^2 별동 증축 시 에너지절약계획서 제출서류 목록	• 에너지절약계획서 제출서류 목록
		• 업무시설 5,000m^{2}를 판매시설로 용도 변경 시 에너지절약계획서 제출서류 목록	
		• 창호 구성요소에 해당하는 별표4. 창 및 문의 단열성능에 따른 열관류율	• 창호 구성에 따른 열관류율
		• 에너지절약계획 설계 검토서(의무사항 · 에너지성능지표)에서 전등설비평면도를 통해 파악할 수 있는 조명 관련 항목	• 에너지절약계획서 첨부도서
	의무사항 · 권장사항		
	에너지성능지표	• 건축부문 1. 남부지역 업무시설의 외벽 평균 열관류율 배점 0.7점을 확보하기 위한 창의 최대 허용 열관류율 계산	• 열관류율 계산
		• 건축부문 8. 차양장치 설치비율 기준	• 차양장치 설치비율 기준
		• 건축부문 12. 대향동의 높이에 대한 인동 간격비 배점 1점 획득을 위한 최소 인동간격 계산	• 인동간격비 계산
		• 기계설비부문 1. 난방설비의 평점 계산	• 난방설비의 평점
에너지 효율 등급	에너지효율등급 실무	• 성능개선 전 · 후(6단계) 에너지성능평가 결과 제시, 단계별 성능개선 방안	• 에너지성능평가 분석
		• 냉방부문 1차에너지소요량 감소방안 (건축적 · 설비적 방안)	• 1차에너지소요량 감소방안
		• 난방에너지요구량 증가 없는 범위 내 냉방에너지요구량 감소 요소기술	• 냉방에너지요구량 감소 요소기술

2018년 2차시험 분석

2018년 2차시험은, 크게 보면 11문항인데, 작은문제 28문제가 출제되었고, 이 작은문제에서도 세부질문이 총 49문제가 출제되었다. 도면제시형 문제는 기준층 평면도에 실명, 조명계획, 외벽마감상세, 창호계획을 제시하고, 건축환경, 기계설비, 전기설비, 신재생에너지설비, 에너지효율등급 등 여러 분야 문제로 출제되었다. 2차시험의 분야별 출제내용은 다음과 같다.

분야별 출제경향 분석: 2차시험 (2018년 자격시험)

분야	세부항목	출제내용	유형	배점
건축환경 (29점)	건축계획			
	열환경(18점)	• 기밀성능 개선을 통한 난방부하(현열)의 차이 산출	계산형	4점
		• 열교 부위의 선형 열관류율 산출	계산형	5점
		• 단열재 설치 위치를 변경할 경우 열류량 변화 • 단열재 설치 위치에 따른 결로발생 유형 및 해소 방안	서술형	3점
		• 리모델링을 통해 로이복층창으로 교체할 경우 로이유리의 방사율, 중공층 기체 밀도, 간봉 사양 설명: 리모델링 전 창호 사양 제시	서술형	6점
	공기환경(11점)	• 리모델링 전 · 후 ACH50 산출 • 리모델링 전 · 후 ACH50 차이의 의미 서술	계산+서술형	4점
		• 기밀성능 측정방법: 추적가스법 특징을 압력차법과 비교하여 서술	서술형	3점
		• 실내 미세먼지의 평균농도 산출	계산형	4점
	빛환경			
	냉난방부하 계산			

분야	세부항목	출제내용	유형	배점
기계설비(25점)	열역학 · 연소 · 유체역학			
	열원설비 · 냉방설비(3점)	• 열원설비 장비일람표 제시: 냉동기 용량 및 열성능비(COP) 산출	계산형	3점
	공조설비(14점)	• 습공기선도에서 공기조화기 상태변화 표시	서술형	2점
		• 공기조화기 EA, OA 사이에 폐열회수 장치을 설치할 경우 혼합공기의 건구온도 산출	계산형	4점
		• 복사냉방과 공기조화기를 병용할 경우 공조방식 특징	서술형	2점
		• 프리 액세스플로어에 바닥취출공조방식을 적용할 경우 공조방식 특징	서술형	2점
		• 이중덕트 방식을 적용할 경우 공조방식 특징	서술형	2점
		• 등압법으로 설계된 정풍량 환기덕트 시스템에서 축동력 산출: 송풍기 효율 제시	계산형	2점
	배관반송설비(8점)	• 냉각수 순환펌프 양정 산출 필요 요소 • 냉수 순환펌프 양정 산출 필요 요소 • 급수 양수펌프 양정 산출 필요 요소	서술형	6점
		• 덕트의 마찰저항 차이로 인한 취출풍량 변화 방지를 위한 밸런싱 방법 서술	서술형	2점
전기설비(12점)	전기 기본개념 · 변압기 · 전동기 · 조명설비(12점)	• 건축물 조명기기 리모델링 후 기준층의 연간 조명전력 절감량 산출: 리모델링 전 · 후 실별 조명기기 제시	계산형	5점
		• 전동기 역률 개선을 위한 콘덴서 용량 산출: 전동기 용량, 역률 제시 • 전동기 역률 개선 기대효과 서술	계산+서술형	5점
		• 일일 조명에 사용한 전력량 산출	계산형	2점
신재생(4점)	태양열 · 태양광(4점)	• 태양전지모듈을 설치하여 조명에 소요되는 전력량의 100% 공급할 때 필요 태양전지 모듈 개수, 설치면적 산출	계산형	4점
	지열 · 풍력			
에너지	건물에너지절약 시스템			
	조닝			

분야	세부항목	출제내용	유형	배점
에너지 절약 설계 기준 (20점)	에너지절약설계기준 (15점)	• '외벽' 부위가 단열기준에 적합한 것으로 판단하는 경우	서술형	4점
		• '창 및 문' 부위가 단열기준에 적합한 것으로 판단하는 경우	서술형	3점
		• 용어의 정의: 대수분할운전	서술형	1점
		• 용어의 정의: 가변속제어방식	서술형	1점
		• 용어의 정의: 바이패스설비	서술형	1점
		• 건물에너지관리시스템(BEMS) 설치 기준 항목	서술형	5점
	의무사항 · 권장사항			
	에너지성능지표(5점)	• 기계설비부문 5번 · 6번 항목 평점 합계	계산형	5점
에너지 효율 등급 (10점)	에너지효율등급 실무 (10점)	• 연간 단위면적당 급탕 에너지요구량 산출 • 급탕기기별 연간 단위면적당 급탕 에너지소요량 산출, 비교 • 급탕기기별 연간 단위면적당 급탕 1차 에너지소요량 산출, 비교	계산형	4점
		• 에절 온습도 기준과 에효 건축물 용도 프로필의 내용 특성 상 서로 유사한 용도 분류	서술형	6점
합계				100점

분야별 출제비율을 분석해 보자. 부분점수가 있는 문제는 별도 문항인 것으로 분류했다. 문항당 점수는, 세부질문은 제외하고, 문제지에 주어진 문항 수를 기준으로 한 평균점수이다. 큰문제 11개, 작은문제 28개, 세부질문 49개가 출제되었다.

분야별 출제비율: 2차시험 (2018년 자격시험)

- **건축환경분야**: 문항 수 7개 (세부질문 13개), 배점 29점 (문항당 점수 4.1점)
- **기계설비분야**: 문항 수 9개 (세부질문 15개), 배점 25점 (문항당 점수 2.8점)
- **전기설비분야**: 문항 수 3개 (세부질문 4개), 배점 12점 (문항당 점수 4.0점)
- **신재생분야** : 문항 수 1개 (세부질문 2개), 배점 4점 (문항당 점수 4.0점)
- **에너지분야** : 문항 수 0개
- **에너지절약설계기준**: 문항 수 6개 (세부질문 8개), 배점 15점 (문항당 점수 2.5점)
- **에너지효율등급**: 문항 수 3개 (세부질문 7개), 배점 15점 (문항당 점수 5.0점)

분야별 문항 수 및 배점: 2차시험 (2018년 자격시험)

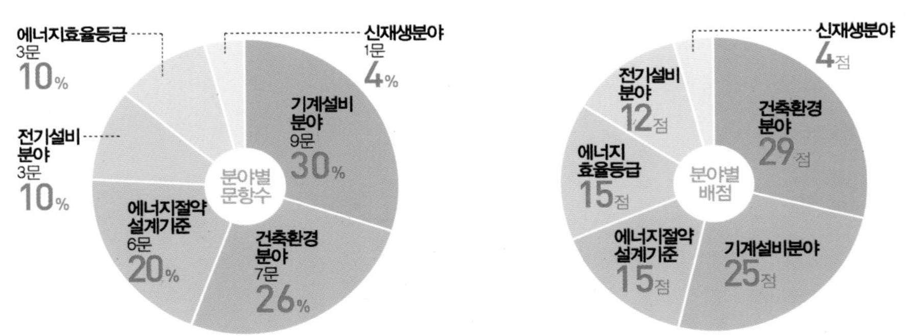

2017년 자격시험과 비교해서 분야별 문항 수, 출제비율의 변화가 있다. 2017년에는 에너지절약설계기준의 비중이 가장 높았는데, 2018년에는 건축환경의 비중이 가장 높다. 기계설비 비중이 올라갔고, 에너지절약설계기준, 신재생에너지 비중이 낮아졌다.

분야별 배점은, 건축환경(29점) · 기계설비(25점) · 에너지절약설계기준(15점) · 에너지효율등급(15점) · 전기설비(12점) · 신재생(4점) 순이다. 문항 수는 기계설비(9개) · 건축환경(7개) · 에너지절약설계기준(6개) · 에너지효율등급(3개) · 전기설비(3개) · 신재생(1개) 순이다.

문제형식: 2차시험 (2018년 자격시험)

- **서술형문제**(단답형 포함): 문항 수 14개 (배점 49점)
- **계산형문제**: 문항 수 12개 (배점 42점)
- **계산+서술형문제**: 문항 수 2개 (배점 9점)

도면제시 여부: 2차시험 (2018년 자격시험)

- **일반문제**: 문항 수 23개 (배점 75점)
- **도면제시문제**: 문항 수 5개 (배점 25점)

문제형식 및 도면제시 여부: 2차시험 (2018년 자격시험)

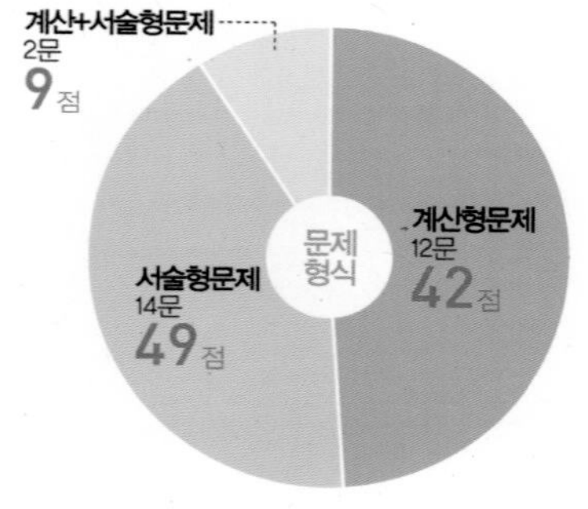

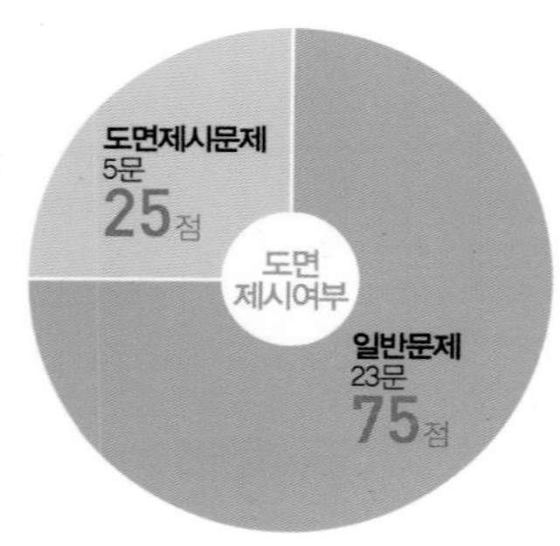

서술형문제는 14문항(49점)이고, 계산형문제는 12문항(42점)이다. 계산 결과와 그 의미를 묻는 계산+서술형 문제가 2문항(9점) 출제되었다. 2017년 자격시험에는 계산형문제 비중이 높았는데, 2018년 자격시험에는 서술형문제 비율이 조금 더 높다. 도면제시문제는 2017년에 비해 비중이 조금 늘었다. 냉각수·냉수·급수 배관과 펌프가 표시된 계통도와 조명이 표시된 기준층 평면도, 외벽 상세 등이 제시됐다. 2018년 2차시험의 출제문제별 학습요구사항을 다음의 표에 정리했다.

출제문제별 학습요구사항: 2차시험 (2018년 자격시험)

분야	세부항목	출제내용	학습요구사항
건축환경	건축계획		
	열환경	• 기밀성능 개선을 통한 난방부하(현열)의 차이 산출	• 난방부하 산출
		• 열교 부위의 선형 열관류율 산출	• 선형 열관류율
		• 단열재 설치 위치를 변경할 경우 열류량 변화 • 단열재 설치 위치에 따른 결로발생 유형 및 해소 방안	• 열전달 • 결로
		• 리모델링을 통해 로이복층창으로 교체할 경우 로이유리의 방사율, 중공층 기체 밀도, 간봉 사양 설명: 리모델링 전 창호 사양 제시	• 창호 에너지절감 기술
	공기환경	• 리모델링 전 · 후 ACH50 산출 • 리모델링 전 · 후 ACH50 차이의 의미 서술	• 기밀성능지표
		• 기밀성능 측정방법: 추적가스법 특징을 압력차법과 비교하여 서술	• 기밀성능 측정
		• 실내 미세먼지의 평균농도 산출	• 미세먼지 농도
	빛환경		
	냉난방부하 계산		
기계설비	열역학 · 연소 · 유체역학		
	열원설비 · 냉방설비	• 열원설비 장비일람표 제시: 냉동기 용량 및 열성능비(COP) 산출	• 장비일람표 분석 • 열성능비
	공조설비	• 습공기선도에서 공기조화기 상태변화 표시	• 습공기선도
		• 공기조화기 EA, OA 사이에 폐열회수 장치를 설치할 경우 혼합공기의 건구온도 산출	• 공조설비 관련 산식
		• 복사냉방과 공기조화기를 병용할 경우 공조방식 특징 • 프리 액세스플로어에 바닥취출공조방식을 적용할 경우 공조방식 특징 • 이중덕트 방식을 적용할 경우 공조방식 특징	• 공조방식 종류
		• 등압법으로 설계된 정풍량 환기덕트 시스템에서 축동력 산출: 송풍기 효율 제시	• 공조설비 관련 산식

분야	세부항목	출제내용	학습요구사항
기계 설비	배관반송설비	• 냉각수 순환펌프 양정 산출 필요 요소 • 냉수 순환펌프 양정 산출 필요 요소 • 급수 양수펌프 양정 산출 필요 요소	• 펌프 양정 산식
		• 덕트의 마찰저항 차이로 인한 취출풍량 변화 방지를 위한 밸런싱 방법 서술	• 덕트
전기 설비	전기 기본개념 · 변압기 · 전동기 · 조명설비	• 건축물 조명기기 리모델링 후 기준층의 연간 조명전력 절감량 산출: 리모델링 전 · 후 실별 조명기기 제시	• 조명 전력량 산출
		• 전동기 역률 개선을 위한 콘덴서 용량 산출: 전동기 용량, 역률 제시 • 전동기 역률 개선 기대효과 서술	• 역률 개선 콘덴서 용량 산출
		• 일일 조명에 사용한 전력량 산출	• 조명 전력량 산출
신재생	태양열 · 태양광	• 태양전지모듈을 설치하여 조명에 소요되는 전력량의 100% 공급할 때 필요 태양전지 모듈 개수, 설치면적 산출	• 태양광 관련 산식
	지열 · 풍력		
에너지	건물에너지절약 시스템		
	조닝		
에너지 절약 설계 기준	에너지절약설계기준	• '외벽' 부위가 단열기준에 적합한 것으로 판단하는 경우	• 에너지절약설계기준 단열조치
		• '창 및 문' 부위가 단열기준에 적합한 것으로 판단하는 경우	
		• 용어의 정의: 대수분할운전	• 에너지절약설계기준 용어의 정의
		• 용어의 정의: 가변속제어방식	
		• 용어의 정의: 바이패스설비	
		• 건물에너지관리시스템(BEMS) 설치 기준 항목	• BEMS 설치 기준
	의무사항 · 권장사항		
	에너지성능지표	• 기계설비부문 5번 · 6번 항목 평점 합계	• 외기냉방, 폐열회수 설비 평점 계산
에너지 효율 등급	에너지효율등급 실무	• 연간 단위면적당 급탕 에너지요구량 산출 • 급탕기기별 연간 단위면적당 급탕 에너지소요량 산출, 비교 • 급탕기기별 연간 단위면적당 급탕 1차 에너지소요량 산출, 비교	• 에너지요구량 • 에너지소요량 • 1차에너지소요량
		• 에절 온습도 기준과 에효 건축물 용도 프로필의 내용 특성 상 서로 유사한 용도 분류	• 에절 온습도 기준 • 에효 건축물 용도 프로필

나름대로 총평

다섯 차례 건축물에너지평가사 자격시험이 공통적으로, 1차시험은 수험과정에 방대한 학습범위를 채우는 것이 관건이었고, 2차 시험은 시험장에서 주어진 시간 내에 문제를 풀어내는 것이 관건이었다.

나름대로 총평: 1차시험

1차시험은, 과목이 4개인데, 각 과목을 별도의 자격시험으로 해도 될 만큼 공부량이 많은 분야들이다. 2013년과 2015년 자격시험 출제문제는 대체로 단순지식을 묻는 문제였고, 난이도는 그리 높은 편은 아니었다.

2016년 이후 난이도가 대체로 높아졌고, 계산문제의 경우 단순히 공식에 대입하는 것이 아닌, 복합적인 문제가 출제됐다. 하지만, 세 차례 진행된 자격시험에서 각 과목의 분야별 출제비중은 비슷했다.

1과목(건물에너지관계법규)은 해당 법령의 전체적인 맥락보다는 세부항목에 대한 암기를 요구하는 문제가 다수 출제되었다. 녹색건축물조성지원법과 건축법의 출제비중(합계 70%)이 높았다.

2과목(건축환경계획)은 열환경이 출제비중(55~70%)이 높은데, 열환경과 관련한 여러 세부분야(외피·단열·냉난방부하·습기·결로·일조·일사 등)가 골고루 출제되었고, 계산문제의 비중이 증가하는 추세다. 건물에너지해석의 방법론과 계산문제는 지속적으로 출제되었다.

3과목(건축설비시스템)은 기계·전기·신재생에너지 시스템에 대한 전반적인 지식을 묻는 문제와 계산문제가 여럿 출제되었고, 그 중 기계설비의 출제비율(55~60%)이 높았다. 신재생에너지는 태양열·태양광·지열 관련 문제가 출제되었다.

4과목(건물에너지효율설계·평가)은 관련기준에 대한 정확한 파악 여부를 묻는 문제가 많았고, 에너지성능지표 관련 문제가 많았다. 2016년 자격시험에서 연간 단위면적당 1차 에너지소요량을 계산해서 인증등급을 판정하는 복합적인 문제와 인증제도 운영규정의 기상데이터, 건축물 용도프로필을 묻는 문제가 출제되었다. 2017년 자격시험에서 변경전·변경후 건축물에너지효율등급 인증평가 결과를 제시하여 설계변경 내용을 묻는 문제가 출제되었다. 2018년 자격시험에서는 에너지성능지표 관련 문제가 많이 출제되었고, 제로에너지건축물 인증 관련 문제가 출제되었다.

2013년에는 기계설비(30점), 건축환경(28점)의 출제비중이 높았던 반면, 2015년에는 에너지절약설계기준(35점), 기계설비(30점)의 출제비중이 높았고, 건축환경분야(12점)은 출제비중이 많이 감소했다. 2016년에는 에너지절약설계기준(29점), 건축환경(27점), 기계설비(22점)이 골고루 출제됐고, 신재생(17점)의 비중이 눈에 띈다. 2017년에는 에너지절약설계기준(32점), 기계설비(18점), 건축환경(16점), 에너지효율등급(12점), 신재생(12점), 전기설비(10점)의 순인데, 에너지절약설계기준 외 분야 모두 골고루 출제됐다. 2013년에는 독립적인 전기설비분야 문제가 출제됐는데, 2015년에는 전기설비분야가 건축물에너지효율등급 관련문제와 에너지성능지표 문제에 복합적으로 출제됐다. 건축물에너지효율등급 문제는 2015년, 2017년, 2018년에 출제되었다.

2013년에는 별도도면을 제시해서 도면분석을 요구하는 문제가 많았는데, 2015년 이후에는 도면제시문제 출제빈도가 낮아졌고, 도면의 내용도 단순했다.

2013년에는 문제지에 에너지성능지표 배점기준이 제시됐는데, 2015년에는 배점기준 제시 없이 취득평점을 구하는 문제가 출제됐다. 2016년에는 배점기준이 제시됐다. 2016년에는 2차시험 출제범위에 해당하지 않는 빛환경(1차시험 건축환경계획 범위에 해당), 배관반송설비(1차시험 건축기계설비 범위에 해당)이 출제되었다. 건축환경계획, 건축기계설비, 건축전기설비 전체범위에 대한 학습이 요구된다.

2013년과 2016년에는 개별적인 계산문제와 함께 계산절차에 따른 단계별 계산결과를 묻는 문제가 출제됐는데, 2015년에는 한 문제를 풀면 그 결과를 활용해서 다음 단계 문제를 풀어야 하는 단계별 계산문제가 많이 출제됐다. 2017년과 2018년에는 작은문제끼리 연관은 있으나, 개별적으로 묻는 문제의 구성이었다.

2013년·2015년·2016년·2017년·2018년 다섯 차례 2차시험의 출제 경향을 살펴보자.

2차시험 출제경향

- **10개 내외의 문항에 작은문제가 여럿 있고, 작은문제에 세부질문이 또 여럿 있다.**
  - 2013년 자격시험: 10문항, 작은문제 20개, 세부질문 36개
  - 2015년 자격시험: 11문항, 작은문제 22개, 세부질문 45개
  - 2016년 자격시험: 12문항, 작은문제 28개, 세부질문 53개
  - 2017년 자격시험: 11문항, 작은문제 25개, 세부질문 43개
  - 2018년 자격시험: 11문항, 작은문제 28개, 세부질문 49개
- **에너지부하 관련 문제**
  - 2013년 자격시험: 냉방부하 종류별 계산
  - 2015년 자격시험: 냉방부하와 기기용량 관계
  - 2016년 자격시험: 미출제
  - 2017년 자격시험: 난방부하(외피손실열량·환기손실용량) 계산
  - 2018년 자격시험: 미출제
- **신재생에너지**
  - 2013년 자격시험: 태양광발전 출력 계산
  - 2015년 자격시험: 건물일체형 태양광발전(BIPV) 정의·장점
  - 2016년 자격시험: 지열히트펌프 전력소용량·지중채열량 등,
태양광발전 필요 모듈 발전용량
  - 2017년 자격시험: 지중열교환기 천공수량·순환펌프 동력계산
하절기 부하기준 용량 결정시 겨울철 문제점·개선방안
  - 2018년 자격시험: 조명소요 전력량의 100% 공급에 필요한 태양전지 모듈개수,
설치면적산출
- **건축물에너지절약설계기준 의무사항**
  - 2013년 자격시험: 전기부문 의무사항(전반사항)
  - 2015년 자격시험: 건축부문 중 외기에 면하는 부위의 기밀성능(세부사항)
  - 2016년 자격시험: 기계부문 중 난방·냉방 용량계산을 위한 외기조건, EPI 11번 항목 0.6점
이상 획득의 적합 여부
  - 2017년 자격시험: 미출제
  - 2018년 자격시험: 미출제
- **에너지성능지표**
  - 2013년 자격시험: 3문항(12점)
  - 2015년 자격시험: 4문항(22점)
  - 2016년 자격시험: 2문항(8점)
  - 2017년 자격시험: 4문항(17점)
  - 2018년 자격시험: 2문항(5점)

큰문제(10~12문항)·작은문제(20~28개)·세부질문(36~53개)의 문제 구성은 지속적으로 유지되고 있다. 에너지부하 산출과 건축물에너지절약설계기준 의무사항, 에너지성능지표는 계속해서 출제되고 있다. 신재생에너지는 건축물에 적용가능한 태양광·지열히트펌프 특성에 대한 기술을 하고 용량을 산출하는 문제가 반복적으로 출제되고 있다.

합격률 분석

연차 별 자격시험의 응시인원과 합격인원 관련한 국토교통부와 한국에너지공단의 발표자료, 관련기사를 종합하면 다음과 같다.

2013년 자격시험에는 1차시험 응시원서 접수인원이 11,509명이었다. 실제 응시율은 56.43%이지만, 응시인원 자체(6,495명)는 첫 시험임에도 꽤 많은 숫자였다. 1차시험은 1,172명이 합격하여 응시인원 대비 합격률이 18.04%이고, 2차시험은 1,084명이 응시해서 합격인원이 108명으로 합격률은 9.96%이다.

1차시험 합격률 (2013년 자격시험)

- **응시인원**: 6,495명
- **합격인원**: 1,172명 (응시인원 대비 합격률 18.04%)

2차시험 합격률 (2013년 자격시험)

- **응시인원**: 1,084명
- **합격인원**: 108명 (응시인원 대비 합격률 9.96%)

2015년 자격시험부터 응시원서 접수인원은 공개되지 않고 있다. 1차시험 응시인원 2,885명 중 합격인원은 477명으로 합격률은 16.53%이다. 2차시험은 응시인원 886명 중 합격인원은 98명이고, 합격률은 11.06%이다.

1차시험 합격률 (2015년 자격시험)

- **응시인원**: 2,885명
- **합격인원**: 477명 (응시인원 대비 합격률 16.53%)

2차시험 합격률 (2015년 자격시험)

- **응시인원**: 886명
- **합격인원**: 98명 (응시인원 대비 합격률 11.06%)

2016년 1차시험 응시자는 1,596명이고, 이 중 176명이 합격해서 합격률은 11.03%이다. 2차시험 응시자는 426명이고, 이 중 61명이 합격해서 합격률은 14.32%이다.

1차시험 합격률 (2016년 자격시험)

- **응시인원**: 1,596명
- **합격인원**: 176명 (응시인원 대비 합격률 11.03%)

2차시험 합격률 (2016년 자격시험)

- **응시인원**: 426명
- **합격인원**: 61명 (응시인원 대비 합격률 14.32%)

2017년 1차시험 응시자는 1,022명이고, 이 중 207명이 합격해서 합격률은 20.25%이다. 2차시험 응시자는 304명이고, 이 중 82명이 합격해서 합격률은 26.97%이다.

1차시험 합격률 (2017년 자격시험)

- **응시인원**: 1,022명
- **합격인원**: 207명 (응시인원 대비 합격률 20.25%)

2차시험 합격률 (2017년 자격시험)

- **응시인원**: 304명
- **합격인원**: 82명 (응시인원 대비 합격률 26.97%)

2018년 자격시험의 1차시험 합격자는 58명이다. 1차시험 응시인원 수가 발표되지 않아 합격률 파악이 어려운데, 예년 응시인원을 기준으로 가정하면 합격률 6% 내외가 예상된다. 2차시험 응시자는 170명이고, 이 중 79명이 합격해서 합격률은 46.47%이다.

1차시험 합격률 (2018년 자격시험, 예년 응시인원 가정)

- **응시인원**: 약 1,000명
- **합격인원**: 58명 (응시인원 대비 합격률 약 6%)

2차시험 합격률 (2018년 자격시험)

- **응시인원**: 170명
- **합격인원**: 79명 (응시인원 대비 합격률 46.47%)

2015년 자격시험에는 합격률이, 1차시험에 응시인원 대비 16.53%로 2013년에 비해 조금 감소했고, 2차시험에 응시인원 대비 11.06%로 2013년에 비해 조금 증가했다. 2016년 자격시험은, 1차시험 합격률이 가장 낮고, 2차시험 합격률은 가장 높다. 1차시험의 문제 난이도가 예년에 비해 꽤 높았고, 합격률이 낮은 결과를 낳았다. 2017년 자격시험은 1차시험과 2차시험 모두 합격률이 예년에 비해 올라갔다. 응시인원이 감소한 반면 재도전한 수험생의 비율이 높고 수험생 수준이 올라갔기 때문이다. 2018년 자격시험은 1차시험은 계산문제가 많아 주어진 시간 내에 문제를 풀어 답안지 작성을 마치기에 벅찼다. 결과적으로 합격자 인원이 급감했다.

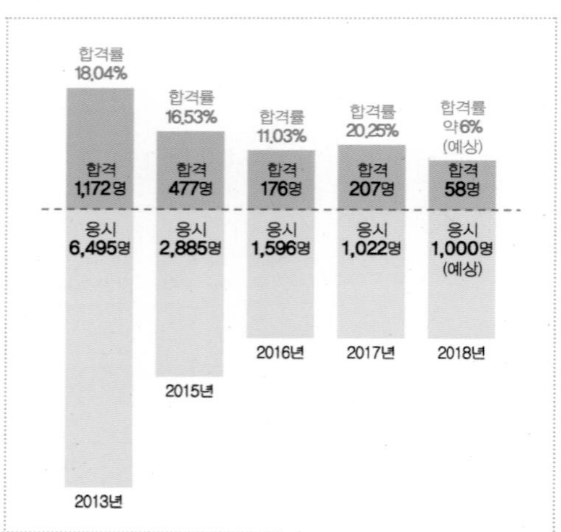

1차시험 합격률 | 응시인원이 감소하는 추세이고, 합격률도 낮아지다가 2017년 반등했으나, 2018년 급감했다.

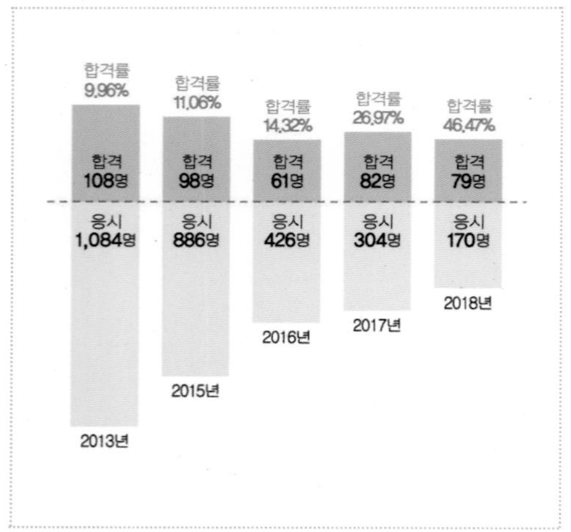

2차시험 합격률 | 응시인원이 감소하는 반면, 합격률은 높아지고 있다.

2013년에는 '전체응시인원'(6,495명) 대비 '최종합격자'(108명)의 비율이 1.66% 이다. '2015년 1차시험 응시인원'(2,885명)과 '2013년 1차시험 합격자 중 2015년 2차시험 응시자'(409명)를 더하면 3,294명이 되는데, 이 숫자를 '2015년 전체응시인원'이라 할 수 있다.

결과적으로 유추되는 2015년 자격시험의 '전체응시인원'(3,294명) 대비 '최종합격자'(98명)의 비율은 2.98% 이다. 이런 방식으로 계산하면 2016년 자격시험의 '전체응시인원'(1,846명) 대비 '최종합격자'(61명)의 비율은 3.30% 이다. 2017년 자격시험의 '전체응시인원'(1,387명) 대비 '최종합격자'(82명)의 비율은 5.91% 이다. 2018년 자격시험의 '전체 응시인원'(약 1,200명 예상) 대비 '최종합격자'(79명)의 비율은 약 6.59% 이다.

2차시험의 합격률이 상승하면서 전체응시인원 대비 최종합격자 비율은 증가 추세를 보이고 있다.

2015년 자격시험 합격자의 연령대는 40대(35.7%)으로 가장 많고, 30대(33.7%), 50대(19.4%), 60대 이상(10.2%)의 순이다.

2016년 자격시험 합격자의 연령대는 40대가 23명(37.7%)으로 가장 많고, 30대 16명(26.2%), 50대 15명(24.6%), 60대 이상 7명(11.5%)의 순이다.

2017년 자격시험 합격자의 연령대는 30대가 28명(34.2%)으로 가장 많고, 50대 23명(28.1%), 40대 19명(23.2%), 60대 이상 11명(13.4%), 20대 1명(1.2%)의 순이다.

2018년 자격시험 합격자의 연령대는 40대가 27명(34.2%)으로 가장 많고, 50대 24명(30.4%), 30대 이하 15명(19.0%), 60대 이상 13명(16.5%)의 순이다.

제5장

다음엔 어떻게 준비하지?

다음엔 어떻게 준비하지?
분야별 공부법
ECO2(에코투)

시험이 네 차례 치러지면서 학습방향이 명확해진 만큼 공부하기가 조금은 편해졌다고 볼 수 있다. 하지만, 전반적인 수험생의 수준이 올라가서 경쟁이 더 심해지고, 아이러니하게도 더 어려운 시험이 될 것이다. 전년도 2차시험에 불합격한 상당수가 다시 응시할 것이므로 더욱 그러하다.

자격시험은 60점만 넘으면 합격이지만 앞으로의 시험은 선발인원 티오(T/O)에 들어야 합격하는 시험이 되지 않을까?

물론 규정상 60점 이상이면 합격인데, 변별력을 위해서 문제 난이도가 높아지고, 엄격히 채점하는 상황을 예상할 수 있다. 안전하게 합격하기 위해서 학습밀도를 높이고, 열심히 공부해야 한다.

한편으로, 열심히 공부하는 것도 중요하지만, 본인의 공부법(계획·실행·공부시간·공부환경·방법·노트방법 등)을 정확히 파악하고, '효율성'이라는 잣대로 분석하면서 공부법을 조정하려는 자세가 필요하다.

공부를 시작하기에 앞서

수험생은 대체로 귀가 얇다. 그래서 누가 좋은 방법이 있다면 따라 하려 한다. 나도 그랬다. 시험이라는 게 합격한 사람의 공부방법이 가장 좋은 방법이라고 기대하기 쉽다.

하지만, 개개인의 성향과 여건과 시간 등 변수가 많아서 "딱히 이거다."라고 단정지을 수는 없다.

이 책에서 말하는 내용을 잘 참고해서 미래의 건축물에너지평가사 본인의 성향과 상황에 맞춰 자신만의 공부법을 만들기 바란다.

공부를 시작하기에 앞서, 미래의 건축물에너지평가사가 꼭 했으면 하는 몇 가지를 당부한다. 도움이 되니까 꼭 실행하기 바란다.

첫째, 건축물에너지평가사와 관련된 법규를 스스로 찾아보자.

법제처 홈페이지(http://www.moleg.go.kr)에 가면 각종 법령을 검색해서 확인할 수 있다. 건축물에너지평가사의 정의와 역할이 명시된 녹색건축물조성지원법 전문을 출력해서 꼭 정독하기 바란다.

그 외에 1차시험의 1과목(건물에너지관계법규)에 해당하는 에너지이용합리화법·에너지법·건축법과 해당 시행령·시행규칙 전문을 출력해서 제본을 하자. 좋은 교재가 될 것이다. 법개정은 수시로 되기 때문에, 시중의 교재내용만 믿어서는 안 된다.

자격시험 공고를 잘 파악해서 법·규정 등의 시험기준이 어느 시점인지 정확히 파악해야 한다. 법의 전반적인 흐름을 파악하면서 건축물에너지평가사의 정의를 정립해 보자.

'2권 합격노트'의 제1장 건물에너지관계법규는 법·시행령·시행규칙의 연관성을 면밀히 분석해서 엮은, 저자가 심혈을 기울여 정리한 것이다. 좋은 참고자료가 될테니 잘 활용하기 바란다. 실제로 2권 합격노트의 내용에서 문제가 많이 출제됐다.

둘째, 기출문제를 풀어 보자.

자격시험이 초기여서 시험을 파악할 수 있는 매우 귀한 자료이다. 이 책 제4장 출제경향분석을 정독하길 바란다. 출제범위·문제유형·문제내용을 꼼꼼히 살펴보자. 난이도는 어떤지 느껴 보자. 계산기도 두드려 보자. 실제 시험시간을 정해서 문제를 풀어 보는 것도 좋겠다. 부담스러우면 그냥 읽기라도 하자. 어떤 시험인지 감이 잡힐 것이다. 앞으로 어떻게 공부를 해야 할지 어느 정도 판단이 선다.

셋째, 규정에 나와 있는 출제범위를 유념해서 보자.

이 책의 제1장 중 '건축물에너지평가사를 다시 정의하고, 자격시험을 이해하자'를 유념해서 읽어 보기 바란다. 그리고 제4장에 정리한 기출문제의 출제경향을 살펴보자. '2권 합격노트'의 부록인 기출문제를 함께 보면 좋겠다. 자격시험의 출제범위에 대한 감각이 생길 것이다.

법규·건축·기계·전기·신재생·건축물의 에너지절약설계기준·건축물에너지효율등급 등 분야가 다양하고 시험범위가 매우 넓다. 하지만, 건축물에너지평가사의 정의와 역할을 잘 이해하고, 이를 출제범위에 접목하면 어느 정도 시험의 윤곽이 잡히고, 넓게만 보이던 출제범위도 좁혀진다.

넷째, '건축물의 에너지절약설계기준' 전문을 출력해서 정독하자.

'건축물의 에너지절약설계기준'은 건축물에너지 관련 '바이블'이다. 건축물에너지의 개념정립을 위해 반드시 알아 두어야 한다. 분량이 많지 않으니, 부담 없이 볼 수 있다. 에너지와 관련된 건축·기계·전기 분야별 여러 용어가 정의되어 있고, 에너지절약방안이 나열되어 있으며, 제도와 관련한 기준이 수록되어 있다. 건축물에너지평가사가 건축물에너지 관련 전문가로서 알아야 할 에너지관련 지식과 실무를 동시에 파악할 수 있다. 그리고 이 과정자체가 시험공부다. '2권 합격노트'의 제4장에 건축물의 에너지절약설계기준을 일목요연하게 정리했으니, 활용하면 좋겠다.

다섯째, 건축물에너지평가사 자격시험에 대한 본인만의 의미를 정하자.

건축물에너지효율등급 인증평가 전문가·친환경건축가·녹색건축물 컨설턴트·녹색건축 관련 학습의 기회·자기계발·합격의 성취감 등 미래의 건축물에너지평가사에게 이 자격시험이 어떤 의미가 될지 고민하기 바란다. 목표의식이 뚜렷해질 것이다. 뚜렷해진 목표의식은 여러 어려운 고비를 극복하게 해줄 동력이 될 것이다.

학원? 스터디? 동영상강의? 독학?

자격시험 공부를 시작하면서 가장 먼저 고민하는 것이 교재선택이나 학원의 결정이다.

건축물에너지평가사 자격시험은 학습범위도 넓고, 전공하지 않은 분야의 전문적인 내용이 많아서 혼자 공부하기가 쉽지 않다. 나는 독학을 한 달 하다가 감당하기가 힘들어서 학원에 다니기로 했다. 각 분야의 전문가가 교재를 쓰고, 강의도 하니, 혼자 하는 것보다 학원을 다니는 게 효과적일 거라고 판단해서다. 시간이 부족했고, 비전공분야인 기계와 전기는 전문가의 도움이 절실했다. 그리고, 학원은 수험생의 면학분위기가 있어서 그 분위기에 편승해서 열심히 하게 되지 않을까 하는 기대를 했다. 그런데 학원의 수강생정원이 이미 꽉 차서 등록하지 못하고, 동영상강의를 들어야 했다.

합격자모임에서 들은 이야기인데, 학원에서 5~6명을 하나의 조로 짜서 스터디 그룹으로 운영했다고 한다. 각자 할당된 숙제를 해서 서로 교환하고, 진도를 확인해 주고, 정보를 공유하고, 의지하고, 격려가 많이 되었나 보다. 어느 조는 6명 중 3명이 합격했다고 한다. 학원이 아니라도 카페를 통해 스터디 그룹을 만들어 공부한 경우도 있었다. 스터디 그룹이 장점이 많지만, 나는 자율적인 상황을 선호하는 편이라 학원을 다녔더라도 스터디 그룹에 잘 적응했을 것 같지는 않다.

학원 다음의 차선책은 동영상강의인데, 장단점이 뚜렷하다. 강의를 선택해서 청취할 수 있고, '다시보기'가 자유롭고, 강의 재생속도의 조절이 가능하다는 장점이 있다. 하지만, 강제성이 없고, 현장감이 결여되며, 강의 중 질문이 불가능하다는 단점이 있다. 게시판을 이용하지만 실시간으로 답변이 가능하지 않아 한계가 있다.

마지막으로 생각할 수 있는 것이 독학이다. 건축사나 기술사 시험은, 본인의 전공과 실무경험을 토대로 스스로 공부가 가능하다. 하지만, 건축물에너지평가사는 건축·기계·전기 등 3개의 분야를 모두 전공하거나 실무경험을 한 경우가 드물어서 어려움이 예상된다. 전공분야가 다른 독학생들이 모여서 스터디 그룹을 만든다면 서로 가르쳐 주면서 보완이 가능할 것으로 판단된다.

본인의 실무경험과 학습능력, 시간적 · 경제적 여건을 종합적으로 판단해서 결정하기 바란다.

전략과목을 정하자

1차시험은 4개 과목이고, 평균 60점 이상이어야 하고, 40점 미만의 과락과목이 없어야 합격할 수 있다. 본인의 전공이나 실무분야는 전략과목이 될 수 있다. 전략과목은 80점 이상을, 취약과목은 50점 이상을 목표로 하자.

건축물에너지평가사 자격시험은 1차시험 일부 과목에 대한 면제조항이 있다. 수험생 입장으로 공부의 부담이 줄어들기 때문에 반가운 일이긴 하나, 평균 60점 이상이어야 하는 시험에서 평균을 끌어올릴 수 있는 전략과목을 포기하는 것 또한 아쉬운 일이다. 면제과목은 2차시험의 시험범위에 포함된다. 2차시험의 예습을 위해서라도 1차시험 전과목을 응시해서 공부하는 것이 좋을 것 같다.

1과목(건물에너지관계법규)은 수험생의 분야와 상관없이 새로 접하는 부분이 많다. 건축법은 건축분야 출신이 어느 정도 유리하지만, 시험을 염두에 두고 외워야 할 분량을 생각하면 어려운 것은 매한가지다.

2과목(건축환경계획)은 건축계획의 내용이라서 건축설계분야 출신에게 유리하다. 기계와 전기분야 출신은 상대적으로 부담스러운 과목이다.

3과목(건축설비시스템)은 기계설비분야의 비율이 높아서 기계설비분야 출신이 유리하다. 전기설비분야는 상대적으로 비율이 낮다. 신재생에너지가 전기설비와 관련이 있는 것을 감안하더라도, 기계설비의 비중이 높다. 하지만 건축분야 출신에 비해서는 전기설비분야 출신이 유리한 과목이다.

4과목(건물에너지효율설계·평가)은 건축물에너지평가사가 수행하는 직무와 관련이 가장 많은 과목이고, 학습범위가 다른 과목에 비해 상대적으로 좁은 만큼 수험생의 전공과 무관하게 전략과목으로 만들어야 한다. 건축물에너지평가사의 업무와 직접적인 관련이 많고, 2차시험의 범위에도 해당되기 때문에 열심히 해서 90점 이상을 목표로 하자.

결론적으로, 건축분야 출신은 2과목과 4과목이 전략과목이고, 기계나 전기분야 출신은 3과목과 4과목이 전략과목이다.

미래의 건축물에너지평가사의 전공과 경험과 선호도를 감안하여 과목을 구분하고, 그에 맞춰 점수목표를 정하고, 힘을 쏟는 정도를 조절해서 전략적으로 공부하자.

취약과목은 어떻게 대비해야 할까?
건축물에너지평가사 시험의 특징을 다시 짚어 보자. 우선 생각나는 건 범위가 넓다. 하지만 '건축물에너지'에 집중하면 범위가 좁혀진다. 건축물에너지평가사의 역할과 과목의 관계를 이해하자. 건축·기계·전기 각 분야의 전체범위에서 건축물의 에너지부하와 에너지소비 관련사항 위주로 분류하면 범위를 어느 정도 좁힐 수 있다. 범위를 좁혀서 공부하자.

취약과목을 공부하면서 도저히 외우기 힘든 부분은 과감히 포기하자. 진도를 나가야 하는데 막힘이 생기면 넘길 줄 알아야 한다. 출제범위가 방대하기 때문에 본인이 어려워하는 부분이 시험에 나올 확률이 높다고 볼 수도 없다. 시험에 나오지 않을 거라고 주문을 거는 것도 나쁘지 않다. 혹시나 문제가 나오더라도 25%의 확률은 있다. 그렇지만 조금 어렵다고 자꾸 포기를 하면 학습범위 전체를 포기하는 우를 범할지도 모르니, 인내를 가지고 좀 더 버텨 보자.

정리노트에 도전하라

정리노트는 단순히 노트에 필기하는 것이 아니고, 공부하는 과정이다. 미래의 건축물에너지평가사에게 당부한다. '필기'만 하지 말고, '공부'를 하라. 공부를 하면 노트가 쌓일 것이다. 그래서 뿌듯할 것이고, 실력이 쌓일 것이며, 합격할 것이다.

정리노트는, 학습내용을 이해하고, 구성과 체계를 파악하여 내 스타일에 맞게 정리하는 과정이다. 훈련과정이 필요하다. 진도 나가는 속도가 더디기는 하나, 익숙해지면 학습에 대한 집중력이 생기고, 분석과 이해가 잘되고, 복습하는 효과가 있어서 기억이 오래 간다. 그리고 적응이 되면 노트속도도 빨라진다.

'2권 합격노트'를 참고하여 본인만의 정리노트를 만들기 바란다.

모의고사에 도전하라

모의고사는 여러 가지 의의가 있다.

모의고사의 의의

- **나의 학습진도 파악**
- **다른 수험생의 수준 및 나의 위치 확인**
- **실전감각과 대처능력을 키우는 훈련**
- **그 자체로 좋은 공부**

모의고사 응시는 그 자체로 좋은 공부다. 집중해서 문제를 푸는 만큼 학습효과가 매우 높다. 뇌는 학습내용뿐 아니라, 학습환경을 기억한다고 한다. 여러 수험생이 한 장소에 모여서 실제 시험형식과 유사한 모의고사 문제를 푸는 것은, 실전을 대비하는 좋은 훈련이면서 수험장 환경에 맞춘 기억증진 방안이다.

모의고사를 치를 때 시간관리 연습과 함께 본인만의 문제풀이 과정을 만드는 연습이 중요하다. 시험당일에 익숙하지 않은 문제유형이 분명히 나올 것이기 때문에, 이에 대처하기 위해서 꼭 필요한 훈련이다.

내가 시험을 준비할 때는 학원수강생이 아니더라도 비용을 지불하면 전국모의고사 응시가 가능했는데, 다음 번에도 가능하다면 학원에서 주관하는 모의고사에 꼭 응시하길 바란다. 본인의 수준과 경쟁자의 수준을 파악할 수 있는 좋은 기회이다. 객관적인 파악뿐 아니라 자극과 의욕을 다질 수 있는 터닝포인트가 될 수 있다.

모의고사를 잘 준비해서 좋은 점수와 좋은 등수를 얻어 자신감을 갖자. 그 반대상황이 되더라도 실망하지 말고, 심기일전할 기회로 삼자. 모의고사 채점결과를 보면서 학원에서 제시하는 모범답안을 원문 그대로 외우려 하지 말고, 자기만의 논리와 구성으로 답안을 새로 만들기 바란다. 암기하기도 훨씬 편할 것이다. 행여 모의고사 문제가 실전에 출제되었을 경우, 같은 학원 출신의 응시자 전원이 동일한 답안을 쓰면 모두에게 채점을 잘해 줄지는 모를 일이다. 내용은 비슷하지만, 남들과 조금이라도 다르게 작성된 답안이 채점자에게는 더 눈에 들어오지 않을까?

시험당일 유의사항

앞에서도 말했지만, 자격시험은 학교시험과 다르다. 학교에서 60점이면 학점이 가까스로 'D'이지만, 자격시험에서 60점이면 '합격'이다. 굳이 생업을 전폐하면서까지 고득점을 목표로 공부할 필요는 없다고 생각한다.

공부를 하면서 모든 분야를 완벽히 하려고 과욕을 부릴 필요도 없고, 시험당일 어려운 문제에 매달려 시간조절에 실패해서도 안 된다. 출제자도 나름대로 작품이 되는 문제를 만들고 싶을 거다. 작품이 되는 문제는 틀려 준다고 마음을 먹자. 그리고 경쟁자도 거의 다 틀릴 거다. 풀 수 있는 문제로 과감히 넘어가자.

2차시험은 100% 주관식이다. 민망하더라도 모든 문제에 답안을 작성해야 한다. 부분점수 1점이라도 포기해서는 안 된다. 계산기를 두드려야 하는 문제가 많이 출제될 것이다. 신속하고, 정확하게 계산하는 연습을 하자. 답안지에 계산과정을 꼭 적어 두기 바란다. 계산기를 잘못 눌렀더라도, 부분점수라도 기대해 볼 수 있지 않을까?

채점자는 계산공식을 잘 아는 전문가일 것이다. 계산과정은 간단히 적되, 굳이 공식을 설명하거나 유도과정을 보여 주지는 말자. 오타가 나면 과유불급이고, 답안지 여백이 부족해서 정답을 쓸 공간이 없는 당황스러운 상황이 생길 수도 있다. 게다가 공식을 설명하느라 시간을 써 버리면 다른 문제를 풀 시간이 줄어들게 된다.

자신감을 갖자. 수험생의 마음이 다 비슷하다. 시험장에서는 대부분 자신감보다는 불안감이 마음을 지배한다. 그래도 미래의 건축물에너지 평가사만큼은 마음을 잘 다스리는 사람이 되어 보자.

다시 한 번 당부한다. '포기'라는 말은 머릿속에서 지우고 시험장에 가자. 어려운 문제는 과감하게 패스, 시간조절, 최선을 다하기, 부분점수까지 기대하며 뭐라도 쓰자. 그리고, 냉철한 마인드 컨트롤, 평소에 성실히 공부했다면 분명히 합격이다.

1차시험은 공부량이 워낙 많아서 진도 나가는 것이 큰 관건이고, 진도가 나간 만큼 점수가 나온다. '돌쇠'처럼 꾸준히 학습진도를 나갈 수 있도록 공부시간 확보와 지구력이 필요하다. 2차시험은, 1차시험과 범위가 유사한 대신, 주관식(기입형 · 서술형 · 계산형) 문제가 출제된다.

냉난방부하와 관련된 건축환경계획의 열환경, 실내환경조절을 위한 기계설비시스템의 열원설비와 공조설비는, 건축물에너지에서 매우 중요한 분야이다. 그리고, 이론문제뿐 아니라 계산문제를 만들기에 안성맞춤이다. 기초지식부터 응용분야까지 학습이 필요하다.

각종 설비를 작동하기 위해서 전기설비시스템의 전원설비와 동력설비가 중요하다. 발전 · 송전 · 배전의 과정을 정확히 이해하고, 관련된 용어와 계산식을 암기하자. 그리고, 전동기의 원리와 고효율을 위한 조치와 기술을 알아 두자.

신재생에너지는 관련규정의 정의를 정확히 암기하자. 이론공부뿐 아니라, 실제 적용되는 실무내용을 파악하고, 각 에너지별 생산량과 출력량을 계산할 수 있어야 한다. 추가적으로 신재생에너지와 관련한 최신기술에 대한 모니터링도 필요하다.

단편적인 지식을 묻거나 단순계산문제보다는 각 분야별로 혹은 몇 개 분야를 묶어서 에너지사용량의 계산과 절감방안, 그리고 구체적인 절감량을 산출하는 문제가 출제될 것으로 예상된다. 이론의 설명과 계산을 요구하는 혼합문제도 생각할 수 있다.

각종 용어의 정의를 잘 분류하고 정확히 암기하자. 학술이나 각론적인 정의도 중요하지만, 법규와 건축물의 에너지절약설계기준에 나와 있는 용어의 정의는 원문 그대로 전부 외워야 한다.

이번 장에서는 1차시험과 2차시험을 묶어서 건물에너지관계법규, 건축환경계획, 건축설비시스템, 건물에너지효율설계·평가 등 4개 분야로 구분하여 공부법을 설명하겠다. 2차시험이 1차시험의 내용을 기반으로 한 실무문제이기 때문에 중요한 사항은 서로 일맥상통하다.

건물에너지관계법규

'건물에너지관계법규'는 1차시험에만 해당하는 분야다. 그 구성은 녹색건축물조성지원법·에너지이용합리화법·에너지법·건축법 등 4개 법령이다.

법·시행령·시행규칙의 연관성을 파악해서 정리해야 한다. '2권 합격노트'는, 이 맥락으로 정리한 것이니 잘 활용하기 바란다. 예년 자격시험에서 합격노트의 내용이 많이 출제됐다.

추가적으로 녹색건축물조성지원법의 근거가 되는 법이 저탄소녹색성장법이기 때문에 그 내용을 파악하는 것은 의미가 있는 일이다.

전체적인 맥락파악이 최우선이며, 세부적인 암기를 하되, 유사한 규정에 대해서는 분류를 해서 정리해 둘 것을 당부한다. 각 법령의 목적·각종 계획·위원회는 서로 비슷한 듯 달라서 헷갈리기 때문에, 반드시 구분해서 정리해야 한다. 법규는 교재의 객관식문제를 풀어 가면서 공부하는 것도 이해하는 데 도움이 되고, 객관식시험을 대비한 연습도 된다.

각 법령·규칙·기준에 있는 용어의 정의는 따로 정리해서 확실히 암기해야 한다. 그렇게 해야 각종 대상여부를 묻는 질문에 대응할 수 있다. 예를 들어 단독주택과 공동주택을 법적으로 명확히 구분해야 건축물에너지절약계획서 제출대상 여부를 판단할 수 있다. 다가구주택은 단독주택이어서 건축물에너지절약계획서 제출대상이 아니고, 다세대주택은 공동주택이기 때문에 제출대상이다.

그리고, 건물에너지 관련 4개 법규의 특성을 묻는 포괄적인 문제가 출제되었다. 각 법령의 총칙에 있는 목적을 잘 학습해 두어야 하겠다.

녹색건축정책과 건축물에너지평가사 제도의 근간이 되는 녹색건축물조성지원법과, 건축물과 관련하여 실무적으로 기본교양에 해당하는 건축법이 중요하다. 이 두 법령은 '특별히' 신경써야 한다.

법규정리: 법·시행령·시행규칙의 연관성을 파악하고, 연결하기

법과 시행령, 시행규칙이 서로 상관관계가 있다는 것은 알지만, 막상 그 연관성을 파악하기가 쉽지 않고, 이해하기도 어렵고, 정리하기는 더욱 힘들다.

녹색건축물조성지원법

제7조【지역녹색건축물 조성계획의 수립 등】① 시·도지사는 기본계획에 따라 다음 각 호의 사항이 포함된 특별시·광역시·특별자치시·도 또는 특별자치도(이하 "시·도"라 한다)의 녹색건축물 조성에 관한 계획(이하 "조성계획"이라 한다)을 5년마다 수립·시행하여야 한다. 〈개정 2014.5.28.〉

1. 지역녹색건축물의 현황 및 전망에 관한 사항
2. 녹색건축물 조성의 기본방향과 달성목표에 관한 사항
3. 녹색건축물의 조성 및 지원에 관한 사항
4. 녹색건축물 조성계획의 추진에 필요한 재원의 조달방안 및 조성된 사업비의 집행·관리·운용 등에 관한 사항
5. 녹색건축물 조성을 위한 건축자재 및 시공에 관한 사항
6. 그 밖에 녹색건축물 조성을 지원하기 위하여 시·도의 조례로 정하는 사항

② 시·도지사는 조성계획을 수립하려면 「저탄소 녹색성장 기본법」 제20조에 따른 지방녹색성장위원회 또는 「건축법」 제4조에 따른 지방건축위원회의 심의를 거쳐야 한다.
③ 시·도지사는 조성계획을 수립한 때에는 그 내용을 국토교통부장관에게 보고하여야 하며, 관할 지역의 시장·군수·구청장에게 알려 일반인이 열람할 수 있게 하여야 한다. 〈개정 2013.3.23.〉
④ 시·도지사는 조성계획을 시행하는 데에 필요한 사업비를 회계연도마다 세출예산에 계상하기 위하여 노력하여야 한다. 〈신설 2014.5.28.〉
⑤ 그 밖에 조성계획의 수립·시행 및 변경 등에 관하여 필요한 사항은 대통령령으로 정한다. 〈개정 2014.5.28.〉

녹색건축물조성지원법 시행령

제5조【지역녹색건축물 조성계획의 수립 절차 등】 ① 특별시장·광역시장·특별자치시장·도지사 또는 특별자치도지사(이하 "시·도지사"라 한다)는 법 제7조제1항에 따라 특별시·광역시·특별자치시·도 또는 특별자치도(이하 "시·도"라 한다)의 녹색건축물 조성에 관한 계획(이하 "조성계획"이라 한다)을 작성하거나 변경하는 경우 미리 국토교통부장관 및 시장[「제주특별자치도 설치 및 국제자유도시 조성을 위한 특별법」 제11조제2항에 따른 행정시장(이하 "행정시장"이라 한다)을 포함한다. 이하 같다]·군수·구청장(자치구의 구청장을 말한다. 이하 같다)과 협의하여야 한다. 다만, 조성계획 중 국토교통부령으로 정하는 경미한 사항을 변경하려는 경우에는 협의를 생략할 수 있다. 〈개정 2013.3.23., 2016.12.30.〉
② 시·도지사는 조성계획이 확정되면 이를 해당 시·도의 공보에 게재하여야 하고, 특별시장·광역시장·도지사 또는 특별자치도지사는 이를 관할구역의 시장·군수·구청장에게 통보하여야 한다.
③ 특별자치시장 및 제2항에 따라 통보를 받은 시장·군수·구청장은 조성계획을 30일 이상 일반인이 열람할 수 있게 하여야 한다.
④ 시·도지사는 조성계획의 타당성을 매년 검토하여 그 결과를 조성계획에 반영할 수 있다.

녹색건축물조성지원법 시행규칙

제2조【경미한 사항의 변경】 「녹색건축물 조성 지원법 시행령」(이하 "영"이라 한다) 제5조제1항 단서에서 "국토교통부령으로 정하는 경미한 사항을 변경하려는 경우"란 다음 각 호의 어느 하나에 해당하는 경우를 말한다. 〈개정 2013.3.23., 2015.5.29.〉

1. 지역녹색건축물 조성계획(이하 "조성계획"이라 한다) 중 녹색건축물의 온실가스 감축 및 에너지 절약 목표량(이하 "목표량"이라 한다)을 100분의 3 이내에서 상향하여 정하는 경우
2. 조성계획에 따른 사업비를 100분의 10 이내에서 증감시키는 경우
3. 목표량 설정과 사업비 산정에서 착오 또는 누락된 부분을 정정하는 경우

법·시행령·시행규칙의 연관성을 파악하고, 연결하고, 정리하는 방법을 녹색건축물조성지원법의 '지역녹색건축물 조성계획'을 기준으로 소개한다.

1. 법의 해당 조 제목(제7조 지역녹색건축물 조성계획의 수립 등)을 합격노트의 **작은제목**(지역녹색건축물 조성계획)으로 정한다.
2. 법에 표시된 각 사항은 **핵심사항**(수립권자, 대상지역, 수립주기, 내용, 절차 등)으로 분류하고, 그 **세부내용**은 법에 표시된 내용을 서술한다.
3. 시행령에 위임한 사항(⑤ 그 밖에 조성계획의 수립·시행 및 변경 등에 관하여 필요한 사항은 대통령령으로 정한다.)은 해당 시행령(제5조 지역녹색건축물 조성계획의 수립 절차 등)을 찾아 **핵심사항**(경미한변경)을 추가한다.
4. 시행규칙에 위임한 내용(조성계획 중 국토교통부령으로 정하는 경미한 사항을 변경하려는 경우에는 협의를 생략할 수 있다)은 해당 시행규칙을 찾아 그 내용을 서술한다.

장황하고 연관성을 파악하기 힘들던 법·시행령·시행규칙이 이렇게 일목요연하게 정리될 수 있다.

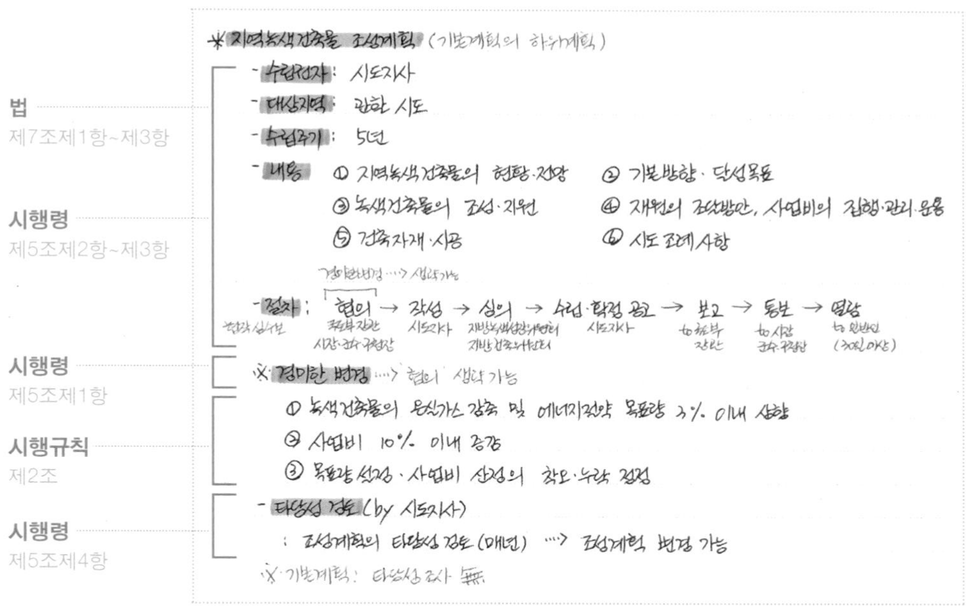

법
제7조제1항~제3항
시행령
제5조제2항~제3항
시행령
제5조제1항
시행규칙
제2조
시행령
제5조제4항
※ 지역녹색건축물 조성계획 (기본계획의 하위계획)
- 수립권자: 시도지사
- 대상지역: 관할 시도
- 수립주기: 5년
- 내용 ① 지역녹색건축물의 현황·전망 ② 기본방향·달성목표
③ 녹색건축물의 조성·지원 ④ 재원의 조달방안, 사업비의 집행·관리·운용
⑤ 건축자재·시공 ⑥ 시도 조례 사항
경미한변경 ···> 생략 가능
- 절차: 협의 → 작성 → 심의 → 수립·확정 공고 → 보고 → 통보 → 열람
※ 경미한 변경 ···> 협의 생략 가능
① 녹색건축물의 온실가스 감축 및 에너지절약 목표량 3% 이내 삼향
② 사업비 10% 이내 증감
③ 목표량 설정·사업비 산정의 착오·누락 정정
- 타당성 검토 (by 시도지사)
: 조성계획의 타당성 검토 (매년) ···> 조성계획 변경 가능
※ 기본계획: 타당성 조사 無

건축환경계획

'건축환경계획'은 건축환경계획 개요·열환경·공기환경·빛환경으로 구성되어 있다. 여기서 건축환경계획이란 엄밀히 말하면 '쾌적한 실내환경계획'이다. 바깥보다 덜 춥고, 바깥보다 덜 덥고, 호흡하기에 적당한 공기를 갖고, 적당한 빛을 갖는, 그래서 거주하거나 작업하기에 쾌적한 실내환경을 만드는 것이다.

다른 과목도 마찬가지인데, 건축환경계획에 나오는 여러 용어의 정의를 정확히 숙지해야 한다. 패시브건축은 건축환경계획의 궁극적 목표이므로, 패시브건축의 개념을 정확히 알고, 사례를 잘 파악해야 한다. 여기에서 더 나아가 제로에너지빌딩 프로세스의 개념을 숙지하면 좋겠다.

건축물에너지와 결부하여 건축환경계획을 논하자면, 건축물에 발생하는 에너지부하가 중요한 이슈이다. 쾌적한 실내환경을 유지하기 위해 에너지를 소비하는 항목이 냉방·난방·급탕·환기·조명 등인데, 그 중에서 냉방과 난방의 에너지소비량 비율이 높다. 그래서 냉방과 난방부하를 다루는 열환경의 출제비중이 가장 높다. 건물 내 전열과정·열관류율 계산·단열·결로·일조·일사 등 기본이론을 정확히 알아야 한다.

냉방부하와 난방부하를 구성하는 요소를 파악하고, 각 요소별 에너지부하량을 계산할 줄 알아야 하며, 계산식을 잘 해석해서 냉방부하와 난방부하를 절감하는 방안을 설명할 수 있어야 한다. 창호는 벽체에 비해 냉방과 난방에 취약하다. 그래서 창호의 열성능을 개선하기 위한 노력이 지속적으로 이루어지고 있다. 유리와 창호의 최신 성능개선 기술과 제품을 파악해야 한다. 냉방부하를 절감하기 위한 차양의 종류와 특성도 알아야 한다.

공기환경은, 환기의 종류와 관련이론을 알고, 실내공기질 유지를 위한 환기량계산을 할 줄 알아야 한다. 빛환경은, 관련용어의 정의와 단위를 알고, 인공조명의 종류와 자연채광을 활용하는 방안을 알아야 한다.

건축물에너지 해석단위와 해석기법의 종류와 이론과 방법에 대해 정확히 파악하고, 구분할 줄 알아야 한다.

건축환경계획은 굳이 1차시험과 2차시험의 범위를 구분하여 공부할 필요는 없을 것 같다. 1차시험은 객관식이고, 2차시험은 주관식이므로, 이러한 문제형식을 대비한 연습의 차이가 있을 수 있겠다.

건축설비시스템

'건축설비시스템'은 기계설비 · 전기설비 · 신재생에너지설비로 구성되어 있다. 건축설비시스템은 설비를 작동하여 건축물에 발생한 부하를 감소시키고, 결과적으로 쾌적한 실내환경을 만드는 액티브시스템이다. 에너지를 적게 소비하면서 쾌적한 환경을 만들 수 있는 효율적인 설비시스템이 필요하다.

기계설비 · 전기설비의 기본이론은 원론적으로 이해하고, 부담스러우면 자세히 볼 필요는 없다고 본다. 수험준비를 하는 데 시간상 넉넉하지 않고, 공부를 많이 한들 이해하기도 어렵고, 중요한 것이 뒤에 많이 있기 때문이다. 하지만 합격한 후에는 꼭 공부를 하자. 실무를 위해서 필요하다.

기계설비와 전기설비 관련공식에는 그리스어가 많이 나온다. 그리스어에 익숙해지는 것이 공부에 도움이 된다.

그리스어	α	β	γ	δ	ε	η	θ	λ	μ	ν	π	ρ	σ	ω
발음	알파	베타	감마	델타	엡실론	에타	세타	람다	뮤	뉴	파이	로	시그마	오메가

건축물의 에너지소비항목은 냉방 · 난방 · 급탕 · 환기 · 조명 등이다. 4개 부분이 기계설비이고, 1개 부분이 전기설비이다. 냉방과 난방을 위해 필요한 보일러 · 냉각기 등 열원설비의 개념 · 종류 · 특성 · 에너지 절감방안 을 전반적으로 알아야 한다. 냉난방 공조설비를 이해하기 위해 습공기선도에 나오는 각종 습공기상태량의 정의와 특성을 알고 계산할 줄 알아야 한다.

공조설비는 계통도·공조기 부하·송풍량·가열량·냉각량·응축수량·각 지점별 온도를 정확히 계산해 내야 하고, 공조방식의 종류와 특성, 전열교환기의 특성과 관련 물리량을 계산할 줄 알아야 한다. 펌프·송풍기·덕트의 특성과 관련공식은 종류별로 파악해야 한다. 자동제어설비의 종류와 특성을 알아야 한다. 그리고, 각 설비별 에너지 절감방안을 숙지해야 한다.

건축물의 에너지소비항목 중 유일한 전기설비인 조명설비와 관련해서는 조명관련용어와 공식을 알아야 한다. 그리고, 냉방·난방·급탕·환기·조명 설비시스템을 작동하기 위해서 전력을 끌어들이기 위한 전원설비가 필요하다. 발전·송전·배전의 프로세스를 이해하고, 전력손실의 계산식과 이에 영향을 주는 요소와 개선방안, 전압강하의 정의·원인·영향·계산식·개선방안을 설명할 수 있어야 한다. 역률의 정의를 알고 역률개선용 콘덴서용량 계산을 할 줄 알아야 한다. 변압기의 원리와 종류·손실·효율 관련 공식·변압기용량을 알아야 한다.

각 설비시스템에는 공통적으로 전동기와 같은 동력설비가 설치되어 있다. 전동기의 원리와 종류·관련공식을 알아야 한다. 전기도면을 해석하기 위한 각종 전기설비의 용어와 기호를 숙지하면 좋겠다.

신재생에너지는 관련법령(신에너지 및 재생에너지 개발·이용·촉진법)에 의한 정의를 알고, 종류별 원리·구성·종류·특징·에너지절감방안을 설명할 수 있어야 한다. 각 신재생에너지의 도면을 읽을 수 있어야 하고, 용량을 계산할 줄 알아야 한다. 풍력과 태양광 등 발전소 개념과 건물에 적용이 가능한 신재생에너지(태양광·지열·연료전지 등)를 구분하여 파악할 필요도 있다. 태양광처럼 발전소와 건물에 모두 적용 가능한 신재생에너지는 발전소 적용과 건물 적용 각각의 차이점을 파악하자.

건축설비시스템은 1차시험에서는 이론 위주로 넓게 공부하는 것이 좋다. 2차시험은, 주관식에 대비해서 이론 전반을 한꺼번에 설명할 수 있어야 하기 때문에 본인만의 모범답안을 만들고, 계산형에 대비해서 기본유형문제와 에너지절감관련 계산연습을 해야 한다.

건물에너지효율설계·평가

'건물에너지효율설계·평가'는 건축물에너지평가사의 업무와 직접적으로 관련이 많은 과목이다. 관련법규와 규정·건축환경계획·건축설비시스템의 기초지식을 토대로 진행해야 하는 과목이다.

다른 한편으로 이 과목을 공부하면서 건축환경계획과 건축설비시스템의 에너지절약 관련사항을 공부할 수 있는 기회로 활용할 수 있다. 순서를 따지자면, 다른 과목보다 이 과목을 먼저 학습하는 것을 권장한다. 건축계획·기계설비·전기설비의 주요한 항목(최소한 목록이라도)을 짧은 기간 내에 파악할 수 있다.

건축물의 에너지절약설계기준은 용어의 정의·의무사항·권장사항·에너지성능지표 등으로 구성되어 있다. 전문을 출력해서 전체구성을 파악하고, 세부적인 암기도 병행해야 하는데, 에너지성능지표의 배점기준도 암기할 필요가 있다. 그리고, 각 항목의 배점과 평점을 계산할 수 있어야 한다. 에너지성능지표의 배점을 개선하기 위한 방안을 묻는 문제를 예상할 수 있다.

건축물에너지효율등급 관련하여 적용대상과 의무대상·운영기관·인증기관·인증절차·인증기준·인증등급을 알아야 한다. 건축물에너지평가사의 인증평가업무 관련 사항을 잘 파악해야 한다. '2권 합격노트'에 정리했으니, 잘 활용하길 바란다.

단위면적당 에너지소요량과 1차에너지소요량의 결과값을 보고 1차에너지 환산계수를 계산해서 에너지원을 추정하고, 에너지요구량·소요량의 감소방안을 제시할 수 있어야 한다. 인증제도 운영규정의 별표1 기상데이터와 별표2 건축물 용도프로필의 구성요소와 내용을 잘 파악해야 한다.

건물에너지효율설계·평가는 1차시험에서는 이론 위주로, 2차시험에서는 실무 위주로 문제가 출제될 것이다. 2차시험을 공부한다는 맥락으로 접근하면 1차시험에서 만점에 가까운 고득점을 얻을 수 있다.

분야별 공부법 총정리

건축물에너지평가사 자격시험의 모든 과목은, 나름대로 의미가 있다. '건물에너지관계법규'는 녹색건축정책과 건축물에너지평가사 제도를 이해하기 위해 필요하다. '건축환경계획'은 건축물에서 발생하는 에너지부하를 최소화하는 패시브건축물을 위한 이론과 정보가 있다. '건축설비시스템'은 주어진 부하에 대응하여 최소한의 에너지를 소비해서 효율적으로 운용하는 액티브건축물을 위한 내용으로 구성되어 있다. 이 세 가지 분야의 이론과 정보를 토대로 진행하는 건축물에너지관련 실무의 기준과 업무내용이 '건물에너지효율설계 · 평가'다.

'건물에너지관계법규'와 '건물에너지효율설계 · 평가'는 관련법령과 규정의 범위가 명확하고, 건축설비시스템 중 신재생에너지는 그 종류가 관련규정에 나와 있어서 이 역시 범위가 명확하다.

분야별 학습포인트 1: 건물에너지관계법규, 건물에너지효율설계 · 평가 (관련법령 등을 고려한)

구분	건물에너지관계법규	건물에너지효율설계 · 평가
관련법령 · 규칙 · 기준 · 규정	• 녹색건축물조성지원법 · 시행령 · 시행규칙	• 건축물의 에너지절약설계기준 - 용어의 정의 · 의무사항 · 권장사항 - 에너지성능지표: 배점 · 평점
	• 에너지이용합리화법 · 시행령 · 시행규칙 • 고효율에너지기자재 보급촉진에 관한 규정	
	• 에너지법 · 시행령 · 시행규칙	• 건축물에너지효율등급 인증 및 제로에너지건축물 인증에 관한 규칙 • 건축물에너지효율등급 인증 및 제로에너지건축물 인증 기준 • 건축물에너지효율등급 인증 제도 운영규정 - 에너지요구량 · 에너지소요량 - 1차에너지소요량 · 등급판정 · 개선방안
	• 건축법 · 시행령 · 시행규칙 • 건축물의 설비기준 등에 관한 규칙 • 건축물의 설계도서 작성기준	

건축환경계획과 건축설비시스템(기계설비 · 전기설비)은 그 자체로 범위가 넓기 때문에, 건축물에너지평가사의 역할을 고려해서 범위를 좁힐 필요가 있다.

건축물에너지평가사는 건축물에서 소비되는 에너지를 평가하고, 에너지 절감방안을 제시할 수 있는 건축·기계·전기·신재생 부문의 종합적 지식을 갖춘 전문가다. 건축물에서 발생할 수 있는 에너지부하의 종류와 부하량, 그리고 거주와 작업을 위한 공간으로서 쾌적한 실내환경을 유지하기 위해 필요한 건축물의 에너지소비 항목(냉방·난방·급탕·환기·조명)의 세부내용을 이해하면 건축물에너지평가사가 갖춰야 할 지식과 소양이 정리될 수 있다.

건축환경계획과 기계설비시스템, 전기설비시스템을 건축물에너지부하와 건축물에너지소비 항목을 고려해서 분야별 학습포인트로 정리했다. 각 분야별 학습포인트를 유념해서 집중적으로 공부하고, 단순 이론보다는 실무문제를 많이 연습해야 한다.

분야별 학습포인트 2: 건축환경계획, 기계설비시스템, 전기설비시스템

([1]건축물에너지부하 · [2]건축물에너지소비항목을 고려한)

구분		건축환경계획	기계설비시스템	전기설비시스템
특성		• 에너지부하 발생	• 에너지소비	• 에너지소비
목표		• 에너지부하 최소화	• 설비효율 극대화를 통한 에너지소비량 최소화	• 설비효율 극대화를 통한 에너지소비량 최소화
건축물 에너지 소비 항목	냉방	• 냉방부하 종류 및 부하량 • 냉방부하 저감방안	• 열원설비 • 공조기 • 덕트	• 전원설비(발전 · 송전 · 배전) • 동력설비(전동기)
	난방	• 난방부하 종류 및 부하량 • 난방부하 저감방안	• 열원설비 • 공조기 • 덕트	• 전원설비(발전 · 송전 · 배전) • 동력설비(전동기)
	급탕		• 열원설비 • 배관 • 펌프	• 전원설비(발전 · 송전 · 배전) • 동력설비(전동기)
	환기	• 환기 종류 및 환기량 • 적정 환기량 · 환기회수	• 공조기 • 덕트	• 전원설비(발전 · 송전 · 배전) • 동력설비(전동기)
	조명	• 조명방식(자연 · 인공) • 조명부하 저감방안		• 전원설비(발전 · 송전 · 배전) • 조명설비
학습 포인트	개별	• 열환경(냉방 · 난방 부하) • 공기환경(환기량) • 빛환경(조명방식)	• 열원설비 • 공조설비(냉방 · 난방) • 배관 · 덕트 • 펌프	• 전원설비(발전 · 송전 · 배전) • 동력설비(전동기) • 조명설비
	공통	• 에너지부하 저감방안	• 에너지소비량 절감방안 • 건물에너지관리시스템(BEMS)	

ECO2(에코투)

: 건물에너지평가 프로그램

ECO2(에코투)는 건축물에너지효율등급 인증평가업무를 위해 사용하는 건물에너지평가 프로그램이다. 네트워크 기반의 프로그램이어서 인터넷이 되는 장소에만 사용할 수 있다. 한국에너지공단에 본인 컴퓨터의 IP주소와 MAC주소·소속·이메일주소·연락처 등을 알려주면 ID('guest')와 비밀번호를 부여해 준다. 나 같은 경우 회사컴퓨터로 에코투 프로그램을 사용하고 있다.

건축물에너지평가사가 인증평가 실무를 하면서 자연스럽게 익히게 되겠지만, 자격시험이 이러한 업무수행능력을 평가하는 의미가 있다고 볼 수 있으므로, 프로그램의 특성과 구성과 사용법을 알아 두면 도움이 될 것 같다. 이 책에서는 에코투 프로그램의 구성 위주로 간단히 설명하겠다. 이 프로그램의 사용법을 교육하는 강좌도 있고, 시중에 교재가 있으니 추가적인 정보를 취득하면 좋겠다. 예시로 제시할 에코투 화면은 직무교육 당시 연습했던 건축물의 에너지평가 내용이다.

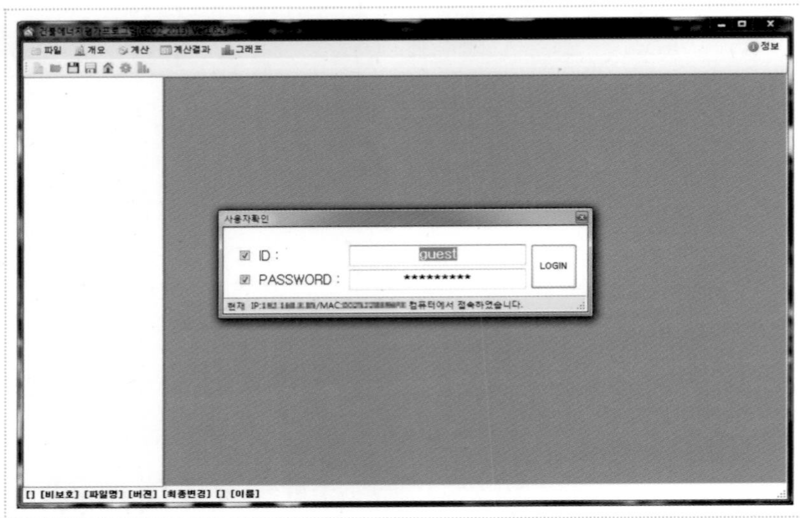

로그인 화면 | 네트워크 방식으로 구동하며, 등록된 IP주소와 MAC주소에 의해 ID와 비밀번호를 지정받아 사용한다.

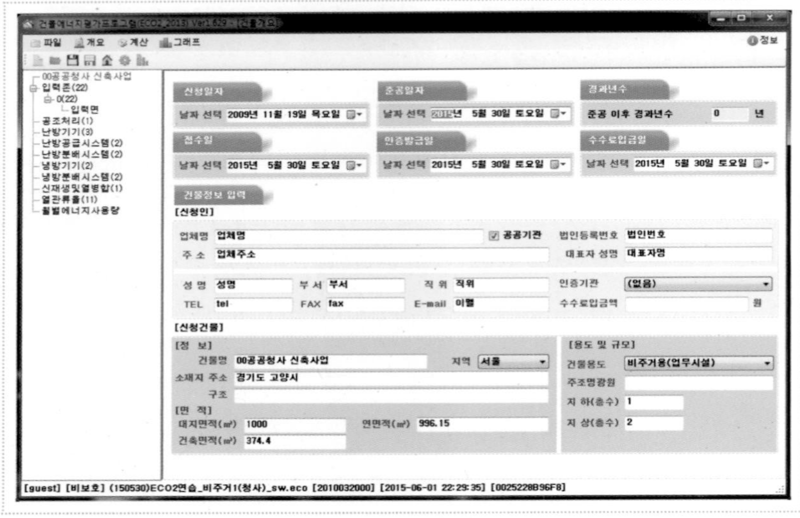

개요 화면 | 평가하는 건물의 정보를 입력하는 화면으로, 신청일자 등 일정정보, 신청인 정보, 대지위치·면적·용도·규모 등으로 구성된다. '지역'과 '건물용도'는 결과값에 영향을 주므로 유의해서 입력해야 한다.

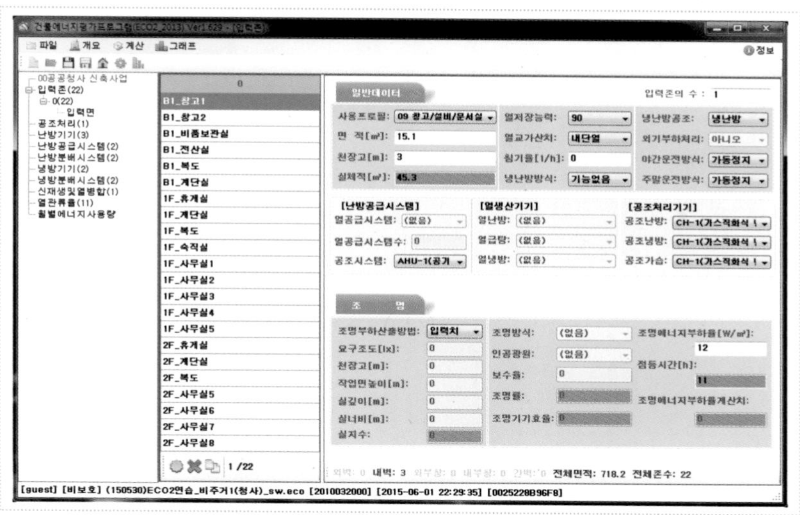

입력존 | 열성능과 냉난방조건이 다른 개별공간을 분류하고, 그 공간에 대한 일반데이터(사용프로필·실체적·열저장능력·열교가산치·침기율·냉난방방식·냉난방공조 등)와 해당 공간과 계통상 연계된 난방공급시스템·열생산기기·공조처리기기를 링크하고, 조명부하를 입력한다.

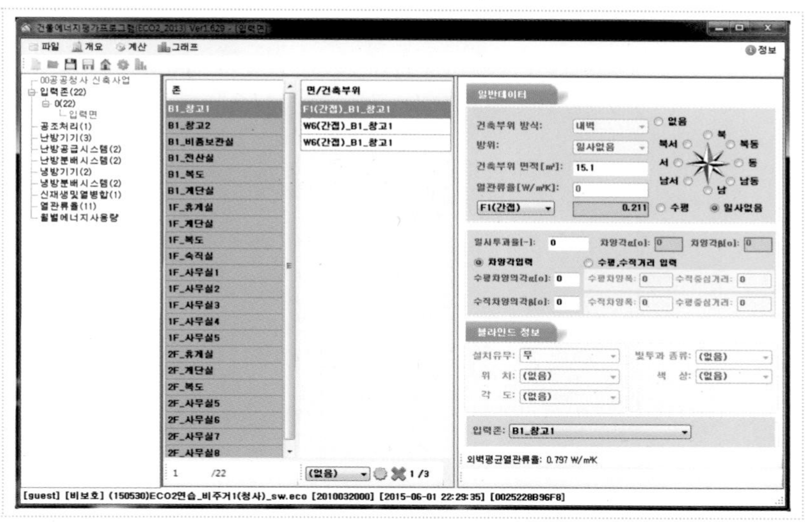

입력면 | 개별 입력존 내에서의 단열부위(형별성능내역이 입력된 '열관류율' 탭의 최상층지붕·외벽·최하층바닥 등과 링크됨)를 분류하고, 면적·향 등을 입력한다. 계획내용에 따라 차양과 블라인드 정보도 입력할 수 있다.

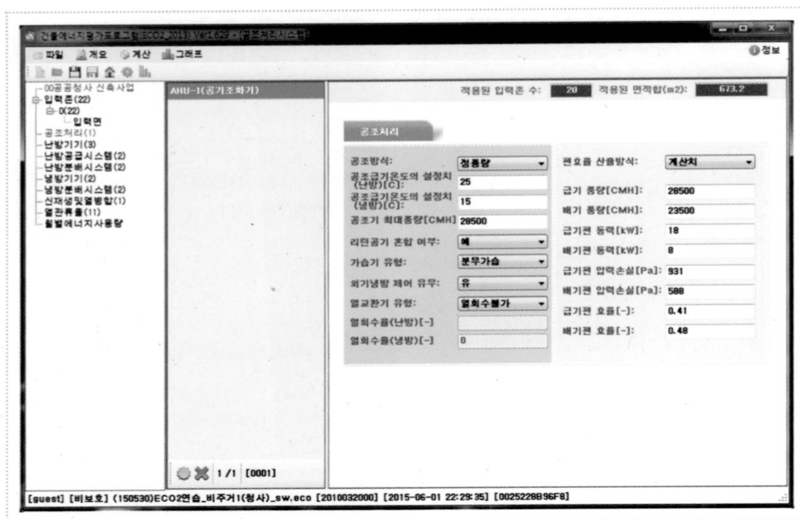

공조처리 | 공기조화기에 대한 정보(공조방식·공조급기온도의 설정치·공조기 최대풍량·리턴공기 혼합여부·가습기유형·외기냉방제어 유무·열교환기유형 등)와 팬효율을 입력한다. 정보는 장비일람표를 분석해서 파악해야 하고, 공식을 통해 계산도 해야 한다.

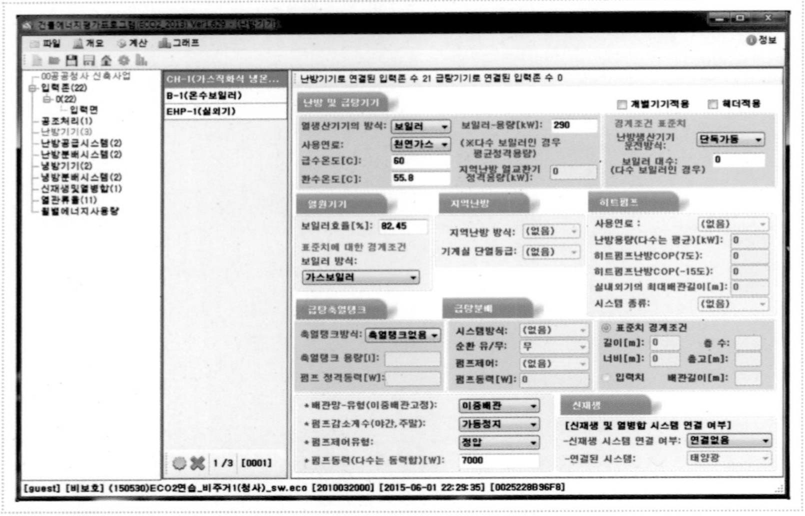

난방기기 | 난방과 급탕을 위한 열원생산기기의 정보(열생산기기의 방식·사용연료·급수온도·환수온도·보일러용량·보일러효율·개별기기적용 여부 등)를 입력한다. 열원생산기기와 관련하여 지역난방·히트펌프·급탕축열탱크·급탕분배·배관길이·신재생시스템 연결여부를 입력할 수 있다.

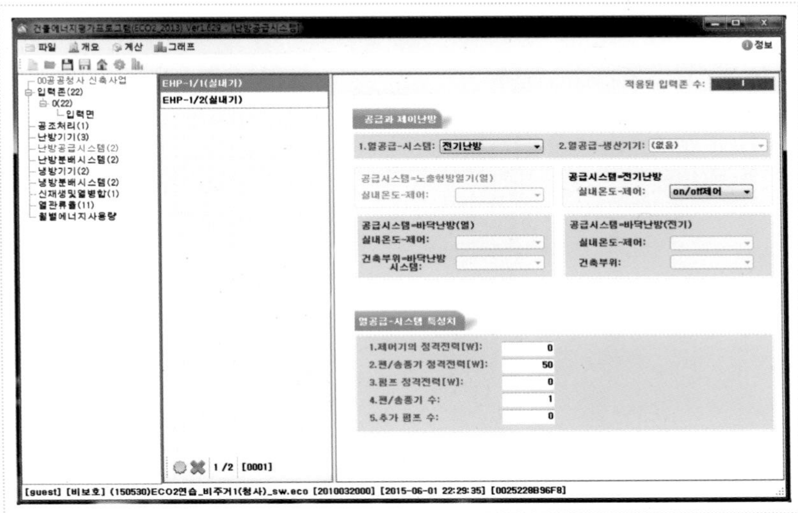

난방공급시스템 | 난방열원을 해당 실내공간에 공급하는 기기의 정보(열공급시스템·열공급생산기기)를 입력하고, 바닥난방은 방식(열·전기)에 따라 각각 정보를 입력할 수 있다. 열공급시스템의 특성치(제어기의 정격전력·팬·송풍기·펌프의 정격전력·팬 수 등)도 입력한다.

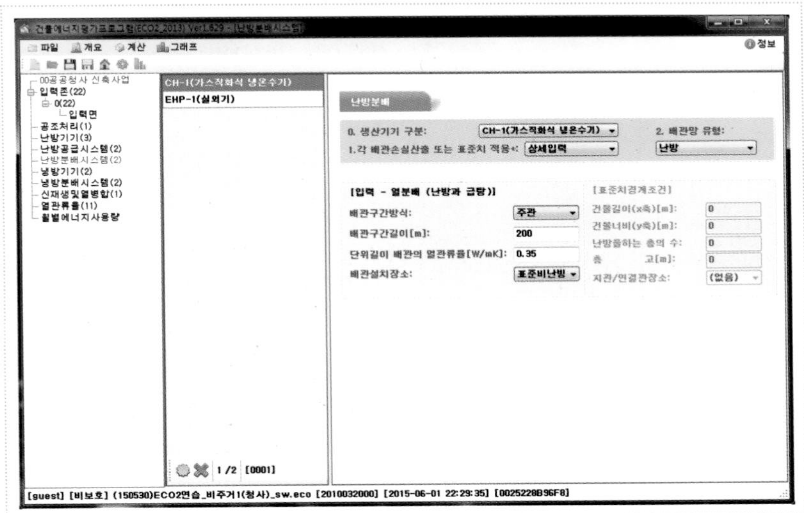

난방분배시스템 | 난방열원기기에서 난방공급시스템까지 연결된 배관손실의 정보를 입력하는 부분이다. 해당 열원생산기기와 배관망 유형을 선택하고, 배관손실의 산출 또는 표준치 적용을 선택해서 그에 따른 정보를 입력한다.

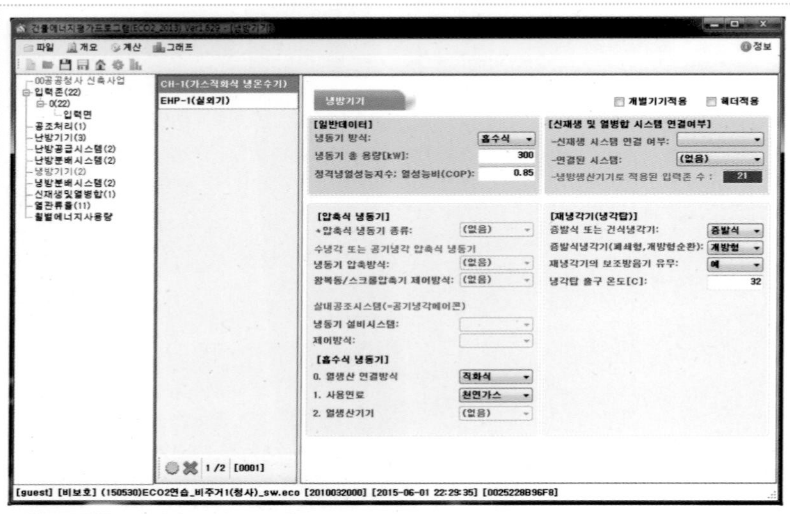

냉방기기 | 냉방열원생산기기의 정보(냉동기방식 · 용량 · 열성능비 · 신재생 및 열병합시스템 연결여부 등)를 입력하고, 냉동기 방식별(압축식 · 흡수식) 세부정보를 입력한다. 냉각탑에 대한 정보(증발식 또는 건식, 냉각탑 출구온도 등)도 입력한다.

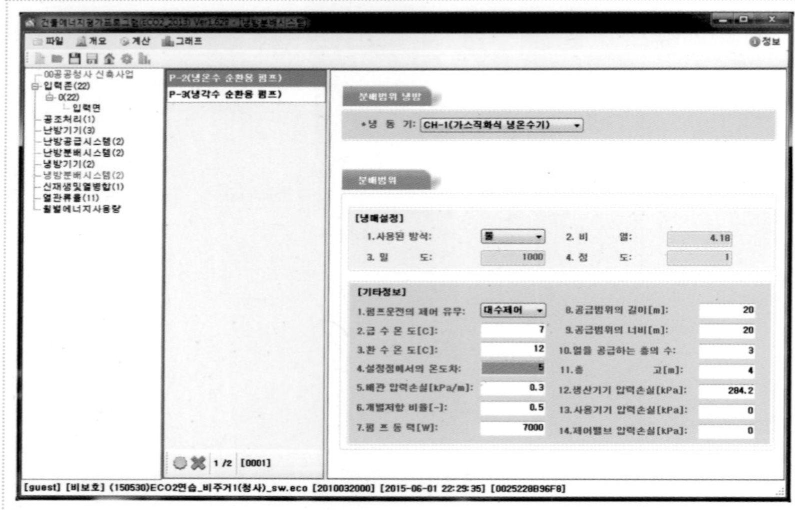

냉방분배시스템 | 냉방열원의 열이 공급되도록 분배하는 펌프의 정보(연결된 냉동기 · 냉매 · 펌프운전의 제어 유무 · 급수 · 환수온도 · 배관 압력손실 · 개별저항 비율 · 펌프동력 · 공급범위 · 생산기기 · 사용기기 · 제어밸브 압력손실 등)를 입력한다.

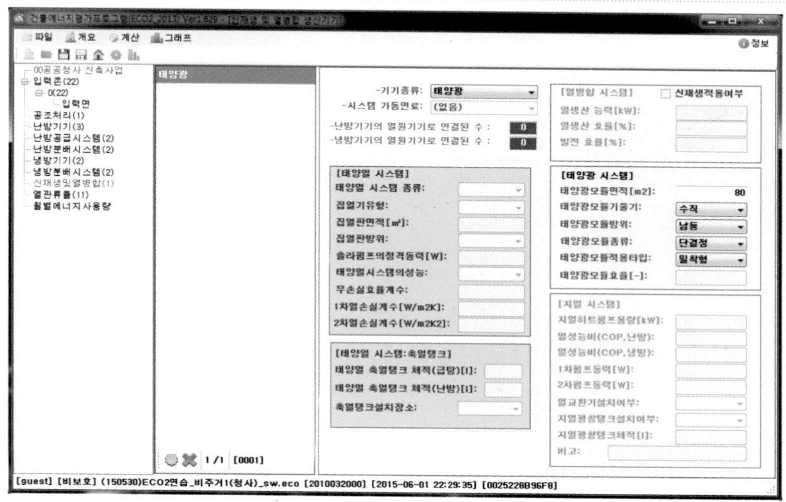

신재생 및 열병합 | 신재생에너지의 정보를 입력하는데, 입력하는 시스템은 태양열시스템·태양광시스템·지열시스템·열병합시스템 등이다.

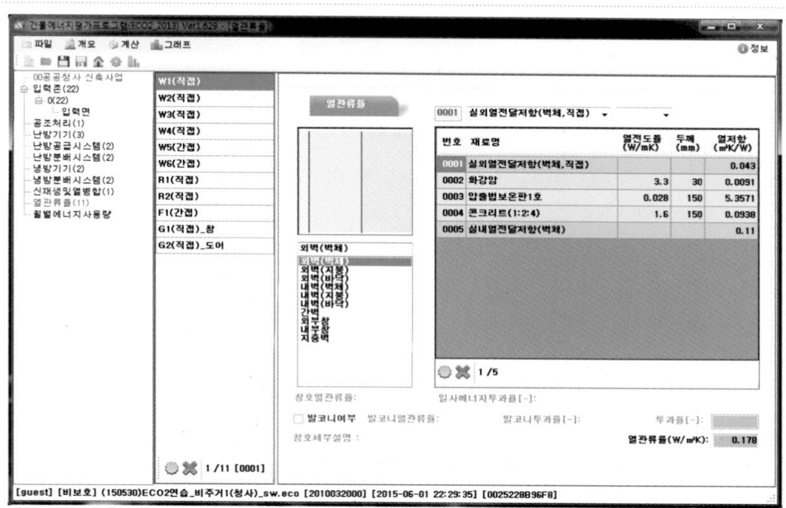

열관류율 | 벽체·최상층지붕·최하층바닥·창호 등(직접외기·간접외기)의 형별성능내역을 입력한다. 공동주택에서 발코니 비확장이고 분합창과 발코니창이 모두 설치된 경우, 발코니 여부를 체크해서 분합창·발코니창 각각의 열성능을 입력한다.

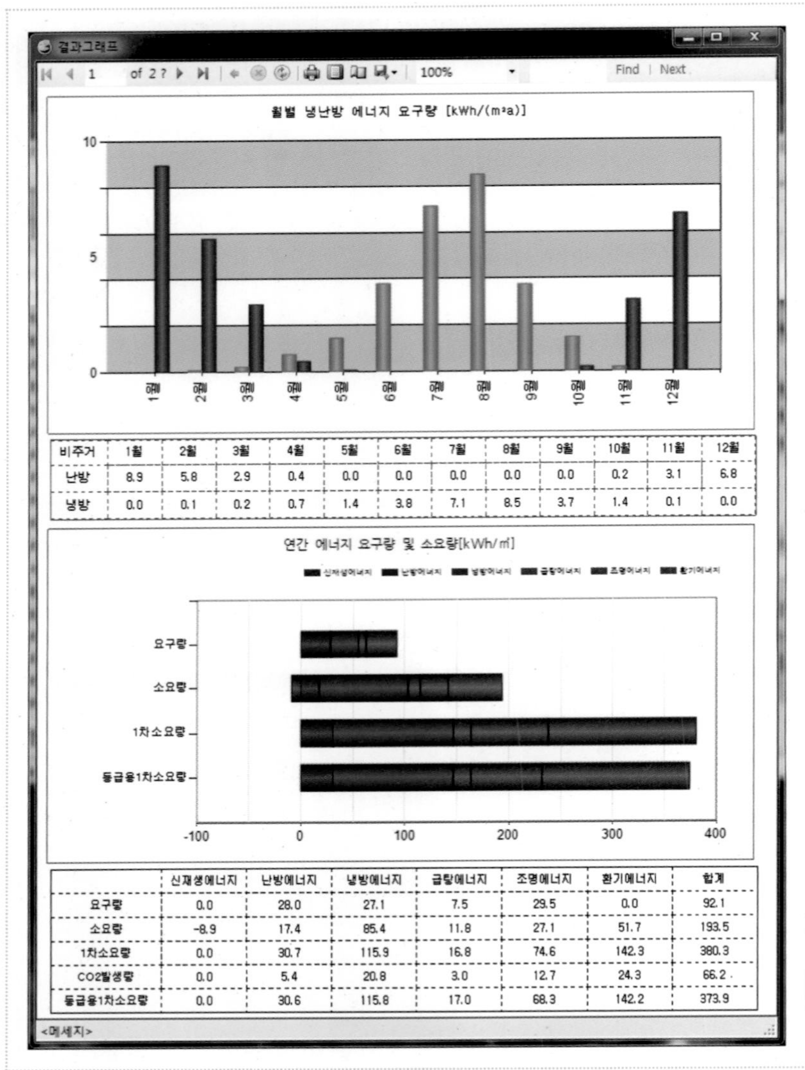

비주거	1월	2월	3월	4월	5월	6월	7월	8월	9월	10월	11월	12월
난방	8.9	5.8	2.9	0.4	0.0	0.0	0.0	0.0	0.0	0.2	3.1	6.8
냉방	0.0	0.1	0.2	0.7	1.4	3.8	7.1	8.5	3.7	1.4	0.1	0.0

	신재생에너지	난방에너지	냉방에너지	급탕에너지	조명에너지	환기에너지	합계
요구량	0.0	28.0	27.1	7.5	29.5	0.0	92.1
소요량	-8.9	17.4	85.4	11.8	27.1	51.7	193.5
1차소요량	0.0	30.7	115.9	16.8	74.6	142.3	380.3
CO2발생량	0.0	5.4	20.8	3.0	12.7	24.3	66.2
등급용1차소요량	0.0	30.6	115.8	17.0	68.3	142.2	373.9

평가결과 | 월별 냉난방에너지요구량 · 연간 에너지요구량 · 에너지소요량 · 1차에너지소요량 · CO_2발생량 · 등급용 1차에너지소요량으로 구성되어 있다.

맺는 말

나의 '좌충우돌 건축물에너지평가사 도전하기'는 아래와 같이 요약될 수 있을 것 같다.

친구 따라 강남 가듯 '얼떨결에' 원서를 접수했다. 초반에는 가볍게 시작했는데, 시간이 흐르면서 어마어마한 분량과 학습의 깊이에 '어려운 시험'임을 깨닫게 됐다. 나의 수험과정은 한마디로 '정리노트 과정'이었다. 난관이 있었지만 여러 '동력' 덕분에 극복할 수 있었다. 시험장에서는 '매니지먼트'를 잘해서 가까스로 답안지를 제출할 수 있었고, '합격'이라는 행운까지 얻었다. 시작은 '무모한 도전'이었는데, 결과적으로 '가치있는 도전'이 되었다.

건축물에너지평가사 자격시험을 준비하는 과정 자체가 정말 유익한 경험이었다. 패시브하우스 · 열관류율 · 결로 · 환기 등 어설프게 알았던 것을 확실히 배울 수 있는 기회였다. 공조기의 취출온도 · 송풍량 · 코일용량을 계산할 수 있게 되어 기계설비설계사와 협의하면서 거드름도 피울 수 있게 됐다.

건축물에너지평가사 자격시험을 통해 얻은 것이 여럿 있다. 내 이름이 적힌 자격증이 하나 생겼고, 명함에 타이틀이 하나 늘었다. '합격'이라는 성취감을 느낄 수 있었고, 가족에게 기분 좋은 소식을 알려 주게 되어 기뻤다. 아빠의 공부하는 모습이 딸아이에게 좋은 영향을 미친 것 같다. 내 무릎에 앉혀서 공부하기도 했는데, 자기도 아빠 따라 한다고 공부하는 시늉을 했다.

그리고, 좋은 사람들을 한꺼번에 알게 되었다. 합격자모임에서부터 협회까지 새로 알게 된 여러 건축물에너지평가사님들이 있다. 다양한 직종의 우수한 인재들을 나의 소셜 네트워크에 한꺼번에 등록할 수 있는 기회가 생겼다.

합격자에서 전문가로 거듭나야 한다

어려운 시험에 합격했다고 주변에서 실력자라고 말해 주기는 하지만, 지금 당장 이 분야의 전문가라고 얘기하기에는 민망하다. 시험은 시험인지라, 다시 책을 보니 많은 부분이 새롭다.

책을 쓰는 과정에 기출문제를 분석하면서 좋은 문제가 많았다는 것을 새삼 느꼈다. 기억이 가물가물하고 생소한 부분도 많아서 복습을 제대로 해야겠다는 다짐도 했다. 2권인 '합격노트'를 출퇴근길에 들고 다니면서 열심히 공부해야 할 것 같다.

건축물에너지평가사는 건축·기계·전기·신재생 부문의 종합적인 지식을 갖춘 전문인력이다. 단순히 도면이나 시공상태를 근거로 시뮬레이션을 하는 에너지효율등급의 평가뿐 아니라, 에너지관리상태를 점검하고, 건축물의 전반적인 에너지절감방안을 제안할 수 있는, 기존 기술자와는 차별화된 전문가로서의 역할을 할 것이라 기대한다. 그러기 위해서는 제도의 정착도 중요하지만, 전문가로서의 역량을 발휘할 수 있도록 실력을 쌓아야 하고, 능동적으로 활동영역을 넓혀야 할 것이다.

현재, 절반은 전문가라고 할 수 있을 것 같다. 어려운 시험에 합격했으니까. 나머지 절반을 채워서 완전한 전문가로 거듭나야 한다.

지구온난화에 따른 기후변화 문제는 우리에게 위중한 사안이다. 에너지절감 이슈는 지역과 세대를 불문하고 공유할 수밖에 없는 공통 아젠다이다. 현재는 미미하지만, 미래에는 창대할 전문가다.

자격시험을 준비하는 미래의 건축물에너지평가사는, 가족을 보살펴야 하는 가장, 새로운 진로를 모색하는 청년과 가정주부, 정년을 앞두거나 노후를 대비하는 인생 선배님 등 다양하고, 사연 또한 남다를 것이다. 학생시절처럼 공부를 한다고 하여 특별대우를 받을 수 없다. 슬기롭게 극복해야 한다. 비슷한 처지였던 나의 경험담이 용기를 북돋을 수 있기를 바란다.

나는 원래 이 분야의 문외한이었는데, 어찌하다 보니 여기까지 오게 됐다. 숙명인지 운명인지 잘 모르겠다. 제도가 시작되는 초기인 만큼 잘 정착되면 좋겠다. 훌륭한 건축물에너지평가사가 많이 배출되어 제도의 취지에 맞는 역할을 하고, 사회적으로도 좋은 인식이 뿌리내리기를 기대한다.

아무쪼록 이 작은 책이 미래의 건축물에너지평가사에게 행운의 부적이 되길 희망한다.

‘좌충우돌’ 건축물에너지평가사 도전하기

2권: 합격노트

‘좌충우돌’ 건축물에너지평가사 도전하기

2권: 합격노트

초판 발행 | 2015년 7월 3일
1차 개정판 발행 | 2016년 4월 12일
2차 개정판 발행 | 2017년 4월 14일
3차 개정판 발행 | 2018년 4월 25일
4차 개정판 발행 | 2019년 4월 26일

지은이 | 정성우
펴낸이 | 이종권

책임편집 | 이종권
편집진행 | 안주현·강수정
디자인 | 정성우
펴낸곳 | (주)한솔아카데미
출판등록 | 1998년 2월 19일 (제16-1608호)
대표전화 | 02)575-6144/5
홈페이지 | www.inup.co.kr / www.bestbook.co.kr
주소 | (137-944) 서울시 서초구 마방로10길 25 트윈타워 A동 2002호

ISBN | 979-11-5656-778-3 13500

이 도서의 국립중앙도서관 출판예정도서목록(CIP)은 서지정보유통지원시스템 홈페이지(http://seoji.nl.go.kr)와 국가자료공동목록시스템(http://www.nl.go.kr/kolisnet)에서 이용하실 수 있습니다. (CIP제어번호 : CIP2019014956)

" 2019년 개정판 "

- 최신 법령과 기준으로 업데이트해서 다시 쓴 합격노트
- 부록: 2017년 · 2018년 건축물에너지평가사 자격시험 기출문제

`정성우의'

건축물에너지평가사 도전하기

2권: 합격노트

"1차시험과 2차시험을 대비한 합격비법"

한솔아카데미

정성우

시작하는 말

나의 직업은 건축가다. 솔직히 그렇게 불리길 바라지만, 사람들은 건축설계회사에 다니는 회사원 정도로 생각한다. 나이는 40대 중반으로 접어들고 있고, 아내와 딸아이, 부모님과 함께 한집에 살고 있다. 경제적으로나 사회적으로 자립할 수 있는 여건을 만들거나 능력을 키워야 하지 않을까 하는 고민을 하면서 '자기계발'을 떠올리게 되었고, 자격시험을 생각하기에 이르렀다. 하지만, 회사에서 일을 적당히 잘한다는 소리를 들으면서, 가족을 원만히 챙기는 가장으로 인정받으면서 자격시험에 도전한다는 것이 엄두를 내기에 쉬운 일이 아니다.

'건축물에너지평가사'를 처음 알게 된 것은 2013년 여름, 학원에서 보내 준 안내서를 통해서다. 안내서를 읽고, 오리엔테이션 강의를 들어 보아도 '나와는 상관없는 시험'이라고 느껴졌다. 이 자격의 역할이 내 적성에 맞을까 하는 의구심이 들었고, 무엇보다 건축하는 사람이 준비하기에는 어려운 시험으로 보였다.

회사동료의 부추김으로 얼떨결에 시작한 건축물에너지평가사 자격시험은, 준비하는 과정이 좌충우돌과 시행착오의 연속이었다. 하지만,

그 과정에서 기대하지 않았던 작은 즐거움이 있었다. 공부 자체가 유익했고, 어설프게 알았던 것을 제대로 알게 되는 소소한 재미가 있었다. 덕분에 '수험'이라는 부담이 있었음에도 꾸준히 할 수 있었고, 합격의 행운까지 얻게 되었다.

정부의 녹색건축정책을 실현하기 위한 일환으로 건축물에너지평가사라는 전문인력을 선발하는 제도가 마련되었다. 많은 사람이 관심을 가지고 있고, 그만큼 건축물에너지평가사 자격시험 정보에 대한 수요도 많다. 하지만, 이를 충족시킬 만한 정보가 별로 없는 것이 현실이다.

건축물에너지평가사 관련학원이나 카페의 게시판을 보면 이 자격시험에 대한 질문이 많이 올려져 있다. 시험준비는 어디서부터 시작해야 하고, 교재는 무엇이 좋으며, 학원을 다니는 것이 좋은지, 어느 학원이 잘 가르치는지, 어떻게 하면 합격할 수 있는지, 합격 후에는 무엇을 하는지 등 질문들이 쏟아지고 있으나, 이에 대한 답변은 충분하지 못하다.

수험생에게는, 건축물에너지평가사 제도수립과정의 참여자나 자격 시험문제의 출제자, 시험과목의 분야별 전문가가 제공하는 정보가 정확하고, 유익할 것이다.

다른 한편으로는, 시험제도가 초기이기 때문에 '자격시험 합격자'가 말하는 현장감 있는 경험담과 공부하면서 깨달은 사실들 또한 유용한 정보가 될 수 있을 것이라 기대한다.

나에게 '정리노트'는 중요한 '합격비법'이었다. 합격자발표 이후, 몇몇 지인에게 공부하면서 만든 정리노트를 복사해서 나눠 준 적이 있다. 그런데 이 노트가 수험과정에 만든 것이라 시행착오도 많고, 중복된 것도 있고, 틀리게 적힌 것도 있고 해서 다시 정리해 두면 쓸모 있는 자료가 될 수 있겠다고 생각했다. 그리고, 수험과정에 겪은 에피소드와 노하우를 알려 주면 다음 시험에 도전할 '미래의 건축물에너지평가사'에게 도움이 될 수 있지 않을까 하는 작은 기대감이 생겼다. 그래서 출판사 문을 두드렸고, 다행히 마음이 통하여 책을 낼 수 있게 됐다.

이 책은 두 권으로 구성되어 있다.

'1권 수험에세이'는, 미래의 건축물에너지평가사가 알아 둬야 할 정보와 저자가 자격시험을 공부하면서 겪었던 에피소드로 구성되어 있다. 건축물에너지평가사의 정의와 자격시험의 기본정보·자격시험 도전이야기·출제경향 분석·분야별 공부법·합격자발표 이후 이야기를 담았다.

건축물에너지평가사 자격시험이 분야가 다양하고 범위가 넓어서 공부를 시작하기가 부담스럽다. 하지만 건축물에너지평가사의 정의와 역할을 잘 이해하면 그 범위를 어느 정도 좁힐 수 있다고 믿는다. 이 책에 그 논리를 정리했다. 나의 이야기를 참고삼아, 미래의 건축물에너지평가사가 각자의 여건과 상황에 맞추고 조정하여 '본인만의 합격이야기'를 만들기 바란다.

'2권 합격노트'는 수험과정에 직접 작성한 정리노트를 모아서 다시 편집하고, 틀린 부분은 수정하고, 보완해서 만든 합격노트다. 수험에세이에서 말하는 '공부흔적'을 보여주고 싶었다. 1차시험과 2차시험의 범위를 망라하여 4개 과목으로 분류해서 정리했다. 정리하는 김에 최신 법령과 기준으로 업데이트했다.

자격시험공부를 하게 되면, 빠른 시일 내에 전체 출제범위와 학습량에 대한 감을 익히는 것과 구조·위계를 이해하는 것, 핵심사항을 파악하는 것이 중요한데, 합격노트가 그런 맥락에서 유용할 것이다. 시중에 나와 있는 기본서나 문제풀이집과 함께 합격노트를 활용하길 바란다. 노트를 어떤 식으로 구성하고, 위계를 구분하고, 표현했는지 유심히 봐 주길 바란다. 잘 참고해서 미래의 건축물에너지평가사가 각자 스타일에 맞춰서 '본인만의 합격노트'를 만들면 좋겠다.

나도 미래의 건축물에너지평가사처럼 수험생이었다. 정도의 차이는 있겠지만, 어려운 여건에서 공부를 했다. 새로 준비하는 미래의 건축물에너지평가사와 비슷한 입장에서 이야기하려고 노력했고, 공감대가 형성되면 좋겠다. 그래서 함께 극복하기를 기대한다.

끝으로 이 책이 나오기까지 도와주시고 격려해주신 가족, 선배님, 후배님, 출판사, 그리고 평가사 여러분들께 머리 숙여 감사 인사 드리고, 책을 쓴다는 핑계로 제대로 못 놀아주고 그 사이 훌쩍 커 버린 우리 딸에게 미안함과 고마움을 함께 전한다.

2015년 한 해의 절반을 마치며

정 성 우

* 사생활 보호를 위해 지은이를 제외한 모든 인물은 실명을 밝히지 않았다.

2019년 개정판을 내며

2019년 건축물에너지평가사 자격시험이 3월8일에 공고되었다. 1차시험 원서접수 기간은 4월8일부터 4월26일까지로, 한국에너지공단 건축물에너지평가사 누리집(http://bea.energy.or.kr)을 통해 진행한다. 1차시험이 6월29일에, 2차시험이 10월19일에 치러지고, 최종합격자는 12월 6일에 발표될 예정이다.

2019년 건축물에너지평가사 자격시험 일정

- **1차시험:** 원서접수(4/8～4/26), 시험일(6/29), 합격예정자발표(7/12), 합격자발표(8/19)
- 응시자격 증빙자료 제출(7/12～7/24)
- **2차시험:** 원서접수(8/19～8/30), 시험일(10/19), 합격자발표(12/6)

원서접수에서 시험까지 준비기간이 여유롭지 않다. 집중해서 공부할 필요가 있고, 무엇보다 자격의 역할을 정확히 이해하고, 시험의 맥을 잘 파악하는 것이 중요하다. 그런 면에서 이 책이 수험생에게 도움이 되길 기대한다.

2019년 개정판의 주요 변경내용은 아래와 같다.

'1권 수험에세이'는, 개정된 최신 법령과 기준으로 업데이트했다. 2018년에 치러진 건축물에너지평가사 자격시험(1차시험 · 2차시험)의 출제경향분석을 추가했다. 2013년 · 2015년 · 2016년 · 2017년 자격시험과 비교하고 분석했으며, 다음 번 시험에 대한 예상도 함께 넣었다.

1권 수험에세이 개정내용

- 개정된 **최신 법령과 기준으로 업데이트했다.**
- **2018년 자격시험의 출제경향분석을 추가**하고, 2013년 · 2015년 · 2016년 · 2017년 자격시험과 비교하고 분석했다.

'2권 합격노트'는 1과목(건물에너지관계법규)을 개정된 최신 법령과 기준으로 업데이트해서 합격노트를 다시 썼다. 그리고, 4과목(건물에너지효율설계 · 평가)에서 건축물에너지효율등급인증 및 제로에너지건축물 인증 기준을 최신 내용으로 수정했다. 부록에 자격시험(1차 · 2차) 기출문제(2017년 · 2018년)를 첨부했는데, '1권 수험에세이'의 출제경향 분석과 비교하면서 공부하면 효과가 클 것이다.

2권 합격노트 개정내용

- 1과목(건물에너지관계법규)과 4과목(건물에너지효율평가 · 설계)을 개정된 **최신 법령과 기준으로 합격노트를 다시 썼다.**
- 합격노트에서 **자격시험**(2013년 · 2015년 · 2016년 · 2017년 · 2018년)**에 출제된 부분을 표시했다.**
- 부록에 **자격시험**(1차 · 2차) **기출문제**(2017년 · 2018년)**를 첨부했다.**

합격노트에 예년 자격시험(2013년 · 2015년 · 2016년 · 2017년 · 2018년)에 출제된 부분을 표시해서 미래의 건축물에너지평가사가 출제경향을 쉽게 인식하고, 시험에 대한 감각이 생기도록 했다. 이 출제부분 표시가 합격노트를 공부하는 과정에 집중력을 키워준다.

합격노트: 자격시험 출제부분 표시

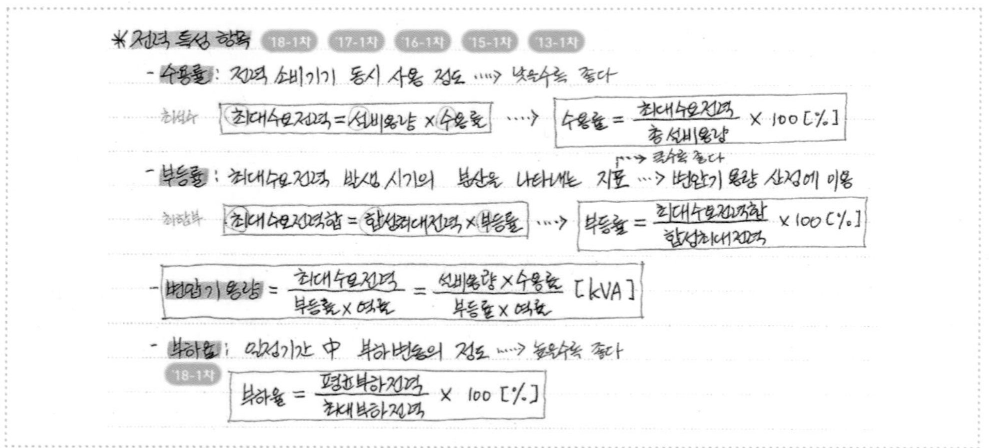

건축물에너지평가사 자격시험은 출제범위가 넓고, 새로운 분야가 많다. 최소한의 노력으로 합격하고 싶은 것이 수험생의 마음이다. 이를 위해서 효율적인 공부가 필요하다. 시험에 대한 정확한 이해, 핵심사항의 파악, 시간투자 최소화, 합리적인 계획과 실행이 효율적인 공부라 하겠다.

여기에 실전에서의 응용능력이 더해지면 금상첨화다. 익숙한 문제는 신속·정확하게 답안을 작성해서 고득점을 획득하고, 익숙하지 않은 문제는 알고 있는 정보와 지식을 응용해서 극복해야 한다.

결론적으로 효율적인 공부와 실전에서의 응용이 합격을 위한 중요한 열쇠다. 1권 수험에세이의 분석내용이 효율적인 공부를 위한 안내서가 되고, 실전에서의 응용과 극복을 위한 에너지를 부여하길 바란다.

2권 합격노트를 통해 전체 출제범위에 대한 감각을 익히고 짧은 시간에 자격시험의 핵심사항을 파악할 수 있다. 실제 합격노트의 내용이 자격시험에서 많이 출제됐다. 아껴진 시간을 깊이 있는 공부에 투자하기 바란다.

이 책의 초판이 나왔던 것이 엊그제 같은데 벌써 네 번째 개정판이다. 많은 분들의 성원에 너무나 감사하다. 그만큼 더 책임감도 느끼게 된다. 좋은 책이 되도록 꾸준히 노력하겠다. 조언을 아끼지 않았던 선배님, 동기님, 후배님과 가족들에게 다시한번 감사와 사랑의 인사를 전한다.

2019년 꽃샘추위가 유별난 봄날에,

정 성 우

차례

제2장. 건축환경계획

제3장. 건축설비시스템

제4장. 건물에너지효율설계·평가

부록. 건축물에너지평가사 자격시험 기출문제

맺는 말

제1장

건물에너지관계법규

출제범위 및 공부법
녹색건축물조성지원법
에너지이용합리화법
에너지법
건축법

출제범위 및 공부법: 건물에너지관계법규

출제범위: 건물에너지관계법규

'건물에너지관계법규'는 1차시험에만 해당하는 분야로, 그 출제범위는 아래와 같다.

출제범위: 1차시험(건물에너지관계법규)

주요항목	출제범위
1. **녹색건축물조성지원법**	1. 녹색건축물조성지원법령
2. **에너지이용합리화법**	1. 에너지이용합리화법령 2. 고효율에너지기자재 보급촉진에 관한 규정 및 효율관리기자재 운용규정 등 관련 하위규정
3. **에너지법**	1. 에너지법령
4. **건축법**	1. 건축법령(총칙·건축물의 건축·유지와 관리·구조 및 재료·건축설비) 2. 건축물의 설비기준 등에 관한 규칙 3. 건축물의 설계도서 작성기준 등 관련 하위규정
5. **그 밖에 건물에너지 관련법규**	1. 건축물에너지 관련법령·기준 등(건축·설비 설계기준, 표준시방서 등)

공부법: 건물에너지관계법규

'건물에너지관계법규'는 1차시험에만 해당하는 분야다. 그 구성은 녹색건축물조성지원법 · 에너지이용합리화법 · 에너지법 · 건축법 등 4개 법령이다.

법 · 시행령 · 시행규칙의 연관성을 파악해서 정리해야 한다. '2권 합격노트'는, 이 맥락으로 정리한 것이니 잘 활용하기 바란다. 예년 자격시험에서 합격노트의 내용이 많이 출제됐다.

추가적으로 녹색건축물조성지원법의 근거가 되는 법이 저탄소녹색성장법이기 때문에 그 내용을 파악하는 것은 의미가 있는 일이다.

전체적인 맥락파악이 최우선이며, 세부적인 암기를 하되, 유사한 규정에 대해서는 분류를 해서 정리해 둘 것을 당부한다. 각 법령의 목적 · 각종 계획 · 위원회는 서로 비슷한 듯 달라서 헷갈리기 때문에, 반드시 구분해서 정리해야 한다. 법규는 교재의 객관식문제를 풀어 가면서 공부하는 것도 이해하는 데 도움이 되고, 객관식시험을 대비한 연습도 된다.

각 법령 · 규칙 · 기준에 있는 용어의 정의는 따로 정리해서 확실히 암기해야 한다. 그렇게 해야 각종 대상여부를 묻는 질문에 대응할 수 있다. 예를 들어 단독주택과 공동주택을 법적으로 명확히 구분해야 건축물에너지절약계획서 제출대상 여부를 판단할 수 있다. 다가구주택은 단독주택이어서 건축물에너지절약계획서 제출대상이 아니고, 다세대주택은 공동주택이기 때문에 제출대상이다.

그리고, 건물에너지 관련 4개 법규의 특성을 묻는 포괄적인 문제가 출제되었다. 각 법령의 총칙에 있는 목적을 잘 학습해 두어야 하겠다.

녹색건축정책과 건축물에너지평가사 제도의 근간이 되는 녹색건축물조성지원법과, 건축물과 관련하여 실무적으로 기본교양에 해당하는 건축법이 중요하다. 이 두 법령은 '특별히' 신경써야 한다.

법규정리: 법·시행령·시행규칙의 연관성을 파악하고, 연결하기

법과 시행령, 시행규칙이 서로 상관관계가 있다는 것은 알지만, 막상 그 연관성을 파악하기가 쉽지 않고, 이해하기도 어렵고, 정리하기는 더욱 힘들다.

녹색건축물조성지원법

제7조【지역녹색건축물 조성계획의 수립 등】 ① 시·도지사는 기본계획에 따라 다음 각 호의 사항이 포함된 특별시·광역시·특별자치시·도 또는 특별자치도(이하 "시·도"라 한다)의 녹색건축물 조성에 관한 계획(이하 "조성계획"이라 한다)을 5년마다 수립·시행하여야 한다. 〈개정 2014.5.28.〉

1. 지역녹색건축물의 현황 및 전망에 관한 사항
2. 녹색건축물 조성의 기본방향과 달성목표에 관한 사항
3. 녹색건축물의 조성 및 지원에 관한 사항
4. 녹색건축물 조성계획의 추진에 필요한 재원의 조달방안 및 조성된 사업비의 집행·관리·운용 등에 관한 사항
5. 녹색건축물 조성을 위한 건축자재 및 시공에 관한 사항
6. 그 밖에 녹색건축물 조성을 지원하기 위하여 시·도의 조례로 정하는 사항

② 시·도지사는 조성계획을 수립하려면 「저탄소 녹색성장 기본법」 제20조에 따른 지방녹색성장위원회 또는 「건축법」 제4조에 따른 지방건축위원회의 심의를 거쳐야 한다.

③ 시·도지사는 조성계획을 수립한 때에는 그 내용을 국토교통부장관에게 보고하여야 하며, 관할 지역의 시장·군수·구청장에게 알려 일반인이 열람할 수 있게 하여야 한다. 〈개정 2013.3.23.〉

④ 시·도지사는 조성계획을 시행하는 데에 필요한 사업비를 회계연도마다 세출예산에 계상하기 위하여 노력하여야 한다. 〈신설 2014.5.28.〉

⑤ 그 밖에 조성계획의 수립·시행 및 변경 등에 관하여 필요한 사항은 대통령령으로 정한다. 〈개정 2014.5.28.〉

녹색건축물조성지원법 시행령

제5조【지역녹색건축물 조성계획의 수립 절차 등】 ① 특별시장·광역시장·특별자치시장·도지사 또는 특별자치도지사(이하 "시·도지사"라 한다)는 법 제7조제1항에 따라 특별시·광역시·특별자치시·도 또는 특별자치도(이하 "시·도"라 한다)의 녹색건축물 조성에 관한 계획(이하 "조성계획"이라 한다)을 작성하거나 변경하는 경우 미리 국토교통부장관 및 시장[「제주특별자치도 설치 및 국제자유도시 조성을 위한 특별법」 제11조제2항에 따른 행정시장(이하 "행정시장"이라 한다)을 포함한다. 이하 같다]·군수·구청장(자치구의 구청장을 말한다. 이하 같다)과 협의하여야 한다. 다만, 조성계획 중 국토교통부령으로 정하는 경미한 사항을 변경하려는 경우에는 협의를 생략할 수 있다. 〈개정 2013.3.23., 2016.12.30.〉

② 시·도지사는 조성계획이 확정되면 이를 해당 시·도의 공보에 게재하여야 하고, 특별시장·광역시장·도지사 또는 특별자치도지사는 이를 관할구역의 시장·군수·구청장에게 통보하여야 한다.

③ 특별자치시장 및 제2항에 따라 통보를 받은 시장·군수·구청장은 조성계획을 30일 이상 일반인이 열람할 수 있게 하여야 한다.

④ 시·도지사는 조성계획의 타당성을 매년 검토하여 그 결과를 조성계획에 반영할 수 있다.

녹색건축물조성지원법 시행규칙

제2조【경미한 사항의 변경】 「녹색건축물 조성 지원법 시행령」(이하 "영"이라 한다) 제5조제1항 단서에서 "국토교통부령으로 정하는 경미한 사항을 변경하려는 경우"란 다음 각 호의 어느 하나에 해당하는 경우를 말한다. 〈개정 2013.3.23., 2015.5.29.〉

1. 지역녹색건축물 조성계획(이하 "조성계획"이라 한다) 중 녹색건축물의 온실가스 감축 및 에너지 절약 목표량(이하 "목표량"이라 한다)을 100분의 3 이내에서 상향하여 정하는 경우
2. 조성계획에 따른 사업비를 100분의 10 이내에서 증감시키는 경우
3. 목표량 설정과 사업비 산정에서 착오 또는 누락된 부분을 정정하는 경우

법·시행령·시행규칙의 연관성을 파악하고, 연결하고, 정리하는 방법을 녹색건축물조성지원법의 '지역녹색건축물 조성계획'을 기준으로 소개한다.

1. 법의 해당 조 제목(제7조 지역녹색건축물 조성계획의 수립 등)을 합격노트의 **작은제목**(지역녹색건축물 조성계획)으로 정한다.
2. 법에 표시된 각 사항은 **핵심사항**(수립권자, 대상지역, 수립주기, 내용, 절차 등)으로 분류하고, 그 **세부내용**은 법에 표시된 내용을 서술한다.
3. 시행령에 위임한 사항(⑤ 그 밖에 조성계획의 수립·시행 및 변경 등에 관하여 필요한 사항은 대통령령으로 정한다.)은 해당 시행령(제5조 지역녹색건축물 조성계획의 수립 절차 등)을 찾아 **핵심사항**(경미한변경)을 추가한다.
4. 시행규칙에 위임한 내용(조성계획 중 국토교통부령으로 정하는 경미한 사항을 변경하려는 경우에는 협의를 생략할 수 있다)은 해당 시행규칙을 찾아 그 내용을 서술한다.

장황하고 연관성을 파악하기 힘들던 법·시행령·시행규칙이 이렇게 일목요연하게 정리될 수 있다.

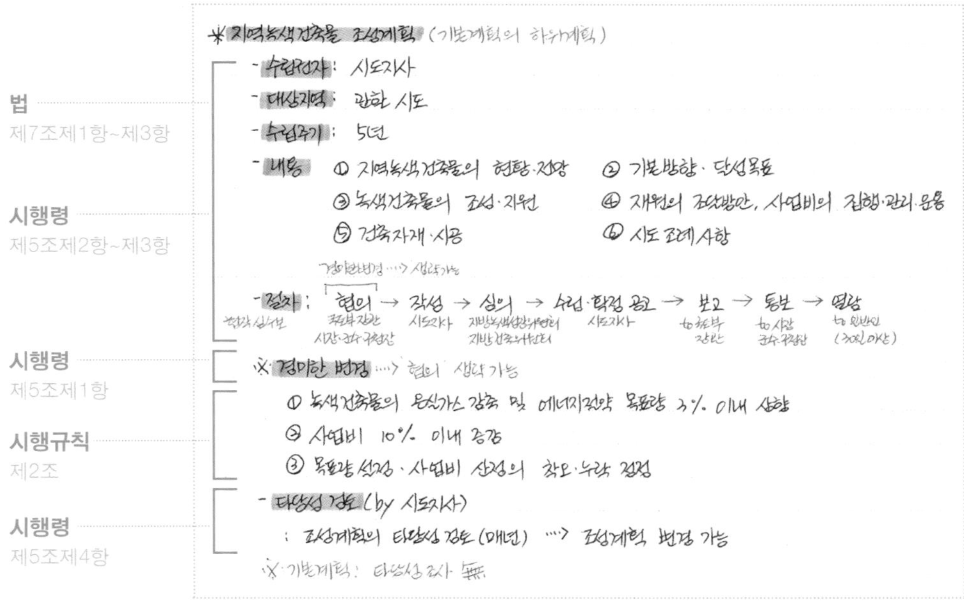

법
제7조제1항~제3항
시행령
제5조제2항~제3항
시행령
제5조제1항
시행규칙
제2조
시행령
제5조제4항
※ 지역녹색건축물 조성계획 (기본계획의 하위계획)
- 수립권자: 시도지사
- 대상지역: 관할 시도
- 수립주기: 5년
- 내용
- 절차
- 타당성 검토 (by 시도지사)

Ⅰ. 녹색건축물 조성지원법 <국토교통부 녹색건축과>

'녹색건축물 조성지원법' 구성

제1장. 총칙
제2장. 녹색건축물 기본계획 등
제3장. 건축물에너지 및 온실가스 관리대책
제4장. 녹색건축물 등급제 시행
제5장. 녹색건축물 조성의 실현 및 지원
제6장. 그린리모델링 활성화
제7장. 건축물에너지평가사
제8장. 보칙
제9장. 벌칙

제1장. 총칙

＊녹색건축물 조성지원법의 목적 '13-1차

- 목적 ①저탄소 녹색성장 실현 ②국민의 복리향상에 기여
- 규제수단 ①녹색건축물 조성에 필요한 사항 결정 ②건축물 온실가스 배출량 감축
  ③녹색건축물 확대

＊용어의 정의

- 녹색건축물 ①저탄소 녹색성장기본법 : 에너지이용효율 및 신재생에너지 사용비율이 높고, 온실가스 배출을 최소화하는 건축물
  ②녹색건축물 조성지원법 : 환경에 미치는 영향을 최소화하고, 쾌적하고 건강한 거주환경을 제공하는 건축물
- 녹색건축물 조성 ①녹색건축물의 건축
  ②녹색건축물의 성능을 유지하기 위한 활동
  ③기존건축물을 녹색건축물로 전환하기 위한 활동
- 건축물에너지평가사
  ①에너지효율등급 인증평가 등 건축물의 건축·기계·전기·신재생 분야의 효율적인 에너지 관리 업무를 하는 사람
  ②국토교통부장관이 실시하는 자격시험 합격자

- 제로에너지 건축물

① 건축물에 필요한 에너지부하 최소화

② 신에너지·재생에너지 활용

···> 에너지소요량을 최소화 하는 녹색건축물

* 녹색건축물 조성의 기본원칙 '17-1차 '16-1차

① 온실가스 배출량 감축을 통한 녹색건축물 조성

② 환경친화적이고, 지속가능한 녹색건축물 조성

③ 신재생에너지 활용 및 자원절약적인 녹색건축물 조성

④ 기존건축물에 대한 에너지효율 추진

⑤ 녹색건축물 조성에 대한 계층간·지역간 균형성 확보

* 녹색건축물 조성을 위한 국가 등의 책무

① 녹색건축물 조성 촉진을 위한 시책 수립

② 추진에 필요한 행정적 재정적 지원방안 마련

③ 공정한 기준과 절차에 따라 수행될 수 있도록 노력

제2장. 녹색건축물 기본계획 등

'녹색건축물 기본계획 등' 구성
- 녹색건축물 기본계획
- 녹색건축물 조성사업
- 지역녹색건축물 조성계획
- 실태조사

※ 녹색건축물 기본계획 '18-1차 '17-1차 '15-1차

- **수립권자**: 국토교통부 장관
- **대상지역**: 전국
- **수립주기**: 5년
- **내용**
  ① 녹색건축물 현황·전망
  ② 온실가스 감축·에너지절약 등 목표설정·추진방향
  ③ 녹색건축물 정보체계
  ④ 녹색건축물 관련 연구·개발
  ⑤ 녹색건축물 전문인력
  ⑥ 녹색건축물 조성사업의 지원
  ⑦ 녹색건축물 조성시범사업
  ⑧ 녹색건축물 건축자재·시공
  ⑨ 건축설비 효율화 계획
  ⑩ 단계별 에너지 절감 및 비용절감 대책
  ⑪ 녹색건축물 설계·시공·감리·유지·관리체계 육성정책

'경미한 변경 ⋯> '협의·의견청취·심의' 생략 가능

- **절차**: 기초자료수집 → 기본계획안 작성 → 협의 → 의견청취 → 심의 → 수립·고시 → 통보 → 통지 → 열람

작협의심수	기초자료수집	기본계획안 작성	협의	의견청취	심의	수립·고시	통보	통지	열람
	국토부 장관	국토부 장관	기관장 시도지사	녹색건축 위원회	건축 위원회	by 국토부 장관	to 기관장 시도지사	to 시장 군수·구청장	to 일반인 (30일 이상)

※ **경미한 변경** ⋯> '협의·의견청취·심의' 생략 가능

① 에너지절약 목표량 3% 이내 상향

② 사업추진비용 10% 이내 증감

③ 목표량 설정·사업비 산정 착오·누락의 정정

※ 녹색건축물 조성사업

① 녹색건축물 정보·기술수요조사·통계
② 인증 및 사후관리 (녹색건축·건축물에너지효율등급)
③ 전문인력의 양성
④ 특성화 대학·핵심기술 연구센터 육성
⑤ 기술의 연구개발·기술평가
⑥ 기술지도·교육·홍보
⑦ 녹색건축자재·설비의 성능평가·인증
⑧ 녹색건축자재·설비 생산·시공 전문기업 지원
⑨ 녹색건축자재·설비의 공용화 지원
⑩ 녹색건축센터의 운영 지원
⑪ 녹색건축물 조성 시범사업
⑫ 제로에너지건축물 활성화·확산·보급
⑬ 온실가스 배출 감축사업
⑭ 건축물에너지관리시스템 활성화·확산·보급
⑮ 국제협력
⑯ 녹색건축물 기술의 국제표준화 지원
⑰ 건축물에너지소비총량제한사업
⑱ 기존 건축물의 녹색건축물 전환
⑲ 지능형 계량기 활성화·확산·보급
⑳ 그린리모델링 사업
㉑ 온실가스 배출권 거래사업
㉒ 그린리모델링 지원

※ 지역녹색건축물 조성계획 (기본계획의 하위계획) '15-1차 '13-1차

- 수립권자 : 시도지사
- 대상지역 : 관할 시도
- 수립주기 : 5년
- 내용
  ① 지역녹색건축물의 현황·전망
  ② 기본방향·달성목표
  ③ 녹색건축물의 조성·지원
  ④ 재원의 조달방안, 사업비의 집행·관리·운용
  ⑤ 건축자재·시공
  ⑥ 시도 조례 사항

- 절차 : 협의 → 작성 → 심의 → 수립·확정 공고 → 보고 → 통보 → 열람

(경미한변경 ····> 생략가능: 협의)

협의	작성	심의	수립·확정 공고	보고	통보	열람
국토부장관, 시장·군수·구청장	시도지사	지방녹색건축물위원회, 지방건축위원회	시도지사	to 국토부장관	to 시장, 군수·구청장	to 일반인 (30일 이상)

(한번각 심의)

※ 경미한 변경 ····> 협의 생략 가능
① 녹색건축물의 온실가스 감축 및 에너지절약 목표량 3% 이내 상향
② 사업비 10% 이내 증감
③ 목표량 설정·사업비 산정의 착오·누락 정정

- 타당성 검토 (by 시도지사)
: 조성계획의 타당성 검토 (매년) ····> 조성계획 변경 가능

※ 기본계획 : 타당성 조사 無

* 국가보고서

- 작성자 : 국토교통부 장관
- 강행규정 : 기본계획 수립·조성계획 보고 받은 때 ···> 보고 (to 녹색성장위원회·건축정책위원회)
- 임의규정 : 기본계획·조성계획 정하는 바에 따라 ···> 국가보고서를 작성할 수 있다.

* 실태조사

- 실시권자 : 국토교통부 장관
- 목적 : 녹색건축물 조성에 필요한 기초자료 확보
- 실태조사 주기
  ① 정기조사 : 매년 (녹색건축물 조성을 위한 정책수립 활용)
  ② 수시조사 : 필요한 시기 (기본계획·조성계획의 효율적 수립·집행)
- 실태조사 항목
  ① 지역별 에너지소비총량 관리현황
  ② 에너지절약계획서·건축물에너지소비증명 현황
  ③ 전문인력 교육·양성 현황
  ④ 녹색 기술의 연구개발·사업화 현황
  ⑤ 녹색건축물 조성 시범사업 현황
  ⑥ 자금지원 집행 현황
  ⑦ 공공건축물 현황·에너지소비 현황

제3장. 건축물 에너지 및 온실가스 관리대책

'건축물 에너지 및 온실가스 관리대책' 구성
- 건축물 에너지·온실가스 정보체계
- 지역별 건축물의 에너지 총량 관리
- 개별 건축물의 에너지소비총량 제한
- 기존 건축물의 에너지 성능 개선 기준
- 공공건축물의 에너지소비량 공개
- 에너지절약계획서
- 차양

* 건축물 에너지·온실가스 정보체계 '18-1차 '17-1차
- 구축권자: 국토교통부 장관
- 에너지·온실가스 정보 제출 (by 에너지 공급기관(관리기관) to 국토교통부 장관): 매월 말일 기준 ···> 다음달 15일까지
- 에너지 공급기관(관리기관): 1 한국전력공사, 2 한국가스공사, 3 도시가스사업자, 4 한국지역난방공사, 5 수도사업자, 6 액화석유가스 판매자, 7 공동주택 관리주체, 8 한국에너지공단, 9 에너지경제연구원
- 정보의 공개 (by 국토교통부 장관): 지역·용도·규모 구분 ···> 전자방식으로 공개
- 정보체계 운영 위탁: 1 한국감정원, 2 국토연구원, 3 한국에너지공단 한국에

* 지역별 건축물의 에너지총량관리
- 관리권자: 시도지사 ···> 녹색건축물 기본계획·조성계획 범위 in
- 에너지소비총량 설정 절차: 열람 (시도지사, 30일 이상) → 의견청취 (지방의회, 60일 이내) → 심의 (원칙: 녹색건축위원회, 미설치시: 건축위원회) → 확정 (시도지사)
- 에너지총량관리 제외 건축물: 1 문화재, 2 철도시설, 3 통행료 징수시설, 4 컨테이너 간이창고

* 지역별 건축물의 에너지총량 관리 협약
- 협약체결: 시도지사 ~ 국토교통부 장관
- 협약내용: 1 목표달성계획, 2 협약 이행 보고·평가, 3 행정적·재정적 지원, 4 유효기간, 5 변경·해약, 6 위반시 조치사항
- 협약 내용 보고 (by 시도지사 to 국토교통부 장관): 매년 3월31일 까지
- 보고서 내용: 1 목표달성 여부, 2 지연 사유·조치·개선방안, 3 예산 집행실적

※ 개별 건축물의 에너지소비총량 제한 '16-1차

- 에너지소비총량 제한 (by 국토교통부장관) : 신축건축물 · 기존건축물 ····> 연차별 / 용도별
- 제한 내용 ① 신축건축물 : 에너지 소비 총량 제한 ····> 건축허가 신청시 근거자료 제출
  ② 기존건축물 : 온실가스 · 에너지목표 관리
- 적용대상 · 허용기준 : 건축위원회 심의 거쳐 고시 (by 국토교통부 장관)
- 별도기준 고시 대상 : 중앙행정기관장 · 지방자치단체장 · 공공기관장 · 교육기관장의 신축 · 관리 건축물

※ 기존 건축물의 에너지성능 개선 '13-1차

- 내용 : 건축물의 에너지효율을 높이기 위해 기존건축물을 녹색건축물로 전환 ····> 기준 고시
  (기존건축물의 에너지성능기준)
- 기존건축물 대상
  ① 사용승인 후 10년 이상 경과 건축물
  ② 공사의 범위 : 기존 건축물의 리모델링 · 증축 · 개축 · 대수선 · 수선
  ※ 수선 : 창 · 문 · 설비 · 기기 · 단열재를 통한 에너지성능 개선공사에 한정

※ 공공건축물의 에너지소비량 공개 '18-1차

- 목적 : 공공건축물 에너지절약 · 온실가스 감축
- 내용 : 에너지소비량 보고 (매 분기, by 공공건축물 사용자 · 관리자 to 국토교통부 장관)
  ····> 공개 (by 국토교통부 장관)
  ····> 관리 : 에너지효율이 낮은 건축물에 대해 에너지효율 · 성능개선 요구 (by 국토교통부 장관)
- 대상건축물 '15-1차
  ① 소유 · 관리 : 중앙행정기관장 · 지방자치단체장 · 공공기관장 · 교육기관장
  ② 용도 : 1 문화 및 집회, 2 운수, 3 병원, 4 학교 · 도서관, 5 수련, 6 업무
  ③ 사용승인 후 10년 경과
  ④ 연면적 : 3,000 m^2 이상
- 운영
  ① 국토교통부 장관 : 1 보고받은 에너지소비량의 특성 · 이용현황 적정성 검토를 위한 현장조사
  2 에너지소비량 분석 결과 통보 (to 공공건축물 사용자) · 의견청취
  ② 공공건축물 사용자 : 공개된 에너지소비량 게시 가능 (건축물 주출입구)

※에너지절약 계획서 '13-1차

- 제출대상 ···> 허가권자에게 제출 ···> 에너지관련 전문기관에 검토의뢰 가능
  - ① 연면적 500m^2 이상
  - ② [1]건축허가 신청, [2]용도변경허가 신청, [3]건축물대장기재내용변경 신청
- 제출예외
  - ① 녹색건축물조성지원법 시행령 제10조 : 단독주택, 동식물원, 공장·창고 등 中 냉난방설비 없는 건축물
  - ② 건축물의 에너지절약설계기준 제3조 : 변전소·정수장 등, 운동·위락·관광휴게 中 냉난방설비 없는 건축물
- 에너지절약 계획서 서류 구성
  - ① 에너지절약계획서 (시행규칙 서식 1호)
  - ② 에너지절약설계 검토서
  - ③ 설계도면, 설계설명서, 계산서
- 검토기관 (에너지 관련 전문기관) ···> 검토수수료 납부 이후 10일(7일연장) 이내 검토완료
  : [1]한국에너지공단, [2]한국시설안전공단, [3]한국감정원,
  [4]한국교육환경연구원, [5]한국생산성본부인증원, [6]한국환경건축연구원
- ※ 에너지절약 계획서 사전확인 경우 ···> 검토 생략 가능
- 에너지절약계획서 검토업무 운영기관(한국에너지공단) 업무
  - ① 건축물 에너지절약설계기준 관련 조사·연구·개발
  - ② 건축물에너지절약설계기준 홍보·교육·컨설팅
  - ③ 에너지절약계획서 작성·검토·이행 제도운영·개선
  - ④ 에너지절약계획서 검토 관련 프로그램 개발·관리
  - ⑤ 에너지절약 계획서 검토 관련 통계자료 활용·분석
  - ⑥ 에너지절약계획서 검토기관 현황관리·보고

※차양 등 설치 '15-1차

- 대상 : 아래 건축물의 건축 또는 리모델링
  - ① 소유·관리 : 중앙행정기관장·지방자치단체장·공공기관장·교육기관장
  - ② 연면적 : 3,000 m^2 이상
  - ③ 용도 : [1]업무시설, [2]교육연구시설
- 적용
  - ① 외벽 창, 채광을 위한 유리 또는 플라스틱 외벽 ···> 차양 등 일사조절장치 설치
  - ② 단열재·방습층·지능형 계량기·고효율 냉난방 장치·조명기구 설치

제 4장. 녹색건축물 등급제 시행

'녹색건축물 등급제 시행' 구성
- 녹색건축물 조성의 활성화
- 녹색건축물의 유지·관리
- 녹색건축 인증
- 건축물에너지효율등급 인증 및 제로에너지건축물 인증
- 건축물에너지성능정보 공개 및 활용
- 인증기관 지정의 취소 · 인증의 취소

*녹색건축물 조성의 활성화 : 건축법 등 적용의 완화 '17-1차 '16-1차 '15-1차 '13-1차

- 완화대상
  ① 국토교통부 장관 고시 기준(설계·시공·감리·유지·관리)에 맞게 설계된 건축물
  ② 녹색건축 인증 받은 건축물
  ③ 건축물에너지효율등급 인증 받은 건축물 / 제로에너지건축물 인증 받은 건축물
  ④ 녹색건축물 조성 시범대상으로 지정된 건축물
  ⑤ 재활용 건축자재 15% 이상 사용한 건축물
- 완화기준
  ① 에너지절약계획서 제출 면제
  ② 차양 등의 설치 면제
  ③ 용적률 115/100 완화
  ④ 건축물 높이 115/100 완화 ; 건축법 제60조 (높이제한), 제61조 (일조 등 높이제한)

*녹색건축물의 유지·관리

- 유지·관리 의무자 : 녹색건축물의 소유자 또는 관리자
- 점검·실태조사 항목 ····> 실행 : 국토교통부장관, 시도지사, 시장·군수·구청장
  ① 개별건축물의 에너지소비총량 제한
  ② 에너지절약계획서 제출
  ③ 차양 등의 설치
  ④ 녹색건축물 조성의 활성화
  ⑤ 녹색건축 인증
  ⑥ 건축물에너지효율등급 인증

* 녹색건축 인증 '15-1차

- 목적 : [1]지속가능한 개발의 실현, [2]자원절약형이고, [3]자연친화적인 건축물의 건축 유도
- 시행권자 : 국토교통부 장관
- 녹색건축 인증에 관한 규칙 (국토교통부 + 환경부 공동부령)
  ① 인증 대상 : 모든 건축물
  ② 의무 대상 : [1]공공건축물, [2]신축·재축·증축, [3]연면적 3,000m^2 이상, [4]에너지절약계획서 제출대상
  ····> 사용승인 신청시 관련서류 첨부 ····> 건축물대장에 기재
  ③ 인증 등급 : [1]최우수 (그린 1등급), [2]우수 (그린 2등급), [3]우량 (그린 3등급), [4]일반 (그린 4등급)
  ④ 유효기간 : 5년
  ⑤ 인증신청 : 건축주·건축물소유자·사업주체·시공자 (to 인증기관)

* 건축물 에너지효율등급 인증 및 제로에너지건축물 인증

- 목적 : [1]에너지성능이 높은 건축물 확대, [2]건축물의 효과적인 에너지 관리
- 시행권자 : 국토교통부 장관
- 건축물 에너지효율등급 인증에 관한 규칙 (국토교통부 + 산업통상자원부 공동부령)
  ① 인증대상 '13-1차
  ┌ 녹색건축물 조성지원법 시행령 제12조 : [1]공동주택, [2]업무시설
  └ 건축물에너지효율등급 인증에 관한 규칙 제2조 : [1]단독주택, [2]공동주택, [3]기숙사, [4]업무시설, [5]냉난방면적 500m^2 이상
  ② 의무대상 : [1]공공건축물, [2]신축·재축·증축, [3]연면적 3,000m^2 이상, [4]에너지절약계획서 제출 대상
  ····> 사용승인 신청시 관련서류 첨부 ····> 건축물대장에 기재
  ③ 인증등급 ┌ 주거·비주거 구분.
  └ 10등급 : 1+++, 1++, 1+, 1, 2, 3, 4, 5, 6, 7
  ④ 유효기간 : 10년
  ⑤ 인증신청 : 건축주·건축물소유자·사업주체·시공자 (to 인증기관)
  ····> 인증평가 (by 인증기관 소속·등록 건축물에너지평가사)
  ····> 인증여부·인증등급 결정 (by 인증기관장) ····> 50일 이내 처리
- 제로에너지건축물 인증
  ① 인증대상 : 건축물 에너지효율등급 1++ 이상인 건축물
  ② 인증신청 (to 인증기관) ····> 30일 이내 처리
  ③ 신청서류 : 신청서, 1++ 등급이상 에너지효율등급 인증서 사본, 건축물에너지관리시스템·전자식원격검침계량기 설치확인서
  ※ 건축물에너지효율등급 인증, 제로에너지건축물 인증 동시 신청 가능

*인증기관의 취소 '13-1차

- 주체 : 국토교통부장관 (협의 : 환경부장관 or 산업통상자원부 장관)
  (환경부장관 → 녹색건축 인증, 산업통상자원부 장관 → 에너지효율등급 인증)
  ···> [1] 지정 취소, [2] 1년 이내 업무정지
- 사유 ① 거짓·부정한 방법으로 지정 받은 경우
  ② 정당한 사유없이 2년 이상 인증업무를 하지 않은 경우
  ③ 인증의 기준·절차를 위반
  ④ 정당한 사유없이 인증심사 거부
  ⑤ 인증기관 업무 수행 불가능

*인증의 취소

- 주체 : 인증기관장 ···> 인증 취소내용 보고 (to 국토교통부 장관)
- 사유 ① 인증의 근거·전제가 되는 주요한 사실의 변경
  ② 정보나 문서가 거짓
  ③ 인증서 반납
  ④ 건축허가 취소

*건축물 에너지성능정보 공개 및 활용 '17-1차 '16-1차

- 내용 : 건축물의 건축물에너지평가서를 공개 (by 국토교통부 장관)
  ···> 건축물의 매입자·임차인이 건축물의 에너지 정보를 확인
  ···> 중개업자 : 중개대상 건축물의 에너지평가서를 확인하도록 안내할 수 있다.
- 대상건축물
  : 건축물 에너지·온실가스 정보체계 구축지역에 있는
  ① 300세대 이상 공동주택
  ② 연면적 3,000m² 이상 업무시설 (오피스텔 제외)
- 건축물에너지평가서 (시행규칙 별지제3호서식)
  ① 구성 : [1] 건축물 현황, [2] 인증내역, [3] 건축물에너지효율등급, [4] 에너지사용량등급
  ② 용도표시 : [1] 공동주택, [2] 업무시설 ···> 세대·호·가구 구분 표시 가능
  ③ 건축물에너지효율등급 : [1] 단위면적당 에너지소요량 (난방·급탕·냉방·조명·환기), [2] 온실가스 배출량
  ④ 에너지사용량 등급 : [1] 단위면적당 에너지사용량 (도시가스·지역냉난방·전기), [2] 온실가스 배출량
- 건축물 에너지성능정보 공개 및 활용 운영기관 : 한국감정원, 한국에너지공단

제 5 장. 녹색건축물 조성의 실현 및 지원

'녹색건축물 조성의 실현 및 지원' 구성
- 녹색건축물 전문인력의 양성 및 지원
- 녹색건축물 조성기술 연구개발
- 녹색건축센터
- 녹색건축물 조성 시범사업
- 금융의 지원·활성화

* 녹색건축물 전문인력의 양성 및 지원
- 주체 : 국토교통부 장관
- 내용
  ① 녹색건축물 전문인력 양성 사업 (교육·훈련) 비용 지원 (전부 or 일부)
  ② 녹색건축물 전문인력 고용확대 권고

* 녹색건축물 조성기술의 연구개발
- 주체 : 국토교통부 장관
- 녹색건축물 조성기술의 연구개발 및 사업화
  ① 관련 정보의 수집·분석·제공
  ② 녹색건축물 평가기법의 개발·보급
  ③ 사업촉진을 위한 금융지원
  ④ 녹색건축자재 개발·시공기술 개발

＊녹색건축센터 '18-1차

- **목적**: 녹색건축물 조성기술의 연구개발·보급 등을 효율적으로 추진
- **수행업무** ① 건축물 에너지·온실가스 정보체계 운영 ② 녹색건축 인증 ③ 건축물에너지효율등급 인증
  ④ 녹색건축물 관련 전문인력 양성 및 교육 ⑤ 제로에너지건축물 시범사업 운영 및 인증
- **구분**: [1] 녹색건축지원센터, [2] 녹색건축사업센터, [3] 제로에너지건축물 지원센터
- **지정대상**: [1] 한국감정원, [2] 국토연구원, [3] 한국에너지공단, [4] 한국건설기술연구원, [5] 한국시설안전공단, [6] 한국토지주택공사
  한국이건시주
  ···> 신청 (to 국토교통부장관): [1] 운영계획, [2] 조직현황, [3] 인력·시설 확보현황, [4] 예산계획, [5] 인증기관 증명
  ···> 지정 (by 국토교통부장관)
- **지정요건** ① 건축물 에너지·온실가스 정보체계 업무: [1] 전산 전문가 2인 이상, [2] 전산정보처리조직
  ② 녹색건축인증·에너지효율등급 인증 업무: [1] 인증 전문인력 10인 이상
- **보고** ① 그해 사업계획: 매년 2월말 ② 전년도 사업추진실적: 다음해 3월말
  ③ 분기별 사업추진실적: 매분기 말일 기준 다음달 10일까지
- **지정취소**: [1] 거짓·부정으로 지정 받은 경우, [2] 6개월 이상 업무 미수행, [3] 지정요건 불충분

＊녹색건축물 조성 시범사업 ···> 녹색건축물 조성기준에 적합해야 함 '13-1차

- **지정권자**: 중앙행정기관장, 지방자치단체장 ···> 시범사업에 대한 지원
- **시범사업의 범위** ① 공공기관 시행사업 ② 기존주택을 녹색건축물로 전환 ③ 녹색건축물 신규 조성
  ④ 기존주택 외 건축물을 녹색건축물로 전환하기위한 [1] 리모델링·[2] 증축·[3] 개축·[4] 대수선·[5] 수선
- **신청서류**: [1] 추진계획(사업규모 포함), [2] 지정목적·필요성, [3] 적용방법, [4] 적용기술·효과, [5] 사후관리 방법
- **기준적합성**: [1] 에너지성능 개선기준, [2] 녹색건축물 건축의 활성화, [3] 녹색건축 인증, [4] 건축물에너지효율등급 인증
- **전문가 자문**: [1] 녹색건축센터장, [2] 건축사, [3] 기술사 (건축·에너지·설비), [4] 부교수 이상, [5] 건축물에너지평가사

'18-1차 - **지원결정 고려사항**: [1] 녹색건축물 조성 목표 설정 기여도, [2] 온실가스 배출량 감소정도, [3] 조성기준 개발가능성

※ 수선: [1] 창·문, [2] 설비·기기, [3] 단열재를 통해 에너지성능 개선

＊녹색건축물 조성사업에 대한 지원

- **국가·지방자치단체** ① 보조금 지급 ② 소득세·법인세·취득세·재산세·등록세 감면
  ③ 외국인 투자유치
- **신용보증기금·기술보증기금** ① 우선 신용보증 ② 보증조건 우대

＊녹색건축물 조성 촉진 금융시책

① 재원의 조성·자금지원 ② 금융상품 개발 ③ 민간투자 활성화

제 6장. 그린리모델링 활성화

'그린리모델링 활성화' 구성
- 그린리모델링
- 그린리모델링 창조센터
- 그린리모델링 사업

* 그린리모델링
  - 정의: 에너지 성능 향상 및 효율개선 등을 위한 리모델링
  - 지원 ① 장관: 지원받은 그린리모델링의 대상·범위·기준 등 고시
    ② 국가·지방자치단체: 보조금 지급 등
  - 그린리모델링 기금 조성
    ① 설치: 시도지사(의무), 시장·군수·구청장(가능)
    ② 재원: 출연금·기부금, 전입금, 운용수익금, 이행강제금으로부터의 전입금, 기타 수익금

* 그린리모델링 창조센터 '16-1차
  - 목적: 그린리모델링 대상 건축물의 지원·관리
  - 지정 ① 기존 공공기관을 지정 (by 국토교통부 장관) ⋯> 한국토지주택공사 (2015.12~)
    ② 그린 리모델링 창조센터 설립(기획재정부 장관 사전협의 후)
  - 사업범위 '18-1차
    ① 건축물 에너지성능 향상·효율개선·온실가스 감축
    ② 그린리모델링 기술의 연구·개발·도입·지도·보급
    ③ 그린리모델링 사업 발굴·기획·타당성 분석·사업관리
    ④ 건축물의 에너지성능 평가·개선
    ⑤ 에너지성능 향상·효율개선에 관한 조사·연구·교육·홍보
    ⑥ 기존 건축물의 에너지성능·효율개선 지원
    ⑦ 그린리모델링 전문가 양성·교육 / 그린리모델링 사업 (발주·사업자선정·수행·관리)
  - 사업계획서 등 제출
    ① 사업계획서·예산서: 매 사업연도 개시일까지
    ↳ [1] 전년도 사업실적·금년도 사업내용, [2] 그린리모델링 운영계획, [3] 조직현황, [4] 인력·시설현황
    ② 사업연도 결산서: 다음 사업연도 3월 31일까지

* 그린리모델링 사업

- 사업의 범위
  ① 건축물의 에너지성능 향상·효율개선 사업
  ② 기존 건축물을 녹색건축물로 전환
  ③ 그린 리모델링 사업 발굴, 기획, 타당성 분석, 설계·시공·사후관리
  ④ 그린리모델링을 통한 에너지 절감 예상액의 배분을 기초로 재원을 조달
- 사업 등록: 신청 (to 국토교통부 장관) ····> 등록·관리업무 위탁 (to 그린리모델링 창조센터)
  ····> 지원 (by 국토교통부 장관)
- 사업자 등록 기준 '15-1차
  ① 인력 기준: 상시 근무자 1명 이상 (건축분야 중급기술인, 건축물에너지평가사)
  ② 장비 기준: 컴퓨터, 건물에너지 시뮬레이션 프로그램, 온도·습도계, 표면온도계
  ③ 시설 기준: 그린리모델링 전용 사무실
- 등록의 취소·업무정지
  ① 거짓·부정한 방법으로 등록 ····> 등록 취소
  ② 2년 이상 업무 미수행
  ③ 등록 기준·절차 위반
  ④ 정당한 사유 없이 업무수행 거부
  (②~④) ····> 등록 취소 또는 1년 이내 업무정지

제7장. 건축물에너지평가사

※ 건축물에너지평가사 '17-1차 '16-1차 '15-1차

- 자격시험
  ① 절차 : 자격시험 합격 ⋯> 자격증 발급 (by 국토교통부 장관) ⋯> 실무교육 3개월 이상 이수
  ⋯> 건축물 에너지효율등급 인증평가 수행
  ② 시행 : 매년 1회 이상 (자격심의 위원회를 거쳐 시험 시행 생략 가능)
  ③ 응시자격 : 1 기사 취득 후 2년 이상, 2 산업기사 취득 후 3년 이상, 3 기능사 취득 후 5년 이상,
  4 4년제 졸업 후 4년 이상, 5 3년제 졸업 후 5년 이상, 6 2년제 졸업 후 6년 이상,
  7 직무분야 7년 이상, 8 기술사, 9 건축사
  ④ 결격사유 : 피성년후견인, 미성년자, 파산선고자, 징역 이상의 실형, 집행유예, 자격취소 3년 이내
  ⑤ 전문기관 (한국에너지공단)
  : 자격시험 업무, 교육훈련, 경력관리 · 지원
  ⑥ 교육훈련 : 3년마다 20시간 이상 전문기관이 실시하는 교육훈련 받아야 함
- 준수사항
  ① 업무를 공정하게 수행
  ② 자격증 대여 금지
- 자격취소 등 '18-1차
  ① 거짓 · 부정한 방법으로 자격 취득
  ② 1년 이내 2회 자격정지처분 후 자격정지처분 행위
  ③ 건축물에너지평가사 결격사유에 해당
  ⋯> 자격의 취소
  ④ 고의 · 과실로 건축물에너지평가 업무를 거짓 · 부실수행
  ⑤ 자격증 대여
  ⑥ 자격정지처분 기간 중 건축물에너지평가 업무 수행
  ⋯> 자격의 취소 또는 자격정지 (3년 이내)
- 건축물에너지평가사 자격심의 위원회 업무
  ① 응시자격 · 시험과목 등 시험에 관한 사항
  ② 시험선발 인원 결정
  ③ 시험과목 일부 면제 대상자
  ④ 기타 건축물에너지평가사 자격 취득 관련사항

제 8장. 보칙

※ 권한의 위임 및 위탁

- 국토교통부 장관 업무 일부의 위임: 시도지사
- 사업의 위탁
  - ① 중앙행정기관·지방자치단체·공공기관　② 국공립 연구기관
  - ③ 특정연구기관　④ 기업연구소
  - ⑤ 산업기술연구조합　⑥ 전문대학·대학
  - ⑦ 녹색건축센터　⑧ 기타
- 공공건축물의 에너지소비량 관리업무 위탁: 녹색건축센터
- 국제협력·해외진출의 지원위탁: 그린리모델링 창조센터

※ 청문대상

① 인증기관 지정의 취소　② 인증의 취소
③ 녹색건축센터 지정의 취소　④ 그린리모델링 사업자의 등록 취소
⑤ 건축물에너지 평가사의 자격 취소·정지

※ 벌칙 적용 공무원 의제: 녹색건축물 조성사업·공공건축물 에너지소비량 관리 사업·업무 임직원

제 9장. 벌칙

※ 벌칙 '17-1차

① 건축물에너지평가사 자격증 대여　② 다른 사람에게 자신의 이름으로 건축물에너지평가사 업무수행
····> 1년 이하의 징역 또는 1천만원 이하의 벌금

'17-1차
※ 과태료 ····> 부과: [1]국토교통부장관 ①·⑨, [2]허가권자 ②~⑤·⑦·⑧, [3]국토교통부장관·시도지사·시장군수구청장 ⑥

① 에너지·온실가스 정보 미제출	100만원	⑥ 인증신청서류 거짓 작성	100만원
② 에너지절약계획서 미제출·거짓·부정	100만원	⑦ 녹색건축 인증 결과 미표시	50만원
③ 차양 등 일사조절장치 미설치	200만원	⑧ 에너지효율등급 인증결과 미표시	100만원
④ 단열재 미설치·지능형계량기 미설치	100만원	⑨ 건축물에너지평가사 유사명칭 사용	100만원
⑤ 에너지절약계획서 검토업무 거짓·부정	300만원		

Ⅱ. 에너지이용합리화법 <산업통상자원부 에너지신산업 정책과>

'에너지이용합리화법' 구성
- 제1장. 총칙
- 제2장. 에너지이용합리화를 위한 계획 및 조치 등
- 제3장. 에너지이용합리화 시책
  - 제1절. 에너지사용기자재 및 에너지관련기자재 관련시책
  - 제2절. 산업 및 건물 관련 시책
- 제4장. 열사용기자재의 관리
- 제5장. 시공업자 단체
- 제6장. 한국에너지공단
- 제7장. 보칙
- 제8장. 벌칙

제1장. 총칙

＊에너지이용합리화법 목적 '13-1차

[1]에너지수급의 안정, [2]에너지의 합리적이고 효율적인 이용, [3]환경피해 최소화
⋯> [1]국민경제의 건전한 발전, [2]국민복지의 증진, [3]지구온난화 최소화

＊용어의 정의

- **에너지경영시스템** : 에너지사용자 아 공급자가 에너지이용효율 개선의 경영목표 설정
  ⋯> 인적·물적자원을 일정 절차·방법에 따라 관리하는 경영활동체제
- **에너지 관리 시스템** : 에너지사용을 효율적으로 관리하기 위하여 센서·계측장비, 분석소프트웨어 설치
  ⋯> 에너지사용현황을 실시간 모니터링, 에너지사용을 제어하는 통합관리시스템
- **에너지진단** : 에너지 사용·공급 시설에 대한 에너지 이용실태와 손실요인 파악
  ⋯> 에너지이용효율의 개선방안 제시

* 정부·에너지사용자·공급자 등의 책무

- 정부 ① 에너지의 수급 안정·효율적 이용 도모
  ② 온실가스 배출 감소 시책
- 지방자치단체 : 지역에너지 시책
- 에너지 사용자·공급자 ① 에너지 시책 적극 참여·협력
  ② 에너지의 생산·전환·수송·저장·이용 효율 극대화
  ③ 온실가스 배출 감소
- 제조업자 ① 에너지사용기자재, 에너지공급설비의 에너지효율 향상
  ② 온실가스 배출 감소 기술 개발
- 국민 ① 에너지의 합리적 이용
  ② 온실가스 배출 감소

제2장. 에너지이용합리화를 위한 계획 및 조치 등

'에너지이용합리화를 위한 계획 및 조치 등' 구성
- 에너지이용합리화 기본계획
- 국가에너지절약 추진위원회
- 수급안정조치
- 국가·지방자치단체 등의 에너지 이용 합리화 조치
- 에너지공급자의 수요관리투자계획
- 에너지사용계획
- 금융·세제상 지원

※ 에너지이용합리화 기본계획 '18-1차 '13-1차
- 목적 : 에너지를 합리적으로 이용
- 수립권자 : 산업통상자원부 장관
- 수립기한 : 5년마다
- 절차 : 작성(산업통상자원부 장관) → 협의(관계행정기관장) → 심의(국가에너지절약추진위원회) → 수립 (작협심수)
- 내용 ① 에너지절약형 경제구조로의 전환
  ② 에너지이용 효율의 증대
  ③ 에너지이용합리화를 위한 기술개발
  ④ 에너지이용합리화를 위한 홍보 및 교육
  ⑤ 에너지원간 대체
  ⑥ 열사용기자재의 관리
  ⑦ 에너지이용합리화를 위한 가격예시제
  ⑧ 에너지의 합리적인 이용을 통한 온실가스 감축

※ 에너지이용합리화 실시계획
- 수립권자 : 관계 행정기관장, 시도지사 (제출 to 산업통상자원부 장관)
- 실시계획 수립 : 당해 1월 31일까지
- 실시계획 시행결과 제출 : 다음해 2월 말일까지
- 시행결과 평가 : 산업통상자원부 장관 ⇝ 평가 업무 대행 가능 (by 정부출연연구기관, 한국에너지공단)

'18-1차 '17-1차

※ 국가에너지절약추진위원회 ※ 2018년 법령 개정에 의해 삭제

- 목적 : 에너지절약 정책의 수립 및 추진에 관한 사항 심의
- 설치 : 산업통상자원부
- 위원수 : 25명 이내 (위원장 포함)
- 위원장 : 산업통상자원부 장관
- 위원자격 : 당연직(차관 등) + 위촉위원(by 산자부 장관)
- 임기 : 3년 ※ 에너지위원회 임기 2년
- 회의 : 과반수 출석 개의, 출석위원 과반수 찬성 의결
- 심의사항 ① 기본계획 수립
  ② 에너지이용합리화 실시계획의 종합·조정 및 추진사항 점검·평가
  ③ 국가·지방자치단체·공공기관의 에너지이용 효율화 조치

※ 실무위원회 ※ 2018년 법령개정에 의해 삭제

- 목적 : 국가에너지절약추진위원회 심의 전 [1]위원회 상정의안의 사전 심의·조정, [2]위원회 지시사항처리
- 설치 : 국가에너지절약추진위원회 산하
- 위원수 : 25명 이내 (위원장 포함)
- 위원장 : 산업통상자원부 제1차관
- 위원자격 : [1]각 부처 공무원, [2]한국에너지공단·한전·가스공사·지역난방공사 임직원,
  [3]에너지경제연구원장, [4]한국에너지기술원장, [5]기타

※ 수급안정조치

- 주체 : 산업통상자원부 장관
- 시기 : 국내외 에너지 사용 변동으로 에너지 수급 차질 발생 또는 우려
- 조치대상 : [1]에너지 사용자, [2]에너지 공급자, [3]에너지사용기자재 소유자·관리자
- 조치내용 ① 지역별·수급자별 에너지 할당 ② 에너지공급설비의 가동·조업
  ③ 에너지의 비축·저장 ④ 에너지의 도입·수출입·위탁가공
  ⑤ 에너지공급자 간 에너지 교환·분배 ⑥ 에너지의 유통시설 사용·유통경로
  ⑦ 에너지의 배급 ⑧ 에너지 양도·양수의 제한·금지
- 절차 : 7일 이전 예고 (긴급 : 정의) ···> 사유 소멸시 지체없이 해제

※ 에너지 저장 의무 대상 : [1]전기사업자, [2]도시가스 사업자, [3]석탄가공업자, [4]집단에너지사용자, [5]연간 2만 toe 이상 에너지사용자

전가석집 +2만 toe '18-1차 '16-1차 '15-1차

※에너지이용 효율화 조치 '18-1차 '13-1차

- 부과 대상 : 국가, 지방자치단체, 공공기관
- 부과 의무 ① 에너지 절약 및 온실가스 감축을 위한 제도·시책의 마련·정비
  ② 에너지 절약 및 온실가스 감축 관련 홍보·교육
  ③ 건물 및 수송 부문의 에너지 이용합리화 및 온실가스 감축

※(에너지공급자의) 수요관리투자계획 '16-1차 '13-1차

- 목적 : [1]에너지의 생산·전환·수송·이용상 효율향상, [2]수요의 절감, [3]온실가스 배출의 감축
- 수립권자 : 에너지 공급자 ([1]한국전력공사, [2]한국가스공사, [3]한국지역난방공사, 기타) 전가지
- 수립시기 : 매년 → 수요관리전문기관(한국에너지공단 등)에 사업비 일부 출연
- 내용 ① 장단기 에너지 수요 전망 ② 에너지 잠재량의 추정
  ③ 에너지 수요관리의 목표 및 달성방법 ④ 기타 수요관리 촉진사항
- 투자계획 제출 (to 산업통상자원부 장관)
  ① 투자계획 : 해당 연도 개시 2개월 전까지
  ② 시행결과 : 다음 연도 2월말 까지
  ③ 변경투자계획 : 변경한 날로부터 15일 이내
- 투자계획 수정·보완
  ① 지시권자 : 산업통상자원부 장관
  ② 사유 : [1]에너지 수급 상황의 변화, [2]에너지 가격의 변동, [3]에너지 수급안정조치에 따라 투자계획변경, [4]에너지자원의 효율적 이용도모를 위해 에너지공급자 상호간 에너지의 교환, 분배 조정 필요
  ③ 수정·보완 결과 제출 : 요구 받은 날로부터 30일 이내 (to 산업통상자원부 장관)

※ 금융·세제상의 지원

- 목적 : 에너지 이용 합리화를 통한 온실가스 배출 감축
- 주체 : 정부
- 지원 대상 : [1]에너지절약형 시설투자, [2]에너지 절약형 기자재의 제조·설치·시공, 기타
  ····> 중소기업에 우선 지원
- 지원 내용 ; [1]금융·세제상 지원, [2]경제적 인센티브 제공, [3]보조금 지급 등

*에너지사용계획의 협의 '18-1차 '15-1차

- 정의: 일정 규모 이상 사업의 실시·시설의 설치에 따른 [1]에너지수급에 미칠 영향 분석, [2]온실가스(CO_2) 배출 영향 분석, [3]소요에너지의 공급계획, [4]에너지의 합리적 사용·평가 계획
- 에너지 사용계획 수립대상자 (사업주관자) '18-1차 '17-1차 '16-1차 '15-1차
  ① 공공사업
  - 도시개발사업, 산업단지개발사업, 에너지개발사업, 항만·철도·공항건설사업, 관광단지개발사업
  - 연간 2,500 toe 이상 연료·열 사용 / 연간 1천만 Kwh 이상 전력 사용

  ② 민간사업
  - 도시개발사업, 산업단지개발사업, 에너지개발사업, 항만·철도·공항건설사업, 관광단지개발사업
  - 연간 5,000 toe 이상 연료·열 사용 / 연간 2천만 Kwh 이상 전력 사용
- 에너지 사용계획 수립 대행
  : [1]국공립 연구기관, [2]정부출연 연구기관, [3]대학부설 연구소, [4]엔지니어링 사업자, [5]기술사, [6]에너지절약 전문기업
- 에너지사용계획의 내용
  : [1]사업 개요, [2]에너지 수요예측 및 공급계획, [3]에너지수급 영향 분석, [4]온실가스(CO_2) 배출영향 분석, [5]에너지 이용효율 향상방안, [6]에너지 이용 합리화를 통한 온실가스(CO_2) 배출감소방안, [7]사후관리계획
- 제출 (to 산업통상자원부 장관): 인허가 신청전
- 검토 (by 산업통상자원부 장관)
  - 공공사업 : 협의 ┐
  - 민간사업 : 의견청취 ┘ → 결과: 제출일 ~30일 이내 통보 (20일 연장 가능)
- 에너지사용계획의 변경 사유
  : [1]에너지 수요예측 및 공급계획, [2]계획 에너지 사용량 10% 이상 증가, [3]집단에너지 공급계획 변경, [4]냉난방 방식 변경
- 에너지사용계획 협의 효력: 협의 완료 前 공사 불가

*에너지사용계획의 검토

- 검토기준: [1]에너지 수급·이용합리화 측면에서 사업의 타당성, [2]에너지 수요의 적정성, [3]건설계획의 적정성, [4]용지 이용·시설 배치 적정성, [5]고효율에너지이용 시스템·설비 적정성, [6]온실가스(CO_2) 배출감소방안 적정성
- 에너지사용계획 조정 조치 (by 산업통상자원부 장관)
  ① 조치 사유: [1]에너지수급 부적정, [2]에너지이용합리화 미흡, [3]CO_2 배출저감 부족
  ② 조치내용: [1]요청 (to 공공사업주관자), [2]권고 (to 민간사업주관자)
  ③ 효력: 이행계획 작성·제출 or 이의신청 (30일 이내)

*에너지 사용계획의 사후관리 (공공사업주관자)

: 협의 완료 후 실시설계서 확정 14일 이내 실시설계 반영 내용 제출 (to 산업통상자원부 장관)

제3장. 에너지이용합리화 시책

'에너지이용합리화 시책' 구성
제1절. 에너지사용기자재 및 에너지관련기자재 관련 시책
제2절. 산업 및 건물 관련 시책

제1절. 에너지사용기자재 및 에너지관련기자재 관련 시책

'에너지사용기자재 및 에너지관련기자재 관련 시책' 구성
- 효율관리기자재
- 평균에너지 소비효율제도
- 대기전력저감대상제품 · 대기전력 경고표지 대상제품 · 대기전력저감우수제품
- 고효율에너지기자재
- 시험기관의 지정 취소

※ 효율관리 기자재 '18-1차

- 정의: 널리 보급되어 있고, 상당량의 에너지를 소비하는 기자재 ···> 에너지소비 관련 기준 고시
- 종류: [1]전기냉장고, [2]전기냉방기, [3]전기세탁기, [4]조명기기, [5]삼상유도전동기, [6]자동차
- 기준 ① 에너지의 목표소비효율 또는 목표사용량의 기준
  ② 에너지의 최저소비효율 또는 최대사용량의 기준
  ③ 에너지의 소비효율 또는 사용량의 표시
  ④ 에너지의 소비효율등급기준 및 등급표시
  ⑤ 에너지의 소비효율 또는 사용량의 측정방법
- 절차: 측정 (에너지소비효율등급 또는 에너지소비효율 by 효율관리시험기관)
  ···> 신고(to 산업통상자원부 장관) & 신고(to 한국에너지공단, 60일 이내, by 제조·판매업)
- 효율관리 시험기관: 국가설립 시험·연구기관, 특정연구기관
- 사후관리 (by 산업통상자원부 장관)
  ① 시정명령: 위반 (목표소비효율 또는 목표사용량, 소비효율 또는 사용량, 소비효율등급기준 및 등급)
  ② 생산·판매금지: [1]최저소비효율 기준 미달, [2]최대사용량 기준 초과

※ 평균에너지소비효율

- 지정 (by 산업통상자원부 장관) : 승용자동차 등 제조자·수입판매자가 지켜야 할 평균에너지소비효율 고시
- 대상 ① 승용자동차 (3.5 ton 미만) ② 승합자동차 (15인승 이하, 3.5 ton 미만)
  ③ 화물자동차 (3.5 ton 미만)

※ 제외대상 ① 환자치료·수송 ② 군용 ③ 방송·통신
  ④ 2011년 12월31일 이전 제작 ⑤ 특수형 승합자동차·특수용도형 화물자동차

- 평균에너지소비효율 = $\frac{\text{기자재 판매량}}{\Sigma(\text{기자재 종류별 국내판매량} / \text{기자재 종류별 에너지소비효율})}$

  $= \frac{\text{기자재 에너지소비효율 합계}}{\text{기자재 총수}}$

- 개선명령 (by 산업통상자원부 장관) : 고시한 평균에너지소비효율에 미달하는 경우
  ① 개선기간 : 개선명령 받은 해 12월 31일까지
  ② 이행계획 제출 : 개선명령 받은 날로부터 60일 이내 (to 산업통상자원부장관)
  ③ 이행상황 보고 : 매년 6월말, 12월말 (to 산업통상자원부 장관)
  ④ 조정 요청 : 개선계획 미흡하다고 인정된 경우 (by 산업통상자원부 장관)
  ⑤ 조정·보완 보고 : 30일 이내 조정·보완 제출
- 과징금 : 준수하기로 한 평균에너지소비효율 미달성 경우 (매출액 1% 이내 범위)
  ① 대상 : 3.5 ton 미만 1승용자동차·2승합자동차 (15인승 이하)·3화물자동차
  ② 제외대상 : 1환자치료·수송, 2군용, 3방송·통신, 42011년 12월31일 이전 제작, 5특수형자동차

※ 대기전력저감 대상 제품 : 대기전력 저감이 필요한 에너지이용기자재

- 대기전력 : 외부전원과 연결만 되고, 주기능을 수행하지 않거나 켜짐신호 대기상태에서 소비되는 전력
- 대기전력저감 대상제품 (22종) '13-1차
  : 컴퓨터, 모니터, 프린터, 복합기, 셋톱박스, 전자레인지, 팩시밀리, 복사기, 스캐너, 오디오, DVD플레이어, 라디오카세트, 도어폰, 유무선전화기, 비데, 모뎀, 홈게이트웨이, 자동절전제어장치, 손건조기, 서버, 디지털컨버터, 기타
- 품질기준 ① 대기전력저감대상제품의 각 제품별 적용범위
  ② 대기전력 저감기준
  ③ 대기전력의 측정방법
  ④ 우수 대기전력저감대상제품의 표시

* 대기전력 경고표지 대상제품 : 대기전력저감을 통한 에너지이용효율을 높이기 위해 지정한 저감기준 요구제품

- 대기전력경고표지 대상제품 (18종)

  : 대기전력저감대상제품 (22종) 中 자동절전제어장치, 손건조기, 서버, 디지털컨버터 (제외) 나머지

- 품질기준 ① 각 제품별 적용범위 ② 경고표시

- 품질 측정신고 ① 측정 : 대기전력시험기관의 측정 원칙 + 자체 측정 (산업통상자원부장관 승인 후)

  ② 기준 미달 경우 : '대기전력경고 표지' 부착

  ····> 측정 결과 통보받은 날 또는 자체측정 완료 후 60일 이내 측정결과 신고 (to 한국에너지공단)

- 대기전력 시험기관 : [1]국가/설립 시험·연구기관, [2]특정연구기관, [3]기타

* 대기전력저감우수제품 '15-1차 '13-2차

- 우수제품 측정 : 대기전력시험기관 측정 원칙 + 자체측정 (산업통상자원부 장관 승인 후)

  ····> 측정결과 통보받은 날 또는 자체측정 완료 후 60일 이내 측정결과 신고 (to 한국에너지공단)

- 사후관리 (시정명령 by 산업통상자원부 장관)

  ① 대기전력저감우수제품이 대기전력저감기준 미달하는 경우 ····> 시정명령 (6개월 이내)

  ② 내용 ['대기전력저감우수제품'의 표시 제거 : 우수제품 O, 경고표지대상제품 O

  '대기전력경고 표지'의 표시 : 〃 X, 〃 O

* 고효율에너지기자재 '18-1차

- 정의 : 에너지 이용 효율성이 높아 보급 촉진할 필요가 있는 기자재 (5종)

- 대상 : [1]펌프, [2]산업건물용 보일러, [3]무정전 전원장치, [4]폐열회수형 환기장치, [5]LED 등 조명기기

- 품질기준 ① 기자재별 적용범위 ② 인증기준·방법·절차

  ③ 성능측정방법 ④ 인증 표시

- 측정·인증 표시

  ※ 자체측정 불가

  ① 품질측정 (by 고효율시험기관) ····> 인증 (by 산업통상자원부 장관) ····> 인증 표시

  ② 인증신청서 제출 (to 한국에너지공단) : 시험성적서, 에너지효율·유지관련사항

  ③ 인증유효기간 : 3년

- 고효율시험기관 : [1]국가/설립 시험·연구기관, [2]특정연구기관, [3]기타

- 사후관리

  ① 인증 취소 : 거짓이나 부정한 방법으로 인증받은 경우

  ② 인증취소 또는 6개월 인증사용 정지 : 인증방법·절차·인증기준에 미달하는 경우

  ····> 인증 취소 이후 1년 이내 인증 불가

- 고효율에너지기자재 제외기준 '16-1차

① 기술 수준 : 고효율에너지인증 대상기자재 지정 10년 경과, 보편화된 것

② 보급 정도 : 연간판매대수가 고효율에너지인증대상기자재 판매대수 10% 넘는 것, 보편화된 것

③ 인증 등 실적 : 고효율에너지인증대상기자재 인증건수가 최근 3년간 10건 이하, 최근 3년간 생산·판매 저조

④ 기타 : 산업통상자원부 장관이 필요성이 낮다고 인정

＊시험기관의 지정 취소 (by 산업통상자원부 장관)

- 지정 취소

① 거짓·부정한 방법으로 지정받은 경우

② 업무정지기간 中 시험업무한 경우

- 지정취소 또는 6개월 시험업무 정지

① 정당한 사유없이 시험거부·지연

② 측정방법 위반

③ 지정기준 부적합

＊자체측정 승인 취소 (by 산업통상자원부 장관)

- 승인 취소

① 거짓·부정한 방법으로 지정받은 경우

② 업무 정지기간 中 자체측정 업무한 경우

- 승인 취소 또는 6개월 자체측정업무 정지

① 측정방법 위반

② 시험설비·전문인력 기준 부적합

제2절. 산업 및 건물 관련 시책

'산업 및 건물관련 시책' 구성
- 에너지절약 전문기업
- 자발적 협약
- 에너지경영시스템 · 에너지관리시스템
- 온실가스 배출 감축
- 에너지 다소비 사업자
- 에너지 진단
- 개선명령
- 목표에너지 원단위
- 냉난방 온도 제한

＊ 에너지절약전문기업 (ESCO, Energy Service Company) '15-1차

- **정의** : 제3자로부터 위탁받아 에너지절약 관련 사업을 하는 자
- **사업** ① 에너지사용시설의 에너지절약을 위한 관리·용역 ② 에너지절약형 시설투자
  ③ 신재생에너지 자원의 개발·보급 ④ 에너지절약형 시설·기자재의 연구개발
- **등록기준**

구분		내용	기준
장비		1 적외선온도계 · 2 데이터기록계 · 3 온도습도계	각 1대 이상
자산	법인	자본금	2억원 이상
	개인	자산평가액	4억원 이상
기술인력		건축·기계·재료·화공·전기·전자·통신·에너지·가스기사	3명 이상

- **등록** ① 신청 (to 한국에너지공단) ⋯> 등록 (by 산업통상자원부장관) ⋯> 에너지절약전문기업 등록증 발급
  ② 신청서류: 1 등록신청서 · 2 사업계획서 · 3 보유장비명세서 · 4 기술인력명세서 · 5 자산감정평가서 (개인 only)
- **등록 취소** ① 등록취소: 거짓·부정한 방법으로 등록
  ② 등록취소 또는 지원중단: 거짓·부정으로 지원받거나 지원금을 다른용도로 사용, 등록취소 신청, 등록증 대여, 등록기준 미달, 거짓보고·검사기피, 3년이상 수행없는경우
  ⋯> 등록취소 후 2년 이내 재등록 불가
- **공제조합** : 에너지절약전문기업이 공제조합의 조합원으로 가입 가능
- **공제조합의 사업** : 1 에너지절약사업에 따른 의무이행에 필요한 이행보증, 2 채무보증·융자, 3 주거래은행 설정 보증, 4 매출채권의 팩토링, 5 어음할인, 6 복지공제사업, 7 투자사업

※ 자발적협약 체결 기업

- 정의: 에너지 사용자 또는 에너지공급자가 에너지절약과 합리적 이용을 통한 온실가스배출 감소 목표와 이행방법 등 계획을 자발적으로 수립
  ⋯> 정부 또는 지방자치단체와 약속 ⋯> 투자지원 받음
- 자발적협약 대상
  ① 에너지절약형 시설 ② 공정개선 시설 ③ 온실가스 배출 감소 시설
- 이행계획 내용
  ① 협약체결 전년도 에너지 소비현황 ② 단위당 에너지이용효율향상 목표 또는 온실가스감축목표+방법
  ③ 에너지관리체제, 에너지관리방법 ④ 투자계획
- 평가기준
  ① 에너지절감량 또는 온실가스 배출감축량 ② 계획 대비 달성률 및 투자실적
  ③ 자원 및 에너지의 재활용 노력 (not 국토교통부장관)

※ 자발적 협약의 목표, 이행방법의 기준·평가 사항: 환경부장관 협의 ⋯> 산업통상자원부고시

※ 에너지경영시스템

- 정의: 에너지 사용자(또는 공급자)가 에너지이용효율을 개선할 수 있는 경영 목표 설정
  ⋯> 달성을 위한 인적·물적 자원 및 관리체제를 체계적이고 지속적으로 관리하는 경영활동체제 ⋯> 산업통상자원부 장관이 지원
- 권장 대상: 에너지 다소비업자 (연간에너지 소비량 2,000 toe 이상인 자)
- 지원대상 요건
  ① 국제표준화기구가 정한 에너지경영시스템 구축
  ② 에너지이용효율의 지속적인 개선
- 지원 신청
  ① 신청 (to 산업통상자원부 장관)
  ② 신청서류: [1]에너지사용량 현황, [2]경영목표·관리체제, [3]설비별 에너지이용효율목표·이행방법, [4]에너지사용량 모니터링·측정계획
- 지원내용
  ① 에너지경영시스템 도입을 위한 기술지도, 정보제공
  ② 교육훈련

※ 에너지관리시스템의 지원(by 산업통상자원부 장관)
  ; 에너지관리시스템의 보급활성화를 위해 도입권장、지원 ⋯> 대상: 에너지다소비업자

* 온실가스배출 감축 실적의 등록·관리

- 대상 : [1]에너지절약 전문기업, [2]자발적협약체결기업
- 등록·관리 : 산업통상자원부 장관
- 등록 절차 : [1]온실가스배출 감축 사업계획서 + [2]이행실적보고서 작성
  ····> 타당성 평가, 검증 (by 에너지절약 관련 전문기관)
  ····> 등록 신청 (to 산업통상자원부 장관)

* 온실가스배출 감축을 위한 교육훈련 및 인력양성

- 기후변화협약특성화대학원
  ① 과목 : 기후변화 관련 [1]교통정책, [2]환경정책, [3]온난화방지과학, [4]산업활동과 대기오염
  ····> 3과목 이상 개설
  ② 지원 (by 산업통상자원부 장관)
  ③ 지정 신청 (to 산업통상자원부 장관)
  ④ 지정기준·신청절차 : 산업통상자원부 고시 ([1]환경부 장관, [2]국토교통부 장관, [3]해양수산부 장관 협의 후)
- 교육훈련
  ① 대상 : [1]산업계 온실가스배출 감축 관련 담당자, [2]공공기관의 온실가스배출 감축 관련 담당자
  ② 내용 : [1]기후변화협약과 대응방안, [2]기후변화협약 관련 국내외 동향, [3]온실가스배출 감축 관련 정책·감축 방법

* 에너지다소비사업자 '16-1차

- 대상 : 연간 에너지사용량 2,000 toe 이상인 자
- 신고 : 매년 1월 31일 까지 (to 시도지사)
  ····> 보고 (by 시도지사 to 산업통상자원부 장관, 매년 2월말까지)
- 신고내용
  ① 전년도 분기별 에너지사용량, 제품생산량
  ② 해당연도 분기별 에너지사용예정량, 제품생산예정량
  ③ 에너지사용기자재의 현황
  ④ 전년도 분기별 에너지이용 합리화 실적, 해당 연도 분기별 계획
  ⑤ 에너지 관리자 현황
- 에너지 공급량 자료제출 요구 (by 산업통상자원부 장관, 시도지사)
  전가가지 : [1]한국전력공사, [2]한국가스공사, [3]도시가스사업자, [4]한국지역난방공사 등

✻ 에너지진단 '17-1차 '13-1차

- 대상: 에너지 다소비사업자 (연간 에너지 사용량 2,000 toe 이상인 자)
- 제외: 1 발전소, 2 아파트, 3 연립주택, 4 다세대주택, 5 판매시설 (소유자 2인 이상, 공동에너지사용량 2,000 toe 미만)
  6 오피스텔, 7 창고, 8 지식산업센터, 9 군사시설, 10 폐기물처리시설
- 에너지 관리기준: 에너지다소비사업자가 에너지를 효율적으로 관리하기 위해 필요한 기준
- 진단주기 '16-1차
  ① 연간에너지사용량 20,000 toe 이상: 전체진단 5년, 부분진단 3년
  ② 〃 20,000 toe 미만: 5년

※ 연간에너지 사용량: 진단 연도의 전년도 기준
  에너지 진단주기: 월 단위로 계산

- 에너지진단 비용의 지원 (by 산업통상자원부 장관) '15-1차
  : 연간 에너지사용량 10,000 toe 미만의 중소기업 ···> 에너지진단 비용 전부·일부 지원
- 개선명령 (by 산업통상자원부 장관)
  ① 대상: 1 10% 이상의 에너지효율 개선 기대, 2 효율개선을 위한 투자의 경제성 인정
  ② 개선계획 제출 (by 에너지다소비 사업자): 개선명령일 ~ 60일 이내
  ···> 개선결과 통보 (개선기간만료일~15일 이내)

✻ 에너지진단의 면제·연장 ···> 신청 (to 산업통상자원부 장관) '16-1차

- 대상 ① 자발적협약 체결하고, 이행실적 우수한 사업자
  ② 에너지경영시스템을 도입한 자로서 에너지를 효율적으로 이용한다고 고시된 자
  ③ 단체표창을 받은 에너지절약 유공자
  ④ 에너지진단 결과를 반영하여 에너지를 효율적으로 이용한다고 고시된 자
  ⑤ 전년도 에너지사용량 30% 이상을 친에너지형 설비를 이용하여 공급한 자
  : 금융·세제 지원받는 설비, 에너지소비효율 1등급, 대기전력 저감우수제품, 고효율에너지기자재, 설비인증을 받은 신재생에너지설비
  ⑥ 산업통상자원부장관이 고시한 요건을 갖춘 에너지관리시스템 구축
  ⑦ 온실가스·에너지 목표관리 실적이 우수하다고 고시된 자 ※ 배출권할당대상업체: 제외
- 면제·연장범위
  ① 에너지절약 이행실적 우수 사업자: 중소기업 (1회 면제), 중소기업 아닌 경우 (1년 연장)
  ② 에너지절약유공자, 전년도 에너지사용량 30% 이상 친에너지형 설비에 공급한 자: 1회 면제
  ③ 에너지진단 결과를 반영하여 에너지를 효율적으로 이용하는 자: 3년 연장

✱ 에너지진단 전문기관

- 지정기준(장비, 기술인력 충족 여부)

  ① 1종 : 전체사업장 진단

  ② 2종 : 10,000 toe 미만 사업장 진단

- 지정

  ① 절차 : 신청 (to 산업통상자원부 장관) ⋯> 지정(by 산업통상자원부 장관) ⋯> 진단기관 지정서 발급

  ② 신청서류 : [1]신청서, [2]에너지진단업무 수행계획서, [3]보유장비명세서, [4]기술인력명세서(자격증 등)

- 관리·감독 (by 산업통상자원부 장관)

  : [1]진단기관 지정기준 유지, [2]에너지진단결과, [3]에너지진단 내용의 이행실태 및 기술지도

- 지정취소 등

  ① 지정취소 : 거짓·부정한 방법으로 지정 받은 경우

  ② 지정취소 또는 2년 이내 업무정지 : [1]부적절한 에너지진단, [2]지정기준에 부적합, [3]보고 누락 또는 거짓보고, [4]검사거부·방해·기피, [5]3년 이상 에너지진단 실적 없는 경우

✱ 목표에너지원단위의 설정 : [1]제품의 단위당 에너지사용목표량, [2]건축물의 단위면적당 에너지사용목표량

✱ 폐열의 이용

- 폐열의 이용 요구

  ① 에너지사용자 : 폐열 이용 노력, 타인의 폐열 공급 요구에 적극 협조

  ② 집단에너지 사업자 : 소각시설 또는 산업시설 폐열 적극 활용

- 폐열공동이용 협의

  : 당사자간 협의, 조정 (by 산업통상자원부 장관) ⋯> 조정안 알리고 60일 이내 수락 권고

✱ 붙박이에너지기자재의 효율관리 (제외 : 건축물의 난방·냉방·급탕·조명 환기를 위한 제품) '16-1차

- 대상 : 건설업자가 설치하여 입주자에게 공급하는 붙박이 가전제품 (전기냉장고, 전기세탁기, 식기세척기)

- 효율기준 : [1]에너지 최저소비효율 또는 최대사용량 기준, [2]에너지소비효율등급 또는 대기전력 기준

✱ 냉난방온도제한건물 '18-1차 '15-1차

- 대상 ① 국가, 지방자치단체, 공공기관이 업무용으로 사용하는 건물

  ② 연간 에너지 사용량 2,000 toe 이상인 건물 (예외 : [1]공장, [2]공동주택, [3]의료기관, [4]식품 품질관리구역, [5]객실)

- 제한온도 ① 냉방 : 26℃ 이상 (판매·공항 25℃ 이상) ② 난방 : 20℃ 이하

제4장. 열사용기자재의 관리

'열사용기자재의 관리' 구성
- 특정열사용기자재
- 검사대상기기
- 검사대상기기 관리자

＊특정열사용기자재

- **시공업 등록** : 특정 열사용기자재의 설치·시공·세관을 업으로 하는 자 ···> 시도지사에 등록
- **특정열사용기자재 별 시공범위**

구분	특정열사용기자재	시공범위
내용	[1]보일러, [2]태양열집열기, [3]압력용기	[1]설치, [2]배관, [3]세관
	[1]요업요로, [2]금속요로	[1]설치

- **등록말소 요청** (by 산업통상자원부장관 to 시도지사)
  : 부실한 설치·시공·세관 ···> 시설물의 안전·에너지효율관리에 중대한 문제 초래

＊검사대상기기 검사 (by 시도지사) ···> 검사증 발행 (유효기간 명시)

- **제조검사** ① 대상 : [1]보일러, [2]압력용기, [3]요로 (not 태양열집열기)
  ② 종류 : [1]용접검사, [2]구조검사
- **설치검사** ① 대상 : [1]검사대상기기의 설치·개조, [2]설치장소변경, [3]사용중지 후 재사용
  ② 종류 : [1]설치검사, [2]개조검사, [3]설치장소변경검사, [4]재사용검사
- **계속사용검사 종류** : [1]안전검사, [2]운전성능검사
- **검사의 면제**

① 보일러·압력용기의 제조업자

- 제조검사 : [1]일정기간·일정기준 제조품질 수준이 검사수준 이상, [2]필요 생산조건에 적합한 공정·생산능력
- 수입하는 제조업자의 제조검사 : [1]전시회·박람회 출품 목적
- 제조검사 및 설치검사 : [1]제조안전보험 가입, [2]검사시설·기술인력 보유

② 검사대상기기의 계속사용검사
  : [1]최근 3년간 무재해, [2]최초 설치 후 5년 이내이고 2회 이상 검사에 합격

③ 보일러·압력용기의 사용자에 대한 계속사용검사·설치장소변경검사·개조검사
  : [1]약정보험금액 400억원 이상, [2]최근 2년간 무재해

＊수입 검사대상기기 검사 (by 산업통상자원부 장관) ···> 검사증 발행

: 검사에 합격하지 아니한 검사대상기기 ···> 수입불가

※ 수입 검사대상기기의 검사면제

① 산업통상자원부 장관 고시 외국 검사기관에서 검사 받은 경우

② 전시회·박람회 출품 목적 수입

③ '검사대상기기의 면제' 준용

＊검사기준

- 검사 유효기간

① 보일러 : 1년 (운전성능 부문 : 3년 1개월)

② 압력용기·철금속 가열로 : 2년

- 검사 기준

① 한국산업표준

② 신제품 : 열사용기자재 기술위원회 (한국에너지공단 소속) 심의를 거쳐 검사기준 결정

- 신제품 검사기준 신청 (to 산업통상자원부 장관)

···> 30일 이내 결과 통보

···> 10일 이내 이의 신청

- 검사 신청 (to 시도지사)

① 검사의 종류 : [1]용접검사, [2]구조검사, [3]설치검사

② 계속사용검사 신청 : 검사 유효기간 만료 10일 전 (to 한국에너지공단)

···> 연말까지 연기 가능 (만료일이 9월1일 이후 경우 4개월 연장)

- 검사의 통지

① 검사의 절차 : 검사신청일 ~ 7일 이내 검사일 통지 (to 검사신청인)

···> 검사일 ~ 7일 이내 결과 통지

② 검사의 효력 : 불합격 검사기기는 사용불가

(검사 불합격 6개월 (철금속 가열로 1년) 이내 검사합격조건으로 계속사용 가능)

- 검사대상기기의 폐기 등 신고 기한

① 15일 이내 : [1]검사대상기기 폐기, [2]사용중지, [3]설치자 변경

② 30일 이내 : 설치검사 면제 보일러 설치

* 검사대상기기 관리자

- 검사대상기기 관리자 선임 (by 검사대상기기 설치자)
  : 1 안전관리, 2 위해방지, 3 에너지이용효율관리 목적
- 검사대상기기 관리자 자격

조종범위(보일러)	조종자 자격
용량 30 t/h 초과	보일러기능장 · 에너지관리기사
용량 10 t/h 초과 ~ 30 t/h 이하	보일러기능장 · 에너지관리기사 · 보일러산업기사
용량 10 t/h 이하	보일러기능장 · 에너지관리기사 · 보일러산업기사 · 보일러기능사

제5장. 시공업자 단체

* 시공업자 단체

- 설립
  ① 목적: 1 시공업자의 품위유지, 2 기술향상, 3 시공방법 개선, 4 시공업의 건전한 발전
  ② 절차: 산업통상자원부 장관 인가 ···> 설립등기 (법인)
  ③ 회원자격: 시공업자가 시공업자단체에 가입 가능
  ④ 민법 준용: 사단법인에 관한 규정 준용
- 정관
  ① 내용: 1 목적, 2 명칭, 3 주된 사무소·지부, 4 업무 및 그 집행, 5 회원의 등록·권리·의무,
  6 회비, 7 재산 및 회계, 8 임원 및 직원, 9 기구 및 조직, 10 총회·이사회,
  11 정관의 변경, 12 해산
  ② 정관의 변경: 산업통상자원부 장관 인가
- 기타
  ① 감독 (by 산업통상자원부 장관): 업무·회계·재산의 보고·검사
  ② 건의·자문 (by 시공업자 단체): 1 정부에 건의, 2 정부의 자문에 응할 수 있다

제 6장. 한국에너지공단

* 한국에너지공단

- 설립목적: 에너지이용합리화 사업의 효율적인 추진
- 설립(법인)
  - ① 설립등기 사항: 목적, 명칭, 주된 사무소·지부·연수원·사업소, 임원의 성명과 주소, 공고 방법
  - ② 사무소 [주된 사무소: 정관으로 정함
    - 지부·연수원·사업소·부설기관 설치 (산업통상자원부장관 승인)
  - ③ 민법 준용: 재단법인에 관한 규정 준용
  - ④ 유사명칭 사용금지, 비밀누설 금지
- 정관의 내용
  - ① 공공기관의 운영에 관한 법률 제16조 제1항
    - : 목적, 명칭, 주된 사무소, 자본금, 주식, 임원 및 직원, 주주총회, 이사회, 사업범위, 회계, 공고의 방법, 사채 발행, 정관의 변경 등
  - ② 에너지이용합리화법 제48조
    - : 지부·연수원·사업소, 부설기관의 운영·관리, 재산, 규약·규정의 제정·개정·폐지
- 임원
  - ① 구성: 이사장(1명), 부이사장(1명), 이사장·부이사장을 제외한 이사(9명), 감사(1명)
  - ② 직무: 이사장(공단 대표, 공단업무 총괄), 부이사장(이사장 보좌)
    - 이사(공단의 업무 분장), 감사(업무·회계 감사)
  - ③ 직원의 임면: 정관의 정하는 바에 따라 이사장이 임면

* 한국에너지공단 사업

- 사업의 내용
  - ① 에너지이용합리화·온실가스 배출 감축사업 및 국제협력 ② 에너지 기술의 개발·도입·지도·보급
  - ③ 자금의 융자·지원(에너지이용합리화·신재생에너지 개발·보급 등) ④ 에너지절약 관련사업
  - ⑤ 에너지 진단·에너지관리지도 ⑥ 신재생에너지 개발사업 촉진 ⑦ 에너지관리에 관한 조사·연구·교육·홍보
  - ⑧ 에너지이용합리화사업을 위한 토지·건물·시설의 취득·설치·운영·대여·양도 ⑨ 집단에너지사업 촉진지원·관리
  - ⑩ 에너지사용기자재·에너지관련기자재 효율관리 및 열사용기자재의 안전관리 ⑪ 사회취약계층의 에너지이용 지원
- 비용 ① 정부출연 가능 ② 수익사업 가능 ③ 매 회계 연도 결과 이익금 발생 ···> 이월손실금 보전, 적립
- 업무의 지도·감독(by 산업통상자원부 장관) ① 사업계획·예산 ② 사업실적·결산 ③ 공단수행사업

제7장. 보칙

※ 보칙

- 교육

교육과정	교육기간	교육기관	
에너지관리자	1일	한국에너지공단	에…공
시공업의 기술인력	1일	한국열관리시공협회, 전국보일러설비협회	시…열보
검사대상기기 관리자	1일	한국에너지공단, 한국에너지기술인협회	검…공기

- 보고 및 검사

①보고 명령 (by 산업통상자원부장관, 시도지사)

: 1 효율관리기자재 등 제조업자 · 2 시험기관 · 3 에너지절약전문기업 · 4 에너지다소비업자 등 ···> 업무보고

② 검사 (by 소속공무원, 공단)

: 효율관리기자재 제조업자 등의 사무소 · 사업장 · 공장 · 창고 출입 ···> 서류 · 기자재 검사

- 수수료 납부대상

: 1 고효율에너지기자재 인증 신청자, 2 에너지진단 대상자, 3 검사대상기기 검사 대상자, 4 제조업자

- 청문 대상

: 1 효율관리기자재의 생산 · 판매의 금지명령, 2 고효율에너지기자재의 인증 취소,
3 시험기관의 지정 취소, 4 자체측정자의 승인 취소, 5 에너지절약전문기업의 등록 취소,
6 진단기관의 지정 취소

- 권한의 위임·위탁

① 권한의 위임 ┬ 산업통상자원부 장관의 권한 ···> 시도지사에게 위임
└ 시도지사의 권한 ···> 시장·군수·구청장에게 위임

② 한국에너지공단에 위탁하는 업무

: 1 에너지사용계획의 검토, 2 이행여부 점검 · 실태파악, 3 효율관리기자재의 측정결과 신고의 접수,
4 대기전력경고표시대상제품 · 대기전력저감대상제품의 측정결과 신고의 접수,
5 고효율에너지기자재 인증신청 · 인증 · 인증취소 · 정지명령, 6 에너지절약전문기업의 등록,
7 온실가스배출 감축실적의 등록 · 관리, 8 에너지다소비사업자 신고, 9 진단기관의 관리 · 감독,
10 에너지관리지도, 11 냉난방온도의 유지 · 관리 여부에 대한 점검 · 실태파악, 12 검사대상기기의 검사 등

③ 한국에너지공단 또는 시험검사기관에 위탁하는 업무

: 1 검사대상기기의 검사, 2 검사대상기기 검사증의 발급

- 벌칙 적용시의 공무원 의제

: 위탁업무 공사 기관·단체의 임직원 ···> 형법 제129 ~132조까지 적용할 때 공무원으로 본다

- 다른 법률과의 관계

: 집단에너지의 공급타당성에 관한 협의 (집단에너지법 제4조)

···> 에너지사용계획의 협의내용 중 집단에너지공급에 관한 사항은 협의한 것으로 본다.

제8장. 벌칙

＊벌칙

벌칙 내용	벌칙 대상
2년 이하의 징역 또는 2천만원 이하의 벌금	[1]에너지저장시설의 보유 또는 저장의무 거부하거나 이행하지 아니한 자 [2]조정·명령 위반한 자, [3]비밀누설 또는 도용한 자
1년 이하의 징역 또는 1천만원 이하의 벌금	[1]검사 대상기기의 검사를 받지 아니한 자, [2]위반하여 검사 대상기기를 사용한 자·[3]수입한 자
2천만원 이하의 벌금	생산·판매 금지명령 위반한 자
1천만원 이하의 벌금	검사대상기기관리자를 선임하지 아니한 자
500만원 이하의 벌금	효율관리기자재의 에너지사용량 측정결과 미신고자 등

＊양벌규정

: 법인·개인의 직원이 위반행위한 경우 ···> 법인·개인에게 벌금형

(위반행위 방지를 위한 주의·감독한 경우 예외)

＊과태료 : 산업통상자원부장관·시도지사가 부과·징수 ···> 과태료부과기준 : 3년마다 타당성 검토·개선

과태료	부과 대상
2천만원 이하	효율관리기자재에 대한 에너지소비효율(또는 등급) 표시하지 않거나 거짓표시자 등
1천만원 이하	[1]에너지사용계획 미제출자, [2]개선명령 미이행자, [3]검사 거부·방해·기피한 자
300만원 이하	[1]에너지사용 제한·금지 등 위반한 자, [2]수요관리투자계획·결과 미제출자 등

Ⅲ. 에너지법 <산업통상자원부 에너지자원 정책과>

✻ 에너지법의 목적 '13-1차

안정적·효율적·환경친화적 에너지 수급 구조를 실현하기 위한 에너지정책 및 에너지관련계획의 수립·시행에 관한 사항 정함 ⋯> [1]국민경제의 지속가능한 발전 [2]국민 복리 향상에 이바지

✻ 용어의 정의

- 에너지 : 연료, 열, 전기
- 연료 : 석유, 가스, 석탄 등 열원 (제품의 원료로 사용되는 것 제외) (원료 → 의류, 전자제품 등)
- 신재생에너지 : 「신에너지 및 재생에너지 개발·이용·보급 촉진법」 제2조(정의)에 따른 에너지
  - ① 신에너지 : [1]수소에너지, [2]연료전지, [3]석탄액화가스화 에너지, [4]중질잔사유 가스화 에너지
  - ② 재생에너지 : [1]태양, [2]풍력, [3]수력, [4]해양, [5]지열, [6]바이오, [7]폐기물
- 에너지 사용시설 ① 에너지를 사용하는 공장·사업장 ② 에너지를 전환하여 사용하는 시설
- 에너지 사용자 : 에너지 사용시설의 소유자·관리자
- 에너지 공급시설 : 에너지 생산·전환·수송·저장 설비
- 에너지공급자 : 에너지 생산·전환·수송·저장·판매하는 사업자
- 에너지 이용권 : 에너지 이용 소외 계층이 에너지공급자에게 제시하여 에너지를 공급 받을 수 있는 증표
- 에너지 사용 기자재 ① 열사용 기자재 ② 에너지 사용 기자재
- 열사용기자재 ① 연료·열 사용기기 ② 축열식 전기기기 ③ 단열성자재 ⋯> 에너지이용합리화법 시행규칙에 따른 열사용기자재 (보일러, 태양열집열기, 압력용기 등)
- 온실가스 : 「저탄소 녹색성장 기본법」 제2조(정의)에 따른 온실가스
  ⋯> 이산화탄소(CO_2), 메탄(CH_4), 아산화질소(N_2O), 수소불화탄소(HFC_s), 과불화탄소(PFC_s), 육불화황(SF_6)

✻ 책무

- 국가 : 에너지 수급에 관한 종합적인 시책의 수립·시행
- 지방자치단체 : 지역에너지시책의 수립·시행
- 에너지 공급자·사용자 ① 국가나 지방자치단체의 에너지 시책에 적극 참여
  ② 에너지의 생산·전환·수송·저장·이용 등 안전성·효율성·환경친화성 극대화
- 국민 ① 국가와 지방자치단체의 에너지 시책에 적극 참여
  ② 에너지를 합리적·환경친화적으로 사용

⋯> 에너지의 보편적 공급에 기여

* 지역에너지계획 '17-1차

- 목적 ① 에너지기본계획(저탄소 녹색성장 기본법)의 효율적 달성
  ② 지역경제 발전
- 수립권자 : 특별시장·광역시장·도지사
- 대상 지역 : 관할 행정구역
- 수립 기한 : 5년마다 (5년 이상의 계획)
- 절차 : 제출(to 산업통상자원부 장관) 심의無.
- 내용 ① 에너지 수급의 추이와 전망
  ② 에너지의 안정적 공급 대책
  ③ 신재생에너지 등 환경친화적 에너지 사용 대책
  ④ 온실가스 배출 감소 대책
  ⑤ 집단에너지 공급 대책
  ⑥ 미활용 에너지원의 개발·사용 대책

* 비상계획

- 목적 : 에너지 수급에 중대한 차질이 발생할 경우에 대비
- 수립권자 : 산업통상자원부 장관
- 수립 시기 : 에너지 수급에 중대한 차질이 예상될 때 (차질 발생 후 X)
- 절차 : 에너지위원회 심의 → 확정
- 내용 ① 국내외 에너지 수급의 추이와 전망
  ② 비상시 에너지 소비절감 대책
  ③ 비상시 비축에너지 활용 대책
  ④ 비상시 에너지 수급조정 대책
  ⑤ 비상시 에너지 수급 안정을 위한 국제협력 대책
  ⑥ 비상계획의 효율적 시행을 위한 행정계획

* 에너지기술개발계획 '17-1차

- 목적 : 에너지 관련 기술의 개발·보급
- 수립권자 : 정부 (not 산업통상자원부 장관)
- 수립기한 : 5년마다 (10년 이상의 계획)
- 절차 ; 협의(중앙행정기관장) → 심의(국가과학기술심의회) → 수립
- 내용 ① 에너지의 효율적 사용을 위한 기술개발
  ② 신재생에너지 등 환경친화적 에너지와 관련된 기술개발
  ③ 에너지 사용에 따른 환경오염 감소 기술개발
  ④ 온실가스 배출 감소 기술개발
  ⑤ 에너지기술의 실용화 촉진
  ⑥ 국제 에너지기술 협력 촉진
  ⑦ 인력·정보·시설 등 기술개발 자원의 확대 및 효율적 활용
- 연차별 실행계획
  ① 수립 : 산업통상자원부 장관
  ② 수립기한 : 매년
  ③ 절차 : 의견청취(중앙행정기관의 장) → 수립·공고
  ④ 내용 : [1]에너지기술개발의 추진전략, [2]과제별 목표 및 필요자금.

* 에너지기술개발

- 실시기관 : '중앙행정기관의 장이 실시기관에게 에너지기술개발을 하게 할 수 있다.' (임의)

① 공공기관	② 국공립연구기관
③ 특정연구기관	④ 전문생산기술연구소
⑤ 소재·부품기술개발전문기업	⑥ 정부출연연구기관
⑦ 과학기술분야 정부출연연구기관	⑧ 연구개발업 전문기업
⑨ 대학, 산업대학, 전문대학	⑩ 산업기술연구조합
⑪ 기업부설연구소	⑫ 과학기술분야 비영리법인

- 에너지기술개발사업협약 ····> 대행(by 한국에너지기술평가원) 가능
  : '중앙행정기관의 장은 ~ 에너지기술개발 사업을 주관할 기관의 장과 ~협약을 체결하여야 한다.' (의무)
- 비용의 지원
  ; 비용의 전부 or 일부 출연 (by 중앙행정기관의 장)

* 에너지기술개발 사업비

- 목적: 에너지기술개발 사업의 종합적·효율적 추진 ⋯> 에너지기술개발사업비 조성
- 에너지기술개발 투자의 권고(by 중앙행정기관의 장 to 에너지관련사업자)
- 에너지 관련 사업자 ① 에너지공급자
  ② 에너지사용기자재 제조업자
  ③ 에너지 관련 공공기관
- 사업비 지원 범위
  ① 에너지 기술의 연구·개발 ② 에너지기술의 수요조사
  ③ 기자재·공업설비·부품 기술개발 ④ 에너지기술 성과의 보급·홍보
  ⑤ 국제협력 ⑥ 연구인력 양성
  ⑦ 대기오염 감소 기술개발 ⑧ 온실가스 감소 기술개발
  ⑨ 정보의 수집·분석, 학술활동 ⑩ 평가원의 에너지기술개발사업 관리

* 에너지 위원회

- 구성 ① 설치 : 산업통상자원부
  ② 위원장 : 산업통상자원부 장관 (위원장이 직무수행 불가능한 경우 차관이 직무수행)
  ③ 위원 : 25명 이내 (위원장 포함)
    - 당연직 위원 : 차관 (기획재정부, 과학기술정보통신부, 외교부, 환경부, 국토교통부)
    - 위촉위원 : 시민단체 추천 5명 이상
  ④ 임기 : 2년 (위촉위원 : 연임가능)
- 운영 ① 소집통지 : 개최 7일 전
  ② 개의 : 재적위원 과반수 출석
  ③ 의결 : 출석위원 과반수 찬성 (경미한 사항, 시급한 사항 : 재적위원 과반수 문서 찬성)
- 심의사항
  ① 에너지 기본계획 수립·변경 사전심의 ② 비상계획
  ③ 국내외 에너지 개발 ④ 에너지 관련 교통·물류
  ⑤ 에너지정책·에너지사업 ⑥ 에너지 관련 사회적 갈등의 예방·해소방안
  ⑦ 에너지 관련 예산의 효율적 사용 ⑧ 원자력 발전정책
  ⑨ 기후변화협약 대책

* 전문위원회

- 구성 ① 위원장 : 위원 중 호선

  ② 위원 : 20명 이내 (산업통상자원부 장관 위촉 + 행정기관장 지명)

  ③ 임기 : 2년 (위촉위원 : 연임 가능)

- 심의사항

  ① 에너지정책 전문위원회 : 전반적 내용

  ② 에너지기술정반 전문위원회 : 에너지 기술, 신재생에너지

  ③ 에너지개발 전문위원회 : 에너지 개발, 에너지가격체계, 유통·판매·비축·소비

  ④ 원자력발전 전문위원회 : 원자력 발전

  ⑤ 에너지산업 전문위원회 : 석유·가스·전력·석탄

  ⑥ 에너지안전 전문위원회 : 안전관리

* 한국에너지기술평가원

- 설립목적 : 에너지기술 개발사업의 기획·평가·관리를 효율적으로 지원

- 설립 : 사무소 소재지에 설립등기 (재단법인) (not 사단법인)

- 사업

  ① 에너지기술개발사업의 기획·평가·관리
  ② 에너지 기술분야 전문인력 양성
  ③ 국제협력·국제 공동연구사업
  ④ 중장기 기술 기획
  ⑤ 에너지 기술의 수요조사, 동향분석, 예측
  ⑥ 정보·자료의 수집, 분석, 보급, 지도
  ⑦ 정책수립 지원
  ⑧ 에너지기술개발사업비의 운용·관리
  ⑨ 에너지기술개발사업 결과의 실증연구, 시범적용
  ⑩ 학술, 전시, 교육, 훈련

- 협약의 체결 (평가원의 사업 수행 관련)

  : 중앙행정기관의 장·지방자치단체장 ~ 평가원 ···> 비용의 전부 or 일부 출연

- 평가원의 수익사업

  ① 수익사업계획서 : 해당사업 연도 시작전 제출 (to 산업통상자원부 장관)

  ② 수익사업 실적서·결산서 : 해당사업연도 끝난 후 3개월 이전 제출 (to 산업통상자원부 장관)

- 사업계획서·예산서

  ① 승인 : 매 사업연도 시작전 (by 산업통상자원부 장관)

  ② 회계감사 : 다음연도 3월 31일까지 서류 제출 (to 산업통상자원부 장관)

* 전문인력의 양성

- 지원대상 ① 국공립 연구기관 ② 특정연구기관
③ 정부출연 연구기관 ④ 대학·산업대학·전문대학 (대학원 포함)
⑤ 과학기술분야 정부출연 연구기관 ⑥ 산업통상자원부 장관이 인정하는 기관·단체
- 지원신청 : 신청서 제출 (to 산업통상자원부 장관) ····> 60일 이내 결과 통보
- 행정지원 ① 학술연구·조사·기술개발 등에 필요한 행정적·재정적 조치
② 자료제공·재정적 지원 (to 에너지관련 시민단체, 비영리법인 민간부문)

* 에너지복지사업

- 내용 ① 에너지이용소외계층에 대한 에너지 공급
② 〃 의 에너지이용효율 개선
③ 〃 의 에너지이용 관련 복리향상
- 에너지이용권 '16-1차
① 발급대상 : 에너지이용소외계층 (생활·의료급여 수급자 中 [1]65세 이상·[2]영유아·[3]장애인·[4]임산부)
※ 예외 : 세대원 中 [1]난방유 지원·[2]보장시설급여 지급·[3]연료비 지원·[4]3개월 이상 입원·[5]연탄지원
② 신청 (to 산업통상자원부 장관) : 기초생보 수급자 증명서, 주민등록 등본, 장애인증명서, 임신진단서
③ 발급 (신청 ~ 14일 이내) : 세대 단위로 에너지이용권 발급
④ 사용 : 에너지이용권 제시 (to 에너지공급자) ····> 에너지공급
- 예외지급
① 내용 : 에너지이용권 발급요건을 갖춘자 ····> 금전·현물 지급 신청 (to 산업통상자원부 장관)
② 해당 사유 : [1]에너지공급자로부터 직접 에너지 수급 불가능, [2]행정상 착오·지연
- 전담기관
① 업무 : 에너지이용권의 발급·운영
② 지정 : 산업통상자원부 장관 (요건 : 공공기관·민법에 따른 법인) ····> 경비 지원
③ 지정취소 : 거짓·부정한 방법으로 지정, 지정기준에 부적합 ····> 취소 또는 6개월 업무정지
④ 과징금 처분 : 전담기관의 업무정지로 인해 이용자에게 불편·공익 해칠 우려 경우
····> 1천만원 이하의 과징금

* 에너지 관련 통계

- 목적 : 기본계획 및 에너지 관련 시책의 효과적인 수립·시행
- 주체 : 산업통상자원부 장관
- 자료제출요구 (to ¹중앙행정기관, ²지방자치단체, ³공공기관, ⁴지방공사, ⁵에너지공급자, ⁶에너지다소비사업자)

  ⋯> 60일 이내 제출 (to 산업통상자원부 장관)

- 에너지 총조사 (by 산업통상자원부 장관) '17-1차

  ① 에너지총조사 : 3년마다

  ② 간이조사 : 필요시

- 에너지열량 환산기준 (by 산업통상자원부 장관, 5년마다 or 필요시 작성) '18-1차 '17-1차

  ① 총발열량 : 연소과정의 수증기 잠열을 포함한 발열량

  ② 순발열량 : " " " 제외한 발열량

  ③ 석유환산톤 (toe) : 원유 1 ton이 갖는 열량 = 10^7 Kcal

  ④ 석유환산율 : 도시가스 LPG (1.519), 천연가스 LNG (1.306), 원유 (1.075), 경유 (0.903), 등유 (0.877), 휘발유 (0.781), 무연탄 (0.473)

* 국회보고 (by 산업통상자원부 장관)

- 보고서 제출 : 2월말까지 (to 국회)

  ↑ 분야별 전문위원회 검토후 (not 심의)

- 에너지 정책보고서 내용

  ① 국내외 에너지 수급의 추이와 전망

  ② 에너지·자원의 확보, 도입, 공급, 관리를 위한 대책

  ③ 에너지수요관리

  ④ 환경친화적 에너지의 공급·사용 대책

  ⑤ 온실가스 배출현황, 온실가스 감축을 위한 대책

  ⑥ 에너지 정책의 국제협력

Ⅳ. 건축법 <국토교통부 건축정책과>

'건축법' 구성 : 건축물에너지평가사 자격시험 출제기준
제1장. 총칙
제2장. 건축물의 건축
제3장. 건축물의 유지와 관리
제5장. 건축물의 구조 및 재료
제7장. 건축설비
제9장. 보칙

제1장. 총칙

＊ 건축법의 목적 '15-1차 '13-1차

건축물의 대지·구조·설비기준·용도 규정 ···> 건축물의 안전·기능·환경·미관 향상 ···> 공공복리 증진 이바지

＊ 용어의 정의 '18-1차 '17-1차 '16-1차 '13-1차

- 대지 ① 측량·수로조사 및 지적에 관한 법률에 따라 각 필지로 나눈 토지
  ② 1필지 = 1대지 원칙 ···> 분할 (1필지를 2필지 이상으로 나누어 등록)
  ···> 합병 (2필지 이상을 1필지로 합하여 등록)
- 건축물 ① 토지에 정착하는 공작물 中 지붕 + 기둥 (or 벽)이 있는 것
  ② 이에 딸린 시설물, 지하 (or 고가)의 공작물에 설치하는 사무소·공연장·점포·차고 등
- 부속건축물 : 같은 대지에서 주된 건축물과 분리된 부속용도의 건축물 ···> 주된 건축물 이용·관리
- 고층건축물 등
  ① 초고층 건축물 : 50층 이상 or 200m 이상
  ② 준초고층 건축물 : 30~49층 or 120m 이상 ~ 200m 미만
  ③ 고층 건축물 : 30층 이상 or 120m 이상 (고층 ⊃ 준초고층 + 초고층)
- 건축설비 : 건축물에 설치하는 전기·전화, 초고속 정보통신, 지능형 홈네트워크, 가스·급수·배수·환기·난방·소화·배연·오물처리, 굴뚝, 승강기, 피뢰침, 국기게양대, 공동시청안테나, 유선방송수신시설, 우편함, 저수조 등
  (기계식 주차설비, 전산정보처리 설비 ···> 건축설비가 아님)

- **지하층** ① 건축물의 바닥이 지표면 아래에 있는 층
  ② 바닥~지표면 평균높이가 해당층 높이의 1/2 이상
  → 층수 산입 X, 용적률 산입 X, 연면적 산입 O
- **거실** : 건축물 안에서 거주, 집무, 작업, 집회, 오락, 그 밖에 유사한 목적으로 사용하는 방
- **주요구조부** : [1]내력벽, [2]기둥, [3]바닥, [4]보, [5]지붕틀, [6]주계단

  내기바보지주

  (제외 : 사이 기둥, 최하층 바닥, 작은 보, 차양, 옥외계단 등)
- **도로** : 보행 + 자동차 통행 ---> 4m 이상의 도로 (예정도로 포함)

  ※ 막다른도로 : 2m (10m 미만), 3m (10m 이상~35m 미만), 6m (35m 이상)

- **건축주** : 공사 발주 or 현장대리인을 두어 스스로 공사
- **설계자** : 자기 책임 (보조자 도움 포함)으로 [1]설계도서 작성, [2]의도 해설, [3]지도, [4]자문
- **공사감리자** : 자기 책임 (보조자 도움 포함)으로 [1]설계도서대로 시공되는지 확인, [2]품질관리·공사관리·안전관리 등에 대해 지도·감독
- **공사시공자** : 건설산업기본법 제2조 제4호에 따른 건설공사
- **관계전문기술자** : [1]구조·설비 등 전문기술자격 보유, [2]설계·공사감리 참여, [3]설계자·공사감리자와 협력

- **설계도서** : 건축물의 건축 등에 관한 [1]공사용 도면, [2]구조계산서, [3]시방서, [4]건축설비계산 관계서류, [5]토질 및 지질 관계서류, [6]기타 공사에 관한 서류

- **건축**
  ① 신축 : [1]건축물이 없는 대지에 건축물 축조, [2]기존 건축물 전부를 철거(멸실) 후 종전규모보다 크게 축조, [3]부속건축물만 있는 대지에 주된 건축물 축조
  ② 증축 : [1]기존 건축물 규모 증가, [2]기존 건축물 일부 철거(멸실) 후 종전 규모보다 크게 축조, [3]주된 건축물이 있는 대지에 부속건축물 축조
  ③ 개축 : 기존건축물 전부 or 일부 (내력벽·기둥·보·지붕틀 中 3이상 포함) 철거 후 동일규모 내 축조
  ④ 재축 : 자연재해로 전부 or 일부 멸실된 경우 종전 규모이하 (동수·층수·높이 종전규모 이하 or 하나 초과시 법령충족 범위내)
  ⑤ 이전 : 기존 건축물 주요구조부 해체 없이 동일 대지 내 건축물 위치 이동
- **대수선** : [1]내력벽(증설·해체 or 벽면적 30m² 이상 수선·변경), [2]기둥(증설·해체 or 3개 이상 수선·변경), [3]보(증설·해체 or 3개 이상 수선·변경), [4]지붕틀(증설·해체 or 3개 이상 수선·변경), [5]방화벽, 방화구획의 바닥·벽(일부라도 증설·해체), [6]계단(일부라도 증설·해체), [7]미관지구 내 건축물(외부형태(담장포함) 변경), [8]다가구·다세대주택(가구·세대간 경계벽)
- **리모델링** ① 목적 : 건축물의 노후화 억제, 건축물의 기능 향상
  ② 행위 : 대수선, 일부 증축

- **제조업자** : 건축물의 건축·대수선·용도변경, 건축설비의 설치·공작물의 축조 등에 필요한 건축자재를 제조하는 사람
- **유통업자** : 건축물의 건축·대수선·용도변경, 건축설비의 설치·공작물의 축조 등에 필요한 건축자재를 판매하거나 공사현장에 납품하는 사람
- **특별건축구역** : 조화롭고 창의적인 건축물의 건축을 통하여 도시경관의 창출, 건설기술 수준향상, 건축관련 제도개선 목적 ⋯> 일부 규정 미적용·완화·통합 적용하도록 지정하는 구역
- **부속구조물** : 건축물의 안전·기능·환경 향상 목적 ⋯> 건축물에 추가 설치하는 환기시설
  - └ 급기·배기 환기구

- **내수재료** : 내수성을 가진 재료
  - ⋯> 벽돌·자연석·인조석·콘크리트·아스팔트·도자기질재료·유리 등
- **내화구조** : 화재에 견딜 수 있는 성능을 가진 구조
  - ⋯> ① 벽 : RC·SRC 두께 10cm 이상, 벽돌조 19cm 이상
  - ② 외벽(비내력벽) : RC·SRC 두께 7cm 이상, 벽돌조 7cm 이상.
  - ③ 기둥 : 작은 지름 25cm 이상 & RC·SRC
  - ④ 바닥 : RC·SRC 두께 10cm 이상
  - ⑤ 보 : RC·SRC
  - ⑥ 지붕 : RC·SRC, 철재보강 콘크리트블록조·벽돌조
  - ⑦ 계단 : RC·SRC, 무근콘크리트조·콘크리트블록조·벽돌조, 철골조
  - ⑧ 기타 : 품질시험 결과 성능기준 충족
- **방화구조** : 화염의 확산을 막을 수 있는 성능을 가진 구조
  - ⋯> ① 철망 모르타르 바름두께 2cm 이상 ② 석고판 위 모르타르 회반죽 2.5cm 이상
  - ③ 시멘트모르타르 위 타일 2.5cm 이상 ④ 심벽에 흙으로 맞벽치기
  - ⑤ 한국산업표준에 따라 시험한 결과 방화 2급 이상
- **난연재료** : 불에 잘 타지 않는 성능을 가진 재료
  - ⋯> 한국산업규격에 의해 시험 결과 유해성, 열방출량이 성능기준 충족
- **불연재료** : 불에 타지 않는 성질을 가진 재료
  - ⋯> ① 콘크리트·석재·벽돌·기와·철강·알루미늄·유리·시멘트모르타르·회
  - ② 한국산업규격에 의해 시험결과 질량감소율 등이 성능기준 충족
- **준불연재료** : 불연재료에 준하는 성질을 가진 재료
  - ⋯> 한국산업규격에 의해 시험 결과 유해성, 열방출량이 성능기준 충족

※ 건축물의 용도 : 건축법 제2조, 건축법 시행령 제3조의 5 별표 1

1. 단독주택 '13-1차

① 단독주택

② 다중주택 : 연면적 330m² 이하, 3층이하, 하숙집, 독립주거 형태 X (각 실별 욕실 O, 취사시설 X)

③ 다가구주택 : 주택바닥면적 660m² 이하 (부설주차장 제외), 주택 층수 3층 이하(지하층 제외), 19세대 이하

④ 공관

2. 공동주택

① 아파트 : 주택 층수 5층 이상 ┐→ 1층 전부 필로티 & 주차장

② 연립주택 : 주택 1개동 바닥면적 660m² 초과, 〃 4층 이하 ┘ ···→ 층수 제외

③ 다세대주택 : 〃 660m² 이하, 〃 4층 이하

④ 기숙사 : 학교 학생 or 공장 종업원 사용, 공동취사 O, 독립주거형태 X

※ 필로티 구조의 주차장 (다가구주택, 다세대 주택)

: 1층 바닥면적 ½ 이상 필로티 & 주차장, 나머지 주택의 용도 ···→ 주택 층수 제외

※ 주택의 규모 기준

용도		층수	면적	비고
단독주택	다중주택	3층 이하	연면적 330m² 이하	-
	다가구주택	주택 3개층 이하	주택 동별 바닥면적 660m² 이하	부설주차장 면적 제외
공동주택	다세대주택	〃 4개층 이하	〃 〃	〃
	연립주택	〃 〃	〃 660m² 초과	〃
	아파트	〃 5개층 이상	-	〃

3. 제1종 근린생활시설

: 수퍼·서점 등 소매점 (1,000m² 미만), 휴게음식점·제과점 (300m² 미만), 탁구장·체육도장 (500m² 미만), 파출소·소방서·보건소 (1,000m² 미만), 기타 (의원, 마을회관, 변전소, 정수장, 공중화장실, 가스배관시설)

4. 제2종 근린생활시설

: 휴게음식점·제과점 (300m² 이상), 서점 (1,000m² 이상), 테니스장·체력단련장 (500m² 미만), 공연장·종교집회장 (500m² 미만), 사무소 (500m² 미만), 세탁소 (500m² 미만), 게임제공업의 시설·학원·고시원 (500m² 미만), 단란주점 (150m² 미만), 기타 (일반음식점, 기원, 사진관, 장의사, 동물병원, 독서실, 안마시술소, 노래연습장)

5. 문화 및 집회시설

: 공연장 (500m² 이상), 집회장 (500m² 이상), 관람장 (체육관·운동장의 경우 관람석 바닥면적 1,000m² 이상) 기타 (전시장, 동식물원)

6. **종교시설**

: 종교집회장 (500m² 이상), 종교집회장에 설치하는 봉안당

7. **판매시설**

: 도매시장·소매시장 (그 안에 있는 근린생활시설 포함), 상점 (1,000m² 이상), 게임제공업의 시설 (500m² 이상)

8. **운수시설**

: 여객자동차터미널, 철도시설, 공항시설, 항만시설

9. **의료시설**

: 병원, 격리병원

- 의원 : 1종 근생
- 동물병원 : 2종 근생
- 병원 : 의료시설

10. **교육연구시설** (제2종 근린생활시설 제외)

: 학교, 교육원, 직업훈련소 (운전·정비관련 제외), 학원 (자동차·무도 제외), 연구소, 도서관

11. **노유자시설**

: 아동관련시설, 노인복지시설, 사회복지시설, 근로복지시설

12. **수련시설**

: 생활권 수련시설, 자연권 수련시설, 유스호스텔

13. **운동시설**

: 탁구장·체육도장·테니스장·볼링장·골프연습장·물놀이형 시설 (500m² 이상), 체육관 (관람석 바닥면적 1,000m² 미만), 운동장 (관람석 바닥면적 1,000m² 미만)

14. **업무시설**

: 공공업무시설 (지역자치센터, 파출소, 소방서, 보건소 등 1,000m² 이상),

일반업무시설
- 금융업소, 사무소, 소개업소, 출판사, 신문사 (500m² 이상)
- 오피스텔

15. **숙박시설**

: 일반숙박시설·생활숙박시설, 관광숙박시설 (관광호텔, 수상관광호텔, 가족호텔, 휴양콘도미니엄), 고시원 (500m² 이상)

16. **위락시설**

: 단란주점 (150m² 이상), 유흥주점, 관광진흥법에 따른 유원시설업의 시설, 무도장·무도학원, 카지노영업소

17. **공장** (제1종·제2종 근린생활시설, 위험물 저장 및 처리시설, 자동차 관련시설, 자원순환관련시설 제외)

18. 창고시설 (위험물 저장 및 처리시설 제외)

: 창고, 하역장, 물류터미널, 집배송 시설

19. 위험물 저장 및 처리시설

: 주유소·충전소(가스식 세차설비 포함), 도시가스 공급시설 등

20. 자동차 관련 시설

: 주차장, 세차장, 폐차장, 검사장, 매매장, 정비공장, 운전학원·정비학원, 차고·주기장

21. 동물 및 식물관련시설

: 축사, 가축시설, 도축장, 도계장, 작물재배사, 종묘배양시설, 온실 등 (동식물원 제외)

22. 자원순환 관련시설

: 분뇨처리시설, 고물상, 폐기물 처리시설, 폐기물 감량화 시설

23. 교정 및 군사시설

: 교정시설(보호감호소, 구치소, 교도소), 갱생보호시설, 소년원, 국방·군사시설

24. 방송통신시설 (제1종 근린생활시설 제외)

: 방송국, 전신전화국, 촬영소, 통신용 시설

25. 발전시설 (제1종 근린생활시설 제외)

: 발전소

26. 묘지 관련 시설

: 화장시설, 봉안당(종교시설 제외)

27. 관광휴게시설

: 야외음악당, 야외극장, 어린이회관, 관망탑, 휴게소

28. 장례식장 (의료시설의 부수시설 제외)

* 부속용도

- 정의 : 건축물의 주된 용도의 기능에 필수적인 용도로 쓰이는 부수시설
- 종류 : ① 설비, 대피, 위생　　② 사무, 작업, 집회, 물품저장, 주차

③ 구내식당·직장보육시설·구내운동시설 등 [1] 종업원 후생복리시설, [2] 구내소각시설

* 다중이용건축물

① 해당용도 바닥면적 5,000m² 이상 : 문화 및 집회시설(전시장·동식물원 제외), 종교시설, 판매시설,
문종판 여종숙
여객용시설, 종합병원, 관광숙박시설

② 16층 이상인 건축물

* 건축법 적용

구분		전부 적용	일부규정 적용 제외
도시지역 · 지구단위계획구역		○	
동 또는 읍	일반지역	○	
	인구 500인 이상 섬	○	
	인구 500인 미만 섬		○
동 또는 읍이 아닌 지역			○
도로예정지 안에 건축하는 경우			○

* 건축법 적용 제외 '17-1차

- 지정·가지정 문화재
- 철도 또는 궤도의 선로 부지 안에 있는 시설
- 고속도로 통행료 징수시설 / 하천구역 내 수문조작실
- 컨테이너를 이용한 간이창고

* 리모델링에 대비한 특례 (공동주택)

- 요건 ① 인접세대와 수직·수평으로 통합 분할 가능
  ② 구조체에서 건축설비, 내부마감재료, 외부 마감재료 분리 가능
  ③ 개별 세대 안에서 구획된 실의 크기, 개수, 위치 변경 가능
- 완화내용 ① 용적률 ② 건축물의 높이 제한 ③ 일조 확보를 위한 건축물의 높이 제한
  ···> 120/100 범위에서 완화 적용 가능

* 사용승인 후 15년 이상 경과된 건축물 리모델링

- 연면적 증가
  - 공동주택, 원룸형 주택 : 건축위원회에서 정한 범위 내
  - 비주거 : 1/10 이내, 건축위원회에서 정한 범위 내
- 증축 가능 범위
  - 공동주택 : 1 승강기·계단·복도, 2 노대·화장실·창고·거실, 3 부대시설, 4 복리시설, 5 높이·층수·증별 세대수
  - 비주거 : 1 승강기·계단·주차시설, 2 노인 및 장애인 등을 위한 편의시설, 3 외부벽체, 4 통신시설·기계설비·화장실·정화조·오수처리시설, 5 높이·층수, 6 거실

＊ 건축위원회 종류

- 중앙건축위원회
- 지방건축위원회

＊ 중앙건축위원회

- 설치 : 국토교통부
- 구성 : 70인 이내 (위원장·부위원장 각 1명 포함)
- 위원 : 공무원 + 학식·경험이 풍부한 사람 ⋯> 국토교통부 장관이 임명·위촉
- 위원장·부위원장 : 위원 中 국토교통부 장관이 임명·위촉
- 임기 : 2년 (한차례 연임 가능, 공무원 제외)
- 심의사항
  ① 표준설계도서 인정
  ② 건축·대수선·용도변경·건축설비의 설치·공작물의 축조 관련 분쟁의 조정·재정
  ③ 법령의 시행
  ④ 기타

＊ 지방건축위원회

- 설치 : 특별시·광역시·도·특별자치도·시·군·구
- 구성 : 25 ~ 150인 (위원장·부위원장 각 1명 포함)
- 위원 : 공무원 + 학식·경험이 풍부한 사람 ⋯> 시도지사·시장·군수·구청장이 임명·위촉
- 위원장·부위원장 : 위원 中 시도지사·시장·군수·구청장이 임명·위촉
- 임기 : 3년 이내 (한 차례 연임 가능, 공무원 제외)
- 심의사항
  ① 조례의 제정·개정
  ② 건축선 지정
  ③ 다중이용건축물·특수구조건축물의 구조안전
  ④ 분양목적 건축물의 건축
  ⑤ 기타

제2장. 건축물의 건축

'건축물의 건축' 구성
- 허가 절차: 사전결정, 건축허가, 건축신고, 허가·신고사항의 변경, 건축허가 제한, 용도변경
- 가설건축물
- 착공신고
- 사용승인
- 건설절차: 건축물의 설계, 건축시공, 건축물의 공사감리, 허용오차

* 사전결정

- 대상: 건축허가 대상 건축물
- 시기: 건축허가 신청 전 (to 허가권자)
- 내용: 건축법, 타법에 의해 허용되는지 여부
- 기타: 건축심의, 교통영향평가서 검토 동시 신청 가능
- 효력: 사전결정 통지일로부터 2년 이내 건축허가 신청하지 않는경우 → 사전결정 효력상실

※ 건축물 안전영향평가
- 대상: [1]초고층 건축물, [2]연면적 10만m² 이상 (& 16층 이상)
- 시기: 건축허가 신청 전 의뢰 (건축심의에 안전영향평가 결과 포함)
- 심의: 안전영향평가기관

* 건축허가

※ 건축허가 신청시 대지소유권 확보해야 함 (예외: [1]대지사용 권원 확보, [2]노후화·구조 안전 문제, [3]전원 합의 증명, [4]토지관리청 매각·양여 확인 등)

- 허가권자(원칙): 특별자치도지사 (제주도지사), 시장, 군수, 구청장 (광역이상 市의 구청장)
- 특별시장·광역시장 허가 대상
  - ① 지역: 특별시, 광역시
  - ② 규모: 21층 이상 또는 연면적 10만m² 이상 / 30% 이상 증축하여 21층 이상 또는 연면적 10만m² 이상
  - ③ 예외: 공장, 창고
- 사전승인 대상 (시장·군수의 허가 이전 도지사의 승인)
  - 대규모 건축물
    - ① 지역: 특별시, 광역시 이외
    - ② 규모
      - 신축: 21층 이상 또는 연면적 10만m² 이상
      - 증축: 30% 이상 증축하여 21층 이상 또는 연면적 10만m² 이상
    - ③ 예외: 공장, 창고
  - 환경보호 건축
    - ① 자연보호·수질보호
      - 용도: 공동주택, 일반음식점, 일반업무시설, 숙박시설, 위락시설
      - 규모: 3층 이상, 연면적 합계 1,000m² 이상
    - ② 주거환경·교육환경: 위락시설, 숙박시설

* 건축신고

- 대상 ① 바닥면적 $85m^2$ 이내 증축, 개축, 재축 (신축: 허가대상임)
  ② 3층 이상 건축물의 증축, 개축, 재축: 연면적의 1/10 이내
  ③ 관리지역, 농림지역, 자연환경보전지역: 연면적 $200m^2$ 미만 & 3층 미만 건축물의 건축
  ④ 대수선: 연면적 $200m^2$ 미만 & 3층 미만인 건축물
  ⑤ 주요구조부의 해체가 없는 대수선
  ↳ [1]내력벽 면적 $30m^2$ 이상, [2]기둥·보·지붕틀 각각 3개 이상, [3]방화벽 또는 방화구획, 바닥·벽
  [4]주계단·피난계단·특별피난계단
  ⑥ 기타
  - 연면적 $100m^2$ 이하
  - 높이 3m 이하 증축
  - 표준설계도서에 의해 건축되는 건축물
  - 공장: 2층 이하 & 연면적 $500m^2$ 이하
  - 읍면 지역의 건축물: 창고 ($200m^2$ 이하), 축사 ($400m^2$ 이하), 작물재배사 ($400m^2$ 이하)
- 건축신고의 취소: 건축신고일로부터 1년 이내 착공하지 않는 경우 ⋯> 신고의 효력 취소
  (1년 범위 내 연장 가능)

* 허가·신고사항의 변경

- 원칙: 허가·신고사항의 변경 발생시 허가·신고 해야 함
  ① 허가: 바닥면적 $85m^2$ 초과 신축·증축·개축 (그 외: 신고)
  ② 신고: 건축관계자 (건축주·설계자·공사시공자·공사감리자) 변경 경우
- 경미한 변경; 허가·신고 생략 가능 ⋯> 사용승인 신청시 일괄신고

건물층수 변경 없는 범위에 한함
  ① 변경부분의 바닥면적 합계 $50m^2$ 이하
  ② 연면적 합계의 1/10 이하 ($5,000m^2$ 이상인 건축물은 각 층 바닥면적 $50m^2$ 이하 변경)
  ③ 변경 부분의 높이가 1m 이하이거나 전체 높이의 1/10 이하
  ④ 대수선
  ⑤ 변경 부분의 위치가 1m 이하

* 건축허가의 불허; 적법한 건축에 대한 허가 불허

- 위락시설 또는 숙박시설: 주거환경, 교육환경에 부적합하다고 인정
- 방재지구, 자연재해 위험개선지구: 지하층 등 일부공간을 주거용 또는 거실로 부적합 인정

⋯> 건축위원회 심의를 거쳐 건축허가 불허 (by 허가권자)

＊ 건축허가·착공 제한

- 제한권자 (····> 허가권자의 건축허가 또는 허가 받은 건축물의 착공 제한)
  ① 국토교통부 장관 ┬ 국토관리상 필요하다고 인정
  └ 주무장관이 국방·문화재 보존·환경보존·국민경제상 필요하다고 요청
  ② 시·도지사 : 지역계획 또는 도시·군계획상 필요하다고 인정
- 제한 방법
  ① 허가 : 제한기간 2년 + 1회 연장가능 (1년) ····> 최대 3년
  ② 착공 : 제한기간 2년
- 제한 절차 : 주민의견 청취 → 건축위원회 심의

＊ 건축허가의 취소

- 건축허가 취소 사유
  ① 허가 받은 날부터 1년 이내 착공하지 않은 경우
  ② 착공했으나 공사완료가 불가능하다고 인정하는 경우
- 착공 연기 : 1년 범위 내 가능

＊ 용도변경 '18-1차

자산전문영교근주기

- 분류 ① 자동차 관련 시설군 : 자동차 관련
  ② 산업등의 시설군 : 운수, 창고, 공장, 위험물저장 및 처리, 자연순환 관련, 묘지관련, 장례식장
  ③ 전기통신 시설군 : 방송통신, 발전
  ④ 문화 및 집회시설군 : 문화 및 집회, 종교, 위락, 관광휴게
  ⑤ 영업시설군 : 판매, 운동, 숙박, 다중생활시설
  ⑥ 교육 및 복지 시설군 : 의료, 교육연구, 노유자, 수련, 야영장
  ⑦ 근린생활 시설군 : 1종·2종 근린생활 (다중생활시설 제외)
  ⑧ 주거업무 시설군 : 단독주택, 공동주택, 업무, 교정 및 군사
  ⑨ 기타 : 동물·식물관련
- 허가 : 오름차순 (↑) 변경
- 신고 : 내림차순 (↓) 변경
- 건축물대장 기재변경 : 동일 시설군 내 (←→) 변경
- 사용승인 : 용도변경 부분의 바닥면적 합계 100 m^2 이상 허가·신고 대상 → 500 m^2 미만 대수선 : 예외
- 건축물 설계 : 〃 〃 500 m^2 이상 ····> 건축법의 건축물 설계에 관한 규정 준용 (건축사가 설계)

* 가설 건축물

- 정의 : 존치기간 완료 후 철거하는 건축물
- 허가권자 : 특별자치시장·특별자치도지사, 시장, 군수, 구청장
- 허가대상 ① 도시·군계획 시설 또는 도시·군계획 시설 예정지
  ② 철근콘크리트 또는 철골철근콘크리트가 아닌 것
  ③ 존치기간 : 3년 이내
  ④ 3층 이하
  ⑤ 전기·수도·가스 등 새로운 간선공급설비의 설치를 요하지 아니할 것
  ⑥ 공동주택, 판매시설, 운수시설 등의 분양을 목적으로 건축하는 건축물이 아닌 것
- 신고대상 : 재해복구·흥행, 전람회·공사용 가설 건축물 등 제한된 용도의 건축물
- 존치기간 연장 : 1 허가대상 (존치만료 14일 전 허가신청), 2 신고대상 (존치만료 7일 전 신고)

* 착공신고

- 대상 : 건축허가, 건축신고, 가설건축물 축조
- 신고자 : 건축주 (공사감리자·공사시공자 서명) ⋯> 3일 이내 1 신고수리여부 · 2 연장여부 통지 (by 허가권자)
- 첨부서류 ① 건축관계자 상호간 계약서 사본 (건축주 ~ 1 설계자 · 2 공사시공자 · 3 공사감리자)
  ② 시방서, 실내마감도, 건축설비도, 토지굴착 및 옹벽도 (공장)
  ③ 흙막이 구조도면 (지하 2층 이상 경우)
  ④ 석면조사결과 사본

* 사용승인

- 신청 : 건축주
- 절차 : 사용승인 신청 접수일로부터 7일 이내 사용승인 검사 ⋯> 검사 합격 후 즉시 사용승인서 교부
- 동별 사용승인 : 가능
- 임시사용승인 : 2년 이내 기간 (연장 가능)
- 건축물대장 기재 ① 특별자치도지사, 시장, 군수, 구청장의 사용승인 → 건축물대장 기재
  ② 특별시장. 광역시장의 사용승인 → 군수·구청장에 통지 → 건축물대장 기재
  ③ 가설건축물 : 가설건축물관리대장에 기재·관리

* 복수용도 인정 : 건축허가·신고, 용도변경허가·신고, 건축물대장기재내용 변경 가능
⋯> 같은 시설군 용도 범위 내 (지방건축위원회 심의 거쳐 다른 시설군 용도 가능)

* 허용오차

- 대지관련
  - 건축선 후퇴거리 : 3% 이내
  - 건폐율 : 0.5% 이내 (건축면적 $5m^2$ 초과 X)
  - 용적률 : 1% 이내 (연면적 $30m^2$ 초과 X)
- 건축물 관련
  - 건축물의 높이 : 2% 이내 (1m 초과 X)
  - 출구 너비·반자 높이 : 2% 이내
  - 평면 길이 : 2% 이내 (건축물 전체 길이 1m 초과 X, 각 실 10cm 초과 X)
  - 벽체 두께·바닥판 두께 : 3% 이내

* 건축물의 설계

- 건축사 설계대상 ① 건축허가 대상 ② 건축신고 대상 ③ 사용승인 후 15년 경과 리모델링 ④ 허가대상 가설건축물
- 건축사 설계대상 예외 ① 바닥면적 $85m^2$ 미만의 증축·개축·재축
  ② 연면적 $200m^2$ 미만 & 3층 미만
  ③ 읍면지역 $200m^2$ 이하 창고·농막, $400m^2$ 이하 축사·재배사
  ④ 신고대상 가설건축물

* 건축시공

- 의무 : [1] 성실시공, [2] 공사현장의 위해방지조치, [3] 법령에 적합하게 건축하여 건축주에게 인도, [4] 공사현장에 설계도서 비치, [5] 건축허가 표지판 설치
- 설계변경의 요청 : [1] 법령에 적합하지 않은 경우, [2] 공사여건상 불합리한 경우
  ···> 건축주·공사감리자 동의를 받아 서면으로 설계자에게 변경요청
- 시공상세도면의 작성 ···> 공사감리자의 확인 후 시공
- 현장관리인 : 건설업자 시공 규모 이상 ···> 건축주가 건설기술자 1명을 현장관리인으로 지정
- 사진·동영상 촬영·보관 : 공동주택·종합병원·관광숙박시설 中 다중이용건축물
  ···> 공사단계마다 촬영 ···> 건축주, 감리자, 허가권자 확인

* 허가권자의 공사감리자 지정 (설계자 감리 제외) ···> 설계자의 건축과정 참여 의무 (착공신고시 서류제출)

- 대상 : [1] 연면적 $661m^2$ 이하 주거 (단독주택, 농업 등 창고·축사 제외), [2] 연면적 $495m^2$ 이하 건축물
- 예외 : 신기술 적용 설계, 역량 있는 건축사, 설계공모 ···> 설계자가 공사 감리
- 착공신고 (감리계약서 제출) ···> 사용승인 (감리비용 지불내역 제출)

* 공사감리

- **공사감리 업무내용**
  - ① 설계도서에 따라 적합하게 시공하는지 여부 확인
  - ② 관계 법령에 적합한 건축자재 여부 확인
  - ③ 공사시공자·건축주 지도
  - ④ 시공계획·공사관리의 적정여부 확인
  - ⑤ 안전관리 지도
  - ⑥ 공정표의 검토
  - ⑦ 시공상세도면의 검토·확인
  - ⑧ 구조물의 위치와 규격의 적정 여부 검토·확인
  - ⑨ 품질시험의 성과 검토·확인
  - ⑩ 설계변경의 적정여부 검토·확인

- **감리종류**
  - ① 일반공사감리 : [1] 건축허가 대상, [2] 사용승인 후 15년 이상 경과된 건축물의 리모델링
    ···> 건축사 (비상주)
  - ② 상주공사감리 : [1] 바닥면적 5,000m² 이상, [2] 연속된 5개층 & 3,000m² 이상, [3] 아파트
    ···> 건축사 (건축분야 건축사보 1인 이상: 전체공사기간
    토목·전기·기계분야 건축사보 1인이상: 분야별 해당공사기간)
  - ③ 다중이용건축물 감리 ···> [1] 건설기술용역업자, [2] 건축사 (건설사업관리기술자)

- **시공상세도면 요청** : 연면적 5,000m² 이상 건축공사

- **감리보고서**
  - 감리일지
  - 감리중간보고서
    - RC : [1] 기초철근배치 완료, [2] 지붕슬래브 배근 완료, [3] 5층마다 상부슬래브 배근완료
    - SRC : [1] 〃, [2] 지붕철골 조립완료, [3] 3개층마다 or 20m 마다
  - 감리완료보고서
  - 위법 건축공사 보고서 (···> 허가권자에게 제출)

- **감리행위의 종료**
  - ① 적법건축 : 감리일지 기록·유지, 감리중간보고서·감리완료보고서 제출 (to 건축주)
  - ② 위법건축
    - 시정요청 ···> 시정완료 후 공사진행 ···> 감리중간·완료보고서 제출 (to 건축주)
    - 시정요청에 불응, 공사중지 요청에 불응
      ···> 명시기간 만료 후 7일 이내 위법건축보고서 제출 (to 허가권자)

* 건축관계자 변경신고

- **건축주 변경** (양수인, 상속인, 법인)
- **설계자·공사시공자·공사감리자 변경**

(위 두 항목) ···> 신고 (7일 이내, by 건축주, to 허가권자)

*공사완료 후 인수인계 목록 (from 시공자 to 발주자)

① 준공보고서 · 인도서
② 준공도면
③ 건축물 유지관리 설명서
④ 설비기기 성능시험성적서 · 취급설명서
⑤ 관공서 수속서류
⑥ 열쇠 인도서 · 열쇠함
⑦ 공구 인도서 · 공구함
⑧ 공사시방서에 의한 예비재료 · 물품
⑨ 기타 자료 · 재료 · 가구류

제3장. 건축물의 유지와 관리

'건축물의 유지와 관리' 구성
- 건축물의 유지·관리
- 건축물의 철거 등의 신고
- 건축물대장

*** 건축물의 유지·관리** '15-1차 '13-1차
- 의무자 : 건축물의 소유자·관리자
- 대상 : [1]건축물, [2]대지, [3]건축설비
- 점검항목 : [1]대지, [2]높이 및 형태, [3]구조안전, [4]화재안전, [5]건축설비, [6]에너지 및 친환경관리
- 미이행시 조치 : 2년 이하의 징역 또는 1천만원 이하의 벌금
- 정기점검 ※·정기점검대상 아닌 소규모 노후건축물 ···> 허가권자가 안전점검 요구 가능(비용지원)
  ①시기 : 사용승인일 기준 10년 지난 날부터 2년마다 ···> 사용승인 후 12년 지나서 시작
  ②대상 : [1]다중이용건축물, [2]집합건축물 3,000m² 이상 (주택법에 따른 관리주체가 관리하는 공동주택 제외)
  [3]다중이용업의 용도로 쓰는 건축물, [4]준다중이용건축물 中 특수구조건축물
  ③사전통지 : 기준일부터 2년이 되는 날의 3개월 전까지 (by 허가권자)
- 유지·관리 점검자 : [1]건축사사무소개설신고를 한 자, [2]건설기술용역업자, [3]건축분야 안전진단전문기관
- 건축물의 점검결과 보고 : 점검 완료 후 30일 이내 (to 허가권자) ···> 필요한 경우 시정명령

*** 건축물의 철거 등의 신고**
- 건축물의 철거 신고
  ①대상 : 건축허가 또는 건축신고를 한 건축물
  ②일정 : 철거 7일전 신고
  ③제출서류 : 건축물 철거·멸실 신고서, 해체공사계획서, 기관석면조사결과사본
- 건축물의 멸실 신고
  ①대상 : 건축허가 대상 건축물
  ②일정 : 멸실 후 30일 이내 신고
  ③제출서류 : 건축물 철거·멸실신고서

* 건축물 대장

- 기재·보관 의무자 : 허가권자 (특별자치시장·특별자치도지사, 시장·군수·구청장)
- 목적 ① 건축물 소유·이용상태 확인 - 내용 ① 건축물 ② 대지현황 ③ 구조내역
  ② 건축정책의 기초자료
- 기재·보관 대상 ① 사용승인서 교부
  ② 건축허가 대상 (건축신고대상 포함) 건축물 외의 건축물이 공사 완료 후 기재요청
  ③ 건축물의 유지·관리에 관한 사항
  ④ '집합건물의 소유 및 관리에 관한 법률'에 따른 건축물대장의 신규·변경등록
  ⑤ 건축물 소유자가 건축물의 관리대장을 건축물대장으로의 이기 신청
  ⑥ 기타 기재 내용 변경 필요시
- 작성 : 동별 기재 (not 허가단위)

* 건축물의 설계도서

① 공사용 도면
② 구조계산서
③ 시방서
④ 건축설비계산서
⑤ 토질·지질 관계서류
⑥ 기타 공사에 필요한 서류

'13-1차

* 설계도서 해석의 우선순위 공설전표 산상유감

① 공사시방서
② 설계도면
③ 전문시방서
④ 표준시방서
⑤ 산출내역서
⑥ 승인된 상세시공도면
⑦ 관계법령의 유권해석
⑧ 감리자의 지시사항

제 5장. 건축물의 구조 및 재료

'건축물의 구조 및 재료' 구성
- 구조안전의 확인
- 피난 규정 : 출구, 복도, 계단, 피난안전구역, 피난층, 대지 내 통로, 옥상광장
- 방화 규정 : 방화에 장애가 되는 용도의 제한, 방화구획, 내화구조, 방화지구, 마감재료
- 거실 : 반자높이, 채광, 환기, 방습, 경계벽, 칸막이벽
- 지하층

＊ 구조 안전의 확인

- 구조계산에 의한 구조안전 확인 대상 건축물 ···> 구조안전확인서 제출 (to 허가권자)
  ① 연면적 500 m² 이상 ② 2층 이상 (목구조: 3층 이상) ③ 높이 13m 이상 ④ 처마높이 9m 이상
  ⑤ 경간 10m 이상 ⑥ 지진구역 ⑦ 5,000m² 이상 박물관·기념관 ⑧ 보·차양 3m 이상
- 건축구조기술사 협력대상 건축물 (연면적 기준 無) ···> 건축사가 구조안전 확인
  ① 6층 이상 ② 특수구조 (경간 20m 이상, 보·차양 3m 이상) ③ 다중이용 ④ 준다중이용 ⑤ 지진구역

※ 내진능력 공개 : 16층 이상, 바닥면적 5,000m² 이상

＊ 관람석 등으로부터의 출구

- 출구방향 (제2종 근생 中 공연장·종교집회장 (300m² 이상), 문화 및 집회시설 (전시장·동식물원 제외)
  종교시설, 위락시설, 장례식장)
  : 바깥쪽 출구는 안여닫이 불가
- 공연장의 개별관람석 출구 (300m² 이상)
  ① 출구 : 2개소 이상
  ② 출구유효너비 : 최소 1.5m 이상
  ③ 출구 유효너비의 합계 : $\frac{\text{관람석 바닥면적 (m}^2\text{)}}{100\ \text{m}^2}$ × 0.6m 이상

＊ 복도의 폭

- 유치원·초등학교·중학교·고등학교 : 중복도 2.4m 이상, 편복도 1.8m 이상
- 공동주택·오피스텔·의료시설 (당해층 200m² 이상) : " 1.8m ", " 1.2m "
- 당해층 거실 바닥면적 200m² 이상 : " 1.5m ", " 1.2m "
- 공연장·전시장·아동·노인·수련·장례식장 : 당해층 바닥면적 500m² 미만 ···> 1.5m 이상
  " " 1,000m² 미만 ···> 1.8m "
  " " 1,000m² 이상 ···> 2.4m "

* 계단의 설치

- 보행거리 ① 원칙 : 30m 이하

  ② 내화구조 또는 불연재료 건축물(지하층 300m² 이상 공연장, 전시장 제외)

  : 일반 50m 이하, 16층 이상 공동주택 40m 이하

- 2개소 이상의 직통계단 설치 대상

  ① 문화 및 집회시설, 제2종 근생 中 300m² 이상 공연장·종교집회장, 장례식장 등 : 해당층 200m² 이상

  ② 다중주택, 다가구주택, 학원, 독서실, 판매·운수·의료·아동·노인·숙박, 위스키(유흥)주점 : 2층 이상 200m² 이상

  ③ 지하층 : 해당층 200m² 이상

  ④ 공동주택(층당 4세대 이하 제외), 오피스텔 : 해당층 300m² 이상

  ⑤ 기타 (①, ②, ④ 제외) : 3층 이상 해당층 400m² 이상

- 옥외 피난계단 : 3층 이상 (피난층 제외)

  ① 공연장, 유흥주점 : 300m² 이상

  ② 집회장 : 1,000m² 이상

* 계단의 구조

- 피난계단 또는 특별피난계단 설치 대상

  ① 원칙 : 1. 5층 이상의 층, 2. 지하2층 이하의 층

  ② 예외 : 내화구조 또는 불연재료 건축물 5층 이상의 층이 [1. 바닥면적 200m² 이하 / 2. 매 바닥면적 200m² 방화구획

  ※ 판매시설 용도 층으로부터의 직통계단 : 1개소 이상 특별피난계단

- 특별피난계단 설치 대상

  ① 원칙 : 1. 11층 이상인 층 (공동주택 : 16층 이상), 2. 지하 3층 이하인 층

  ② 예외 : 1. 갓복도식 공동주택, 2. 바닥면적 400m² 미만인 층은 층수 산정에서 제외

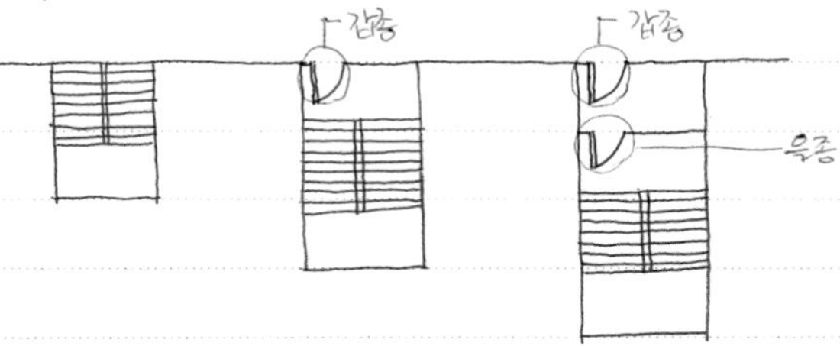

< 직통계단 > < 피난계단 > < 특별피난계단 >

* 계단의 기준

- 계단참 : 높이 3m 이내마다 너비 1.2m 이상의 계단참
- 난간 : 양 옆 설치
- 중간 난간 : 너비 3m 이내마다 설치 (예외 : 단높이 15cm 이하 & 단너비 30cm 이하)
- 계단 유효높이 : 2.1m 이상
- 계단실의 출입구 : 유효너비 0.9m 이상
- 계단 대체 경사로 : 1/8 이하

* 고층건축물의 피난안전구역

- 설치장소 ① 초고층 건축물 (50층 이상) : 최대 30개층마다 1개소 이상
  ② 준초고층 건축물 (30~49층) : 전체 층수 1/2에 해당하는 층 상하 5개층 이내 1개소 이상
- 구조기준 ① 단열재 설치 : 아래층 (최상층 거실의 반자 기준), 위층 (최하층 거실의 바닥 기준)
  ② 불연재료 마감
  ③ 특별피난계단의 구조
  ④ 비상용 승강기 : 피난안전구역에서 승하차
  ⑤ 급수전 1개소 이상, 예비전원에 의한 조명설비, 경보 및 통신시설
  ⑥ 높이 2.1m 이상

* 피난층

- 피난층에서의 보행거리 (문화및집회, 종교, 판매, 청사, 위락, 장례식장, 학교, 승강기 설치 건축물)
  ① 계단 ~ 옥외 출구 : 30m 이하 (내화구조·불연재료 50m 이하 / 16층 이상 공동주택 40m 이하)
  ② 거실 ~ 옥외 출구 : 60m 이하 (〃 〃 100m 이하 / 〃 80m 이하)
- 바깥쪽으로의 출구 유효너비 합계 (판매시설)
  $= \frac{\text{해당용도 최대층의 바닥면적}}{100m^2} \times 0.6m$ 이상
- 회전문 : 계단·에스컬레이터 ~ 2m 이상 이격

* 대지 내 통로

- 개방공간(썬큰) 설치 대상 : 지하층에 설치한 공연장 · 집회장 · 관람장 · 전시장 3,000m² 이상
- 통로 유효폭 ① 단독주택 : 0.9m 이상
  ② 문화및집회 · 종교 · 위락 · 의료시설 · 장례식장 500m² 이상 : 3m 이상
  ③ 기타 : 1.5m 이상 ④ 통로 2m 이상 경우 : 자동차 진입억제용 말뚝 or 단차
- 소화 통로 : 다중이용 or 준다중이용 or 11층 이상 ···> 소방자동차 접근이 가능한 통로 설치

* 옥상광장 등

- 난간 : 1.2m 이상 @ 옥상광장 또는 2층 이상 층의 노대
- 옥상광장 설치 대상
  ① 층 위치 : 5층 이상의 층
  ② 용도 ; 문화및집회 · 종교 · 판매시설, 장례식장, 유흥주점
- 헬리포트
  ① 설치대상 : 층수 11층 이상, 11층 이상 부분 바닥면적 합계 10,000m² 이상
  ···> 헬리포트 또는 헬리콥터를 통한 인명구조공간 설치 (경사지붕 : 대피공간 설치)
  ② 설치 기준 ┬ 헬리포트 길이 · 너비 : 22m 이상 (15m까지 감축 가능)
  └ 헬리포트 중심 반경 12m 이내 : 장애물 설치 X

* 용도제한 : 동일 건축물 안에 '공동주택 등'과 '위락시설 등'은 함께 설치할 수 없다.

- 용도제한의 원칙 <··· 방화에 장애가 되는 용도의 제한
  ① 공동주택 등 : 공동주택, 의료시설, 아동관련시설, 노인복지시설, 장례식장
  ② 위락시설 등 : 위락시설, 위험물저장 및 처리시설, 공장, 자동차정비공장
  ③ 예외 : 1 기숙사 + 공장, 2 도시환경정비사업, 3 초고층 건축물
- 용도제한의 강화 : 아래의 용도시설은 무조건 동일 건축물 안에 설치할 수 없다.
  ① 아동관련시설, 노인복지시설 : 도, 소매 시장
  ② 공동주택, 다가구주택, 다중주택, 조산원 : 다중생활시설 (2종 근생)

* 방화구획

- 주요구조부가 내화구조 또는 불연재료인 연면적 1,000m² 이상 ····> 내화구조의 바닥·벽·갑종방화문으로 구획

규모		방화구획 원칙	방화구획(자동소화설비 설치시)
11층 이하		1,000 m² 마다	3,000m² 마다
11층 이상	불연재료	500m² 〃	1,500m² 〃
	비불연재료	200 m² 〃	600 m² 〃
3층 이상·지하층		내화구조의 바닥	

- 주요구조부가 내화구조 또는 불연재료가 아닌 연면적 1,000m² 이상 ····> 1,000m² 마다 방화벽으로 구획
  - ① 예외 : [1]주요구조부가 내화구조이거나 불연재료, [2]단독주택·동식물시설·교도소·묘지시설, [3]방화벽 구획할 수 없는 창고
  - ② 갑종방화문 : 2.5m × 2.5m 이하
- 방화지구 안의 건축물
  - ① 주요구조부 및 외벽 : 내화구조로 계획
  - ② 지붕 : 내화구조가 아닌 것은 불연재료 사용
  - ③ 연소할 우려가 있는 부분의 창문 : 갑종방화문, 드렌처, 내화구조 또는 불연재료 벽, 방화커버 또는 그물망
- 내부마감재료
  - ① 지상층 : 거실(불연·준불연·난연 재료), 통로(불연·준불연 재료)
  - ② 지하층 : 불연·준불연 재료
- 외부마감재료(불연·준불연재료 대상 건축물) '17-1차
  - ① 상업지역의 건축물 : [1]다중이용업 건축물 2,000 m² 이상, [2]공장에서 6m 이내 위치한 건축물
  - ② 6층 이상 or 22m 이상 건축물 ※ 요양병원·정신병원·노인요양시설 : 아래 시설 각 층마다 설치(피난층제외)
    ① 방화구획된 대피공간 ② 피난용발코니 ③ 피난구조물

* 거실

- 거실 반자높이
  - ① 모든 건축물 : 2.1 m 이상
  - ② 바닥면적 200m² 이상인 관람석·집회실 : 4.0m 이상 (노대 밑 2.7m 이상)
- 거실의 채광 등 ([1]주택, [2]학교의 교실, [3]의료시설의 병실, [4]숙박시설의 객실) '16-1차
  - ① 채광 : 거실 바닥면적의 1/10 이상 창문 면적 (예외 : 기준조도 이상의 조명장치 설치)
  - ② 환기 : 〃 1/20 〃 〃 (예외 : 기계환기장치 또는 공기조화설비 설치)
- 배연설비 대상(6층 이상 건축물) '15-1차
  : 문화및집회·종교·판매·운수·의료·연구소·아동·노인·유스호스텔·운동·업무·숙박·위락 등
- 안전시설 : 오피스텔 거실바닥에서 1.2m 이하 부분 (추락방지용 안전시설 설치)

* 지하층

- 지하층의 구조 기준

① 거실 50m² 이상 : 비상탈출구 & 환기통

② 거실 50m² 이상인 2종 근생, 문화및집회, 수련, 숙박, 위락, 다중이용업 : 직통계단 2개소 이상

③ 거실 1,000m² 이상 : 방화구획마다 1개 이상의 피난계단 or 특별피난계단

④ 거실 300m² 이상 : 급수전 1개소 이상

⑤ 거실 합계 1,000m² 이상 : 환기설비

- 비상탈출구의 구조기준

① 비상탈출구 : 유효너비 0.75m 이상, 유효높이 1.5m 이상

② 비상탈출구 위치 : 출입구에서 3m 이상 이격

③ 피난통로의 유효너비 : 0.75m, 실내에 접하는 부분 불연재료

* 복합자재의 품질관리 '16-1차

- 복합자재 : 불연성재료와 불연성이 아닌 재료로 구성된 것
- 허가권자 : 난연성능 확인 요청 (to 한국건설기술연구원)
- 국토교통부장관 : 난연성분 분석시험, 난연성능 기준, 시험수수료 등

제 7 장. 건축설비

'건축설비' 구성
- 건축설비기준
- 온돌 및 난방설비 ← 건축법 개정(2015.5.18)에 따라 삭제됨
- 승강기
- 지능형 건축물의 인증
- 관계전문기술자

✻ 건축설비 설치의 원칙 '16-1차

- 급수·배수·냉방·난방·환기·피뢰 등 건축설비의 설치에 관한 기술적 기준: 국토교통부령
- 에너지 이용 합리화 관련한 건축설비의 기술적 기준: 산업통상자원부 장관과 협의하여 정함
- 장애인 관련 시설 및 설비: 장애인·노인·임산부 등의 편의증진 보장에 관한 법률
- 방송공동수신설비 [원칙: 임의 설치 / 예외: 의무 설치 → 1 공동주택, 2 업무·숙박 5,000m² 이상]
  ! 미래창조과학부 고시
- 수전설비공간 (연면적 500m² 이상 건축물): 특고압·고압·저압별 확보면적(2.5×2.8m ~ 2.8×4.6m)

✻ 온수온돌 설치기준 '15-1차

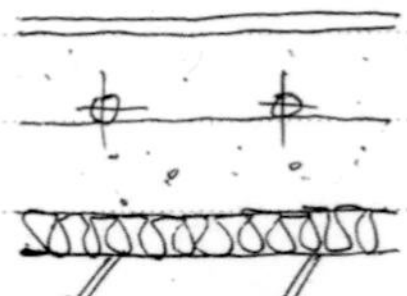

바닥마감
배관층
채움층
단열재 → 층간바닥 열저항: 온수배관하부와 슬래브 사이 구성재료의 열저항 → 바닥 총열관류저항의 60% 이상 (최하층: 70% 이상)
바탕층 (배관층-바탕층 사이 설치)

✻ 구들온돌 설치기준
- 고래바닥 구배: 1/5 이상
- 유도관: 20~45° 경사

✻ 개별 난방설비 (공동주택·오피스텔)
- 보일러실: 1 거실 이외의 곳에 설치, 2 내화구조, 3 환기창 (0.5m² 이상 윗부분), 4 환기구(상하부분 지름 10cm 이상)
- 기름저장소: 보일러실 외 다른 곳, 공동연도(내화구조)
- 오피스텔: 1 난방구획마다 내화구조 (벽·바닥), 2 갑종방화문

＊ 승용승강기

- 설치대상 : 6층 이상 & 연면적 $2{,}000m^2$ 이상 건축물 (고층건축물 ; 승용승강기 1대 이상 피난용승강기)
  ···> 예외 ① 층수 6층인 건축물, 각 층 바닥면적 $300m^2$ 이내마다 1개소 이상 직통계단
  ② 1개층 증축
- 설치기준
  ① 공연장, 집회장, 관람장, 판매, 병원 [6층 이상 거실바닥면적 합계 $3{,}000m^2$ 이하 : 2대
  〃 〃 $3{,}000m^2$ 초과 : $\left(2+\frac{A-3000}{2000}\right)$대
  ② 전시장, 동식물원, 업무, 숙박, 위락 [6층 이상 거실바닥면적 합계 $3{,}000m^2$ 이하 : 1대
  〃 〃 $3{,}000m^2$ 초과 : $\left(1+\frac{A-3000}{2000}\right)$대
  ③ 기타 [6층 이상 거실바닥면적 합계 $3{,}000m^2$ 이하 : 1대
  〃 〃 $3{,}000m^2$ 초과 : $\left(1+\frac{A-3000}{3000}\right)$대

  ※ 승강기 기준 : 8~15인승 ····> 16인승 이상 : 2대 환산

ex) 각 층 바닥면적 $1{,}000m^2$, 12층 업무시설의 승용승강기 대수? (전용률 70%)

$$1+\frac{1000\cdot 7\cdot 0.7-3000}{2000}=1.95 \quad \cdots> 2대$$

＊ 비상용 승강기

- 설치 기준
  ① 높이 31m 넘는 층 中 최대 바닥면적 $1{,}500m^2$ 이하 : 1대 이상
  ② 〃 〃 〃 $1{,}500m^2$ 초과 : $\left(1+\frac{A-1{,}500}{3{,}000}\right)$대 이상
- 설치제외
  ① 높이 31m 넘는 각층 부분 : 거실 이외의 용도
  ② 〃 〃 〃 : 바닥면적 합계 $500m^2$ 이하 (not 거실면적)
  ③ 〃 〃 〃 : 4개층 이하 & $200m^2$ (불연재료 경우 $500m^2$) 이내마다 방화구획
- 비상용 승강기 승강장의 구조
  ① 내화성능 ② 갑종방화문 ③ 배연설비 ④ 불연재료 마감 ⑤ 채광 또는 조명설비
  ⑥ 승강장 $6m^2$ 이상 ⑦ 피난층에서의 거리 : 승강장 출입구 ~ 도로 30m 이하

＊ 피난용 승강기

- 설치대상 ; 고층건축물 (30층 이상 or 120m 이상) 승용승강기 中 1대 이상
- 구조 ① 내화구조 ② 갑종방화문 ③ 불연재료 마감 ④ 승강장 $6m^2$ 이상 ⑤ 1/100 구배
  ⑥ 예비전원 (준초고층 1시간, 초고층 2시간)

* 환기설비기준 '16-1차 '13-1차

- 환기설비 대상
  - ① 신축 또는 리모델링 공동주택 100세대 이상
  - ② 다중이용시설
- 공동주택 환기설비 기준
  - ① 자연환기 · 기계환기
  - ② 환기 회수 : 0.5회/h
- 공동주택 자연환기 설비 설치기준
  - ① 공기여과기 입자포집률 : 50% 이상 (중량법)
  - ② 소음 대표길이 1m (수직·수평하산) : 40 dB 이하
  - ③ 1.2m 이상 높이 설치, 상하 자연환기 (1m 이상 수직 이격)
- 신축 공동주택, 기계환기설비 설치기준
  - ① 정격풍량 3단계 (최소·적정·최대), 세대당 시간당 0.5회 환기풍량
  - ② 공기여과기 입자포집률 : 60% 이상 (비색법 or 광산란 적산법) or 집진기
  - ③ 소음 대표길이 1m (수직·수평하산) : 40 dB 이하
  - ④ 공기흡입구 ~ 배기구 1.5m 이상 이격 or 90° 이상 이격
  - ⑤ 폐열회수형 환기장치 : 유효환기량이 표시용량의 90% 이상
- 다중이용시설 필요환기량 [m^3/인·h] '18-1차
  - 교육연구 및 복지, 의료시설, 지하도상가 : 36 이상
  - 판매시설, 문화 및 집회시설 : 29 이상
  - 자동차 관련시설 : 27 이상
  - 지하역사, 기타 : 25 이상

* 차수설비

- 대상지역 : 방재지구, 자연재해위험지구
- 대상 건축물 : 연면적 10,000m^2 이상의 건축물
- 차수설비 설치위치 : 1 지하층, 2 1층 출입구

* 배연설비

- 설치대상 '15-1차

① 6층 이상 건축물 (문화 및 집회, 종교, 판매, 운수, 의료, 연구소, 아동, 노인, 유스호스텔, 운동, 업무, 숙박, 위락, 관광휴게, 장례식장, 요양병원, 정신병원, 2종근생 中 공연장·다중생활시설 등 300m² 이상)

····> 해당 용도 거실에 설치 (피난층 제외)

② 특별피난계단, 비상용승강기, 피난용 승강기 설치 경우

····> 특별피난계단, 비상용·피난용 승강기의 승강장에 설치

- 배연설비 기준

① 거실 설치의 경우

배연창의 위치 : [1] 반자 ~ 0.9m 이내, [2] 천장고 3m 이상 경우 배연창 하변이 바닥 ~ 2.1m 이상

배연창의 유효면적 : $1m^2$ 이상, 바닥면적 1/100 이상 (바닥면적 1/20 이상의 환기창 설치 바닥면적 제외)

배연구의 구조 : 연기감지기 or 열감지기에 의해 자동으로 열리는 구조 (수동 개폐 가능)

② 특별피난계단, 비상용승강기의 승강장 설치 경우

배연구·배연풍도 : [1] 불연재료, [2] 평상시 굴뚝 사용 X

배연구의 개방장치 : [1] 수동·자동, [2] 손으로 여닫을 수 있게

배연구의 개폐상태 : 평상시 닫힌 상태 유지

배연기의 설치 : [1] 배연구 자동 열림, [2] 예비전원 설치

* 피뢰설비

- 설치대상 : 높이 20m 이상의 건축물·공작물
- 돌침의 돌출길이 : 25 cm 이상
- 피뢰설비의 최소단면적 : $50 mm^2$ 이상 (수뢰부, 인하도선, 접지극)
- 측면 수뢰부 ① 높이 60m 초과 건축물 : 지면 ~ 건축물 높이 4/5 지점부터 최상단 부분까지 설치
  ② 지표 ~ 최상단 150m 초과 건축물 : 120m ~ 최상단 지점까지 설치

* 배기구 설치제한 : 냉방·환기시설의 배기구

- 대상 : 상업지역, 주거지역 (길이 10m 미만 막다른 도로 제외)
- 설치 : 도로면 ~ 2m 이상의 위치

* 건축설비관련 기술사의 협력 '16-1차

- 대상 ① 연면적 10,000m² 이상 건축물 (창고 제외)
  ② 냉동냉장시설, 항온항습시설, 특수청정시설 500m² 이상
  ③ 공동주택: 아파트, 연립주택 (다세대주택 제외)
  ④ 연구소, 업무, 판매 3,000m² 이상
  ⑤ 기숙사, 의료, 유스호스텔, 숙박 2,000m² 이상
  ⑥ 목욕장, 실내수영장, 실내물놀이형 시설 500m² 이상
  ⑦ 문화 및 집회 (동식물원 제외), 종교, 장례식장, 교육연구시설 (연구소 제외) 10,000m² 이상
- 관계전문기술자 ····> 설계·공사감리 협력 (기술사사무소, 건설기술용역자, 엔지니어링사업자, 설계업 감리업)
  ① 전기: 건축전기설비기술사, 발송배전기술사 ③ 가스: 가스기술사
  ② 기계: 건축기계설비기술사, 공조냉동기계기술사 ④ 특수구조·고층건축물: 건축구조기술사
- 서명·날인: [1] 설계도서, [2] 감리중간보고서, [3] 감리종료보고서

* 토목 분야 기술사, 국토개발분야 지질·지반 기술사

- 대상 ① 깊이 10m 이상 토지 굴착공사
  ② 높이 5m 이상 옹벽공사를 수반하는 건축물
- 협력사항: [1] 지질조사, [2] 토공사의 설계·감리, [3] 흙막이벽·옹벽 설치에 관한 위해 방지 등
- 서명·날인: [1] 설계도서, [2] 감리중간보고서, [3] 감리종료보고서

* 지능형 건축물의 인증 '18-1차

- 시행: 국토교통부 장관
- 인증기관 지정: 국토교통부 장관
- 인증기준 ① 인증기준 및 절차
  ② 인증표시 홍보 기준
  ③ 유효기간
  ④ 수수료
  ⑤ 인증등급 및 심사기준
- 인증효력 ① 조경면적 85/100 완화
  ② 용적률·높이제한 115/100 완화
- 신청 (by 건축주 to 인증기관)

제 9장. 보칙   제84조 (면적·높이 및 층수의 산정)

* 대지면적
  - 대지면적 = 토지면적 - 제외면적
  - 제외면적
    ① 막다른 도로: 2m (10m 미만), 3m (10~35m), 6m (35m 이상)
    ② 소요폭 미달도로: 4m
    ③ 가각전제: 4m 이상 ~ 8m 미만 도로
    ④ 예정도로
  ※ 대지 내 건축선(도시지역): 도로경계선 ~ 건축선 사이 경계면적 ···> 대지면적 인정

* 건축면적 '17-1차 '13-1차
  - 기준: 건축물 외벽의 중심선으로 둘러싸인 부분의 수평투영면적
  - 외벽의 중심선
    ① 원칙: 이중벽인 경우 벽체 두께 합의 중심선
    ② 예외: 태양열 주택·외단열 건축물 ···> 내측 내력벽의 중심선
  - 처마 등: 돌출 끝부분으로부터 일정거리 후퇴한 선으로 구획된 면적
    ···> 전통사찰(4m), 축사(3m), 한옥(2m), 기타(1m)
    충전시설 설치 처마 등·공동주택 (2m)
  - 건축면적 산정 제외
    : 1 지표면에서 1m 이하, 2 다중이용업소의 폭 2m 이하 옥외피난계단, 3 지상층의 보행통로·차량통로,
    4 지하주차장의 경사로, 5 지하층의 출입구 상부, 6 생활폐기물 보관함

* 연면적
  - 산정 기준: 각 층 바닥면적의 합계
  - 용적률 산정시 제외면적: 1 지하층 면적, 2 부속용도인 주차장면적, 3 고층건축물 피난안전구역
    4 경사지붕 하부 대피공간

* 건축물의 높이
  - 원칙: 지표면 ~ 건축물 상단까지의 높이
  - 지표면 고저차 있는 경우: 가중평균 수평면을 지표면으로 산정
  - 옥탑: 승강기탑, 계단탑, 망루, 장식탑의 면적이 건축면적 1/8 이하, 높이 12m 이하 ···> 높이산정 안함

제2장

건축환경계획

출제범위 및 공부법: 건축환경계획

출제범위: 건축환경계획

'건축환경계획'은 1차시험과 2차시험에서 모두 출제되며, 그 출제범위는 아래와 같다.

출제범위: 1차시험(건축환경계획)

주요항목	출제범위	
1. **건축환경계획 개요**	1. 건축환경계획 일반 3. 건물에너지 해석	2. Passive 건축계획
2. **열환경계획**	1. 건물 외피계획 3. 부위별 단열설계 5. 습기와 결로	2. 단열과 보온계획 4. 건물의 냉난방 부하 6. 일조와 일사
3. **공기환경계획**	1. 환기의 분석 3. 필요환기량 산정	2. 환기와 통풍
4. **빛환경계획**	1. 빛환경 개념	2. 자연채광
5. **그 밖에 건축환경관련 계획**		

출제범위: 2차시험(건축환경계획)

1. 각종 건축물의 **건축계획**을 이해하고, 실무에 적용할 수 있어야 한다.
2. 단열·온도·습도·결로방지·기밀·일사조절 등 **열환경**에 대해 이해하고, 실무에 적용할 수 있어야 한다.
3. **공기환경계획**에 대해 이해하고, 실무에 적용할 수 있어야 한다.
4. **냉난방 부하계산**에 대해 이해하고, 실무에 적용할 수 있어야 한다.

공부법: 건축환경계획

'건축환경계획'은 건축환경계획 개요·열환경·공기환경·빛환경으로 구성되어 있다. 여기서 건축환경계획이란 엄밀히 말하면 '쾌적한 실내환경계획'이다. 바깥보다 덜 춥고, 바깥보다 덜 덥고, 호흡하기에 적당한 공기를 갖고, 적당한 빛을 갖는, 그래서 거주하거나 작업하기에 쾌적한 실내환경을 만드는 것이다.

다른 과목도 마찬가지인데, 건축환경계획에 나오는 여러 용어의 정의를 정확히 숙지해야 한다. 패시브건축은 건축환경계획의 궁극적 목표이므로, 패시브건축의 개념을 정확히 알고, 사례를 잘 파악해야 한다. 여기에서 더 나아가 제로에너지빌딩 프로세스의 개념을 숙지하면 좋겠다.

건축물에너지와 결부하여 건축환경계획을 논하자면, 건축물에 발생하는 에너지부하가 중요한 이슈이다. 쾌적한 실내환경을 유지하기 위해 에너지를 소비하는 항목이 냉방·난방·급탕·환기·조명 등인데, 그 중에서 냉방과 난방의 에너지소비량 비율이 높다. 그래서 냉방과 난방부하를 다루는 열환경의 출제비중이 가장 높다. 건물 내 전열과정·열관류율 계산·단열·결로·일조·일사 등 기본이론을 정확히 알아야 한다.

냉방부하와 난방부하를 구성하는 요소를 파악하고, 각 요소별 에너지부하량을 계산할 줄 알아야 하며, 계산식을 잘 해석해서 냉방부하와 난방부하를 절감하는 방안을 설명할 수 있어야 한다. 창호는 벽체에 비해 냉방과 난방에 취약하다. 그래서 창호의 열성능을 개선하기 위한 노력이 지속적으로 이루어지고 있다. 유리와 창호의 최신 성능개선 기술과 제품을 파악해야 한다. 냉방부하를 절감하기 위한 차양의 종류와 특성도 알아야 한다.

공기환경은, 환기의 종류와 관련이론을 알고, 실내공기질 유지를 위한 환기량계산을 할 줄 알아야 한다. 빛환경은, 관련용어의 정의와 단위를 알고, 인공조명의 종류와 자연채광을 활용하는 방안을 알아야 한다.

건축물에너지 해석단위와 해석기법의 종류와 이론과 방법에 대해 정확히 파악하고, 구분할 줄 알아야 한다.

건축환경계획은 굳이 1차시험과 2차시험의 범위를 구분하여 공부할 필요는 없을 것 같다. 1차시험은 객관식이고, 2차시험은 주관식이므로, 이러한 문제형식을 대비한 연습의 차이가 있을 수 있겠다.

I. 건축환경계획 개요

'건축환경계획 개요' 구성

1. 건축계획 일반
2. Passive 건축계획
3. 건물에너지 해석

1-1.장. 건축계획 일반

* 건축물 에너지절약 필요성

- 전세계 건물부문 에너지 소비량 : 약 40%
- 에너지의 높은 해외 의존도 : 국내 에너지 사용량의 96% 수입에 의존
- 화석에너지 사용에 따른 지구온난화
  ① 석유, 석탄 등 화석에너지 연소시 수증기(H_2O), 이산화탄소(CO_2) 등 온실가스 발생
  ② 교토의정서 6대 온실가스 　온난화기여도 高 ← 　→ 온난화지수 高
  : 이산화탄소(CO_2), 메탄(CH_4), 아산화질소(N_2O), 수소불화탄소(HFCs), 과불화탄소(PFCs), 육불화황(SF_6)
- 화석에너지 고갈 : 에너지 사용 효율 향상 및 대체에너지 개발 필요성

* 온실효과 (Green House Effect)

- 정의 : 태양에서 방사된 복사열(짧은파장)이 대기권을 통과하여 식물·지면 등에 흡수
  ···> 재방사 복사열(긴 파장) ···> 대기권을 통과하지 못하고 열이 갇히는 현상
- 현황 : 화석 연료 사용에 따른 과다한 CO_2 방출
  ···> 지나친 온실효과
  ···> 지구온난화 문제

짧은파장
지면복사 : 긴 파장(대기권 통과 못함)

- 교토의정서 온실가스 : 이산화탄소, 메탄, 아산화질소, 수소불화탄소, 과불화탄소, 육불화황
- 해결방안 : 온실가스 발생시키는 화석에너지 사용량 감소를 위해 에너지 효율 향상 및 대체에너지 개발

* 교토의정서

- 개요 : ① 1997년 교토에서 채택된 온실가스 감축 협약
  ② 지구온난화 방지를 위한 기후변화협약의 구체적 이행방안
  (UNFCCC)

- 내용: ① 목표년도: 1차 2012년 ····> 2차 2020년
  - ② 온실가스 감축목표: 1990년대 대비 5.2% 감축
  - ③ 감축대상가스: 이산화탄소, 메탄, 아산화질소, 수소불화탄소, 과불화탄소, 육불화황
  - ④ 감축수단
    - 청정개발체제(CDM, Clean Development Mechanism): 개발도상국 지원
    - 배출권거래제도(ET, Emissions Trading): 온실가스감축분을 배출권으로 거래
    - 공동이행제도(JI, Joint Implementation): 선진국간 공동 온실가스감축사업

*에너지 절약을 위한 건축환경조절 방법

- 자연형 조절(Passive Control)
  - ① 정의: 건축설계수법을 통해 자연의 이점을 최대한 이용하며 에너지를 절약하고, 환경을 보존할 수 있는 방법
  - ② 사례: 남면경사지, 남향 배치, 단열, 축열, 일사차폐, 자연채광, 자연통풍
- 설비형 조절(Active Control)
  - ① 정의: 기계장치를 이용하는 적극적인 환경조절 방법, 외부환경과 무관하게 일정수준으로 조절
  - ② 사례: 난방, 냉방, 공기조화, 급탕, 조명, 기계환기
- 자연형 조절과 설비형 조절의 관계
  - : 상호 보완적인 관계 ····> 자연형 조절 우선 + 설비형 조절 보조

*기후요소

- 기후(climate): 특정지역, 일정기간 기상의 평균상태
- 기상(weather): 시시각각 대기의 상태
- 기후요소: 기온, 습도, 풍속, 풍압, 우량, 일조, 일사, 강수량
- 기후인자: 해륙의 분포, 위도, 표고, 해류, 고기압·저기압 위치
- 연교차: 1년 中 가장 더운달과 가장 추운달의 월평균 기온차
- ※ 표고가 높아질수록 ····> 기온 감소(-0.6℃/100m), 기압 감소

(밤)
(낮)
하강기류 (밤)
상승기류 (낮)
육풍(밤)
(밤)
(낮)
가열
해풍(낮)
육지 (비열 0.2kcal/kg℃)
바다 (비열 1kcal/kg℃)

*미기후요소

- 정의: 대지의 국지적 특성으로 인해 지역기후와 다른 특성을 보이는 기후
- 종류: ① 해발고도, 방위 ② 대지의 방향, 경사도 ③ 수원의 크기, 모양, 근접성 ④ 토양구조 ⑤ 식생(나무, 관목, 목초 등) ⑥ 인공구조물(건물, 길, 주차장 등)

* 열쾌적 영향 요소

- 물리적 변수 : 기온, 습도, 기류, 복사열
- 주관적 변수(개인적 변수) : 착의 상태, 활동량, 나이, 성별, 신체형상 등

* 열쾌적 지표

- 유효온도(ET) : 기온, 습도, 기류 조합 (상대습도 100%, 기류 0 m/s)
- 수정 유효온도(CET) : 기온, 습도, 기류, 복사열 조합
- 신유효온도(ET*) : 유효온도 보완 (상대습도 50%)
- 표준 유효온도(SET) : ASHRAE 채택
  상대습도 50%, 풍속 0.125 m/s, 활동량 1 Met, 착의량 0.6 Clo
  ⋯> 온열감, 불쾌적 생리적 영향 비교에 유리

* 인체 열생산 · 열방사 '18-1차

- 1 met : 앉아 있는 성인 남자 신체 표면적 1m²에서 발산하는 평균 열량
  (58.2 W/m², 50 kcal/m²h) ⋯> 성인 1.8m² ⋯> 90 kcal/m²h
- 인체 열손실 : 복사(45%) > 대류(30%) > 증발·전도(25%)

* 건물에너지 절약 설계단계 '18-1차 '17-1차 '13-1차

- 1단계 : 건축물 기본설계
  ① 겨울 열손실 최소화, 여름 열획득 최소화 ⋯> 효과적인 기본설계 ⋯> 건물에너지 60% 절감
  ② 기본설계 단계 설계요소
  : 대지선정(미기후 고려), 배치계획(태양 경로 고려), 조경계획(일사 획득·차단), 형태계획(S/V비 최소화), 방위계획(일사획득량 고려), 단열마감·색상계획(일사흡수율고려), 고단열계획(단열), 외부차양계획(일사 차단), 창호계획(열관류율), 기밀계획(열손실저감)
- 2단계 : 자연형 조절(Passive System)
  ① 겨울철 태양열 획득, 여름철 냉방부하 저감, 자연채광 ⋯> 건물에너지 20% 추가절감
  ② 자연형 조절 요소
  - 겨울철(태양열 획득) : 직접 획득형, 축열벽형, 부착온실형 등
  - 여름철(냉방부하 저감) : Earth Coupling, Comfort Ventilation, Night Purge

- 3단계 : 설비효율 조절 (Active System)

① 고효율 설비계획 ···> 건물에너지 8% 추가 절감

② 기계설비
- 열원설비 : 고효율 보일러 · 냉동기
- 반송장치 : 고효율 펌프 · 팬
- 고효율조명 : LED, HID
- 폐열회수장치 : 지열 교환 히트펌프

- 4단계 : 신재생에너지 ···> 건물에너지 12% 추가 절감

① 신에너지 : 수소에너지, 연료전지, 석탄액화가스, 중질잔사유가스화

② 재생에너지 : 태양열, 태양광, 지열, 풍력, 소수력, 해양, 바이오, 폐기물

* 제로에너지 (빌딩) 프로세스

- 건물부하 절감 (80% 절감)

① 건축물 기본설계 : 배치계획, 형태계획, 외피계획, 차양계획, 창호계획

② 자연형(패시브) 조절 : 고단열, 고기밀, 자연형 태양열 획득, 자연채광

- 설비부문 효율 향상 (8% 절감)

① 고효율 설비시스템

② 고효율 조명기기

- 신재생에너지 활용 (12% 절감)

① 신에너지

② 재생에너지

- 통합유지관리기술

① 설비별 작동시간 최적제어

② 종합적인 유지관리

* 이중외피 시스템 (Double Skin System) '18-1차 '16-1차

- 개념 : 건물 남측면에 유리로 된 추가 외피 설치 ···> 여름철 태양열 유입 차단, 겨울철 열 축적 ···> 에너지 절약

- 이중외피 시스템 특징

① 자연환기 유도 ② 차양역할 (···> 일사 감소) ③ 에너지절약 (∵ 냉방 · 난방부하 감소)

④ 건축공사비 증가, 유지관리비 절감 ⑤ 입면디자인 ⑥ 건물가치 증가

- 이중외피 시스템 종류

① 박스형 ② 복도형 ③ 다층형

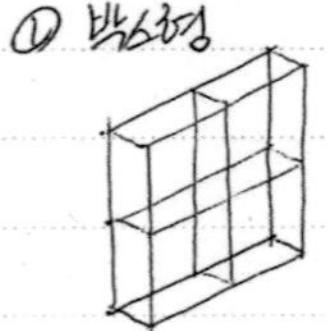

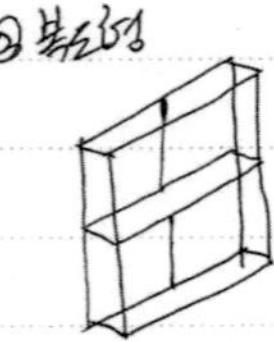

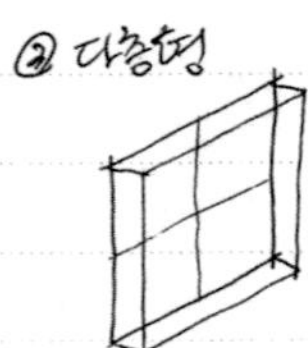

1-2장. Passive 건축계획

* 패시브 디자인 요소 '18-1차
  - 배치 및 대지환경: ①일사·일조 최대화 ②미기후 개선(바람길, 증발냉각) ③열섬 완화(옥상녹화)
    ④남향 ⑤지중열(쿨피트, 쿨튜브, 써멀 라비린스)
  - 건물 형태 및 단면
  - 공간 프로그램 및 실내계획: ①완충공간 ②자연채광 ③자연환기 ④열쾌적
  - 외피계획: ①외피단열 ②창호계획 ③차양계획
  - 조경녹화: ①수평녹화 ②수직녹화

* 패시브 하우스 (Passive House) 인증기준 ···> PHPP (Passive House Planning Package)로 계산
  - 난방에너지 요구량: 15 kwh/m²·yr 이하
  - 냉방에너지 요구량: 15 kwh/m²·yr 이하
  - 기밀성능: n 50 조건 0.6 ACH
  - 급탕, 난방, 냉방, 전열, 조명 등 1차 에너지 요구량: 120 kwh/m²·yr
  - 전열교환기 효율: 75% 이상

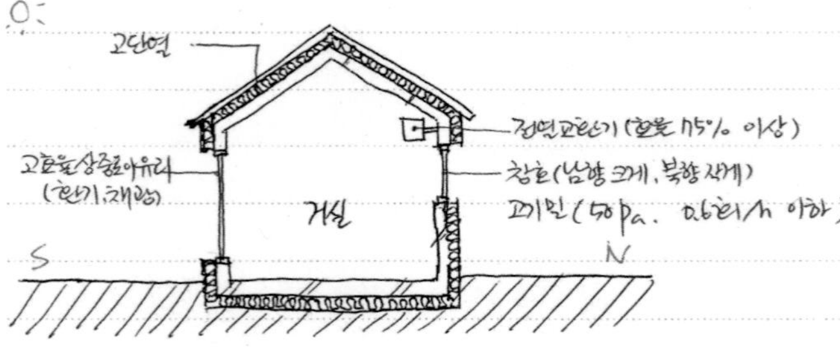

* 기후지역별 자연형 조절 기법 (Passive Control)

- **한랭기후**
  - ① S/V비 (Surface to Volume, 체적대비 표면적) 작게
    S/F 비 (Surface to Floor, 바닥면적 대비 표면적) 작게
    ※ S/V비 : 단독주택 > 연립주택 > 공동주택
  - ② 개구부는 풍향에 대해 직각 배치
  - ③ 단열
  - ④ 개구부 작게
  - ⑤ 2중, 3중 유리

<평면> 외피면적최소화 · 외피면적증가

<단면> 반구형 : 최소 외피면적

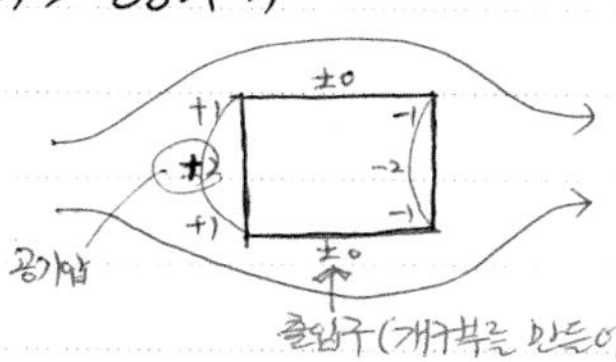

서 ← - - - → 동 1.5
동서방향 1:1.5 최적배치

- **온난기후** '18-1차
  - ① 중간기 (한랭기후 조절기법 사용)
  - ② 차양
  - ③ 맞통풍 (여름 차폐, 겨울 일사 유입)
  - ④ 겨울 온존, 여름 마루(고상식)

- **고온건조기후** '18-1차
  - ① 큰 일교차 ···> 열용량 큰 외피구조, 개구부 최소화
  - ② 주 개구부 : 중정을 향하게 / 분수·연못 ···> 증발냉각 효과
  - ③ 타임랙 : 열용량 높은 벽체·지붕 ···> 주간 열전달 지연, 야간 천공복사
  - ④ 백색 표면
  - ⑤ 고밀도 거주지 군락 ···> 그림자 제공

중정 · 분수

온도 · 외기온도 · 실내온도 · 시간 · Time Lag (타임랙)

- **고온다습기후**
  - ① 반사성 큰 지붕재, 천장저항형 단열
  - ② 열용량 낮은 경량구조
  - ③ 고상식 주거, 높은 개구율

* 자연형 태양열 시스템 (Passive Solar Heating System) '16-1차 '13-1차

- **개념** ① 태양에너지를 자연적인 방법(전도, 대류, 복사)으로 집열·저장·이용하는 시스템 (냉난방 이용)
  ② 구성 : 집열부, 축열부, 이용부
- **특징** : 설치비 저렴, 작동방법 간편, 높은 신뢰도, 환경친화성, 특별장치 불필요, 기존 건축물 개수 용이성
- **종류** ① 작동방법에 따른 분류 : 직접획득형, 간접획득형, 분리획득형

② 물리적 구조형태상 분류

- 직접획득형 : 집열창 이용, 과열현상 초래
- 축열벽형 : 조적조·콘크리트벽(열용량이 큰 벽) 이용, 추운기후에 유리, 조망불리
- 축열지붕형 : 축열체는 지붕에 설치, 냉난방 유리, 다층건물에 불리
- 부착온실형 : 집열창과 거주공간 분리, 분리획득형, 공사비 비쌈
- 자연대류형 : 열손실 적음, 설치비 저렴, 설치위치 제한, 축열조 필요

*** 자연형 태양열 시스템 구성요소** '13-1차

- **집열창** : 태양열 집열을 위해 실내에 일사 유입
- **축열체** : 축열을 목적으로 하는 구조체
- **축열벽** : 열용량이 높은 태양열 저장 가능의 벽체
- **상변화 물질** : 물체의 상태변화시 발생하는 잠열 이용
- **야간단열막** : 축열된 열이 야간에 재방사 되는것 방지
- **트롬벽** : 축열벽 상하부에 통기구 설치 ···> 전도, 대류, 복사에 의한 열전달로 난방

*** 설비형 태양열 시스템 구성요소**

- **집열판** : 태양열을 집열, 경사지붕 or 벽면설치
- **축열조** : 집열판에서 데워진 물을 저장
- **순환펌프** : 온수 순환 장치
- **보조 보일러** : 일사부족시 온수온도 유지를 위한 보조 열원 장치

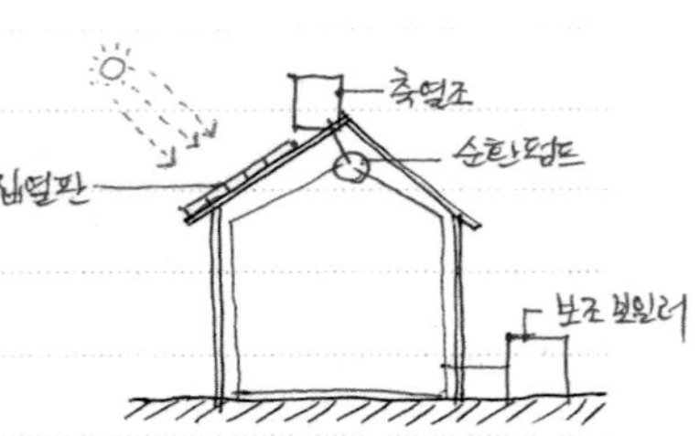

*** 패시브 쿨링 (Passive Cooling, 자연 냉방)**

- 증발냉각
- 자연통풍
- 야간천공복사
- 지중냉각
- 용량형 단열(두꺼운 벽체)
- 제습

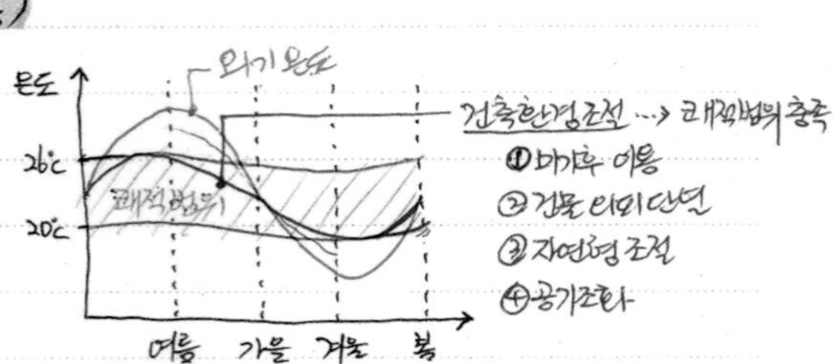

* 지중열 이용 패시브 기법

- 지중열 개념

  : 지표면 5m 이하는 연중 온도변화가 작음

  ···> 동절기에 외기보다 높은 온도, 하절기에 외기보다 낮은 온도

  ···> 냉난방 에너지로 활용

- 지중열 이용방법

  ① 액티브 기법 : 지열히트펌프 이용

  ② 패시브 기법 : 지중매설관, 피트, 트렌치 이용

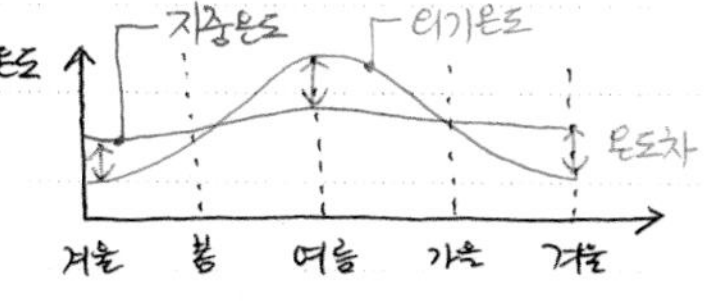

- 지중열 이용 패시브 기법

  ① 쿨피트 : 지하 피트공간을 쿨·히트 트렌치로 활용하여 예냉·예열하는 방식

  ② 쿨튜브 : 지중에 관을 매설하고, 외기를 관에 유입하는 방식

  ③ 써멀 라비린스 : 지중에 관을 미로처럼 구성, 외기를 관에 유입하는 방식

1-3장. 건물에너지 해석

* 건물에너지 해석 '17-1차 '16-1차 '15-1차 '13-1차

- 건물에너지 해석 단위 : 1 부하, 2 에너지 사용량, 3 에너지 비용

- 건물에너지 해석 기법 종류

  ① 정적 해석법 : 실내의 조건을 정상상태로 가정하여 건물 내 열이동 계산

  ···> 냉난방도일법, 확장도일법, 표준빈법, 수정빈법

  ② 동적 해석법 : 실내의 조건을 비정상 상태 (시간에 따라 온습도 변화)로 가정하여 계산

  ···> 해석적 방법 (응답계수법, 가중계수법), 수치적 방법 (프로그램 사용)

* ECO2 (에코투, 건축물에너지효율등급 평가툴)

- 개요 ① 기준 : ISO 13790, DIN V18599 ② 기상데이터 : Monthly Method (월별)

  ③ 항목 : 난방, 냉방, 조명, 급탕, 환기 시스템 추출 ···> 단위면적당 1차에너지소요량 산출

- 에너지 요구량 : 실내쾌적을 위해 건물이 요구하는 에너지

- 에너지 소요량 : 에너지요구량을 공급하기 위해 시스템에 소요되는 에너지

- 1차에너지 소요량 : 에너지 소요량에 연료의 채취, 가공, 운송, 변환 등 공급과정의 손실 포함

※ 1차에너지 환산계수 : 전력 (2.75), 가스 (1.1), 지역냉방 (0.937), 지역난방 (0.728)

Ⅱ. 열환경 계획

'열환경 계획' 구성
1. 건물외피 계획
2. 단열과 보온계획
3. 부위별 단열계획
4. 건물의 냉난방 부하
5. 습기와 결로
6. 일조와 일사

2-1장. 건물외피 계획

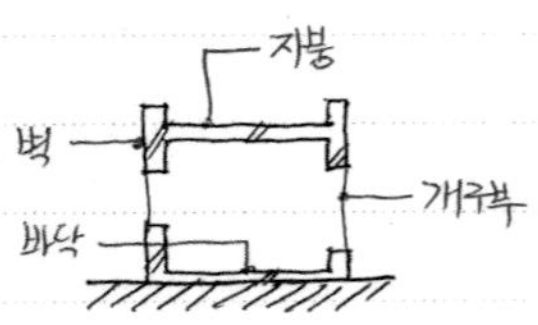

* 건물의 외피 : 지붕, 벽, 바닥, 개구부

* 열전달의 종류

열매有
- 전도 : 고체 or 유체 (공기, 물)에서 분자 or 원자의 열에너지 확산에 의해 열전달
- 대류 : 유체(공기, 물) 이동에 의해 열전달

열매無
- 복사 : 공간에서 전파에 의해 열전달 (고온 ····> 저온)

* 복사열
- 흡수 : 복사열을 물체 내부로 받아들이는 것 (흡수율=1 : 완전 흡수면)
- 반사 : 복사열을 재발산하는 것 (반사율=1 : 완전 반사면)

※ 흡수율 + 투과율 + 반사율 = 1

- 방사 : 내부열을 방출하는 것
  ① 거친 검은색 표면 : 대부분 열 흡수 & 대부분 열 방사
  ② 빛나는 은색 표면 : 적은 열 흡수 (대부분 열 반사) & 적은 열 방사
  ↑ 최하 흡수체 & 최하 방사체

* 건물 내 전열과정 '18-1차 '17-1차 '16-1차 '15-1차 '13-1차

1) **열전도** : 고체벽의 고온측에서 저온측으로 열이 이동하는 현상 '18-1차

- 열전도율 λ(람다) [W/m·K] : 두께 1m 재료 양쪽의 온도차 1K일때 단위시간당 흐르는 열량
  - → ① 공극이 많을수록 ② 비중이 작을수록 ③ 습기가 적을수록 ⋯> 열전도율 낮다 ⋯> 단열성능 우수

※ 건축재료 열전도율 : 동판(286) > 콘크리트(1.21) > 유리(0.58) > 조적(0.46) > 목재(0.09~0.14) > 스티로폼(0.04) > 공기(0.024)

※ 동일재료의 경우 열전도율은 밀도, 온도, 함수율에 비례

2) **열전달** : 고체벽과 공기층과의 열이 이동하는 현상

- 열전달율 α [W/m²·K] : 벽 표면적 1m², 벽과 공기의 온도차 1K일때 단위시간당 흐르는 열량
  - → ① 열전달율(α) = 대류열 전달율 + 복사열 전달율
  - ② 풍속이 커지면 대류열 전달율 커진다.

- 열전달 저항(r) = $\dfrac{1}{\text{열전달율}(\alpha)}$

'16-1차 '15-1차 * 실내, 실외 표면 열전달저항 (빈도5)

직접타기 / 간접타기: 0.043 (0.086), 0.086, 실내, 0.086, 실내, 0.086, 0.043 (0.15), 0.043 (0.11)

3) **열관류** : 고체벽으로 격리된 한쪽에서 다른 한쪽으로 열이 이동하는 현상 '18-1차

- 열관류율 K [W/m²·K] : 벽 표면적 1m², 온도차 1K일때 단위시간당 흐르는 열량
  - → ① 열이 통과되는 정도
  - ② 열관류율(K) = $\dfrac{1}{\text{열관류저항}(R)}$

- 열관류저항(R) = 실내표면 열전달저항 + Σ(재료열전달저항) + 공기층 열전달저항 + 실외표면 열전달저항

  - 실내표면 열전달저항 (R_i) = $\dfrac{1}{\text{실내열전달율}(\alpha_i)}$
  - 실외표면 열전달저항 (R_o) = $\dfrac{1}{\text{실외열전달율}(\alpha_o)}$
  - 재료의 열전달저항 = $\dfrac{\text{두께}(d)}{\text{열전도율}(\lambda)}$ [m²K/W]

열관류율 $K = \dfrac{1}{R} = \dfrac{1}{\dfrac{1}{\alpha_i} + \Sigma\dfrac{d}{\lambda} + \dfrac{1}{\alpha_o}}$

(R: 열관류저항, α_i: 실내측 열전달율, d: 두께, λ: 열전도율, α_o: 실외측 열전달율)

온도구배 / 실내 20°C / 실외 0°C / 열전달 / 열전도 / 열전달 / 열전도 / 열전도 / 열전달 / 열관류

* 열관류율 관련 계산식 '16-1차

- 단위시간당 열관류량 $q = K \cdot A \cdot \Delta T$ [W]
  (K: 열관류율 [W/m²K], A: 표면적 [m²], ΔT: 온도차 [K])

- 온도구배 $\dfrac{\text{특정재료 열저항}(r)}{\text{전체 열관류저항}(R)} = \dfrac{\text{특정 재료 온도변화}(\Delta t)}{\text{전체 온도변화}(\Delta T)}$

- 평균 열관류율값(K) = $\dfrac{A_1K_1 + A_2K_2 + A_3K_3 + \cdots}{A_1 + A_2 + A_3 + \cdots}$

ex) 외벽 열관류율 0.6 W/m^2K 일때, 열관류율을 0.3 W/m^2K로 줄이기 위한 스티로폼 최소두께?
(단, 스티로폼 열전도율 $\lambda = 0.033\ W/mK$) '15-1차

새로운 열관류율 $K_2 = \frac{1}{R_2} = 0.3$ ⋯> $R_2 = \frac{1}{K_2} = \frac{1}{0.3} = 3.333$, 기존 $R_1 = \frac{1}{K_1} = \frac{1}{0.6} = 1.666$

추가 열저항 $= R_2 - R_1 = 3.333 - 1.666 = 1.667$

재료의 열저항 $R = \frac{d}{\lambda}$ ⋯> $d = R \cdot \lambda = 1.667 \times 0.033 = 0.055\,m$ 정답: 55 mm

ex) 외벽 전체 면적 8 m^2에서 유리창 (K값 2.0 W/m^2K) 2m^2, 벽체 (K값 0.2 W/m^2K)
평균열관류율값은? '16-1차

평균 K값 $= \frac{A_1K_1 + A_2K_2}{A_1 + A_2} = \frac{2 \times 2.0 + 6 \times 0.2}{8} = 0.65\ W/m^2K$

※ 타임랙 (Time-lag) '16-1차

- 개요 : 열용량이 높은 벽체에서의 축열 특성에 의해 외부의 최고온도 시점보다 실내온도의 최고온도 시점이 늦어지는 현상
  ⋯> 구조체의 밀도가 높을수록 축열량이 증가하여 시간지연(타임랙)이 길어진다.

온도 / 외기온도 / 실내온도 / 시간 / 타임랙(Time-lag)

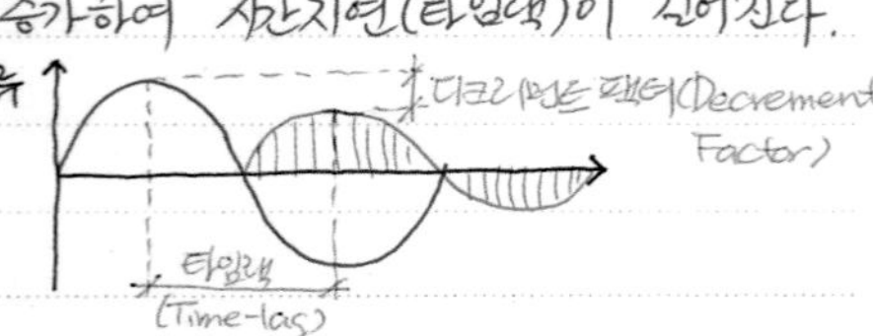

- 열용량과 타임랙
  ① 벽체의 열용량이 클수록 열전달 지연효과(타임랙) 커진다.
  ② 외부 최고온도 시점의 냉방부하 감소효과가 있으며, 건조기후지역에서 야간난방효과 있음.

※ Decrement Factor (진폭감쇄율)
: 구조체의 하루평균온도로부터 열류의 최대편차와 열용량 '0'인 벽에서 열류의 최대편차와의 비

2-2장. 단열과 보온계획

※ 단열재 '18-1차 '13-1차

1) 기능 : 건물 내외부 주변 환경간 열류차단
2) 종류
- 저항형 : 열전도율이 낮은 기포형 단열재 (글라스울, 스티로폼)
- 반사형 : 반사율과 흡수율이 낮은 광택성 금속 박판 (알루미늄시트, 알루미늄호일)
- 용량형 : 열용량이 커서 열전달을 지연 (두꺼운 흙벽, 콘크리트벽)

3) 단열방식 '18-2차 '17-1차 '16-1차 '13-1차

- 내단열: 구조체 내부에 단열재 설치
  ① 낮은 열용량 ···> 간헐난방(강당 등) 유리
  ② 내부결로 발생 가능성 有
  ③ 고온측에 방습막 설치 要
  ④ 열교현상에 의한 국부 열손실 우려
- 외단열: 구조체 외부에 단열재 설치
  ① 축열효과 ···> 연속난방 유리
  ② 내부결로 감소
  ③ 내구성, 외부 마감처리 중요

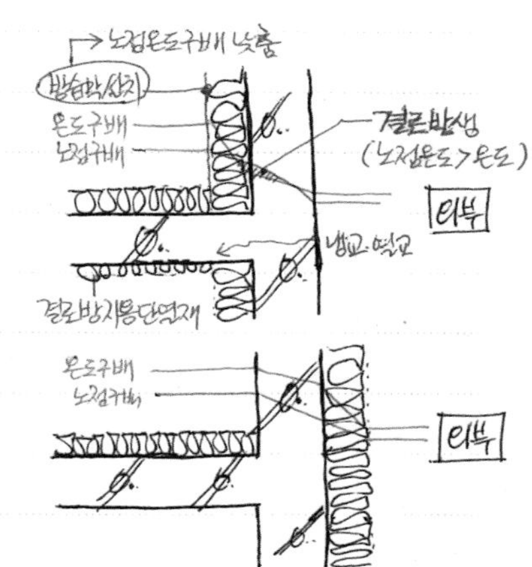

* 열교현상 '17-1차 '13-1차

- 정의: 단열재 불연속 구간 ···> 열 이동 ···> 표면온도 낮아짐 ···> 결로 발생
- 사례: [1]세대간벽, [2]창틀 주위 인방, [3]캔틸레버 콘크리트 바닥, [4]기초, [5]벽체와 슬래브 접합부, [6]지붕, [7]테라스, [8]발코니 등

2-3장. 부위별 단열계획

* 부위별 단열계획 '17-1차 '16-1차 '15-1차 '13-1차

- 지역별 건축물 부위의 열관류율 (건축물의 에너지절약 설계기준 별표 1) [W/m²K]

건축물 부위		중부지역	남부지역	제주지역
거실의 외벽	직접외기	0.26	0.32	0.43
최상층 반자, 지붕	직접외기	0.15	0.18	0.25
바닥난방 층간 바닥		0.81	0.81	0.81

- 단열재 등급별 분류: 'KS L 9016'에 의한 20±5°C 시험 조건에서의 열전도율 [W/mK]

등급분류	가	나	다	라
열전도율	0.034 이하	0.035~0.040	0.041~0.046	0.047~0.051

가등급: 압출법, 비드법 2종, 우레탄폼, 그라스울 48K 이상
나등급: 비드법 1종, 미네랄울, 그라스울 48K 미만

- 지역별 건축물 부위의 단열재 두께 (건축물의 에너지 절약 설계기준 별표3) [cm]

건축물 부위		중부지역		남부지역		제주지역	
		가	나	가	나	가	나
거실의 외벽	직접외기	125	145	100	115	70	85
최상층 반자, 지붕	직접외기	220	260	180	215	130	150
바닥난방 층간바닥		30	35	30	35	30	35

※ 중부지역 : 서울, 경기, 인천, 강원(고성, 속초, 양양, 강릉, 동해, 삼척 제외), 충북(영동 제외), 천안, 청송

* 기밀성능 '13-2차

- 기밀성능 용어
  - ① 침기 : 의도하지 않는 외부공기의 침입]·····> 침기율(or 누기율) 표현 : ACH 50 [회/h]
  - ② 누기 : 〃 내부공기의 누출]
  - ③ 환기 : 의도적으로 자연 or 기계장치에 의해 공기 공급 및 제거 ···> 환기율 표현 : ACH [회/h]
- 기밀성능 표현 방법 '18-1차
  - ① CMH 50 [m^3/h] : 실내외 압력차 50 Pa 유지를 위해 실내에 넣거나 빼야 할 공기량
  - ② ACH 50 [회/h] : 건물에 50 Pa 압력차 작용시 침기량(or 누기량)의 1시간 교환회수
  - ③ Air Permeability [$m^3/h \cdot m^2$] = CMH 50 / 외피면적
  - ④ ELA [cm^2/m^2] : 설정 압력차 (4 Pa)에서 발생하는 침기량(or 누기량)에 상응하는 구멍의 크기
- 건축물의 기밀성능 기준 (ACH50 기준)
  - ① 모든 건물 : 5.0 [회/h] ····> 기본
  - ② 에너지 절약 건물 : 3.0 [회/h] ···> 권장
  - ③ 제로에너지 건물 : 1.5 [회/h] ···> 권장 ···> 적정 환기 필요

* 기밀성능 측정 방법 '13-2차

- 추적가스법 '18-2차
  - 장점 : [1] 건물 전체 기밀성능 평가, [2] 시간에 따른 침기량 변화 측정
  - 단점 : [1] 특정 침기부위 파악 어려움, [2] 외부 기상조건의 영향 받음, [3] 실측비용이 많음
- 블로어 도어 테스트 (Blower Door Test)
  - 장점 : [1] 건물 전체·부위별 기밀성 평가, [2] 신속한 측정, [3] 외부기상 조건 영향 적음, [4] 실측비용 적음
  - 단점 : [1] 낮은 차압 조건에서 침기량 측정 어려움

2-4장. 건물의 냉난방 부하

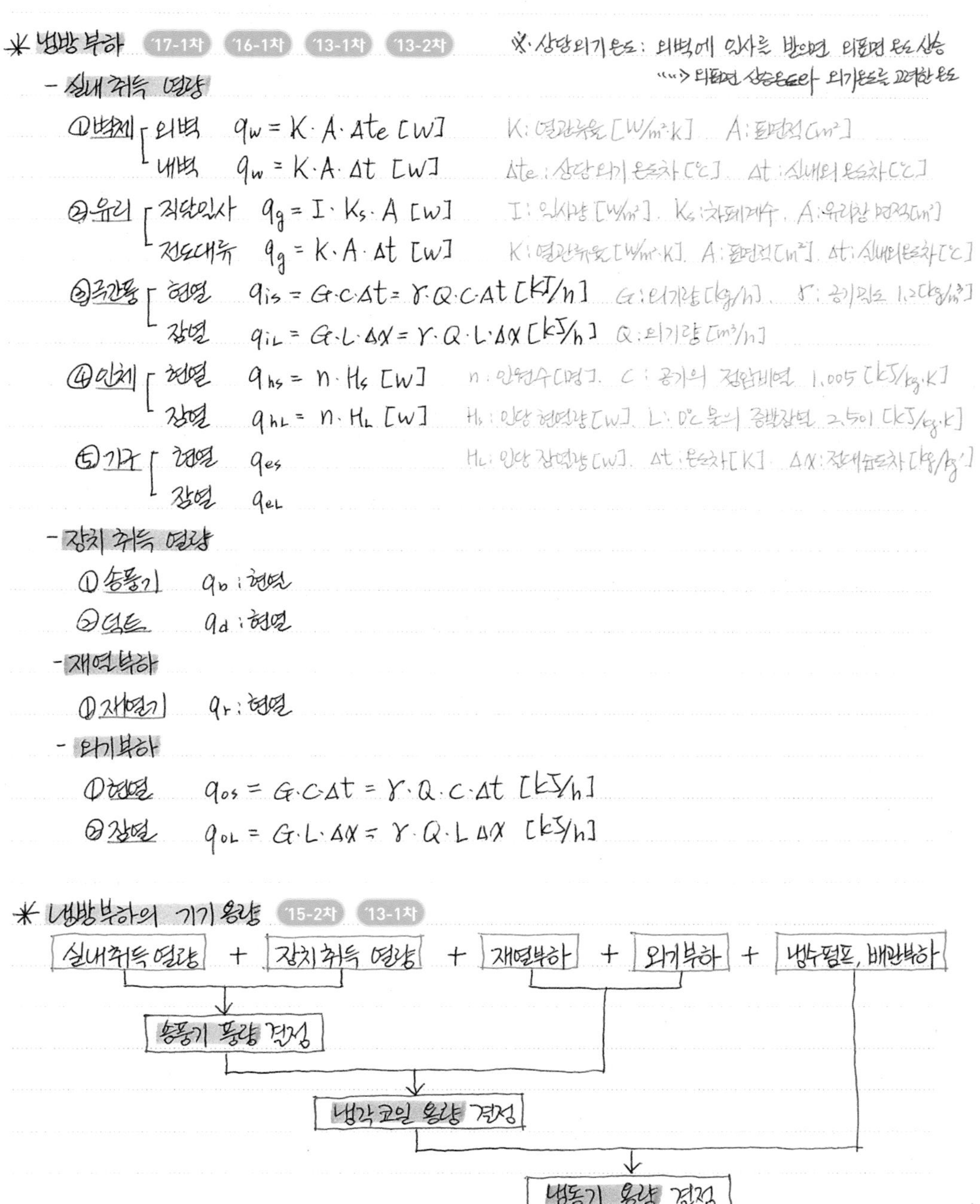

* 냉방 부하 '17-1차 '16-1차 '13-1차 '13-2차

※ 상당외기온도: 외벽에 일사를 받으면 외표면 온도 상승
⋯⋯> 외표면 상승온도와 외기온도를 고려한 온도

- 실내 취득 열량
  - ① 벽체
    - 외벽 $q_w = K \cdot A \cdot \Delta t_e$ [W]
    - 내벽 $q_w = K \cdot A \cdot \Delta t$ [W]
  - ② 유리
    - 직달일사 $q_g = I \cdot K_s \cdot A$ [W]
    - 전도대류 $q_g = K \cdot A \cdot \Delta t$ [W]
  - ③ 극간풍
    - 현열 $q_{is} = G \cdot C \cdot \Delta t = \gamma \cdot Q \cdot C \cdot \Delta t$ [kJ/h]
    - 잠열 $q_{iL} = G \cdot L \cdot \Delta x = \gamma \cdot Q \cdot L \cdot \Delta x$ [kJ/h]
  - ④ 인체
    - 현열 $q_{hs} = n \cdot H_s$ [W]
    - 잠열 $q_{hL} = n \cdot H_L$ [W]
  - ⑤ 기구
    - 현열 q_{es}
    - 잠열 q_{eL}

K: 열관류율 [W/m²·K] A: 표면적 [m²]
Δt_e: 상당외기 온도차 [℃] Δt: 실내외 온도차 [℃]
I: 일사량 [W/m²]. K_s: 차폐계수. A: 유리창 면적 [m²]
K: 열관류율 [W/m²·K]. A: 표면적 [m²]. Δt: 실내외온도차 [℃]
G: 외기량 [kg/h]. γ: 공기밀도 1.2 [kg/m³]
Q: 외기량 [m³/h]
n: 인원수 [명]. C: 공기의 정압비열 1.005 [kJ/kg·K]
H_s: 인당 현열량 [W]. L: 0℃ 물의 증발잠열 2,501 [kJ/kg·K]
H_L: 인당 잠열량 [W]. Δt: 온도차 [K] Δx: 절대습도차 [kg/kg']

- 장치 취득 열량
  - ① 송풍기 q_b: 현열
  - ② 덕트 q_d: 현열
- 재열부하
  - ① 재열기 q_r: 현열
- 외기부하
  - ① 현열 $q_{os} = G \cdot C \cdot \Delta t = \gamma \cdot Q \cdot C \cdot \Delta t$ [kJ/h]
  - ② 잠열 $q_{oL} = G \cdot L \cdot \Delta x = \gamma \cdot Q \cdot L \Delta x$ [kJ/h]

* 냉방부하의 기기 용량 '15-2차 '13-1차

실내취득열량 + 장치취득열량 + 재열부하 + 외기부하 + 냉수펌프, 배관부하

- 실내취득열량 + 장치취득열량 → 송풍기 풍량 결정
- 송풍기 풍량 결정 + 재열부하 + 외기부하 → 냉각코일 용량 결정
- 냉각코일 용량 결정 + 냉수펌프, 배관부하 → 냉동기 용량 결정

* 냉방부하 저감방안(여름철)

- 고단열 ···> 벽체 열관류율(K) 감소 $q_w = K\cdot A\cdot \Delta t_e$
- 고기밀 ···> 극간풍(G) 감소 $q_{is} = G\cdot C\cdot \Delta t$. $q_{iL} = G\cdot L\cdot \Delta x$
- 차폐계수(K_s) 낮은 유리 $q_g = I\cdot K_s\cdot A$
- 식재·차양 계획 ···> 일사량(I) 감소
- 실내온도 설정 완화 ···> 실내외 온도차(Δt) 감소 $q = K\cdot A\cdot \Delta t$
- 저발열 조명 및 기기장치

* 난방부하 '18-2차 '17-1차 '17-2차 '16-1차 '13-1차 '13-2차

- 실내손실 부하
  - ① 구조체
    - 외벽·지붕 $q = K\cdot A\cdot \Delta t\cdot C$ [W] C : 방위계수 → 남(1.0), 동서(1.1), 북·지붕(1.2)
    - 바닥·내벽 $q = K\cdot A\cdot \Delta t$ [W]
  - ② 유리 : $q = K\cdot A\cdot \Delta t$ [W]
  - ③ 극간풍
    - 현열 $q_{is} = G\cdot c\cdot \Delta t = \gamma\cdot Q\cdot c\cdot \Delta t$ [kJ/h]
    - 잠열 $q_{iL} = G\cdot L\cdot \Delta x = \gamma\cdot Q\cdot L\cdot \Delta x$ [kJ/h]
- 기기 손실 부하
  - ① 덕트 : 현열
- 외기 부하
  - ① 현열 $q_s = G\cdot c\cdot \Delta t = \gamma\cdot Q\cdot c\cdot \Delta t$ [kJ/h]
  - ② 잠열 $q_L = G\cdot L\cdot \Delta x = \gamma\cdot Q\cdot L\cdot \Delta x$ [kJ/h]

※ 벽체손실열량 비교
- 냉방부하 : $q = K\cdot A\cdot \Delta t_e$
- 난방부하 : $q = K\cdot A\cdot \Delta t\cdot C$

* 난방부하 저감방안(겨울철) '17-1차

- 구조체 $q = K\cdot A\cdot \Delta t\cdot C$
  - ① 열관류율(K) 낮게 ···> 열전달저항 크게 ···> 열전도율 낮은 재료, 단열재 두께 크게
  - ② 표면적(A) 작게 ···> S/V 비 작게
  - ③ 실내외 온도차(Δt) 작게 ···> 실내 설정온도는 외기와 가깝게
  - ④ 방위계수(C) 작게 ···> 남향
- 환기, 극간풍 $q = G\cdot c\cdot \Delta t = \gamma\cdot Q\cdot c\cdot \Delta t$
  - ① 환기량, 극간풍량(Q) 작게 ···> 고기밀
- 고성능 유리 : 열관류율(K) 낮게, 기밀성 높게

2-5장. 습기타 결로

※ 습공기 상태량 '15-1차

상대습도(%)	노점온도(℃)
50	9.27
60	12.01
90	18.31
100	20

- 온도
  ① 건구온도: 보통 온도계로 측정한 온도
  ② 습구온도: 건구온도계에 젖은천 감음(← 3m/s 이상 바람) ···> 수분증발
  ···> 온도 내려감(습구강하): 습구온도(건구온도보다 낮음. 상대습도 100% 경우 건구온도=습구온도)
  ③ 노점온도: 습공기 온도 내리면 상대습도 높아지다가 포화상태 ···> 이슬이 맺히는 온도
- 습도
  ① 절대습도: 건조공기 1kg을 포함하는 수증기 질량 [kg/kg']
  ② 상대습도 = $\frac{\text{어떤 온도에서 현재수증기압}}{\text{그 온도에서 포화수증기압}} \times 100$ [%]
  ③ 수증기 분압: 습공기 中 수증기가 차지하는 부분압력 [mmHg, Pa]
- 엔탈피
  : 건조공기 1kg을 포함하는 습공기가 갖는 현열(온도변화)과 잠열(상태변화)의 합 ···> 습공기 보유 열량 (건조공기 0℃의 엔탈피="0")

엔탈피(i) = 0.24t + x(0.441t + 597) [kcal/kg[DA]]
= 1.01 t + x (1.85 t + 2501) [kJ/kg[DA]]
(1.01: 건공기비열, t: 건구온도, x: 절대습도, 1.85: 수증기비열, 2501: 증발잠열)

- 현열비(SHF) = 현열량 / (현열량 + 잠열량)
  Sensible Heat Factor
  현열: 온도변화 / 잠열: 상태변화

※ 습공기선도 '18-1차 '16-1차 '15-1차

- 구성요소: 건구온도, 습구온도, 노점온도, 절대습도, 상대습도, 수증기분압, 비체적, 엔탈피
- 습공기선도 활용: 구성요소 中 2가지를 알면 나머지 요소 확인 가능
  ···> 1 쾌적범위 결정, 2 결로판정, 3 공기조화부하계산
- 공기가열 ···> 상대습도 감소 (절대습도 불변)
- 공기 냉각 ···> 상대습도 증가 (" ")
- 상대습도 100% (포화공기): 건구온도 = 습구온도 = 노점온도
- 건구온도 ≥ 습구온도

* 습공기 상태변화 '15-1차

	건구온도	습구온도	엔탈피	비체적	노점온도	절대습도	상대습도
냉각	감소	감소	감소	감소	불변	불변	증가
가열	증가	증가	증가	증가	불변	불변	감소

* 건물생체 기후도 '17-1차 '13-1차

인체가 느끼는 생체기후적 요구에 의거

쾌적대를 습공기 선도에 표시

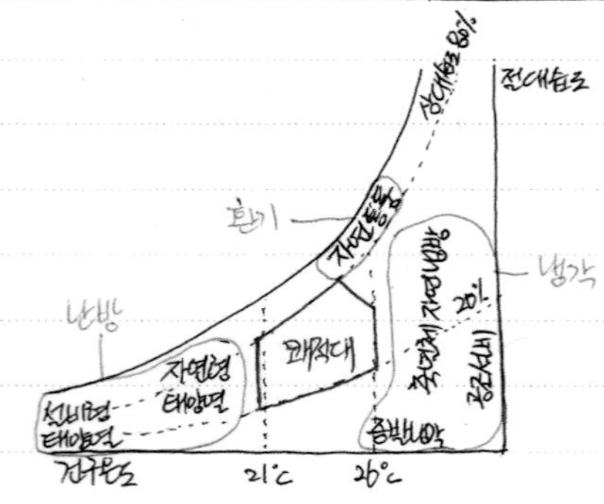

* 결로 '16-1차 '13-1차 '13-2차

- 정의: 구조체의 표면온도(내부온도)가 주위 공기 노점온도보다 낮아 표면에 이슬이 맺히는 현상
- 종류
  - ① 표면결로: 구조체 표면에 생긴 결로 (열교가 발생하는 벽체 내부표면, 발코니 벽체 등)
  - ② 내부결로: 구조체 내부에 생긴 결로 (내단열 벽체에서 단열재 외측 구조체)
- 원인 온습환 : 열시미
  - ① 실내외 온도차
  - ② 실내습기의 과다 발생
  - ③ 환기 부족
  - ④ 구조체의 열적 특성: 단열이 끊기는 열교 부위 (보, 기둥 등)
  - ⑤ 시공불량: 단열 불량, 기밀 불량
  - ⑥ 시공직후 미건조 상태
- 결로 방지 대책 단난환방 '17-1차 '16-1차
  - ① 단열: 외단열을 통한 구조체의 열손실 방지
  - ② 난방: 난방을 통한 실내온도 상승
  - ③ 환기: 습한 공기 제거
  - ④ 방습층: 단열재의 고온측에 설치

* 표면 결로

① 발생 : 건물 표면온도가 접촉하는 공기의 노점온도보다 낮을 때 표면에 발생
실내공기 수증기압이 벽의 표면온도에 따른 포화수증기압보다 높을 때 발생

② 방지 : ¹벽체 표면 온도는 실내공기 노점온도보다 높게 / ²실내수증기 발생 억제 / ³환기

* 내부 결로

① 발생 : 벽체 내부의 건구온도보다 노점온도가 낮은 때 발생
벽체 내부 수증기압이 그 온도에 해당하는 포화수증기압보다 높을 때 발생

② 방지 : ¹벽체 내부 온도는 그 부분의 노점온도보다 높게 / ²벽체내부 수증기압은 포화수증기압보다 작게 / ³방습층은 벽체 내측 (고온측)에 설치

* 습기의 이동 : 수증기분압이 높은 곳에서 낮은 곳으로 이동

- 수증기량 [g]
- 수증기압 [Pa] = [N/m²]

- 투습률(δ) : 1 Pa 압력차 있을 때 1m² 면적을 통해 1 m 두께를 1초간 통과하는 수증기량
- 투습비저항 (r_v) = $\frac{1}{투습률(\delta)}$: 단위두께당 습기에 대한 저항값
- 투습계수 (π) : 1 Pa 압력차 있을 때 1m² 면적을 통해 1초간 이동하는 수증기량
- 투습저항 (R_v) = $\frac{1}{투습계수(\pi)}$: 특정두께를 갖는 재료의 습기에 대한 저항
  = 투습비저항 (r_v) × 두께 (d)

* 노점온도 구배

'17-2차 '16-2차 '13-2차

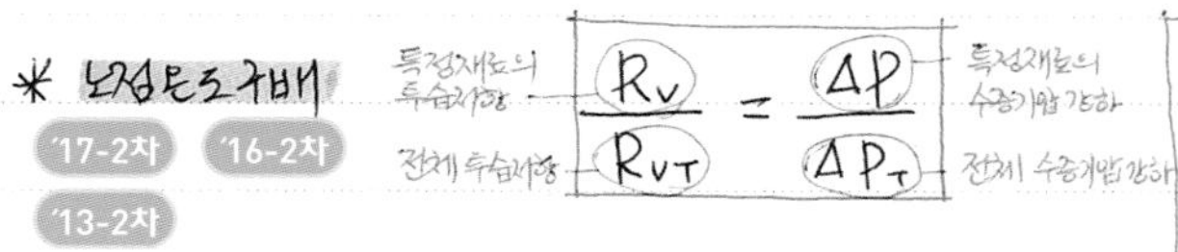

$$\frac{R_v}{R_{vT}} = \frac{\Delta P}{\Delta P_T}$$

	<습기이동>	<전열>	
	투습률(δ)	······ 열전도율(λ)	
$r_v = \frac{1}{\delta}$	투습비저항(r_v)		
$R_v = \frac{d}{\delta} = r_v \cdot d$	투습저항(R_v)	··· 열전도저항(R)	$R = \frac{d}{\lambda}$
$\pi = \frac{1}{R_v}$	투습계수(π)	··· 열관류율(K)	$K = \frac{1}{R}$

* 방습층 '15-1차

① 기준
- 투습도 : 24시간당 30g/m² 이하
- 투습계수 : 0.28 g/m²·h·mmHg 이하

② 종류 : ¹두께 0.1mm 이상 PE 필름, ²투습 방수시트, ³경질우레탄, ⁴플라스틱계 단열재, ⁵알루미늄박, ⁶콘크리트 벽·지붕·바닥, ⁷타일마감, ⁸모르타르 마감 조적조

③ 설치위치 : 단열재보다 고온측에 설치

2-6장. 일조와 일사

＊ 태양의 방사 '16-2차

: 태양의 광선 전자기파
- 자외선 : 생육, 살균작용
- 가시광선 : 눈에 보이는 빛
- 적외선 : 열적 효과

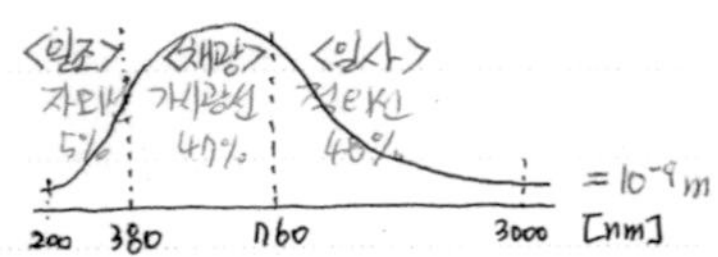

'18-1차 ※ 서울(위도 37.5°)
- 하지 남중고도 = 90° − 37.5° + 23.5° = 76° (정오의 태양고도)
- 동지 남중고도 = 90° − 37.5° − 23.5° = 29°
- 춘추분 남중고도 = 90° − 37.5° = 52.5°

＊ 태양의 위치 '17-1차 '13-1차

- 태양의 고도(h) = 90° − 위도 + 적위 (하지 +23.5°, 동지 −23.5°)
- 태양의 방위각(A) : 정남으로부터의 각도
  - 춘추분 일출 : 태양의 고도 0°, 방위각 −90°
  - 춘추분 일몰 : 〃 0°, 〃 +90°
- 태양의 경로

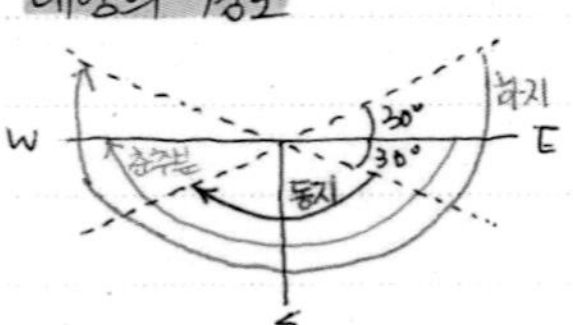

※ 태양의 고도(h)

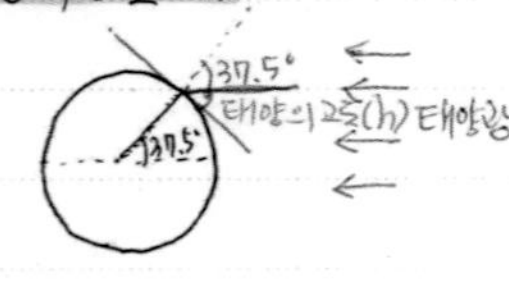

※ 태양의 방위각(A)

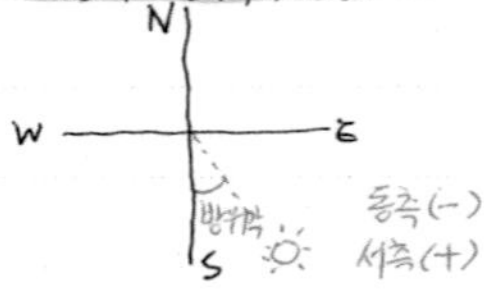

※
- 진태양시 : 실제 태양의 남중~남중 시간 (24시간 ±15분)
- 평균태양시 : 24시간
- 균시차 : 진태양시와 평균태양시의 차

＊ 일조와 일사 '18-1차 '16-1차

- 일조 : 자외선에 의한 생육작용과 살균작용을 중심으로 한 태양에너지 효과
- 일사 : 적외선에 의한 복사열의 효과
- 일사의 강도

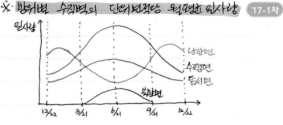

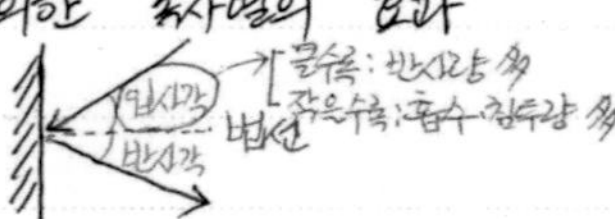

- 하지 ⇒ 대부분 흡수 (⇒ 수평면 단열 중요)
- 동지 ⇒ 대부분 반사 (⇒ 수평면 단열 중요)
- 하지 (남중고도 76°) ⇒ 대부분 반사 (⇒ 남향)
- 동지 (남중고도 29°) ⇒ 대부분 흡수 (⇒ 남향)

건물 / 차양

- 일사량 [W/m^2, $Kcal/m^2 \cdot h$]

  : 단위시간에 단위면적당 받는 열량

  직달일사 + 천공일사 = 전천공일사

  ↑ 북향집에 빛이 들어오는 이유

※ 방위별 수직벽의 단위면적당 월평균 일사량 '17-1차

일사량 / 남향벽면 / 수평면 / 동서면 / 북향면 / 12/22 / 3/21 / 6/21 / 9/21 / 12/22

* 일사 조절계획 '18-1차 '13-1차

- 방위 계획

① 남향 배치: 난방기간 中 최대 일사량, 냉방기간 中 최소 일사량 (남 > 남남동 > 남남서 > 남동 > 남서) ← 호리적

② 주축의 방위가 없는 건물: 외피 면적 최소화

③ 바람의 영향 고려

- 형태계획

① S/F 비 (외피면적/바닥면적) 낮게 계획

② S/V 비 (외피면적/체적) 낮게 계획

③ 장단비: 1:1.5 동서로 긴 형태

- 일사차폐계획

① 식재 활용: 활엽수 남측, 서측 배치 ⋯> 여름철 그늘, 겨울철 일사 획득

② 차양 장치: 수평차양 (남측), 수직차양 (동측, 서측)

③ 창: 채광, 조명, 환기의 종합적 고려, 투명유리, 로이유리

④ 밝은색 외피 마감 ⋯> 일사 흡수율 낮게

※ 냉방부하 최소화 방안

① 남향 배치 ② 식재 (남측, 서측) ③ 차양 ④ 백색 외벽 마감 ⑤ 단열 ⑥ 맞통풍 (남~북)

↳ 일사 획득 최소화

* 인동간격 고려사항: [1] 태양의 고도, [2] 태양의 방위각, [3] 건물 방위각, [4] 대지경사도, [5] 전면건물 높이

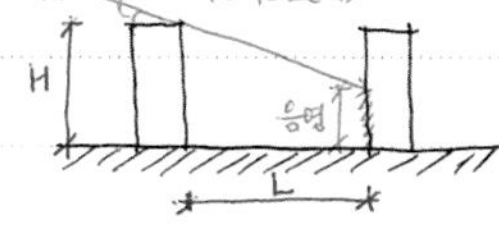

※ 일조율 = $\frac{\text{일조시간}}{\text{가조시간}}$ × 100[%]

(일조시간: 실제 직사 일광 시간, 가조시간: 일출~일몰 시간)

* 창호 성능 요소 '16-2차 '15-1차 '13-1차 '13-2차

※ 일사획득계수 (SHGC) = 차폐계수 (SC) × 0.86

- 열관류율 (K, [W/m²K]): 표면적 1m²인 물체를 사이에 두고 온도차 1℃일 때 흐르는 열류량 ⋯> 낮을수록 고성능

- 일사획득계수 (SHGC): 일사를 획득하는 정도 (0 ~ 1) ⋯> 낮을수록 우수

- 차폐계수 (SC): 3mm 투명유리를 통한 일사획득에 대한 해당창호의 일사획득 비율 (1.0 이하) ⋯> 낮을수록 우수 (투과율 낮고, 일사광 흡수)

- 가시광선 투과율 (VT, VLT): 가시광선의 유리 투과 비율 (0 ~ 1) ⋯> 낮을수록 우수 (일사획득 감소, 눈부심 감소)

- 기밀성능 [m³/m²·h]: 창의 내외 압력차에 따른 통기량 ⋯> 낮을수록 기밀성능 우수

* 창호의 특성 '15-1차

- 기능: 자연채광, 열적 쾌적성 확보, 실내의 조망 확보, 눈부심 방지
- 특성: 열손실 발생 (여름: 일사획득, 겨울: 열손실) ···> 건물의 냉난방 에너지 요구량에 영향
- 업무용 건물: 창호의 향, 창면적비, 차양 여부 및 종류, 유리, 창틀, 실내조명제어 고려한 설계

* 창호관련 건축·설비 계획 요소

- 향: ① 남향 (겨울 태양의 고도 낮을 때 일사획득 유리, 창면적 크게) ② 북향 (창면적 최소화)
  ③ 동향·서향 (여름철 과도한 일사획득)
- 창면적비 (= 창면적 / (외벽면적+창면적)) : 자연채광, 환기 고려, 적정한 창면적비
- 차양: ① 정의 (일사 유입 차단장치) ② 종류 (외부차양·내부차양 / 고정차양·가변차양 / 수평차양·수직차양)
  ③ 외부차양이 효과적 ④ 수평차양(남측), 수직차양(동측, 서측)
- 조명제어: ① 인공조명 (2차에너지) ···> 발열에 의한 부하 발생
  ② 자연채광 + 인공조명의 적절한 제어 (주광감지센서 적용 등)

* 창호성능 개선 기술 '18-1차 '18-2차 '17-1차 '16-1차 '15-1차 '13-1차 '13-2차

- 복층유리: 유리와 유리 사이 건조공기 밀봉 (복층유리, 삼중유리) ···> 열관류율 낮춤
- 비활성 가스 충진: 아르곤 가스, 크립톤 가스 ···> 공기층의 열전도율 낮춤
- 로이 코팅: 유리면에 금속막 코팅(하드·소프트) ···> 열복사 감소 ···> 열흐름 억제
  ① 여름철: 실내 일사 차단 ···> 냉방 부하 감소
  ② 겨울철: 실내열 누출 방지 ···> 난방 부하 감소
  < 하드코팅: 화학적 증착 / 소프트코팅: 다층 박막 코팅
- 스페이서: 복층유리, 삼중유리의 간격 유지 기능 ···> 열전도율 낮은 폴리우레탄 소재 사용
- 창틀: 창호의 단열성능에 영향
  ┌ 알루미늄 창틀: 내외부 재료 분리 소재 (열전도율 낮은 폴리소재) 사용
  └ PVC 창틀: 열전도율이 낮음

* 창호관련 규정 및 제도 '13-2차

- 건축물의 에너지절약 설계기준
  ① 창호 성능 요소
  ┬ 단열성능: 외벽 평균 열관류율 [W/m²·K]
  └ 기밀성능: 1.0점(1등급), 0.9점(2등급), 0.8점(3등급)
  ② 건축·설비 계획 요소
  ┬ 창면적비: 바닥면적의 1/10 이상 적용여부
  ├ 향: 북측 창면적 최소화
  └ 차양: 외부차양 우선적, 자동제어 연계 경우 내부차양 인정 (남향·서향 80% 이상설치)

- 창호의 에너지 소비효율 등급 제도 (열관류율 KS F 2278, 기밀성 KS F 2292)

: 창 면적 1m² 이상, 프레임과 유리가 결합된 창 세트에 적용.

등급	열관류율 [W/m²K]	기밀성능
1	1.0 이하	1등급
2	1.0 초과 ~ 1.4 이하	1등급
3	1.4 초과 ~ 2.1 이하	2등급 이상
4	2.1 초과 ~ 2.8 이하	X
5	2.8 초과 ~ 3.4 이하	X

- 지자체 설계 가이드라인

① 서울시 : 서울시 녹색건축물 설계 기준

② 인천시 : 친환경·저에너지 설계 가이드라인

＊ 건축물 패시브 디자인 가이드라인 : 창호계획 '17-1차 '16-1차 '15-1차 '13-1차 '13-2차

- 계획방법 : 여름철 냉방부하 감소 중점, 유리성능 개선 + 차양
- 유리의 종류 ① 투명유리 : 가시성 우수, 열적성능 취약, 차폐계수(SC) 높을수록 투과율 높다.

② 컬러유리 : 가시성 유지하면서 가시광선 투과량 줄여 여름철 일사획득량 감소, 디자인요소

③ 반사유리 : 가시광선 실내유입 감소 ⋯> 여름철 냉방부하 감소

반사에 의한 보행자 눈부심 문제 ⋯> 저반사 유리 사용

④ 로이 유리 : 저방사, 단열성능 우수

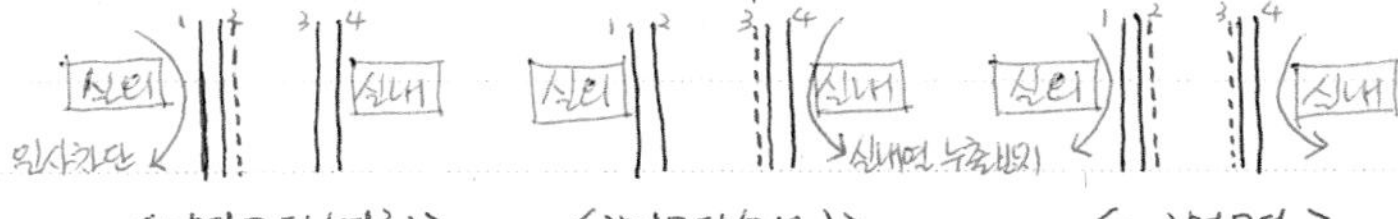

<2면코팅(여름)> <3면코팅(겨울)> <2·3면코팅>

- 로이유리 ① 2면코팅 : 일사복사열 감소 (여름철, 서향유리) ⋯> 냉방부하 감소

② 3면코팅 (3중유리의 5면) : 내부열손실 감소 (겨울철) ⋯> 난방부하 감소

③ 양면로이코팅 (2.3면) : 향과 상관없이 사용, 고가, 서향·북서향 위주 적용

- 복층유리 : 단층 / 복층 / 삼중 / 사중 유리, 공기층 (진공 or 아르곤가스)
- 창호성능 : 창호 = 유리 + 창틀 ⋯> 열관류율, 차폐계수, 태양열 획득계수, 창틀 열관류율·기밀성·열교차단재
- 패시브 디자인 권장 창호성능 : 열관류율 0.75 W/m²K, 태양열 획득계수 0.5 ~ 0.6
- 공간별 창호계획 : ① 조망 (태양의 궤적, 입사각 고려) ② 서측·북측 (최소화, 고단열 유리)

③ 남측면 (겨울철 일사 획득 위해 넓게, 여름철 입사각 고려 차양)

- 창호계획 프로세스 : 창면적 계획 → 창종류·면적·형태계획 → 채광·환기면적 충족
→ 조망면적·최적향 → 방위·차양계획
- 방위별 창면적 : 남·동남(60% 이내, 겨울철 일사 획득), 나머지 향(40% 이내)

* 건축물 패시브 디자인 가이드라인 : 차양계획
- 열 획득 저감방법 ① 건물 : 외벽형, 반사 이용, 경사각 이용(외피 형태 변형)
② 창호 : 코팅, 프린팅, 유리사이 차양, 교환식 창호
③ 차양 : 내부차양·외부차양 / 고정식·가변식 / 수평·수직·격자
- 차양 종류 ① 설치 위치 ┬ 외부차양 : 외부에 차양 설치 ···> 일사의 적극적차단(효과적)
├ 내부차양 : 실내에 차양 설치
└ 유리간 차양 : 이중 유리 사이에 차양 설치
② 가변여부 ┬ 고정차양 : 여름철 일사 차단 효과, 겨울철 일사 획득 감소 ···> 냉방부하 큰 경우 적용
└ 가변차양 : 차양 각도 조절 ···> 냉방부하, 난방부하 모두 큰 경우 적용
③ 방위별 ┬ 수평차양 : 태양고도 높은 경우 효과적 ···> 남측
└ 수직차양 : 태양고도 낮은 경우 효과적 ···> 서측, 동측

Ⅲ. 공기 환경 계획

'공기환경 계획' 구성
1. 환기의 분석
2. 환기와 통풍
3. 필요환기량 산정

3-1장. 환기의 분석

＊ 환기의 역할

- 신선한 공기 공급 ···> 실내 공기질 향상
- 공기 교체 ···> 실내 온열환경의 조절

＊ 환기의 종류

- 자연환기 (제4종)
  - ① 중력환기 : 실내외 공기 온도차에 의한 환기 (굴뚝효과)
  - ② 풍력환기 : 풍압에 의한 환기 $Q = Av$
- 강제환기
  - ① 제1종 (병용식) : 급기팬 + 배기팬 (병원수술실)
  - ② 제2종 (압입식) : 급기팬 (반도체공장, 무균실)
  - ③ 제3종 (흡출식) : 배기팬 (부엌, 화장실, 흡연실)
- 하이브리드 환기 : 자연환기 + 강제환기

＊ 실내공기 오염원 '16-1차

- 인체, 활동 ···> 냄새, CO_2, 암모니아, 수증기, 먼지
- 연소 ···> CO_2, CO, NO_2, NO
- 흡연 ···> 타르, 니코틴
- 건축재료 ···> 석면, 포름알데히드
- 사무기기, 세재 ···> 암모니아, 오존

※ 실내수분 배출 $L = G\Delta x = \gamma Q \Delta x$ [kg/h]

···> 환기량 $Q = \dfrac{L}{\gamma \Delta x}$

* 환기관련 기준

- 실내공기환경 유지 기준

① 부유분진 0.15 ㎎/m³ 이하 ② 일산화탄소 10 ppm 이하 ③ 이산화탄소 1000ppm 이하
④ 상대습도 40~70% ⑤ 기류 0.5 m/s 이하

- 다중이용시설 필요환기량 [m³/인.h]

교육연구 및 복지, 의료시설, 지하도상가	: 36 이상
판매시설, 문화 및 집회시설	: 29 이상
자동차 관련시설	: 27 이상
지하역사, 기타	: 25 이상

3-2장. 환기와 통풍

'15-1차 '13-1차

※ 냉방 부하 저감을 위한 자연환기 : 연돌효과, 벤츄리 효과, 맞통풍, 나이트 퍼지

* 연돌효과 (굴뚝효과) '18-1차

- 원인 : 건물 내외부 온도차, 밀도차 ····> 저층부 (공기유입), 상층부 (공기유출)
- 장점 (중저층 건물) : 자연환기 ····> [1]환기동력 감소, [2]실내공기질 개선
- 단점 (고층 건물) : [1]음식물 냄새·오염물질 확산, [2]엘리베이터 흔들림, [3]문의 오작동, [4]출입문 개폐 어려움, [5]결로, [6]소음, [7]화장실·주방 배기 어려움
- 조치방안 : [1]냉방부하 저감, [2]기밀성 증대, [3]방풍실·회전문

* 벤츄리 효과

- 베르누이 정리 : 압력수두 + 속도수두 + 위치 = 일정
  ① 유체속도 증가 ····> 압력 감소 ② 유체속도 감소 ····> 압력 증가
- 원리 : 바람은 지표면에서 멀어질수록 (높이가 높을수록) 풍속이 빨라짐
  ····> 지붕에 환기구 설치 (-)압 형성 ····> 상승기류 발생 (유도환기)
- 종류 : ① 환기용 돌출지붕 ② 환기용 굴뚝 ③ 천창 ④ 돌출지붕

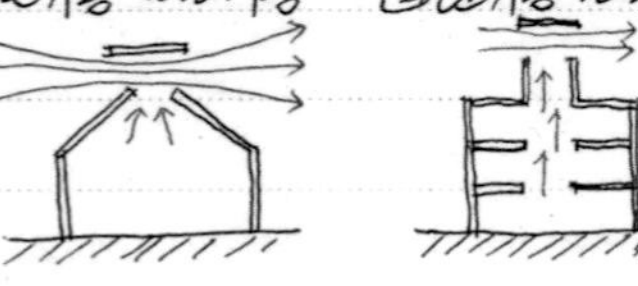

* 맞통풍

- 개념 : 건물 내 개구부가 마주보는 형태 ···> 실내환기 효과 극대화
- 효과 : ① 실내공기질 개선 ② 여름철 실내온도 감소 ← 외기온도가 실내온도보다 1.7°C 이상 높을 때 냉방효과 발생
- 통풍 경로
  - 유입구 : 낮은 위치, 작게 (찬공기 유입)
  - 유출구 : 높은 위치, 크게 (더운공기 유출)

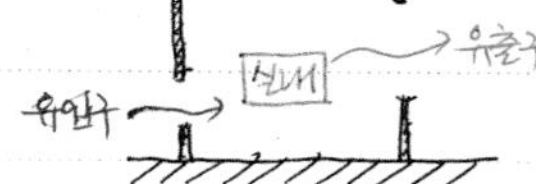

* 나이트 퍼지 (Night Purge)

- 개념 : 냉방기 (5월~9월), 낮에 데워진 건물구조체를 저녁시간에 실내온도보다 외기온도가 낮은 경우 ···> 자연환기 or 강제환기 ···> 건물구조체를 식히는 기법
- 효과 : ① 다음날 초기 운전의 냉방부하 감소
  ② 환기를 통한 실내공기질 개선
- 유의점 : 실내외 온도를 정확히 파악하여 나이트 퍼지 운영여부 결정

* 기타

- Comfort Ventilation : 개구부 수직 위치를 낮게 계획
  ···> 재실자에게 직접 바람을 불어 넣어 쾌적감 증대
- Convection Cooling : 개구부 수직위치를 높게 계획
  ···> 환기를 통해 실내의 더운공기 배출

3-3장. 필요 환기량 산정

* 필요 환기량 산정식 '18-1차 '18-2차 '16-2차 '15-1차 '13-1차

- CO_2 농도에 의한 환기량 $Q = \dfrac{CO_2 \text{ 발생량}}{\text{허용농도} - \text{외기농도}}$ [m^3/h]
- 분진·유해가스에 의한 환기량 $Q = \dfrac{\text{오염 발생량}}{\text{실내농도} - \text{외기농도}}$ [m^3/h]
- 실온상승(발열)에 의한 환기량 $Q = \dfrac{q}{\gamma C \Delta t}$ [m^3/h]
  - q → 열량[W]
  - γ : 공기비중 1.2kg/m³, C : 비열 1.01 kJ/kg°C
  - $q = GC\Delta t = \gamma Q C \Delta t$ ···> $Q = \dfrac{q}{\gamma C \Delta t}$
- 환기 회수에 의한 환기량 $Q = nV$ [m^3/h]
  - n : 환기회수, V : 체적

IV. 빛환경 계획

'빛환경 계획' 구성
1. 빛환경 개념
2. 자연채광

4-1장. 빛환경 개념

※ 빛의 정의

: 전자파 에너지 방사 ⊃ 가시광선 (380~760 nm 파장)
가시광선 파장에 따라 다른 색 지각

(빨주노초파남보)
자외선 ← 380 nm → 가시광선 ← 760 nm → 적외선

※ 빛의 성질

- 투과 : 투명체 (빛 투과), 불투명체 (빛 투과 X), 반투명체 (빛 투과, 빛의 직진은 교란 → 확산광 형성)
- 반사 ┌ 경면 반사 : 입사각 = 반사각, 거울
  └ 확산 반사 : 빛의 반사광선이 여러 방향으로 확산, 무광택면
- 굴절 : 빛이 투명매체에서 다른 매체로 들어갈 때 빛의 방향이 변하는 것

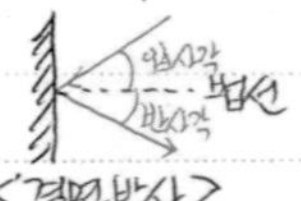

<경면반사>

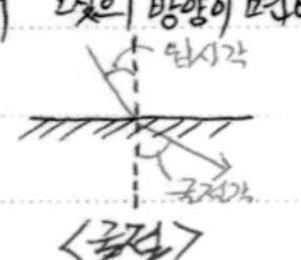
<확산반사>

입사각
굴절각
<굴절>

※ 빛의 단위 '15-1차

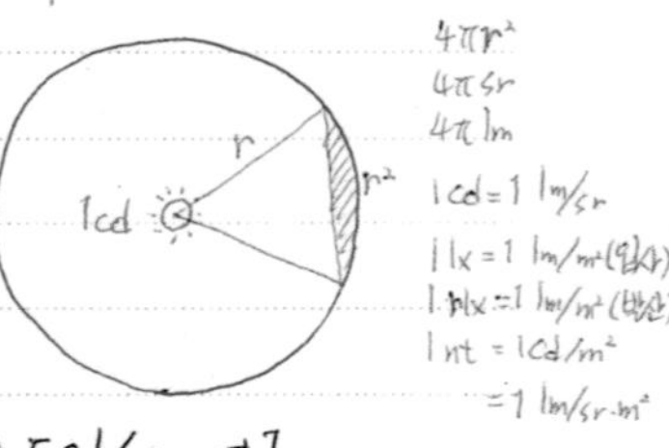

┌ 광속(F) : 단위시간당 흐르는 광에너지량 [lm] 루멘
├ 조도(E) : 단위면적당 입사광속 (lm/m²) [lx] 룩스
├ 광속발산도(R) : 단위면적당 발산광속 (lm/m²) [rlx] 레디어룩스
├ 광도(I) : 빛의 세기 (lm/sr) [cd] 칸델라
└ 휘도(B) : 광원의 단위면적당·단위입체각당 발산광속 (lm/m²·sr) [cd/m² = nt]

4πr²
4π sr
4π lm
1 cd = 1 lm/sr
1 lx = 1 lm/m² (입사)
1 rlx = 1 lm/m² (발산)
1 nt = 1 cd/m² = 1 lm/sr·m²

※ 시각 '15-1차

- 순응 : 안구의 내부에 입사하는 빛의 양에 따라 망막의 감도가 변화하는 현상과 상태
  ┌ 암순응 : 어두워진 때 망막의 감도 상승, 30분 소요
  └ 명순응 : 밝아진 때 〃 〃 감소, 5분 소요

- **시감도** : 파장에 따라 느끼는 빛의 밝기 정도. 1W당 광속

- **명소시** : 밝은 곳. 추상체 시세포 작용 △ 추상체 ···> 최대 시감도 (555nm 파장의 빛)
- **암소시** : 어두운 곳. 간상체 " " ▯ 간상체 ···> " (507nm " ")

- **명시**(시대상이 잘 보이는 것) **조건** : 크기, 밝기, 대비, 시간
- **실내 빛 환경 조건**

  ① 최대조도 : 최소조도 = 10 : 1 이하   ② 휘도 분포 (작업면 : 주변 휘도 = 3 : 1)

  ③ 균제도 (최소치/평균값. 1보다 같거나 작다)

피해야 하는 상황
- **글레어(현휘)** : ① 불능글레어(시대상 볼 수 없음) ② 불쾌글레어(불쾌감)

  ③ 광막반사(시대상의 표면에서 반사 ···> 잘 보이지 않음)
- **실루엣 현상** : 밝은 창문 배경으로 사람의 얼굴이 잘 보이지 않는 현상 $\frac{\text{얼굴면 휘도}}{\text{창면휘도}} > 0.007$ ···> 실루엣 현상 없음
- **창가모델링** : 창가에서 실이 빛이 너무 강하면 얼굴의 모델링(입체적 인지)가 나빠짐

  $\frac{\text{창측 연직면조도}}{\text{실내측 연직면조도}} < 10$ ···> 창가모델링 해소

- **눈의 피로** : 부적합한 조도, 휘도대비 클 때, 현휘, 광막반사, 연색성, 플리커(깜박거림)

※ **자연광원** '15-1차 '13-1차

- **직사일광**
- **천공광** : 대기층, 구름에서 확산, 투과, 반사되어 지표면에 도달하는 빛
  - 청공광 : 하늘이 맑을 때
  - 담천광 : 흐릴 때
- **주광** = 직사일광 + 천공광
- **자연채광설계** : 담천공 기준 (직사일광 = 0)
  - 균일 담천공 : 천공 모든부분의 밝기가 일정
  - 표준 담천공 : 천정에서 휘도가 수평휘도의 3배

※ 표준담천공

천정휘도(= 수평휘도 3배) ···> 천정이 측창보다 밝음

수평휘도

- **채광주간** : 자연채광 설계에서 '인공광의 보조 없이' '주광'만으로 조명의 기능을 다하는 시간의 범위

  ···> 태양의 고도 10° 이상인 천공이 채광에 유효 ···> 태양의 고도 10° 이상인 시간대 = 채광주간
- **주광률(DF)** : 담천공으로부터의 전천공 조도(E_s)에 대한 실내 한 지점 작업면조도(E)의 백분율[%]

$$\text{주광률(DF)} = \frac{\text{작업면조도}(E)}{\text{전천공조도}(E_s)} \times 100\ [\%] \geq 2\%\ (\text{최소주광률})$$

  영향요소 : 창면적, 창의 유지율, 글래스율, 유효창면적, 실지수, 천장, 벽면반사율, 창의 위치, 조도측정위치

※ 일본건축학회 기준 주광률 : 수술실(10%), 독서, 사무(2%)

ex) 주광에 의한 실내조도 200lx, 전천공조도 20,000lx인 경우 주광률은?

$$\text{주광률} = \frac{\text{실내조도}}{\text{전천공조도}} \times 100\ [\%] = \frac{200}{20{,}000} \times 100 = 2\ [\%]$$

4-2장. 자연채광

*** 자연채광 방식** '17-1차

- **자연채광 정의** : 태양광(주광)을 이용하여 시작업에 필요한 밝기를 제공하는 개념 [천공광 사용 ○ / 직사광선 사용 X
- **자연채광 종류** : 정광(Top Light), 측광(Side Light), 정측광(Top Side Light)
  배광(Rear Light), 각광(Foot Light)
- **채광창** ┬ 측창 : 편측창, 양측창, 고측창
  └ 정광창 ┬ 정측창 : 모니터창, 톱니창
  └ 천창

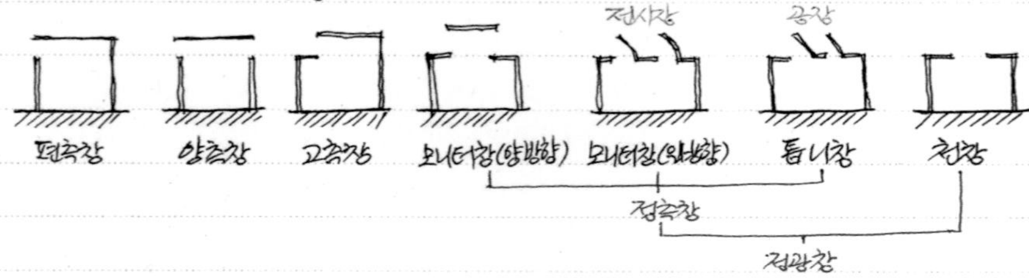

*** 주광설계 지침** '13-1차

- **기본사항**
  ① 많은 양의 주광 사입
  ② 휘도는 크지 않게
  ③ 주요 작업면에 강한 광각 반사 최소화
- **주광설계 지침**
  ① 주요 작업면 : 직사광 최소화
  ② 높은 곳에서 사입
  ③ 주광은 확산·분산 : 광선반
  ④ 양측 채광
  ⑤ 천창, 고측창
  ⑥ 천장 : 밝은색 (∵ 현휘 감소)
  ⑦ 예각 모서리 피하고, 개구부 벽면 경사지게 계획
  ⑧ 곡면경, 평면경 ···> 주광을 깊숙히 사입

* 아트리움(Atrium)

- 본래 기능 : 맞통풍, 자연환기, 자연채광
- 추가 기능 : 태양열의 적극 이용 ···> 예열환기 효과, 열손실 감소
- 설계시 고려사항
  ① 투과율 높은 유리, 반사율 높은 밝은색 마감 ···> 자연채광 극대화
  ② 아트리움은 이용한 환기 ···> 난방부하 저감(∵ 예열), 냉방부하 저감(∵ 과열 방지)
  ③ 가동식 차양 장치 ···> 일사량 저감, 야간 단열 효과
  ④ 흡음율 높은 재료마감, 식재 ···> 잔향시간 감소
  ⑤ 아트리움 난방 : 복사 난방 (공기식 X)

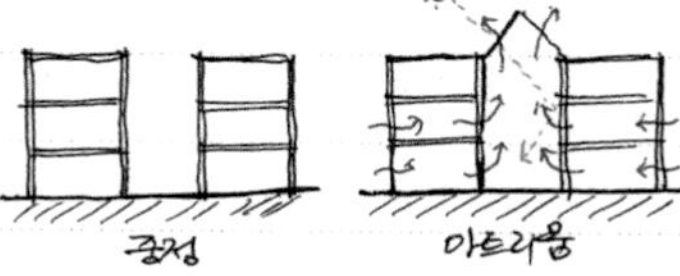

* 실비형자연채광방식

- 건물 외부
  · 태양광 추미 방식 : 태양의 위치에 맞춰 거울제어 ···> 태양 직사광 도입

태양광 추미방식

- 중정·아트리움
  ① 태양광 추미 방식
  ② 볼록 거울 방식
  ③ 건축화 덕트 방식 : 건물 내부에 고반사체 설치 ···> 천공광 반사
- 건물 내부
  ① 톱라이트 방식 : 지붕 천창 ···> 실내 빛 유입
  ② 광덕트 방식 : 고반사 거울로 구성된 광덕트
  ③ 광화이버 방식 : 태양 직사광은 집광 ···> 광화이버로 건물내부에 자연채광 도입
  ④ 광선반 방식 : 측창 외부 or 내부에 반사율 높은 재질의 광선반 설치 ···> 내측에 자연채광 유입

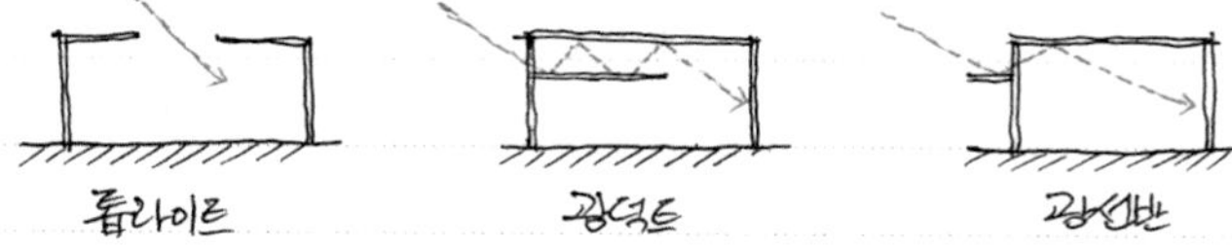

* 실내상시보조 인공조명 (PSALI)

: 자연채광과 인공조명을 동시에 사용
···> 쾌적한 실내환경 조성

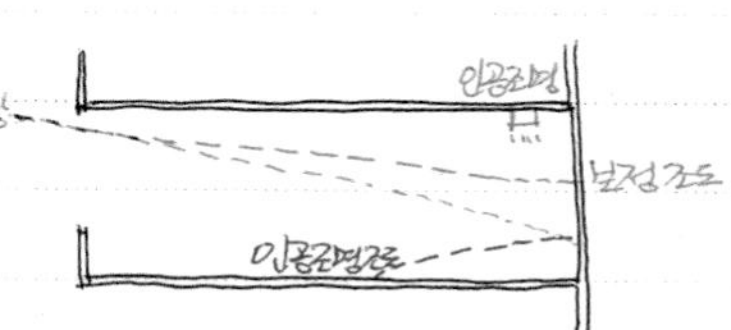

제3장

건축설비시스템

출제범위 및 공부법
건축기계설비의 이해 및 응용
건축전기설비의 이해 및 응용
건축신재생에너지설비의 이해 및 응용

출제범위: 건축설비시스템

'건축설비시스템'은 1차시험과 2차시험에서 모두 출제되며, 그 출제 범위는 아래와 같다.

출제범위: 1차시험(건축설비시스템)

주요항목	출제범위	
1. **건축설비관련 기초지식**	1. 열역학 3. 열전달 기초	2. 유체역학 4. 건축설비 기초
2. **건축기계설비 이해 및 응용**	1. 열원설비 3. 반송설비	2. 냉난방·공조설비 4. 급탕설비
3. **건축전기설비 이해 및 응용**	1. 전기의 기본사항 3. 조명·배선·콘센트 설비	2. 전원·동력·자동제어 설비
4. **건축신재생에너지설비 이해 및 응용**	1. 태양열·태양광 시스템	2. 지열·풍력·연료전지 시스템 등
5. **그 밖에 건축관련 설비시스템**		

출제범위: 2차시험(건축설비시스템)

5. **열역학 · 열전달 · 유체역학**에 대해 이해하고, 실무에 적용할 수 있어야 한다.
6. **열원설비** 및 **냉난방설비**에 대해 이해하고, 실무에 적용할 수 있어야 한다.
7. **공조설비**에 대해 이해하고, 실무에 적용할 수 있어야 한다.
8. **전기의 기본개념** 및 **변압기 · 전동기 · 조명설비** 등에 대해 이해하고, 실무에 적용할 수 있어야 한다.
9. **신재생에너지설비(태양열 · 태양광 · 지열 · 풍력 · 연료전지 등)**에 대해 이해하고, 실무에 적용할 수 있어야 한다.
10. 전기식 · 전자식 자동제어 등 **건물에너지절약시스템**에 대해 이해하고, 실무에 적용할 수 있어야 한다.

공부법: 건축설비시스템

'건축설비시스템'은 기계설비 · 전기설비 · 신재생에너지설비로 구성되어 있다. 건축설비시스템은 설비를 작동하여 건축물에 발생한 부하를 감소시키고, 결과적으로 쾌적한 실내환경을 만드는 액티브시스템이다. 에너지를 적게 소비하면서 쾌적한 환경을 만들 수 있는 효율적인 설비시스템이 필요하다.

기계설비 · 전기설비의 기본이론은 원론적으로 이해하고, 부담스러우면 자세히 볼 필요는 없다고 본다. 수험준비를 하는 데 시간상 넉넉하지 않고, 공부를 많이 한들 이해하기도 어렵고, 중요한 것이 뒤에 많이 있기 때문이다. 하지만 합격한 후에는 꼭 공부를 하자. 실무를 위해서 필요하다.

기계설비와 전기설비 관련공식에는 그리스어가 많이 나온다. 그리스어에 익숙해지는 것이 공부에 도움이 된다.

그리스어	α	β	γ	δ	ε	η	θ	λ	μ	ν	π	ρ	σ	ω
발음	알파	베타	감마	델타	엡실론	에타	세타	람다	뮤	뉴	파이	로	시그마	오메가

건축물의 에너지소비항목은 냉방·난방·급탕·환기·조명 등이다. 4개 부분이 기계설비이고, 1개 부분이 전기설비이다. 냉방과 난방을 위해 필요한 보일러·냉각기 등 열원설비의 개념·종류·특성·에너지 절감방안을 전반적으로 알아야 한다. 냉난방 공조설비를 이해하기 위해 습공기선도에 나오는 각종 습공기상태량의 정의와 특성을 알고 계산할 줄 알아야 한다.

공조설비는 계통도·공조기 부하·송풍량·가열량·냉각량·응축수량·각 지점별 온도를 정확히 계산해 내야 하고, 공조방식의 종류와 특성, 전열교환기의 특성과 관련 물리량을 계산할 줄 알아야 한다. 펌프·송풍기·덕트의 특성과 관련공식은 종류별로 파악해야 한다. 자동제어설비의 종류와 특성을 알아야 한다. 그리고, 각 설비별 에너지 절감방안을 숙지해야 한다.

건축물의 에너지소비항목 중 유일한 전기설비인 조명설비와 관련해서는 조명관련용어와 공식을 알아야 한다. 그리고, 냉방·난방·급탕·환기·조명 설비시스템을 작동하기 위해서 전력을 끌어들이기 위한 전원설비 가 필요하다. 발전·송전·배전의 프로세스를 이해하고, 전력 손실의 계산식과 이에 영향을 주는 요소와 개선방안, 전압강하의 정의·원인·영향·계산식·개선방안을 설명할 수 있어야 한다. 역률의 정의를 알고 역률개선용 콘덴서용량 계산을 할 줄 알아야 한다. 변압기의 원리와 종류·손실·효율 관련 공식·변압기용량을 알아야 한다.

각 설비시스템에는 공통적으로 전동기와 같은 동력설비 가 설치되어 있다. 전동기의 원리와 종류·관련공식을 알아야 한다. 전기도면을 해석하기 위한 각종 전기설비의 용어와 기호를 숙지하면 좋겠다.

신재생에너지 는 관련법령(신에너지 및 재생에너지 개발·이용·촉진법)에 의한 정의를 알고, 종류별 원리·구성·종류·특징·에너지절감방안을 설명할 수 있어야 한다. 각 신재생에너지의 도면을 읽을 수 있어야 하고, 용량을 계산할 줄 알아야 한다. 풍력과 태양광 등 발전소 개념과 건물에 적용이 가능한 신재생에너지(태양광·지열·연료전지 등)를 구분하여 파악할 필요도 있다. 태양광처럼 발전소와 건물에 모두 적용 가능한 신재생에너지는 발전소 적용과 건물 적용 각각의 차이점을 파악하자.

건축설비시스템은 1차시험에서는 이론 위주로 넓게 공부하는 것이 좋다. 2차시험은, 주관식에 대비해서 이론 전반을 한꺼번에 설명할 수 있어야 하기 때문에 본인만의 모범답안을 만들고, 계산형에 대비해서 기본유형문제와 에너지절감관련 계산연습을 해야 한다.

Ⅰ. 건축기계설비의 이해 및 응용

'건축기계설비의 이해 및 응용' 구성

1. 열역학
2. 유체역학
3. 열원설비
4. 냉난방·공조 설비
5. 배관 반송설비
6. 기타 기계 설비

1-1장. 열역학

＊열역학 기본사항 '15-1차 '13-1차

- 시량성질 (Extensive Property): 양, 크기에 의존하는 성질 ·····> 질량, 부피, 에너지, 엔탈피, 엔트로피
- 시강성질 (Intensive Property): 양, 크기에 의존하지 않는 성질 ···> 밀도, 비체적, 시간, 온도, 비에너지
- 섭씨온도(t_c): 표준대기압, 물의 어는점 0°, 끓는점 100° ···> 두 점을 100등분 [°C]
- 화씨온도(t_F): 〃, 〃 32°, 〃 212° ···> 〃 180등분 [°F] $t_F = 1.8 \cdot t_c + 32$
  - ex) 섭씨온도, 화씨온도 같은 온도는? $t = 1.8t + 32$ ···> $t = -40°$
- 절대온도(T): 이론적으로 얻을수 있는 최저온도(-273.15°C) 기점으로 측정된 온도 [K] $T = t_c + 273.15$
- 체적(V) $1m^3 = 1000\,l = 10^6\,cm^3 = 10^6\,ml = 10^6\,cc$
- 밀도 (ρ) $\rho = \frac{m}{V}$ $[kg/m^3]$
- 비체적(ν) $\nu = \frac{V}{m} = \frac{1}{\rho}$ $[m^3/kg]$
- 힘(F) = 질량(m) × 가속도(a) [N, $kg \cdot m/s^2$]
- 압력(P) $1\,Pa = 1\,N/m^2$
  - $1\,atm = 1.01325 \times 10^5\,Pa = 760\,mmHg = 10.33\,mAq = 1.033\,kgf/cm^2$
  - $= 1.01325\,bar$
- 일(W) = 힘(F) × 거리(s) [J, N·m]
  - $W_{가역} = \int P \cdot dV$ $W_{비가역} = P_{마지막 외부 또는 일정압력} \times \Delta V$ (ΔV: 부피변화)
- 내부에너지(ΔU) = 열량(Q) − 일(W) ···> 단열과정: Q = 0 ···> ΔU = −W
- 동력(=일률): 단위시간당 일량 $1[W] = 1[J/s] = 1[N \cdot m/s] = 3600[J/h]$
  - $1[kWh] = 10^3 \times 3600[J]$

- **열** ① **현열**: 물질의 상태변화 없이 온도변화에 이용되는 열량 $Q = mc\Delta t$

'15-1차 ② **잠열**: 물질의 온도변화 없이 상태변화에 이용되는 열량

기화잠열 2,257 [kJ/kg] 융해잠열 335 [kJ/kg]

- **정압비열** (C_p) ① 공기 : 1.01 [kJ/kg°C] ② 증기 : 1.85 [kJ/kg°C]

'15-1차 ③ 물 : 4.19 [kJ/kg°C]

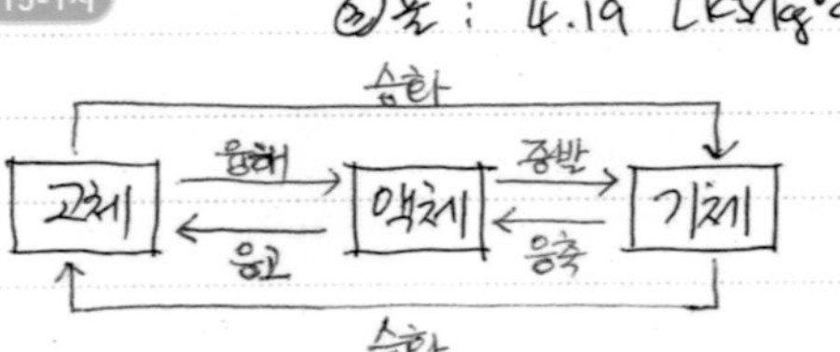

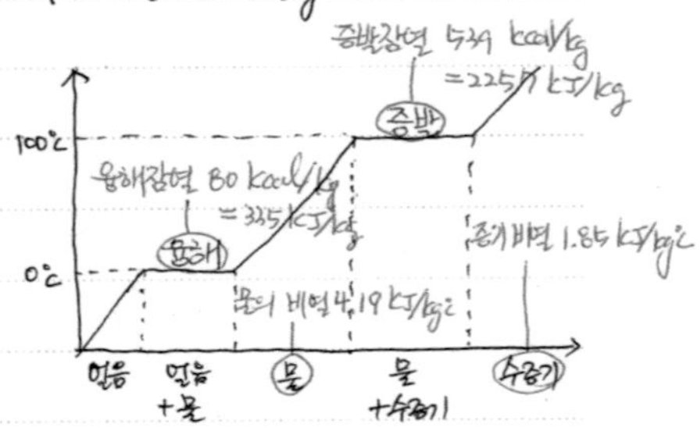

* 열역학 법칙 '16-1차 '13-1차

- **열역학 0 법칙**: 온도가 동일하면 열이 이동하지 않는다. ⋯→ 열평형 정의
- **열역학 1 법칙**: 에너지 보존의 법칙 (열과 일은 동일하다) ⋯→ 내부에너지 (ΔU) = 열량(Q) - 일(W)
- **열역학 2 법칙**: 열의 흐름 (고온 → 저온), 에너지 전환, 엔트로피 정의 ⋯→ 자연현상에 관한 법칙
- **열역학 3 법칙**: 절대 영도 (-273.15°C)에서 엔트로피 "0" ⋯→ 자연에서 불가능

* 열기관 사이클 '18-1차

- **카르노(Carnot) 사이클**: 등온팽창 → 단열팽창 → 등온압축 → 단열압축
- 랭킨 (Rankine) 사이클: 단열압축 → 정압가열 → 단열팽창 → 정압냉각
- **공기표준 Otto Cycle**: 연소(정적) → 단열팽창 → 정용냉각 → 단열압축
- **공기 표준 Diesel Cycle**: 연소(정압) → 단열팽창 → 정용냉각 → 단열압축

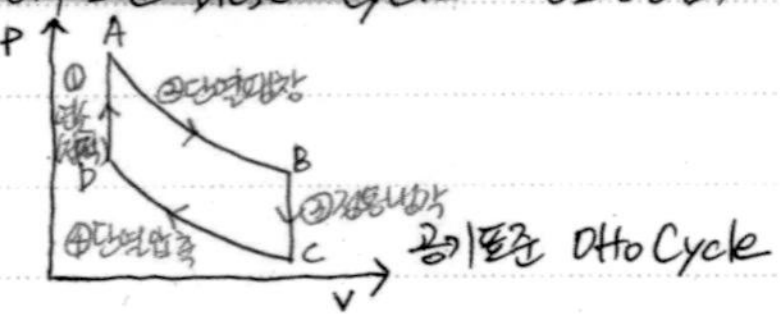

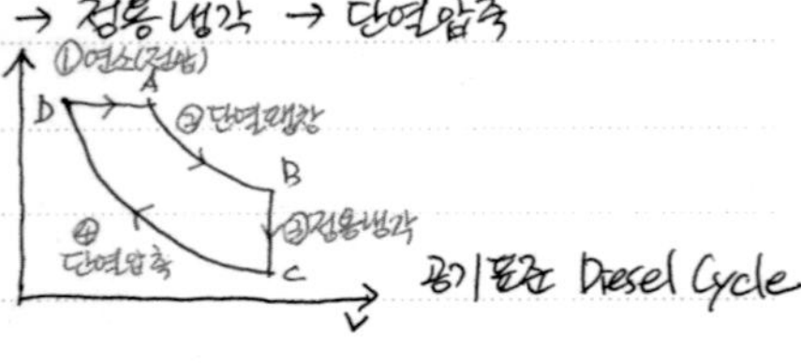

* 효율

- **카르노(Carnot) 열기관 효율** $\eta = \frac{W}{Q} = \frac{T_H - T_L}{T_H}$ = 최대효율 ⋯→ 실제효율은 이보다 낮다.

ex) 100°C와 20°C 사이에 작동하는 기관의 효율은?

열기관 효율 $\eta = \frac{W}{Q} = \frac{T_H - T_L}{T_H} = \frac{(100+273)-(20+273)}{(100+273)} = \frac{80}{373} = 0.21$

- 열펌프 성능계수 $COP_h = \frac{Q_H}{W} = \frac{T_H}{T_H - T_L}$
- 냉동기 성능계수 $COP_c = \frac{Q_L}{W} = \frac{T_L}{T_H - T_L}$

ex) 0°C와 30°C 사이에서 작동하는 냉동기 최대성능에 대해 80% 효율 갖는 냉동기의 성능계수는?

$COP_c = \frac{Q_L}{W} \cdots\rightarrow \frac{T_L}{T_H - T_L} \times 80\% = \frac{(0+273)}{30} \times 0.8 = 7.28$

＊냉동능력

- 정의: 냉동기의 능력은 냉동톤(RT)으로 표시

1냉동톤(RT) [표준기압 0°C 물 1ton → 24시간 동안 0°C 얼음 1ton <일본식>
" 32°F 물 2000 lb → " 32°F 얼음 2000 lb <미국식>

- 냉동톤 ① 일본식 1 RT = 3.86 kW
  ② 미국식 1 USRT = 3.516 kW

1-2장. 유체역학

＊이상기체

※ 온도만의 함수: 내부에너지, 엔탈피, 정압비열, 정적비열

- 특성 ① 아보가드로 법칙 만족
  ② 완전탄성체
  ③ 내부에너지는 온도에 의해 변화 ⋯→ 온도만의 함수
- 산식 ① $PV = mRT$ ⋯→ 밀도 $\rho = \frac{m}{V} = \frac{P}{RT}$ ⋯→ 밀도가 낮아야 이상기체에 가깝다
  ② $\frac{P_1V_1}{T_1} = \frac{P_2V_2}{T_2}$ ⋯→ 보일-샤를의 법칙

＊뉴턴의 점성법칙

- 전단응력(τ) = $\frac{\text{힘}(F)}{\text{단면적}(A)}$ = 점성계수(μ) $\frac{du}{dy}$ [Pa]

ex) 속도분포 $u = 30y - 120y^2$ [m/s], 벽면에서의 전단응력은? (점성계수 $\mu = 0.077$ [N·sec/m²])

전단응력 $\frac{F}{A} = \mu\frac{du}{dy} = 0.077 \left| 30 - 240y \right|_{y=0} = 0.077 \times 30 \frac{N}{m^2} \cdot \frac{1kgf}{9.8N} = 0.236\ kgf/m^2$

＊절대압력

- 절대압력 = 국소대기압력 + 계기 압력

- 비압축성 유체 정압력 $p = \frac{F}{A} = \gamma h = \rho g h$ (γ: 비중량, ρ: 밀도, g: 중력가속도)

ex) 대기압 760 mmHg, 수은 비중 13.6, 240 mmHg의 절대압력은 계기압력으로 얼마?

절대압력 = 대기압 + 계기압력. 240 mmHg = 760 mmHg + 계기압력

계기압력 $= (240-760)\,\text{mmHg}\ \frac{1.013\times10^5\,\text{Pa}}{760\,\text{mmHg}} = -6.931\times10^4\,\text{Pa} = -69.31\,\text{kPa}$

*유체 관련 산식 '18-1차 '17-1차 '15-1차

- 유체유량(Q) = 단면적(A) × 속도(V) = 일정
- 유속 $v = \sqrt{2gz}$ (g: 중력가속도 $9.8\,\text{m/s}^2$, z: 높이)
- 베르누이 방정식 전양정(H) = 압력수두$\left(\frac{P}{\gamma}\right)$ + 속도수두$\left(\frac{V^2}{2g}\right)$ + 위치수두(z) = 일정
- 마찰 손실 수두 마찰손실수두$(H_f) = \lambda \cdot \frac{l}{d} \cdot \frac{V^2}{2g}$ [mAq]

  (λ: 관마찰계수, l: 관길이 [m], d: 관내경[m]

  V: 유속 [m/s], g: 중력가속도 $9.8\,[\text{m/s}^2]$)

1-3장. 열원설비

*보일러 '17-1차 '16-1차 '13-1차

- 정격출력 = 난방부하 + 급탕부하 + 배관손실 + 예열부하
  - 난방부하 + 급탕부하 = 방열기용량(정미출력)
  - 방열기용량 + 배관손실 = 상용출력
  - 상용출력 + 예열부하 = 정격출력
- 난방부하 ①증기: $0.756\,\text{kW/m}^2 \times \text{EDR}\,[\text{m}^2]$ (EDR: 방열면적)

  ②온수: $0.523\,\text{kW/m}^2 \times \text{EDR}\,[\text{m}^2]$
- 급탕부하 $= GC\Delta t = \gamma Q c \Delta t$ [kJ/s]
- 보일러 버너용량 $= \frac{\text{정격출력}}{\text{효율}}$ [kW]
- 보일러 효율 $= \frac{\text{출력}}{\text{입력}} = \frac{G\Delta h\ (\text{정격출력})}{\text{연료소비량} \times \text{고(저)위 발열량}}$ (가스: 고위 발열량, 기름: 저위 발열량)

  (G — 증기: 발생증기량 / 온수: 순환수량; Δh — 증기: 증기엔탈피 − 급수엔탈피($h = ct$) / 온수: 출구온수엔탈피 − 입구온수엔탈피)
- 상당증발량(환산증발량) $= \frac{\text{정격출력 [kJ/h]}}{\text{증발잠열 2,257 [kJ/kg]}}$ [kg/h]

ex) 매시간 1,000kg의 포화증기를 발생하는 보일러 내 압력 2기압, 매시간 75kg 연료 공급. 보일러 공급 물의 온도 20°C, 포화증기 엔탈피 2,705 kJ/kg, 연료 발열량 41,868 kJ/kg인 때, 보일러 효율?

보일러 효율$(\eta) = \frac{G\Delta h}{\text{연료소비량} \times \text{발열량}} = \frac{1000\,\text{kg} \times (2705 - 4.19\times20)\,\text{kJ/kg}}{75\,\text{kg} \times 41868\,\text{kJ/kg}} = 0.8348 = 83.48\,\%$

* 증기난방 vs. 온수난방

	표준방열량	이용열	방열기면적	관경	예열시간	쾌감도	유지비	온도조절
증기난방	0.756 kW/m²	잠열	작다	작다	짧다	낮다	싸다	어렵다
온수난방	0.523 kW/m²	현열	크다	크다	길다	높다	비싸다	쉽다

- 사용처 ① 증기난방 : 사무소, 백화점 등
  ② 온수난방 : 병원, 주택 등
- 발생열량 ① 증기보일러 : $Q = G\Delta h$ [kJ/h]
  ② 온수보일러 : $Q = G\Delta h = Gc\Delta t$ [kJ/h] 물의 비열 4.19 kJ/kg℃

* 열교환기

- 열교환기 용량 $Q = G \cdot h$ [kJ/h]
- 급탕용량 $Q = mc\Delta t$ [kJ/h] ⋯→ 온수량 $m = \frac{Q}{c\Delta t}$
- 열교환기 단위면적당 전열량 $Q = K \cdot A \cdot \Delta tm$ [W]
  (K : 열관류율[W/m²K], A : 열교환기 전열면적[m²], Δtm : 대수평균온도차 [K])
- 열교환기 대수평균온도차 $= \frac{\Delta_1 - \Delta_2}{\ln\left(\frac{\Delta_1}{\Delta_2}\right)}$

  ※ 산술평균온도차 $= \frac{\Delta_1 + \Delta_2}{2}$

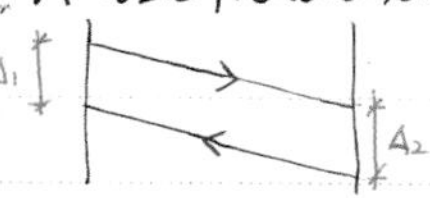

* 히트파이프 열교환기

- 개요 : 밀봉된 파이프 내에 작동유체를 넣고, 고온폐열을 주면 작동유체가 증발하면서 저온유체에 열을 전달하는 열회수기기

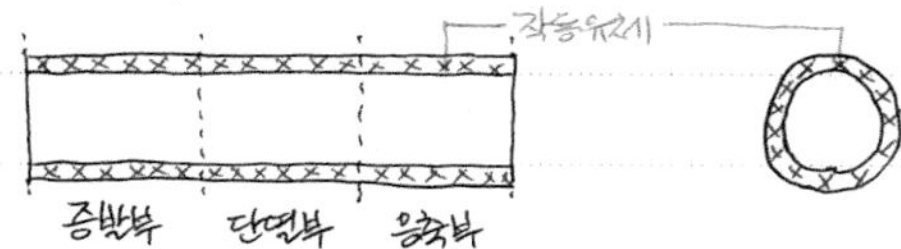

- 장점 ① 작동부분이 없으며, 소형경량화 가능
  ② 구조가 간단
  ③ 유지관리가 용이
  ④ 간접 열교환 방식으로, 오염이 적다
  ⑤ 별도의 동력이 불필요
- 단점 ① 대형화 어려움
  ② 길이가 길어지면 효율이 떨어짐

* 폐열 회수장치

- 정의 : 배기가스의 여열을 이용하여 열효율을 높이기 위한 장치
- 순서 : 과열기 → 재열기 → 절탄기 → 공기예열기

* 열병합 발전 '15-1차 '13-1차

- 정의 : 화력 발전소에서 발전에 사용하고 버려지는 열을 회수하여 냉난방, 급탕용으로 재이용하는 방식
- 계통도

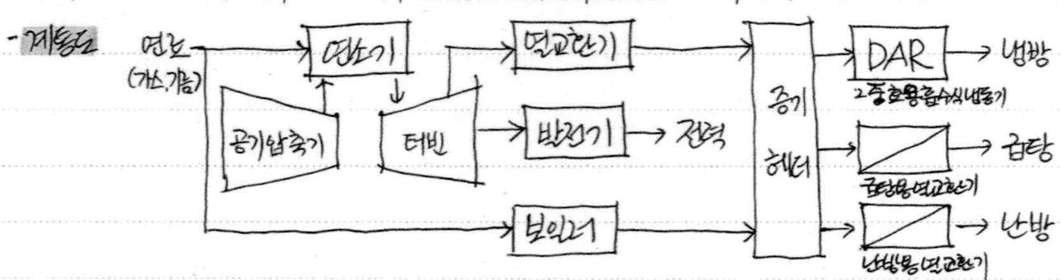

- 장점 ① 종합효율이 높다 : 화력발전소 35% ---> 열병합 발전 70~80%
  ② 에너지 절감 및 전력설비 투자비 감소
  ③ 환경오염 감소, 화재 위험 감소
  ④ 각 건물 기계실 면적 감소
- 단점 ① 초기투자비가 많이 듦
  ② 지역 난방 시설 주변지역 오염도 증가
  ③ 숙련된 인원 필요
  ④ 발전효율의 한계
- 열병합 발전 시스템 분류
  ① TES (Total Energy System) : 열회수 위주 + 발전 부수
  ② Cogeneration System : 발전설비 위주 + 열회수 부수
  ③ OES (On-site Energy System) : 건물 or 지역 내 자가발전 냉난방
- 시스템 방식 분류
  ① 증기터빈 ② 가스터빈 ③ 디젤엔진 ④ 가스엔진 ⑤ 연료전지

* 보일러의 이상현상

- 캐리오버 (Carry Over)
  ① 정의 : 보일러 수의 고형물이나 불순물이 증기에 혼입되어 보일러 밖으로 튀어나오는 현상
  ② 원인 : 프라이밍, 포밍 등 이상 증발이 발생하는 경우
  ③ 결과 : 증기 시스템에 고형물 부착되면 전열효율이 떨어짐

- 프라이밍 (Priming)
  ① 정의 : 보일러 수가 심하게 비등하여 수위가 불안정해지는 현상
  ② 원인 : 보일러 과부하, 수위가 높을 때, 불순물 발생시
  ③ 결과 : 스케일 형성, 전열효율이 떨어짐
  ④ 방지책 : 기수분리기 설치
- 포밍(Foaming)
  ① 정의 : 보일러수에 불순물이 많을 때 수면에 거품 형성 ···> 수위가 불안정해지는 현상
  ② 원인물질 : 나트륨, 칼륨, 마그네슘

* 보일러 에너지 절약 방안 고대인공 응폐 증증 드슈
  - 고효율 기기 사용 : 버너, 급수펌프
  - 대수분할 운전 : 여러 대 보일러를 분할 운전 ···> 저부하시 에너지 절감
  - 인버터 제어 : 부분부하에 대응 (모터속도 제어)
  - 적정 공기비 관리
  - 응축수 · 배열 회수
  - 급수 수질 관리
  - 증기 트랩 관리
  - 증기, 물 누설 방지
  - 드레인 밸브, 블로우다운 밸브는 불필요하게 열지 않음 ···> 열손실 방지
  - 슈트블로어 채택

* 보일러 대수제어
  - 보일러 용량
    ① 피크치 부하를 기준으로 보일러 용량 결정
    ② 보일러는 정격출력 운전시 효율이 가장 높다.
  - 대수제어 필요성 (부분 부하시 문제점)
    ① 보일러 방열손실은 부하에 관계 없이 일정 ···> 부분부하 운전시 방열손실율 증가 ···> 에너지낭비
    ② 보일러는 저부하, 간헐운전시 효율이 떨어짐
    ③ 용량을 분리하여 보일러를 여러대 설치 ···> 부하에 맞춰 보일러 대수 제어 ···> 에너지절감

- **특징** ① 장점 : 부하에 따른 적정 출력 운전이 가능하며 운전비 절약
  ② 단점 : 공사비 증가, 기계실 면적 증가
- **대수제어 종류** ① 동등 용량 대수 분할
  ② 기본부하 운전용 보일러 + 변동부하 분담 보일러 분할
  ③ 상이한 용량 대수분할
- **대수제어 프로세스**
  ① 외기 온도, 습도 측정
  ② 보일러 출력 측정 (증기보일러 : 증기 압력 / 온수보일러 : 온수 온도)
  ③ 측정값은 중앙 제어기에 전달
  ④ 중앙제어기가 설정 압력 (or 온도)에 따라 보일러 대수·출력 제어

※ **보일러 계통도**

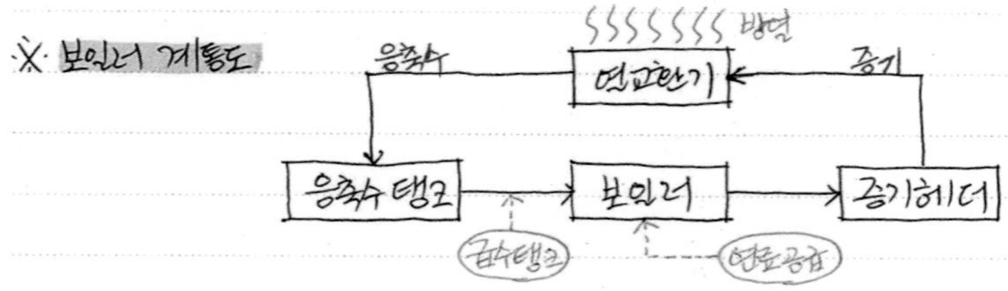

* **냉동기** '18-1차 '17-1차 '17-2차 '16-1차

- **몰리에르 (Mollier) 선도**

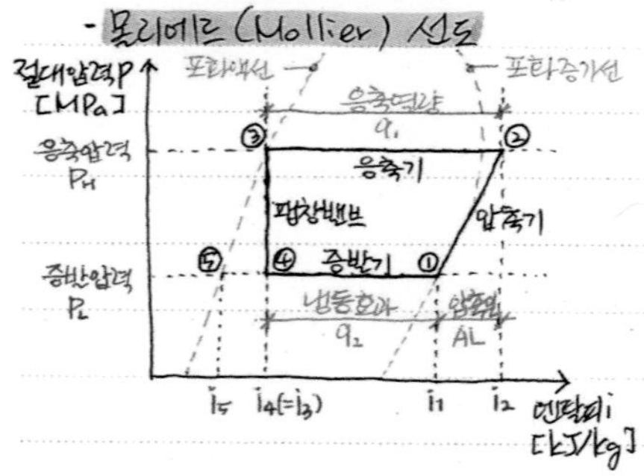

- **냉동 사이클** : 압축기 → 응축기 → 팽창밸브 → 증발기

냉동효과 (q_2) = $i_1 - i_4 = i_1 - i_3$ [kJ/kg]
압축일 (AL) = $i_2 - i_1$ [kJ/kg]
응축열량 (q_1) = $i_2 - i_3$ [kJ/kg]

- **응축열량 (q_1)** = 냉동효과 (q_2) + 압축일 (AL)
- **증발잠열 (q_L)** = $i_1 - i_5$ [kJ/kg]
- **압축비** = $\frac{P_H}{P_L}$ ····› 낮을수록 유리

※ **냉동기 계통도**

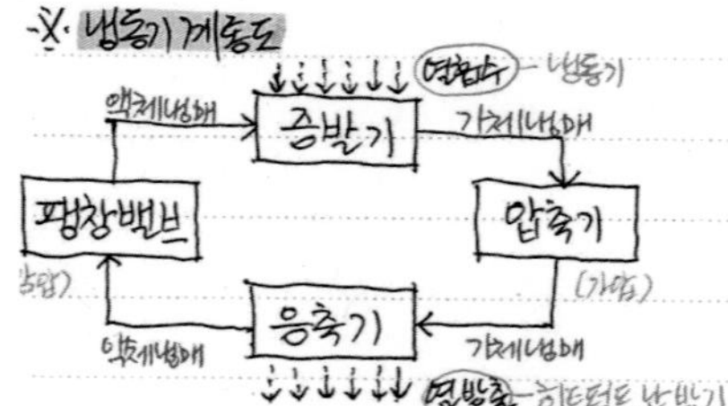

냉매순환량

냉동능력 Q_2 = $G \cdot q_2$ [kJ/h]
응축부하 Q_1 = $G \cdot q_1$ [kJ/h]
압축일량 A_{WL} = $G \cdot AL$ [kJ/h]

* 성적계수 (COP) '18-1차 '18-2차 '17-2차

- 냉동기 성적계수 $COP_c = \frac{냉동효과}{압축일} = \frac{q_2}{AL} = \frac{T_L}{T_H - T_L}$ (T_L — 증발 절대온도)
- 열펌프 성적계수 $COP_h = \frac{응축기\ 방열량}{압축일} = \frac{q_1}{AL} = \frac{q_2 + AL}{AL} = \frac{q_2}{AL} + 1 = \frac{T_H}{T_H - T_L}$ (T_H — 응축절대온도)
- 성적계수(COP) 향상방안
  ① 냉동효과(q_2)를 크게 한다. (증발기 증발온도를 크게 한다.)
  ② 압축일(AL)을 작게 한다.
  ③ 냉각수 온도를 작게 한다.
  ④ 냉매의 과냉각도를 크게 한다.
  ⑤ 배관의 플래시 가스 발생을 최소화 한다.

* 압축식 냉동기

- 냉동 사이클: 압축기 → 응축기 → 팽창밸브 → 증발기
- 장점 ① 운전이 용이하다.
  ② 초기 설비비가 적게 든다.
- 단점 ① 소음이 크다.
  ② 전력 소비가 많다.
- 종류 ① 왕복동식: 피스톤 왕복 운동으로 냉매증기 압축
  ② 원심식(터보식): 임펠러 원심력에 의해 냉매증기 압축
  ③ 회전식: 회전식 압축 방법으로 냉매증기 압축

열흡수
액체냉매
증발기
기체냉매
팽창밸브
압축기
액체냉매
응축기
기체냉매
열방출

* 흡수식 냉동기 '13-1차

- 원리: 냉매를 흡수하는 방식(압축기 역할)이며, 흡수제를 이용, 화학적 치환하여 냉동사이클 형성 증기 고온수를 동력으로 사용. 냉매(물, H_2O), 흡수액(브롬화리튬, LiBr)
- 냉동사이클: 증발기 → 흡수기 → 발생기 → 응축기
- 장점 ① 전력소비가 적다 ② 진동 소음이 적다 ③ 사고 우려가 적다
  ④ 자동제어가 용이하다 ⑤ 운전비가 적게 든다
- 단점 ① 성적계수가 낮다 ② 설치면적이 크고, 설비비가 많이 든다(증기 보일러 필요)
  ③ 예열시간이 길다
- 종류 ① 1중 효용식
  ② 2중 효용식

* 냉동기 에너지 절약 방안 부대고고 : 폐냉운

- 냉방 부하 감소 : 고기밀, 차양장치, 나이트퍼지
- 냉동기 대수제어 분할운전 : 저부하시 대수 제어
- 고효율 냉동기 선정 : 부하 특성 고려, 고효율 기기 선정
- 고효율 운전 : 정격부하 유지, 냉각수·냉수의 수질관리, 적정 냉매량 유지
- 폐열회수 : 배기열 회수 ···> 예냉 활용
- 냉매의 적정 압력 유지
- 순환펌프 : 인버터제어 (회전수 제어) ···> 전력소비 감소

* 대체 프레온

- 요건 ① 오존 파괴지수 낮은 것
  ② 지구온난화 지수 낮은 것
- 종류 : HCFC-22, HCFC-123, HCFC-134a
- 교토의정서 6대 온실가스 이메아수과육
  : 이산화탄소, 메탄, 아산화질소, 수소불화탄소, 과불화탄소, 육불화황

* 냉각탑 (Cooling Tower)

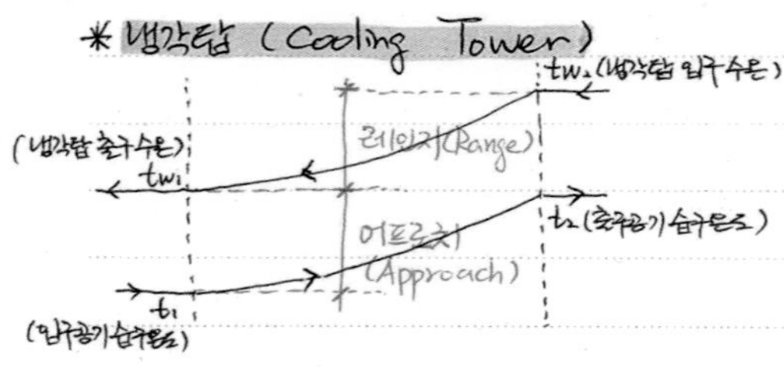

- 쿨링 레인지 = 냉각탑 입구 수온 - 냉각탑 출구 수온
  ↳ 클수록 좋다
- 쿨링 어프로치 = 냉각탑 출구수온 - 입구공기 습구 온도
  ↳ 작을수록 냉각탑 능력 우수

* 냉각탑 용량 (= 응축수 용량)

- 공기압축식 냉각탑 용량 = 냉동열량 + 압축열량 + 펌프동력 = $GC\Delta t = \gamma QC\Delta t$ (물의 밀도, 순환수량, 물의비열, 냉각탑 온도차)
- 흡수식 냉각탑 용량 = 냉동열량 + 재생기열량 + 펌프동력 = $GC\Delta t = \gamma QC\Delta t$

* 열펌프 (=히트펌프, Heat Pump)

- 개요 : 냉동사이클에서 응축기의 방열량을 이용하여 물·공기를 가열하여 난방용으로 응용하는 장치
  ···> 냉방, 난방 가능

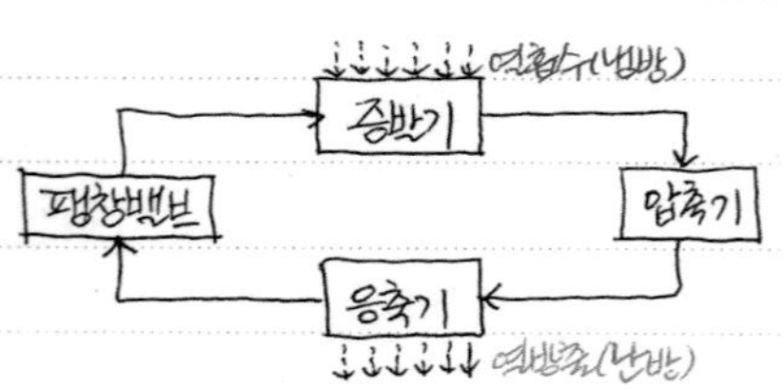

- 사이클: 압축기 → 응축기 → 팽창 밸브 → 증발기
- 종류 ① EHP: 전기로 냉동기의 압축기를 구동하여 냉난방
  ② GHP: LNG, LPG 등 가스로 엔진을 가동하여 냉동기의 압축기를 구동하여 냉난방
  ···> 연소가스, 엔진 냉각수 열회수 ···> 난방용 열로 사용
  └→ 장점: 가스(청정에너지원), 하절기 전력 피크 삭감, 폐열 회수
- 특징 ① 각종 배열 활용 (열원: 지하수, 하천수, 태양열, 지열 등) ···> 에너지 절약
  ② 연료 소비량 적음 ···> 친환경
  ③ 히트펌프 한 대로 냉방·난방 사용 ···> 기계실 면적 감소, 설비 이용효율 증가
  ④ 성적계수가 높아 에너지 효율이 좋다

※ 히트펌프 성적계수 $COP_h = \frac{응축열량(q_1)}{압축일(AL)} = \frac{냉동효과(q_2) + 압축일(AL)}{압축일(AL)} = \frac{q_2}{AL} + 1 = \frac{T_H}{T_H - T_L}$ (T_H: 응축절대온도, T_L: 압축절대온도)

ex) 실온 20°C, 외기 -10°C, 난방부하 15kW인데, 열펌프 구동을 위한 최소동력은?

히트펌프 $COP_h = \frac{응축열량(q_1)}{압축일(AL)} = \frac{T_H}{T_H - T_L}$ $\quad \frac{15kW}{AL} = \frac{(273+20)}{(273+20)-(273-10)}$ $\quad \therefore AL = 1.54\ kW$

※ 축열 시스템

- 개요: 값싼 심야전력(23시~9시)을 이용하여 냉동기를 가동
  ···> 얼음 형태의 열에너지로 축열조에 저장
  ···> 주간에 냉방용으로 사용
  ···> 주야간 전력 불균형 해소, 쾌적한 환경 조성

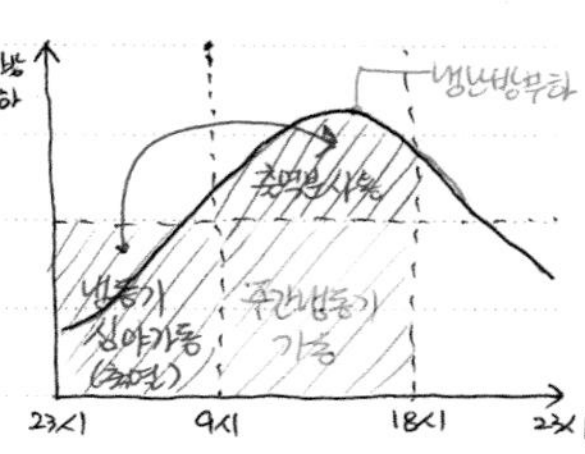

- 종류 ① 수축열 시스템 (현열 저장 방식)
  - 내용: 심야에 수축열조에 물을 냉각시켜 냉수 저장 ···> 주간에 냉수를 냉방에 사용
  - 구성: 냉동기, 수축열조, 열교환기, 순환펌프
  (열펌프를 가동하여 온수를 축열조에 저장하여 난방, 급탕으로 사용가능)

  ② 빙축열 시스템 (현열+잠열 저장 방식)
  - 내용: 심야에 빙축열조에 얼음 저장 ···> 주간 냉방에 사용
  - 구성: 냉동기, 빙축열조, 열교환기, 브라인펌프, 순환펌프
- 축열률 = 축열 부하량 / 1일 냉방 부하량
- 장점 ① 냉방설비 용량 감소 ···> 설비비 절감 ② 운전비용 절감
  ③ 고효율 정격운전 ④ 기존설비에 설치가능
  ⑤ 단전시 냉방 가능
- 단점 ① 축열조 공간 필요
  ② 초기 비용 발생

1-4장. 냉난방·공조설비

*습공기 상태량 '15-1차

- 온도 ① 건구온도 : 보통 온도계로 측정한 온도
  - ② 습구온도 : 건구온도계에 젖은천 감음 (← 3m/s 이상 바람) ····› 수분증발 ····› 온도 내려감(습구강하) : 습구온도 (건구온도보다 낮음, 상대습도 100% : 건구온도=습구온도)
  - ③ 노점온도 : 습공기 온도 내리면 상대습도 높아지다가 포화상태 ····› 이슬이 맺히는 온도(포화공기 온도)
- 습도 ① 절대습도 : 건조공기 1kg을 포함하는 수증기 중량 [kg/kg']
  - ② 상대습도 = $\frac{\text{어떤 온도에서 현재수증기압}}{\text{그 온도에서 포화수증기압}}$ × 100 [%]
  - ③ 수증기 분압 : 습공기 中 수증기가 차지하는 부분 압력 [mmHg, Pa]
- 엔탈피 : 건조공기 1kg을 포함하는 습공기가 갖는 현열과 잠열의 합 ····› 습공기 보유 열량 (건조공기 0°C의 엔탈피=0)

엔탈피(i) = 1.01 t + x (1.85 t + 2501) [kJ/kg]
(1.01 : 건공기 비열, t : 건구온도, x : 절대습도, 1.85 : 수증기 비열, 2501 : 증발잠열)

- 현열비 (SHF) = 현열량 / (현열량 + 잠열량)
  - 현열 : 온도변화 열량
  - 잠열 : 상태변화 열량

*습공기 선도 '18-2차 '16-1차 '15-1차

엔탈피, 포화선, 70%, 절대습도 [kg/kg'], 상대습도, 16.86, 습구온도, 노점온도, 0.0157, 비체적 ν [m³/kg], 건구온도 [°C], 21.1°C, 27°C, 22.8°C

건구온도 27°C, 습구온도 22.8°C, 노점온도 21.1°C (상대습도 70%)

- 구성요소 : 건구온도, 습구온도, 노점온도, 절대습도, 상대습도, 수증기분압, 비체적, 엔탈피
- 습공기 선도 활용 : 구성요소 2가지를 알면 나머지 요소 확인가능 --› ¹쾌적 범위 결정, ²결로 판정, ³공기조화 부하계산
- 공기 가열 ····› 상대습도 감소 (절대습도 불변)
- 공기 냉각 ····› 상대습도 증가 (〃 〃)
- 상대습도 100% 포화공기 : 건구온도 = 습구온도 = 노점온도
- 건구온도 ≥ 습구온도

*습공기 상태변화 '15-1차

	건구온도	습구온도	엔탈피	비체적	노점온도	절대습도	상대습도
냉각	감소				불변		증가
가열	증가				불변		감소

* 공조기 '18-1차 '18-2차 '17-2차 '16-1차 '15-1차 '13-1차 '13-2차

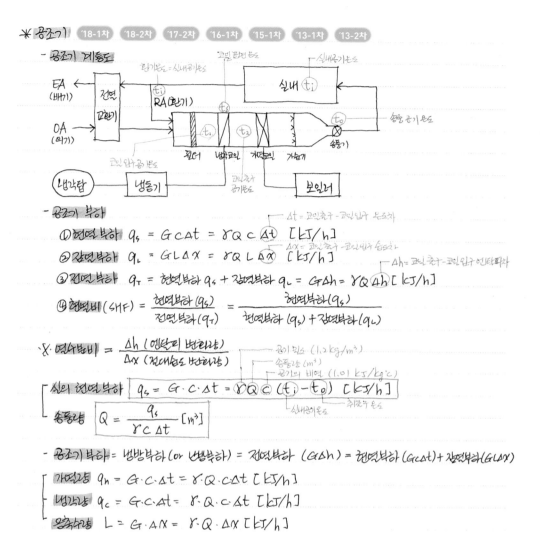

- 공조기 계통도

EA (배기) ← 전열교환기 ← RA(환기) t_i (환기온도=실내공기온도) ← 실내 t_i (실내공기온도)

OA (외기) → 전열교환기 → 필터 (t_1: 코일 입구 공기온도) → 냉각코일 (t_3: 코일 표면 온도) → (t_2: 코일출구 공기온도) → 가열코일 → 가습기 → 송풍기 (t_o: 송풍 공기 온도) → 실내

냉각탑 — 냉동기 — 냉각코일

가열코일 — 보일러

- 공조기 부하

① 현열부하 $q_s = GC\Delta t = \gamma QC\Delta t$ [kJ/h] (Δt = 코일출구 - 코일입구 온도차)

② 잠열부하 $q_L = GL\Delta x = \gamma QL\Delta x$ [kJ/h] (Δx = 코일출구 - 코일입구 습도차)

③ 전열부하 q_T = 현열부하 q_s + 잠열부하 $q_L = G\Delta h = \gamma Q\Delta h$ [kJ/h] (Δh = 코일 출구 - 코일 입구 엔탈피차)

④ 현열비(SHF) = $\dfrac{\text{현열부하}(q_s)}{\text{전열부하}(q_T)} = \dfrac{\text{현열부하}(q_s)}{\text{현열부하}(q_s)+\text{잠열부하}(q_L)}$

※ 열수분비 = $\dfrac{\Delta h \text{ (엔탈피 변화량)}}{\Delta x \text{ (절대습도 변화량)}}$

실의 현열부하 $q_s = G\cdot C\cdot\Delta t = \gamma QC(t_i - t_o)$ [kJ/h]

(γ: 공기 밀도 (1.2 kg/m³), Q: 송풍량 (m³), C: 공기의 비열 (1.01 kJ/kg℃), t_i: 실내공기온도, t_o: 취출구 온도)

송풍량 $Q = \dfrac{q_s}{\gamma C\Delta t}$ [m³]

- 공조기 부하 = 냉방부하(or 난방부하) = 전열부하 $(G\Delta h)$ = 현열부하 $(GC\Delta t)$ + 잠열부하 $(GL\Delta x)$

가열량 $q_h = G\cdot C\cdot\Delta t = \gamma\cdot Q\cdot C\Delta t$ [kJ/h]

냉각량 $q_c = G\cdot C\cdot\Delta t = \gamma\cdot Q\cdot C\cdot\Delta t$ [kJ/h]

응축수량 $L = G\cdot\Delta x = \gamma\cdot Q\cdot\Delta x$ [kJ/h]

* 단열혼합 (외기와 실내공기의 혼합)

- 혼합공기 온도 $t_m = \dfrac{G_1t_1 + G_2t_2}{G_1+G_2}$ [℃] (G_1: 외기 공기량 G_2: 환기 공기량)

- 혼합공기 절대습도 $x_m = \dfrac{G_1x_1 + G_2x_2}{G_1+G_2}$ [kg/kg']

- 혼합공기 엔탈피 $i_m = \dfrac{G_1i_1 + G_2i_2}{G_1+G_2}$ [kJ/kg]

엔탈피
포화선
절대습도 (kg/kg')
i_2
i_3
i_1
① ② ③
x_2
x_3
x_1
건구온도 (℃)
t_1 t_3 t_2

* 바이패스 팩터(BF)

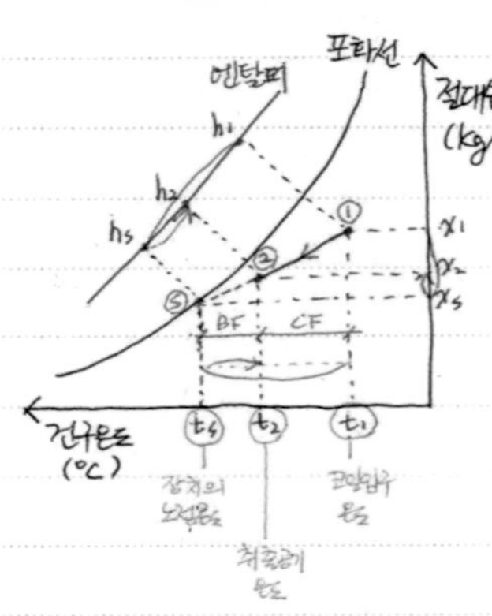

- 정의: 냉각코일(or 가열코일)과 접촉하지 않고, 그대로 통과하는 공기의 비율
- 산식: $BF = \frac{1-5}{2-5} = \frac{\text{바이패스한 공기량}}{\text{코일 통과하는 공기량}}$

$$= \frac{t_2 - t_5}{t_1 - t_5} = \frac{x_2 - x_5}{x_1 - x_5} = \frac{h_2 - h_5}{h_1 - h_5}$$

$$CF = \frac{1-2}{1-5} = \frac{t_1 - t_2}{t_1 - t_5}$$

└ 컨택트 팩터 (Contact Factor)

- 바이패스팩터 감소방안 → 에너지 절감
  ① 송풍량을 줄여 공기와 열교환기의 접촉시간 증가
  ② 냉수량을 많이 한다.
  ③ 전열면적을 크게 한다.
  ④ 실내장치의 노점온도를 높게 한다.
  ⑤ 컨택트 팩터를 크게 한다.

* 공조기의 습공기 선도상 프로세스

- 혼합 · 냉각 (여름철)

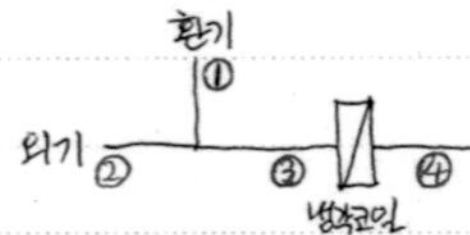

냉각열량 $q_c = G\Delta h = G(h_3 - h_4)$

감습수량 $L = G\Delta x = G(x_3 - x_4)$

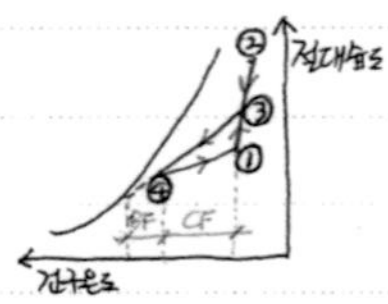

- 혼합 · 냉각 · 재열 (여름철)

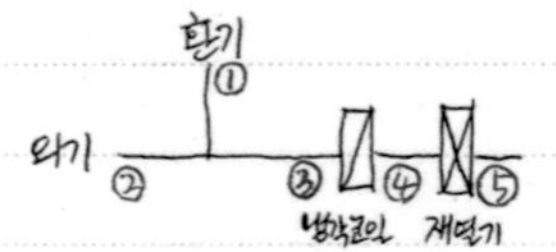

냉각열량 $q_c = G\Delta h = G(h_3 - h_4)$

감습수량 $L = G\Delta x = G(x_3 - x_4)$

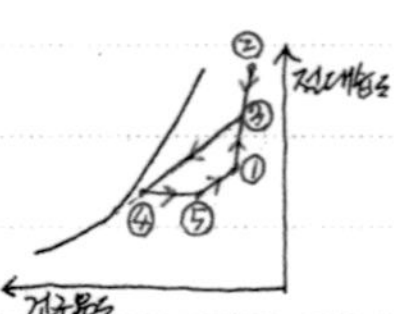

- 혼합 · 가열 · 가습 (겨울철)

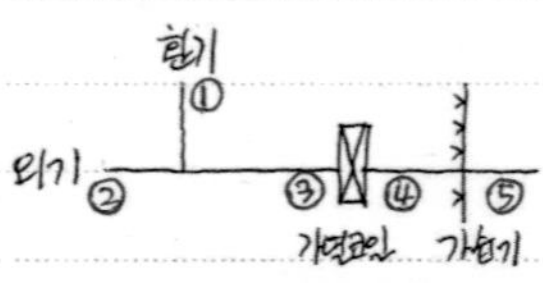

가열량 $q_H = G\Delta h = G(h_4 - h_3)$

가습량 $L = G\Delta x = G(x_5 - x_4)$

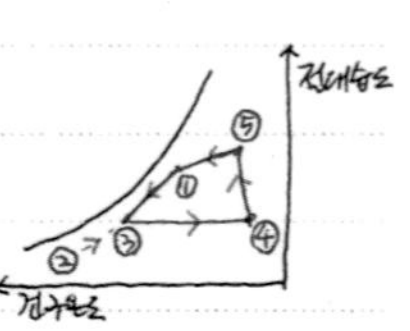

- 예냉 · 혼합 · 냉각감습 (여름철)

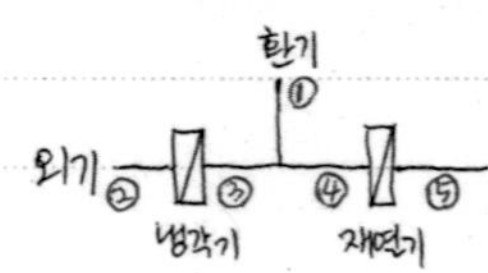

냉각기: 냉각열량 $q_c = G_o\Delta h = G_o(h_2 - h_3)$

응축수량 $L = G_o\Delta x = G_o(x_2 - x_3)$

재열기: 냉각열량 $q_c = G\Delta h = G(h_4 - h_5)$

응축수량 $L = G\Delta x = G(x_4 - x_5)$

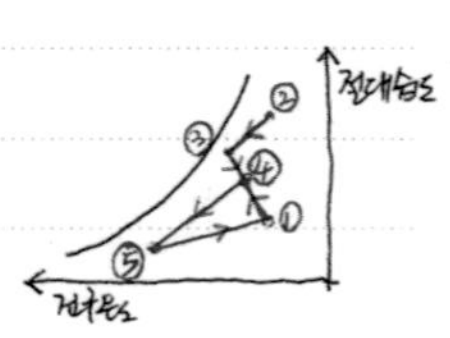

* 열운반 방식(열매)에 따른 공조방식 분류 '16-1차

- **전공기 방식** : [1]단일 덕트 방식, [2]이중 덕트 방식, [3]멀티존 유닛 방식
- **공기·수 방식** : [1]각 층 유닛 방식, [2]유인유닛 방식, [3]팬코일 + 외기덕트, [4]복사냉난방 + 외기덕트
- **전수 방식** ; [1]팬코일 유닛 방식, [2]복사 냉난방 방식

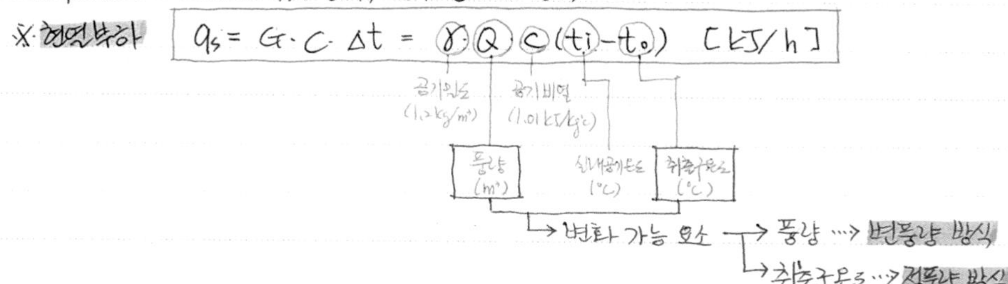

* 전공기 방식 '15-1차 '13-1차

- **종류** : [1]단일덕트 방식 (정풍량, 변풍량), [2]이중덕트 방식, [3]멀티존 유닛 방식
- **장점** 온수오바
  - ① 실내 온도 조정이 빠르다. (∵ 동작 유체 : 공기)
  - ② 실내에 수배관이 불필요 ···> 누수 염려 없다.
  - ③ 실내공기 오염 우려가 적다. (∵ 신선 외기 도입)
  - ④ 실내 바닥 공간 이용도가 좋다. (∵ 유닛 노출 ×)
- **단점** 공설운송
  - ① 천정 내 차지하는 공간이 크다. (∵ 덕트 필요)
  - ② 설비비가 비싸다. (∵ 덕트 설치)
  - ③ 운전비가 비싸다.
  - ④ 송풍기 동력이 많이 소요된다.

* 전수방식 '13-1차

- **종류** : [1]팬코일 유닛 방식, [2]복사 냉난방 방식
- **장점** 공설운송
  - ① 천정 내 차지하는 공간이 작다. (∵ 덕트 불필요)
  - ② 설비비가 싸다. (∵ 덕트 불필요)
  - ③ 운전비가 싸다.
  - ④ 송풍기 동력이 적게 소요된다.

- **단점** 온수오바

① 실내온도 조절이 느리다. (∵ 동작 유체 : 물)

② 실내에 수배관이 필요 ⋯> 누수 염려가 있다.

③ 실내공기 오염 우려가 있다. (∵ 신선외기 도입 X)

④ 실내 바닥 공간 이용도가 나쁘다. (∵ 유닛 노출)

＊ 팬코일 유닛 (FCU) 방식 (전수방식)

- **장점** 개장

① 개별제어 가능

② 장래 부하 증가 대응 유리 (∵ FCU 증설)

- **단점** 오바다

① 실내공기 오염 우려가 있다. (∵ 신선외기 도입 X)

② 실내 바닥 공간 이용도가 나쁘다. (∵ 유닛 노출)

③ 다수 유닛 분산 설치 ⋯> 유지관리 어려움

＊ 각층 유닛 방식 (공기·수 방식)

- **장점**

① 각 층마다 부분 운전 가능, 온습도 조절 가능

② 중앙공조기 or 덕트가 작아도 됨

③ 외기냉방 가능

- **단점**

① 공조기가 각 층마다 분산 ⋯> 유지관리 어려움

② 각 층마다 공조기 설치공간 필요

③ 각 층 공조기로부터 소음·진동 발생

＊ 유인 유닛 방식 (공기·수 방식)

- **장점**

① 각 실별 개별 제어 가능

② 중앙공조기가 소형 ⋯> 기계 설치공간 작고, 덕트공간 작다.

③ 실내 유닛에 송풍기 or 전동기 등 구동기계 없어 전기 배선 불필요

④ Cold Draft 방지 (∵ 창 하부 유닛 설치)

- **단점**

① 유닛의 실내 설치 ····> 사용공간 축소 ····> 건축계획에 지장

② 유닛 내 노즐 막힘 가능성

③ 유닛 수량 많아 유지 관리 곤란

④ 유닛 가격 비싸고, 소음 발생

* **변풍량 방식 (VAV)** '17-2차 '16-1차 '15-1차 '15-2차 '13-1차

- **개요** : 덕트에 터미널 유닛 (가변풍량 유닛) 설치

····> 취출공기 온도 일정, 실내부하에 따라 풍량변화 ····> 에너지 절약형

- **장점**

① 부하 변동에 따라 풍량 변화하여 실온 유지 ····> 에너지 절감

② 저부하시 풍량 감소 ····> 송풍기 제어 ····> 동력 절약

③ 개별제어 가능 ····> 사용하지 않는 실의 송풍 정지 가능

④ 동시 부하율 고려 ····> 장치 소형화 가능

- **단점**

① 공기량이 감소하므로, 정풍량에 비해 오염도 증가 우려, 가습제어 어려움

② 송풍량 변화를 위한 기계적 문제 발생 가능성

* **냉각코일, 가열코일** '15-1차

[공기, 물의 흐름은 대향류 적용
대수평균온도차는 크게 하는 것이 유리

- **대향류**

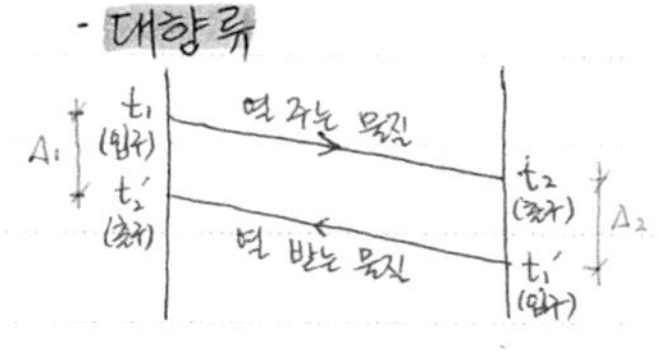

- **평행류**

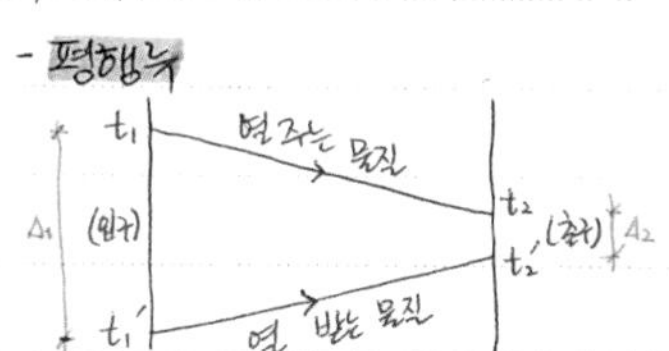

산술평균온도 $= \dfrac{\Delta_1 + \Delta_2}{2}$

대수평균온도차 $= \dfrac{\Delta_1 - \Delta_2}{\ln\left(\dfrac{\Delta_1}{\Delta_2}\right)}$

* **전열교환기**

- **개요**: 배기공기와 도입외기 사이에 공기의 교환을 통해 배기열 회수,
도입외기 열량 제거하여 도입한 외기를 실내 또는 공기조화기로 공급하는 장치

- 특징

① 현열, 잠열의 교환 (엔탈피 교환 장치)

② 전열 교환에 의해 [1]공조기, [2]보일러, [3]냉동기 용량 절감 ····> 에너지 절감 기기

③ 실내외 온도차가 큰 여름, 겨울에 효과적

④ 중간기에는 비효율적 ····> 바이패스

※ 전열교환기 효율 $\eta = \frac{외기엔탈피차}{최대엔탈피차}$

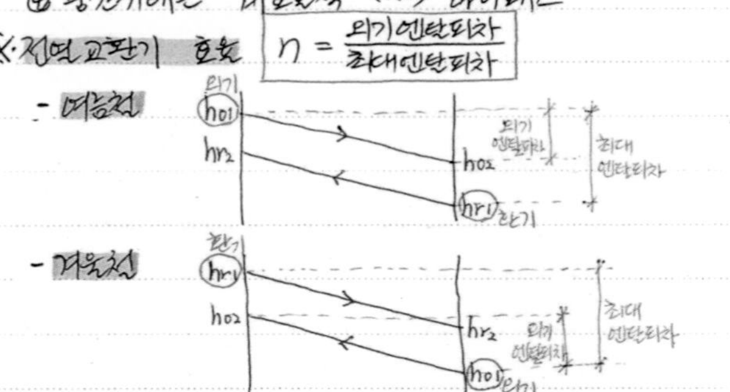

$\eta = \frac{h_{o1} - h_{o2}}{h_{o1} - h_{r1}}$

$\eta = \frac{h_{o2} - h_{o1}}{h_{r1} - h_{o1}}$

* 환기량 산출 '16-2차

- 발열량 배출을 위한 환기량

현열량 $q_s = GC\Delta t = \gamma QC\Delta t$ ····> 환기량 $Q = \frac{q_s}{\gamma C\Delta t}$

- 실내수분 배출을 위한 환기량

수분량 $L = G\Delta x = \gamma Q\Delta x$ ····> 환기량 $Q = \frac{L}{\gamma\Delta x}$

- 오염물질 배출을 위한 환기량 $Q = \frac{실내오염 발생량}{허용농도 - 외기농도}$

- 환기 회수에 의한 환기량 $Q = nV$ (n: 환기회수, V: 체적)

※ ppm = 10^{-6} [m^3/m^3], % = 10^{-2} [m^3/m^3], $1\,m^3 = 10^3\,\ell$, $1\,\ell = 10^{-3}\,m^3$

* 환기설비 에너지 절감 방안 빈출문제

- 반송동력 절감 ① 과잉환기 억제 ② 부재실시 환기정지 ③ 저부하시 환기량 제어 ④ 국소배기 ⑤ 자연환기

- 공기조화 부하 절감 ① 예냉, 예열시 외기도입 차단 ② 외기량 제어 ③ 외기냉방 ④ 전열교환기 이용 ⑤ 국소배기

- 배기열 회수 ① 배기 이용 ② 히트펌프 이용 ③ 전열교환기 이용

'13-2차

*공기조화 설비 에너지 절약 방안 조변회 | 외부 | 운고심기

- 조닝: 각 존별 (1용도별, 2시간대별, 3방위별) 특성 고려
- 변풍량 방식: 부하에 따라 풍량 변동
- 열 회수: 1전열교환기, 2히트 파이프, 3히트 펌프
- 외기냉방: 중간기에 외기로 냉방 (이코노마이저)
- 외기부하 감소: 1고단열, 2고기밀, 3고효율 창호를 통한 열손실 방지
- 실내 온습도 조건 완화: 외기와의 온도차 줄이기
- 고효율 운전: 1대수제어, 2회전수 제어
- 심야 전력 활용: 빙축열조
- 기타: 1퍼스널 공조, 2바닥공조, 3페리미터 공조

※에너지 절약형 공조: 1변풍량 방식, 2외기 냉방 방식, 3전열교환기 방식, 4히트펌프 시스템
※개별제어 가능 공조: 1변풍량 방식, 2이중덕트방식(냉풍·온풍), 3각층유닛 방식, 4팬코일 유닛 방식

*초고층 건축물 공조계획 에너지 절약 방안

- 개요: 초고층 건축물은 연돌효과에 의한 에너지손실, 공기·열원의 반송동력에 의한 에너지 소비가 많다.
- 공조계획 ①반송동력 최소화
  ②공조기 실내 가압성능 유지
- 에너지절약 방안 ①조닝 ②변풍량 방식 ③열 회수 ④외기냉방 ⑤외기 부하 감소
  ⑥실내온습도 조건 완화 ⑦고효율 운전 ⑧심야전력활용 ⑨기타

*클린룸 (Clean Room)

- 개요: 부유먼지, 미생물 등 오염물질을 기준 이하로 제어하는 청정 공간
- 종류 ① ICR (Industrial Clean Room)
  : 먼지미립자 (부유분진) 제거 ····> 전자, 전기공업, 우주공학 등 정밀기기에 적용
  ② BCR (Bio Clean Room)
  : 미생물 제거 ····> 제약, 식품산업, 병원에 적용
- 고성능 필터 ① HEPA 필터: 0.3 μm 입자포집률 99.97% 이상 ···> 병원 수술실에 적용
  ② ULPA 필터: 0.1 μm 입자포집률 99.9% 이상 ···> 반도체 공장에 적용

* 공기조화설비의 조닝 '15-1차 '13-2차

- **개요**: 한 건물 내에서 용도, 시간대, 방위별로 부하가 변하여, 열부하 특성이 유사한 구역끼리 조닝을 구분하여 공조하는 방식으로 공기조화 방식, 열원방식, 열원공급 방식을 결정하는데 중요한 요인이 된다.

- **공조의 조닝 필요성**
  ① 각 실의 특성을 고려한 온습도 유지
  ② 사용시간대를 고려한 공조
  ③ 에너지 절약

- **조닝 방법** 열용시 방시한

  ① 열부하 특성별 조닝: 외주부와 내주부 구분, 외주부에서 방위별 조닝

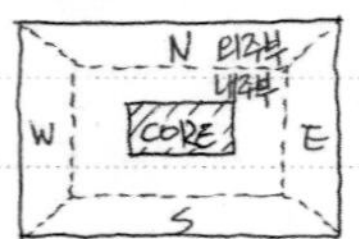

대형·중앙형 코어

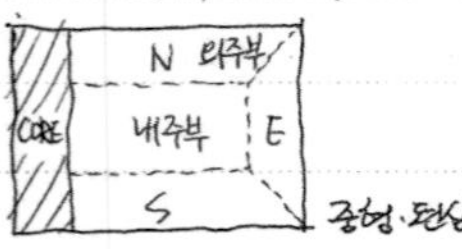

중형·편심형 코어

  ② 용도 및 기능별 조닝: 복합 건축물에서 용도간 조닝 및 공조
  ③ 시간대별 조닝: 실별 사용시간대가 다른 경우 구분하여 조닝
  (사무실 8시간, 방재실 24시간, 식당 간헐운영)
  ④ 방위별 조닝: 동측(오전), 남측(정오), 서측(오후) 냉방부하 최대
  ⑤ 실의 온습도 조건: 항온항습실 등 특수실 별도 조닝
  ⑥ 환기조건: 회의실, 강당 별도 조닝

- **조닝계획의 장점**
  ① 과열, 과냉 방지, 과가습·과제습 방지
  ② 부하변동에 쉽게 대응
  ③ 실내 열환경 조건에 유리
  ④ 효율적인 운전 관리
  ⑤ 에너지 절약

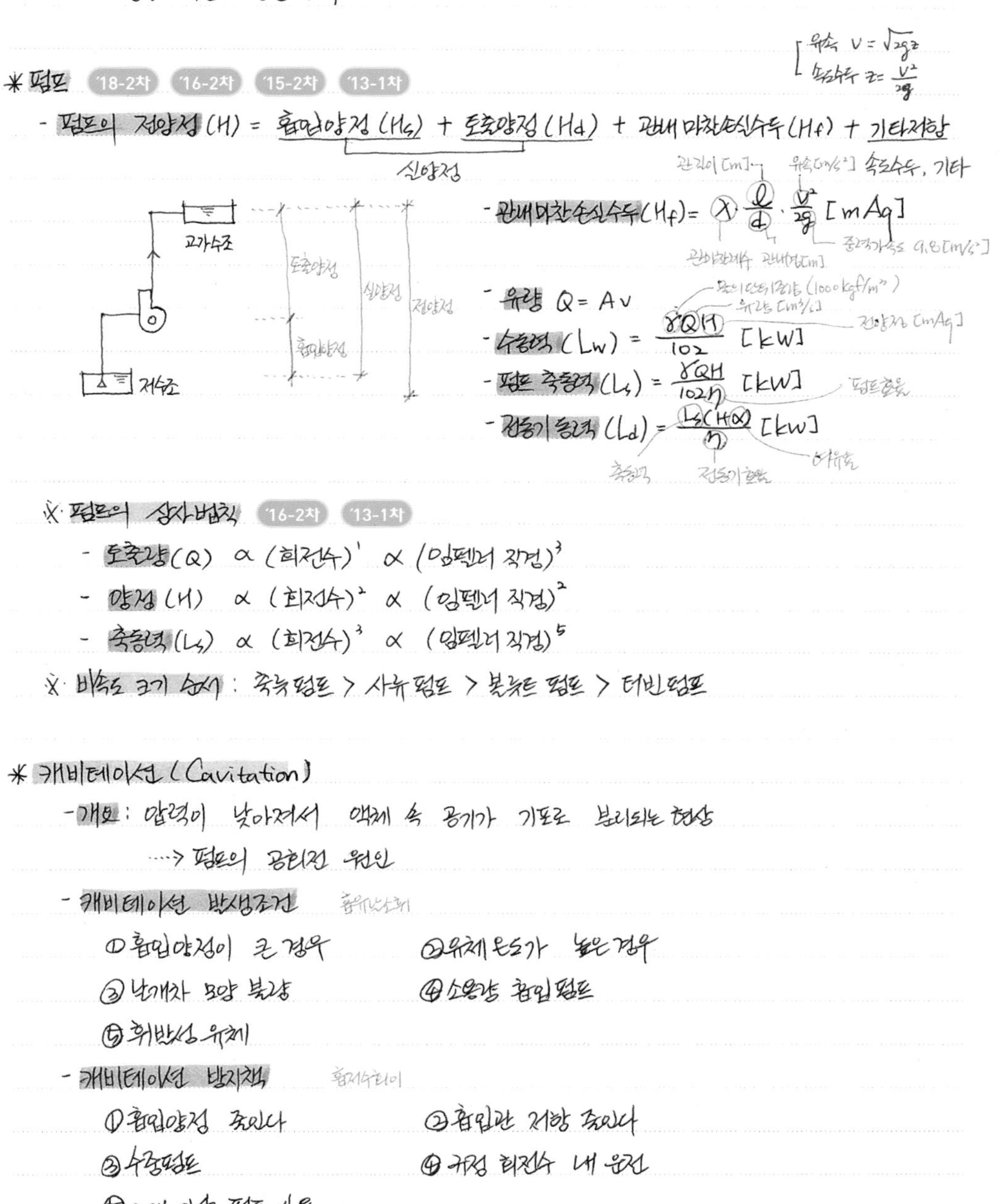

1-5장. 배관 반송설비

[유속 $v = \sqrt{2gz}$
[속도수두 $z = \frac{v^2}{2g}$

* 펌프 '18-2차 '16-2차 '15-2차 '13-1차

- 펌프의 전양정 (H) = 흡입양정 (H_s) + 토출양정 (H_d) + 관내 마찰손실수두 (H_f) + 기타저항

(흡입양정 + 토출양정 = 실양정)

- 관내마찰손실수두 (H_f) = $\lambda \cdot \frac{l}{d} \cdot \frac{v^2}{2g}$ [mAq]

(λ: 관마찰계수, l: 관길이 [m], d: 관내경 [m], v: 유속 [m/s], g: 중력가속도 9.8 [m/s²]; 기타: 속도수두, 기타)

- 유량 Q = Av
- 수동력 (L_w) = $\frac{\gamma Q H}{102}$ [kW]

(γ: 물의 단위중량 (1000 kgf/m³), Q: 유량 [m³/s], H: 전양정 [mAq])

- 펌프 축동력 (L_s) = $\frac{\gamma Q H}{102\eta}$ [kW] (η: 펌프효율)
- 전동기 동력 (L_d) = $\frac{L_s(1+\alpha)}{\eta}$ [kW]

(축동력, 전동기 효율, 여유율)

※ 펌프의 상사법칙 '16-2차 '13-1차

- 토출량 (Q) ∝ (회전수)^1 ∝ (임펠러 직경)^3
- 양정 (H) ∝ (회전수)^2 ∝ (임펠러 직경)^2
- 축동력 (L_s) ∝ (회전수)^3 ∝ (임펠러 직경)^5

※ 비속도 크기 순서 : 축류펌프 > 사류펌프 > 볼류트 펌프 > 터빈펌프

* 캐비테이션 (Cavitation)

- 개요 : 압력이 낮아져서 액체 속 공기가 기포로 분리되는 현상
  ····> 펌프의 공회전 원인
- 캐비테이션 발생조건 (흡유날소휘)
  ① 흡입양정이 큰 경우 ② 유체 온도가 높은 경우
  ③ 날개차 모양 불량 ④ 소용량 흡입펌프
  ⑤ 휘발성 유체
- 캐비테이션 방지책 (흡저수회이)
  ① 흡입양정 줄인다 ② 흡입관 저항 줄인다
  ③ 수중펌프 ④ 규정 회전수 내 운전
  ⑤ 2대 이상 펌프 사용

* 서징 (Surging)

- 개요 : 자려운동으로 인한 진동현상으로, 배관의 저항 특성과 유체의 압송 특성이 맞지 않을 때 발생 ····> 장치, 배관의 파손 우려

- 원인

① 펌프 서징 : 펌프 1차 측에 공기 침투시 발생 (캐비테이션 동반)

② 송풍기 서징 : 최소 유량 이하의 저유량 영역에서 사용시 운전상태가 불안정해져서 발생 (소음, 진동 수반)

- 방지 대책

① 펌프
  - 관로 단면적, 유속, 저항 변경
  - 서징 특성이 없는 펌프 사용
  - 바이패스 밸브 사용

② 송풍기
  - 팬의 운전 특성 변화
  - 풍량 조절시 흡입 댐퍼 이용
  - 송풍기 풍량 중 일부를 대기로 방출 (바이패스)

* 수격 현상 '17-1차 '13-1차

- 개요 : 관내 유속 및 압력의 급격한 변화 현상 ····> 관의 파손, 소음·진동 발생

- 원인 ① 유속 급정지시 충격압 ② 관경이 작을 때 ③ 수압, 유속이 클 때 ④ 밸브의 급조작시 ⑤ 20m 이상 고양정시

- 방지대책 ① 밸브의 급폐쇄, 급시동, 급정지 방지 ② 관경을 크게 하여 유속을 저하 ③ 공기실 설치 ④ 수격 방지기 설치 ⑤ 체크 밸브를 사용하여 역류 방지

* 스케일

- 정의 : 물 속의 화학적 결합물이 침전하여 배관이나 장비의 벽에 부착되는 현상

- 영향 ① 열전달효율 감소 : 전열 효율 감소, 에너지 소비 증가 ② 냉각시스템 효율 감소 ③ 배관 마찰 손실 증가 ④ 고장의 원인

- 대책 ① 화학적 방법 : 인산염 이용법, 경수 연화장치

② 물리적 방법 : 전류 이용법, 라디오파 이용법, 자장 이용법, 전기장 이용법, 초음파 이용법

* 송풍기 '13-1차 '13-2차

- 분류 ① 팬(FAN) : 10 kPa 이하
  ② 블로어(Blower) : 10~100 kPa
  ③ 압축기(Compressor) : 100 kPa 이상
- 풍량제어(동력절감효과) : 회전수제어 > 흡입베인제어 > 흡입댐퍼제어 > 토출댐퍼제어
- 다익형 송풍기(시로코팬) : 저속·고유량 운전, FCU에 사용

※ 송풍기의 상사법칙 '16-1차 '15-1차

- 송풍량(Q) ∝ (회전수)^1 ∝ (임펠러 직경)^3
- 압력(P) ∝ (회전수)^2 ∝ (임펠러 직경)^2
- 동력(L) ∝ (회전수)^3 ∝ (임펠러 직경)^5
  → 동력 ∝ (풍량)^3 ···> 풍량 감소한 경우 동력 감소량이 매우 큼 ···> 에너지 절약형 공조방식 (변풍량 방식)

* 덕트 '17-1차 '16-2차 '13-1차

- 전압(P_T) = 정압(P_S) + 동압(P_V)
- 동압(P_V) = $\frac{1}{2}\rho v^2$ [Pa] = $\frac{\gamma}{2g}v^2$ [mmAq]
- 공기동력(L_a) = $\frac{QP}{102}$ [kW] (Q: 공기량 [m³/s], P: 전압 [mmAq])
- 송풍기 축동력(L_s) = $\frac{QP}{102\eta}$ [kW] (η: 송풍기효율)
- 전동기 동력(L_d) = $\frac{L_s(1+\alpha)}{\eta}$ [kW] (α: 여유율, η: 전동기효율)

'18-1차

※ 마찰손실 $\Delta P = \lambda \cdot \frac{l}{d} \cdot \frac{1}{2}\rho v^2$ [Pa] $= \lambda \cdot \frac{l}{d} \cdot \frac{v^2}{2g}$ [mmAq]

* 덕트 설계 방법

- 등속법 : 덕트 내 공기 속도 가정 ···> 공기량 이용하여 마찰저항, 덕트 크기 결정 (Q=Av 이용)
  ···> 산업용 분말 배출용 배기덕트 설계법
- 정압법 : 덕트의 단위길이당 마찰저항 값을 일정하게 하여 덕트 단면 결정
  ···> 많이 사용되는 설계법
  ···> 각 취출구 압력이 달라 정확한 풍량 취득 어려움
- 정압재취득법 : 덕트의 국부저항을 전압 기준으로 구함 ···> 각 취출구 전압력 손실이 같도록 덕트단면결정
  ···> 정압법에 비해 송풍기 동력 절약, 풍량 밸런싱 양호
  ···> 저속 덕트 경우 압력이 작아 덕트 단면 커짐

1-6장. 기타 기계 설비

✱ 자동 제어

- 시퀀스 제어 (Sequence Control)

  ① 미리 정해진 순서에 따라 단계별 제어 진행

  ② 신호는 한 방향으로만 전달하는 개방회로 방식, 정성적 제어, 디지털 신호, 순서 제어

  ···> 신호등, 자동판매기, 전기세탁기, 팬, 엘리베이터, 공기조화기의 경보시스템

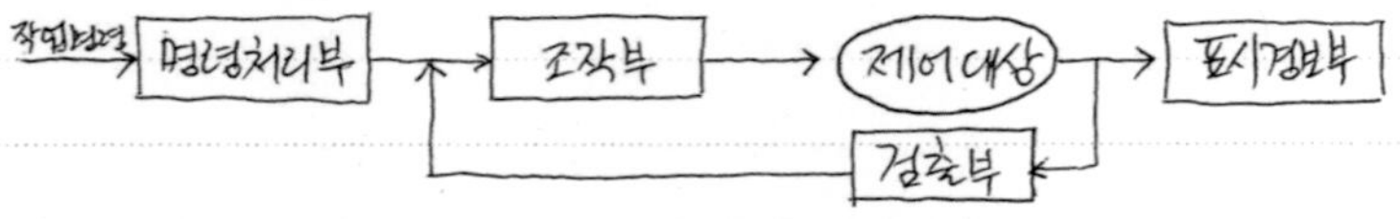

- 피드백 제어 (Feedback Control)

  ① 일정 압력 유지를 위해 출력값과 입력값을 비교

  ② 폐회로방식, 정량적 제어, 아날로그 신호, 비교제어

  ···> 목표치가 일정한 부분 제어 : 전압, 보일러 압력, 실내온도, 비행기 레이더, 펌프 압력

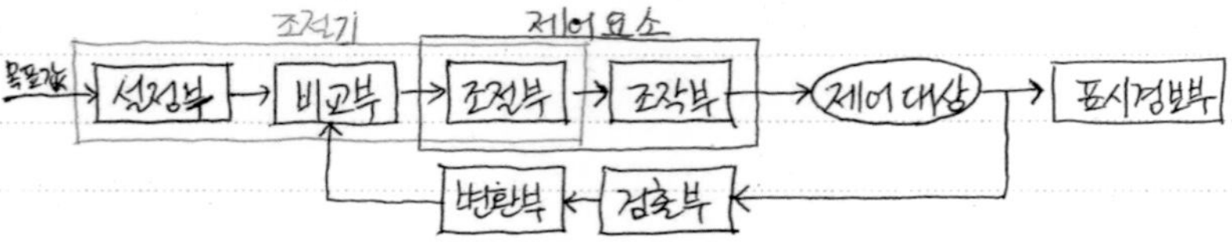

- 캐스케이드 제어 (Cascade Control)

  : 1차 제어장치의 출력값 측정해서 제어 명령, 2차 제어 장치의 목표치 설정

  ···> 변풍량 방식에 적용

✱ 자동제어 동작

- 2 위치 제어 (On/Off 동작) : 제어량이 설정값에서 어긋나면 조작부는 개폐하여 운전 정지·가동
- 비례제어 (P 동작) : 목표치와 제어량의 차이에 비례하여 조작량 변화 ···> 잔류편차 有
- 적분 동작 (I 동작) : 오차 크기와 오차 발생 시간에 둘러싸인 면적 (적분값)에 비례하여 제어 ···> 잔류편차 無
- 미분동작 (D동작) : 오차가 변화하는 속도에 비례하여 조작량 가감 ···> 오차 방지
- 비례적분제어 (PI동작) : 비례동작의 잔류편차 소멸을 위해 적분동작 부가 ···> 진동 有, 잔류편차 적다
- 비례미분제어 (PD동작) : 제어결과에 빨리 도달하도록 미분동작 부가 ···> 응답성 개선
- 비례적분미분제어 (PID동작) : 비례적분동작에 미분동작 추가 ···> 정정시간 단축

※ 에너지 절약 자동제어

① 최적 기동, 정지 제어 ② 전력수요제어 ③ 절전 Cycle 제어

④ Time Schedule 제어 ⑤ 분산전력 수요제어 ⑥ 전열 교환기

⑦ 변풍량 방식 ⑧ 대수제어(보일러, 냉동기, 펌프, 송풍기) ⑨ 냉각수 수질 제어

* 빌딩에너지관리시스템(BEMS, Building Energy Management System) '13-1차

- 개요 : IB(Intelligent Building)의 4대 요소(OA, TC, BA, 쾌적성) 中
  BA(Building Automation)의 일종으로, 빌딩에너지 관리 및 운용의 최적화 개념
- 관리 분야 수집·감시·감소·관리
  ① 건물 내 에너지 관리설비의 정보를 실시간 수집, 분석 ····› 효율적 에너지 관리
  ② 전기·에너지·공조설비의 감시·제어·피드백
  ③ 에너지 사용량, 탄소배출량 감소
  ④ 건물 실내환경, 설비 운전현황 관리
- BEMS 구현 방법 데시세제
  ① 빌딩 자동화 시스템 축적 데이터 활용
  ② 사전 시뮬레이션 ····› 최소에너지, 최대효과 조건 설정
  ③ 세부제어 : [1]열원기, [2]엔탈피, [3] CO_2, [4]조명, [5]펌프, [6]인버터 등
  ④ 제어 프로그램 적용

* 초고층 건축물의 급탕 조닝 방식

- 개요 : 냉온수 혼합 수전의 경우 급수압력과 급탕압력이 같은 것이 좋다. 초고층 건물에서
  수압을 일정하게 유지하기 위해 급탕조닝을 하여 과대한 급탕압력으로 인한 수격현상 방지
- 급탕조닝 방식 종류 : 가열 장치 설치 위치에 따라 분류
  ① 집중식 [저탕조 및 순환펌프를 기계실에 집중 배치
  배관길이가 길고, 상층부 저탕조에 높은 압력
  ② 분산식 [저탕조를 고층존에 별도 설치
  배관길이가 짧아지고, 기기에 과대한 압력이 걸리지 않음

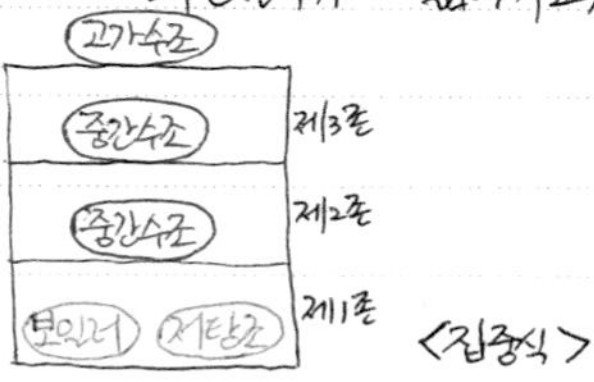

<집중식>

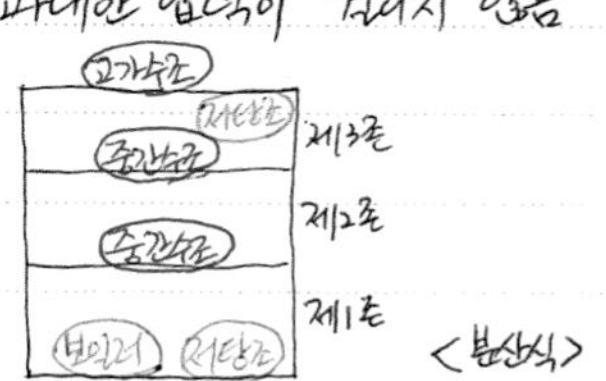

<분산식>

Ⅱ. 건축전기설비의 이해 및 응용

'건축전기설비의 이해 및 응용' 구성

1. 전기의 기본사항
2. 전원설비
3. 동력설비
4. 조명설비
5. 배전 및 배선설비

2-1장. 전기의 기본사항

＊옴의 법칙

전압 $V = IR$ [V], 전류 $I = \frac{V}{R}$ [A], 저항 $R = \frac{V}{I}$ [Ω]

＊키르히호프의 법칙

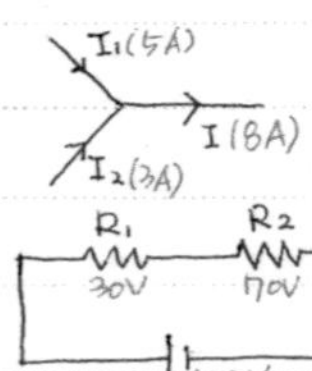

- 키르히호프의 제1법칙 : 전류 평형의 법칙
  $I = I_1 + I_2$
- 키르히호프의 제2법칙 : 전압 평형의 법칙
  $V = V_1 + V_2$

＊전류의 발열작용 ; 전류가 흐르면 열이 발생한다. (줄의 법칙)

- 전류에 의한 발열량 $H = I^2Rt$ [J] (I : 전류[A], R : 저항[Ω], t : 시간[sec])

＊회로이론

- 전류(I) $I = \frac{Q}{t}$ [C/sec = A] (Q ; 전하량[C], t : 시간[sec])
  ① 직류(DC) : $I = \frac{Q}{t}$ [A] ⋯> $Q = I \cdot t$ [C]
  ② 교류(AC) : $i = \frac{dq}{dt}$ [A] ⋯> $q = \int_0^t i\,dt$ [C]

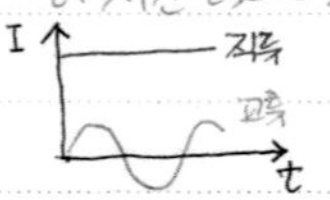

- 전압(V) $V = \frac{W}{Q}$ [J/C = V] ⋯> $W = Q \cdot V$ [J] (W : 일[J])
- 저항(R) $R = \rho\frac{l}{A}$ [Ω] (ρ : 고유저항, l : 도선 길이, A : 도선 단면적)
- 컨덕턴스(G) $G = \frac{1}{R}$ [℧]

- 전력(p)　$P = V \cdot I = I^2 R = \frac{V^2}{R}$ [J/sec = W]
- 전력량(w)　$W = P \cdot t = V \cdot I \cdot t = I^2 R t = \frac{V^2}{R} t$ [W·sec = J]
- 전력손실(P_ℓ)　① 단상 $I^2 R$ [W]
　② 3상 $3I^2 R$ [W]

＊ 저항(R)의 접속　$V = IR$

- 직렬 접속 : 전류 일정

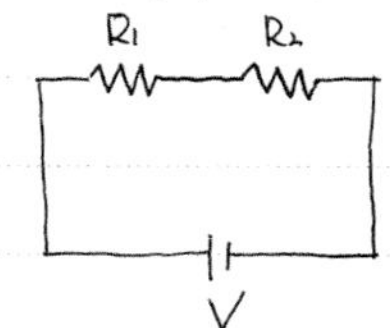

① $R = R_1 + R_2$

② $I = I_1 = I_2$ (전류 일정)

③ $V = V_1 + V_2$　$\left[V_1 = \frac{R_1}{R_1+R_2} V,\quad V_2 = \frac{R_2}{R_1+R_2} V \right.$

- 병렬 접속 : 전압 일정

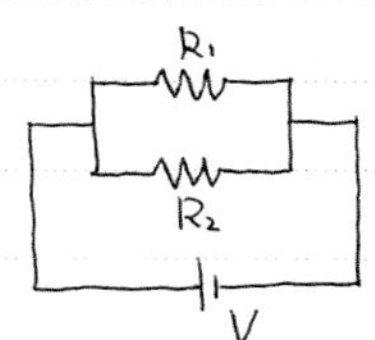

① $\frac{1}{R} = \frac{1}{R_1} + \frac{1}{R_2}$ ····> $R = \frac{R_1 \cdot R_2}{R_1+R_2}$

② $V = V_1 = V_2$ (전압 일정)

③ $I = I_1 + I_2$　$\left[I_1 = \frac{R_2}{R_1+R_2} I,\quad I_2 = \frac{R_1}{R_1+R_2} I \right.$

＊ 콘덴서(C)의 접속　$Q = CV$

- 직렬 접속 : 전하량(Q) 일정

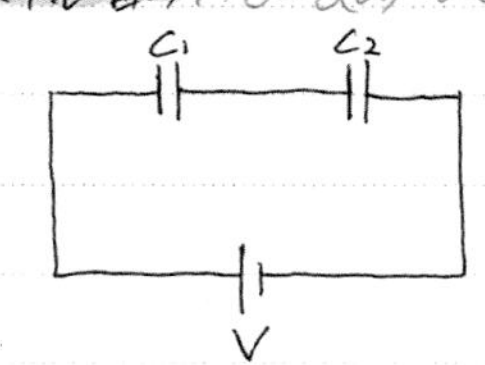

① $\frac{1}{C} = \frac{1}{C_1} + \frac{1}{C_2}$ ····> $C = \frac{C_1 \cdot C_2}{C_1+C_2}$

② $Q = Q_1 = Q_2$ (전하량 일정)

③ $V = V_1 + V_2$　$\left[V_1 = \frac{C_2}{C_1+C_2} V,\quad V_2 = \frac{C_1}{C_1+C_2} V \right.$

- 병렬접속

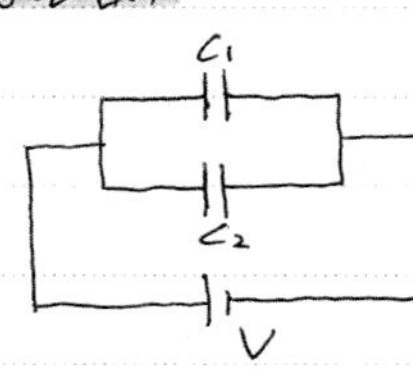

① $C = C_1 + C_2$

② $Q = Q_1 + Q_2$　$\left[Q_1 = \frac{C_1}{C_1+C_2} Q,\quad Q_2 = \frac{C_2}{C_1+C_2} Q \right.$

* 정현파 교류

- 주기(T) : 1 사이클에 대한 시간 [sec]
- 주파수(f) : 1초동안 반복되는 사이클 회수 [Hz] ···> 한국 정격 주파수 60 Hz

※ 주기·주파수 관계 : $f = \frac{1}{T}$ [Hz], $T = \frac{1}{f}$ [sec]

- 각주파수(각속도) (ω) : 단위시간동안 변화된 각도 [rad/sec], $\omega = \frac{\theta}{t} = \frac{2\pi}{T} = 2\pi f$

ex) $f = 60$ Hz ···> $\omega = 2\pi f = 2\pi \cdot 60 = 377$ [rad/sec]

$f = 50$ Hz ···> $\omega = 2\pi f = 2\pi \cdot 50 = 311$ [rad/sec]

- 정현파 크기

① 순시값 (순간값) $v = V_m \cdot \sin(\omega t \pm \theta)$ (최대값: V_m, 각속도 $\omega = 2\pi f$, 위상각: θ)

② 교류의 평균값 $V_{av} = \frac{2V_m}{\pi}$

③ 교류의 실효값 $V = \frac{V_m}{\sqrt{2}}$

ex) $v = 100\sqrt{2} \sin(377t + \frac{\pi}{6})$ 위상각 $\frac{\pi}{6} = 30°$ 진상(+)

···> 최대값 $100\sqrt{2}$, 실효값 $= \frac{최대값}{\sqrt{2}} = 100$, 각주파수 $\omega = 377$, 주파수 $= 60$ Hz

- 전압(기전력) $e = B l v \sin\theta$ (B: 자속, l: 전선길이, v: 속도, V_m: 전압최대치, f: 주파수, t: 주기, ω: 각속도)

$= V_m \sin\theta = V_m \sin \omega t = V_m \cdot \sin 2\pi f \cdot t$

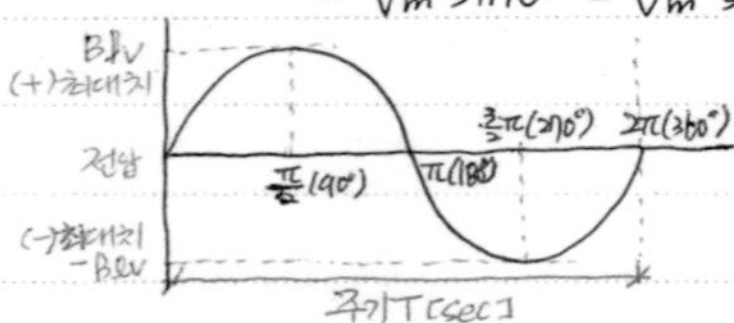

* 기본 교류 회로 소자

구분	단위	부호	위상
저항(R)	[Ω]	-ᴧᴧᴧ-	동상(위상차 0)
인덕턴스(코일)(L)	[H]	-ooo-	지상(전류: 전압보다 위상 90°($\frac{\pi}{2}$) 뒤짐)
정전용량(콘덴서)(C)	[F]	-‖-	진상(전류: 〃 〃 90°($\frac{\pi}{2}$) 앞섬)

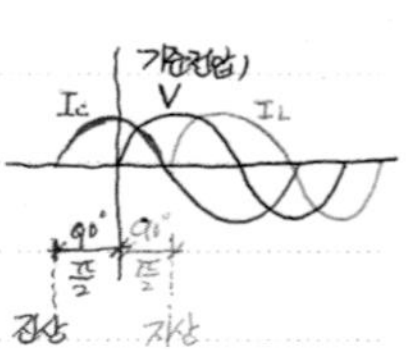

* R·L·C 직렬회로

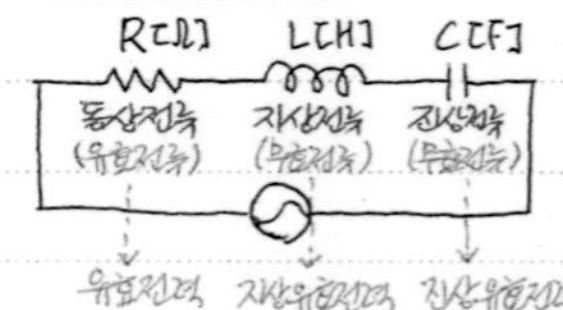

- 전력 ① 유효전력 P [W]

② 무효전력 P_r [Var] ···> 지상 무효전력 $+jP_r$, 진상무효전력 $-jP_r$

③ 피상전력 P_a [VA] = 유효 + 무효 = $P \pm jP_r = \sqrt{P^2 + P_r^2}$

※ 역률 $\cos\theta = \frac{\text{유효전력}}{\text{무효전력}} = \frac{P}{P_a} = \frac{P}{\sqrt{P^2+P_r^2}} = \frac{R}{Z} = \frac{R}{\sqrt{R^2+X^2}}$

- 저항(R) [Ω]
- 리액턴스(X) ① 유도형 리액턴스 : $X_L = \omega L = 2\pi f L$ [Ω]
  ② 용량형 리액턴스 : $X_C = \frac{1}{\omega C} = \frac{1}{2\pi f C}$ [Ω]
- 합성임피던스(Z) = $Z_1 + Z_2 + Z_3 = R + jX_L - jX_C = R + j(X_L - X_C) = R + jX$ (R: 실수, X: 허수)

  ⋯> 임피던스 $|Z| = \sqrt{R^2+X^2}$ [Ω] ⋯> 전류 $I = \frac{V}{Z} = \frac{V}{\sqrt{R^2+X^2}}$ [A]

ex) $Z_1 = 2 + j11$ [Ω], $Z_2 = 4 - j3$ [Ω]인 직렬회로, 교류전압 100 [V], 전류는?

$Z = Z_1 + Z_2 = 6 + j8$ ⋯> $|Z| = \sqrt{6^2+8^2} = 10$ [Ω] ⋯> $I = \frac{V}{Z} = \frac{100}{10} = 10$ [A]

* 단상 교류전력 '13-1차

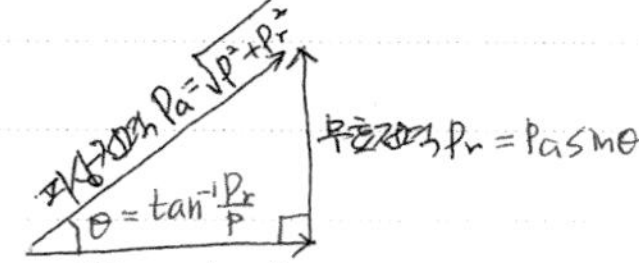

- 유효전력 $P = VI\cos\theta$ [W]
- 무효전력 $P_r = VI\sin\theta$ [Var]
- 피상전력 $P_a = VI$ [VA] = 유효전력 + 무효전력 = $P \pm jP_r = \sqrt{P^2+P_r^2}$
- 역률(Power Factor) $\cos\theta = \frac{\text{유효전력}}{\text{피상전력}} = \frac{P}{P_a} = \frac{P}{\sqrt{P^2+P_r^2}}$
- 무효율(Reactive Factor) $\sin\theta = \frac{\text{무효전력}}{\text{피상전력}} = \frac{P_r}{P_a} = \frac{P_r}{\sqrt{P^2+P_r^2}}$

※ 무효전력 : 전기흐름 방해요소에 의해 발생하는 전력 ⋯> 무효전력이 크면 피상전력에 비해 송전전력(=유효전력)이 줄어듬
⋯> 송전손실 증가, 발전기·변압기 이용률 감소 ⋯> 무효전력 감소 필요

ex) 유효전력 80 [W], 무효전력 60 [Var]일때, 피상전력?, 역률?

피상전력 $P_a = \sqrt{P^2+P_r^2} = \sqrt{80^2+60^2} = 100$ [VA]

역률 $\cos\theta = \frac{\text{유효전력}}{\text{피상전력}} = \frac{80}{100} = 0.8$ ⋯> 80 %

* 대칭 3상 교류전력

- 유효전력 $P = \sqrt{3}\,VI\cos\theta$ [W]
- 무효전력 $P_r = \sqrt{3}\,VI\sin\theta$ [Var]
- 피상전력 $P_a = \sqrt{3}\,VI$ [VA]

'16-1차

* Y결선 (성형 결선)

- 선간전압 $V_\ell = \sqrt{3}\,V_p$ (상전압)
- 선전류 $I_\ell = I_p$ (상전류)
- 소비전력 $P = 3I_p^2 \cdot R$ [W]

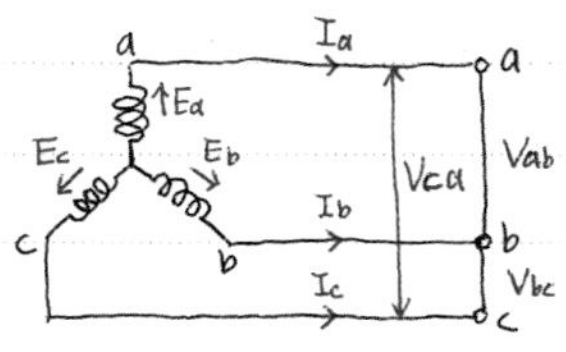

'16-1차

* Δ결선 (환상결선)

- 선간전압 $V_\ell = V_p$ (상전압)
- 선전류 $I_\ell = \sqrt{3}\, I_p$ (상전류)
- 소비전력 $P = 3 I_p^2 \cdot R$ [W]

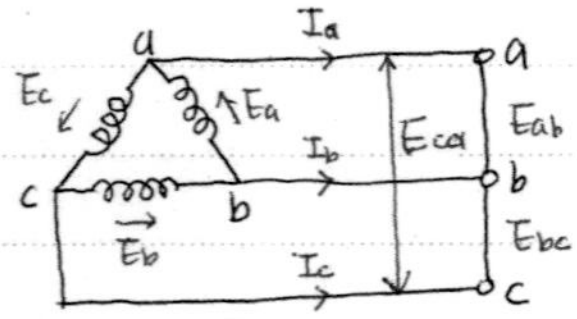

* 3상 V결선 : 단상변압기 3대는 Δ결선 운전 中 변압기 1대 소손되어 단상변압기 2대로 3상운전

- V결선 출력 $P_v = \sqrt{3} P_1$ [kVA] (P_1 : 단상변압기 1대 용량)
- V결선 이용률 $= \dfrac{\text{V결선출력}}{\text{변압기 2대 출력}} = \dfrac{\sqrt{3}P_1}{2P_1} = 0.866$ ···> 86.6%
- 출력비 $= \dfrac{\text{고장후 출력}}{\text{고장전 출력}} = \dfrac{P_V}{P_\Delta} = \dfrac{\sqrt{3}EI\cos\theta}{3EI\cos\theta} = \dfrac{1}{\sqrt{3}} = 0.577$ ···> 57.7%

* 앙페르의 오른나사 법칙

엄지손가락 방향으로 전류가 흐를 때, 네 손가락이 감기는 방향으로 자속(자계, 자기장) 발생

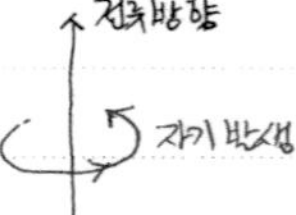

* 열전 효과

- 제어백 효과 : 이종금속을 접속하고, 열을 가하면 ···> 기전력 발생 ···> 전류가 흐르는 현상
- 펠티어 효과 : 이종 금속을 접속하고, 전류를 흘려주면 ···> 발열작용이 일어나는 현상
- 톰슨 효과 : 동종이면서 온도가 다른 금속에 전류를 흘려주면 ···> 발열작용이 일어나는 현상

* 패러데이의 전자유도 법칙 : 변압기의 원리, 유도기전력 크기 결정

도체 주위에 자석의 힘이 변하면 전압이 발생 (기전력)

···> 전자유도 : 자계변화에 의해 도체에 기전력 발생

유기 기전력 $e = N\dfrac{d\phi}{dt}$ [V] (ϕ : 자속, N : 코일 감은 회수)

* 렌츠의 법칙 : 유도기전력의 방향 결정

회로와 전자기장의 상대적인 위치관계가 변화한 경우

···> 회로에 생기는 전류의 방향은 그 변화를 저지하는 방향으로 흐른다.

$e = -N\dfrac{d\phi}{dt}$ [V]

* 플레밍의 법칙

- 플레밍의 오른손 법칙 : 발전기의 원리
  ···> 유도기전력 $e = B\ell v \sin\theta$ [V]
  (B : 자속밀도, ℓ : 자계중 도체길이, v : 도체 운동속도, θ : 자계~도선 각도)

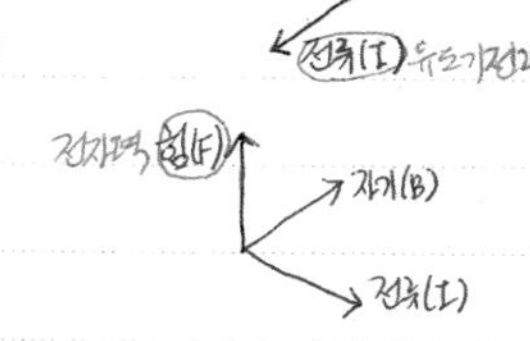

- 플레밍의 왼손 법칙 : 전동기의 원리
  ···> 전자력 $F = BI\ell \sin\theta$ [N]
  (B : 자속밀도, ℓ : 자계중 도체길이 I : 전류 θ : 자계~도선 각도)

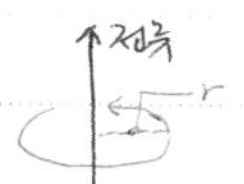

* 외르스테드 법칙 : 전류의 자기작용 법칙

전류
r

- 자계의 세기 $H = \frac{I}{2\pi r}$ [A/m] (I : 전류, r : 자계의 반경)

* 정전기 현상

- 자유전자의 이동 ···> 전류 발생
- 대전현상 : 이종의 물체를 마찰시키면 한 쪽에 (+)전기, 다른 쪽에 (−)전기 ···> 서로 끌어당기는 현상
- 정전현상 : 대전된 전하가 정지된 상태 ···> 정전기 ※ 전류 : 동전기
- 정전유도 : (+)전기로 대전된 금속체 A에 도체 B를 가까이하면 ···> 금속체 A에 (−)전기가 도체 B로부터 정전기 유도

* 쿨롱의 법칙

- 전기력 (전하량의 힘) $F = K_e \frac{q_1 q_2}{r^2} = 9 \times 10^9 \frac{q_1 q_2}{r^2}$ (K_e : 비례상수 $= \frac{1}{4\pi\varepsilon_0}$, $q_1 q_2$: 전하의 전기량, r : 전하 사이의 거리)
- 자기력 (자극의 세기) $F = K_m \frac{m_1 m_2}{r^2} = 6.33 \times 10^4 \frac{m_1 m_2}{r^2}$ (K_m : 비례상수 $= \frac{1}{4\pi\mu_0}$, $m_1 m_2$: 자기량, r : 자극사이의 거리)

* 변압기의 원리

- 패러데이의 전자유도 법칙 : 1차측 전류 ···> 1차측 철심에 자속 발생 ···> 자속이 2차권선 쇄교
  ···> 2차권선에 자속 발생 (1차 권선 자속 변화 방해) ···> 자속에 의해 2차 권선에 기전력 발생 ···> 전류 흐름

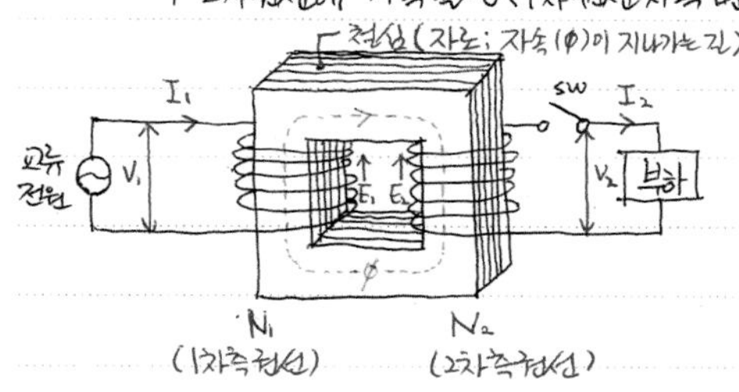

- 변압기 유도기전력
  ① $E_1 = 4.44 f \phi_m N_1$ [V] (f : 주파수, φ : 자속
  ② $E_2 = 4.44 f \phi_m N_2$ [V] N : 권수)
- 권수비 (a)

$$a = \frac{N_1}{N_2} = \frac{E_1}{E_2} = \frac{I_2}{I_1} = \sqrt{\frac{Z_1}{Z_2}} = \sqrt{\frac{R_1}{R_2}} = \sqrt{\frac{X_1}{X_2}}$$

(Z : 임피던스 R : 저항 X : 리액턴스)

* 변압기의 종류

- 상수 : 단상 변압기, 3상 변압기
- 절연방식 : 유입 변압기, 건식 변압기, 몰드변압기, 가스변압기 ⋯⋯> 일반적인 분류
- 냉각방식 : 건식 변압기, 유입 변압기, 송유 변압기

※ 변압기의 열화진단 : 유중가스 분석법(널리 사용), 부분방전 시험법, 절연진단법, tanδ법

* 유입 변압기

- 개요 : 용기 내에 기름을 채운 변압기 ⋯> 절연, 변압기 냉각
- 절연유 조건 ① 절연내력 클 것
  ② 비열이 커서 냉각효과 크고, 점도 낮은 것
  ③ 인화점 높고, 응고점 낮은 것
  ④ 고온에서 산화하지 않고, 석출물 생기지 않은 것

* 고효율 변압기

- 아몰퍼스 변압기 : 부하율 30%에 효율 높음
- 자구미세화 강판 변압기 : 부하율 60%에 효율 높음

⋯> 무부하손(철손, 히스테리시스손) 낮음

- 초전도 변압기 : 전기저항 '0'

※ 고효율 변압기 철심소재 요구조건

①투자율 높은 것 ②포화자속밀도 높은 것 ③보자력 작은 것 ④소재두께 얇은 것

* 아몰퍼스 변압기

- 개요 ① 철심을 규소강판 대신 비정질 자성재료 사용
  ② 초박판 철심소재
  ③ 무부하 손실 80%
- 장점 ① 운전보수비 저감, 변압기 수명 연장
  ② 고효율화, 컴팩트화
- 단점 ① 자속밀도가 낮다

* 변압기의 손실

- 무부하손(고정손) — 철손
  - 히스테리시스손 (P_h)
  - 와류손 (P_e)
- 부하손(가변손)
  - 동손 : 저항손
  - 표유부하손 : 누설자속에 의한 손실

* 무부하손(고정손, 철손) : 부하율과 상관없는 고정된 손실
  - 히스테리시스손 : 주파수(f)에 반비례
    ① 내용 : 자화되는 철심에서 에너지 소비
    ② 대책 : 투자율 높게, 보자력 작게, 히스테리시스 면적 작게
  - 와류손 : 주파수(f)와 무관
    ① 내용 : 철심 자체 저항에 의한 손실
    ② 대책 : 얇은 박판으로 성층한 철심 사용

* 부하손(가변손) : 부하율에 따라 변하는 손실
  - 동손
    ① 내용 : 코일에 전류가 흐르면서 저항에 의한 열 발생으로 생기는 손실 $P_c = I^2R$
    ② 대책 : 권선수 감소, 권선 단면적 증가 ⋯> 저항 감소
  - 표유부하손
    ① 내용 : 누설 자속에 의한 손실
    ② 대책 : 외함 내부 차폐

* 변압기의 정격
  - 정격용량 [kVA] : 피상전력
  - 정격 전압
    - 1차전압 : 22,900 [V] or 22.9 [kV]
    - 2차전압 : 380 [V], 220 [V]
  - 정격 전류 권수비 $a = \frac{N_1}{N_2} = \frac{E_1}{E_2} = \frac{I_2}{I_1}$ ⋯> $aI_1 = I_2$

* 변압기 효율 '17-1차 '17-2차

- 실측효율 $\eta = \dfrac{\text{출력의 측정값}}{\text{입력의 측정값}} \times 100\ [\%]$ ····› 사용빈도 낮음

- 규약효율 $\eta = \dfrac{\text{출력}}{\text{출력}+\text{손실}} \times 100\ [\%] = \dfrac{\text{출력}}{\text{출력}+\text{철손}+\text{동손}} \times 100\ [\%]$

- 부하율 m일 때 효율 $\eta = \dfrac{mP\cos\theta}{mP\cos\theta + (P_i + m^2 P_c)} \times 100\ [\%]$ (출력 / 출력 + 전손실)

※ 부하율 m 에서 최대효율 조건 : $P_i = m^2 P_c$ ····› 최대효율시 부하율 $m = \sqrt{\dfrac{P_i}{P_c}}$

- 전부하시 (부하율 m=1 (100%)) 효율 $\eta = \dfrac{P\cos\theta}{P\cos\theta + P_i + P_c} \times 100\ [\%]$

※ 전부하시 최대효율 조건 : 철손(P_i) = 동손(P_c) ····› 전부하시 최대효율 $\eta_{max} = \dfrac{P\cos\theta}{P\cos\theta + 2P_i} \times 100[\%]$

- 전일효율 $\eta = \dfrac{T_m P\cos\theta}{T_m P\cos\theta + 24P_i + T_m^2 P_c} \times 100\ [\%]$ (T : 시간 [h])

* 변압기의 적정 부하율 운전

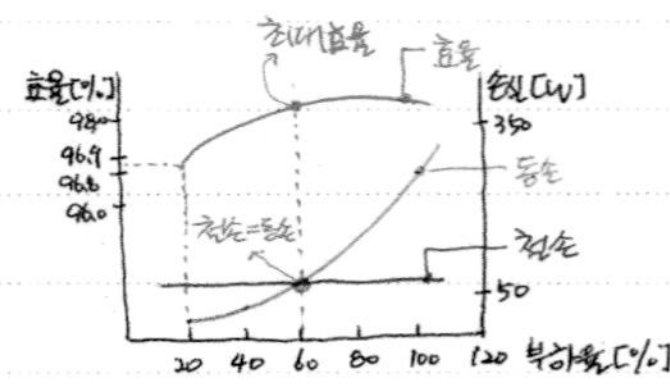

- 변압기 운전 효율 : 부하율에 따라 변한다.
- 최대 효율 : 무부하손(고정손, 철손) = 부하손(가변손, 동손)

····› 일반적으로 부하율 60~75%에 최대효율

····› 변압기의 효율적인 운전 : 평균 부하량이 변압기 효율 최고인 점 위치하도록 변압기 용량 선정

ex) 전부하 동손 3310 [W], 철손 1010 [W], 최고효율로 변압기가 운전할 때, 출력은 정격출력의 몇 %? (=부하율)

최고효율 : $P_i = m^2 P_c$ ····› 최고효율일때 부하율 $m = \sqrt{\dfrac{P_i}{P_c}} = \sqrt{\dfrac{1010}{3310}} = 0.5524$ ∴ 55.24 %

ex) 100 [kVA], 2200(V_1) / 110(V_2) [V], 철손 2 [kW], 전부하동손 3 [kW], 역률 0.9, 전부하시 효율?

전부하시(m=1) 효율 $\eta = \dfrac{P\cos\theta}{P\cos\theta + P_i + P_c} \times 100 = \dfrac{100 \times 0.9}{100 \times 0.9 + 2 + 3} \times 100 = 94.74\ \%$

ex) 200 [kVA] (P) 단상 TR에서 철손 1.6 [kW] (P_i), 전부하동손 2.4 [kW] (P_c), 역률 0.8 ($\cos\theta$)

(1) 전부하시 효율?

$\eta = \dfrac{P\cos\theta}{P\cos\theta + P_i + P_c} \times 100 = \dfrac{200 \times 0.8}{200 \times 0.8 + 1.6 + 2.4} \times 100 = 97.56\ \%$

(2) 최고 효율? $P_i = m^2 P_c$

최고효율시 부하율 $m = \sqrt{\dfrac{P_i}{P_c}} = \sqrt{\dfrac{1.6}{2.4}} = 0.8165$ ····› 최고효율 $\eta = \dfrac{mP\cos\theta}{mP\cos\theta + 2P_i} \times 100 = \dfrac{0.8165 \times 200 \times 0.8}{0.8165 \times 200 \times 0.8 + 2 \times 1.6} \times 100$

$= 97.61\ \%$

'13-1차

＊ 변압기의 합리적 이용 방안 배용송반2

- 변압기의 합리적인 뱅크 구성
  : 부하 종류별, 계절 부하별, 전기방식 등 고려한 뱅크 구성
- 변압기 용량의 적정화
  ① 변압기 용량이 부하에 비해 작은 경우
  : 과부하 운전 ⋯> 전압강하, 권선온도 상승, 수명 단축
  ② 변압기 용량이 부하에 비해 과대한 경우
  : 무부하손, 부하손 증가 ⋯> 전력 손실
- 부하 사용 특성을 고려한 변압기의 통폐합 운전
  : 계절별, 요일별 통폐합 운전
- 변압방식 개선
  : 직강압 방식 채택 ⋯> 변압손실 저감
- 고효율 변압기 사용
  ; 아몰퍼스 변압기 (저부하용), 자구미세화 강판 변압기 (고부하용)

2-2장. 전원설비

＊ 전원의 종류

[교류: 주파수 有 (국내: 60 Hz)
[직류: 주파수 無

※ 직류 방식의 특성

- 직류방식의 장점 (= 교류방식의 단점) 무비안저
  ① 무효전력이 없다 ⋯> 유효전력만 존재 (역률=1) ⋯> 송전효율 우수
  ② 비동기 연계 가능: 주파수 다른 지역 연계 가능
  ③ 안정도 우수
  ④ 절연계급이 낮아 경제적
- 직류방식의 단점 (= 교류방식의 장점) 전승회
  ① 전류차단 어려움 (∵ 직류 차단기 제작 어려움)
  ② 승압, 강압 어려움 (∵ 변압기 제작 어려움)
  ③ 회전자계 얻기 어려움

※ 전력 특성 항목 '18-1차 '17-1차 '16-1차 '15-1차 '13-1차

- **수용률**: 전력 소비기기 동시 사용 정도 ····> 낮을수록 좋다

최설수 | 최대수요전력 = 설비용량 × 수용률 | ····> $수용률 = \frac{최대수요전력}{총 설비용량} \times 100$ [%]

- **부등률**: 최대수요전력 발생 시기의 분산을 나타내는 지표 ····> 변압기 용량 산정에 이용 (····> 클수록 좋다)

최합부 | 최대수요전력합 = 합성최대전력 × 부등률 | ····> $부등률 = \frac{최대수요전력합}{합성최대전력} \times 100$ [%]

- $변압기\ 용량 = \frac{최대수요전력}{부등률 \times 역률} = \frac{설비용량 \times 수용률}{부등률 \times 역률}$ [kVA]

- **부하율**: 일정기간 中 부하변동의 정도 ····> 높을수록 좋다

'18-1차

$부하율 = \frac{평균부하전력}{최대부하전력} \times 100$ [%]

※ 역률(Power Factor) '15-1차 '13-2차

- **정의**: 공급된 전력이 부하에서 유효하게 이용되는 비율

$$역률\ \cos\theta = \frac{유효전력[W]}{피상전력[kVA]} \times 100 [\%]$$

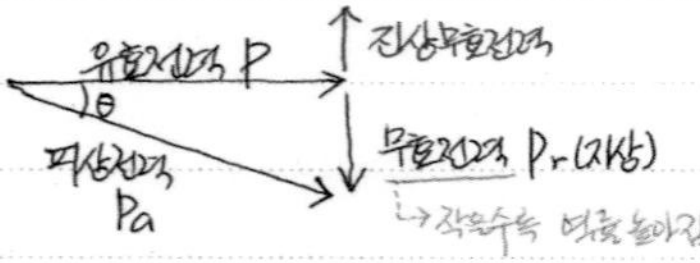

※ 지상 무효전력이 클수록 역률 저하

····> 지상무효전력을 감소하기 위해 진상무효전력 공급

····> 역률개선용 콘덴서 설치

(역률 개선하더라도 유효전력 불변) ····> 무효전력만 감소

'18-1차 '18-2차

- **역률개선용 콘덴서 용량 [kVA]**

※ 역률 개선 후 무효전력 = 개선전 무효전력 − 콘덴서용량

$$Q_c = Q_1 - Q_2 = P(\tan\theta_1 - \tan\theta_2) = P\left(\frac{\sin\theta_1}{\cos\theta_1} - \frac{\sin\theta_2}{\cos\theta_2}\right) = P\left(\frac{\sqrt{1-\cos^2\theta_1}}{\cos\theta_1} - \frac{\sqrt{1-\cos^2\theta_2}}{\cos\theta_2}\right) [kVA]$$

(P: 유효전력, θ_1: 개선전, θ_2: 개선후)

'18-2차

- **역률개선시 효과** (감손여보)

① 전압강하 감소

② 전력손실 감소

③ 설비용량 여유 증가

④ 전기요금 저감

※ 3상 전력손실

$$P_\ell = 3I^2R = 3\left(\frac{P}{\sqrt{3}V\cos\theta}\right)^2 R [W]$$

····> $전력손실 \propto \frac{1}{\cos^2\theta}$

····> 전력손실은 $(역률)^2$에 반비례

유효전력 $P = \sqrt{3}VI\cos\theta$ [W] ····> $I = \frac{P}{\sqrt{3}V\cos\theta}$

* 무정전 전원 공급 장치 (UPS) `16-1차`

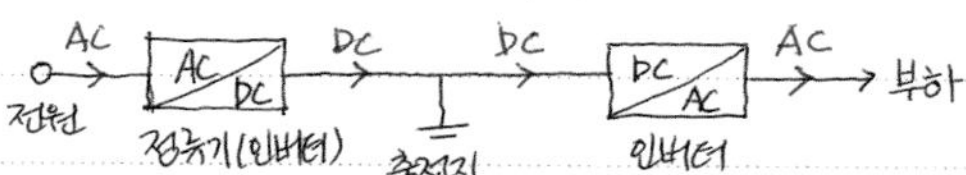

- **온라인 방식** : 사용전원과 예비전원 동시 작동
  ···> 출력전압 일정 공급, 정전시 끊어짐 없음(무순단), 고가, 전력소모多(효율낮다), 크다, 복잡
- **오프라인 방식** : 필요시 예비전원 작동
  ···> 입력변화에 따라 출력변화, 정전시 끊어짐 발생, 저가, 전력소모少(효율높다), 작다, 단순

2-3장. 동력설비

* 동력설비 (전동기)

[기동토크 ···> 클수록 좋다
  기동전류 ···> 작을수록 좋다]

- **교류전동기** : 저렴, 구조간단, 단상전동기(소형), 3상 유도전동기(중형이상)
- **직류전동기** : 정류장치 필요(∵ 상용전원: 교류), 속도조절 용이, 기동토크 크다 ···> 속도제어 요구시 적절

* 교류전동기 (유도전동기)

- **3상유도전동기** (회전자계)
  - **3상 농형 유도전동기** ; 구조간단, 저렴, 토크 낮다, 효율 낮다 ···> 2차저항추가 불가 ···> 비례추이 불가
  - **3상 권선형 유도전동기** ; 구조복잡, 고가, 토크 크다, 효율 높다 ···> 2차저항추가 가능 ···> 비례추이 가능
- **단상유도전동기** (교번자계)
  - 반발기동형, 반발유도형, 콘덴서 기동형, 콘덴서 운전형 ···> 기동토크 大
  - 분상기동형, 셰이딩 코일형 ···> 기동토크 小

  ···> 기동토크 "0", 2차 저항 증가하면 토크 감소, 비례추이 불가

* 유도전동기 관련 용어

회전자 (2차측)
회전자속도 N

고정자 (1차측)
회전자계속도 = 동기속도 N_s

- **회전자속도** $N = \frac{120f}{P}(1-s)\,[rpm]$
- **동기속도** $N_s = \frac{120f}{P}\,[rpm]$ (P: 극수)
- **슬립** $s = \frac{N_s - N}{N_s} \times 100\,[\%]$
- **토크(T)** : $T \propto V^2$, $T \propto I^2$, $T \propto \left(\frac{V}{f}\right)^2$

- **2승 토크부하** ① 정의 : $T \propto N^2$, $P \propto N^3$ ② 적용 ; 팬, 송풍기, 블로어, 펌프 (건물用)
- **비례추이** : 회전자(2차측) 저항을 크게 하여 작은 기동전류로 큰 기동토크
  ···> 2차저항 변화해도 최대토크 불변, 2차저항 증가시 기동전류 감소, 기동토크 증가

※ 유도전동기 특성

- 회전시 2차 주파수: $f_2' = s f_1$ [Hz]
- 회전시 2차 기전력: $E_2' = s E_2$ [V]
- 2차동손: $P_{c2} = s P_2$ [W]
- 2차 출력: $P_0 = (1-s) P_2$ [W]
- 2차 효율: $\eta_2 = (1-s) = \frac{N}{N_s}$

※ 유도전동기 슬립: $0 < s < 1$

- $s = 1$ ⋯> $N = 0$, 정지상태
- $s = 0$ ⋯> $N = N_s$, 동기속도로 회전

※ 전동기 관련 기술 '15-1차

- VVVF (전압가변 + 주파수가변) ⋯> 단점 ① 가격이 비싸다 ② 고조파 발생(⋯> 오동작)
 : 인버터 사용하여 전동기 회전속도를 제어하는 전동기 가변속 장치 ⋯> 최대토크·자속·여자전류가 거의 일정하게 유지하여 부하변동시 속도변동 감소
 ① Soft Start 기능 (유연 기동)
 ② 유량 제어 가능
 ③ 에너지 절감
 ④ 피크전력 감소
 ⑤ 운전소음 감소

출력($\propto N^3$)
토크($\propto N^2$)
회전수(N)

$T \propto \phi \propto \frac{V}{f}$

- VVCF (전압가변 + 주파수 불변)
 : 경부하 or 무부하시 전압 감소시켜 철손 감소, 동손 일치
 ① 운전부하율 50% 이하 전동기
 ② 무부하 상태가 많거나 로딩, 언로딩이 잦은 전동기
 ③ 부하율 낮은 전동기
 ④ 운전中 속도제어 불필요
 ⑤ Soft Start 필요시

※ 전동기 효율적 운전방안

① 정격전압 유지
② 공운전 방지
③ 전압불평형방지
④ 고효율 전동기
⑤ 경부하 지양

* 고효율 전동기

- 개요 : 저손실 철심을 이용하여 효율을 높인 전동기
- 특성

① 손실저감 ② 수명이 길어짐 ③ 정숙 운전 ④ 유지 보수비 감소 ⑤ 고신뢰성

- 적용분야

① 연간 가동률 높고, 연속운전 시설 (펌프, 공조기기)

② 전원용량 · 수전용량 부족한 곳

③ 주변환경 열악, 장시간 가동 (화학, 펌프, 시멘트)

④ 주위 온도 높은 장소

⑤ 정숙운전 필요한 곳

* 펌프 '15-1차 '13-1차

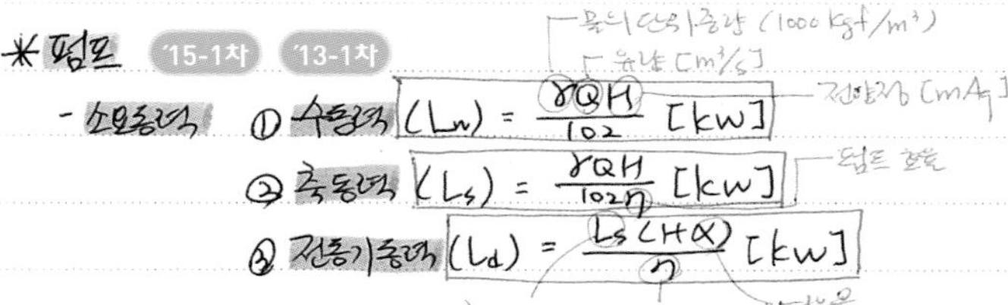

- 소요동력 ① 수동력 $(L_w) = \frac{\gamma QH}{102}$ [kW]

② 축동력 $(L_s) = \frac{\gamma QH}{102\eta}$ [kW]

③ 전동기동력 $(L_d) = \frac{L_s(1+\alpha)}{\eta}$ [kW]

- 펌프의 상사법칙 ① 토출량 (Q) ∝ (회전수)^1 ∝ (임펠러 직경)^3

② 양정 (H) ∝ (회전수)^2 ∝ (임펠러 직경)^2

③ 축동력 (L_s) ∝ (회전수)^3 ∝ (임펠러 직경)^5

····> 회전수제어 (인버터) 중요

- 펌프의 유량제어 회 수 임 바

① 회전수제어 (절감 가장 우수) ② 스로틀 밸브 제어 ③ 임펠러 직경의 변경 ④ 바이패스 제어

- 펌프의 조합운전

① 펌프의 직렬운전 ····> 토출양정 높임

② 펌프의 병렬운전 ····> 유량 증가

※ 펌프의 전력사용 합리화

① 적정 양정

② 부스터 펌프 (중간펌프)

③ 주밸브에 의한 교축 손실 방지

④ 위치수두 활용

⑤ 적당한 펌프 대수 조정

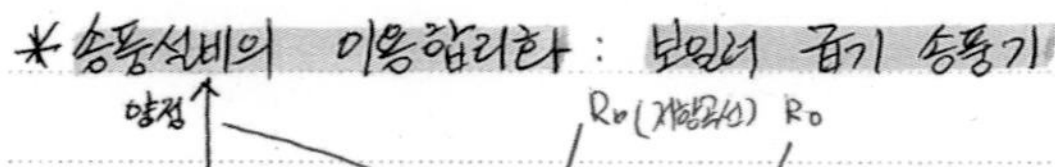

* 송풍설비의 이용합리화 : 보일러 급기 송풍기

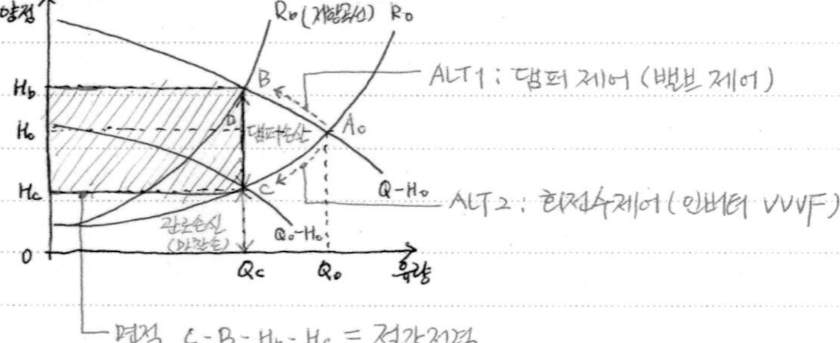

면적 C-B-Hb-Hc = 절감전력

2-4장. 조명 설비

*** 조명설비 용어** '18-1차 '13-1차 '13-2차

- 방사속 ϕ [W] 와트 : 전자파로 전달되는 에너지. 어떤 면을 통과하는 단위시간당 방사에너지
- 광속 F [lm] 루멘 : 단위시간당 흐르는 광에너지량 (빛의 양)
- 광도 I [cd] 칸델라 : 빛의 세기
- 조도 E [lx] 룩스 : 단위면적당 입사광속 (피조면 밝기) [lm/m²] = [lx]
- 휘도 B [nt] 니트 : 광원의 빛나는 정도. 광도의 밀도 [cd/m²] = [nt]
- 조명효율 $\eta = \frac{F}{W}$ [lm/W] ·····> 높을수록 좋다

'16-2차 - 조명밀도 $D = \frac{W}{S} = \frac{\text{와트} \times \text{개수}}{\text{면적}}$ [W/m²]

- 조명률 $U = \frac{\text{피조면(작업면)에 도달하는 광속 [lm]}}{\text{램프의 전광속 [lm]}}$ ·····> 높을수록 좋다

※ 조명률(U)에 영향을 미치는 요소 '18-1차

① 조명기구의 배광 : 직접조명 기구가 광조명 기구보다 조명률이 높다.
② 조명기구의 간격 : '고정간격(S)/고정높이(H)' 높을수록 조명률이 높다
③ 조명기구의 효율
④ 실내 반사율 : 반사율이 높을수록 조명률이 높다.
⑤ 방지수(K) : $K = \frac{X \cdot Y}{H(X+Y)}$ 가 높을수록 조명률이 높다. (X : 방의 폭, Y : 방의 길이, H : 광원의 작업면상 높이)

* 광원의 종류 및 특성 '15-1차

- 온도방사 (텅스텐 필라멘트 전구) : 백열등, 할로겐 램프
- 방전발광 (방전램프) : 형광등, 네온등, 나트륨등, 메탈핼라이드등, 수은등

- 램프 효율 : 나트륨등 > 메탈핼라이드등 > 형광등 > 수은등 > 할로겐등 > 백열등
- HID등 : 고압나트륨등, 메탈핼라이드등, 고압수은등
- LED등 : ① 광원 크기 작고, 경량 ② 전력 소모 적고, 수명 길다 ③ 충격에 강하고, 안전하다
  ④ 점등·소등 속도 빠르다 ⑤ 저온 사용, 다양한 색상 ⑥ 무수은 …> 친환경
  ⑦ 구동전류 제어 10%까지 조광 가능
- 무전극 형광램프 : ① 전자유도법칙 이용 ② 수명이 가장 길다

* 조명방식의 분류

- 기구 배치에 의한 분류
  ① 전반조명 : 균일한 조도
  ② 국부조명 : 국부 장소에 높은 조도
  ③ 전반·국부 병용 조명 (TAL, Task & Ambient Lighting) …> 에너지 절약

※ PSALI : 자연채광 + 인공조명
TAL : 인공조명 (전반조명 + 국부조명)

- 조명 목적에 의한 분류
  ① 명시조명 : 밝기 위주의 조명 (사무실, 교실, 작업장)
  ② 장식조명 : 분위기 위주의 조명 (상점, 레스토랑, 백화점)
- 배광에 의한 분류
  ① 직접 조명
  ② 간접 조명
  ③ 전반 확산 조명
- 건축화 조명
  : 다운라이트, 코브조명, 광천장 조명 등

* 조명설계 계산식 : '18-1차 '18-2차 '17-1차 '16-1차 '13-1차

$$F \cdot U \cdot N = D \cdot E \cdot S$$

F: 광속[lm], U: 조명률, N: 등개수, D: 감광보상률, E: 평균조도[lx], S: 면적[m²]

※ 감광보상률 = $\frac{1}{유지율} = \frac{1}{보상율}$

※ 조명기구 사용전력량
= 1대당 소비전력 × 등개수 × 사용시간

* 조명설계 순서 '17-1차 '13-1차

건축도서검토 (용도, 구조, 규모) → 조도기준 → 조명기구 선정 → 조명기구 수량계산 → 조명 기구 배치
→ 조도계산 → 분기회로 설계 → 설계도서 작성

* 조명설비 에너지 절약 방안 '15-1차

①고역률 등기구 사용 ②고효율 등기구 사용 ③고조도, 저휘도의 반사갓 사용

④등기구의 격등제어 및 회로구성 ⑤재실 감지기, 카드키 ⑥전구형 형광등, LED 사용

⑦전반조명, 국부조명의 적절한 병용 ⑧적절한 등기구 보수 유지 ⑨조도 조절장치

2-5장. 배전 및 배선설비

* 배선설비

- 정의: 건물에 시설하는 전등, 콘센트, 전동기, 전열장치 등의 전기설비
- 배선설비 설계순서: 부하용량 산정 → 전기 방식 선정 → 배전방식 결정 → 간선 설계 → 분기회로 설계 → 기구, 재료 선정 → 인입구, 인입선 설계 → 배선도 작성
- 전압의 종별
  ① 저압: 직류 750V 이하, 교류 600V 이하
  ② 고압: 직류 750V 초과 ~ 7000V 이하, 교류 600V 초과 ~ 7000V 이하
  ③ 특고압: 7000V 초과

* 전력손실

- 단상: $P_\ell = I^2R$ [W]
- 3상: $P_\ell = 3I^2R = 3\left(\frac{P}{\sqrt{3}V\cos\theta}\right)^2R = \frac{P^2R}{V^2\cos^2\theta}$ [W]

유효전력 $P=\sqrt{3}VI\cos\theta$ [W] ···> $I = \frac{P}{\sqrt{3}V\cos\theta}$

···> $P_\ell \propto \frac{1}{V^2}$ ···> 전력손실은 (전압)²에 반비례

···> $P_\ell \propto \frac{1}{\cos^2\theta}$ ···> 전력손실은 (역률)²에 반비례

* 배전 손실에 영향을 주는 요소

- 유효전력 $P = \sqrt{3}VI\cos\theta$ ···> $I = \frac{P}{\sqrt{3}V\cos\theta}$
- 저항 $R = \rho\frac{\ell}{A}$ (ρ: 고유저항, ℓ: 도선의 길이, A: 도선 단면적)
- 전력손실 $P_\ell = 3I^2R = 3\left(\frac{P}{\sqrt{3}V\cos\theta}\right)^2 \cdot \rho\frac{\ell}{A} = \frac{P^2}{V^2\cos^2\theta} \cdot \rho\frac{\ell}{A}$

- 배전 손실에 영향을 주는 요소 ···> 대책 배전력|전선고
  ① 배전 방식 ·······> 적정한 배전방식 (3상 4선식)
  ② 전압 ···········> 전압의 승압

③ 역률 ············> 역률개선용 콘덴서 설치
④ 전선의 길이 ········> 선로길이 최소화
⑤ 전선의 굵기 ········> 적정한 전선 굵기 (전류 밀도 최소화)
⑥ 고효율 변압기 ········> 아몰퍼스 변압기 (저부하용), 자구미세화 강판 변압기 (고부하용)

* 배선방식

- 평행식 : 대규모 건물
- 나뭇가지식 : 소규모 건물
- 병용식 : 가장 많이 사용

※ 소규모 건물 배전 순서 : 전력계 - 분전반 - 분기회로 - 전등

* 전압강하

- 정의 : 인입전압 (or 변압기 2차 전압)과 부하측 전압과의 차
- 원인 : 저항, 인덕턴스에 흐르는 전류에 의해 전압강하 발생
- 영향 : ① 기계기구 효율 저하
  ② 수명저하
  ③ 기기 오동작
- 전압강하 계산식 '17-2차 '16-1차

① 단상 2선식 $e = \frac{35.6\ LI}{1000A}$ [V]

② 3상 3선식 $e = \frac{30.8\ LI}{1000A}$ [V]

③ 단상3선식, 3상4선식 $e = \frac{17.8\ LI}{1000\ A}$ [V] (L : 전선길이 [m] I : 전류 [A] A : 전선단면적 [mm^2])

④ 전압강하율 = $\frac{전압강하}{정격전압}$ × 100 [%]

- 대책 (전압강하 계산식 응용)
  ① 전선길이는 짧게 한다.
  ② 전선 단면적은 크게 한다
  ③ 직렬콘덴서 설치
  ④ 역률 개선

- 전압강하 판정기준
  ① 표준전압 2% 이하 원칙
  ② 건물내 변압기 설치 : 전압강하 3% 이하

* 페란티 현상
- 정의 : 수전단 전압이 송전단 전압보다 높아지는 현상
- 원인 : 정전용량 영향 ···> 전류가 전압보다 위상이 앞섬
- 영향 : 기기손상
- 대책 : 분로 리액터 설치

* 고조파
- 정의 : 기본파와 기본 주파수의 정수배를 갖는 전압, 전류 ···> 왜곡된 파형 성분
- 발생원인
  ① 전력변환장치 (VVVF, 인버터)
  ② 변압기
  ③ 송전선의 코로나
  ④ 과도현상
  ⑤ 아크로
  ⑥ 회전기
- 영향
  ① 통신선의 유도장해
  ② 전력손실
  ③ 고장, 오동작

* 수변전 설비 주요기기 '18-1차 '13-1차
- 단로기 (Disconnecting Switch, DS) : 무부하시 선로 개폐
- 전력퓨즈 (Power Fuse, PF) : 과전류 차단
- 피뢰기 (Lightning Arrester, LA) : 이상전압으로부터 전력설비 기기를 보호
- 차단기 (Circuit Breaker, CB) : 사고전류 차단
- 계기용변압기 (Potential Transformer, PT) : 고전압을 저전압으로 변성
- 계기용변류기 (Current Transformer, CT) : 대전류를 소전류로 변성
- 전력수급용 계기용 변성기 (Metering Outfit, MOF) MOF : 고전압·대전류를 저전압·소전류로 변성
- 적산전력량계 (Watt Hour, WH) WH = DM VAR : 부하에서 소비하는 전기에너지 양 측정
- 전력용 콘덴서 (Static Condenser, SC) : 역률 개선
- APFR (Automatic Power Factor Regulator) APFR : 콘덴서를 투입 or 차단하여 역률제어
  역률자동조절장치

Ⅲ. 건축 신재생에너지설비의 이해 및 응용

* 신에너지 '13-2차

- 정의: 기존의 화석연료를 변환시켜 이용하거나 수소·산소 등의 화학반응을 통하여 전기 또는 열을 이용하는 에너지
- 종류: 1 수소에너지, 2 연료전지, 3 석탄 액화·가스화 에너지, 중질잔사유 가스화에너지

* 재생에너지 '13-2차

- 정의: 햇빛·물·지열·강수·생물유기체 등 재생가능한 에너지를 변환시켜 이용하는 에너지
- 종류: 1 태양에너지, 2 풍력, 3 수력, 4 해양에너지, 5 지열에너지, 6 바이오에너지, 7 폐기물에너지

* 태양열 시스템 '13-1차

- 원리: 빛의 파동에너지
- 구성 '18-1차: ① 집열부 : 집열기, 열교환기
  ② 축열부 : 축열조
  ③ 이용부 : 순환펌프, 보조보일러
  ④ 제어장치

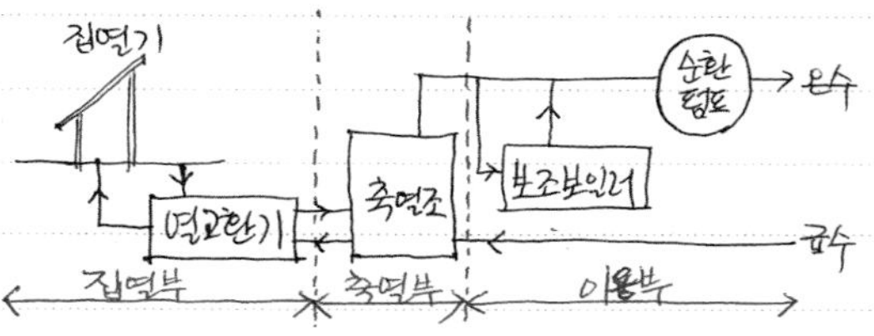

- 집열부 종류
  ① 자연순환형 : 자유형, 자연대류형, 상변화형
  ② 강제순환형(설비형) : 밀폐식, 개폐식, 배수식, 공기식
- 특징
  ① 장점 : 1 영구적인 에너지, 2 수명이 길다, 3 유지보수비 적음, 4 무공해, 5 이용성 우수 영수유무이
  ② 단점 : 1 자연여건(계절·위도·날씨)에 따라 집열량 변동 ···> 보조보일러 사용
  2 초기 비용이 많다
- 태양열 시스템 에너지 절약방안
  ① 어레이 방식 채택 ② 옥상 등 태양광을 최대한 확보할 수 있는 위치에 설치
  ③ 온도 자동장치 ④ 설비 배관 단열(2중 배관 등)
- 신재생에너지 인증대상 품목 '16-1차
  ① 태양열 집열기 : 평판형, 진공관형, 고정집광형
  ② 태양열 온수기 : 자연순환식, 강제순환식, 진공관 일체형

※ 축열조의 성층 축열

- 태양열 시스템의 한계: 연속적 축열 불가능
  ···> 축열조 열매에 열저장시 [상부: 높은 온도 형성, 하부: 낮은 온도 형성] ···> 성층

- 조치: 성층열 이용을 높이기 위해 '상하부 혼합방지용 분배기' 설치

※ 태양광 발전 '13-1차

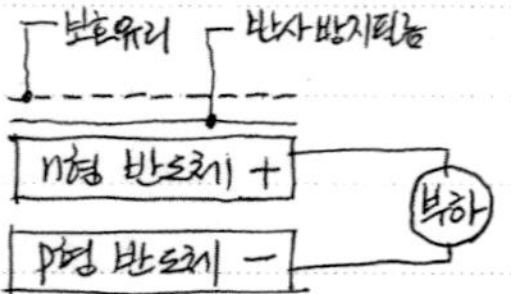

- 원리: ① 광전효과에 의한 전기에너지 생산
  ② n형 반도체와 p형 반도체를 접합한 구조

- 태양전지의 종류
  ① 실리콘계: 단결정, 다결정, 박막형
  ② 화합물계: 2족·3족·4족·5족 원소 결합, 갈륨비소(GaAs)가 가장 효율적
  ③ 기타: 염료 감응형 (광합성)

- 태양광 발전 구성 어축인제
  ① 태양전지 어레이: 태양전지, 배선, 구조물의 총칭
  ② 축전지: 생산된 전기를 저장
  ③ 인버터: 직류 ···> 교류 전환
  ④ 제어장치: 기기 전체의 제어

※ PCS (Power Conditioning System)
① 직류 → 교류 변환하여 부하에 전력 공급
② 역조류 기능 (잉여전력을 계통에 역으로 공급)
③ 보호협조 기능 (전력계통 이상유무 감지)

- 태양광 발전시스템 종류
  ① 상용 전력계통 유무
  - 독립시스템: 축전지 갖는 시스템, 부하직결시스템, 하이브리드시스템
  - 계통 연계시스템: 완전연계형 시스템, 백업형 시스템

  ② 어레이 설치형태
  - 추적식 어레이: 단방향·양방향, 감지식·프로그램식·혼합식
  - 반고정형 어레이
  - 고정형 어레이

- 태양광 시스템의 특징: 태양에너지는 주간에만 존재, 시간에 따라 변화가 큼
  ① 장점: 1 영구적인 에너지, 2 수명이 길다, 3 유지보수용이·무인화 가능, 4 무공해 영수유무
  ② 단점: 1 에너지 밀도 낮다, 2 야간에 사용 불가능, 3 전력생산량이 지역일사량에 의존, 4 초기투자비·발전단가 높다.

- 태양광 시스템 에너지 절약 방안
  ① 태양광 최대 확보: 남향 배치, 추적식 어레이 적용
  ② 어레이 온도상승 방지: 바람이 잘 통하도록 어레이의 적정한 간격 배치

③ 직류 부하 사용: 인버터 (직류 → 교류) 손실 감소

④ 먼지 제거

⑤ 주기적인 관리

⑥ 고효율 인버터

- 신재생에너지 인증대상 품목: 모듈, 셀, 인버터

'15-1차 '15-2차

* 건물통합형 태양광 발전 (BIPV, Building Integrated Photovoltaic)

- 개요: 건축물 계획 초기부터 태양광 시스템을 건물의 일부분에 설계하여 건물에 일체화한 시스템

- 종류

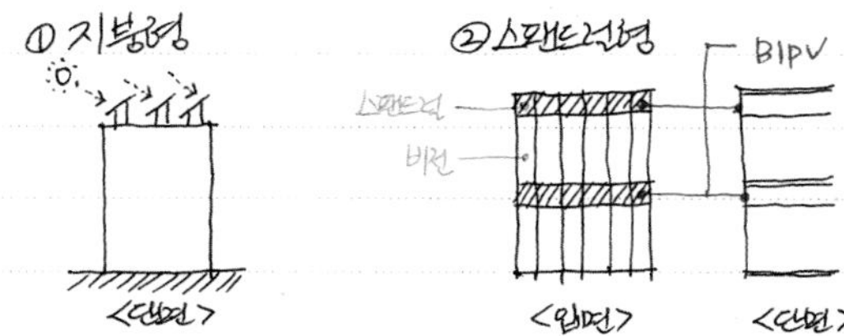

- 장점

① 여름철 전력피크 완화

② 별도의 설치부지 불필요 ····> 협소한 지형조건에 적용

③ 송전에 의한 전력손실 최소화

④ PV를 외장재로 활용 ····> 마감공사비 절감

⑤ 친환경적 요소 ····> 건물가치 향상

- 단점

① 설치 방향·각도의 제약 ····> 효율이 떨어짐

② 시공시 어려움

* 지열히트펌프 '17-1차 '13-1차

- 개요

① 지하 100~150m의 지중열(연중 온도변화가 적음)은 히트펌프의 열원으로 사용 ····> 냉방, 난방, 급탕에 활용하는 시스템

② 냉방사이클: 압축기 → 응축기(열교환기) → 팽창밸브 → 증발기

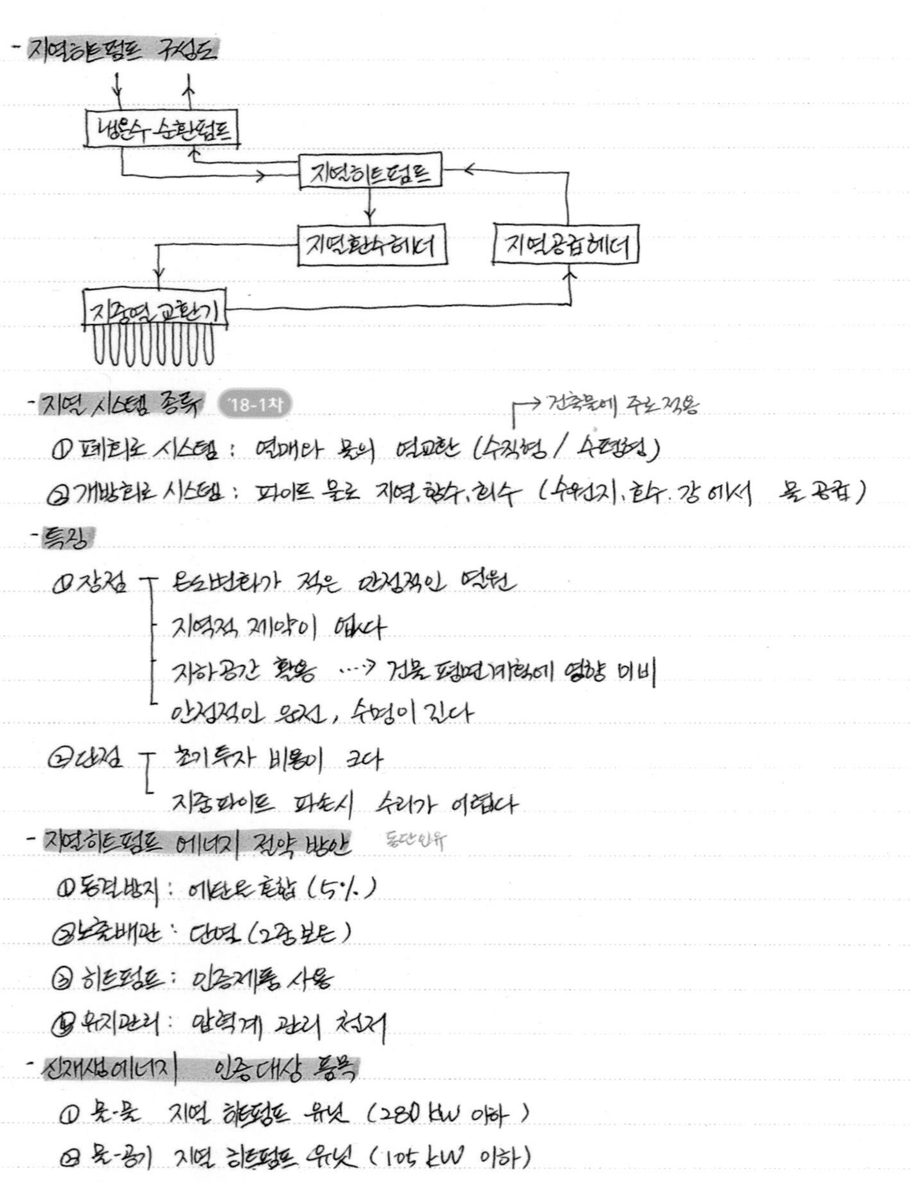
- 지열히트펌프 구성도

냉온수 순환펌프

지열히트펌프

지열환수헤더

지열공급헤더

지중열 교환기

- 지열 시스템 종류 '18-1차

① 폐회로 시스템 : 열매와 물의 열교환 (수직형 / 수평형) → 건축물에 주로 적용

② 개방회로 시스템 : 파이프 물로 지열 흡수, 회수 (수원지, 호수, 강 에서 물 공급)

- 특징

① 장점
- 온도변화가 적은 안정적인 열원
- 지역적 제약이 없다
- 지하공간 활용 ···› 건물 평면계획에 영향 미비
- 안정적인 운전, 수명이 길다

② 단점
- 초기투자 비용이 크다
- 지중파이프 파손시 수리가 어렵다

- 지열히트펌프 에너지 절약 방안

① 동결방지 : 에탄올 혼합 (5%)

② 노출배관 : 단열 (2중 보온)

③ 히트펌프 : 인증제품 사용

④ 유지관리 : 압력계 관리 철저

- 신재생에너지 인증대상 품목

① 물-물 지열 히트펌프 유닛 (280 kW 이하)

② 물-공기 지열 히트펌프 유닛 (105 kW 이하)

③ 물-공기 지열 멀티형 히트펌프 유닛 (105 kW 이하)

* 풍력 발전 시스템 '18-1차

- 개요 : 바람의 운동에너지를 이용하여 전기에너지를 생산하는 발전시스템
- 운동에너지

$P = \frac{1}{2}mV^2 = \frac{1}{2}(\rho AV)V^2 = \frac{1}{2}\rho AV^3$ [W] (ρ : 공기밀도 (1.225 [kg/m³]), A : 로터 단면적 [m²], V : 평균속도 [m/s])

····> (날개길이)^{2}에 비례, (속도)^{3}에 비례

- 시스템 구성

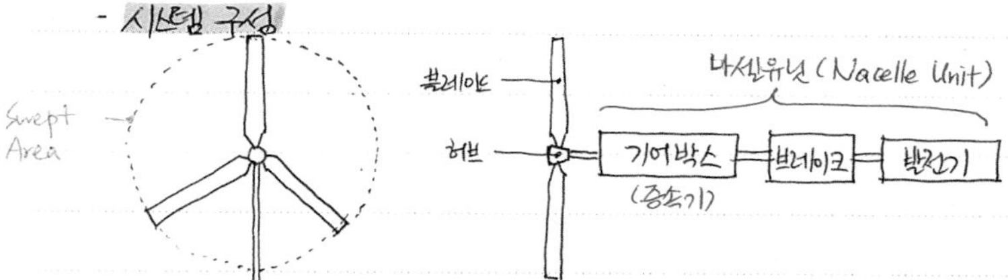

① 기계장치부 : 블레이드, 로터, 증속기, 브레이크, 피치시스템, 요잉 시스템

② 전기장치부 : 발전기, 전력 안정화 장치

③ 제어장치부
- Pitch Control : 날개 경사각 조절 ····> 출력제어
- Yaw Control : 날개 방향 조절 ····> 바람방향 맞추기

- 종류

① 구조상 분류
- 수평축 풍력 시스템 (프로펠러형) : 효율높다. 사용 O
- 수직축 풍력 시스템 : 효율낮다. 사용 X

② 운전방식 분류
- 정속운전 (기어) : 증속기 O, 인버터 X
- 가변속운전 (기어리스) : 증속기 X, 인버터 O

- 특징

① 장점 : 1 발전단가 저렴, 2 에너지 변환효율이 높다 (40%) 3 발전기 구조 간단, 4 유지보수 용이

② 단점 : 1 저주파 소음 발생, 2 새의 비행에 방해, 3 레이더 교란

- 신재생에너지 인증 대상 품목

① 소형 풍력발전 시스템 (30kW 미만)

② 소형 풍력발전용 독립형 인버터 (10kW 이하)

③ 중대형 풍력발전 시스템 (30kW 이상)

* 연료전지 시스템 '18-1차 '13-1차

- 정의 : 수소를 연료로 하여 [1]전기를 생산하고, [2]폐열은 회수하여 [3]급탕, 냉난방 에너지를 생산하는 종합 효율이 높은 시스템

- 원리

① 화학적 에너지 → 전기에너지 전환

② 공급물질 : 수소, 산소

③ 생성물질 : 물, 열, 전기에너지

- 연료전지 시스템 구성 : [1]연료개질장치, [2]연료전지 본체, [3]인버터, [4]제어장치

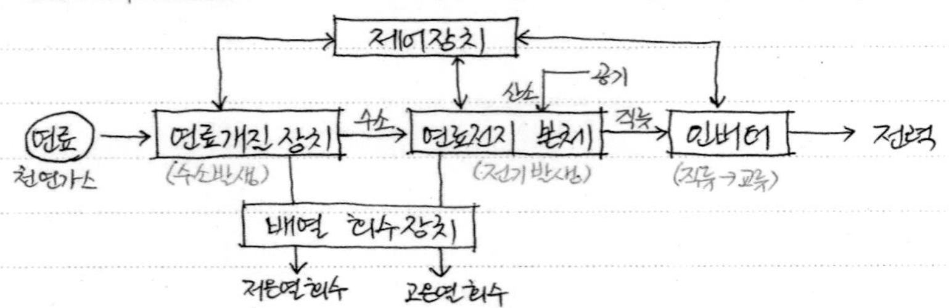

- 특징

① 장점 : [1]에너지변환 효율이 높음(40~60%), [2]유해가스 적음, [3]소음이 적다, [4]배열 이용 가능
    ····> 복합 발전 (종합 효율 80%)

② 단점 : [1]부순물에 민감, [2]고가, [3]내구성 부족

- 신재생 에너지 인증대상 품목
    : 고분자 전해질 연료전지

- 고분자 전해질 연료전지 (PEMFC)

① 특징 : 전해질(이온교환막), 동작온도(100°C 이하), 효율(75%)

② 용도 : 가정용, 자동차

제4장

건물에너지효율설계 · 평가

출제범위 및 공부법
건축물에너지효율등급 평가
건축물의 에너지절약설계기준

출제범위 및 공부법: 건물에너지효율설계 · 평가

출제범위: 건물에너지효율설계 · 평가

'건물에너지효율설계 · 평가'는 1차시험과 2차시험에서 모두 출제되며, 그 출제범위는 아래와 같다.

출제범위: 1차시험(건물에너지효율등급 · 설계)

주요항목	출제범위
1. **건축물에너지효율등급평가**	1. 건축물에너지효율등급 인증 및 제로에너지건축물 인증에 관한 규칙 2. 건축물에너지효율등급 인증 및 제로에너지건축물 인증 기준 3. 건축물에너지효율등급 인증제도 운영규정
2. **건물에너지효율설계 이해 및 응용**	1. 에너지절약설계기준 일반(기준 · 용어의 정의) 2. 에너지절약설계기준 의무사항 · 권장사항 3. 단열재의 등급분류 및 이해 4. 지역별 열관류율 기준 5. 열관류율 계산 및 응용 6. 냉난방용량 계산 7. 에너지데이터 및 건물에너지관리시스템(BEMS) (에너지관리시스템 설치확인 업무 운영규정 등)
3. **건축 · 기계 · 전기 · 신재생 분야 도서분석능력**	1. 도면 등 설계도서 분석능력 2. 건축 · 기계 · 전기 · 신재생 도면의 종류 및 이해
4. **그 밖에 건물에너지관련 설계 · 평가**	

출제범위: 2차시험(건물에너지효율등급 · 설계)

11. **건축 · 기계 · 전기 도면**에 대해 이해하고, 실무에 적용할 수 있어야 한다.
12. **난방 · 냉방 · 급탕 · 조명 · 환기 조닝**에 대해 이해하고, 실무에 적용할 수 있어야 한다.
13. **에너지절약설계기준**에 대해 이해하고, 실무에 적용할 수 있어야 한다.
14. **건축물에너지효율등급인증 및 제로에너지빌딩인증 기준**을 이해하고, 실무에 적용할 수 있어야 한다.
15. **에너지데이터 및 BEMS의 개념, 설치확인 기준**을 이해하고, 실무에 적용할 수 있어야 한다.

※ 그 밖에 건물에너지 관련 설계 · 평가

공부법: 건물에너지효율설계 · 평가

'건물에너지효율설계 · 평가'는 건축물에너지평가사의 업무와 직접적으로 관련이 많은 과목이다. 관련법규와 규정 · 건축환경계획 · 건축설비시스템의 기초지식을 토대로 진행해야 하는 과목이다.

다른 한편으로 이 과목을 공부하면서 건축환경계획과 건축설비시스템의 에너지절약 관련사항을 공부할 수 있는 기회로 활용할 수 있다. 순서를 따지자면, 다른 과목보다 이 과목을 먼저 학습하는 것을 권장한다. 건축계획 · 기계설비 · 전기설비의 주요한 항목(최소한 목록이라도)을 짧은 기간 내에 파악할 수 있다.

건축물의 에너지절약설계기준은 용어의 정의·의무사항·권장사항·에너지성능지표 등으로 구성되어 있다. 전문을 출력해서 전체구성을 파악하고, 세부적인 암기도 병행해야 하는데, 에너지성능지표의 배점기준도 암기할 필요가 있다. 그리고, 각 항목의 배점과 평점을 계산할 수 있어야 한다. 에너지성능지표의 배점을 개선하기 위한 방안을 묻는 문제를 예상할 수 있다.

건축물에너지효율등급 관련하여 적용대상과 의무대상·운영기관·인증기관·인증절차·인증기준·인증등급을 알아야 한다. 건축물에너지평가사의 인증평가업무 관련 사항을 잘 파악해야 한다. '2권 합격노트'에 정리했으니, 잘 활용하길 바란다.

단위면적당 에너지소요량과 1차에너지소요량의 결과값을 보고 1차에너지 환산계수를 계산해서 에너지원을 추정하고, 에너지요구량·소요량의 감소방안을 제시할 수 있어야 한다. 인증제도 운영규정의 별표1 기상데이터와 별표2 건축물 용도프로필의 구성요소와 내용을 잘 파악해야 한다.

건물에너지효율설계·평가는 1차시험에서는 이론 위주로, 2차시험에서는 실무 위주로 문제가 출제될 것이다. 2차시험을 공부한다는 맥락으로 접근하면 1차시험에서 만점에 가까운 고득점을 얻을 수 있다.

I. 건축물에너지효율등급 평가

※ **건축물에너지효율등급 인증 적용대상** '15-1차

- **단독주택**: 단독주택, 다중주택, 다가구주택, 공관
- **공동주택**: 아파트, 연립주택, 다세대주택 / 기숙사
- **업무시설**
- **그 외 용도**: 냉난방면적 500m² 이상인 건축물

※ 인증대상 제외: [1]인증평가 불가능한 건축물, [2]연면적 50% 이상 인증평가 불가능한 건축물

※ **건축물에너지효율등급 인증 의무대상** (아래의 기준에 모두 해당하는 건축물) '15-1차

① 공공기관이 소유·관리하는 건축물

② 신축·재축·증축 ※ 증축: 별동 증축 only

③ 연면적: 3,000m² 이상

④ 에너지절약계획서 제출대상

※ **운영기관** '16-1차

- **지정**: 국토교통부 장관 (산업통상자원부 장관 협의) ⋯> 녹색건축센터 中 운영기관 지정

한국에기건시주 ※ 녹색건축센터: ㊕국감정원·㊏토연구원·한국㊌너지공단·한국㊋설기술연구원·한국㊖설안전공단·한국토지㊟택공사

- **업무**
  ① 인증업무인력 교육·관리·감독
  ② 인증관리시스템 운영
  ③ 인증기관 평가·사후관리 감독
  ④ 인증제도 홍보·교육·컨설팅·조사·연구 등
  ⑤ 인증제도 개선·활성화
  ⑥ 인증절차·기준 관리
  ⑦ 인증관련 통계분석·활용

- **보고** (to 국토교통부 장관, 산업통상자원부 장관)
  ① 전년도 사업추진 실적·그 해 사업계획: 매년 1월 31일까지
  ② 분기별 인증현황: 매 분기 말일 기준 다음 달 15일까지

* 인증기관 '16-1차 '13-1차

- 지정: 국토교통부 장관 (산업통상자원부 장관 협의 ···> 인증운영위원회 심의 ···> 지정·고시)
- 인증신청서류 ① 인증업무조직·업무수행체계 설명서
  ② 인증업무인력 보유 증명서류
  ③ 인증업무 처리규정
  ④ 에너지효율등급 인증 관련 연구실적
- 상근 인증업무인력 : 1 실무교육수료 건축물에너지평가사, 2 기사 취득 후 10년, 3 석사 취득 후 9년, 4 학사 취득 후 12년, 5 건축사·기술사·박사 취득 후 3년
- 인증기관 지정서 발급 : 국토교통부 장관
- 유효기간 : 5년 (갱신 : 5년마다)
- 변경증명서류 제출 : 변경 후 30일 이내 (1 기관명·2 건축물의 소재지·3 전문인력)

※ 인증기관 : 1 한국건설기술연구원·2 한국시설안전공단·3 한국토지주택공사·4 한국에너지기술연구원·5 한국감정원·6 한국환경건축연구원·7 한국교육환경연구원·8 한국건물에너지기술원·9 한국생산성본부인증원

* 인증신청 '18-1차 '13-1차

- 신청 : 1 건축주·2 건축물 소유자·3 사업주체 또는 시공자 (건축주 등이 동의한 경우)
  ···> 인증관리시스템에서 신청
- 제출서류
  ① 건축물에너지효율등급 인증 신청서
  ② 첨부서류 : 1 최종설계도면, 2 건축물 부위별 성능내역서, 3 건물전개도, 4 장비용량계산서, 5 조명밀도계산서, 6 자재·기기·설비 성능증명서, 7 설계변경확인서, 8 설계설명서, 9 예비인증서 사본 (해당 경우)
- 인증처리기간 : 50일 (단독주택·공동주택 40일) 이내 (공휴일 제외)
  ···> 1 연장 20일 이내 (by 인증기관장)
  2 보완요청 (보완기간 : 인증처리기간에 산입 X)
- 인증신청반려 (by 인증기관장)
  : 1 적용대상 아닌 경우, 2 서류 미제출시, 3 보완기간 미준수, 4 인증수수료 미납부 (신청일~20일 이내)
- 제로에너지건축물 인증 (에너지효율등급인증·제로에너지건축물 인증 동시 신청가능)
  ① 인증대상 : 건축물에너지효율등급 1++ 이상인 건축물
  ② 신청서류 : 신청서, 1++ 등급 이상 에너지효율등급 인증서 사본, 건축물에너지관리시스템·전자식원격검침 설치확인서

* 인증평가 '13-1차

- 인증기관장: 인증신청 ····> 도서평가·현장실사 ····> 인증평가서 작성 ····> 인증여부·인증등급 결정 ····> [1]인증서 발급, [2]인증관리시스템 등록, [3]인증결과 제출 (to 운영기관장)
- 사용승인 후 3년 지난 건축물의 인증 신청시 ····> 건축물 에너지효율 개선방안 제공 (by 인증기관장)
- 운영기관장: [1]인증평가정보 분석·[2]통계활용·[3]정보공개
- 건축물에너지효율등급 인증 유효기간: 인증서 발급일 ~ 10년
- 인증 받은 건축물의 사후관리: 건축물 소유자 또는 관리자 <···· 운영기관장: 유지관리실태파악 (에너지사용량 요청 to 소유자·관리자)
- 재평가: 인증결과 (or 인증취소결과)에 이의 있는 경우 ····> 90일 이내 재평가 요청 (to 인증기관장) ····> 기존 인증서 반납 확인 ····> 재인증 ····> 보고 (to 운영기관장)

* 예비인증

- 예비인증: 본인증 이전 예비인증 신청 (설계도서 기준)
- 예비인증 신청 (to 인증기관장): 인증관리시스템
- 제출서류
  - 예비인증신청서
  - 첨부서류: [1]도면 (건축·기계·전기·신재생), [2]건축물 부위별 성능내역서, [3]건물전개도, [4]장비용량계산서, [5]조명밀도계산서, [6]자재·기기·설비 성능증명서
- 예비인증서 발급 (by 인증기관장) ····> 신청인: 본인증서 내용이 달라질 수 있음을 알려야 함 (광고時)
- 본인증 의무: 예비인증으로 제도적·재정적 지원 받은 경우 ····> 본인증 받아야 함
- 예비인증 유효기간: 예비인증서 발급일 ~ 사용승인일 (not 사용승인 신청일)

* 인증업무인력 관리

- 인증기관 소속등록보고 (to 운영기관장) <···· 복수 인증기관 소속·등록 불가
  : 건축물에너지평가사 소속·등록신청서, 자격증사본, 재직증명서, 4대보험가입증명서, 실무교육수료증
- 직무교육: 연간 1회 이상

* 건축물에너지평가사의 업무범위

- 인증평가: [1]도서평가·[2]현장실사·[3]인증평가서 작성·[4]건축물에너지효율 개선방안 작성
- 예비인증평가

* 건축물에너지평가사 실무교육

- 내용 : 인증평가에 요구되는 실무적인 지식·기법을 위한 실무교육
- 교육주체 : 인증기관
- 기간 : 3개월 이상
- 실무교육개시 보고 (to 운영기관) : [1]실무교육개시보고서 · [2]건축물에너지평가사사본 · [3]실무교육보안각서
- 실무교육평가 : 모의평가 (4건 (주거2 · 비주거2) 이상)
  ···> 모의평가 결과보고서 ···> 결과에 따라 실무교육기간 연장
- 실무교육종료보고 (to 운영기관) : [1]실무교육종료보고서 · [2]출근부 · [3]모의평가결과보고서

* 인증수수료 '17-1차

- 기준 : 건축물의 면적
- 수수료

① 단독주택·공동주택 (기숙사 제외)

전용면적 합계	수수료
85m² 미만	50만원
85 ~ 135m² 미만	70만원
80,000 ~ 120,000m² 미만	1,190만원
120,000m² 이상	1,320만원

② 비주거 (기숙사 포함)

용적률산정연면적	수수료
1,000m² 미만	190만원 (200)
1,000 ~ 3,000m² 미만	390만원
40,000 ~ 60,000m² 미만	1,780만원 (200)
60,000m² 이상	1,980만원

- 재평가 수수료 : 50% 감면 (인증오류 ···> 환불)
- 인증수수료 지원 : 인증수수료 일부 (8% 이내) ···> 운영기관 운영비용에 지원

* 인증운영위원회

- 인증운영위원회 구성·운영
  ① 목적 : 건축물에너지효율등급 인증제도의 효율적 운영
  ② 구성·운영 : 국토교통부 장관 (산업통상자원부장관 협의)
  ③ 구성 : 20명 이내 (위원장 1명 포함)
  ④ 임기 : 2년 (공무원 위원 : 보직 재임기간)
  ⑤ 위원 : [1]중앙행정기관 공무원 · [2]7년이상 경력 부교수 이상 · [3]7년이상 경력 책임연구원 이상 · [4]10년이상 기업부사장 이상
- 인증운영위원회 심의사항
  ① 인증기관의 지정·연장　② 인증기관 지정 취소·업무정지
  ③ 인증평가기준 제정·개정

* 건축물에너지효율등급 인증 기술위원회

- 운영주체: 운영기관
- 기술위원: [1]평가사·건축사 ·[2]기술사(건축·설비·에너지)·[3]기사 취득 후 7년 ·[4]박사 ·
  [5]석사 취득 후 5년 ·[6]학사취득 후 7년 ·[7]기타
- 논의 내용 ① 건축물 에너지성능 평가 방법
  ② 건축물 에너지효율화 신기술 적용여부·평가방법의 적합성
  ③ 인증기준 개선사항

* 인증기준 '17-1차 '17-2차 '16-1차 '15-1차 '15-2차 '13-1차 '13-2차

- 인증기준 ①국제규격: ISO 52016, DIN V 18599
  ②평가: 난방·냉방·급탕·조명·환기 등에 대한 1차에너지소요량 기준
  ③평가프로그램: ECO2 (에코투)
- 단위면적당 에너지소요량 = $\frac{\text{[1]난방에너지소요량}}{\text{난방에너지요구바닥면적}} + \frac{\text{[2]냉방 〃}}{\text{냉방 〃}} + \frac{\text{[3]급탕 〃}}{\text{급탕 〃}} + \frac{\text{[4]조명 〃}}{\text{조명 〃}} + \frac{\text{[5]환기 〃}}{\text{환기 〃}}$
- 단위면적당 1차에너지 소요량 = 단위면적당 에너지소요량 × 1차에너지환산계수
- 1차에너지환산계수: [1]전력(2.75). [2]연료(1.1). [3]지역냉방(0.937). [4]지역난방(0.728)
- 하나의 대지에 둘 이상의 건축물이 있는 경우: 각각의 건축물에 대하여 별도 인증 가능
- 인증등급 세부기준 (단위면적당 1차 에너지 소요량, kWh/m²·yr)

등급	주거용	비주거용(기숙사포함)
1+++	60 미만	80 미만
1	60 ~ 90)30	80 ~ 140)60
1	90 ~ 120)30	140 ~ 200)60
1	120 ~ 150)30	200 ~ 260)60
2	150 ~ 190)40	260 ~ 320)60
3	190 ~ 230)40	320 ~ 380)60
4	230 ~ 270)40	380 ~ 450)70
5	270 ~ 320)50	450 ~ 520)70
6	320 ~ 370)50	520 ~ 610)90
7	370 ~ 420)50	610 ~ 700)90

- 에너지 자립률(%) '18-1차

$$= \frac{\text{단위면적당 1차에너지 생산량}}{\text{단위면적당 1차에너지 소비량}} \times 100$$

※ 단위면적당 1차에너지 생산량 (kWh/m²·yr)
= 대지 내 단위면적당 1차에너지 순생산량
+ 대지 외 단위면적당 1차에너지순생산량×보정

※ 보정계수

대지내 에너지자립률	~10% 미만	10~15%	15~20%	20% 이상~
대지외 생산량 가중치	0.7	0.8	0.9	1.0

'16-1차 - 기상데이터 (13개지역): 서울·부산·인천·대구·대전·광주·강릉·원주·춘천·전주·청주·목포·제주
└···> 구성요소 ①월별평균외기온도[°C] ②월평균 전일사량 [W/㎡]: 수평면/수직면(8면: 남·남동...)

* ECO2 (에코투, 건물에너지평가 프로그램)

- 입력항목
  ① 용도프로필
  ② 기상데이터 및 냉난방부하
  ③ 신재생에너지
  ④ 환산계수
  ⑤ 냉난방시스템

※ 용도프로필 → 구성요소 ① 사용시간·운전시간 ② 설정요구량 ③ 열발열원 ④ 실내공기온도 ⑤ 월간사용일수 ⑥ 용도별보정계수

※ 용도프로필 '16-1차 : 1 주거, 2 소규모사무실(30m² 이하), 3 대규모사무실, 4 회의실·세미나실, 5 강당, 6 구내식당, 7 화장실, 8 그 외 체류공간, 9 부속공간, 10 창고·설비·문서실, 11 전산실, 12 주방·조리실, 13 병실, 14 객실, 15 교실, 16 강의실, 17 매장, 18 전시실, 19 열람실, 20 체육시설

- 입력요소
  ① 건축부문
    - 입력존 : 용도별 조닝, 사용프로필·실체적·열저장능력·열교가산치·침기율·냉난방 방식
    - 입력면 : 실별 외피면적·향
    - 열관류율 : 각 부위별 구성·두께 입력 ⋯> 열관류율 산출
  ② 시스템 부문
    - 공조처리 : 공조방식·급기온도·최대풍량·리턴공기 혼합여부·가습기유형·외기냉방제어
    - 난방기기 : 열원생산기기·연료·급수온도·환수온도·보일러 용량·효율·개별기기 적용여부
    - 난방공급시스템 : 난방열원공급기기·제어기 정격전력·팬·송풍기·펌프의 정격전력
    - 난방분배시스템 : 난방열원기기~난방공급시스템 연결 배관손실 정보(배관유형·길이 등)
    - 냉방기기 : 냉방열원 생산기기·용량·열성능비
    - 냉방분배시스템 : 냉방열원의 열공급 펌프
  ③ 신재생에너지부문 : 신재생에너지(태양열·태양광·지열), 열병합

* ECO2 기준 난방·냉방·환기에너지 소요량 감소방안 '17-2차 '13-1차

- 난방에너지소요량 감소방안
  ① 난방설비 : 효율 높은 난방설비, 히트펌프 COP 높은 설비, 배관길이 최소화.
  ② 난방공급시스템 : 노출형 방열기, 실내온도제어 (PI 제어)
  ③ 난방분배시스템 : 배관길이 최소화
- 냉방에너지소요량 감소방안
  ① 냉방설비 : 성능계수(COP) 높은 냉방설비, 냉동설비 제어(회전수 제어)
  ② 냉방분배시스템 : 대수제어
- 환기에너지소요량 감소방안
  ① 변풍량 방식
  ② 리턴공기혼합 가능 설비
  ③ 외기냉방 제어 가능 설비
  ④ 전열교환기, 냉방·난방 열회수율 높은 설비

Ⅱ. 건축물의 에너지 절약 설계 기준

'건축물의 에너지 절약설계기준' 구성

제1장. 총칙
제2장. 에너지절약설계에 관한 기준
　　제1절. 건축부문 설계기준
　　제2절. 기계설비부문 설계기준
　　제3절. 전기설비부문 설계기준
　　제4절. 신·재생에너지설비부문 설계기준
제3장. 에너지절약계획서 및 설계검토서 작성기준
제4장. 건축기준의 완화기준
제5장. 건축물에너지 소비총량제
제6장. 보칙

제1장. 총칙

* **건축물의 에너지절약설계기준 목적**: 아래의 사항을 정함.
  - **에너지절약설계에 관한 기준**
  - **에너지 절약계획서 및 설계검토서 작성기준**
  - **건축기준 완화에 관한 사항** (∵: 녹색건축물의 건축 활성화)

* **건축물의 열손실 방지 등 에너지 이용 합리화 조치** '18-1차 '17-1차 '13-1차
  - **대상**: 건축물의 1. 건축, 2. 대수선, 3. 용도변경, 4. 건축물대장 기재내용 변경 (열손실 변동 없는 경우 생략가능)
  - **열손실 방지등 에너지이용합리화 조치**
    1) 단열조치
       ① 부위: 1. 외벽, 2. 최상층 반자·지붕, 3. 최하층 바닥, 4. 바닥난방하는 층간바닥, 5. 창 및 문
       ② 기준: 열관류율 기준(별표1) 또는 단열재 두께 기준(별표3) 준수
       ③ 예외 ┌ 창고·차고·기계실 & 냉난방 설비 설치 안한 건축물
       　　　 └ 내부는 외기에 개방 & 냉난방 설비 설치 안한 건축물
    2) 건축물의 배치·구조·설비: 에너지가 합리적으로 이용되도록 계획

＊ 에너지절약계획서 '18-1차

- 제출대상 : 연면적 합계 $500m^2$ 이상 ($500m^2$ 미만 ····> 미제출)

구분	제출대상 용도	규모
비주거	소형	$500m^2$ 이상 ~ $3,000m^2$ 미만
	대형	$3,000m^2$ 이상
주거	주택1 (난방 적용) 주택2 (중앙 집중 냉방·난방적용)	아파트, 연립주택, 다세대주택

- 제출예외

① 녹색건축물조성지원법 시행령 제10조 : 단독주택·동식물원·공장·창고 등 中 냉난방 설비 없는 건축물

② 건축물의 에너지절약설계기준 제3조 ┌ 변전소·정수장 등·운동·위락·관광휴게시설 中 "
└ 에너지절약형 친환경주택의 건설기준 충족하는 사업계획승인 주택

- 제출시점

① 건축허가 ② 용도변경 (허가신청 또는 신고) ③ 건축물대장 기재내용 변경

- 제출처 : 허가권자

- 제출서류

① 에너지절약설계 검토서 ② 설계도면·설계설명서·계산서

- 검토기관 (에너지관련 전문기관)

: 1 한국에너지공단 · 2 한국시설안전공단 · 3 한국감정원 · 4 한국교육환경 연구원 ·
5 한국생산성본부인증원 · 6 한국환경 건축연구원

※ 에너지절약계획서 관련 연면적 산정

① 같은 대지에 모든 바닥면적 합산
② 주거 / 비주거 구분
③ 증축·용도변경·건축물대장 기재내용변경 : 해당 부분만 적용
④ 연면적 $500m^2$ 미만 기허가 건물의 허가변경 : 당초 허가면적 + 변경면적 합산
⑤ 단열조치 예외 건축물·주차장·기계실 면적 : 제외

ex1) 주거 $300m^2$, 업무 $400m^2$ ····> 에너지절약계획서 제출대상 X
ex2) 판매 $300m^2$, 업무 $400m^2$ ····> " " O (∵ 비주거 $700m^2$)

* 에너지절약계획서 사전확인

; 건축허가 신청 전 사전확인 신청 가능 (에너지절약계획서 제출 to 허가권자)

- 판정기준 적합 경우 : 건축허가 신청시 에너지절약계획서 적정성 검토 생략 (예외 : 평가결과 상이)
- 사전확인 유효기간 : 1개월 ···> 1개월 경과 경우 건축허가 시 검토 진행

* 적용 예외 '17-2차

- 에너지성능지표(EPI) 적용 예외 '18-1차 '17-1차

① 지방건축위원회 or 관련전문연구기관 심의결과 에너지절약성능 인정 (새로운 기술 or 에너지소비총량)

② 건축물에너지효율등급인증 1등급 이상 or 제로에너지건축물인증 취득 (공공기관 신축 : EPI 적용)

③ 건축물 증축·용도변경·건축물대장기재내용변경 (별동증축·50% 이상 증축 & 2,000m² 이상 증축 : EPI적용)

④ 연면적 500m² 이상 ~ 2,000m² 미만 건축물 中 개별동 연면적 합계 500m² 미만

⑤ 연면적 3,000m² 이상 업무시설 中 건축물에너지소요량평가서 단위면적당 1차에너지소요량 320kWh/m² 미만
(공공기관 : 260kWh/m² 미만)

- 에너지절약설계기준 적용 예외

; 1 건축물의 기능·2 설계조건·3 시공여건 특수성 ···> 에너지절약설계기준 적용의 불합리성 인정
(by 지방건축위원회(건축물에너지 관련 전문인력 1인 이상 참석) 심의)

- 에너지절약설계검토서 제출 예외 : 1 열손실 변동 없는 증축·2 용도변경·3 건축물대장기재내용변경
※ 허가변경 경우 : 변경부분에 한해 에너지절약설계검토서 제출 가능

* 용어의 정의 (공통) '15-1차 '13-1차

- 의무사항 : 건축주·설계자가 필수적으로 적용
- 권장사항 : 〃 선택적으로 〃
- 건축물에너지효율등급 인증 : 국토교통부 + 산업통상자원부 공동부령 「건축물 에너지효율등급 및 제로에너지 건축물 인증에 관한 규칙」에 따라 인증
- 제로에너지 건축물 인증 : 「건축물에너지효율등급 및 제로에너지건축물인증에 관한 규칙」에 따라 인증
- 녹색건축인증 : 국토교통부 + 환경부 공동부령 「녹색건축의 인증에 관한 규칙」에 따라 인증
- 고효율에너지기자재 인증제품 : 「고효율에너지기자재보급촉진에 관한규정」에서 정한 기준 만족 제품
- 완화기준 : 건축법·국계법·지방조례 등에서 정하는 1 건축물의 용적률·2 높이제한 기준 완화 비율
- 예비인증 : 건축물 완공 전 설계도서 등으로 인증 받는 것 (by 인증기관)
- 본인증 : 건축물 완공 후 최종설계도서·현장확인을 거쳐 인증받는 것 (by 인증기관)

* 용어의 정의 (건축부문) '16-1차 '16-2차 '15-1차 '13-1차 '13-2차

'16-2차 - 거실 ① 거주(욕실·화장실·현관 포함)·집무·작업·집회·오락을 위해 사용하는 방 <.... 건축법

② 거실이 아닌 냉·난방공간 <.... 에너지절약설계기준

- 외피 : 벽·지붕·바닥·창·문에서 외기에 직접 면하는 부위
- 거실의 외벽 ① 외기에 직접 또는 간접 면하는 벽

  ② 복합용도 건축물 : 타용도 공간과 접하는 벽
- 최하층 거실의 바닥 ① 최하층 거실의 외기에 직접 또는 간접 면하는 바닥

  ② 복합건축물 : 타용도 공간과 접하는 바닥
- 최상층 거실의 반자 또는 지붕 ① 최상층 거실의 외기에 직접 또는 간접 면하는 반자 또는 지붕

  ② 복합건축물 : 타용도 공간과 접하는 반자 또는 지붕
- 직접외기 ① 바깥쪽이 외기

  ② 외기가 직접통하는 공간에 면한 부위
- 간접외기 ① 직접외기가 아닌 비냉방공간에 접한 부위

  ② 직접외기 또는 비냉난방공간인 샤프트에 면한 부위

  ③ 지면·토양에 면한 부위
- 방풍구조 : 출입구에서 실내외 공기 교환에 의한 열출입 방지 목적으로 설치하는 방풍실·회전문
- 기밀성 창·기밀성 문 : KS F 2292 규정에 의한 기밀성 1~5등급(통기량 $5m^3/h \cdot m^2$ 미만) 창·문
- 외단열 : 단열재는 구조체 외기측에 설치 ....> 열교 차단
- 방습층 : 습한 공기가 구조체에 침투하여 생기는 결로 방지 목적

  ....> 투습도 24시간당 $30g/m^2$ 이하 또는 투습계수 $0.28\ g/m^2 \cdot h \cdot mmHg$ 이하

  투습저항층 <.... 단열재의 내측에 사용하는 경우 인정
- 야간단열장치 : 창의 야간 열손실 목적의 단열셔터·단열덧문 ....> 총열관류저항 $0.4\ m^2K/W$ 이상

'16-1차 - 평균열관류율 : 지붕(투명외피 제외), 바닥, 외벽(창문 포함) 부위별 가중평균열관류율값

....> 중심선 치수 기준

- 창·문 열관류율값 : 유리와 창틀(또는 문틀) 포함한 평균 열관류율값
- 투광부 : 창·문 면적의 50% 이상이 투과체로 구성(유리블럭·플라스틱패널) ....> 외기에 접해 채광
- 태양열 취득률(SHGC) = 실내유입 태양열취득 ÷ 입사된 태양열
- 차양장치 ① 정의 : 태양열의 실내유입을 저감하기 위한 목적의 장치 또는 구조체

  ② 종류 : 1 설치위치(외부차양/내부차양/유리간사이 차양), 2 가동유무(고정식/가변식)
- 일사조절장치 : 태양열의 실내유입을 조절하기 위한 목적으로 설치하는 장치

＊ 용어의 정의 (기계설비 부문) '13-1차

- 위험률 : 냉(난)방 기간 또는 연간 총시간에 대한 온도출현분포에서 가장 높은(낮은) 온도로부터 총시간의 일정비율의 온도를 제외하는 비율

ex) 위험률 2.5% : 냉방시간 3000시간 中 2.5%(75시간)의 냉방설계 외기조건 초과분 제외

- 효율 = 출력 유효에너지 ÷ 공급에너지
- 열원설비 : 에너지를 이용하여 열을 발생시키는 설비
- '18-2차 대수분할운전 : 기기를 여러 대 설치 ⋯> 부하상태에 따라 최적운전상태 유지하도록 기기를 조합하여 운전
- 비례제어운전 : 기기의 출력값과 목표값의 편차에 비례하여 입력량 조절 → 최적운전상태 유지
- 고효율가스보일러 ① 고효율인증 제품
  ② 에너지 소비효율 1등급 제품 또는 동등 이상
- 고효율 원심식 냉동기 : 고효율인증제품 또는 동등 이상
- 심야전기를 이용한 축열·축냉 시스템 : 심야전기를 이용하여 열 저장 ⋯> 난방, 온수, 냉방 이용
  (한국전력공사에서 심야전력기기로 인정)
- 폐열회수형 환기장치 ① 난방 또는 냉방 장소의 환기 장치
  ② 실내공기를 배출할 때 급기 공기와 열교환
  ③ 고효율 인증제품 또는 동등이상
- '16-2차 이코노마이저시스템 : 중간기 또는 동계에 발생하는 냉방부하를 실내 엔탈피보다 낮은 도입외기에 의해 제거 또는 감소
- '17-1차 중앙집중식 냉방 또는 난방설비 ① 건축물의 전부 또는 냉난방 면적의 60% 이상의 냉방 또는 난방
  ② 순환펌프, 증기난방설비 등 이용하여 열원 공급

※ 가정용 가스보일러 : 개별 난방설비로 간주

＊ 용어의 정의 (전기설비 부문) '18-1차 '15-1차

- '16-2차 역률개선용 콘덴서 : 역률 개선을 위해 변압기 또는 전동기에 병렬로 설치하는 콘덴서
- 전압강하 ① 정의 : 인입전압 (또는 변압기 2차 전압)과 부하측 전압과의 차
  ② 원인 : 저항이나 인덕턴스에 흐르는 전류에 의해 강하
- 조도자동조절 조명기구 ① 인체 또는 주위 밝기를 감지하여 자동으로 조명등 점멸 또는 조도 자동조절
  ② 고효율인증제품 (LED 센서등기구 포함) 또는 동등 이상
  ③ 백열전구 : 조도 자동조절 조명 기구에서 제외
- 수용률 = (부하설비 용량 합계 ÷ 최대수용전력) × 100 [%]

- 최대수요전력 : 수용가에서 일정기간 中 사용한 전력의 최대치
- 최대 수요전력 제어설비 : 수용가 피크전력의 억제, 전력부하의 평준화를 위해 최대수요전력 자동제어
'18-2차 - 가변속제어기 (인버터) ① 정지형 전력변환기
② 전동기의 가변속 운전을 위해 설치
③ 고효율인증제품 또는 동등 이상
- 변압기 대수제어 ① 변압기를 여러 대 설치
② 부하상태에 따라 필요한 운전대수를 자동 또는 수동으로 제어
- 대기전력 자동차단장치 ① 대기전력 자동차단 콘센트, 대기전력 자동차단 스위치
② 대기전력 저감 우수제품으로 등록
- 일괄소등 스위치 ① 층 및 구역단위 또는 세대단위로 설치
② 층별 또는 세대 내의 조명등을 일괄적으로 켜고 끌 수 있는 스위치
(센서등, 비상등 제외 가능)
- 창문연계 냉난방설비 자동제어시스템 : 창문 개방시 센서가 감지
⋯> 해당 실 냉난방 공급 차단

*용어의 정의 (신·재생에너지 설비 부문)
- 신에너지 '13-2차
① 정의 : 기존의 화석연료를 변환시켜 이용하거나, 수소·산소 등의 화학반응을 통하여 전기 또는 열을 이용하는 에너지
② 종류 : 1 수소에너지, 2 연료전지, 3 석탄 액화 가스화에너지·중질잔사유 가스화에너지
- 재생에너지 '13-1차
① 정의 : 햇빛·물·지열·강수·생물유기체 등 재생가능한 에너지를 변환시켜 이용하는 에너지
② 종류 : 1 태양에너지, 2 풍력, 3 수력, 4 해양에너지, 5 지열에너지, 6 바이오에너지, 7 폐기물에너지

*용어의 정의 (기타)
- 공공기관 : 산업통상자원부 고시 「공공기관 에너지이용합리화 추진에 관한 규정」에서 정한 기관
⋯> 시도교육청·공공기관·지방공사·병원·국공립학교·국공립 대학·서울대
- 원격검침전자식 계량기 : 에너지 사용량을 전자식으로 계측
⋯> 에너지 관리자가 실시간으로 모니터링하고, 기록할 수 있도록 하는 장치

제2장. 에너지절약 설계에 관한 기준

'에너지절약 설계에 관한 기준' 구성

- 제1절. 건축부문 설계기준
- 제2절. 기계설비부문 설계기준
- 제3절. 전기설비부문 설계기준
- 제4절. 신·재생에너지설비부문 설계기준

제1절. 건축부문 설계기준

※ 건축부문 의무사항 '18-1차 '18-2차

- **단열조치**
  - ① 직접외기 또는 간접외기 거실: 열손실방지 조치
  - ② 평균열관류율 값: 면적 가중 계산
  - ③ 단열기준 적합여부: [별표1] 부위별 열관류율, [별표3] 지역별·부위별·단열재 등급별 허용두께 이상
  - ④ 열전도율 측정방법: KS L 9016, 시료의 평균온도 20±5°C
  - ⑤ 수평면과 이루는 각 70° 초과 경사지붕: 외벽의 열관류율 적용 가능
- **에너지성능지표 건축부문 1번 항목 배점 0.6점 이상 획득**
  : 외벽 평균 열관류율값
- **바닥난방에서 단열재의 설치** '17-1차 '15-1차
  - ① 단열재의 위치: 온수배관 하부 ~ 슬래브 사이 (예외: 바닥난방 욕실·현관, 심야전기 온돌)
  - ② 온수배관 하부 ~ 슬래브 사이 구성 재료의 열저항 합계: 요구되는 총열관류저항의 60% 이상
    (최하층 바닥: 70% 이상)

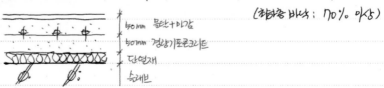

50mm 몰탈+마감
50mm 경량기포콘크리트
단열재
슬래브

- **기밀 및 결로방지**
  - 1) 방습층: 단열재의 실내측에 설치 ⋯> 결로방지, 단열재 성능저하 방지
  - 2) 방습층·단열재 이음부·단부 조치 ⋯> 투습방지
    - ① 밀착시공, 2장 엇갈리게 시공
    - ② 알루미늄박·플라스틱계 필름: 이음부 100mm, 모서리 150mm ⋯> 중첩시공
    - ③ 방습층 단부: 내습성 테이프, 접착제

3) 건축물 외피 단열부위의 접합부 등 : 코킹, 가스켓

4) 방풍구조

① 외기에 직접 면하는 1층 또는 지상으로 연결된 출입문

② 회전문·일반문 설치 경우 : 일반문은 방풍구조

③ 예외 : [1] 300m² 이하 개별점포, [2] 주택의 출입문 (기숙사 제외), [3] 사람의 통행이 주목적이 아닌 출입문

5) 기밀성 창 : 기밀성능 1~5등급 (통기량 $5m^3/h \cdot m^2$ 미만)

'15-2차

- 공공기관 中 연면적 3,000m² 이상 교육연구시설·업무시설 ⋯> 에너지성능지표 건축부문 8번 항목 0.6점 이상

: 냉방부하 저감을 위한 차양장치 설치 (남향 및 서향 투광부 면적에 대한 차양장치 설치 비율)

※ 건축물의 단열조치 예외 '13-1차

① 지표면 아래 2m 초과 (공동주택 제외) & 하계 표면결로 방지 조치 (이중벽 설치 등)

② 지면에 접한 바닥 내측부·외벽 내표면에서 10m 초과

③ 간접외기 & 비난방 구간의 외피 (단열조치한 경우)

④ 공동주택 바닥난방 하지 않는 현관·욕실의 바닥 (최하층 제외)

⑤ 방풍구조 또는 150m² 이하의 개별점포 출입문

(f) 방풍구조 예외 : 300m² 이하의 개별점포 출입문

* 별표1. 지역별 건축물 부위의 열관류율 [W/m²K] '16-1차 '15-1차 '13-1차

건축물 부위		중부지역	남부지역	제주지역
거실의 외벽	직접외기	0.26	0.32	0.43
	간접외기	0.36	0.45	0.62
최상층 반자·지붕	직접외기	0.15	0.18	0.25
	간접외기	0.22	0.26	0.35
바닥난방 층간바닥		0.81	0.81	0.81

'17-1차 '13-1차

* 별표2. 단열재 등급 분류 : 'KS L 9016'에 의한 20±5℃ 시험조건에서의 열전도율 [W/mK]

등급 분류	가	나	다	라
열전도율	0.034 이하	0.035~0.040	0.041~0.046	0.047~0.051

- 가등급 : 압출법, 비드법 2종, 우레탄폼, 글라스울 48K 이상
- 나등급 : 비드법 1종, 미네랄울, 글라스울 48K 미만
- 다등급 : 비드법 1종 4호

※ 별표3. 지역별 단열재 두께 [mm] '15-1차

건축물 부위		중부지역		남부지역		제주지역	
		가	나	가	나	가	나
거실의 외벽	직접외기	125	145	100	115	70	85
	간접외기	85	100	65	75	45	50
최상층 반자 지붕	직접외기	220	260	180	215	130	150
	간접외기	145	170	120	145	90	105

※ 지역 구분 '13-1차

- 중부지역 : 서울, 인천, 경기, 천안, 철원, 강원 (고성·속초·양양·강릉·동해·삼척 제외), 충북(영동제외)
- 남부지역 : 중부·제주지역 제외한 나머지 (세종시 포함)
- 제주지역

※ 건축부문 권장사항 '18-1차 '15-1차

- 배치계획 ① 대지의 향, 일조, 주풍향 고려 ② 남향 or 남동향 배치
  ③ 공동주택 인동간격 넓게 ···> 저층부 일사 수열량 증대
- 평면계획 ① 층고·반자높이 낮게 ② 체적 or 연면적 대비 외피면적 작게
  ③ 조닝 (수평·수직)
- 단열계획 ① 단열부위 열저항 크게 ② 외단열
  ③ 열교방지 : 단열재 연속 설치, 기타 열교부위 (별표11. 외피 열교부위별 선형 열관류율)
  ④ 창·문 작게 (특히 북쪽) ⑤ 로이복층창 or 삼중창
  ⑥ 야간단열장치 (숙박시설·공동주택)
  ⑦ 일사조절장치[1]·태양열 투과율[2]·창면적비 고려[3], 낙하·비래 사고대비[4], 빛반사 최소화[5]
  ⑧ 옥상조경 ···> 지붕 열저항 높이고, 일사차단 (···> 냉방부하 감소)
- 기밀계획 ① 기밀성 창·문 ② 방풍구조 (공동주택 주동출입구·현관)
  ③ 창·문 등 개구부 둘레[1], 배관·전기배선이 거실 실내와 연결되는 부위[2] : 기밀하게
- 자연채광계획 ① 자연채광 적극 이용 ② 공동주택 지하주차장 개폐창 (300m² 마다 2m² 이상 1개소)
  ③ 수영장 자연채광 개구부 (수영장 바닥면적의 1/5 이상)
- 환기계획 ① 수동 개폐창 (외주부 바닥면적 1/10 이상)
  ② 배기구조 (대공간 or 아트리움 최상부)

제2절. 기계설비부문 설계기준

＊ 기계부문 의무사항 '18-1차 '16-1차

- 설계용 외기조건: 난방 및 냉방설비 용량계산을 위한 외기조건
  '16-2차 '13-1차 ···> 위험률 or 별표7 (설계 외기 온습도 기준) 사용

①위험률 ┌ 냉방기 or 난방기 온도출현분포: 2.5%
　　　　└ 연간 총시간 온도출현분포: 1.0%

②별표7. 설계 외기 온습도 기준

	냉방		난방	
	건구온도(℃)	습구온도(℃)	건구온도(℃)	상대습도(%)
서울	31.2	25.5	-11.3	63
제주	30.9	26.3	0.1	70

- 열원 및 반송설비
  ① 공동주택 중앙집중식 난방설비 (지역난방 포함): 주택건설기준 등에 관한 규정 제37조 준수
  ② 펌프: KS 인증제품 or KS 규격 효율 이상 제품 설치
  ③ 기기배관·덕트: 단열조치 (건축기계설비공사 표준시방서의 보온두께 이상 or 그 이상 열저항)
- 공공기관 에너지이용합리화 추진에 관한 규정 제10조 건축물 (공공기관 1,000m² 이상 신축·증축 or 냉방)
  : 에너지성능지표(EPI) 기계설비부문 10번 항목 (전기대체 냉방설비) 0.6점 이상 획득 '16-2차
  ···> 전기대체 냉방설비: 주간 최대 냉방부하 60% 이상
  └ 1 축냉식 전기냉방, 2 가스·유류 이용 냉방, 3 지역냉방, 4 소형열병합 냉방, 5 신재생에너지이용 냉방

'17-1차 - 공공기관 中 연면적 3,000m² 이상 업무시설·교육연구시설
  : 에너지성능지표(EPI) 기계설비부문 1번 항목 (난방설비효율)·2번 항목 (냉방설비) 0.9점 이상 획득

＊ 기계부문 권장사항 '13-1차

　　　　　　　　　　　　　　　　┌ 냉방온도·난방온도 기준 동일
- 설계용 실내온도조건: 난방 20℃, 냉방 28℃ 기준 (예외: 목욕장 26~29℃, 수영장 27~30℃)
- 열원설비 ① 대수분할 or 비례제어운전 (난방·냉방기기, 냉동기, 송풍기, 펌프)
  ② 고효율인증제품 or 에너지소비효율등급 높은 제품 (난방·냉방기기)
  ③ 열회수설비 (바이패스설비 설치)　④ 전기대체 냉방기기 채택
- 공조설비 ① 외기냉방시스템　② 풍량제어 (공기조화기팬: 가변익축류·흡인베인제어·가변속제어)
- 반송설비 ① 대수제어 or 가변속제어 (난방순환수 펌프) ② 가변속제어 (급수용펌프 or 급수가압펌프 전동기)
  ③ 고효율제품 (열원설비·공조용의 송풍기·펌프)
- 환기 및 제어설비 ① 외기도입 ② 폐열회수형 환기장치 ③ 지하주차장 환기용팬: 에너지절약제어

'17-1차 - 위생설비 ① 급탕용 저탕조 설계온도 55℃ 이하 ② 자동제어시스템·에너지제어시스템·개방형통신기술

제3절. 전기설비부문 설계기준

***전기부문 의무사항** '18-1차 '17-1차 '13-1차 '13-2차

- **수변전 설비**: 고효율 변압기 설치
- **간선 및 동력설비**
  ① 전동기: 역률개선용 콘덴서 설치 (예외: 소방설비용 전동기 · 인버터설치전동기)
  ② 간선의 전압강하: 대한전기협회 내선규정 준수 (표준전압의 2% 이하 / 건물내 변압기 설치: 3% 이하)
- **조명설비** ① 고효율조명기기: 안정기 내장형 램프, 형광램프
  ② 고효율 에너지기자재인증제품 LED 조명: 유도등, 주차장 조명기기
  ③ 인체감지 점멸형 or 조도 자동조절 조명기구: 공동주택 현관, 숙박시설 객실, 계단실
  ④ 부분조명을 위해 점멸회로 구분설치 (예외: 공동주택)
  ⑤ 일괄소등 스위치: 층별·구역별·세대별 (예외: 자동제어설비 설치 · 전용 60m² 이하 주택 · 숙박시설 카드키)
- **대기전력 자동차단장치**
  ① 공동주택 ┬ 대기전력 자동차단장치 1개 이상 설치 ⓐ 거실·침실·주방
  └ 대기전력 자동차단장치에 의해 차단되는 콘센트 개수: 거실 전체 콘센트의 30% 이상
  ② 비주거 ┬ 대기전력 자동차단장치 설치
  └ 대기전력 자동차단장치에 의해 차단되는 콘센트 개수: 거실 전체 콘센트의 30% 이상
  (업무시설 OA FLOOR는 통해 콘센트 배선: 자동절전멀티탭에 의한 차단 콘센트 개수산입)
- **BEMS 또는 원격검침전자식 계량기** (EPI 전기설비부문 8번 항목): 공공기관 건축물
  ① 연면적 3,000m² 이상 업무·교육연구시설: 0.6점 이상 (1개 에너지원 원격검침) ② 연면적 10,000m² 이상 신축·리모델링: 1.0점 (BEMS 적용)

***전기부문 권장사항**

- **수변전설비** ① 용량 산정: 부하특성·수용률·부하증가 여유율·운전조건·배전방식 고려
  '16-1차 ② 운전대수제어 뱅크 구성 ③ 직접강하방식 (25kV 이하) ④ 최대수요전력제어설비
  '17-1차 ⑤ 역률자동조정장치 (역률개선용콘덴서 집합 설치 경우) ⑥ 층별·임대구획별 전력량계
- '16-2차 **동력 설비** ① 에너지절약제어 (승강기구동용 전동기) ② 고효율 유도전동기 (예외: 소방용)
- **조명설비** ① 옥외등: 고휘도방전(HID) 램프 or LED램프 / 격등 점등 · 자동점멸기
  ② 공동주택 지하주차장: 전등군별 자동점멸 or 스케줄 제어 ③ LED: 고효율인증제품
  ④ 백열전구 사용금지 ⑤ KS A 3011 작업면 표준조도 확보
- '17-1차 **제어설비** ① 승강기: 군관리 운행방식 ② 팬코일유닛: 전원의 방위별·용도별 통합제어
  ③ 수변전설비: 종합감시제어·자동제어 ④ 실내조명: 군별·회로별 자동제어
  '16-2차 ⑤ 창문연계 냉난방설비 자동제어 시스템: 숙박시설·기숙사·학교·병원
  ⑥ 도어폰·홈게이트웨이: 대기전력저감 우수제품

※ 별표12. 건물에너지관리시스템(BEMS) 설치 기준 '18-2차

① 데이터 수집 및 표시

: 대상 건물에서 생산·저장·사용하는 에너지를 에너지원 별(전기·연료·열 등)로 데이터 수집 및 표시

② 정보감시

: 에너지 손실, 비용상승, 쾌적성저하, 설비 고장 등 에너지관리에 영향을 미치는 관련 관제값 中 5종 이상에 대한 기준값 입력 및 가시화

③ 데이터 조회

: 일간, 주간, 월간, 년간 등 정기 및 특정기간을 설정하여 데이터 조회

④ 에너지소비현황분석

: 2종 이상의 에너지원 단위와 3종 이상의 에너지 용도에 대한 에너지소비 현황 및 증감 분석

⑤ 설비의 성능 및 효율 분석

: 에너지사용량이 전체의 5% 이상인 모든 열원설비 기기별 성능 및 효율 분석

⑥ 실내외 환경 정보 제공

: 온도, 습도 등 실내외 환경정보 제공 및 활용

⑦ 에너지 소비 예측

: 에너지사용량 목표치 설정 및 관리

⑧ 에너지 비용 조회 및 분석

: 에너지원별 사용량에 따른 에너지 비용 조회

⑨ 제어시스템 연동

: 1종 이상의 에너지 용도에 사용되는 설비의 자동제어 연동

제3장. 에너지절약계획서 및 설계검토서 작성기준

＊에너지절약계획서 제출시 작성서류

- **에너지절약계획서**
  ① 출처 : 녹색건축물 조성지원법 시행규칙 별지 제1호 서식 (총 4면)
  ② 구성 : 건축주 및 설계자, 건축부문, 기계설비부문, 전기설비부문, 신재생에너지 설비부문
- **에너지절약 설계 검토서** '13-1차
  ① 출처 : 건축물의 에너지절약설계기준 별지 제1호 서식 (총 5면)
  ② 구성 : 의무사항, 에너지 성능지표, 건축물에너지소요량평가서

＊에너지 절약 설계 검토서 구성 '13-1차

- **에너지 절약 설계기준 의무사항** : 건축부문(7개), 기계설비부문(5개), 전기설비부문(9개)
  ⋯⋯> 전 항목 채택 時 적합 판정
- **에너지성능지표** : 건축부문(14개), 기계설비부문(16개), 전기설비부문(17개), 신재생부문(4개)
  ⋯⋯> 민간 65점 이상, 공공기관 74점 이상 時 적합판정
- **건축물에너지 소요량평가서** '16-1차
  ① 작성대상 : 업무시설 (민간 연면적 3,000m² 이상, 공공 연면적 500m² 이상)
  ② 구성
  - 단위면적당 에너지 요구량 : 난방, 냉방, 급탕, 조명
  - 단위면적당 에너지 소요량 : 난방, 냉방, 급탕, 조명, 환기
  - 단위면적당 1차에너지 소요량 : 난방, 냉방, 급탕, 조명, 환기
    (= 단위면적당 에너지소요량 × 1차에너지 환산계수)

※ 판정자료 제시 원칙 : 자료제시 할 수 없을 경우 ⋯⋯> 설치예정확인서 (건축사, 기계·전기기술사 서명·날인)
  └→ 설계도면 및 자료 (판정자료 제시 안 한 경우 ⋯⋯> 적용되지 않는 것으로 간주 ⋯⋯> 점수 "0"점)

＊에너지 성능지표 (EPI)

- **개요** ① 건물전체 에너지 성능 확보 개념 ⋯⋯> 융통성 있는 설계 가능
  ② 모든 에너지 절약 설계 지침 반영
- **장점** : 심의·허가 과정에 복잡한 계산, 컴퓨터 사용이 불필요하다는 간편성
- **판정** : 민간 65점 이상, 공공기관 74점 이상 ⋯⋯> 적합

✱ 에너지절약계획서 편철 순서

- 기본서류

① 인허가청 검토요청 공문

② 사업계획(변경) 승인신청서, 건축허가(변경)신청서

③ 에너지절약계획서 : 녹색건축물 조성지원법 시행규칙 별지 제1호 서식

④ 에너지절약계획 설계검토서 : 건축물의 에너지절약설계기준 별지 제1호 서식

- 계산서류

① 건축기계설비계산서 : 설계조건, 부위별.평균 열관류율계산서, 냉난방 부하계산서, 평균효율계산서

② 건축기계설비 시방서(보온공사 부분)

③ 전기계산서 : 전압강하 계산서, 적용비율 계산서

④ 설치예정확인서

- 도면

① 건축도면 : 건축개요, 평면도.입면도.단면도, 창호일람표, 건축물 에너지성능관계 도면(단열계획) 등

② 기계도면 : 장비일람표, 자동제어 계통도, 냉난방배관 평면도, 일반상세도 등

③ 전기도면 : 단선결선도, MCC결선도, 조명기구상세도, 전등설비평면도, 각종 제어계통도 등

④ 신재생도면 : 장비일람표, 적용비율 계산서

✱ 에너지절약계획서 및 설계검토서 작성

- 의무사항, 에너지성능지표 배점의 판단 ····> 제출 근거 서류, 허가관련 설계도서의 반영여부
- 기본설계도서에 반영 원칙 + 별도 도면 또는 자료 제출
- 설치예정확인서(건축사, 기계설비기술사, 전기설비기술사 날인) 제출
- 여러 동에 걸쳐 공용으로 적용되는 경우 ····> 동별 적용 가능
- 기타사항

① 단열재 명칭, 두께 : 도면에 표시, 한국산업규격 일치

② 창호 : 프레임 종류, 유리 종류, 공기층 두께, 불활성기체, 열교차단재 명기

③ 고효율 에너지기자재 인증제품, 에너지소비효율 1등급 제품 : 장비 일람표에 명기

④ 난방기기, 냉방기기, 기계설비, 기밀성창호 성능 : 도면 또는 시방서 표기 (성적서 제시)

⑤ 평균열관류율, 적용 비율, 용량가중평균 배점 : 계산 근거 첨부

⑥ 성능 확인 : 해당 KS 기준에 대해 KOLAS 인정기관 발급 시험성적서

⑦ 에너지절약계획서와 설계검토서 기재 내용 : 허가관련 설계도서와 일치

※ 에너지절약계획 설계검토서 '에너지절약설계기준 의무사항' 양식 : 별지 제1호 서식(제1면)

항목	채택여부(제출자 기재)		근거	확인(허가권자 기재)	
	채택	미채택		확인	보류

※ 에너지절약설계기준 의무사항 '18-1차

- 건축부문

① 단열조치

② 에너지성능지표 건축부문 1번 항목(외벽 평균 열관류율) 0.6점 이상 획득

③ 바닥난방에서 단열재의 설치방법 준수

④ 방습층 설치

⑤ 방풍구조

⑥ 기밀성능 1~5등급 (통기량 5 $m^3/h \cdot m^2$ 미만) 창

⑦ 공공기관 中 3,000m^2 이상 업무시설·교육연구시설 : EPI 건축부문 8번(차양장치) 0.6점 이상 (에너지효율등급 1+ 이상 : 예외)

- 기계설비부문

① 냉난방 설비의 용량계산 : 설계용 외기조건 준수

② 펌프 : KS 인증제품 or KS 규격 효율 이상 제품 채택

③ 기기배관·덕트 : 단열조치 (건축기계설비공사 표준시방서 기준 이상 or 그 이상의 열저항)

④ 공공기관 : EPI 기계설비부문 10번(전기대체 냉방설비) 0.6점 이상 : 주간 최대냉방부하 60% 이상

⑤ 공공기관 中 3,000m^2 이상 업무시설·교육연구시설 : EPI 기계부문 1번(난방설비효율)·2번(냉방설비) 0.9점 이상

- 전기설비부문

① 고효율 변압기 (신설 or 교체변압기 해당)

② 전동기별 역률개선용 콘덴서 설치

③ 간선의 전압강하 : 대한전기협회 내선규정 준수

④ 조명기기 : 최저소비효율기준 만족하는 안정기내장형 램프·형광램프 / 주차장 : 고효율에너지기자재 LED

⑤ 조도자동조절 조명기구 : 공동주택 세대 현관·숙박시설 객실

⑥ 부분조명이 가능하도록 점멸회로 구성 (공동주택 제외)

⑦ 일괄소등 스위치 : 층별·구역별·세대별 (제외 : 실내조명자동제어설비·전용 60m^2 이하 주택·카드키)

⑧ 대기전력 자동차단장치 ┬ 공동주택 : 1개 이상 설치, 전체 콘센트 개수의 30% 이상
└ 비주거 : 전체 콘센트 개수의 30% 이상

⑨ 공공기관 中 3,000m^2 이상 업무시설·교육연구시설 : EPI 전기부문 8번(BEMS or 미터링시스템) 점수 획득

* 에너지성능지표 양식 : 별지 제1호서식 (제2~4면)

항목	기본배점(a)				배점(b)					평점 (a×b)	근거
	비주거		주거		1점	0.9점	0.8점	0.7점	0.6점		
	대형 (3,000m² 이상)	소형 (500~3,000m² 미만)	주택1 (난방적용)	주택2 (난방+중앙냉방)							

* 에너지성능지표 : 건축부문

1. 외벽의 평균 열관류율 U_e [W/m²·K] : 창·문 포함 '18-1차 '17-1차 '17-2차 '13-1차 '13-2차
 = Σ(방위별 외벽·창·문 열관류율 × 방위별 외벽·창·문 면적) / Σ(방위별 외벽·창·문 면적)
2. 지붕의 평균 열관류율 U_r [W/m²·K] : 천창 등 투명 외피 제외 '17-1차
 = Σ(지붕 부위별 열관류율 × 지붕 부위별 면적) / Σ(지붕 부위별 면적)
3. 최하층 거실 바닥의 평균 열관류율 U_f [W/m²·K]
 = Σ(최하층 거실 바닥 부위별 열관류율 × 최하층 거실 바닥 부위별 면적) / Σ(최하층 거실 바닥 부위별 면적)
 ⋯> 근거도서 : [1]부위별 열관류율 계산서, [2]형별 성능 내역, [3]외벽·지붕·최하층 바닥 면적 산출도

※ 평균 열관류율 고려사항

① 간접외기 ┌ 외벽, 지붕, 최하층 바닥 : 적용 열관류율 값 × 0.7
　　　　　 └ 창·문 : 적용 열관류율 값 × 0.8

② 단열조치 예외부위·공동주택 세대간벽 : 별표1 해당 부위 직접외기의 열관류율 기준값 적용

'16-2차 ③ 복합용도 : 다른 용도와 접하는 최상층 거실 상부, 최하층 거실 바닥, 벽체 : 열관류율 '0'
(직접외기, 간접외기 아닌 경우에 한함)

4. 외피 열교부위의 단열성능(W/m·K) : 창면적비 50% 미만의 경우에 한함 '18-1차 '13-1차
 : 1점(0.400 미만), 0.9점(0.400~0.440), 0.8점(0.440~0.475), 0.7점(0.475~0.515), 0.6점(0.515~0.550)
 ⋯> 근거도서 : [1]선형열관류율 계산표, [2]수직·수평 열교형상 및 단열라인 표기도, [3]수직·수평 열교 부위별 길이 표기도 '16-1차 '15-2차
5. 기밀성 창·문 설치 (KS F2292에 의한 기밀성 등급 및 통기량 [m³/h·m²]) : 1~5등급 이외 ⋯> '0점'
 : 1점(1등급, 1 미만), 0.9점(2등급, 1~2), 0.8점(3등급, 2~3), 0.7점(4등급, 3~4), 0.6점(5등급, 4~5)
 ⋯> 근거도서 : [1]창호일람표, [2]적용비율 계산서
6. 자연채광용 개구부 (수영장 바닥면적의 1/5 이상), 개폐창 (비주거 바닥면적의 1/10 이상)
 : 적용여부 '16-2차 ※ 비주거 : 직접외기 벽체의 실내측 표면 하단~5m 이내 바닥
 ⋯> 근거도서 : [1]면적비율 계산서, [2]평면도, [3]입면도 (계산근거 표시)

7. **유리창 야간 단열장치** : [1]단열셔터, [2]단열덧문, 총 열관류율 저항 0.4 $[m^2 \cdot K/W]$ 이상

: 전체 창면적의 20% 이상 적용 여부

····> 근거도서 : [1]창호일람표, [2]면적비율 계산서 '17-2차 '16-1차 '15-1차 '13-2차

8. **차양장치** (남향·서향 투광부 면적에 대한 차양장치 설치 비율) : 태양열 취득률 0.6 이하 차양장치

: 1점 (80% 이상), 0.9점 (60~80%), 0.8점 (40~60%), 0.7점 (20~40%), 0.6점 (10~20%)

····> 근거도서 : [1]입면도 (남측, 서측), [2]단면도, [3]상세도, [4]자동제어 계통도, [5]적용비율 계산서

※ 차양 종류 별 태양열 취득률

: 표2 (수평 고정형 외부차양), 표3 (수직 고정형 외부차양), 표4 (가동형 차양) '16-1차

9. **거실 외피 면적당 평균 태양열 취득** : 채광창을 통해 들어오는 태양열 취득 합을 거실외피면적합으로 나눈 비율

= Σ(해당방위 수직면 일사량 × 해당방위 일사조절장치의 **태양열 취득률** × 해당방위 거실투광부 면적)

/ Σ(거실 외피면적)

: 1점 (14 W/m^2 미만), 0.9점 (14~19), 0.8점 (19~24), 0.7점 (24~29), 0.6점 (29~34)

····> 근거도서 : [1]입면도, [2]단면도, [3]상세도, [4]면적비율 계산서 (투광부, 외피면적), [5]일사량·태양열 취득률 계산근거

공동주택 ─

10. **외기에 면한 주동출입구 or 세대 현관 방풍구조 설치**

: 적용여부

····> 근거도서 : [1]평면도 (주동출입구·세대현관은 방풍구조 표시)

11. **인동간격비** '17-2차

: 1점 (1.20 이상), 0.9점 (1.15~1.20), 0.8점 (1.10~1.15), 0.7점 (1.05~1.10), 0.6점 (1.00~1.05)

····> 근거도서 : [1]단지배치도, [2]인동간격 비율 계산서

※ 인동간격비 = (전면부 대향동과의 이격거리) / (대향동의 높이)

= (인접대지 경계선과의 이격거리 × 2) / (해당동의 높이) ⇐···· 대향동 없는 경우

12. **공동주택 지하주차장** : $300m^2$ 이내마다 $2m^2$ 이상 **채광용 개구부**, **조명설비** (자동점멸 or 스케줄 제어)

: 적용여부

····> 근거도서 : [1]지하주차장 평면도, [2]전등설비 도면도, [3]면적비율 계산서

13. **보상점수 (지하주차장 없는 경우)**

건축부문 13번 (채광용 개구부, 조명설비) 1점

기계부문 15번 (주차장 환기팬 에너지절약 제어설비) 1점

✱ 에너지 성능지표: 기계설비 부문 '16-1차 '13-1차

1. 난방설비 효율(%) '17-2차 '16-1차 '15-1차

- 기름보일러 : 저위 발열량 기준 효율 ···> 1점(92% 이상) ~ 0.6점(83% 미만)
- 가스보일러 : 고위 발열량 기준 효율
  - 중앙난방 ···> 1점(87% 이상) ~ 0.6점(79% 미만)
  - 개별난방 ···> 1점(1등급), 0.6점(그 외 or 미설치)
- 기타난방설비 ···> 1점(고효율인증제품·신재생인증제품), 0.6점(그 외 or 미설치)

···> 근거도서: [1] 장비일람표, [2] 용량가중 평균효율계산서

2. 냉방설비 성적계수(COP) '16-1차 '16-2차

- 원심식 ···> 1점(5.18 이상) ~ 0.6점(3.52 미만)
- 흡수식
  - 1중효용 ···> 1점(0.75 이상) ~ 0.6점(0.65 미만)
  - 2중·3중효용, 냉온수기 ···> 1점(1.2 이상) ~ 0.6점(0.9 미만)
- 기타냉방설비 ···> 1점(고효율인증·신재생인증), 0.9점(에너지소비효율1등급), 0.6점(그 외 or 미설치)

···> 근거도서: [1] 장비일람표, [2] 용량가중 평균효율계산서

3. 열원설비 및 공조용 송풍기의 효율(%) '18-1차 '15-1차 '13-2차

: 설비별 배점 후 용량가중 평균 ···> 1점(60% 이상) ~ 0.6점(50% 미만)

···> 근거도서: [1] 장비일람표, [2] 용량가중 평균효율계산서

4. 냉온수 순환·급수·급탕 펌프의 평균 효율 '18-1차

: A특성(펌프효율의 최대치), B특성(규정토출량에서의 펌프효율)

···> 1점(1.16E 이상) ~ 0.6점(1.04E 미만)

···> 근거도서: [1] 장비일람표, [2] 용량가중 평균효율계산서, [3] 펌프용량 일람표

5. 이코노마이저 시스템 등 외기냉방시스템의 도입 '18-2차

① CO_2 농도에 의한 제어: CO_2 농도 감지 ···> 외기량을 가변적으로 제어

② 엔탈피제어: 실내 엔탈피 및 외기 엔탈피에 의한 외기댐퍼 비례제어

③ 이코노마이저 시스템: 중간기 or 동계 발생 냉방부하를 실내엔탈피보다 낮은 외기도입···>제거or감소

···> 전체환기 소요량의 60% 이상 적용여부

···> 근거도서: [1] 장비일람표, [2] 자동제어 계통도

6. 폐열회수설비 '18-2차

① 폐열회수형 환기장치 ② 바닥열 이용 환기장치 ③ 공조기 폐열회수설비

···> 전체환기소요량의 60% 이상 적용여부

···> 근거도서: 장비일람표

※ 콘덴싱 보일러: 난방설비효율에서 가산점 적용 ···> 폐열회수설비에서 가산점 적용 안함

7. 기기·배관·덕트의 단열

···> 건축기계설비 표준시방서 기준의 20% 이상 단열두께 적용여부 (급수·배수·소화배관·배연덕트 제외)

···> 근거도서 : 보온시방서

8. 열원설비의 에너지절약 제어

① 대수분할 : 기기를 여러 대 설치하여 부하상태에 따라 최적운전상태 유지

② 비례제어 : 기기의 출력값과 목표값의 편차에 비례하여 입력량을 조절하여 최적운전상태유지

③ 다단제어 : 한번의 제어에 의한 출력이 다음 번 제어의 기준

···> 전체 열원설비의 60% 이상 적용여부

···> 근거도서 : [1]장비일람표, [2]자동제어 계통도

9. 공기조화기 팬의 에너지절약 제어 '15-2차

···> 전동기 회전수 조절

① 가변속제어 방식 (인버터) : 교류를 컨버터로 직류 변환 ···> 인버터에서 교류로 변환하여 전동기 구동

② 가변익 축류 방식 : 축류 송풍기 회전수가 일정할 때 날개의 취부각 변화 ···> 압력풍량특성 변화

③ 흡입베인 방식 : 송풍기 흡입측에 방사형 가동익 설치 ···> 각도 조절 ···> 풍량 조절

···> 공기조화기 팬 전체 동력의 60% 이상 적용여부

···> 근거도서 : [1]장비일람표, [2]자동제어 계통도

10. 전기대체 냉방설비 '16-1차 '15-1차

[3]잠열축열식(상변화물질 냉각)

① 축냉식 전기냉방 : 심야전기 사용 ···> [1]빙축열식(얼음 제조, 녹여서 냉방), [2]수축열식(물 냉각)

② 가스·유류 이용 냉방 : 여름에 냉방, 겨울에 난방

③ 지역냉방 : 실외기 없음, ···> [1]온수이용형, [2]냉수직공급형

④ 소형열병합 냉방 : 천연가스(LNG) 사용, 1만 kW 이하 가스엔진·가스터빈 이용 ···> 열·전기 생산

⑤ 신재생에너지 이용냉방 : 지열히트펌프 ···> 냉방, 난방

···> 냉방용량 담당비율(%) ···> 1점(100%) ~ 0.6점(60~70%)

···> 근거도서 : [1]장비일람표, [2]냉방설비용량계산서

11. 급탕용 보일러

···> 고효율에너지기자재·에너지소비효율 1등급 설비 적용여부

···> 근거도서 : 장비일람표

12. 난방·냉방 순환수 펌프의 에너지절약 제어 '18-1차

: [1]대수제어, [2]가변속 제어 등

···> 냉난방 순환수 펌프 전체용량의 60% 이상 적용여부

···> 근거도서 : [1]장비일람표, [2]자동제어 계통도

13. 급수용 펌프·가압 급수펌프 전동기의 에너지 절약 제어

: 가변속 제어 등

···> 급수용 펌프 전체 용량의 60% 이상 적용여부

···> 근거도서 : [1]장비일람표, [2]자동제어 계통도

14. 지하주차장 환기용 팬의 에너지절약 제어 '16-2차

: [1]대수제어, [2]풍량조절 제어(가변익·가변속도), [3]CO농도제어

···> 지하주차장 환기용 팬 전체용량의 60% 이상 적용여부

···> 근거도서 : [1]장비일람표, [2]자동제어 계통도

15. 보상점수

- 지역난방, 소형가스열병합 발전, 소각로 활용 폐열시스템 ···> 1번, 8번 불가
  - ···> 전체난방설비용량의 60% 이상 적용여부
  - ···> 근거도서 : [1]장비일람표, [2]열원흐름도
- 개별난방 · 개별냉난방 방식 ···> 8번, 13번 불가
  - ↳ 실내기는 집합·중앙식으로 제어 ···> 중앙 모니터링, 스케줄제어, 피크전력제어 가능
  - ···> 가변속 제어·용량제어 가능

* 에너지 성능지표 : 전기부문 '17-2차

1. 거실의 조명밀도 (W/m^2) '18-1차 '15-2차 '13-1차

   ↳ 조명기구 총소비 전력 (w) ÷ 바닥면적 (m^2)

   ···> 1점 (8 W/m^2 미만) ~ 0.6점 (17 ~ 20 W/m^2 미만)

   ···> 근거도서 : 조명밀도 계산서

2. 간선의 전압강하(%) '16-1차 '15-2차

   ···> 1점 (3.5% 미만) ~ 0.6점 (6.0 ~ 7.0% 미만)

   ···> 근거도서 : 전압강하 계산서

3. 변압기 대수제어가 가능하도록 뱅크구성 : 비주거 대형 (3,000m^2 이상) 해당

   ···> 전등·전열, 동력, 냉방용 등 구분 ···> 동일 용도 2대 이상 설치된 변압기간 연계제어 적용여부

   '16-2차 ···> 근거도서 : 수변전설비 단선결선도 or 전력자동제어 설비계통도

4. 최대수요전력제어설비

   ···> 적용여부

   '16-2차 ···> 근거도서 : 수변전설비 단선결선도 or 전력자동제어 설비계통도

5. 실내조명설비의 군별 or 회로별 자동제어설비 : 비주거 only

   ···> 전체조명 전력의 40% 이상 적용여부

   ···> 근거도서 : 조명자동제어 설비계통도, 적용비율계산서

6. 옥외등

   ···> 고휘도 방전램프(HID램프) or LED램프 사용 & 격등조명 · 자동점멸기에 의한 점소등 적용여부

   ···> 근거도서 : 옥외외등설비 평면도

7. 층별 및 임대구획별 전력량계 설치 : 비주거 only

   ···> 층별 1대 이상 및 임대구획별 전력량계 설치여부

   ···> 근거도서 : 전력간선계통도

8. BEMS or 에너지용도별 미터링시스템

   ···> 난방, 냉방, 급탕, 환기, 조명, 콘센트 부분 각각 계량시 반영

   ···> 근거도서 : BEMS. 자동제어시스템 구성도

9. 역률자동조정장치 채택 : 역률자동 콘덴서를 집합설치 경우

   ···> 적용여부

   '16-2차 ···> 근거도서 : 수변전 설비단선결선도

10. 원격제어시스템 (FMS, Facility Management System)

: 부대설비 및 시스템운영에 영향을 미치는 요소(온도, 습도, 누수, 화재 등)의 장애 및 임계값을 실시간 감시 ···> 신속 대응

···> 설비별 제어시스템간 에너지 관리 데이터의 호환과 집중제어가 가능한 시스템 적용여부

···> 근거도서 : 자동제어 시스템 구성도

11. LED 조명기기 전력 비율(%) '16-1차

↳ (LED 조명기기 전력 / 전체 조명설비 전력) × 100 (%)

···> 1점 (30% 이상) ~ 0.6점 (5~10% 미만)

···> 근거도서 : 전등설비 평면도, 적용비율 계산서

'17-1차 '15-1차 12. 대기전력 자동차단 장치 콘센트 비율(%) ※ 대기전력 자동차단장치 콘센트 의무사항 : 30% 이상

↳ (대기전력 자동차단 장치 콘센트 개수 / 전체 콘센트 개수) × 100 (%)

···> 1점 (80% 이상) ~ 0.6점 (40~50% 미만)

···> 근거도서 : 전열설비 평면도, 적용비율 계산서

13. 전력신기술 제품

···> 적용여부

···> 근거도서 : 설치예정 확인서

14. 무정전 전원장치 or 난방용 자동온도조절기 설치

···> 적용여부

···> 근거도서 : 설치예정 확인서

15. 도어폰 : 공동주택 only

···> 대기전력저감 우수제품 적용여부

···> 근거도서 : 홈네트워크 평면도

* 에너지 성능지표: 신재생 부문 '18-1차 '15-1차 '13-1차

1. 전체 난방설비용량에 대한 신재생에너지 용량 비율
   ⋯> 1점(2% 이상) ~ 0.6점(1% 이상) (의무화 대상 건축물: 2배 이상)
   ⋯> 근거도서: [1]신재생에너지 장비일람표, [2]부하계산서, [3]적용비율 계산서
2. 전체 냉방설비용량에 대한 신재생에너지 용량 비율
   ⋯> 1점(2% 이상) ~ 0.6점(1% 이상) (의무화 대상 건축물: 2배 이상)
   ⋯> 근거도서: [1]신재생에너지 장비일람표, [2]부하계산서, [3]적용비율계산서
3. 전체 급탕설비용량에 대한 신재생에너지 용량 비율
   ⋯> 1점(10% 이상) ~ 0.6점(5% 이상) (의무화 대상 건축물: 2배 이상)
   ⋯> 근거도서: [1]신재생에너지 장비일람표, [2]부하계산서, [3]적용비율계산서
4. 전체 조명설비용량에 대한 신재생에너지 용량 비율
   ⋯> 1점(60% 이상) ~ 0.6점(20% 이상) (의무화 대상 건축물: 2배 이상) ←
   ⋯> 근거도서: [1]신재생에너지설비 구성도, [2]단선결선도, [3]신재생에너지 장비일람표, [4]계통도, [5]조명설비 전력용량계산서, [6]적용비율계산서

   잉여전력: 계통연계시 활용

제 4장. 건축기준의 완화적용

*** 건축기준 완화**

- **완화대상** <녹색건축물조성 지원법 시행령 제11조> '15-1차 '13-1차
  - ① 국토교통부장관 고시 설계·시공·감리 및 유지·관리에 관한 기준에 맞게 설계된 건축물
  - ② 녹색건축인증을 받은 건축물
  - ③ 건축물에너지효율등급 인증을 받은 건축물
  - ④ 녹색건축물조성 시범사업으로 지정된 건축물
  - ⑤ 재활용 건축자재 15/100 이상 사용한 건축물
- **완화기준** <건축물의 에너지절약설계기준 별표9> '18-1차 '15-1차 '13-1차
  - ① 건축물에너지효율등급 인증 · 녹색건축인증

구분	에너지효율 1등급	에너지효율 2등급
녹색건축인증 최우수등급	6~12%	4~8%
녹색건축인증 우수등급	4~8%	2~4%

  - ② 제로에너지 건축물인증 ※건축물에너지효율등급 1++ & 에너지자립률 20% 미만 ⋯> 최대완화비율 10%

구분	최대완화비율	에너지자립률	ZEB 3	13%	60% 이상~80% 미만
ZEB 1	15%	100% 이상	ZEB 4	12%	40% 이상~60% 미만
ZEB 2	14%	80% 이상~100% 미만	ZEB 5	11%	20% 이상~40% 미만

- **완화기준 적용방법** '13-1차
  - ① 용적률 = 기준용적률 × (1 + 완화기준)
  - ② 높이제한 = 기준높이제한 × (1 + 완화기준)
- **완화기준의 신청**
  - ① 시점: 건축허가 또는 사업계획승인 신청시 "완화기준적용신청서"(별지 제2호서식) 제출
  - ② 허가변경시 완화기준 적용 신청 가능
  - ③ 신청인 자격: 건축주 또는 사업주체
  - ④ 허가권자: 적합성 검토 ⋯> 허가조건에 명시
- **인증의 취득**
  - ① 예비인증: 완화기준 적용 받고자 하는 경우 ⋯> 예비인증 취득해야 함
  - ② 본인증: 완화기준 적용 받은 경우 ⋯> 사용승인 신청시 인증서 사본 제출 (to 허가권자)
- **이행여부 확인**: 본인증서 제출 ⋯> 본인증서 제출하지 않는 경우 사용승인 거부

제5장. 건축물에너지소비총량제

＊건축물에너지 소비총량제 '16-1차 '16-2차 '15-1차 '13-1차

- **평가대상** ① 연면적 3,000m² 이상 업무시설 ② 연면적 500m² 이상 모든용도 공공기관
  ⋯> 건축물에너지소요량평가서 제출
- **건축물에너지소요량 평가서** <건축물의 에너지절약설계기준 별지 제1호 서식>

	단위면적당 에너지요구량 (kWh/m²·yr)	단위면적당 에너지소요량 (kWh/m²·yr)	단위면적당 1차에너지소요량 (kWh/m²·yr)
난방			
냉방			
급탕			
조명			
환기	×		
합계			

① 단위면적당 에너지요구량 : 건축물의 난방·냉방·급탕·조명 부문에서 요구되는 단위면적당 에너지량
② 〃 에너지소요량 : 건축물에 설치된 난방·냉방·급탕·조명·환기시스템에서 소요되는 단위면적당 에너지량
③ 〃 1차에너지소요량 : 에너지소요량에 연료의 채취·가공·운송·변환·공급 과정의 손실을 포함한 단위면적당 에너지소요량

※ **1차에너지 환산계수** : 전력(2.75), 연료(1.1), 지역냉방(0.937), 지역난방(0.728)

- **에너지 소요량 평가 방법**

① 단위면적당 에너지요구량 = $\frac{\text{난방에너지요구량}}{\text{난방에너지요구면적}} + \frac{\text{냉방에너지요구량}}{\text{냉방에너지요구면적}} + \frac{\text{급탕에너지요구량}}{\text{급탕에너지요구면적}} + \frac{\text{조명에너지요구량}}{\text{조명에너지요구면적}}$

② 〃 에너지소요량 = $\frac{\text{난방에너지소요량}}{\text{난방에너지요구면적}} + \frac{\text{냉방에너지소요량}}{\text{냉방에너지요구면적}} + \frac{\text{급탕에너지소요량}}{\text{급탕에너지요구면적}} + \frac{\text{조명에너지소요량}}{\text{조명에너지요구면적}} + \frac{\text{환기에너지소요량}}{\text{환기에너지요구면적}}$

③ 〃 1차에너지소요량 = 단위면적당 에너지소요량 × 1차에너지 환산계수

- **건축물에너지소요량평가서 판정**

① 연면적 3,000m² 이상 업무시설 : 단위면적당 1차에너지소요량 320 kWh/m²·yr 미만 ⋯> 적합
② 연면적 500m² 이상 공공기관 : 〃 〃 260 kWh/m²·yr 미만 ⋯> 적합

제6장. 보칙

* 복합용도 건축물
  - 비주거·주거복합 : 해당용도별 에너지절약계획서·설계검토서 제출
  - 다수의 동 : 동별 제출 원칙 (공동주택 : 하나의 단지로 제출)
  - 설비·기기·장치·제품 등 효율 성능 판정 : 한국산업규격(KS) 준수
  - 기숙사·오피스텔 ① 비주거 단열 기준 적용
    ② 에너지성능지표 비주거 적용

* 에너지절약계획서, 설계검토서 이행
  - 허가권자 : 허가조건에 포함하여 허가
  - 작성책임자(건축주 or 감리자) : 사용승인 신청시 에너지절약 계획 이행검토서 (제3호서식) 제출

부록

건축물에너지평가사 자격시험 기출문제

1차시험: 건물에너지관계법규
건축환경계획
건축설비시스템
건물에너지효율설계 · 평가

2차시험: 건물에너지효율설계 · 평가

* 기출문제의 내용과 해설이 최신 법령과 상이할 수 있음.

1차시험: 건물에너지관계법규(2017년)

1. 다음은 "녹색건축물 조성 지원법" 제3조의 녹색 건축물 조성의 기본원칙을 나타낸 것이다. 적합한 것을 모두 고른 것은?

> ㉠ 기존건축물에 대한 에너지효율화 추진
> ㉡ 신·재생에너지 활용 및 자원절약적인 녹색건축물 조성
> ㉢ 환경친화적이고 지속가능한 녹색건축물 조성
> ㉣ 온실가스 배출량 감축을 통한 녹색건축물 조성
> ㉤ 녹색건축물 조성에 대한 계층간, 지역간 균형성 확보

① ㉠, ㉡, ㉢, ㉣, ㉤
② ㉠, ㉡, ㉢, ㉣
③ ㉠, ㉡, ㉣, ㉤
④ ㉠, ㉢, ㉣, ㉤

해설 녹색건축물 조성의 기본원칙
1. 온실가스 배출량 감축을 통한 녹색건축물 조성
2. 환경 친화적이고 지속 가능한 녹색건축물 조성
3. 신·재생에너지 활용 및 자원 절약적인 녹색건축물 조성
4. 기존 건축물에 대한 에너지 효율화 추진
5. 녹색건축물 조성에 대한 계층간, 지역간 균형성 확보

답 : ①

2. "녹색건축물 조성 지원법"에서 건축물 에너지·온실가스 정보를 국토교통부장관에게 제출하도록 명시 되어 있지 않은 기관은?

① 「한국가스공사법」에 따른 한국가스공사
② 「대한석탄공사법」에 따른 대한석탄공사
③ 「도시가스사업법」 제2조제2호에 따른 도시 가스사업자
④ 「정부출연연구기관 등의 설립·운영 및 육성에 관한 법률」 제8조에 따른 에너지경제연구원

해설 에너지 공급기관 또는 관리기관
1. 「한국전력공사법」에 따른 한국전력공사
2. 「한국가스공사법」에 따른 한국가스공사
3. 「한국석유공사법」에 따른 한국석유공사
4. 「도시가스사업법」에 따른 도시가스사업자
5. 「집단에너지사업법」에 따른 사업자 및 한국지역난방공사
6. 「수도법」에 따른 수도사업자
7. 「액화석유가스의 안전관리 및 사업법」에 따른 액화석유가스 판매사업자

8. 「공동주택관리법」에 따른 관리주체 및 공동주택 및 공동주택관리정보시스템 운영기관
9. 「집합건물의 소유 및 관리에 관한 법률」에 따른 관리단 또는 관리단으로부터 건물의 관리에 대하여 위임을 받은 단체
10. 「에너지이용 합리화법」에 따른 한국에너지공단
11. 「정부출연 연구기관 등의 설립·운영 및 육성에 관한 법률」에 따른 에너지경제연구원

답 : ②

3. "녹색건축물 조성 지원법"에서 녹색건축물 조성의 활성화를 위한 건축기준 완화 내용으로 가장 적합한 것은?

① 건축물의 높이는 100분의 120 이하의 완화 기준이 적용된다.
② 조경설치면적은 기준의 100분의 85 이내의 완화기준이 적용된다.
③ 용적률은 기준의 100분의 120 이하의 완화기준이 적용된다.
④ 건축물의 신축공사를 위한 골조공사에 국토교통부장관이 고시하는 재활용 건축자재를 100분의 20 이상 사용한 건축물은 완화 대상이다.

해설 녹색건축물 활성화를 위한 완화기준

1. 용적률(건축법 56조)	기준의 115/100 이내
2. 건축물 높이제한(건축법 60조)	
3. 일조 등의 확보를 위한 건축물 높이 제한(건축법 61조)	

답 : ④

4. 다음은 "녹색건축물 조성 지원법"에서 정하는 녹색 건축물 기본계획수립 관련 사항을 나타낸 것이다. 적합한 것을 모두 고른 것은?

> ㉠ 녹색건축물 연구·개발에 관한 사항
> ㉡ 에너지 이용효율이 높고 온실가스 배출을 최소화할 수 있는 건축설비 효율화 계획
> ㉢ 녹색건축물 설계·시공·유지·관리·해체 등의 단계별 에너지절감 및 비용절감 대책
> ㉣ 녹색건축물 설계·시공·감리·유지·관리업체 육성 정책

① ㉠, ㉡ ② ㉠, ㉡, ㉢
③ ㉡, ㉢, ㉣ ④ ㉠, ㉡, ㉢, ㉣

해설 기본계획 내용
1. 녹색건축물의 현황 및 전망에 관한 사항
2. 녹색건축물의 온실가스 감축, 에너지 절약 등의 달성목표 설정 및 추진 방향
3. 녹색건축물의 정보체계의 구축·운영에 관한 사항
4. 녹색건축물의 관련 연구·개발에 관한 사항
5. 녹색건축물 전문인력의 육성·지원 및 관리에 관한 사항
6. 녹색건축물 조성사업의 지원에 관한 사항
7. 녹색건축물 조성 시범사업에 관한 사항
8. 녹색건축물 조성을 위한 건축자재 및 시공 관련 정책방향에 관한 사항
9. 에너지 이용 효율이 높고 온실가스 배출을 최소화 할 수 있는 건축설비 효율화 계획에 관한 사항
10. 녹색건축물의 설계·시공·유지·관리·해체 등의 단계별 에너지 절감 및 비용 절감 대책에 관한 사항
11. 녹색건축물 설계·시공·감리·유지·관리업체 육성 정책에 관한 사항

답 : ④

5. "녹색건축물 조성 지원법"에서 정하는 건축물에너지평가사에 대한 다음 설명 중 틀린 것은?

① 건축물에너지평가사 자격이 취소된 후 3년이 지나지 아니한 사람은 건축물에너지평가가 될 수 없다.
② 건축물에너지평가사 자격시험에 합격한 사람이 건축물에너지효율등급 인증평가 업무를 하려면 국토교통부장관이 실시하는 교육훈련을 이수하여야 한다.
③ 파산 선고를 받고 복권되지 아니한 사람은 건축물에너지평가사가 될 수 없다.
④ 최근 1년 이내에 한 번의 자격정지처분을 받고 다시 자격정지처분에 해당하는 행위를 한 경우에는 그 자격을 취소한다.

해설 최근 1년 이내에 2번의 자격정지 처분시의 기준에 해당된다.

답 : ④

6. 다음 중 "녹색건축물 조성 지원법" 제41조에 따른 2천만 원 이하의 과태료 부과대상에 해당되지 않는 것은?

① 건축물에너지평가사 자격증을 다른 사람에게 빌려준 경우
② 일사의 차단을 위한 차양 등 일사조절장치 설치 대상인 건축물이 이를 설치하지 않은 경우
③ 에너지 관련 전문기관이 에너지절약계획서 검토업무 및 사전확인을 거짓으로 수행한 경우
④ 에너지 절약계획서 제출대상인 건축주가 정당한 사유 없이 허가권자에게 에너지 절약계획서를 제출하지 않은 경우

해설 자격증을 다른 사람에게 빌려주는 경우: 1년 이하의 징역 또는 1천만 원 이하의 벌금

답 : ①

7. "녹색건축물 조성 지원법"에서 정하는 에너지소비량 또는 정보 공개와 관련된 내용으로 가장 적합하지 않은 것은?

① '건축물의 에너지·온실가스 정보체계 구축 등' 조항에 의한 건축물 에너지·온실가스 정보
② '공공건축물의 에너지소비량 공개 등' 조항에 의한 공공건축물의 온실가스 배출량
③ '건축물 에너지성능정보의 공개 및 활용 등' 조항에 의한 전체 세대수 300세대 이상 주택 단지 내 공동주택의 건축물 에너지 평가서
④ '건축물 에너지성능정보의 공개 및 활용 등' 조항에 의한 연면적 3천제곱미터 이상 업무시설의 연간 에너지 사용량

해설 건축물에너지 성능정보의 공개 대상

건축물 에너지·온실가스 정보체계가 구축된 지역에 있는	• 전체 세대수가 300세대 이상인 주택단지 내의 공동주택 • 연면적 $3{,}000m^2$ 이상의 업무 시설(오피스텔 제외)	매매 또는 임대계약시

답 : ②

8. "에너지법"에서 정하는 사항에 대한 다음 설명 중 틀린 것은?

① 시·도지사는 5년마다 5년 이상을 계획기간으로 하는 지역에너지계획을 수립·시행하여야 한다.
② 정부는 10년 이상을 계획기간으로 하는 에너지 기술개발계획을 5년마다 수립·시행하여야 한다.
③ 산업통상자원부장관은 에너지 총조사를 5년 마다 실시하되, 필요한 경우 간이조사를 실시 할 수 있다.
④ 에너지열량 환산기준은 5년마다 작성하되, 산업통상자원부장관이 필요하다고 인정할 경우 수시로 작성할 수 있다.

해설 에너지 총조사는 3년마다 실시한다.

답 : ③

9. "에너지이용합리화법"에 의한 국가에너지절약추진위원회와 관련된 다음 설명 중 틀린 것은?

① 에너지절약 정책의 수립 및 추진에 관한 사항을 심의한다.
② 위원장은 산업통상자원부장관이 된다.
③ 위원회의 회의는 재적위원 2/3이상 출석으로 개의하고, 출석위원 과반수의 찬성으로 의결한다.
④ 위촉위원의 임기는 3년이다.

해설 국가에너지절약 추진 위원회의 개의
1. 개의 : 재적인원 과반수의 출석
2. 의결 : 출석인원 과반수의 찬성

답 : ③

10. 다음 중 "에너지이용합리화법"에 의한 에너지사용계획 협의대상이 아닌 것은?

① 공공사업주관자가 연간 3천 티오이 이상의 연료 및 열을 사용하는 시설을 설치하고자 할 때
② 공공사업주관자가 연간 2천만 킬로와트시 이상의 전력을 사용하는 시설을 설치하고자 할 때
③ 민간사업주관자가 연간 3천 티오이 이상의 연료 및 열을 사용하는 시설을 설치하고자 할 때
④ 민간사업주관자가 연간 2천만 킬로와트시 이상의 전력을 사용하는 시설을 설치하고자 할 때

해설 에너지사용계획 협의 및 의견 청취 대상
1. 공공사업주관자
① 도시개발사업 등 사업실시자
② 다음의 시설을 설치하려는 자
• 연간 2천5백toe 이상의 연료 및 열을 사용하는 시설
• 연간 1천만 킬로와트시 이상의 전력을 사용하는 시설
2. 민간사업주관자
① 도시개발사업 등 사업실시자
② 다음의 시설을 설치하려는 자
• 연간 5천toe 이상의 연료 및 열을 사용하는 시설
• 연간 2천만 킬로와트시 이상의 전력을 사용하는 시설

답 : ③

11. "에너지이용합리화법"에 따른 에너지진단 제도와 관련된 다음 설명 중 가장 적합하지 않은 것은?

① 에너지다소비사업자는 에너지진단전문기관으로부터 3년 이상의 범위에서 대통령령으로 정하는 기간마다 에너지진단을 받는 것이 원칙이다.
② 「군사기지 및 군사시설보호법」에서 정의하는 군사시설은 에너지진단 제외 대상이다.
③ 산업통상자원부장관은 진단기관의 지정을 받은 자가 지정취소 요건에 해당하는 경우에는 그 지정을 취소하거나 2년 이내의 기간을 정하여 업무정지를 명할 수 있다.
④ 산업통상자원부장관은 중소기업기본법에 따른 중소기업으로서 연간 에너지사용량이 2만 티오이 미만인 에너지다소비사업자에게 에너지 진단비용의 일부 또는 전부를 지원할 수 있다.

해설 산업통상자원부장관은 연간 에너지사용량이 1만 toe 미만인 중소기업 에너지진단 비용의 전부 또는 일부를 지원할 수 있다.

답 : ④

12. "공공기관 에너지이용합리화 추진에 관한 규정"의 다음 설명 중 가장 적합하지 않은 것은?

① 공공기관이 증축·개축 시 신규 설치하는 지하주차장의 조명기기는 모두 LED 제품으로 설치하여야 한다.
② 준시장형 공기업이 연면적 3,000m^2 이상의 공공업무시설을 신축할 경우 건축물 에너지 효율 1^+등급을 취득하여야 한다.
③ 공공기관에서 에너지절약계획서 제출 대상인 연면적 10,000m^2 이상의 공공업무시설을 신축하는 경우 건물에너지관리시스템(BEMS)을 구축·운영하여야 한다.
④ 건축 연면적이 3,000m^2 이상인 건축물을 소유한 공공기관은 5년마다 에너지진단 전문기관으로부터 에너지진단을 받아야 한다.

해설 건축물 에너지효율 1^{++} 등급 이상을 취득하여야 한다.

답 : ②

13. "고효율에너지기자재 보급촉진에 관한 규정"에 따른 설명 중 적합하지 않은 것은?

① 고효율에너지기자재로서의 인증효력은 인증서를 교부받은 날로부터 생산된 제품에 정해진 기준에 따라 적합하게 인증표시를 함으로써 발생한다.
② 고효율에너지기자재의 인증유효기간은 인증서발급일로부터 5년을 원칙으로 한다.
③ 한국에너지공단 이사장은 인증유효기간이 만료되는 경우에는 고효율인증업자의 신청에 따라 유효기간을 3년 단위로 연장할 수 있다.
④ 고효율인증업자는 매년 3월 31일까지 전년도 생산, 수입 또는 판매실적을 한국에너지공단 이사장에게 제출하여야 한다.

해설 인증유효기간은 인증서 발급일로부터 3년을 원칙으로 한다.

답 : ②

14. "건축법"에 따른 정의로 가장 적합한 것은?

① '거실'이란 건축물 안에서 거주, 집무, 작업, 집회, 오락, 그 밖에 이와 유사한 목적을 위해 사용되는 방을 말하나, 특별히 거실이 아닌 냉 · 난방 공간 또는 거실에 포함된다.
② '고층건축물'이란 층수가 50층 이상이거나 높이가 200미터 이상인 건축물을 말한다.
③ '증축'이란 기존 건축물이 있는 대지에서 건축물의 건축면적, 연면적, 층수 또는 높이를 늘리는 것을 말한다.
④ '이전'이란 건축물의 주요 구조부를 해체하지 않고 인접 대지로 옮기는 것을 말한다.

해설 ① "거실"이란 건축물 안에서 거주, 집무, 작업, 집회, 오락, 그 밖에 이와 유사한 목적을 위하여 사용되는 방을 말한다.
② "고층건축물"이란 30층 이상이거나 건축물 높이 120m 이상이다.
④ "이전"이란 건축물의 주요 구조부를 해체하지 아니하고 같은 대지의 다른 위치로 옮기는 것을 말한다.

답 : ③

15. 다음 중 "건축법"을 적용해야 하는 건축물로 가장 적합한 것은?

① 「문화재보호법」에 따른 지정문화재
② 철도나 궤도의 선로 부지(敷地)에 있는 운전 보안시설
③ 「한옥 등 건축자산의 진흥에 관한 법률」에 따른 한옥
④ 「하천법」에 따른 하천구역 내의 수문조작실

해설 건축법 적용제외 건축물
1. 지정 · 가지정 문화재
2. 철도 또는 궤도의 선로 부지 안에 있는 시설
3. 고속도로 통행료 징수시설
4. 컨테이너를 이용한 간이창고
5. 수문조작실

답 : ③

16. "건축법"에 따라 외벽에 사용하는 마감재료를 방화에 지장이 없는 재료로 하여야 하는 건축물로 가장 적합하지 않은 것은? (단, 보기는 지역/용도/해당 용도로 쓰는 바닥면적의 합계/층수/높이를 의미한다.)

① 일반상업지역 / 판매시설 / 2,000m^2 / 4층 / 18m
② 일반상업지역 / 종교시설 / 1,500m^2 / 5층 / 22m
③ 근린상업지역 / 숙박시설 / 2,500m^2 / 4층 / 16m
④ 근린상업지역 / 업무시설 / 3,500m^2 / 5층 / 24m

해설 건축물 외부 마감재료 제한 대상
1. 상업지역(근린상업지역 제외)의 건축물
- 다중이용업 건축물로 그 용도로 쓰는 바닥면적의 합계 2,000m^2 이상인 건축물
- 공장(화재 위험이 적은 공장 제외)에서 6m 이내에 위치한 건축물
2. 6층 이상 건축물
3. 높이 22m 이상 건축물

답 : ③

17. "건축법"에서 기후 변화나 건축기술의 변화 등에 따라 국토교통부장관이 실시하여야 하는 건축모니터링의 대상과 관련되지 않는 조항을 모두 고른 것은?

> ㉠ 제48조의3(건축물의 내진능력 공개)
> ㉡ 제49조(건축물의 피난시설 및 용도제한 등)
> ㉢ 제52조의2(실내건축)
> ㉣ 제53조(지하층)
> ㉤ 제53조의2(건축물의 범죄예방)

① ㉠, ㉡, ㉣ ② ㉠, ㉤
③ ㉡, ㉢, ㉣ ④ ㉢, ㉤

해설 모니터링 적용 기준
1. 법 제48조 (구조내력 등)
2. 법 48조의2 (건축물 내진등급의 설정)
3. 법 제49조 (건축물의 피난시설 및 용도제한 등)
4. 법 제50조 (건축물의 내화구조와 방화벽)
5. 법 제50조의2 (고층건축물의 피난 및 안전관리)
6. 법 제51조 (방화지구 안의 건축물)
7. 법 제52조 (건축물의 마감재료)
8. 법 제52조의2 (실내건축)
9. 법 제52조의3 (복합자재의 품질관리 등)
10. 법 제53조 (지하층)

답 : ②

18. "건축법"에서 태양열을 주된 에너지원으로 이용하는 주택의 건축면적 산정을 위한 기준으로 적합한 것은?

① 건축물의 내부 마감선
② 건축물의 외벽의 중심선
③ 건축물의 외벽 중 단열재의 중심선
④ 건축물의 외벽 중 내측 내력벽의 중심선

해설 태양열주택의 건축면적은 외벽 중 내측 내력벽의 중심선으로 구획된 면적으로 한다.

답 : ④

19. "건축물의 설비기준 등에 관한 규칙"에서 중앙집중 냉방설비를 설치하는 경우, 축냉식 또는 가스를 이용한 중앙집중냉방방식으로 하여야 하는 건축물의 면적 기준이 큰 용도 순으로 적합하게 나열한 것은? (단, 면적이란 해당 용도에 사용되는 바닥면적의 합계를 말한다.)

> ㉠ 제1종 근린생활시설 중 목욕장
> ㉡ 문화 및 집회시설(동 · 식물원은 제외)
> ㉢ 판매시설
> ㉣ 의료시설

① ㉡ - ㉢ - ㉣ - ㉠
② ㉡ - ㉣ - ㉠ - ㉢
③ ㉢ - ㉡ - ㉠ - ㉣
④ ㉢ - ㉣ - ㉡ - ㉠

해설 축냉식 또는 가스 중앙 집중 냉방 방식 대상
㉠ 목욕장 : 500m^2 이상
㉡ 문화 및 집회시설(동 · 식물원 제외) : 10000m^2 이상
㉢ 판매시설 : 3000m^2 이상
㉣ 의료시설 : 2000m^2 이상

답 : ①

20. "건축전기설비설계기준"에 따라 에너지절약 방안의 적용기준으로 가장 적합하지 않은 것은?

① 이단강압방식 변전시스템
② 전력량계 설치
③ 개별스위치 설치 또는 솎음제어
④ 팬 코일유닛(FCU) 제어회로 구성

해설 에너지 절약 방안 기준
1. 전력량계 설치
2. 개별스위치 설치 또는 솎음제어
3. 팬 코일유닛(FUC) 제어화로 구성
4. 역률개선용 커패시터 설치
5. 일괄 소등 스위치 설치 등
* 변전시스템은 직강압방식으로 한다.

답 : ①

1. "에너지법"에서 규정하고 있는 에너지열량 환산 기준에 대한 설명 중 적절하지 않은 것은?

① Nm^3은 0℃ 1기압 상태의 단위체적(세제곱미터)를 말한다.
② "석유환산톤(toe: ton of oil equivalent)"이란 원유 1톤이 갖는 열량으로 10^7kcal를 말한다.
③ 최종에너지사용자가 사용하는 전기에너지를 열에너지로 환산할 경우에는 1kWh=860kcal를 적용한다.
④ 에너지열량 환산기준은 10년마다 작성함을 원칙으로 한다.

해설 에너지열량 환산기준은 5년마다 작성한다.

답 : ④

2. "에너지이용합리화법"에 따른 냉난방온도 제한 대상 민간 건물 중 판매시설의 실내 냉난방 제한온도로 적절한 것은?

① 냉방 25℃ 이상, 난방 18℃ 이하
② 냉방 25℃ 이상, 난방 20℃ 이하
③ 냉방 26℃ 이상, 난방 18℃ 이하
④ 냉방 26℃ 이상, 난방 20℃ 이하

해설 냉 · 난방 온도 제한 기준

1. 냉방	26℃ 이상 (판매시설 및 공항의 경우 25℃ 이상)
2. 난방	20℃ 이하

답 : ②

3. "에너지이용 합리화법"에 따른 에너지사용계획에 대한 내용 중 가장 적절하지 않은 것은?

① 에너지사용계획에는 에너지 수요예측 및 공급 계획, 에너지이용 효율 향상 방안이 포함 되어야 한다.
② 공공사업주관자의 집단 에너지 공급계획이 변경되는 경우 에너지사용계획 변경 협의 대상에 해당한다.
③ 에너지절약전문기업, 정부출연연구기관 또는 대학부설 에너지 관계 연구소는 에너지사용 계획의 수립을 대행할 수 있다.
④ 공공 및 민간사업주관자는 에너지사용에 관한 협의절차가 완료되기 전에는 공사를 시행할 수 없다.

해설 협의 절차 완료 전 공사시행금지에 관한 규정은 공공사업주관자에게 적용된다.(영 25조 ①항)

답 : ④

4. "에너지이용 합리화법"에 따른 에너지이용 합리화를 위한 계획 및 조치에 대한 내용 중 가장 적절하지 않은 것은?

① 국가에너지절약추진위원회 당연직 위원에 국토교통부장관이 포함된다.

② 산업통상자원부장관은 "집단에너지사업법" 제 2조 제 3호에 따른 집단에너지사업자에게 에너지저장의무를 부과할 수 있다.

③ 산업통상자원부장관은 5년마다 에너지이용 합리화에 관한 기본계획을 수립하여야 한다.

④ 연간 1만 티오이 이상 연료 및 열을 사용하는 시설을 설치하려는 사업주관자는 에너지사용 계획 제출 대상이다.

해설 ①항은 2018.4.17기준으로 삭제된 내용이다.

답 : ①

5. "고효율에너지기자재 보급촉진에 관한 규정"과 "효율관리기자재 운용규정"에 대한 설명 중 적절하지 않은 것은?

① 고효율에너지기자재로서의 인증효력은 인증서를 교부받은 날로부터 생산된 제품에 정해진 기준에 따라 적합하게 인증표시를 함으로써 발생한다.

② 고효율에너지기자재의 인증유효기간은 인증서 발급일로부터 3년을 원칙으로 하며, 인증유효기간이 만료되는 경우에는 신청에 따라 유효기간을 3년 단위로 연장할 수 있다.

③ 효율관리기자재의 소비효율은 효율관리시험기관 또는 자체측정승인업자가 "효율관리기자재 운용규정"에 따라 측정한 에너지소비 효율 또는 에너지사용량을 말한다.

④ 효율관리기자재 중 전기냉방기의 소비효율 또는 소비효율등급라벨의 표시항목에는 월간 소비전력량, 1시간 사용 시 CO_2 배출량, 최저소비 효율기준 만족여부가 포함된다.

해설 전기냉방기 라벨 표시 항목

1. 월간소비전력량
2. 1시간 사용시 CO_2 배출량
3. 정격냉방능력
4. 월간에너지비용
5. 소비효율등급

답 : ④

6. "공공기관 에너지이용합리화 추진에 관한 규정"에 대한 설명 중 적절하지 않은 것은?

① 공공기관이 건축물을 신축 또는 증축하는 경우에는 비상용 예비전원으로 에너지저장장치(ESS)를 설치하여야 한다.

② 이 규정에 따른 에너지진단 의무 대상 중 건축물에너지효율 1++등급 이상을 취득한 건축물은 1회에 한해 에너지진단을 면제받을 수 있다.

③ 공공기관은 해당기관이 소유한 건축물의 실내 조명기기를 연도별 보급목표에 따라 LED제품으로 교체 또는 설치하여야 한다.

④ 공공기관이 "신에너지 및 재생에너지 개발·이용·보급 촉진법"에 따라 신재생에너지를 의무적으로 설치하는 경우 건축허가 전에 신재생에너지설비 설치계획서를 신재생에너지 센터에서 검토 받아야 한다.

해설 계약전력 1,000kW 이상의 건축물에 계약전력 5% 이상의 전력저장장치(ESS)를 설치하도록 한다.

답 : ①

7. "녹색건축물 조성 지원법"에 따른 녹색건축물 기본계획의 수립에 대한 내용으로 적절하지 않은 것은?

① 녹색건축물의 온실가스 감축, 에너지 절약 등의 달성목표 설정 및 추진방향이 포함되어야 한다.
② 국토교통부장관은 기본계획안을 작성하여 관계 중앙행정기관장 및 시도지사와 사전 협의 후 국가건축정책위원회의 의견을 청취해야 한다.
③ 국토교통부장관은 기본계획을 수립하거나 변경하는 경우 「건축법」 제4조에 따른 건축 위원회의 심의를 거쳐야 한다.
④ 기본계획에 따른 사업추진에 드는 비용을 100분의 10 이내에서 증감시키는 경우에는 사전 협의 및 의견 청취, 심의를 생략할 수 있다.

해설 중앙행정기관장, 시 · 도지사 사전 협의 후 중앙녹색성장위원회의 의견을 청취하여야 한다.

답 : ②

8. "녹색건축물 조성 지원법"에 따른 건축물 에너지·온실가스 정보체계 구축 등과 관련한 내용으로 적절하지 않은 것은?

① 건축물 에너지·온실가스 정보체계를 구축하는 때에는 국가 온실가스 종합정보 관리 체계에 부합하도록 하여야 한다.
② 에너지경제연구원은 국토교통부장관에게 건축물 에너지·온실가스 정보를 제출하여야 한다.
③ 에너지공급기관은 건축물의 온실가스 배출량 및 에너지 사용량과 관련된 정보 및 통계를 매월 말일까지 국토교통부장관에게 제출하여야 한다.
④ 국토교통부장관은 온실가스 배출량 및 에너지 사용량을 지역·용도·규모별로 구분하여 공개할 수 있다.

해설 에너지공급기관 또는 관리기관은 건축물에너지 · 온실가스 정보를 매월 말일을 기준으로 다음달 15일까지 국토교통부장관에게 제출하여야 한다.

답 : ③

9. "녹색건축물 조성 지원법"에 따라 공공건축물의 사용자 또는 관리자가 국토교통부장관에게 제출해야 하는 공공건축물의 에너지소비량 보고서("녹색건축물 조성 지원법 시행규칙" 별지 제2호서식)에 포함되는 내용으로서 가장 적절하지 않은 것은?

① 건축물의 냉난방 면적 및 냉난방 방식
② 분기별·에너지원별 건축물 에너지 소비량
③ 연간 단위면적당 1차 에너지 소비량
④ 비교 건물군의 연간 단위면적당 1차 에너지 소비량

해설 비교 건물군의 연간 단위면적당 1차 에너지소비량은 건축물에너지 소비량 표시 서식(명판의 표시) 내용에 해당된다.

답 : ④

10. "녹색건축물 조성 지원법"에 따른 녹색건축센터에 대한 설명으로 적절하지 않은 것은?

① 녹색건축물 조성기술의 연구·개발 및 보급 등을 효율적으로 추진하기 위해 지정한다.
② 수행업무에는 제로에너지 건축물 시범사업 운영 및 인증 업무가 포함된다.
③ 국토교통부장관은 업무의 내용과 기능에 따라 녹색건축지원센터, 녹색건축사업센터, 제로에너지건축물 지원센터로 구분하여 지정할 수 있다.
④ 녹색건축센터로 지정받으려는 자로서 건축물의 에너지효율등급 인증을 수행하려는 경우, 해당 인증업무를 수행할 수 있는 전문인력을 5명 이상 보유해야 한다.

해설 전문인력 보유기준

1. 정보체계 운영 업무 - 2명 이상
2. 인증 업무 - 10명 이상

답 : ④

11. "녹색건축물 조성 지원법"에 따라 국토교통부장관이 녹색건축물 조성 시범사업의 지원을 결정하기 위해 고려해야 할 사항으로 가장 적절하지 않은 것은?

① 국가 및 지방자치단체의 녹색건축물 조성 목표 설정 기여도
② 건축물의 용적률 및 높이에 대한 건축기준완화 적용 여부
③ 건축물의 온실가스 배출량 감소 정도
④ 실효적인 녹색건축물 조성 기준 개발 가능성

해설 시범사업 지원 결정 기준

1. 국가 및 지방자치단체의 녹색건축물 조성 목표 설정 기여도
2. 건축물의 온실가스 배출량 감소 정도
3. 실효적인 녹색건축물 조성 기준 개발 가능성

답 : ②

12. "녹색건축물 조성 지원법"에 따라 국토교통부장관이 지원할 수 있는 그린리모델링 사업의 종류로 적절하지 않은 것은?

① 그린리모델링 건축자재 및 설비의 성능평가 인증
② 기존 건축물을 녹색건축물로 전환하는 사업
③ 그린리모델링 사업 발굴, 기획, 타당성 분석, 설계·시공 및 사후관리 등에 관한 사업
④ 그린리모델링을 통한 에너지 절감 예상액의 배분을 기초로 재원을 조달하여 그린리모델링을 하는 사업

해설 그린리모델링 사업 범위

1. 건축물의 에너지 성능향상 또는 효율개선 사업
2. 기존 건축물을 녹색건축물로 전환하는 사업
3. 그린리모델링 사업발굴, 기획, 타당성 분석, 설계·시공 및 사후관리 등에 관한 사업
4. 그린리모델링을 통한 에너지절감 예상액을 배분을 기초로 재원을 조달하여 그린리모델링을 하는 사업

답 : ①

13. "녹색건축물 조성 지원법"에 따른 건축물에너지평가사 자격의 취소 또는 정지 기준에 관하여 위반행위와 행정처분기준이 바르게 연결된 것은?

① 징역형의 집행유예 기간 중에 있는 사람 - 자격취소
② 최근 1년 이내에 두 번의 자격정지처분을 받고 다시 자격정지처분에 해당하는 행위를 한 경우 - 자격정지 3년
③ 고의 또는 중대한 과실로 건축물에너지평가업무를 거짓 또는 부실하게 수행하여 벌금 이하의 형을 선고받고 그 형이 확정된 경우 - 자격정지 1년
④ 건축물에너지평가사 자격정지처분 기간 중에 건축물에너지평가서 업무를 한 경우 - 자격정지 2년

해설 ① 결격사유 중 하나 - 자격 취소 사유
② 자격 취소 사유
③ 자격 정지 2년 사유
④ 자격 취소 사유

답 : ①

14. "건축법"에 따른 정의로 가장 적절한 것은?

① "지하층"이란 건축물의 바닥이 지표면 아래에 있는 층으로서 바닥에서 지표면까지 최대 높이가 해당 층 높이의 2분의 1이상인 것을 말한다.
② "설계자"란 자기의 책임으로 설계도서를 작성하고 그 설계도서에서 의도하는 바를 해설하며, 지도하고 자문에 응하는 자를 말한다.
③ "내화구조"란 화염의 확산을 막을 수 있는 성능을 가진 재료로서 국토교통부령으로 정하는 기준에 적합한 구조를 말한다.
④ "불연재료"란 불에 잘 타지 아니하는 성능을 가진 재료로서 국토교통부령으로 정하는 기준에 적합한 재료를 말한다.

해설 ① 지하층 : 바닥에서 지표면까지 평균 높이가 해당층 높이의 1/2 이상
② 내화 구조 : 화재에 견딜 수 있는 성능
③ 불연 재표 : 불에 타지 아니하는 성질

답 : ②

15. 다음 보기 중 "건축법"에 따른 실내건축의 재료 또는 장식물에 해당하는 것을 모두 고른 것은?

> ㉠ 벽, 천장, 바닥 및 반자틀의 재료
> ㉡ 실내에 설치하는 난간, 창호 및 출입문의 재료
> ㉢ 실내에 설치하는 전기·가스·급수(給水), 배수(排水)·환기시설의 재료
> ㉣ 실내에 설치하는 충돌·끼임 등 사용자의 안전사고 방지를 위한 시설의 재료

① ㉠
② ㉠, ㉡
③ ㉠, ㉡, ㉢
④ ㉠, ㉡, ㉢, ㉣

해설 실내건축의 범위

1. 내부공간을 칸막이로 구획	
2. 벽·천장·바닥 및 반자틀 설치	
3. 실내에 설치하는	난간, 창호 및 출입문 설치
	전기, 가스, 급수, 배수, 환기시설 설치
	충돌, 끼임 등 사용자의 안전시설 설치

답 : ④

16. "건축법" 제 11조에 따라 건축허가를 받으면 허가 등을 받거나 신고를 한 것으로 보는 사항으로 적절하지 않은 것은?

①「건축법」제83조에 따른 공작물의 축조 신고
②「주택법」제15조에 따른 사업계획의 승인
③「도로법」제61조에 따른 도로의 점용 허가
④「물환경보전법」제33조에 따른 수질오염물질 배출시설 설치의 허가나 신고

해설 주택법의 사업계획이 승인된 경우 건축법의 건축허가를 받은 것으로 본다.

답 : ②

17. "건축법"에 따라 사용승인을 받은 건축물의 용도를 변경하려고 할 때 용도변경의 허가를 받아야 하는 경우로 가장 적절한 것은?

	〈기 존〉		〈변 경〉
①	문화 및 집회시설	→	위락시설
②	방송통신시설	→	교육연구시설
③	종교시설	→	노유자시설
④	업무시설	→	공장

해설 ① 4군 → 4군 : 임의
② 3군 → 6군 ┐ 신고
③ 4군 → 6군 ┘
④ 8군 → 2군 : 허가

답 : ④

18. 다음 보기 중 "건축법"에서 정하여 실시하는 건축물 인증제도에 해당하는 것을 모두 고른 것은?

> ㉠ 지능형건축물 인증제
> ㉡ 녹색건물 인증제
> ㉢ 건축물 에너지효율등급 인증제
> ㉣ 장애물 없는 생활환경 인증제

① ㉠
② ㉠, ㉣
③ ㉡, ㉢
④ ㉠, ㉡, ㉢

해설 • 녹색건축 인증제 ─┐ 녹색건축물
• 건축물에너지 효율등급 인증제 ─┘ 조성 지원법
• 장애물 없는 생활환경 인증제 – 장애인 · 노인 · 임산부 등의 편의증진 보장에 관한 법률

답 : ①

19. "건축물의 설비기준 등에 관한 규칙"에 따라 기계환기설비를 설치하여야 하는 다중이용시설 및 각 시설의 필요 환기량에 대한 설명으로 가장 적절하지 않은 것은?

① '다중이용시설'이란 「건축법 시행령」 제2조에서 정의하는 '다중이용 건축물'을 말한다.
② 필요 환기량 기준(m^3/인·h)은 지하시설 중 지하역사에 대해 25 이상, 업무시설에 대해 29 이상으로 규정된다.
③ 판매시설의 필요 환기량은 예상 이용인원이 가장 높은 시간대를 기준으로 산정한다.
④ 자동차 관련 시설의 필요 환기량은 단위면적당 환기량(m^3/m^2·h)으로 산정한다.

해설 건축물의 설비기준 등에 관한 규칙에 따른 다중이용시설 등은 동규칙 별표 1의 6에 따른 것이다.
(예 : 모든 지하역사 및 연면적 2,000m^2 이상인 지하도상가는 기계 환기 설치대상인 다중이용시설에 해당된다.)

답 : ①

20. "설비 설계기준" 중 「열원기기 설계기준」에 따른 냉열원기기 선정기준으로 적절하지 않은 것은?

① 냉열원기기의 배치계획에 대하여 유지보수관리 공간 및 열교환기 튜브교체 공간을 합리적으로 확보한다.
② 냉열원기기는 보일러와 같은 위치에 설치하는 것을 기본으로 한다.
③ 압축식 냉동기를 설치하는 실의 벽, 천정, 바닥은 철근콘크리트조 등 방화상 유효한 구조로 하고 2개소 이상의 출입구를 설치한다.
④ 냉온수 배관 회로 설치 시 순환 펌프는 냉열원기기마다 각 1대씩 설치하는 것을 기본으로 한다.

해설 냉열원기기와 보일러는 안전 · 효율 증진 등을 위하여 별도의 공간에 설치하는 것을 원칙으로 한다.

답 : ②

1. 건축물의 에너지절약 관련 다음 설명 중 가장 적합하지 않은 것은?

① 공동주택은 인동간격을 넓게 하여 저층부의 일사 수열량을 증대시킨다.
② 야간난방이 필요한 숙박시설 및 공동주택에는 창의 열손실을 줄이기 위해 단열셔터 등 야간 단열장치를 설치한다.
③ 학교의 교실, 문화 및 집회시설의 공용부분은 1면 이상 자연채광이 가능하도록 한다.
④ 「건축물의 에너지절약설계기준」에서 단열재의 등급분류는 단열재의 열전도율 및 밀도의 범위에 따라 등급을 분류한다.

해설 ④ 단열재 등급 분류는 열전도율 범위에 따른다.

답 : ④

2. 다음 그림은 기후특성이 반영된 패시브 건축계획 수립을 위한 건물생체기후도 (Building bioclimatic chart)를 나타낸 것이다. 굵은 선으로 둘러싸인 부분이 열쾌적 영역일 경우 ㉠~㉣ 지점에 대한 패시브 건축계획으로 가장 적합하지 않은 것은?

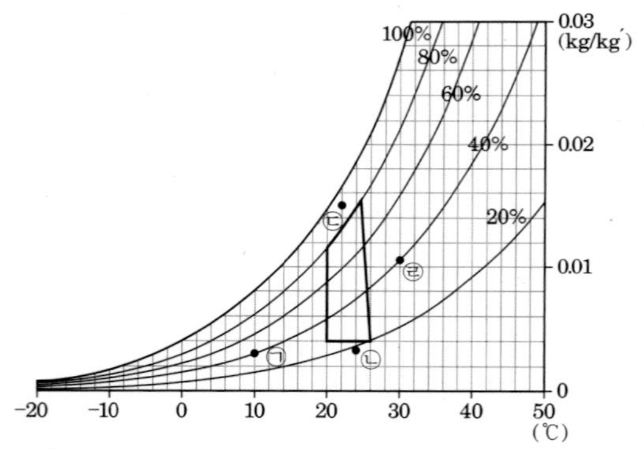

① ㉠지점 : 단열, 침기차단, 태양열 획득
② ㉡지점 : 차양, 증발냉각
③ ㉢지점 : 차양, 통풍냉각
④ ㉣지점 : 차양, 축열냉각

해설 ③ ㉢ 지점: 자연 통풍

답 : ③

3. 난방 및 냉방 에너지소요량의 동적 계산(Dynamic simulation)과 가장 관련이 적은 것은?

① 보일러, 냉동기 및 냉·온수 순환펌프의 부분부하 효율, 제어방식
② 외벽 재료의 비열 및 밀도, 창의 열관류율 및 면적
③ 인체, 조명, 기기 등의 실내 발열밀도 및 발열 스케쥴
④ 난방 및 냉방 디그리데이(Degree day)

해설 ④ 냉 · 난방 도일법은 정적해석법이다.

답 : ④

4. 일반적인 복층 유리창(창세트)의 에너지 성능 관련 설명으로 가장 적합하지 않은 것은?

① SHGC가 클수록 패시브 난방에 효과적이다.
② 창틀 단면에서의 중공(Cavity)은 대류열 전달을 줄이기 위해 작은 크기로 구획한다.
③ 아르곤 주입은 로이코팅보다 일반적으로 열관류율 감소 효과가 크다.
④ 금속재 창틀에는 폴리우레탄이나 폴리아미드 재질의 열교 차단재를 설치하여 열 손실을 줄인다.

해설 ③ 로이코팅이 아르곤 주입보다 열관류율 감소효과가 크다.

답 : ③

5. 다음은 유리창의 단면을 나타낸 그림이다. 에너지 절약 측면에서 국내 건물의 정북향 벽에 가장 적합한 창호 구성은?

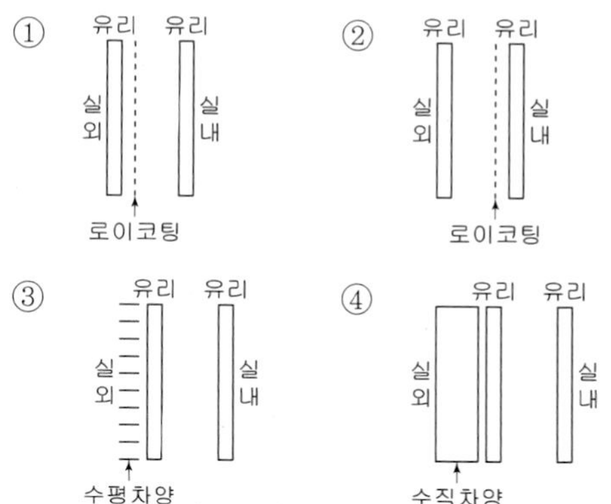

해설 ② 3면 로이코팅

답 : ②

6. 난방에너지 절약을 위한 공동주택의 일반적인 계획 기법으로 가장 적합하지 않은 것은?

① 외피의 열관류율을 작게 한다.
② 실내외 온도차를 줄이기 위한 열적완충 공간을 둔다.
③ 주동 출입구는 방풍실을 두거나 회전문으로 한다.
④ 평면상에서 외벽은 일자형보다는 요철형으로 한다.

해설 ④ 외피면적이 작은 일자형이 좋다.

답 : ④

7. 겨울철 외벽 내부의 1차원 정상상태 온도 분포가 다음 그림과 같은 경우 이에 대한 설명으로 가장 적합하지 않은 것은?
(단, ㉠, ㉡, ㉢ 재료는 고체이며 두께가 같다. A-B, C-D의 온도 기울기는 같으며, 복사의 영향은 고려하지 않는다.)

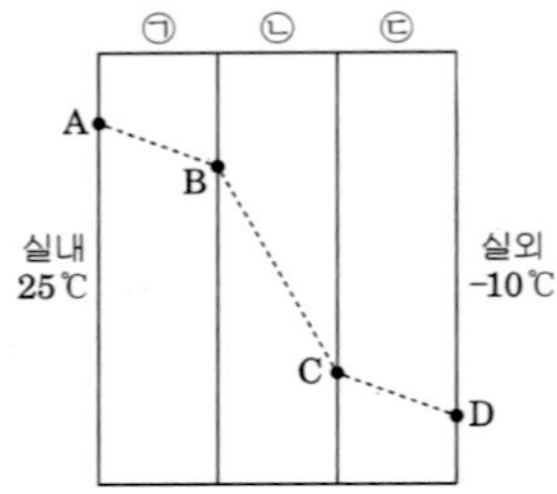

① 실내 상대습도가 100%인 경우 A점에서는 결로가 발생한다.
② ㉠재료의 열저항은 ㉢재료보다 크다.
③ 방습층은 B점이 위치한 면에 설치한다.
④ ㉡재료의 열전도율은 ㉢재료보다 작다.

해설 ② 온도구매가 같으면 열저항도 같다.

답 : ②

8. 건물 외피의 열교 관련 설명으로 가장 적합하지 않은 것은?

① 단열층을 관통하는 자재 고정용 철물 등은 점형 열교가 되므로 가급적 설치를 최소화 한다.
② 구조체 접합부에서의 열교 방지를 위해서는 내단열보다 외단열이 효과적이다.
③ 열교 부위는 인접한 비열교 부위보다 동계 야간 난방시 실외 표면온도가 높게 된다.
④ 선형 열교를 통한 실내외 단위 온도차당 전열량은 보통 선형 열관류율과 선형 열교면적의 곱으로 구한다.

해설 ④ 선형 열관류율(W/m · k)×선형열교길이(m)로 구함

답 : ④

9. 아래 벽체에서 실내표면 온도(℃)를 구하시오. (단, 실내표면 열전달저항은 0.11, 실외표면 열전달 저항은 0.043, 공기층의 열저항은 0.086m^2 · K/W로 한다.)

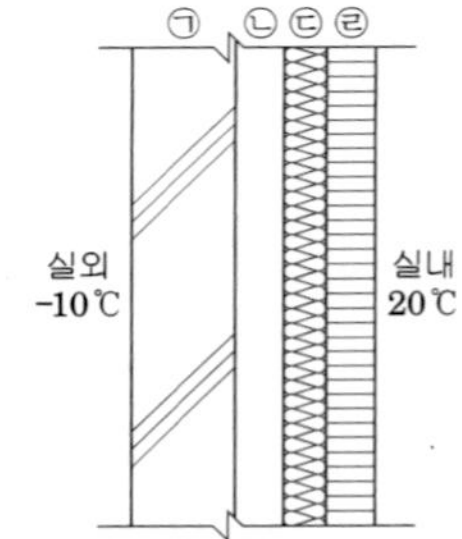

	재료	두께(mm)	열전도율 (W/m · K)
㉠	콘크리트	200	1.6
㉡	공기층	20	-
㉢	그라스울	140	0.035
㉣	석고보드	18	0.18

① 18.7 ② 19.0
③ 19.3 ④ 19.6

해설 ③ $\frac{r}{R}=\frac{t}{T}=\frac{t_i-t_{si}}{t_i-t_o}=\frac{0.11}{4.464}=\frac{20-t_{ai}}{20-(-10)}$

$t_{si}=19.26$

답 : ③

10. 냉방부하 계산 시, 일사유입에 의한 획득열량 산출에 필요 없는 것은?

① 유리의 차폐계수
② 유리창 면적
③ 실내외 온도차
④ 일사량

해설 gG = I·SC·A

답 : ③

11. 다음 중 최대 냉·난방부하 계산 시 부하요인-부하종류-부하구분 연결이 틀린 것은?

① 침기 - 현열, 잠열 - 냉방, 난방
② 조명 - 현열 - 냉방
③ 인체 - 현열, 잠열 - 냉방, 난방
④ 환기 - 현열, 잠열 - 냉방, 난방

해설 ③ 인체 발생열은 냉방부하만 계산

답 : ③

12. 다음 조건에서 온도차이비율(TDR)을 산출하고, "공동주택 결로 방지를 위한 설계기준"의 만족 여부로 가장 적합한 것은?

- 위치 : 속초
- 검토부위 : 벽체접합부
- 실내표면온도 : 15℃
- 결로방지 성능기준

대상부위	TDR값		
	지역Ⅰ	지역Ⅱ	지역Ⅲ
벽체접합부	0.25	0.26	0.28

- 소수 셋째자리에서 반올림

① TDR : 0.25, 기준만족
② TDR : 0.25, 기준미달
③ TDR : 0.29, 기준만족
④ TDR : 0.29, 기준미달

해설 ④ $TDR=\frac{t_i-t_{si}}{t_i-t_o}=\frac{25-15}{25-(-10)}=\frac{10}{35}=0.29$

답 : ④

13. 공동주택에서의 결로 방지에 관한 설명으로 가장 적합하지 않은 것은?

① 표면 결로를 방지하기 위해 온도차이비율(TDR)을 작게 한다.
② 창에서 유리 중앙보다는 유리 모서리가 특히 결로에 취약하므로 주의가 필요하다.
③ 복층유리의 간봉(Spacer)내부 공간에는 흡습재를 두어 중공층 내부결로를 방지한다.

④ 출입문, 벽체접합부, 외기에 직접·간접 접하는 창은 「공동주택 결로 방지를 위한 설계기준」에 따라 결로방지성능을 만족해야 한다.

해설 ④ 외기에 간접 면하는 창은 제외

답 : ④

14. 아래 그림은 우리나라 건물부위별 일사량을 나타낸다. 그림에 대한 설명이 옳은 것은?

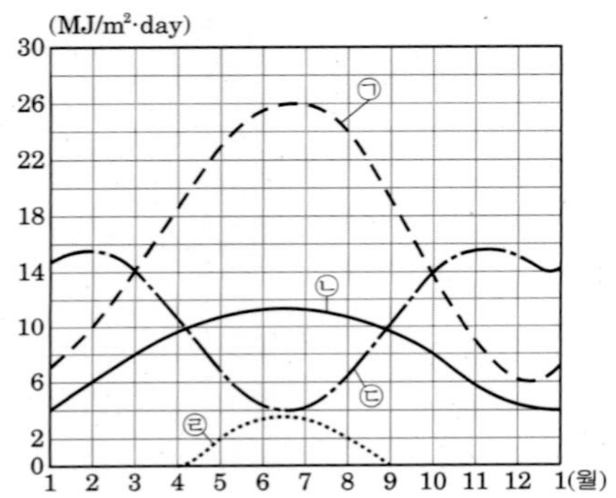

① ㉠ - 남측면 직달일사량
② ㉡ - 동서측면 직달일사량
③ ㉢ - 북측면 직달일사량
④ ㉣ - 수평면 직달일사량

해설 ㉠ – 수평면, ㉢ 남면, ㉣ 북면

답 : ②

15. 태양위치 및 일사에 대한 설명으로 가장 적합하지 않은 것은?

① 진태양시와 평균태양시의 차이를 균시차라 하며, 지구 공전속도가 일정하지 않기 때문에 발생한다.
② 태양이 남중할 때 태양방위각을 0이라고 하면, 정남에서 동(오전)은 +, 서(오후)는 –값을 갖는다.
③ 지구 대기권 표면에 도달하는 연평균 법선면 일사량을 태양정수라 하며, 통상 $1{,}353\,W/m^2$값을 갖는다.
④ 지표면에 도달하는 법선면 직달일사량을 태양정수로 나눈 값을 대기투과율이라 하며, 대기중 수증기량과 오염도에 따라 값이 변화한다.

해설 ② 태양 방위각은 동쪽은 –, 서쪽은 + 값을 갖는다.

답 : ②

16. 아래 그림과 같은 건축물에서 풍상측과 풍하측간에 발생하는 압력차(ΔP)를 구하시오.(단, 풍압계수는 통상측 0.8, 풍하측 –0.4로 한다.)

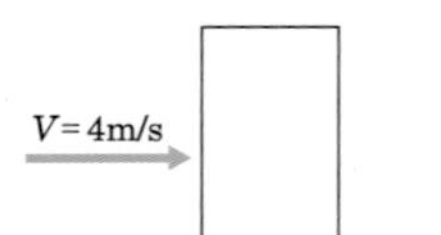

① 2.88pa
② 5.76pa
③ 11.52pa
④ 23.04

해설 ③ $\Delta P = P_1 - P_2 = (C_1 - C_2)\frac{r}{2g}v^2(\text{kg/m}^2)$

$$= (C_1 - C_2)\frac{r}{2}v^2(\text{N/m}^2)$$

$$= (0.8-(-0.4))\cdot\frac{1.2}{2\times9.8}\cdot4^2$$

$$= 1.17551(\text{kg/m}^2)$$

$$= 11.52(\text{N/m}^2)$$

답 : ③

17. 공기령(Age of air)에 의한 환기성능 평가에 대한 설명으로 가장 적합하지 않은 것은?

① 어떤 지점의 공기령이 클수록 신선한 공기가 잘 도달된다.

② 환기횟수가 커지면 급기구로부터 유입된 공기가 배기구까지 흘러가는데 걸리는 시간이 짧아진다.

③ 천정부근 벽체에서 급기하여 반대쪽 벽체 천정부근으로 폐기하는 경우, 공기령 편차가 커질 위험성이 있다.

④ 대공간의 거주역만을 대상으로 하는 치환환기의 경우, 대상 공간의 공기령을 균일하게 설계해야 한다.

해설 ① 공기령이 짧을수록 신선한 공기가 잘 도달된다.

답 : ①

18. 수증기발생량이 1.2kg/h인 경우, 실내절대습도를 0.010kg/kg′로 유지하기 위한 필요 환기량 Q(m^3/h)을 구하시오.
(단, 공기밀도는 1.2kg/m^3, 외기에 절대 습도는 0.005kg/kg′로 한다.)

① 100 ② 120
③ 200 ④ 240

해설 ③ $Q = \frac{1.2}{1.2\times(0.010-0.005)} = 200\text{m}^3/\text{h}$

답 : ③

19. "건축전기설비설계기준"에 따른 실내 조명 설계 순서로 가장 적합한 것은?

㉠ 조명방식 및 광원 선정 ㉡ 조명기구 배치 ㉢ 조도기준 파악 ㉣ 조명기구 수량 계산

① ㉢ - ㉠ - ㉡ - ㉣
② ㉠ - ㉢ - ㉣ - ㉡
③ ㉢ - ㉠ - ㉣ - ㉡
④ ㉠ - ㉢ - ㉡ - ㉣

해설 실내조명 설계 순서
1. 소요조도결정
2. 광원선택
3. 조명방식 및 조명기구 선정
4. 광원의 개수 산정
5. 조명기구(광원) 배치

답 : ③

20. 측창에 비하여 수평형 천창의 채광 특성을 설명한 것으로 가장 적합하지 않은 것은? (단, 창 위치 이외의 창면적과 주변환경은 동일한 것으로 가정한다.)

① 주변건물의 영향을 덜 받는다.
② 더 많은 양의 주광을 받을 수 있다.
③ 직사광에 의한 글레어 발생 주의가 필요하다.
④ 실내위치에 따른 주광분포 불균일 위험성이 크다.

해설 ④ 천창은 균일한 조도분포, 측창은 조도분포의 불균일한 특성을 지니고 있다.

답 : ④

1. 우리나라에서 에너지 절약을 위한 건축계획으로 가장 적절하지 않은 것은?

① 건축물은 일조 및 주풍향 등을 고려하여 배치하며, 남향 또는 남동향 배치를 한다.
② 연돌효과를 방지하기 위해 공동주택 계단실의 지하 및 지상 출입문은 통기성을 좋게 한다.
③ 건축물의 연면적에 대한 외피면적의 비는 가능한 작게 한다.
④ 아트리움의 최상부에는 자연배기 또는 강제배기가 가능한 구조 또는 장치를 채택한다.

해설 ② 연돌효과를 방지하기 위해 공동주택 계단실의 지하 및 지상 출입문은 기밀성을 좋게 한다.

답 : ②

2. 인체의 열쾌적에 대한 설명으로 가장 적절하지 않은 것은?

① 착의량의 단위인 clo는 $W/m^2 \cdot K$에 해당한다.
② 활동량의 단위인 met는 W/m^2에 해당한다.
③ 동일한 건구온도에서 습구온도와 차이가 클수록 상대습도는 낮다.
④ 겨울철에 평균복사온도가 상승하는 경우 습공기선도 상의 열쾌적 범위는 왼쪽으로 이동한다.

해설 ① clo는 의복의 열저항을 나타내는 단위로 1clo는 $0.155m^2K/W$에 해당

답 : ①

3. 고온건조한 기후 지역에서의 패시브 냉방기법으로 가장 적절하지 않은 것은?

① 일사열획득을 최소화하기 위해 반사율이 높은 외부 표면 마감재를 사용한다.
② 열용량이 큰 재료로 구조체를 구성하여 열전달을 지연시킨다.
③ 넓은 창을 다수 설치하여 주간에 통풍을 원활하게 한다.
④ 연못을 두어 증발냉각 효과를 얻는다.

해설 ③ 개구부를 최소화하여 외부로부터 더운 공기가 유입되는 것을 최소화한다.

답 : ③

4. 우리나라에서 에너지 절약을 위한 패시브 및 자연에너지 활용 건축기법에 대한 설명으로 가장 적절하지 않은 것은?

① 고기밀 시공이 중요하며, 결로·곰팡이 방지 및 실내공기질 유지를 위해서는 폐열회수형 기계 환기가 필요할 수 있다.
② 고단열 시공과 열교의 최소화가 필요하며, 창을 통한 일사열획득 수준을 높여 난방에너지요구량을 낮춘다.
③ 지중에 설치한 외기 도입용 쿨튜브는 단열을 철저히 하여 열손실을 방지한다.
④ 외기 도입용 지중 덕트에서 지중을 덜 거치는 바이패스 경로로 두면 중간기(봄, 가을)팬 동력 절감에 효과적이다.

해설 ③ 지중에 설치되는 쿨튜브는 열전도율이 높아야 지중과의 열교환이 쉽게 일어난다.

답 : ③

5. 열전달에 대한 설명으로 가장 적절하지 않은 것은?

① 복사에 의한 열의 이동에는 공기가 필요하지 않다.
② 벽체의 실내표면열전달저항은 일반적으로 외기에 직접 면한 실외표면열전달저항보다 크다.
③ 벽체 표면 근처의 풍속이 커질수록 해당 표면 열전달저항이 커진다.
④ 방사율이 낮은 재료로 벽체 표면에 부착 시키면 복사에 의한 열전달을 줄일 수 있다.

해설 ③ 벽체 표면 근처의 풍속이 커질수록 해당 표면 열전달저항이 작아진다.

답 : ③

6. 창의 열성능에 대한 설명으로 가장 적절하지 않은 것은?

① 유리의 색깔은 태양열취득률 및 가시광선 투과율에 큰 영향을 준다.
② 복층유리 중공층에 공기 대신 아르곤이나 크립톤 가스를 주입하면 복사 열전달을 억제하는 효과가 크다.
③ 알루미늄 대신 플라스틱 스페이서를 설치하면 유리 모서리의 결로 위험을 줄일 수 있다.
④ 로이코팅을 하면 복사 열전달을 줄여 창의 열관류율을 낮출 수 있다.

해설 ② 복사 → 전도

답 : ②

7. 업무시설의 이중외피(더블스킨) 커튼월시스템에 대한 설명으로 가장 적절하지 않은 것은?

① 주요 구성요소는 외측 및 내측 스킨과 중공층, 내부차양(블라인드)이다.
② 개구부 개방에 의한 자연환기가 곤란하다.
③ 중공층을 열적 완충공간으로 활용하여 난방 및 냉방 에너지 요구량을 절감할 수 있다.
④ 내부차양(블라인드) 제어가 중요하며, 여름철에 가열된 중공층 공기는 배기하여 냉방 에너지 사용을 줄인다.

해설 ② 개구부 개방에 의한 자연환기가 가능하다.

답 : ②

8. 단열에 대한 설명으로 가장 적절한 것은?

① 용량형 단열의 효과는 재료의 비열 및 질량과 관련이 있다.
② 반사형 단열은 높은 방사율을 가지는 재료를 사용하여 복사열 에너지를 반사하는 것이다.
③ 쿨루프(cool roof)의 주요 원리는 열전도율이 낮은 지붕재료에 의한 저항형 단열이다.
④ 저항형 단열은 열용량이 큰 재료를 활용하여 열전달을 억제하는 방법이다.

해설 ② 높은 → 낮은
③ 열전도율 → 일사흡수율, 저항형 → 반사형
④ 저항형 → 용량형

답 : ①

9. 다음 그림과 같은 선형 열교를 포함한 구조체에 대해 2차원 정상상태 전열해석으로 구한 총 열류량은 40W/m이다. A 및 C 부위의 열관류율이 $0.25W/m^2 \cdot K$인 경우 열교 부위의 선형 열관류율로 가장 적절한 것은? (단, 선형 열관류율은 실내측 치수를 기준으로 구한다.)

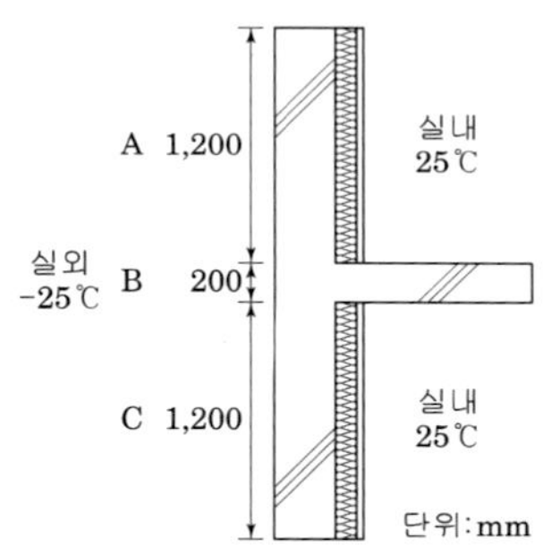

① 0.6 W/m·K ② 0.5 W/m·K
③ 0.4 W/m·K ④ 0.2 W/m·K

해설 $\psi = \frac{40}{25-(-15)} - 0.25 \times 2.4 = 0.4$ W/m·K

답 : ③

10. 열전도에 대한 설명으로 가장 적절하지 않은 것은?

① 건축재료의 열전도율은 일반적으로 금속이 크고 보통콘크리트, 목재 순으로 작아진다.
② 단열재 열전도율은 일반적으로 수분을 포함하면 커진다.
③ 중공층 외 각 재료층의 열전도저항은 재료의 열전도율을 재료의 두께로 나눈 값이다.
④ 한국산업규격에서 정하는 비드법보온판 2종은 비드법보온판 1종에 비해 열전도율이 낮다.

해설 ③ 중공층 외 각 재료층의 열전도저항은 재료의 두께를 재료의 열전도율로 나눈 값이다.

답 : ③

11. 다음과 같은 조건에서 외벽의 열관류율과 상당외기온도차를 이용하여 계산한 총 열류량이 21W일 때, 이 벽체의 열관류율은?

> • 외기온도 = 32℃
> • 실내온도 = 26℃
> • 실외표면열전달저항 = $0.05m^2 \cdot K/W$
> • 외벽면에 입사하는 전일사량 = $320W/m^2$
> • 외벽의 일사흡수율 = 0.5
> • 외벽 면적 = $5m^2$
> * 문제에서 제시한 이외의 조건은 무시한다.

① 0.20 $W/m^2 \cdot K$ ② 0.25 $W/m^2 \cdot K$
③ 0.30 $W/m^2 \cdot K$ ④ 0.35 $W/m^2 \cdot K$

해설 $21W = K \times 5m^2 \times (te - 26℃)$

$te = \frac{0.5}{20} \times 320 + 32 = 40℃$

$K = 0.30\ W/m^2 \cdot K$

답 : ③

12. 1차원 정상상태 열전달 조건에서 구한 벽체 실내 표면의 온도차이비율(TDR)이 0.05이고 실내온도 20℃, 외기온도 -10℃, 실내표면열전달계수가 $9.1W/m^2 \cdot K$인 경우, 벽체의 실내표면온도와 열관류율은?

① 19.2 ℃, 0.228 $W/m^2 \cdot K$
② 19.2 ℃, 0.455 $W/m^2 \cdot K$
③ 18.5 ℃, 0.228 $W/m^2 \cdot K$
④ 18.5 ℃, 0.455 $W/m^2 \cdot K$

해설 $\frac{0.11}{R} = \frac{20 - tsi}{20-(-10)} = 0.05$

$R = 2.2$

$tsi = 18.5℃$

$K = 0.455\ W/m^2 \cdot K$

답 : ④

13. 습공기선도에서 습공기의 특성에 대한 설명으로 가장 적절하지 않은 것은?

① 공기를 가열하면 습구온도도 변화한다.
② 건구온도가 동일한 경우, 상대습도가 높을수록 절대습도도 높아진다.
③ 공기를 노점온도까지 냉각하면 온도와 함께 상대습도도 낮아진다.
④ 건구온도가 높아지면 포화수증기압도 높아진다.

해설 ③ 공기를 노점온도까지 냉각하면 온도와 함께 상대습도는 높아진다.

답 : ③

14. 일사에 대한 설명으로 다음 보기 중 적절한 내용을 모두 고른 것은?

> ㉠ 대기투과율이 낮을수록 직달일사량은 많아진다.
> ㉡ 대기투과율은 태양상수에 대한 지표면 천공일사량으로 계산된다.
> ㉢ 태양고도가 높을수록 수평면 종일 직달일사량은 많아진다.
> ㉣ 우리나라에서 정남향 수직면에 도달하는 춘분의 종일 직달일사량이 하지의 종일 직달일사량보다 더 크다.

① ㉠, ㉢ ② ㉡, ㉣
③ ㉡, ㉢ ④ ㉢, ㉣

해설 ㉠ 대기투과율이 높을수록 직달일사량은 많아진다.
㉡ 대기투과율은 태양상수에 대한 지표면 직달일사량으로 계산된다.

답 : ④

15. 하지에 태양이 남중할 때, 그림과 같은 정남향의 창에서 직달일사를 완전히 차폐할 수 있는 수평차양의 최소길이 d에 가장 가까운 값은? (단, 태양고도는 60°이다.)

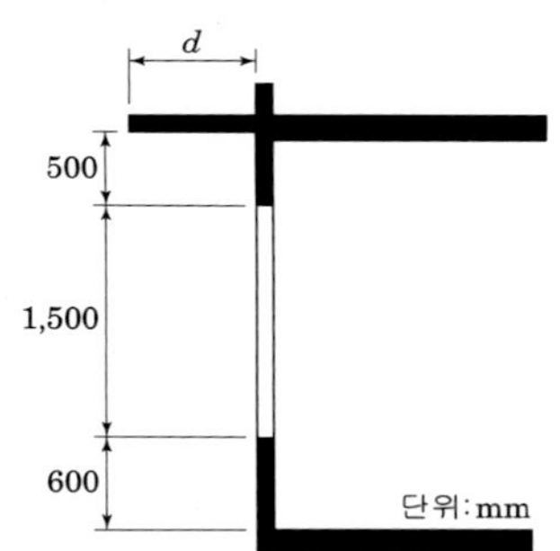

① 920 mm ② 1,000 mm
③ 1,080 mm ④ 1,160 mm

해설 $\tan(90-60)° = \frac{d}{2000}$

$d = 2000 \times \tan 30°$

$= 1{,}155\text{mm} \fallingdotseq 1{,}160\text{mm}$

답 : ④

16. 실내외 압력차 50 Pa에서 외피면적당 누기량(air permeability)이 $3\text{m}^3/\text{h}\cdot\text{m}^2$인 기밀성능을 ACH_{50}으로 나타낸 값은? (단, 건물의 실내 체적 300m^3, 외피면적 400m^2이다.)

① 3 ② 4
③ 5 ④ 6

해설 $Q = 3\text{m}^3/\text{h}\cdot\text{m}^2 \times 400\text{m}^2 = 1{,}200\text{m}^3/\text{h}$

$ACH_{50} = \frac{1{,}200\text{m}^3/\text{h}}{300\text{m}^3/\text{회}} = 4\text{회}/\text{h}$

답 : ②

17. 건물 개구부 전후의 압력차가 15.5Pa인 경우, 개구부를 통한 풍량은? (단, 유량계수 0.5, 개구부면적 200cm^2, 공기 밀도 1.2kg/m^3이고, 소수점 이하 둘째자리에서 반올림한다.)

① $129.4\ \text{m}^3/\text{h}$ ② $183.0\ \text{m}^3/\text{h}$
③ $405.0\ \text{m}^3/\text{h}$ ④ $572.8\ \text{m}^3/\text{h}$

해설 $Q = \alpha \cdot A \cdot \sqrt{\frac{2}{r}} \cdot \sqrt{\Delta P}\ (\text{m}^3/\text{s})$

$= 0.5 \times 0.02 \times 1.291 \times 3.937$

$= 0.0508\ \text{m}^3/\text{s}$

$= 183.0\ \text{m}^3/\text{h}$

답 : ②

18. 실내 체적이 200m^{3}인 실에서 수증기 발생량이 2.4kg/h인 경우, 실내 절대습도를 0.010kg/kg로 유지하고자 할 때 필요한 환기횟수는? (단, 외기 절대습도는 0.005kg/kg, 공기의 밀도는 1.2kg/m^{3}이다.)

① 1.0회/h ② 1.2회/h
③ 2.0회/h ④ 2.4회/h

해설 $Q = \dfrac{2.4}{1.2 \times (0.01 - 0.005)} = 400\text{m}^3/\text{h}$

$\text{환기횟수} = \dfrac{400\text{m}^3/\text{h}}{200\text{m}^3/\text{회}} = 2\text{회/h}$

답 : ③

19. 총광속법에서 조명률에 영향을 미치는 인자로 가장 적절하지 않은 것은?

① 실내 마감재의 반사율
② 작업면 조도
③ 시 작업면으로부터 광원까지의 높이
④ 조명기구의 배광특성

해설 조명률(U)은 광원의 종류, 조명방식, 조명기구, 실지수, 실내면 반사율 등에 따라 달라진다.

답 : ②

20. 채광과 조명에 대한 설명으로 가장 적절하지 않은 것은?

① 시지각 대상이 바뀌어도 광원의 연색성 지수는 변하지 않는다.
② 일반적으로 낮은 조도와 낮은 색온도를 사용하는 것이 높은 조도와 높은 색온도를 사용하는 것보다 시지각적으로 쾌적하다.
③ 어두운 곳에서 밝은 곳으로 이동할 때보다 밝은 곳에서 어두운 곳으로 이동할 때 시각적으로 순응하는데 더 많은 시간이 소요된다.
④ 실내의 어느 점에서의 주광률은 창으로부터 거리와 연관이 있다.

해설 ② 일반적으로 높은 조도와 높은 색온도를 사용하는 것이 시지각적으로 쾌적하다.

답 : ②

1차시험: 건축설비시스템(2017년)

1. 레이놀즈 수(Reynolds' number, Re수)에 대한 설명으로 적합하지 않은 것은?

① Re수는 관성력과 점성력의 비를 나타낸다.

② Re수가 작을 때는 난류이고, 클 때에는 층류이다.

③ 배관내 유체의 Re수는 유속, 관경, 점도와 관계가 있다.

④ Re수는 대류열전달계수 및 마찰계수와 관계가 있다.

해설 Re수가 작을 때는 층류이고, 클 때에는 난류이다.

답 : ②

2. 공조용 송풍기의 국소 대기압이 500mmHg이고 계기압력이 $0.5kgf/cm^2$일 때, 절대압력(kgf/cm^2)은 얼마인가?

① 1.08 ② 1.18
③ 2.08 ④ 2.18

해설 절대압력=게이지압력 + 대기압

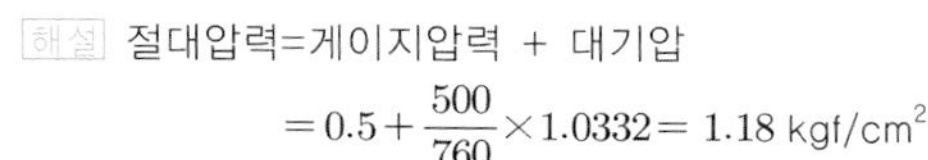

$$= 0.5 + \frac{500}{760} \times 1.0332 = 1.18\ kgf/cm^2$$

답 : ②

3. 어느 냉동공장에서 50RT의 냉동부하에 대한 냉동기를 설계하려고 한다. 냉매는 등엔트로피 압축을 한다고 가정할 때, 다음 그림에서 냉매의 순환량(kgf/h)은 얼마인가? (단, 1 RT[냉동톤] = 3,320kcal/h)

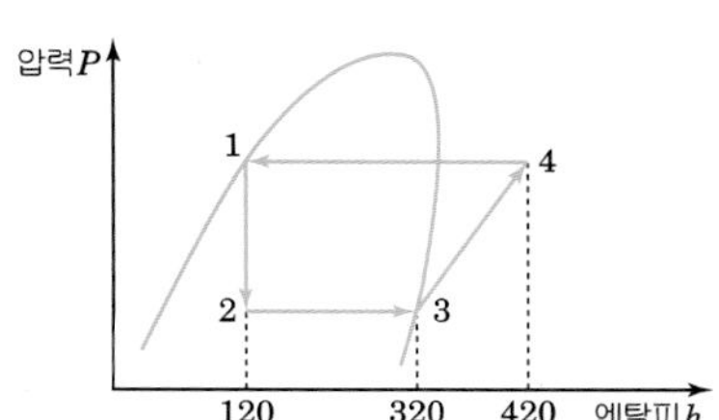

① 800 ② 810
③ 830 ④ 840

해설 $냉매순환량 = \frac{냉동능력}{냉동효과}$

$$= \frac{3320 \times 50}{320 - 120} = 830kgf/h$$

답 : ③

4. 공조바닥면적이 5,000m^{2}인 사무소 건물의 난방을 위한 보일러의 정미출력(Net Capacity, kW)으로 적합한 것은? (단, 면적당 난방부하는 0.2kW/m^{2}이며, 급탕부하 100kW, 배관부하 20kW, 예열부하는 난방부하의 70%이다.)

① 1,020　　② 1,100
③ 1,120　　④ 1,820

해설 정미출력(방열기용량)
= 난방부하(HR) + 급탕부하(HW)
= 5000m^2 × 0.2kW/m^2 + 100kW
= 1,100kW

답 : ②

5. 공기조화설비용 덕트 내로 공기가 흐를 때 발생하는 마찰손실수두와 반비례하는 것은?

① 덕트의 직경　　② 덕트의 길이
③ 공기의 풍량　　④ 마찰계수

해설 마찰손실수두(Hf)와 마찰손실압력(Pf)

$$Hf = \lambda \cdot \frac{\ell}{d} \cdot \frac{v^2}{2g}[mAq],\ Pf = \lambda \cdot \frac{\ell}{d} \cdot \frac{v^2}{2} \cdot \rho[Pa]$$

여기서, Hf : 길이 1m의 직관에 있어서의 마찰손실수두(mAq)
Pf : 길이 1m의 직관에 있어서의 마찰손실압력(Pa)
λ : 관마찰계수(강관 0.02)
g : 중력가속도(9.8m/sec²)
d : 관의 내경(m)
ℓ : 직관의 길이(m)
v : 관내 평균 유속(m/s)
ρ : 물의 밀도(1,000kg/㎥)

∴ 관마찰계수, 관의 길이, 유속의 제곱에 비례하고, 관의 내경과 중력가속도에 반비례한다.

답 : ①

6. 어느 공조공간에서 열손실이 현열 20kW와 잠열 5kW일 때, 현열비(Sensible Heat Factor : SHF)는 얼마인가?

① 0.80　　② 0.40
③ 0.45　　④ 0.25

해설 현열비(SHF) : 전열 변화량에 대한 현열 변화량의 비

$$\therefore \text{현열비(SHF)} = \frac{\text{현열부하}}{\text{현열부하+잠열부하}} = \frac{20}{20+5} = 0.8$$

답 : ①

7. 다음 중 개별공조방식으로 가장 적합한 것은?

① 정풍량 단일덕트방식
② 이중덕트방식
③ 팬코일유닛방식
④ 룸 에어컨방식

해설 열매의 종류에 의한 공기조화 방식의 분류
(1) 중앙식
- 전공기식(공기) : 단일덕트방식(정풍량방식, 변풍량방식), 이중덕트방식, 멀티존유닛방식, 각층유닛방식
- 공기·수식(공기+물) : 유인유닛방식, 팬코일유닛방식(외기덕트병용), 복사냉난방방식(외기덕트병용)
- 전수식(물) : 팬코일유닛방식, 복사냉난방방식

(2) 개별식
- 냉매식 : 룸 에어컨방식, 패키지형방식, 세퍼레이트형방식

답 : ④

8. 수축열방식은 15℃의 물을 5℃의 물로 냉각하여 저장한다. 빙축열방식은 같은 온도(15℃)의 물을 0℃의 얼음으로 만들어 저장하며 IPF(빙충전율)는 25%로 한다. 각 방식에 대하여 1,000MJ의 축열을 위해서 필요한 축열조의 부피(m^3)는 약 얼마인가?
(단, 축열조의 온도는 균일하고, 물의 비열은 4kJ/kg·K, 얼음의 잠열은 340kJ/kg, 물과 얼음의 밀도는 1,000kg/m^3으로 동일한 것으로 가정한다.)

① 수축열 : 24
  빙축열 : 7

② 수축열 : 24
  빙축열 : 14

③ 수축열 : 48
  빙축열 : 7

④ 수축열 : 48
  빙축열 : 14

해설 수축열은 현열저장방식, 빙축열은 현열과 잠열저장방식이다.

㉠ 수축열

$q = \rho QC\Delta t$ [kJ]에서

$$Q = \frac{q}{\rho C\Delta t} = \frac{1,000,000}{1,000 \times 4.2 \times (15-5)}$$

$= 23.8 \rightarrow 24m^3$

㉡ 빙축열

$$Q = \frac{q}{\rho C\Delta t}$$

$$= \frac{1,000,000}{1,000 \times (340 + 4.2 \times (15-0)) \times 0.25 + 1,000 \times 4.2 \times (15-0) \times (1-0.25)}$$

$= 6.76 \rightarrow 7m^3$

※ 물의 밀도는 1,000kg/m^3, 얼음의 밀도는 920kg/m^3이지만 문제조건에서 동일한 것으로 가정함

답 : ①

9. 엔탈피가 낮은 외기를 도입하여 냉방에너지를 절약 할 수 있다. 다음 중 엔탈피가 가장 낮은 습공기의 상태는?

① 건구온도 20℃, 노점온도 10℃
② 건구온도 20℃, 노점온도 15℃
③ 건구온도 25℃, 노점온도 10℃
④ 건구온도 25℃, 노점온도 15℃

해설 외기냉방을 할 때 보통 외기온도와 실내온도(실내에서 환기되는 온도)를 비교하여, 외기온도가 더 낮을 때 댐퍼를 개방하여 차가운 외기를 도입하여 실내에 공급하고 더운 실내공기를 배출하지만, 외기냉방에서 감안하여야 할 것은 습도이다. 외기습도가 높으면 외기온도가 낮아도 외기냉방의 효과를 얻을 수 없다. 그 이유는 공기의 엔탈피 때문이다.(엔탈피제어)
보기 중에서 온도가 낮으면서 습도가 낮은 ①의 경우가 엔탈피가 가장 낮은 습공기의 상태이다.

답 : ①

10. 수격현상 방지책에 대한 설명 중 틀린 것은?

① 관성력을 크게 하기 위하여 관내 유속을 높게 한다.
② 펌프에 플라이휠을 설치하여 펌프가 정지되어도 급격히 중지되지 않도록 한다.
③ 서어징탱크 또는 공기실을 설치하여 압력의 완충작용을 할 수 있도록 한다.
④ 자동 수압조절밸브를 설치하여 압력을 조절한다.

해설 수격 현상(water hammering)
관내 유속이 빠르거나 혹은 밸브, 수전 등의 관내 흐름을 순간적으로 폐쇄하면, 관내에 압력이 상승하면서 생기는 배관 내의 마찰음 현상이다.
① 원 인
㉠ 유속이 빠를 때
㉡ 관경이 적을 때
㉢ 밸브 수전을 급히 잠글 때
㉣ 굴곡 개소가 많을 때
㉤ 감압 밸브를 사용하지 않을 때
② 방지책
㉠ 관내 유속을 될 수 있는 대로 느리게 하고 관경을 크게 한다.
㉡ 폐수전을 폐쇄하는 시간을 느리게 한다.
㉢ 기구류 가까이에 air chamber를 설치하여 chamber 내의 공기를 압축시킨다.
㉣ water hammer 방지기를 water hammer의 발생 원인이 되는 밸브 근처에 부착시킨다.
㉤ 굴곡 배관을 억제하고 될 수 있는 대로 직선배관으로 한다.
㉥ 펌프의 토출측에 릴리프밸브나 스모렌스키 체크밸브를 설치한다.(압력상승 방지)
㉦ 자동수압 조절밸브를 설치한다.

답 : ①

11. 수변전설비에서 에너지절약을 도모할 수 있는 방법이 아닌 것은?

① 고효율 변압기 채택
② 서지흡수기 설치
③ 역률자동조절장치 설치
④ 변압기 대수 제어

해설 서지흡수기는 수변전설비에서 내부이상전압에 대한 보호대책이며, 에너지절약과는 관련이 없다.

답 : ②

12. 어느 건축물의 전기설비용량이 1,000kW, 수용률 72%, 부등률 1.2일 때, 수전시설 용량(kVA)은 얼마인가? (단, 부하 역률은 0.8으로 계산한다.)

① 600 ② 650
③ 700 ④ 750

해설 $$변압기용량=\frac{설비용량\times 수용률}{부등률\times 역률}=\frac{1000\times 0.72}{1.2\times 0.8}=750[\text{kVA}]$$

답 : ④

13. 고효율 전동기를 만들기 위해 고려해야 하는 전동기의 손실 감소 및 효율증대 방법과 관련된 설명이 맞지 않는 것은?

① 철심 길이를 증대시킴으로써 철손과 동손을 감소시킬 수 있다.
② 고정자 결선부의 길이를 감소시킴으로써 동손을 감소시킬 수 있다.
③ 회전자 도체 크기를 증가시킴으로써 동손을 감소시킬 수 있다.
④ 소용량 전동기보다 중용량 전동기의 철손 비율이 더 크다.

해설 철심의 길이가 길어지면, 자성체가 가지고 있는 자기저항도 커진다. 자기저항이 커지게 되면 자속은 작아지게 되고, 자속밀도도 작아진다. 결국 자속밀도의 감소로 철손이 감소된다.

답 : ④

14. 용량 30kVA의 단상 주상변압기가 있다. 어느 날 이 변압기의 부하가 30kW로 2시간, 24kW로 8시간, 6kW로 14시간이었을 경우, 이 변압기의 전일효율(%)는 얼마인가? (단, 부하의 역률은 1.0, 변압기의 전부하동손은 500W, 철손은 200W라고 한다.)

① 79.55　② 89.29
③ 95.29　④ 97.49

해설 사용전력량
W=30×2+24×8+6×14=336[kWh]
철손량
P_{iT}=24×0.2=4.8[kWh]
동손량

$$P_{cT}=m^2P_cT$$
$$=0.5\times\left\{\left(\frac{30}{30}\right)^2\times2+\left(\frac{24}{30}\right)^2\times8+\left(\frac{6}{30}\right)^2\times14\right\}$$

=3.84[kWh]

$$\text{전일효율}=\frac{336}{336+4.8+3.84}\times100=97.49[\%]$$

답 : ④

15. 다음 에너지절감을 위한 고효율 LED 조명설비의 교체 계획 중 연간 에너지절감량이 가장 큰 것은? (단, [ ] 안은 연평균 일일 조명사용시간)

① 화장실[1시간] : (기존) 200W 백열전구 → (교체) 10W LED램프
② 복도[2시간] : (기존) 20W 형광램프 → (교체) 7W LED램프
③ 로비[10시간] : (기존) 250W 나트륨램프 → (교체) 100W LED다운라이트
④ 사무실[8시간] : (기존) 4×32W 형광램프 → (교체) 50W LED평판등

해설 보기 ③번의 절감전력 :
250[W]-100[W]=150[W]이며, 하루의 절감전력량은 150[W]*10시간=1.5[kWh]로서 가장 절감전력량이 크다.

답 : ③

16. 면적이 200m^{2}인 사무실에 소비전력 40W, 전광속 2,500lm의 형광램프를 설치하여 평균조도 500lx를 만족하고 있다. 이 사무실을 동일한 조도로 유지하면서 소비전력 20W, 발광효율 150lm/W LED램프로 교체할 경우, 절감되는 총 소비전력(W)은?(단, 형광램프와 LED램프의 조명률 = 0.5, 감광보상률 = 1.2로 동일하게 가정한다.)

① 1,120　② 1,600
③ 2,240　④ 3,200

해설 형광등의 필요개수 $N=\frac{DES}{FU}$

$$=\frac{1.2\times500\times200}{2500\times0.5}$$

=96개
형광등의 소비전력=96개×40[W]
=3840[W]
LED 램프의 광속 F=20[W]×150[lm/W]
=3000[lm]
LED의 개수 $N=\frac{1.2\times500\times200}{3000\times0.5}$=80개
LED의 소비전력=80개×20[W]=1600[W]
절감되는 총 소비전력=3840-1600
=2240[W]

답 : ③

17. "건축전기설비설계기준"에 의한 태양광 발전 설비 중 태양전지 모듈 선정시 변환 효율(%)에 대한 식으로 맞는 것은?
(단, P_{max} : 최대출력(W), G : 방사속도 (W/m^2), A_t : 모듈전면적(m^2))

① $\frac{P_{max} \times G}{A_t} \times 100$

② $\frac{A_t \times G}{P_{max}} \times 100$

③ $\frac{A_t}{P_{max} \times G} \times 100$

④ $\frac{P_{max}}{A_t \times G} \times 100$

답 : ④

18. "신·재생에너지 설비의 지원 등에 관한 규정"에 따른 설비원별 시공기준에서 일조시간 기준이 맞게 연결된 것은?(단, 춘계는 3월~5월, 추계는 9월~11월 기준으로 한다.)

① 태양광설비, 집광·채광설비 – 춘·추계 기준 4시간 이상
② 태양광설비, 집광·채광설비 – 춘·추계 기준 5시간 이상
③ 태양광설비, 태양열설비 – 춘·추계 기준 4시간 이상
④ 태양광설비, 태양열설비 – 춘·추계 기준 5시간 이상

답 : ②

19. 다음 중 신·재생에너지 설비 KS 인증을 위한 지열 설비에 해당되지 않는 것은?

① 정격용량 530KW 이하 물-물 지열원 열펌프 유닛
② 정격용량 175KW 이하 물-공기 지열원 열펌프 유닛
③ 정격용량 530KW 이하 공기-물 지열원 열펌프 유닛
④ 정격용량 175KW 이하 물-공기 지열원 멀티형 열펌프 유닛

해설
- 물–물 지열 열펌프 유니트(530kW 이하)
- 물–공기 지열 열펌프 유니트(175kW 이하)
- 물–공기 지열 멀티형 열펌프 유니트(175kW 이하)

답 : ③

20. 다음은 "신·재생에너지 설비의 지원 등에 관한 지침"에 따른 지열이용검토서 작성기준의 용어 정의에 해당하는 항목들이다. 다음 중 용어정의가 틀린 것은?

㉮ 지열담당면적 : 건축물 전체 면적 중 지열 시스템이 담당하는 면적
㉯ 건축물 전체 부하량 : 지열시스템이 설치되는 건축물의 전체 부하량
㉰ 지열담당부하량 : 지열시스템이 담당하는 부하량
㉱ 사업용량 : 지열시스템의 냉 · 난방 설치용량 중 큰 값
㉲ 설치 용량 : 인증서에 표기된 열펌프의 냉 · 난방 정미능력
㉳ 설계용량 : 지열열펌프 성적서에 표기된 정격냉방용량 및 정격난방용량

① ㉮, ㉯　　　　② ㉲, ㉳
③ ㉱, ㉳　　　　④ ㉯, ㉱

해설 사업용량 : 지열시스템의 냉난방 설치용량중 큰 값+급탕용량
설계용량 : 시스템 설계를 위해 열원측, 부하측에 적용된 EWT 기준으로 시험성적서 또는 성능표에 분석된 열펌프 정미능력

답 : ③

1. 열역학적 물성치 중 단위가 동일한 것들을 하나의 그룹으로 분류한다면 다음 4개의 물성치는 몇 개의 그룹으로 나눌 수 있는가?

> 비엔탈피(h), 비엔트로피(s)
> 정압비열(C), 정적비열(C_v)

① 1개 그룹
② 2개 그룹
③ 3개 그룹
④ 4개 그룹

해설 비엔탈피 : kJ/kg ― 1그룹
비엔트로피 : kJ/kg·K
정압비열 : kJ/kg·K
정적비열 : kJ/kg·K ― 1그룹
(두 그룹 합쳐 2그룹)

답 : ②

2. 작동유체로 사용되는 이상기체인 역카르노 사이클(카르노 냉동사이클)을 압력-비체적 선도(P-v diagram)에 바르게 표시한 것은? (상태변화 : 1→2→3→4→1)

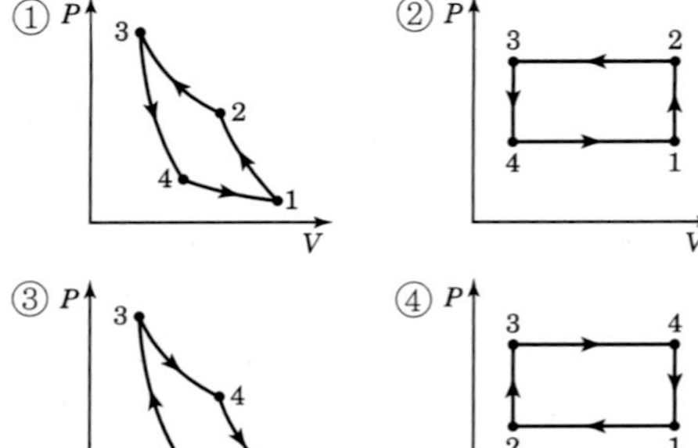

해설 ① 역카르노 사이클 : P-v 선도
② 역카르노 사이클 : T-s 선도
③ 카르노 사이클 : P-v 선도
④ 카르노 사이클 : T-s 선도

답 : ①

3. 지면에 수직으로 설치된 분수 노즐이 있다. 노즐이 연결된 배관 내의 계기압력(Gauge Pressure)은 200kPa이고 배관 내의 유속은 4m/s이다. 노즐에서 분출되는 물이 도달할 수 있는 최대 높이는? (단, 물의 밀도는 1,000kg/m^3, g=9.8m/s^2, 대기압은 100kPa이며, 배관과 노즐에서의 압력손실과 분사된 물에 대한 공기의 저항은 무시한다.)

① 11.0m ② 15.6m
③ 21.2m ④ 24.4m

해설 수직으로 설치된 분수 노즐의 아랫점과 윗점에 대해 베르누이 정리를 하면

$$Z_1 + \frac{P_1}{eg} + \frac{V_1^2}{2g} = Z_2 + \frac{P_2}{eg} + \frac{V_2^2}{2g}$$ 에서

$Z_1 = 0$, $V_2 = 0$이므로

$$Z_2 = \frac{P_1 - P_2}{eg} + \frac{V_1^2}{2g}$$

$$= \frac{(300-100)\times 10^3}{1000 \times 9.8} + \frac{4^2}{2 \times 9.8}$$

$= 21.2$m

답 : ③

4. 증기압축식 히트펌프에 대한 설명 중 적절하지 않은 것은?

① 저온부에서 열을 흡수하고 고온부에서 열을 방출한다.
② 외부로 열손실이 없는 경우 난방성적계수(COP_H)는 1보다 크다.
③ 물-공기 방식(수열원) 히트펌프에서는 제상장치가 필요없다.
④ 응축온도가 높을수록 난방성적계수(COP_H)가 증가한다.

해설 이상적 성적계수(히트펌프)

$$COP_H = \frac{T_H}{T_H - T_L}$$

T_H : 응축 절대온도
T_L : 증발 절대온도
응축온도가 높으면 난방성적계수(COP_H)가 감소한다.

답 : ④

5. 압축식 냉동기에서 냉매 순환 유량이 0.2kg/s, 증발기 입구 냉매의 비엔탈피가 100kJ/kg, 증발기 출구 냉매의 비엔탈피가 300kJ/kg 이다. 외부와 열교환을 무시할 수 있는 압축기의 소요 동력이 15kW일 때 응축기에서 방출되는 열전달률은?

① 25kW ② 35kW
③ 45kW ④ 55kW

해설 $Q = q + A_L$에서
$q = (300-100) \times 0.2 = 40$kW
$A_L = 15$kW
$\therefore\ Q = 40 + 15 = 55$kW

답 : ④

6. 다음과 같은 조건에서 환기에 의한 현열부하로 적절한 것은? (단, 폐열회수는 없다.)

- 외기온도 : 0℃
- 공기의 밀도 : 1.2 kg/m^3
- 천장고 : 2.6m
- 환기횟수 : 2회/h
- 실내온도 : 24℃
- 공기의 비열 : 1.01 kJ/kg·K
- 바닥면적 : 150m^2

① 3.15kW　② 6.30kW
③ 12.60kW　④ 5.20kW

해설 $qs = \rho QC(t_i - t_0) = \rho n VC(t_i - t_0)$
$= 1.2 \times (2 \times 150 \times 2.6) \times 1.01 \times (24-0)$
$= 22688.64[kJ/h] = 6.30[kW]$
※ 환기량 $Q = n \cdot V$

답 : ②

7. 주거공간의 바닥난방시 난방부하로 10kW의 외피부하와 현열 환기부하만 고려할 때 아래 ㉠, ㉡ 두 경우의 바닥난방 공급열량으로 가장 적합한 것은? (단, 침기 및 기타 열손실은 없는 것으로 가정한다. 바닥난방 공급열량은 바닥난방 상부방열량과 바닥난방 하부손실열량으로 구성되며, 바닥난방 하부손실열량은 바닥난방 상부방열량의 10%로 가정한다.)

㉠ 현열 환기부하 2kW일 경우 바닥난방 공급열량(kW)
㉡ 80% 효율 현열회수 환기장치를 ㉠ 경우에 적용할 경우 바닥난방 공급열량(kW)

① ㉠ 13.2kW, ㉡ 11.4kW
② ㉠ 12.0kW, ㉡ 10.8kW
③ ㉠ 13.2kW, ㉡ 12.7kW
④ ㉠ 12.0kW, ㉡ 10.2kW

해설 바닥난방 공급열량
㉠ 외피손실+환기손실=10+2=12에 하부 열손실 10%를 가하므로 $(10+2) \times 1.1 = 13.2kW$
㉡ 난방+환기
㉠의 조건에 현열회수 환기장치(효율 80%) 설치한 경우이므로
난방 (10×1.1)에 환기 $2 \times (1-0.8)$이므로
∴ 난방+환기 $= (10 \times 1.1) + (2 \times 0.2) = 11.4kW$

답 : ①

8. 외피 열획득과 침기·일사 등 외부 부하 요소의 영향이 거의 없고 인체·조명·기기 등의 내부 발열부하가 주된 요소인 내부부하 위주의 건물(internal load dominated building)에서 냉방부하가 외기에 상관없이 일정하다고 가정한다. 그림과 같이 공조기 외기 도입량과 냉동기 가동 여부에 따른 ⓐ, ⓑ, ⓒ, ⓓ의 4가지 운전방식과 습공기선도상에서 공조기 상태변화를 적절하게 연결한 것은? (단, 최대외기도입량은 설계급기풍량과 같으며, OA는 외기상태, RA는 실내상태, SA는 급기상태이다.)

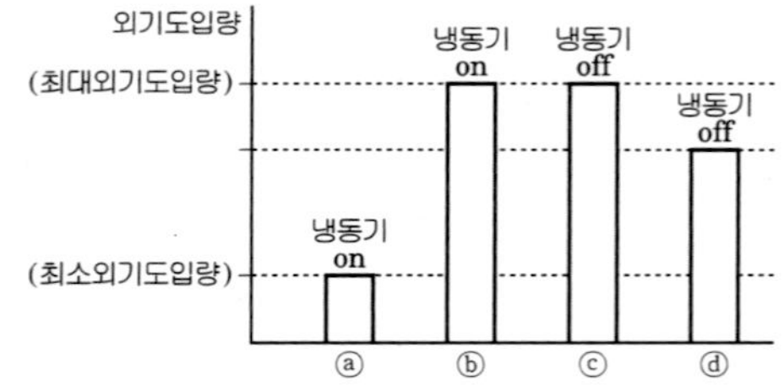

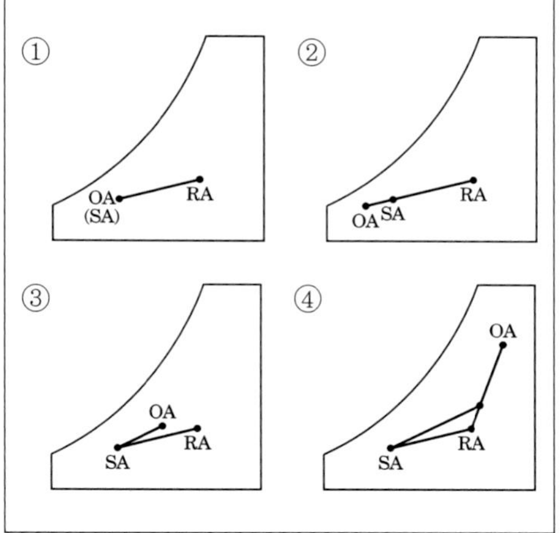

① ⓐ-㉣ ⓑ-㉢ ⓒ-㉠ ⓓ-㉡
② ⓐ-㉡ ⓑ-㉢ ⓒ-㉣ ⓓ-㉠
③ ⓐ-㉣ ⓑ-㉡ ⓒ-㉢ ⓓ-㉠
④ ⓐ-㉡ ⓑ-㉠ ⓒ-㉣ ⓓ-㉢

해설 보기 ㉠ : 외기냉방 : 냉동기 off [그림 ⓒ]
보기 ㉡ : 외기 + 환기 → 급기
: 냉동기 off [그림 ⓓ]
보기 ㉢ : 외기냉방(외기량 최대)
: 외기의 냉방 능력이 부족하므로 냉동기 on [그림 ⓑ]
보기 ㉣ : 외기 + 환기 → 냉각감습 → 급기
: 냉동기 on [그림 ⓐ]

답 : ①

9. HVAC 시스템에서 냉방 시 냉수 온도를 낮춰 공조기 급기온도를 낮출 경우에 대한 설명으로 적절하지 않은 것은?

① 동일 습도조건에서는 디퓨저와 덕트의 결로 가능성이 커진다.
② 공조기 공급풍량을 줄일 수 있어 팬동력 감소가 가능하며, 덕트 크기를 줄일 수 있다.
③ 냉동기 COP가 향상되어 냉동기 에너지 소비를 감소시킬 수 있다.
④ 냉수배관에서 대온도차를 이용한 설계를 할 경우 냉수 순환 유량을 감소시켜 냉수 펌프의 동력절감이 가능하다.

해설 저온공조시스템에서 저온의 냉수를 얻고자 하면 냉동기의 증발온도가 낮아야 하므로 냉동기의 성적계수(COP)는 감소되어 냉동기 에너지 소비를 증가시킬 수 있다.

답 : ③

10. 재질이 같고 길이가 동일한 공조용 덕트의 마찰 손실에 대해 적절하지 않은 것은?

① 단면적이 일정한 경우 풍량이 증가하면 마찰손실은 증가한다.
② 풍량이 일정한 경우 단면적이 증가하면 마찰손실이 감소한다.
③ 풍량이 일정하고 단면적이 동일한 경우 마찰손실은 원형덕트보다 장방형(사각)덕트가 작다.
④ 풍량이 일정하고 단면적이 동일한 경우 마찰손실은 장방형(사각)덕트에서 장변의 길이가 길수록 커진다.

해설 풍량이 일정하고 단면적이 동일한 경우 마찰손실은 원형덕트보다 장방형(사각)덕트가 크다.

답 : ③

11. 전기설비 설계시 수변전설비의 용량이나 배전선의 굵기를 결정할 때에 지표로, 부하설비 용량합계에 대한 최대 수용전력의 비를 말하는 것은?

① 부하율 ② 부등률
③ 보수율 ④ 수용률

해설 수용률 $= \dfrac{\text{최대 수용 전력}}{\text{부하 설비 용량}} \times 100$

답 : ④

12. 건축물 전기설비의 기능과 역할을 설명한 것 중 가장 적절하지 않은 것은?

① 역률개선용콘덴서 – 부하측 무효전력 조정
② 단로기 – 단락전류 및 부하전류 차단
③ 피뢰기 – 외부 이상전압으로부터 전기기기 보호
④ 계기용변압변류기 – 부하측에서 사용되는 전력량 계측

해설 단로기는 무부하시 선로를 개폐하는 개폐기의 일종으로 아크소호능력이 없다. 반면에 차단기는 부하전류, 단락전류 등을 차단할 수 있다.

답 : ②

13. 용량이 50kVA 인 단상변압기 3대를 Δ 결선하여 3상 3선식으로 운전하던 중 1대의 고장으로 V결선하여 운전하고 있다. 이 때의 변압기 총출력과 이용률은?

① $50 \times \sqrt{3}$ kVA, 86.6%
② 50×2kVA, 57.7%
③ $50 / \sqrt{3}$ kVA, 86.6%
④ $50 / 2$kVA, 86.6%

해설 • V결선시 출력 $P_V = \sqrt{3}P_1$[kVA]
단, P_1은 단상 변압기 1대의 용량
$P_V = \sqrt{3}P_1 = \sqrt{3} \times 50 = 86.6$[kVA]
• 이용률 $= \dfrac{V\text{결선시의 출력}}{\text{단상변압기 2대용량}}$
$= \dfrac{86.6}{50 \times 2} \times 100 = 86.6$[%]

답 : ①

14. 다음 그림은 건물의 일일 전력부하 그래프이다. 이 건물의 일부하율로 적절한 것은?

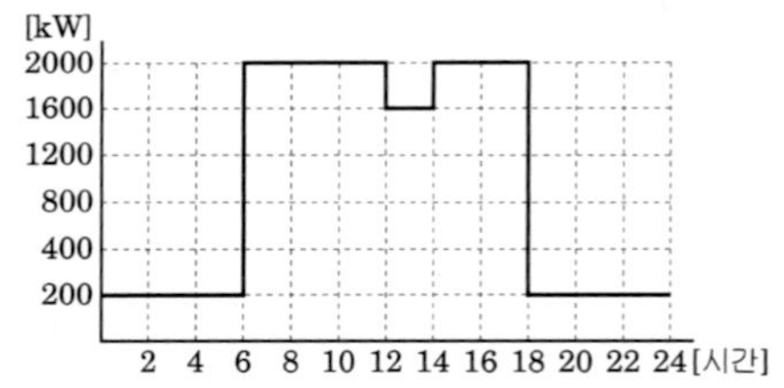

① 44.5% ② 49.7%
③ 53.3% ④ 56.9%

해설 일 부하율 $= \dfrac{\text{평균전력}}{\text{최대전력}}$

$= \dfrac{\dfrac{\text{사용전력량[kWh]}}{24\text{[h]}}}{\text{최대전력[kW]}} \times 100$

∴ 일 부하율

$$= \frac{\frac{200\times6+2000\times6+1600\times2+2000\times4+200\times6}{24}}{2000}\times100$$

$=53.3[\%]$

답 : ③

15. 면적이 $300m^2$인 사무실에서 전광속 4,950 lm, 소비전력 64W인 형광램프를 설치하여 평균 조도 400lx를 만족하고 있다. 동일 사무실에서 같은 조도를 유지하면서 소비전력 33W, 발광효율 150lm/W인 LED 램프로 교체할 경우, 절감되는 총 소비전력은?
(단, 형광램프와 LED 램프의 조명률 = 0.49, 감광보상률 = 1.2, 1등용 등기구로 동일하게 가정한다.)

① 1,550W　② 1,705W
③ 1,860W　④ 2,015W

해설 형광등의 개수 N

$$= \frac{1.2\times400\times300}{4950\times0.49} = 59.36 ≒ 60\text{개}$$

형광등의 총 소비전력

$P_1 = 64\times60 = 3840[W]$

LED의 광속

$F = \eta\times P = 33\times150 = 4950[lm/W]$

LED의 개수

$$N = \frac{1.2\times400\times300}{4950\times0.49} = 59.36 ≒ 60\text{개}$$

LED의 총 소비전력 $P_2 = 33\times60 = 1980[W]$

절감되는 총 소비전력

$\Delta P = P_1 - P_2 = 3840 - 1980 = 1860[W]$

답 : ③

16. 조명과 관련된 다음의 용어와 이를 나타내는 단위가 바르게 연결되지 않은 것은?

① 조도 - lx
② 복사속 - lm/sr
③ 광고 - cd
④ 휘도 - cd/m^2

해설 복사속의 단위는 [W]이다.

답 : ②

17. 태양열 이용 난방방식에서 주요 구성요소로 적절하지 않은 것은?

① 집열기　② 개질기
③ 축열조　④ 순환펌프

해설 개질기는 연료전지의 구성요소이며, 연료에서 수소를 만들어내는 장치이다.

답 : ②

18. 어떤 건물의 연간 총에너지사용량 1,150 MWh의 10%를 태양광발전(PV)으로 공급하려고 할 때, 다음 조건에서 필요한 태양광 최소 설치면적은?

- 단위 PV모듈 용량 : 350Wp
- 단위 PV모듈 크기 : 2m × 1m
- 태양광발전 kW당 연간 에너지생산량 : 1,358kWh/kW

* 기타 보정계수, 설치방식 등 다른 조건은 고려하지 않는다.

① $85m^2$　② $170m^2$
③ $242m^2$　④ $484m^2$

해설 • 태양광 발전량 $= 1150 \times 0.1 = 115$[MWh]

• 모듈 1개의 연간 에너지생산량
$= 0.35[\text{kW/개}] \times 1358[\text{kWh/kW}]$
$= 475.3[\text{kWh/개}]$

• 필요한 모듈의 개수
$= \dfrac{115 \times 10^3[\text{kWh}]}{475.3[\text{kWh/개}]} = 241.95 \fallingdotseq 242[\text{개}]$

• 태양광 설치면적
$= 242[\text{개}] \times 2[\text{m}^2/\text{개}] = 484[\text{m}^2]$

답 : ④

19. 지열에너지설비의 지중열교환기에 대한 설명으로 적절하지 않은 것은?

① 수직밀폐형은 지중에 수직으로 보어홀을 천공하고 지중열교환기를 설치하는 방식을 말한다.

② 지중수평형은 지중에 수평으로 트렌치를 설치하고 지중열교환기를 설치하는 방식을 말한다.

③ 에너지파일형은 호수, 하천수 등 지표수를 하층부에 금속 파이프 형태의 지중열교환기를 설치하는 방식을 말한다.

④ 스탠딩컬럼웰형은 수직으로 지열우물공을 설치하고 지열우물공으로부터 지하수를 취수하여 열교환하는 방식을 말한다.

해설 에너지파일형은 건축물의 기초말뚝에 지중열교환기를 설치하는 방식을 말한다.

답 : ③

20. 신재생에너지 이용과 관련된 기술에 대한 설명중 적절하지 않은 것은?

① 에너지저장장치(ESS)는 생산된 전기를 배터리 등 저장장치에 저장했다가 전력이 필요할 때 공급이 가능한 장치이다.

② 연료전지 본체(스택)는 연료와 산화제를 전기화학적으로 반응시켜 직접 교류전기를 생산하는 에너지변환장치이다.

③ 풍력발전시스템은 회전자(rotor)의 회전축 향에 따라 수평축과 수직축 풍력발전시스템으로 구분된다.

④ 마이크로 그리드(micro grid)는 태양광발전 등 분산전원과 기존 전력시스템이 연계되어 양방향 송배전이 가능한 전력시스템이다.

해설 연료전지 본체(스택)는 수소와 산소를 투입 또는 반응시켜 직접 전력을 생산하는 구성요소이다.

답 : ②

1. "건축물 에너지효율등급 인증 및 제로에너지건축물 인증에 관한 규칙" [별지 제4호의2 서식] 제로에너지 건축물 인증서의 표시사항이 아닌 것은?

① 단위면적당 1차에너지소비량
② 단위면적당 1차에너지생산량
③ 단위면적당 CO_2 배출량
④ 에너지자립률

해설 [별지 제4호2서식]제로에너지 건축물 인증서의 표시사항
제로에너지 건축물인증등급(표시사항)
① 단위면적당 1차 에너지 소비량
② 단위면적당 1차 에너지 생산량
④ 에너지 자립률

답 : ③

2. 다음은 설계항목을 변경하였을 경우, 건축물 에너지 효율등급 인증 평가결과이다. 변경된 설계항목으로 가장 적합한 것은?

(단위 : kWh/m²년)

구분	변경전/변경후	난방	냉방	급탕	조명	환기	합계
에너지 요구량	변경전	25.1	10.6	18.9	18.2	0.0	72.8
	변경후	25.1	10.6	18.9	18.2	0.0	72.8
에너지 소요량	변경전	32.5	9.8	18.3	14.2	6.9	81.7
	변경후	29.2	9.8	17.5	14.2	6.9	77.6
1차 에너지 소요량	변경전	51.2	12.0	50.2	39.2	19.0	171.6
	변경후	23.4	12.0	13.4	39.2	19.0	107.0

① 지역난방 방식으로 변경
② 외피의 단열성능 강화
③ 변풍량 방식으로 변경
④ 고효율 가스보일러로 변경

해설

구분	난방	급탕
에너지 소요량	29.2	17.5
1차 에너지 소요량	23.4	13.4

〈1차 에너지 환산계수 적용〉
전력 : 2.75, 연료 : 1.1, 지역냉방 : 0.937, 지역난방 : 0.728 → 숫자가 줄어듦
① 지역 난방식으로 변경

답 : ①

3. "건축물 에너지효율등급 인증 및 제로에너지건축물 인증 기준"에 따른 인증수수료 설명 중 옳지 않은 것은?

① 인증기관의 장이 인증신청을 접수한 후 평가를 완료하기 전에 인증신청을 반려한 경우 : 납입한 수수료의 100분의 50을 반환한다.
② 인증기관의 장이 인증신청을 접수하기 전에 인증신청을 반려한 경우 : 납입한 수수료의 전부를 반환한다.
③ 수수료를 과오납한 경우 : 과오납한 금액의 전부를 반환한다.
④ 인증서 발급일부터 90일 초과하여 재평가를 신청한 경우 : 인증수수료의 100분의 50을 인증기관의 장에게 내야한다.

해설 인증서 발급일로부터 90일 초과하여 재평가를 신청한 경우 : 인증 수수료의 100분의 50을 인증기관의 장에게 내야 한다는 해당 내용에 포함되지 않는다.

답 : ④

4. 다음 표는 건축물 에너지효율등급 평가결과이다. "건축물 에너지효율등급 인증 및 제로에너지건축물 인증 기준" [별표1의2] 제로에너지건축물 인증기준에 따른 제로에너지건축물 인증등급(㉠) 및 건축물 에너지효율등급(㉡)을 설명한 것으로 옳은 것은?(단, 해당건물은 업무시설로서 건축물에너지관리시스템이 설치된 경우이다.)

(kWh/m²년)

단위면적당 에너지요구량	72.8
단위면적당 에너지소요량	83.5
단위면적당 1차에너지소요량	109.7
단위면적당 1차에너지생산량	45.0

① ㉠ ZEB 5등급, ㉡ 1++등급
② ㉠ ZEB 4등급, ㉡ 1++등급
③ ㉠ ZEB 5등급, ㉡ 1+++등급
④ ㉠ ZEB 4등급, ㉡ 1+++등급

해설 ZEB 등급

- 에너지자립률(%)

$$= \frac{\text{단위면적당 1차에너지생산량}}{\text{단위면적당 1차에너지소비량}} \times 100$$

$$\rightarrow \frac{45}{154.7} \times 100\% = 29.08\%$$

- 단위면적당 1차에너지 소비량(kwh/m²⁰년)
  = 단위면적당 1차에너지 소요량 + 단위면적당 1차에너지 생산량 → 109.7 + 45
  = 154.7

ZEB 등급	에너지자립률
1등급	에너지자립률 100% 이상
2등급	에너지자립률 80% 이상 100% 미만
3등급	에너지자립률 60% 이상 80% 미만
4등급	에너지자립률 40% 이상 60% 미만
5등급	에너지자립률 20% 이상 40% 미만

에너지효율등급
→ 80 미만 → 1+++등급
→ 80~140 미만 → 1++등급
→ 109.7 → 1++등급

답 : ①

5. "건축물의 에너지절약설계기준" 중 "대기전력저감프로그램운용규정"에 의한 대기전력저감우수 등록 제품으로 적합하지 않은 것은?

① 홈게이트웨이
② 자동절전멀티탭
③ 대기전력 저감형 도어폰
④ 일괄소등스위치

해설 일괄소등스위치 : 대기전력 저감 우수 등록 제품에 해당하지 않는다.
→ 「전기용품 안전관리법」 제3조에 의한 안전인증을 취득한 제품

답 : ④

6. "건축물의 에너지절약설계기준"에 따른 중앙집중식 난방방식을 모두 고른 것은?

㉠ 난방면적의 60%에 EHP설비(공기 대 공기)방식으로 설치
㉡ 난방면적의 100%에 증기보일러를 이용한 방열기 설치
㉢ 난방면적의 60%에 지역난방을 이용한 열교환기 및 온수순환펌프 설치
㉣ 난방면적의 50%에 지열히트펌프(물 대 물)방식으로 설치 + 난방면적의 50%에 가스 히트펌프(공기 대 공기) 설치

① ㉠, ㉢　　② ㉡, ㉢
③ ㉢　　④ ㉢, ㉣

해설 "중앙 집중식 냉·난방 설비"라 함은 건축물의 전부 또는 냉난방면적의 60% 이상을 냉방 또는 난방 함에 있어 해당 공간에 순환펌프, 증기난방설비 등을 이용하여 열원 등을 공급하는 설비를 말한다. 단, 산업 통상 자원부 고시 「효율관리기자재 운용규정」에서 정한 가정용 가스보일러는 개별 난방 설비로 간수한다.

답 : ②

7. "건축물의 에너지절약설계기준"에 따른 열손실방지조치를 하지 않아도 괜찮은 부위는?

① 바닥면적 160제곱미터의 개별 점포의 출입문
② 지표면 아래 2미터를 초과하여 위치한 공동 주택의 거실 부위로서 이중벽의 설치 등 하계표면결로 방지 조치를 한 경우
③ 공동주택의 층간바닥 중 바닥난방을 하는 현관 및 욕실의 바닥 부위
④ 바닥면적 250제곱미터 이하의 방풍구조 출입문

해설 열손실방지 조치예외 부위○
① 바닥면적 160m^{2}의 개별점포의 출입문
→ 150m^2 이하의 개별점포의 출입문
② 지표면아래 2미터를 초과하여 위치한 공동주택의 거실부위로서 이중벽의 설치 등 하계 도면 결로 방지조치를 한 경우
→ 공동주택의 거실 부위는 제외
③ 공동주택의 층간바닥 중 바닥난방을 하는 현관 및 욕실의 바닥 부위
→ 공동주택의 층간바닥(최하층제외) 중 바닥난방을 하지 않는 현관 및 욕실의 바닥 부위
④ 바닥면적 250m^2 이하의 방풍구조 출입문
→ 제5조9호아목에 따른 방풍구조(외벽제외)
→ 이외) 2) 지면 및 토양에 접한 바닥부위로서 난방공간의 주변 외벽 내표면까지의 모든 수평거리가 10m를 초과하는 바닥 부위
3) 외기에 간접 면하는 부위로서 당해 부위가 면한 비난방 공간의 외피를 별표1에 준하여 단열 조치하는 경우

답 : ④

8. "건축물의 에너지절약설계기준"에 따라 보기 ㉠~㉣ 중 에너지성능지표를 제출해야 할 대상을 모두 고른 것은?

> ㉠ 같은 대지에 A동(비주거) 연면적의 합계 400제곱미터와 B동(비주거) 연면적의 합계 200제곱미터를 신축할 경우
> ㉡ 업무시설을 별동으로 연면적의 합계 500제곱미터 이상 증축한 경우
> ㉢ 신축 공공업무시설이 건축물 에너지효율등급 1등급을 취득한 경우
> ㉣ 제로에너지 건축물 인증을 취득한 건축물

① ㉠, ㉡　② ㉡, ㉣
③ ㉡, ㉢　④ ㉠, ㉡, ㉢, ㉣

해설 에너지성능지표 제출대상

㉠ 같은 대지에 A동(B주거) 연면적의 합계 400m^{2}와 B동(비주거) 연면적의 합계 200m^{2}를 신축할 경우
→ 허가 or 신고 대상의 같은 대지 내 주거 or 비주거를 구분한 연면적의 합계 500m^2 이상 – 2,000m^2 미만인 건축물 중 개별동의 연면적이 500m^2 미만인 경우에는 EPI 15번 적용하지 아니한다.

㉡ 업무시설을 변동으로 연면적의 합계 500m^2 이상 증축하는 경우
→ 별동으로 증축하는 경우○

㉢ 신축공공업무시설이 건축물에너지 효율등급 1등급을 취득하는 경우(공공기관○)

㉣ 제로에너지 건축물 인증을 받은 건축물은 에너지성능지표를 제출하지 않는다.

답 : ③

9. "건축물의 에너지절약설계기준"의 동력설비 및 제어설비와 관련된 내용으로 가장 적합하지 않은 것은?

① 승강기 구동용전동기의 제어방식은 에너지 절약적 제어방식 채택
② 전동기로는 고효율 유도전동기 채택
③ 여러 대의 승강기가 설치되는 경우에는 개별 관리 운행방식 채택
④ 팬코일유닛이 설치되는 경우에는 전원의 방위별, 실의 용도별 통합제어 채택

해설 여러 대의 승강기가 설치되는 경우에는 개별 관리 운행방식 채택 : 군관리 운행방식을 채택한다.

답 : ③

10. "건축물의 에너지절약설계기준" 전기설비 부문의 의무사항 중 공동주택에 해당되는 내용으로 가장 적합하지 않은 것은?

① 각 세대내 현관에 조도자동조절 조명기구 채택
② 거실의 조명기구는 부분조명이 가능하도록 점멸회로 구성
③ 거실, 침실, 주방에는 대기전력자동차단장치를 1개 이상 설치
④ 세대별로 일괄소등스위치 설치(전용면적 60제곱미터 이하인 경우 제외)

해설 거실의 조명기구는 부분조명이 가능하도록 점멸회로 구성(공동주택×)

답 : ②

11. "건축물의 에너지절약설계기준"에서 위생설비 급냥에 관한 내용으로 ( )에 적합한 온도는?

위생설비 급탕용 저탕조의 설계온도는 (℃) 이하로 하고, 필요한 경우에는 부스터히터 등으로 승온하여 사용한다.

① 60　　② 55
③ 50　　④ 42

해설 위생설비 급탕용 저탕조의 설계온도는 55℃ 이하로 하고, 필요한 경우에는 부스터히터 등으로 승온하여 사용한다.

답 : ②

12. "건축물의 에너지절약설계기준"에 따라 다음의 조건〈표1〉일 때 〈표2〉를 이용해서 일사조절장치의 태양열취득률을 구하시오. (단, P/H값이 〈표2〉에 따른 구간의 사이에 위치할 경우 보간법을 사용하여 태양열 취득률을 계산한다.)

〈표1〉차양조건

방위	남
수평차양의 돌출길이(P)	0.3(m)
수평차양에서 투광부 하단까지의 길이(H)	1.0(m)
가동형 차양의 설치 위치에 따른 태양열 취득률(유리 내측에 설치)	0.88

〈표2〉수평 고정형 외부차양의 태양열취득률

P/H	남향
0.0	1.00
0.2	0.73
0.4	0.61
0.6	0.54
0.8	0.50
1.0	0.45

① 0.369　　② 0.537
③ 0.590　　④ 0.642

해설 0.3/1.0 = 0.3
0.73−((0.73−0.61)/0.2×(0.3−0.2)) = 0.67
0.67×0.88 = 0.5896 → 0.590

답 : ③

13. "녹색건축물 조성 지원법" 제14조의2에 해당하는 건축물이 "건축물의 에너지절약설계기준"에서 채택해야 할 의무사항을 보기 ㉠~㉣ 중에 모두 고른 것은?

㉠ 에너지성능지표의 기계부문 1번(난방설비효율) 항목을 0.9점 이상 획득 ㉡ 에너지성능지표의 기계부문 2번(냉방설비효율) 항목을 0.9점 이상 획득 ㉢ 에너지성능지표의 건축부문 9번(외피면적당 평균 태양열취득) 항목을 0.6점 이상 획득 ㉣ 전력, 가스, 지역난방 등 건축물에 상시 공급되는 에너지원 중 하나 이상의 에너지원에 대하여 원격검침전자식계량기를 설치

① ㉠, ㉡ ② ㉢, ㉣
③ ㉠, ㉡, ㉣ ④ ㉠, ㉡, ㉢, ㉣

해설 14-2 해당요구사항
㉠ 에너지 성능 지표 기계부분 1번 항목(난방 설비 효율)
㉡ 에너지 성능 지표 기계부분 2번 항목(냉방 설비 효율)
㉣ 전력, 가스, 지역난방 등 건축물에 상시 공급되는 에너지원 중 하나 이상의 에너지원에 대하여 원격검침 전자식 계량기를 설치

답 : ③

14. "건축물의 에너지절약설계기준"에 따라 다음의 형별성능관계내역이 의무사항 건축부문 3번을 만족하기 위한 단열재의 최소 두께(㉠)로 가장 적합한 것은?

형별성능관계내역			
최하층(바닥난방)		외기직접	
재료명	두께(mm)	열전도율(W/mK)	열관류저항(m^2K/W)
실내표면열전달저항			0.086
시멘트몰탈	40	1.4	0.029
온수파이프			
기포콘크리트 0.4품	30	0.13	0.231
압출법보온판 1호	㉠	0.028	
철근콘크리트	150	1.6	0.094
압출법보온판 1호	140	0.028	5.000
합판	12	0.15	0.080
실외표면열전달저항			0.043
기준열관류율(중부지역)			0.180

① 90mm ② 100mm
③ 110mm ④ 120mm

해설 ① $0.231+\left(\frac{0.09}{0.028}\right)=3.214 \rightarrow 3.445$

② $0.231+\left(\frac{0.10}{0.028}\right)=3.571 \rightarrow 3.802$

③ $0.231+\left(\frac{0.11}{0.028}\right)=3.929 \rightarrow 4.16$

④ $0.231+\left(\frac{0.12}{0.028}\right)=4.286 \rightarrow 4.517$

$\frac{1}{0.180} \Rightarrow 5.556\times 0.7=3.89 \ > \ 4.16$

답 : ③

15. "건축물의 에너지절약설계기준"에 따라 다음 건축물 지붕의 평균열관류율값을 계산하시오.

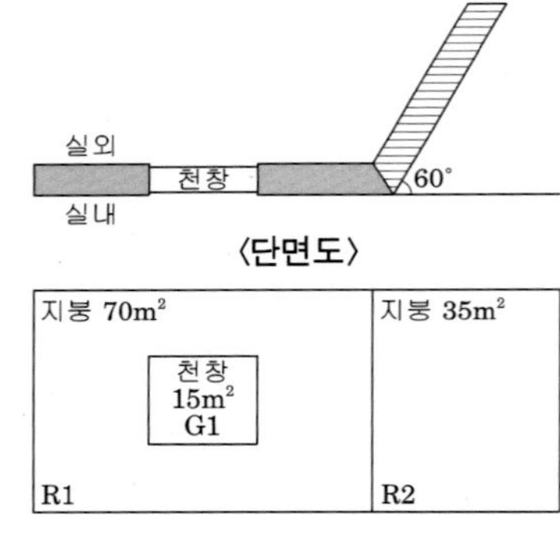

〈단면도〉
〈평면도〉

〈면적집계표〉

부호	면적(m^2)	열관류율(W/m^2K)
R1	70	0.14
R2	35	0.13
G1	15	1.4

① $0.137W/m^2K$ ② $0.140W/m^2K$
③ $0.294W/m^2K$ ④ $0.56W/m^2K$

해설 천창은 제외

$$\frac{70\times 0.14+35\times 0.13}{70+35} \fallingdotseq 0.137w/m^2k$$

답 : ①

16. 냉방부하 계산법(CLTD, CLF, SCL)에 대한 설명이 옳지 않은 것은?

① CLTD(Cooling Load Temperature Differential)는 냉방부하 온도차라 하며, 벽체나 지붕 및 유리의 관류부하를 계산하지만 실·내외 온도차에 의한 구조체의 시간지연 효과는 고려되지 않는다.

② CLF(Cooling Load Factor)는 냉방부하 계수라 하며, 인체, 조명기구, 실내의 각종 발열기구의 열량이 건물구조체, 내장재 등에 축열된 후 서서히 냉방부하로 나타나는 비율을 말한다.

③ SCL(Solar Cooling Load)은 일사냉방부하라 하며, 유리를 통해 들어오는 일사량이 시각, 방위별 건물구조체의 종류, 내부차폐 등의 영향을 감안하여 냉방부하로 나타나는 양을 뜻한다.

④ CLTD / CLF / SCL 법 3가지 요소들을 종합적으로 이용하여 냉방부하를 계산할 수 있으며, 수계산으로도 가능하다.

해설 ① 시간 지연효과는 고려된다.

답 : ①

17. 다음 계통도에서 설명 중 가장 적합하지 않은 것은?

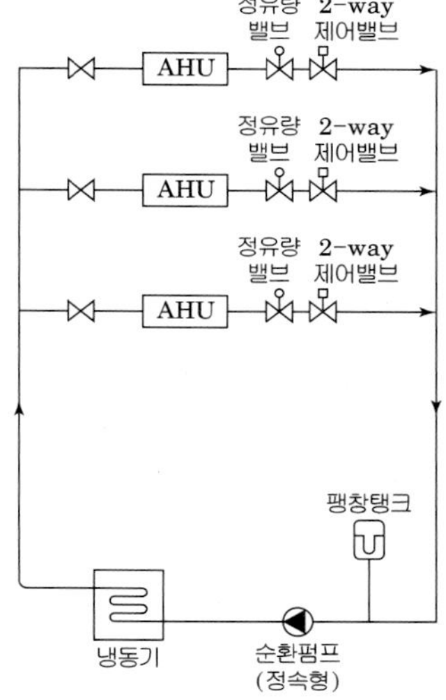

① 공조기별 유량분배와 비례제어 계획이 되어있다.

② 팽창탱크 위치상 계통내 압력이 대기압 이상을 유지한다.

③ 공조기별 부하율 변화 및 공조기 ON/OFF 상태 변동 등에 대하여 계통내 압력변화가 안정적인 방식이다.

④ 순환펌프가 냉동기 전단에 설치되는 경우 냉동기(증발기) 내압은 감소한다.

해설 ③ 계통내 압력 변화가 안정적인 방식이라고는 볼 수가 없다.
④ 순환 펌프의 설치 위치에 따라 냉수배관 내(계통내) 압력은 변화하나 증발기 내압이 감소한다고 볼 수는 없다.

답 : ③, ④

※ 비주거 소형 건축물의 1층 평면도를 참조하여 18~20번 문항에 답하시오.

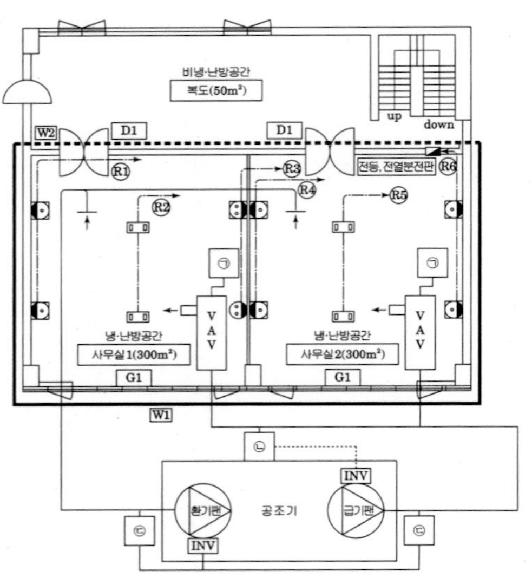

1층 (건축, 기계, 전기) 설비 평면도

심벌	명칭
	접지형 콘센트 2P 250V 15A-2구
	대기전력자동차단콘센트-1구 (대기전력저감우수제품)
	시스템 박스 : 접제형콘센트 2P 250V 15A-2구
—·—	바닥매입 전열설비 배관 배선
━━	외기 직접면하는 부위 W1
■■■■	외기 간접면하는 부위 W2

18. "건축물의 에너지절약설계기준"에 따른 에너지성능지표의 대기전력자동차단콘센트 적용비율(%) 항목의 획득 평점(기본배점×배점)은?

[에너지성능지표]

기본배점(a)	배점(b)				
비주거 소형	1점	0.9점	0.8점	0.7점	0.6점
2	80% 이상	70% 이상 ~80% 미만	60% 이상 ~70% 미만	50% 이상 ~60% 미만	40% 이상 ~50% 미만

① 1.2 ② 1.4
③ 1.6 ④ 1.8

해설 7/12×100% = 58.33% → 0.7×2 = 1.4점

답 : ②

19. 공조방식이 변풍량 방식일 때 ㉠~㉢에 알맞은 측정기 명칭으로 가장 적합한 것은?

① ㉠- 온도센서, ㉡- 정압센서, ㉢- 풍량센서
② ㉠- 정압센서, ㉡- 온도센서, ㉢- 풍량센서
③ ㉠- 온도센서, ㉡- 정압센서, ㉢- 온습도센서
④ ㉠- 정압센서, ㉡- 온도센서, ㉢- 온습도센서

해설
㉠ 온도센서 ㉡ 정압센서 ㉢ 풍량센서

답 : ①

20. 면적집계표가 아래와 같을 경우 "건축물의 에너지절약설계기준"에 따른 외벽의 평균열관류율 값은?

〈면적 집계표〉

부호	구분	열관류율 (W/m^2K)	면적(m^2)
W1	벽체	0.21	220.0
W2	벽체	0.35	111.6
D1	문	1.49	8.4
G1	창	1.30	60.0

① 0.375　　② 0.404
③ 0.414　　④ 0.439

해설

$$\frac{220\times 0.21\times 1+111.6\times 0.35\times 0.7+8.4\times 1.49\times 0.8+60\times 1.30\times 1\Rightarrow(161.55)}{220+111.6+8.4+60=400}$$

$$=\frac{161.55}{400}\doteqdot 0.404w/m^2k$$

답 : ②

1차시험: 건물에너지효율설계 · 평가(2018년)

1. "건축물의 에너지절약설계기준" 건축부문의 권장 사항에 규정된 계획 구분과 그 내용의 연결이 맞는 것은?

① 자연채광계획 - 수영장에는 자연채광을 위한 개구부를 설치하되, 그 면적의 합계는 수영장 바닥면적의 5분의 1 이상으로 한다.
② 단열계획 - 공동주택의 외기에 접하는 주동의 출입구와 각 세대의 현관은 방풍구조로 한다.
③ 기밀계획 - 개폐 가능한 창부위 면적의 합계는 거실 외주부 바닥면적의 10분의 1이상으로 한다.
④ 평면계획 - 개구부 둘레와 배관 및 전기배선이 거실의 실내와 연결되는 부위는 외기가 침입하지 못하도록 기밀하게 처리한다.

해설 ② 기밀계획 - 공동주택의 외기에 접하는 주동의 출입구와 각 세대의 현관은 방풍구조로 한다.
③ 환기계획 - 개폐 가능한 창부위 면적의 합계는 거실 외주부 바닥면적의 10분의 1 이상으로 한다.
④ 기밀계획 - 개구부 둘레와 배관 및 전기배선이 거실의 실내와 연결되는 부위는 외기가 침입하지 못하도록 기밀하게 처리한다.

답 : ①

2. 건축물 에너지효율등급 인증 신청서(건축물 에너지 효율등급 인증 및 제로에너지건축물 인증에 관한 규칙 별지 제3호 서식)의 기재 항목이 아닌 것은?

① 조달청 입찰참가자격 심사(PQ) 가점 여부
② 제로에너지건축물 인증 신청 연계 동의 여부
③ 에너지절약계획서 에너지성능지표 점수
④ 신청 건축물 주용도

해설 건축물에너지효율등급 인증신청서에 에너지절약계획서 에너지성능지표 점수는 기재항목에 포함되지 않는다.

답 : ③

3. "건축물의 에너지절약설계기준" 제5조(용어의 정의)에 대한 설명으로 가장 적절한 것은?

① "고효율조명기기"라 함은 광원, 안정기, 기타 조명기기로서 최저소비효율기준을 만족하는 제품을 말한다.

② "원격검침전자식계량기"란 에너지사용량을 자기식으로 계측하여 에너지관리자가 실시간으로 모니터링하고 기록할 수 있도록 하는 장치이다.

③ "자동절전멀티탭"이라 함은 산업통상자원부고시 「대기전력저감프로그램운용규정」에 의하여 최저소비효율 인증을 받은 제품으로 등록된 자동절전멀티탭을 말한다.

④ "일괄소등스위치"라 함은 층 및 구역 단위 또는 세대 단위로 설치되어 층별 또는 세대 내의 조명등(센서등 및 비상등 제외 가능)을 일괄적으로 켜고 끌 수 있는 스위치를 말한다.

해설 ① "고효율조명기기"라 함은 광원, 안정기, 기타 조명기기로서 고효율인증제품을 말한다.

② "원격검침전자식계량기"란 에너지사용량을 전자식으로 계측하여 에너지관리자가 실시간으로 모니터링하고 기록할 수 있도록 하는 장치이다.

③ "자동절전멀티탭"이라 함은 산업통상자원부고시 의하여 대기전력우수제품 인증을 받은 제품으로 등록된 자동절전멀티탭을 말한다.

답 : ④

※ 다음은 비주거 대형 건축물의 장비알람표이다. 이를 참조하여 4~5번 문항에 답하시오.

〈장비일람표〉

장비명	대수	유량 (LPM)	동력 (kW)	펌프효율E		유량 제어
				A효율	B효율	
온수순환 펌프	1	2,257	15	1.059E	1.040E	없음
냉수순환 펌프	1	4,033	30	1.112E	1.133E	없음
배수펌프	1	800	11	1.000E	0.980E	없음

4. "건축물의 에너지절약설계기준"에 따른 에너지성능지표 기계설비부문 4번 항목(펌프의 우수한 효율설비)에서 획득할 수 있는 배점(b)은?

배점(b)				
1점	0.9점	0.8점	0.7점	0.6점
1.16E	1.12E~ 1.16E 미만	1.08E~ 1.12E 미만	1.04E~ 1.08E 미만	1.04E 미만

① 0.669　　② 0.746
③ 0.764　　④ 0.767

해설 (2,257×0.7+4,033×0.8)÷(2,257+4,033) =0.764

답 : ③

5. 온수순환펌프에 가변속제어를 적용할 경우 "건축물의 에너지절약설계기준"에 따른 에너지성능지표 기계설비부문 12번 항목(펌프의 에너지절약적 제어 방식)의 적용비율과 건축물 에너지효율등급 평과결과의 변동사항이 예상되는 것으로 가장 적절한 것은? (단, 조건외 사항은 변동없음)

① 26.79 % - 난방 에너지요구량 감소
② 26.79 % - 난방 에너지소요량 감소
③ 33.33 % - 난방 에너지요구량 감소
④ 33.33 % - 난방 에너지소요량 감소

해설 냉난방순환수 펌프의 대수제어 또는 가변속제어를 적용할 경우는 난방에너지소요량이 감소된다.
(15÷45)×100%=33.3%

답 : ④

6. 기존 건축물을 다음과 같이 개선조치 하였을 때 건축물 에너지효율등급 평가 결과가 변동 가능한 항목으로 적절한 것을 보기 중에서 모두 고른 것은?

㉠ 난방 에너지요구량
㉡ 냉방 에너지요구량
㉢ 급탕 에너지요구량
㉣ 조명 에너지요구량
㉤ 환기 에너지요구량

① ㉠, ㉡, ㉢, ㉣
② ㉠, ㉡, ㉣
③ ㉣, ㉤
④ ㉠, ㉡, ㉣, ㉤

해설 조명밀도를 낮춤 : 조명에너지요구량
태양광 발전설비 설치 : 난방에너지요구량
전열교환기의 유효전열효율향상 : 난방에너지요구량, 냉방에너지 요구량

답 : ②

7. "에너지절약계획 설계 검토서 3. 건축물 에너지 소요량 평가서"(건축물의 에너지절약설계기준 별지 1호 서식)의 표시 항목이 아닌 것은?

① 외벽의 평균 열관류율
② 전력냉방설비 용량비율
③ LED 조명전력
④ 단위면적당 CO_2 배출량

해설 단위면적당 CO_2 배출량은 건축물에너지소요량 평가서에 포함되지 않는다.

답 : ④

8. 에너지절약계획서 제출 대상인 민간건축물에 대해 건축물의 에너지절약설계기준의 일부 또는 전부를 적용하지 않을 수 있는 것으로 보기 중 적절한 것을 모두 고른 것은?

㉠ 기존 건축물 연면적의 1/2 이상을 수평 증축하면서 해당 증축 연면적의 합계가 2천 제곱미터 미만인 경우 에너지성능지표 평점 합계 적합기준을 적용하지 않을 수 있다.
㉡ 제2조제3항 열손실방지 등의 조치 예외 대상이었으나 조치 대상의 열손실의 변동이 없는 용도변경을 하는 경우 별지 제1호 서식 에너지절약 설계 검토서를 제출 하지 않을 수 있다.

> ㉢ 연면적의 합계가 3천 제곱미터인 업무시설의 건축물 에너지소요량 평가서 상 단위면적당 1차 에너지소요량의 합계가 380kWh/㎡·년 인 경우 에너지 성능지표 평점합계 적합기준을 적용하지 않을 수 있다.
> ㉣ 연면적의 합계가 1,500제곱미터인 비주거 건축물 중 연면적의 합계가 400제곱미터인 동은 에너지성능지표 평점합계 적합기준과 건축물 에너지소요량 평가서 제출 및 적합 기준을 적용하지 않을 수 있다.

① ㉠, ㉡ ② ㉢, ㉣
③ ㉠, ㉢ ④ ㉠, ㉣

해설 ㉡ 제2조제3항 열손실방지 등의 조치 예외 대상이었으나 조치 대상의 열손실의 변동이 없는 용도변경을 하는 경우 별지 제1호 서식 에너지절약 설계 검토서를 제출 하지 않을 수 있다.
- 열손실 방지 조치대상의 경우에는 에너지절약설계검토서를 제출하여야 한다.

㉢ 연면적의 합계가 3천 제곱미터인 업무시설의 건축물 에너지소요량 평가서 상 단위면적당 1차 에너지소요량의 합계가 380kWh/m^2·년인 경우 에너지 성능지표 평점합계 적합기준을 적용하지 않을 수 있다.
건축물의 에너지소요량 평가서는 단위면적당 1차에너지소요량의 합계가 200kWh/m^2·년 미만일 경우 에너지 성능지표 평점합계 적합기준을 적용하지 않을 수 있다. 다만, 공공기관 건축물은 140kWh/m^2·년 미만일 경우 에너지 성능지표 평점합계 적합기준을 적용하지 않을 수 있다.

답 : ④

9. 다음 보기와 같이 건축물에 신재생에너지 설비를 설치하였을 경우, "건축물 에너지효율등급 인증 및 제로에너지건축물 인증 기준" 별표1의 2에 따른 에너지자립률로 가장 적절한 것은?

> • 단위면적당 1차에너지생산량 : 1,000 kWh/㎡·년
> • 에너지소비량 : 100,000 kWh/㎡·년
> • 해당 1차 에너지환산계수 : 2.75
> • 평가면적 : 100 ㎡

① 36.36 % ② 21.57 %
③ 22.50 % ④ 27.50 %

해설 1. 에너지자립률: (단위면적당 1차에너지생산량 ÷단위면적당 1차에너지소비량)×100%
= (1,000÷2,750)×100%=36.36%
2. 단위면적당 1차에너지소비량(kWh/m^2·년)+ (에너지소비량×해당1차에너지환산계수)÷평가면적
= (100,000×2.75)÷100=2,750

답 : ①

10. 용도별 건축물의 종류 중 "녹색건축물 조성 지원법" 및 "건축물의 에너지절약설계기준"에 따른 에너지 절약계획서 제출 예외대상으로 볼 수 없는 것은? (단, 연면적의 합계가 5백제곱미터 이상이며, 냉·난방(냉방 또는 난방) 설비를 설치하지 않는 건축물이다.)

① 정비공장(자동차 관련 시설)
② 관람장(문화 및 집회시설)
③ 양수장(제1종 근린생활시설)
④ 공관(단독주택)

해설 관람장(문화 및 집회시설)은 에너지절약계획서 제출대상이다.

답 : ②

11. "건축물의 에너지절약설계기준"에 따라 보기 ㉠~㉣ 중 열손실방지조치를 하지 않을 수 있는 부위를 모두 고른 것은?

> ㉠ 창고로서 거실의 용도로 사용하지 않고, 냉·난방 설비를 설치하지 않는 공간의 외벽
> ㉡ 공동주택의 층간바닥(최하층 제외) 중 바닥 난방을 하는 현관 및 욕실의 바닥부위
> ㉢ 외기 간접에 면하는 부위로서 당해 부위가 면한 비난방공간의 외피를 별표1(지역별 건축물 부위에 열관류율표)에 준하여 단열 조치하는 경우
> ㉣ 기계실로서 거실의 용도로 사용하지 않고, 냉·난방 설비를 설치하는 공간의 외벽

① ㉠, ㉡ ② ㉠, ㉢
③ ㉠, ㉢, ㉣ ④ ㉡, ㉢, ㉣

해설 ㉡ 공동주택의 층간바닥(최하층 제외) 중 바닥 난방을 하는 현관 및 욕실의 바닥부위
㉣ 기계실로서 거실의 용도로 사용하지 않고, 냉·난방 설비를 설치하는 공간의 외벽 의 경우에는 열손실방지조치를 하여야 한다.

답 : ②

12. 에너지절약계획서 제출 대상으로 연면적이 5천 제곱미터인 공공기관 교육연구시설의 건축 설계를 진행중이다. 보기 중 "건축물의 에너지절약설계기준"에 따라 반드시 준수해야 할 사항을 모두 고른 것은?

> ㉠ 에너지성능지표 기계설비부문 10번 항목(축냉식전기냉방, 가스이용 냉방 등 전력수요 관리시설 냉방용량담당 비율) 배점을 0.6점 획득
> ㉡ 에너지성능지표 건축부문 1번 항목(외벽의 평균 열관류율) 배점을 0.6점 획득
> ㉢ 에너지성능지표 전기설비부문 12번 항목(대기전력자동차단장치 콘센트 비율) 배점을 0.6점 획득
> ㉣ 에너지성능지표 전기설비부문 8번 항목(건물에너지관리시스템 또는 에너지원별 원격 검침전자식계량기 설치) 배점을 1점 획득

① ㉠, ㉡ ② ㉡, ㉢
③ ㉠, ㉡, ㉣ ④ ㉠, ㉢, ㉣

해설 ㉢ 에너지성능지표 전기설비부문 12번 항목(대기전력자동차단장치 콘센트 비율) 배점을 0.6점 획득 : 공동주택의 경우와 공동주택외로 의무사항을 적용하므로 반드시는 아니다.
㉣ 에너지성능지표 전기설비부문 8번 항목(건물에너지관리시스템 또는 에너지원별 원격검침전자식계량기 설치) 배점을 1점 획득 : 공공기관에너지이용합리화추진에관한 규정 제6조4항의 규정을 적용받는 건축물의 경우에만 해당된다.

답 : ①

13. 다음 장비일람표와 같이 건축물에 송풍기를 설치한 경우 "건축물의 에너지절약설계기준"에 따른 에너지 성능지표 기계설비부문 3번 항목(공조용 송풍기의 우수한 효율설비)에서 획득할 수 있는 배점(b)은?

〈장비일람표〉

장비번호	정압(Pa)	풍량(CMH)	동력(kW)	효율
F-1	1,000	10,000	10.42	49%
F-2	1,500	25,000	22.22	67%

배점(b)				
1점	0.9점	0.8점	0.7점	0.6점
60% 이상	57.5~ 60% 미만	55~ 57.5% 미만	50~ 55% 미만	50% 미만

① 0.008 ② 0.872
③ 0.886 ④ 1.000

해설 (10.42×0.6+22.22×1)÷(10.42+22.22) = 0.872

답 : ②

14. "건축물 에너지효율등급 인증 및 제로에너지건축물 인증기준"에 따라 건축물 에너지 효율 1++등급 기준을 만족하고 에너지 자립률을 20 % 이상 달성하였다. 다음 보기 중에서 이 건축물이 제로에너지건축물 인증을 취득하기 위해 필요한 조치로 적절한 것을 모두 고른 것은?

㉠ 에너지원별 원격검침전자식계량기 설치
㉡ 에너지사용량 목표치 설정 및 관리
㉢ 1종 이상의 에너지용도에 사용되는 설비의 자동제어 연동
㉣ 2종 이상의 에너지용도와 3종 이상의 에너지 원단위에 대한 에너지소비 현황 및 증감 분석
㉤ 에너지사용량이 전체의 10% 이상인 모든 열원설비 기기별 성능 및 효율 분석

① ㉠, ㉡, ㉢
② ㉠, ㉢, ㉣
③ ㉠, ㉡, ㉢, ㉣
④ ㉠, ㉡, ㉢, ㉤

해설 ㉣ 2종 이상의 에너지용도와 3종 이상의 에너지 원단위에 대한 에너지소비 현황 및 증감 분석 – 2종이상의 에너지원단위와 3종 이상의 에너지용도에 대한 에너지소비현황 및 증감분석

㉤ 에너지사용량이 전체의 10% 이상인 모든 열원설비 기기별 성능 및 효율 분석
– 에너지사용량이 전체의 5% 이상인 모든 열원설비 기기별 성능 및 효율 분석

답 : ①

15. 다음은 에너지절약계획서 제출을 위해 작성한 〈수변전설비 단선결선도〉이다. 표기된 기호(㉠ ~ ㉣)에 대한 설명으로 가장 적절하지 않은 것은?

〈수변전설비 단선결선도〉

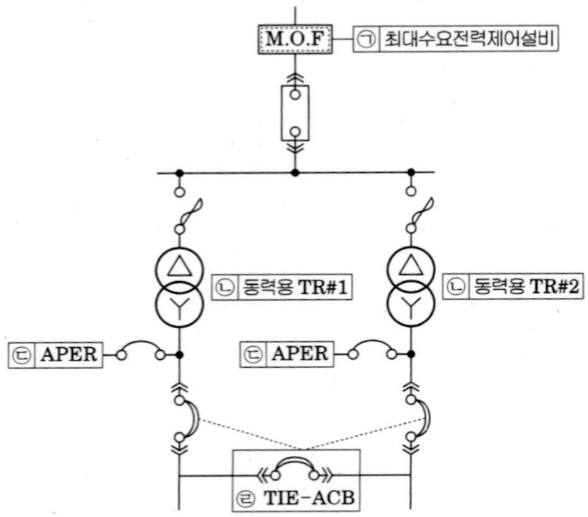

① ㉠ : 수용가에서 피크전력의 억제, 전력부하의 평준화 등을 위하여 최대수요전력을 자동 제어할 수 있는 설비이다.

② ㉡ : 「효율관리기자재 운용규정」에 따른 표준 소비효율을 만족하는 변압기를 설치해야 한다.

③ ㉢ : 진상 또는 지상 부하의 상황에 맞게 콘덴서를 자동 투입 또는 차단시킴으로써 역률을 자동으로 제어하는 장치이다.

④ ㉣ : 에너지성능지표 해당 항목(변압기 대수 제어가 가능하도록 뱅크 구성) 배점 획득을 위해서는 다른 용도 2대 이상 변압기간 연계제어 방식을 적용해야 한다.

해설 ㉣: 에너지성능지표 해당 항목(변압기 대수 제어가 가능하도록 뱅크 구성) 배점 획득을 위해서는 같은 용도 2대 이상 변압기간 연계제어 방식을 적용해야 한다.

답 : ④

16. "건축물 에너지효율등급 인증 및 제로에너지건축물 인증기준"에 따른 신축 업무용 건축물의 평가 및 인증 결과연간 단위면적당 1차 에너지소요량이 110 kWh/m^2 · 년이고 에너지자립률이 15%이다. "건축물의 에너지절약설계기준"에 따라 이 건축물에 적용할 수 있는 건축기준 최대완화비율로 적절한 것은? (단, 문제에서 제시한 이외의 조건은 무시 한다.)

① 0 % ② 9 %
③ 10 % ④ 11 %

해설 단위면적당 1차에너지 소요량이 110kWh/㎡·년이면 에너지효율등급 1++이고 에너지 자립률이 15%이므로 건축기준최대완비율은 10%이다

답 : ③

※ 다음 건축물의 1층 평면도 및 "건축물의 에너지절약설계기준"에 따른 에너지성능지표 배점표를 참조하여 17~20번 문항에 답하시오. (단, 1층에 한해서만 적용한다.)

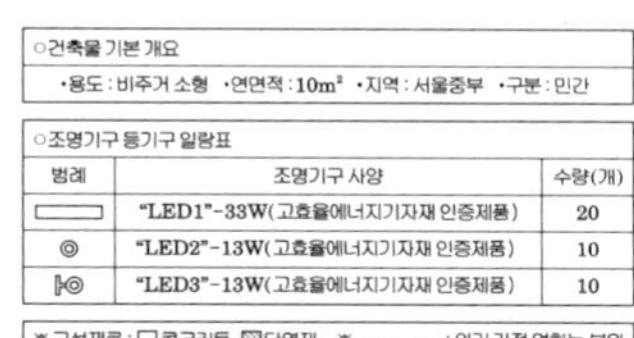

○건축물 기본 개요
•용도 : 비주거 소형 •연면적 : 10m² •지역 : 서울중부 •구분 : 민간

○조명기구 등기구 일람표		
범례	조명기구 사양	수량(개)
▭	"LED1"-33W(고효율에너지기자재 인증제품)	20
◎	"LED2"-13W(고효율에너지기자재 인증제품)	10
⊢◎	"LED3"-13W(고효율에너지기자재 인증제품)	10

※구성재료 : □콘크리트 ▨단열재 ※— — — : 외기 간접 연하는 부위

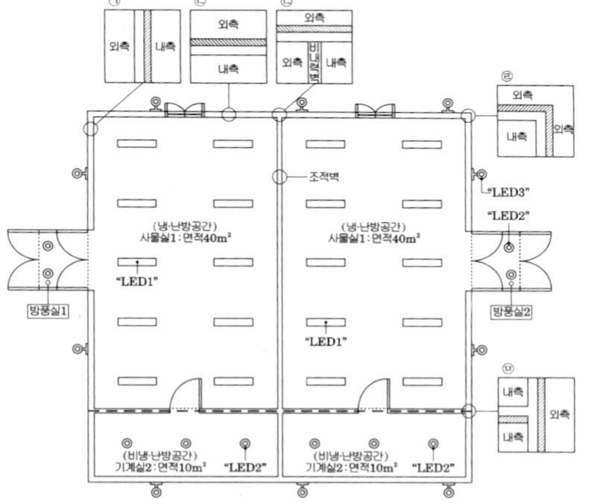

항목	기본 배점 (a)	배점(b)				
	비주거 소형	1점	0.9점	0.8점	0.7점	0.6점
[전기설비부문] 제5조제10호가목에 따른 거실의 조명밀조 (W/m²)	2	8 미만	8 ~11 미만	11 ~14 미만	14 ~17 미만	17 ~20 미만
[신재생설비부문] 4. 전체조명설비전력에 대한 신재생에너지 용량 비율	4	60% 이상	50% 이상	40% 이상	30% 이상	20% 이상

17. "건축물의 에너지절약설계기준"에 따른 에너지성능 지표 전기설비부문 1번 항목(거실의 조명밀도(W/m^2))에서 획득할 수 있는 평점(기본배점×배점)은?

① 1.2　　② 1.4
③ 1.6　　④ 1.8

해설 (20×33)÷80 = 8.25w/m^2 – 0.9점 (배점)
평점 = 2×0.9=1.8점

답 : ④

18. "건축물의 에너지절약설계기준"에 따른 에너지성능지표 신재생설비부문 4번 항목(전체조명설비전력에 대한 신재생에너지 용량 비율)에서 평점 3.2점을 획득하기 위한 최소 신재생에너지 용량은?

① 264 W　　② 276 W
③ 316 W　　④ 368 W

해설 4×0.8 = 3.2점 – (전체조명설비전력의 40% 이상 되어야 하므로) 920×0.4=328W가 된다.

답 : ④

19. "건축물의 에너지절약설계기준"에 따른 에너지성능지표 건축부문 4번 항목(외피열교부위의 단열성능)에 따라 평가대상 예외에 해당하는 것을 도면의 ㉠~㉤ 중에서 모두 고른 것은?

① ㉠, ㉡, ㉢
② ㉢, ㉣, ㉤
③ ㉠, ㉡, ㉢, ㉣
④ ㉠, ㉡, ㉢, ㉣, ㉤

해설 커튼월부위 또는 샌드위치 패널부위

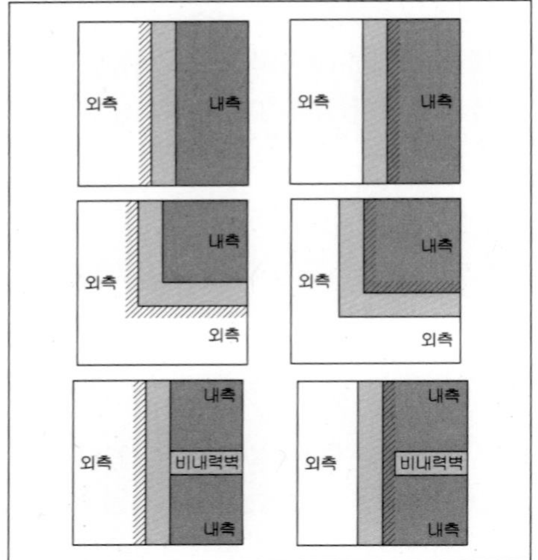

답 : ③

20. 평균열관류율 계산서가 아래와 같을 경우 "건축물의 에너지절약설계기준"에 따른 에너지성능지표 건축부문 1번 항목 외벽의 평균열관류율 값은?

〈평균열관류율 계산서〉

부호	구분	열관류율 (W/m²·K)	면적 (m²)	열관류율 ×면적
W1	외기에 직접 면하는 벽체	0.25	81.2	20.30
W2	외기에 간접 면하는 벽체	0.35	36.2	12.67
D1	외기에 직접 면하는 문	1.5	8.4	12.60
D2	외기에 간접 면하는 문	1.7	3.8	6.460
G1	외기에 직접 면하는 창	1.4	14.4	20.16
합계			144	

① 0.461 $W/m^2 \cdot K$ ② 0.466 $W/m^2 \cdot K$
③ 0.475 $W/m^2 \cdot K$ ④ 0.501 $W/m^2 \cdot K$

해설

부호	구분	열관류율 (W/m²·K)	면적 (m²)	열관류율 ×면적
W1	외기에 직접 면하는 벽체	0.25	81.2	20.30×1=20.30
W2	외기에 간접 면하는 벽체	0.35	36.2	12.67×0.7=8.869
D1	외기에 직접 면하는 문	1.5	8.4	12.60×1=12.60
D2	외기에 간접 면하는 문	1.7	3.8	6.460×0.8=5.168
G1	외기에 직접 면하는 창	1.4	14.4	20.16×1=20.16
합계			144	67.097

(67.097÷144)=0.466$W/m^2 \cdot K$

답 : ②

1. 진공단열재(Vacuum Insulation Panel, VIP)에 대한 아래 설명의 빈 칸에 가장 적합한 것을 〈보기〉에서 골라 기재하시오. (6점)

〈보기〉
- 폴리스티렌 폼
- 흄드 실리카
- 폴리우레탄 폼
- 대류
- 전도
- 복사
- 한 겹으로 나란하게
- 여러 겹으로 엇갈리게

1-1) VIP의 심재(Core)로는 심재 내부 압력이 대기압 수준으로 높아져도 열전도율이 상대적으로 낮은 (　　)이(가) 주로 사용된다. (2점)

1-2) VIP의 피복재(Envelope)로 사용되는 금속필름은 VIP의 심재를 보호하고, (　　)열전달을 줄이는 역할을 한다. (2점)

1-3) 열전도율이 높은 피복재로 인해 VIP 설치 시, VIP간 조인트에 선형 열교가 발생할 수 있다. 이러한 열교 현상을 줄이기 위해서는 VIP를 (　　) 설치하는 것이 효과적이다. (2점)

1-1) 답안 작성란
흄드 실리카

1-2) 답안 작성란
복사

1-3) 답안 작성란
여러 겹으로 엇갈리게

2. 에너지성능지표(EPI) 건축부문과 관련하여 다음 문항에 답하시오. (11점)

2-1) 다음은 소규모 공동주택 단지의 인동간격을 나타내는 그림이다. 에너지성능지표(EPI) 건축부문 12번 항목에서 배점 1점을 획득하고자 할 경우의 최소 인동간격 L(m)을 구하시오. (2점)

항목	기본배점				배점				
	비주거		주거		1.0	0.9	0.8	0.7	0.6
	대형	소형	주택1	주택2					
12. 대향동의 높이에 대한 인동간격비	–	–	1	1	1.20이상	1.15이상 ~ 1.20미만	1.10이상 ~ 1.15미만	1.05이상 ~ 1.10미만	1.00이상 ~ 1.05미만

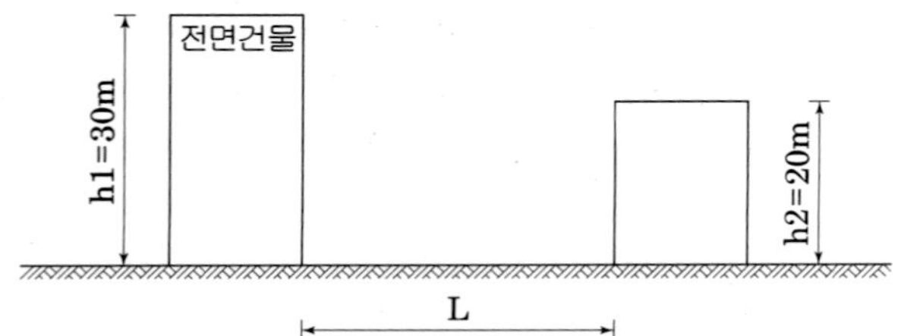

※ **h1, h2** : 건축물의 높이, **L** : 인동간격

2-2) 에너지성능지표(EPI) 건축부문 8번 항목에서 다음 빈칸(㉠, ㉡)에 들어갈 내용을 쓰시오. (3점)

항목	기본배점				배점				
	비주거		주거		1.0	0.9	0.8	0.7	0.6
	대형	소형	주택1	주택2					
8. 냉방부하저감을 위한 제5조제9조호더목에 따른 차양장치 설치((㉠)거실의 (㉡)면적에 대한 차양장치 설치비율)	4	2	2	2	80%이상	60%~ 80%미만	40%~ 60%미만	20%~ 40%미만	10%~ 20%미만
					〈표2〉〈표3〉〈표4〉에 따라 태양열취득률이 0.6 이하의 차양장치 설치비율				

2-3) 다음은 남부지역에 위치한 업무시설의 평균 열관류율 계산서 작성을 위한 자료이다. 외기에 직접 면하는 창(GI)의 열관류율을 개선하여 에너지성능지표(EPI) 건축부문 1. 외벽의 평균 열관류율 항목에서 배점 0.7점을 확보하고자 할 때, 창(G1)의 최대 허용 열관류율(W/m²K)을 산출하시오.(단, 소수 셋째자리까지 기입함.) (6점)

부호	부위	구분	면적(m²)	열관류율(W/m²K)
W1	외벽	외기직접	400	0.320
W2	외벽	외기간접	30	0.450
R1	최상층 지붕	외기직접	530	0.180
R2	최상층 지붕	외기간접	40	0.260
F1	최하층 바닥	외기직접	580	0.250
G1	창	외기직접	900	1.800
G2	창	외기간접	10	2.100
G3	천창(수평 투광부)	외기직접	50	1.600
D1	문	외기직접	8	1.800

항목	기본배점				배점					
	비주거		주거			1.0	0.9	0.8	0.7	0.6
	대형	소형	주택1	주택2						
1. 외벽의 평균 열관류율 (W/m²K)	21	34			중부	0.470 미만	0.470~ 0.640미만	0.640~ 0.820미만	0.820~ 1.000미만	1.000~ 1.180미만
					남부	0.580 미만	0.580~ 0.770미만	0.770~ 0.970미만	0.970~ 1.170미만	1.170~ 1.370미만
					제주	0.700 미만	0.700~ 0.940미만	0.940~ 1.200미만	1.200~ 1.460미만	1.460~ 1.720미만
			31	28	중부	0.350 미만	0.350~ 0.420미만	0.420~ 0.500미만	0.500~ 0.580미만	0.580~ 0.660미만
					남부	0.440 미만	0.440~ 0.520미만	0.520~ 0.600미만	0.600~ 0.680미만	0.680~ 0.770미만
					제주	0.550 미만	0.550~ 0.680미만	0.680~ 0.810미만	0.810~ 0.940미만	0.940~ 1.070미만

2-1) 답안 작성란

$$인동간격비 = \frac{동간거리\ L}{대향동\ 높이(h_1)}$$

$\therefore\ L = 인동간격비 \times 대향동\ 높이\ = 1.2 \times 30 = 36[\text{m}]$

2-2) 답안 작성란

㉠ 남향 및 서향 ㉡ 투광부

2-3) 답안 작성란

$$1.170 = \frac{(400 \times 0.320) + (30 \times 0.450 \times 0.7) + (900 \times x) + (10 \times 2.1 \times 0.8) + (50 \times 1.6) + (8 \times 1.8)}{400 + 30 + 900 + 10 + 50 + 8}$$

$$1.170 = \frac{128 + 9.45 + 900x + 16.8 + 80 + 14.4}{1{,}398}$$

$$1.170 = \frac{248.65 + 900x}{1{,}398}$$

$$248.65 + 900x = 1{,}398 \times 1.170$$

$$\therefore\ x = \frac{1{,}398 \times 1.17 - 248.65}{900} = 1.541$$

• 정답 : $1.541[\text{W/m}^2\text{K}]$

3. "건축물의 에너지절약 설계기준" [별표4] 창 및 문의 단열성능에 따라 아래 G1, G2의 열관류율 값을 각각 구하시오. (5점)

구분	구성	창틀 종류
G1	외창 CL 5mm + 아르곤 12mm + LE 5mm(소프트코팅) 내창 CL 5mm + 공기층 16 mm + CL 5mm	플라스틱
G2	외창 CL 5mm + 공기층 16 mm + CL 5mm 내창 CL 12mm	알루미늄 (열교차단재 미적용)

※ CL : 일반유리, LE : 로이유리

[별표4] 창 및 문의 단열성능 [단위 : W/m^2 · 년]

창 및 문의 종류			창틀 및 문틀의 종류별 열관류율								
			금속재						플라스틱 또는 목재		
			열교차단재 미적용			열교차단재 적용					
유리의 공기층 두께[mm]			6	12	16 이상	6	12	16 이상	6	12	16 이상
창	복층창	일반복층창	4.0	3.7	3.6	3.7	3.4	3.3	3.1	2.8	2.7
		로이유리(하드코팅)	3.6	3.1	2.9	3.3	2.8	2.6	2.7	2.3	2.1
		로이유리(소프트코팅)	3.5	2.9	2.7	3.2	2.6	2.4	2.6	2.1	1.9
		아르곤 주입	3.8	3.6	3.5	3.5	3.3	3.2	2.9	2.7	2.6
		아르곤 주입+ 로이유리(하드코팅)	3.3	2.9	2.8	3.0	2.6	2.5	2.5	2.1	2.0
		아르곤 주입+ 로이유리 (소프트코팅)	3.2	2.7	2.6	2.9	2.4	2.3	2.3	1.9	1.8
	삼중창	일반삼중창	3.2	2.9	2.8	2.9	2.6	2.5	2.4	2.1	2.0
		로이유리(하드코팅)	2.9	2.4	2.3	2.6	2.1	2.0	2.1	1.7	1.6
		로이유리(소프트코팅)	2.8	2.3	2.2	2.5	2.0	1.9	2.0	1.6	1.5
		아르곤 주입	3.1	2.8	2.7	2.8	2.5	2.4	2.2	2.0	1.9
		아르곤 주입+ 로이유리(하드코팅)	2.6	2.3	2.2	2.3	2.0	1.9	1.9	1.6	1.5
		아르곤 주입+ 로이유리 (소프트코팅)	2.5	2.2	2.1	2.2	1.9	1.8	1.8	1.5	1.4
	사중창	일반사중창	2.8	2.5	2.4	2.5	2.2	2.1	2.1	1.8	1.7
		로이유리(하드코팅)	2.5	2.1	2.0	2.2	1.8	1.7	1.8	1.5	1.4
		로이유리(소프트코팅)	2.4	2.0	1.9	2.1	1.7	1.6	1.7	1.4	1.3
		아르곤 주입	2.7	2.5	2.4	2.4	2.2	2.1	1.9	1.7	1.6
		아르곤 주입+ 로이유리(하드코팅)	2.3	2.0	1.9	2.0	1.7	1.6	1.6	1.4	1.3
		아르곤 주입+ 로이유리 (소프트코팅)	2.2	1.9	1.8	1.9	1.6	1.5	1.5	1.3	1.2

3-1) 답안 작성란

G1.

(1) 외창(복층창)+내창(복층창)이므로 4중창(소프트코팅)
(2) 한 면만 로이유리 사용한 경우이므로 로이유리를 적용한 것으로 인정
(3) 하나의 창에 아르곤을 주입한 경우이므로 아르곤을 적용한 것으로 인정
(4) 공기층 두께는 복층창+복층창이므로 최소공기층 두께 12mm
G1의 열관류율: 1.3

3-2) 답안 작성란

G2.

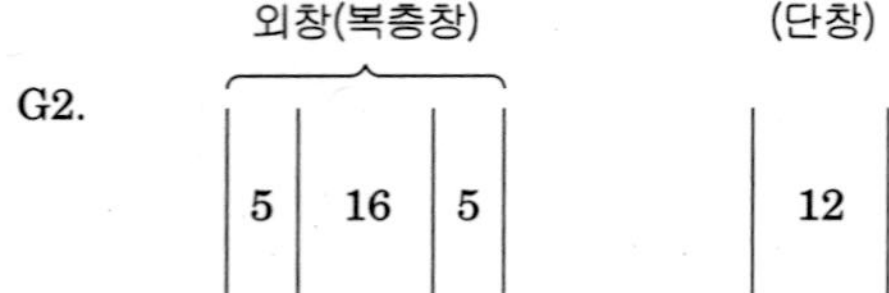

(1) 외창(복층창)+내창(단창)이므로 3중창
(2) 일반유리
(3) 단창+복층창의 공기층 두께는 6mm
(4) 창틀은 알루미늄(열교차단재 미적용)
G2의 열관류율: 3.2

4. 에너지 절약계획서를 ① "녹색건축물 조성 지원법 시행규칙" [별지 제1호 서식]에너지 절약계획서(일반사항) ②에너지절약설계기준 의무사항 ③에너지성능지표(EPI) ④건축물 에너지 소요량 평가서]로 세분화 할 때, 아래〈예시〉를 참고하여 다음 각 조건에서 반드시 제출하여야 하는 서류를 번호로 기입하시오. (단, 표기된 면적은 "건축물의 에너지절약 설계기준" 제5조제9호가목에 따른 '거실'의 면적을 의미하며, 주어진 조건 외 기타 적용예외 규정은 고려하지 않음.) (6점)

〈예시〉

4-1) 기존 판매시설(3,000m^2)이 있는 대지에 신규 판매시설(1,500m^2)을 별동으로 증축하는 경우.(단, 건축허가 단계에서 별동으로 증축되는 건축물에는 냉·난방 설비의 설치 계획이 없는 상태임.) (3점)

별동증축 부위에
대한 제출서류
(   )

4-2) 기존 업무시설(5,000m^2)을 판매시설로 용도변경 하는 경우.(단, 열손실의 변동이 없는 용도변경에 해당함.) (3점)

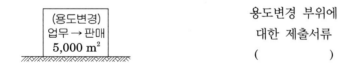

용도변경 부위에
대한 제출서류
(   )

4-1) 답안 작성란 ① 에너지절약계획서(일반사항) ② 에너지절약설계기준 의무사항 ③ 에너지성능지표
4-2) 답안 작성란 ① 에너지절약계획서(일반사항)

5. "건축물의 에너지절약 설계기준" 기계·전기부문과 관련하여 다음 문항에 답하시오. (10점)

5-1) 다음은 연면적의 합계가 4,000m^{2}인 교육연구시설의 장비일람표이다. 해당 건축물의 에너지성능지표(EPI) 기계설비부문 1. 난방설비의 평점(a*b)을 구하시오. (단, 소수 넷째 자리에서 반올림 함.) (6점)

장비번호	형식	용량(kW)	수량	효율
B-1	가스진공온수보일러(중앙난방)	93	1	91%
B-2	가스보일러(개별난방)	23	3	에너지소비효율 1등급
GHP-1	지열히트펌프(물-물)	107	1	신재생인증제품
OAC-1	EHP 실외기	59	3	에너지소비효율 2등급

<table>
<tr><th rowspan="3" colspan="3">항목</th><th colspan="4">기본배점(a)</th><th colspan="5">배점(b)</th></tr>
<tr><th colspan="2">비주거</th><th colspan="2">주거</th><th rowspan="2">1점</th><th rowspan="2">0.9점</th><th rowspan="2">0.8점</th><th rowspan="2">0.7점</th><th rowspan="2">0.6점</th></tr>
<tr><th>대형</th><th>소형</th><th>주택 1</th><th>주택 2</th></tr>
<tr><td rowspan="4">1. 난방설비</td><td colspan="2">기름보일러</td><td rowspan="4">8</td><td rowspan="4">7</td><td rowspan="4">10</td><td rowspan="4">7</td><td>92 이상</td><td>89~92 미만</td><td>86~89 미만</td><td>83~86 미만</td><td>83 미만</td></tr>
<tr><td rowspan="2">가스 보일러</td><td>중앙 난방방식</td><td>87 이상</td><td>83~87 미만</td><td>81~83 미만</td><td>79~81 미만</td><td>79 미만</td></tr>
<tr><td>개별난방 방식</td><td>1등급 제품</td><td></td><td></td><td></td><td>그 외 또는 미설치</td></tr>
<tr><td colspan="2">기타 난방설비</td><td>고효율 인증제품 (신재생 인증제품)</td><td>에너지 소비효율 1등급제품</td><td></td><td></td><td>그 외 또는 미설치</td></tr>
</table>

5-2) "건축물의 에너지절약 설계기준" [별지 제1호 서식] 에너지절약계획 설계 검토서 전기설비부문 중 전등설비평면도를 통해 파악할 수 있는 조명 관련 항목 4가지를 서술하시오. (4점)

5-1) 답안 작성란

1) 비주거 대형이므로 기본배점(a)=8점

2) 배점(b)

장비번호	용량	수량	전체용량	배점
B-1	93kW	1	93kW	1점
B-2	23kW	3	69kW	1점
GHP-1	107kW	1	107kW	1점
OAC-1	59	3	177kW	0.6점

$$b=\frac{(93\times1)+(69\times1)+(107\times1)+(177\times0.6)}{93+69+107+177}=0.841$$

평점$(a\times b)=8\times0.841=6.728$점

5-2) 답안 작성란

1. 거실의 조명기구는 부분조명이 가능하도록 점멸회로를 구성하였다.
2. 층별, 구역별 또는 세대별로 일괄소등스위치를 설치하였다.
3. 공동주택의 각 세대내의 현관, 숙박시설의 객실 내부입구 및 계단실을 조도 자동조절 조명기구를 채택하였다.
4. 전체 조명설비 전력에 대한 LED 조명기기 전력비율(%)
   (단, LED 제품은 고효율에너지 기자재인증 제품인 경우에만 배점)
5. 거실의 조명밀도
6. 실내 조명설비에 대해 군별 또는 회로별 자동제어 설비를 채택

6. 다음 그림은 공조기 급배기 계통도의 일부이다. 댐퍼 개폐상태가 다음 〈표〉와 같을 때 각 운전조건(㉠, ㉡, ㉢)을 보기 중에서 선택하고, 각 운전조건의 상태를 실내외 온도, 에너지, 실내공기질(IAQ)과 관련하여 서술하시오. (6점)

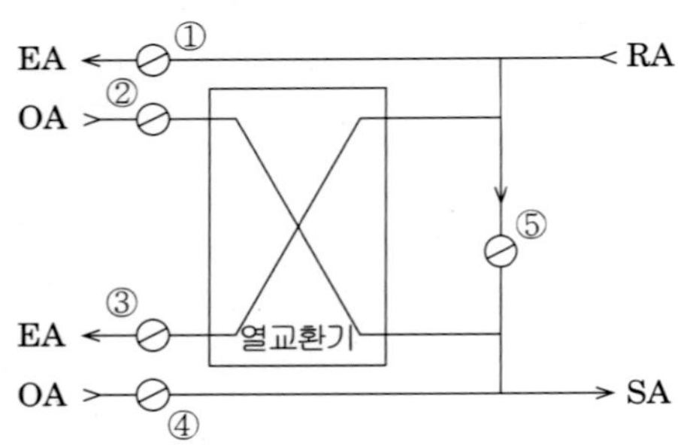

〈표〉 운전조건별 댐퍼의 개폐상태

운전조건 \ 댐퍼	①	②	③	④	⑤
㉠	폐쇄	개방	개방	폐쇄	개방
㉡	개방	폐쇄	폐쇄	개방	폐쇄
㉢	폐쇄	폐쇄	폐쇄	폐쇄	개방

〈보기〉

외기냉방운전, 난방운전, 난방예열운전

6) 답안 작성란

㉠ 난방운전

: 난방실내 온도 〉 외기온도의 상태(외기온도가 난방설정온도보다 낮은 상태)로 온열원 설비를 사용하여 난방운전을 행한다. 이때 외기부하를 감소시키기 위해 전열 교환기를 설치하여 배기(EA)를 이용하여 외기(OA)를 가열 가습 함으로써 에너지 절약을 꾀한다. IAQ OA를 충분히 도입할여 IAQ의 하락을 발생하지 않는다.

㉡ 외기냉방운전

: 냉방 실내 설정온도 〉 외기온도(외기온도가 냉방설정 온도보다 낮은 상태)로 이때에는 댐퍼 ②, ③, ⑤를 폐쇄한 상태에서 전열 교환기 가동을 중지하고 댐퍼 ①, ④가 개방된 상태막 외기를 이용하여 냉방함으로써 냉동기 가동을 금지(또는 일부 가동)하여 냉방함으로써 에너지 절약을 꾀한다. IAQ 역시 외기 도입량이 증가하여 IAQ가 좋아진다.

㉢ 난방예열운전

: 난방 실내 온도 〉 외기온도 난방 예열 운전 시 ①, ②, ③, ④의 댐퍼를 폐쇄하고 ⑤의 환기댐퍼만 개방하여 외기도입을 정지하고 실내공기만을 순환시켜 난방함으로써 에너지 절약을 꾀한다. 외기도입을 정지하였기 때문에 IAQ는 낮아지나 이때에는 실내 재실밀도가 작기 때문에 큰 문제는 발생하지 않는다.

7. 다음 표는 사무실의 존별, 시간대별 냉방시 요구 풍량이다. 해당 층의 공조방식으로 정풍량(CAV) 또는 변풍량(VAV) 방식을 검토할 때, 각 방식별 공조기 급기풍량(m^3/h)을 구하고, 에너지 성능 측면에서 비교·서술하시오.(단, 공조기는 층별로 설치되어 있으며, 사무실의 내부 구획은 없음.) (6점)

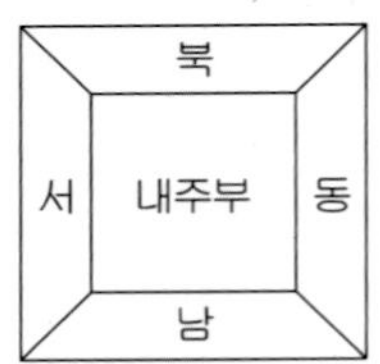

[단위 : m^3/h]

존 \ 시간	09:00	11:00	13:00	15:00	17:00
동	3,000	2,500	2,200	2,000	2,000
남	2,100	2,200	2,300	2,400	2,300
서	1,000	1,700	1,900	2,100	2,500
북	1,000	1,400	1,800	1,800	1,700
내주부	2,000	2,000	2,000	2,000	2,000

7) 답안 작성란

정풍량(CAV)	방식(각 존별 최대부자의 합계) 3000+2400+2500+1800+2000 = 11700[m^3/h]
변풍량(VAV)	VAV 방식(각 시간별 최대부하) 17:00부하 2000+2300+2500+1700+2000 = 10500[m^3/h]

- 정답 : 정풍량(CAV) 공조기 급기풍량: 11,700[m^3/h]
  변풍량(VAV) 공조기 급기풍량: 10,500[m^3/h]
- 변풍량(VAV) 방식의 특성(정풍량(CAV) 대비)
  ① 동시사용률을 고려하여 장치용량 및 연간 송풍동력 절감
  ② 부분 부하 시 송풍기 제어에 의해 송풍동력을 절감 할 수 있다.
  ③ 전폐형 유닛을 사용함으로써 빈 방에 송풍을 정지할 수 있어 운전비를 줄일 수 있다.
  ④ 부하 변동을 정확히 파악하여 실온을 유지하기 때문에 에너지 손실이 적다.

8. 냉방시스템이 다음 P-h(압력-엔탈피)선도와 같은 증기압축식 냉동사이클로 운전될 때 다음 물음에 답하시오. (6점)

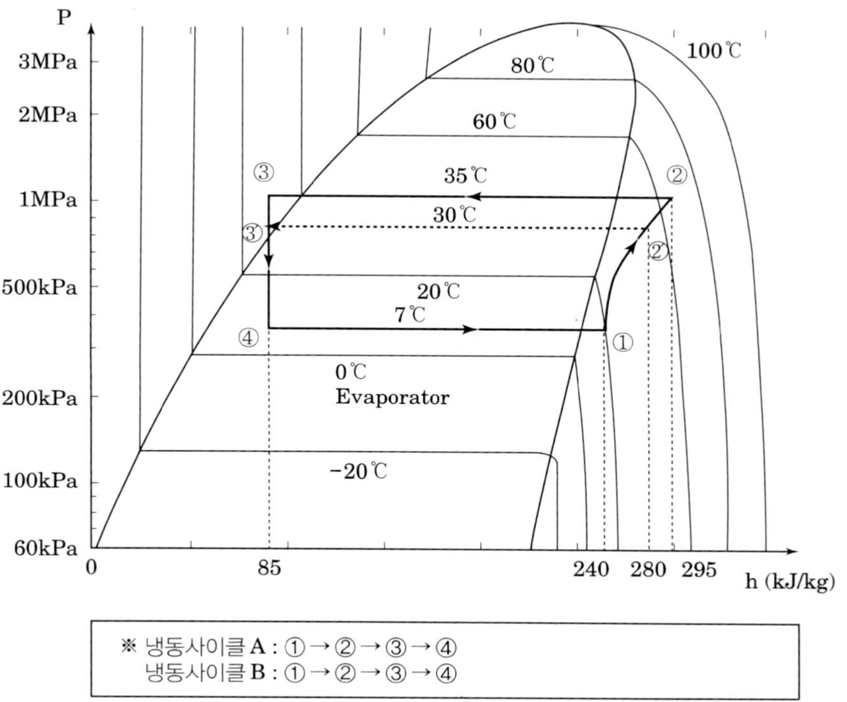

8-1) 냉동사이클 A와 B의 성적계수(COP)를 각각 계산하시오.(4점)

8-2) 냉방부하가 일정한 경우, 냉동사이클이 A에서 B로 변경될 수 있는 응축기(실외기) 설치 조건을 2가지 서술하시오.(2점)

8-1) 답안 작성란

$COP_A = \frac{h_1 - h_4}{h_2 - h_1} = \frac{240 - 85}{295 - 240} = 2.818 \div 2.82$　　　$COP_B = \frac{h_1 - h_4}{h_2{}' - h_1} = \frac{240 - 85}{280 - 240} = 3.875 \div 3.88$

- 정답 : 냉동사이클 A 성적계수(COP_A): 2.82
  냉동사이클 B 성적계수(COP_B): 3.88

8-2) 답안 작성란

① 공랭식 응축기를 수랭식 응축기로 변경하였을 경우
② 지하수 개발

9. 건축물에서 운전되고 있는 단일 변압기 TR_a의 전부하 동손이 3,000W, 철손이 1,500W이다. 기존 TR_a를 전부하 동손은 같고, 철손이 750W인 변압기 TR_b로 교체할 경우, 다음을 답하시오.(단, 교체 전·후의 기타 조건은 동일한 것으로 가정함.) (6점)

9-1) TR_a와 TR_b 중 에너지 절감효과가 큰 변압기를 쓰시오. (2점)

9-2) TR_a와 TR_b의 최고효율 운전시 부하율(%)을 각각 구하시오. (4점)

9-1) 답안 작성란

TR_b가 에너지 절감효과 더 크다.

9-2) 답안 작성란

① TR_a의 최고효율 운전시 부하율= $\sqrt{\frac{1.5}{3}} \times 100 = 70.71[\%]$

② TR_b의 최고효율 운전시 부하율= $\sqrt{\frac{0.75}{3}} \times 100 = 50[\%]$

- 정답 : ① TR_a의 최고효율 운전시 부하율: 70.71[%]
  ② TR_b의 최고효율 운전시 부하율: 50[%]

10. 〈표1〉은 서울시에 위치한 노후 업무용 건축물의 에너지효율등급 평가결과이며, 〈표2〉는 해당 건축물에 성능개선 방안을 단계적으로 적용한 평가결과이다. 다음 물음에 답하시오. (12점)

〈표1〉 성능개선 전 에너지성능 평가결과

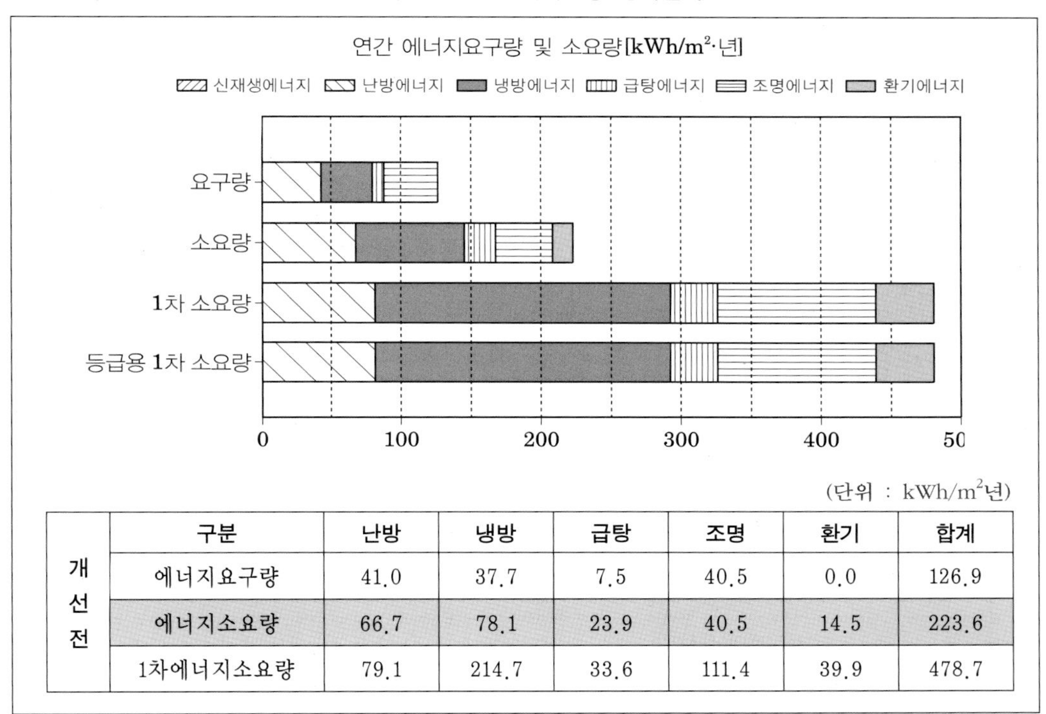

(단위 : kWh/m²년)

	구분	난방	냉방	급탕	조명	환기	합계
개선전	에너지요구량	41.0	37.7	7.5	40.5	0.0	126.9
	에너지소요량	66.7	78.1	23.9	40.5	14.5	223.6
	1차에너지소요량	79.1	214.7	33.6	111.4	39.9	478.7

〈표2〉 개선 단계별 에너지성능 평가결과

(단위 : kWh/m^{2}년)

개선단계	구분	난방	냉방	급탕	조명	환기	합계
1단계	에너지요구량	45.1	32.5	7.5	40.5	0.0	125.6
	에너지소요량	72.9	74.5	23.9	40.5	14.5	226.3
	1차에너지소요량	86.0	204.9	33.6	111.4	39.9	475.8
↓							
2단계	에너지요구량	37.9	33.9	7.5	40.5	0.0	119.8
	에너지소요량	62.2	75.8	23.9	40.5	14.5	216.9
	1차에너지소요량	74.1	208.5	33.6	111.4	39.9	467.5
↓							
3단계	에너지요구량	37.9	33.9	7.5	40.5	0.0	119.8
	에너지소요량	60.5	75.8	23.9	40.5	14.5	215.2
	1차에너지소요량	72.3	208.5	33.6	111.4	39.9	465.7
↓							
4단계	에너지요구량	37.9	33.9	7.5	40.5	0.0	119.8
	에너지소요량	60.5	75.8	23.9	40.5	4.2	204.9
	1차에너지소요량	72.3	208.5	33.6	111.4	11.3	437.1
↓							
5단계	에너지요구량	37.9	33.9	7.5	40.5	0.0	119.8
	에너지소요량	60.5	49.1	23.9	40.5	4.2	178.2
	1차에너지소요량	72.3	135.0	33.6	111.4	11.3	363.6
↓							
6단계	에너지요구량	45.3	25.3	7.5	18.0	0.0	96.1
	에너지소요량	71.3	42.3	23.9	18.0	4.2	159.8
	1차에너지소요량	84.4	116.2	33.6	49.5	11.3	295

10-1) 〈표2〉에서 적용된 성능개선 방안으로 가장 적합한 것을 보기에서 각 단계별로 1개씩 찾아 쓰시오. (6점)

> 〈보기〉
> 가. 고효율 조명기기로 교체(조명밀도 감소)
> 나. 외피 단열 및 기밀성 강화
> 다. 냉수·냉각수순환펌프 제어방식 개선
> 라. 창호의 일사에너지투과율(SHGC) 감소
> 마. 난방배관 단열강화
> 바. 환기팬 효율개선

10-2) 성능개선 방안을 적용한 결과, 냉방부문의 1차에너지소요량이 가장 큰 비중을 차지하는 것으로 나타났다. 냉방부문의 1차에너지소요량을 추가적으로 줄일 수 있는 방안을 건축적(Passive), 설비적(Active) 관점에서 각각 2가지씩 서술하시오.
(단, 10-1) 보기에서 제시된 성능개선 방안은 제외함.) (4점)

10-3) 난방에너지 요구량을 증가시키지 않으면서 냉방에너지 요구량을 줄일 수 있는 요소기술 1가지를 서술하시오. (2점)

10-1) 답안 작성란

1단계: 라
2단계: 나
3단계: 마
4단계: 바
5단계: 다
6단계: 가

10-2) 답안 작성란

1) 건축적(Passive) 관점
① 창호의 일사차폐(수직, 수평 차양 및 블라인드 설치)
② 창면적비 축소
2) 설비적(Active) 관점
① 냉방기기 열성능비(COP) 향상
② 냉수, 냉각수 펌프 고효율 설비 채택으로 모터 동력 저감
③ 냉동기 제어방식 개선(적절한 냉동기별 용량제어)
④ 외기 냉방 제어 채택

10-3) 답안 작성란

① 향별 창면적비 조정(동서향 창면적 축소하고 남향 창면적 확대)

11. 다음은 건축물의 건축, 기계, 전기, 신재생 등 설계 과정에 요구되는 계산과 관련된 사항이다. 각 문항에 답하시오. (26점)

11-1) 다음 건축물의 전기부하 설계조건을 참조하여 간선의 전압강하율(%)을 구하시오. (4점)

〈설계조건〉

- 전기부하 : 10KVA
- 간선 1본의 길이 : 50m
- 배전방식 : 단상 2선식
- 정격전압 : 220V
- 적용전선 : F-CV $16mm^2$ 2/C, E-$16mm^2$

11-2) 다음 설계조건을 참조하여 결로방지를 위한 창 열관류율의 최대 허용값을 구하시오. (단, 창의 부위별로 열저항 차이는 없는 것으로 가정함.) (4점)

〈설계조건〉

- 실내표면열전달저항 : $0.11m^2K/W$
- 실외표면열전달저항 : $0.043m^2K/W$
- 설계외기온도 : -14.7℃
- 실내설정온도 : 22℃
- 실내상대습도 : 60%

※ 노점온도는 습공기선도로 구하고, 소수 첫째자리에서 반올림함.
(예 : 18.9℃인 경우 19℃로 함)

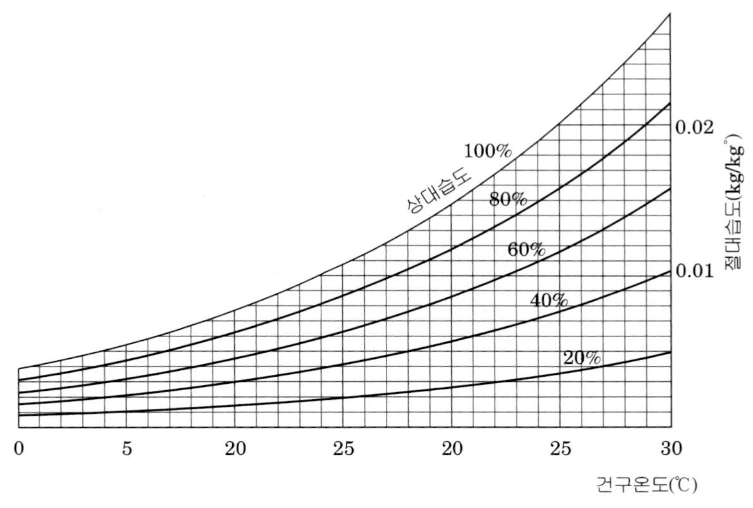

11-3) 다음 설계조건에 대한 난방부하(kW)를 구하시오. (6점)

〈설계조건〉

- 난방부하는 외피손실열량과 환기손실열량만 고려함.(주어진 조건 외에는 무시)
- 천장고 2.5m
- 부위별 면적표

구분		면적(m^2)	열관류율(W/m^2K)
벽체	외기직접	135	0.26
창호		90	1.5
지붕		500	0.15
바닥		500	0.22

- 혈연교환기 시간당 환기횟수 0.5회, 온도교환효율 70%
- 외기온도 : -14.7℃
- 실내온도 : 22.0℃
- 공기밀도 : 1.2kg/m^3
- 공기비열 : 1.005kJ/(kg · K)

11-4) 난방부하를 24kW로 가정하고, 지열히트펌프시스템을 이용하여 난방할 때 다음 설계조건을 이용하여 지중열교환기 최소 천공수량과 지중열교환기 순환펌프 동력(kW)을 구하시오. (6점)

〈설계조건〉

- 난방 성적계수(COP_h)=4
- 천공깊이 200m(PE파이프 길이는 400m로 한다.)
- PE파이프 단위길이당 평균열교환량 20W/m
- 지중열교환기 배관 직관 총마찰저항 100kPa
- 배관국부 저항은 직관저항의 50%
- 기기저항 50kPa
- 펌프 효율 60%
- 지중열교환기 입출구 온도차 3℃
- 지중순환수 : 밀도 970kg/m^3, 비열 4.2kJ/kg · K

※ 순환펌프수량은 1대이며, 그 외 제시하지 않은 내용은 고려하지 않음.

11-5) 열냉난방시스템의 용량을 하절기 부하에 따라 결정하는 경우, 우리나라 기후 특성상 동절기에 발생할 수 있는 문제점과 개선방안을 제시하시오. (6점)

11-1) 답안 작성란

단상 2선식 간선의 전압강하 $e = \frac{35.6LI}{1000A} = \frac{35.6 \times 50 \times \frac{10000}{220}}{1000 \times 16} = 5.056[V]$

단상 2선식 간선의 전압강하율 $\delta = \frac{5.056}{220} \times 100 = 2.3[\%]$

11-2) 답안 작성란

$\frac{r}{R} = \frac{t}{T} = \frac{t_i - t_{si}}{t_i - t_o} = \frac{22-14}{22-(-14.7)}$ $\frac{0.11}{R} = \frac{8}{36.7}$

$R = 0.504625$ $K = \frac{1}{0.504625}$ $K = 1.98[W/m^2K]$

- 정답: $K = 1.98[W/m^2K]$

11-3) 답안 작성란

1) 외피 손실열량
   ① 벽체 : 0.26×135×{22.0−(−14.7)}/1000 = 1.288
   ② 창로 : 1.5×90×{22.0−(−14.7)}/1000 = 4.955
   ③ 지붕 : 0.15×500×{22.0−(−14.7)}/1000 = 2.753
   ④ 바닥 : 0.22×500×{22.0−(−14.7)}/1000 = 4.037
   ⑤ 외피 손실열량 합계 : 1.288+4.955+2.753+4.037 = 13.033
2) 1.005×0.5×1.2×(500×2.5)×{22.0−(14.7)}×(1−0.7)/3600 = 2.306≒2.31[kW]

- 정답: 1) 외피 손실열량 : 13.03[kW]
  2) 환기 손실열량 : 2.31[kW]

11-4) 답안 작성란

가. 지중열교환기 최소 천공수량

- $COP_H = \frac{Q_1}{W}$, $W = \frac{Q_1}{COP_H} = \frac{24}{4} = 6[kW]$
- Q_2(채열량)$= Q_1 - W = 24 - 6 = 18[kW]$
- PE파이프 열교환량 : $400[m] \times 20[W/m] = 8[kW]$
- 최소 천공수량$= \frac{18}{8} = 2.25 \Rightarrow \therefore 3$개

나. 지중열교환기 순환펌프 동력

- 펌프의 양정$100 + 50 + 50 = 200[kPa] \Rightarrow H = \frac{200 \times 10^3}{9.8 \times 970} = 21.04[m]$
- 유량 $= \frac{Q_2 \times 3600}{C \cdot \rho \Delta t} = \frac{18 \times 3600}{4.2 \times 970 \times 3} = 53[m^3/h]$
- 순환펌프 동력$= \frac{970 \times 9.8 \times 21.04 \times 5.3}{0.6 \times 3600 \times 10^3} = 0.49[kW]$

- 정답: 가. 지중열교환기 최소 천공수량 : 3개
  나. 순환펌프 동력 : 0.49[kW]

11-5) 답안 작성란

가. 문제점

1) 지열냉난방시스템의 용량을 하절기 부하에 따라 결정하는 경우 겨울철 난방기간 동안에 지중온도가 과도하게 내려가, 지열펌프로 유입되는 순환수의 입구부 온도와의 차이가 작아지므로, 지중으로부터 지열추출이 불가능해질 수 있다. 즉, 지열펌프는 가동되지 않는다.
2) 냉방시 루프길이를 기준으로 설계를 하면 지열펌프의 COP가 다소 감소한다.

나. 개선방안

1) 지중온도와 지열펌프로 유입되는 순환수의 입구온도의 차이를 크게 되도록 루프길이를 선정한다.
2) 냉난방시 루프길이를 적절히 조절하여 냉난방전체 COP가 높아지도록 한다.

1. 총 300세대인 공동주택의 리모델링을 통한 성능 개선과 관련하여 다음 물음에 답하시오. (15점)

1-1) 다음 〈그림〉은 실내 체적이 200m^{3}인 어느 세대에 대하여 리모델링 전·후 기밀성능을 압력차법에 의해서 측정한 결과이다. 추세식을 이용하여 리모델링 전·후의 기밀성능지표인 ACH50(회/h)을 산출하고, 그 의미를 간단히 서술하시오. (4점)

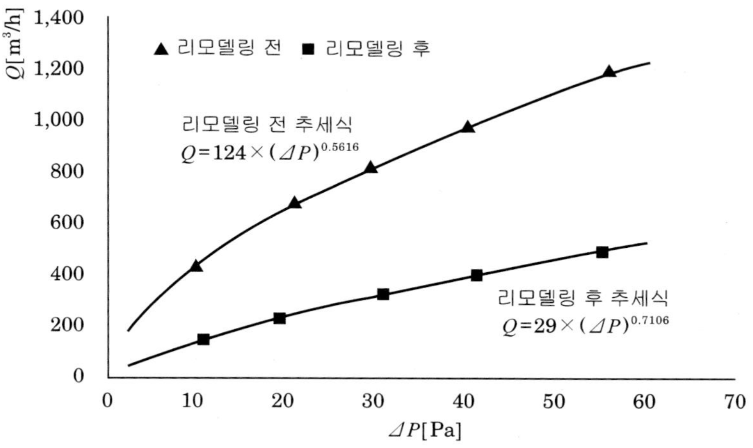

1-2) 난방부하 계산 시, 1-1)에서 구한 기밀성능지표 ACH50에 환산계수 0.07을 곱하여 침기량으로 산정하고자 한다. 실내·외 온도가 각각 22℃와 −11.3℃일 때 기밀성능 개선을 통한 난방부하(현열)의 차이(kW)를 구하시오.
(단, 침기의 정압비열과 밀도는 각각 1.01kJ/kg·K, 1.3kg/m^{3}이다) (4점)

1-3) 건축물의 기밀성능을 측정하는 방법에는 1-1)의 압력차법 이외에 추적가스법이 있다. 추적가스법의 특징을 압력차법과 비교하여 서술하시오. (3점)

1-4) 리모델링을 통해 각 세대에 환기설비가 설치되었으며, 환기설비에는 도입외기 중 미세먼지를 80% 제거할 수 있는 필터가 장착되어 있다. 다음과 같은 조건에서 예상되는 실내 미세먼지의 평균농도($\mu g/m^3$)를 구하시오. (4점)

〈조건〉

- 실내 체적 : $200m^3$
- 대기 중 미세먼지 농도 : $150\mu g/m^3$
- 실내 미세먼지 발생량 : $2,000\mu g/h$
- 모든 미세먼지는 입경분포가 동일한 PM10으로 가정
- 환기설비는 전외기 방식의 기계환기설비로 "건축물의 설비기준 등에 관한 규칙"에 따른 최소 환기량으로 환기되고 있음
- 침기를 포함한 다른 영향은 무시함

1-1) 답안 작성란

① 리모델링 전 ACH50(회/h)

①-1 환기량(Q) 산정

$Q = 124 \times Q = 124 \times (\Delta p)^{0.5616} = 124 \times 50^{0.5616} = 1,115.74m^3/h$

①-2

$$ACH50 = \frac{Q}{200m^3/회} = \frac{1,115.74}{200} = 5.58(회/h)$$

② 리모델링 후 ACH50(회/h)

②-1

환기량(Q) 산정

$Q = 29 \times (\Delta p)^{0.7106} = 29 \times 50^{0.7106} = 467.40m^3/h$

②-2

$$ACH50 = \frac{467.40}{200} = 2.34(회/h)$$

③ 의미

리모델링 전의 ACH50은 5.58회/h, 리모델링 후의 ACH50은 2.34회/h로 리모델링을 통해 기밀성능이 두 배 이상 증가되었음을 알 수 있다.

1-2) 답안 작성란

① 리모델링 전의 침기량

$Q = 5.58(회/h) \times 0.07 \times 200(m^3/회) = 78.12(m^3/h)$

② 리모델링 후의 침기량

$Q = 2.34(회/h) \times 0.07 \times 200(m^3/회) = 32.76(m^3/h)$

③ 리모델링 전후의 침기량 감소에 따른 난방부하차

$H = 1.01kJ/kg \cdot K \times 1.3kg/m^3 \times 침기\ 변화량 \times \Delta P$

$H = 1.01kJ/kg \cdot K \times 1.3kg/m^3 \times 45.36(m^3/h) \times (22-(-11.3))K$

$= 1,983.27kJ/h = 0.55KW(\therefore 1kW = 3,600kJ/h)$

1-3) 답안 작성란

추적가스법은 압력차법에 비해 다음과 같은 특징을 가지고 있다.

- 건물 부위별 기밀성 평가가 어려움
- 특정 침기 부위를 구분하기 어려움
- 실측 비용이 상대적으로 높음
- 시간에 따른 침기량 변화측정이 가능
- 외부 기상조건의 영향을 많이 받음

1-4) 답안 작성란

내오염물질의 농도(P)는 외부 공기 중의 오염물질의 농도를 g, 실내의 오염물질 발생량 K, 실내 환기량을 Q라 하면,

$$P = q + \frac{K}{Q} = 150\mu g/m^3 \times 0.2 + \frac{2000\mu g/h}{100m^3/h} = 30\mu g/m^3 + 20\mu g/m^3 = 50\mu g/m^3$$

여기서, $Q = 200m^3/회 \times 0.5회/h$ (100세대 이상 공동주택의 최소 환기량) $= 100m^3/h$

2. "건축물의 에너지절약설계기준"에서 정하는 단열조치를 하여야 하는 '외벽'과 '창 및 문' 부위의 단열기준 적합여부 판단방법 3가지를 각각 서술하시오. (7점)

2-1) '외벽'부위가 단열기준에 적합한 것으로 판단하는 경우 (4점)

2-2) '창 및 문' 부위가 단열기준에 적합한 것으로 판단하는 경우 (3점)

2-1) 답안 작성란

1) 별표1의 부위별 열관류율에 만족하는 경우
2) 구성재료의 열전도율값으로 열관류율을 계산한 결과가 별표1의 부위별 열관류율 기준을 만족하는 경우
3) 별표3의 지역별 · 부위별 · 단열재 등급별 허용 두께 이상 설치하는 경우

2-2) 답안 작성란

1) KS F2278(창호의 단열성 시험방법)에 의한 국가공인 시험기관의 KOLAS 인정마크가 표시된 시험성적서
2) 별표4에 의한 열관류율값
3) 산업통상자원부고시「효율관리기자재」운용규정에 따른 창 세트의 열관류율 표시값이 별표1의 열관류율 기준을 만족하는 경우

3. 다음의 〈표1〉은 "건축물의 에너지절약설계기준" 중 냉·난방설비의 용량계산을 위한 실내 온·습도 기준 관련 내용이며, 〈표2〉는 건축물 에너지효율등급 인증 평가시 적용하는 건축물 용도프로필 중 일부이다. 〈표1〉과 〈표2〉의 내용 특성을 고려하여, 서로 유사한 용도인 A-a, B-b, C-c로 가장 적합한 것을 〈보기〉 중에서 골라 기호를 쓰시오. (6점)

〈표1〉 냉 · 난방설비의 용량계산을 위한 온 · 습도 기준

용도 \ 구분	난방	냉방	
	건구온도(℃)	건구온도(℃)	상대습도(%)
A	21~23	26~28	50~60
관람집회시설(객석)	20~22	26~28	50~60
B	20~24	26~28	50~60
C	18~21	26~28	50~60
사무소	20~23	26~28	50~60
목욕장	26~29	26~29	50~75
수영장	27~30	27~30	50~70

〈표2〉 건축물 용도프로필

용도 \ 구분	a	b	c	대규모사무실
운전시간				
운전시작시간[hh:mm]	00:00	21:00	08:00	07:00
운전종료시간[hh:mm]	24:00	08:00	20:00	18:00
설정 요구량				
최소도입외기량[$m^3/(m^2 \cdot h)$]	4	3	4	6
급탕요구량[$Wh/(m^2 \cdot d)$]	82	82	30	30
조명시간[h]	12	4	12	9
열발열원				
사람[$Wh/(m^2 \cdot d)$]	108	70	84	55.8
작업보조기기[$Wh/(m^2 \cdot d)$]	24	44	24	126

〈보기〉

㉠ 공동주택-주거공간　　㉤ 판매시설-매장
㉡ 학교-교실　　㉥ 전산센터-전산실
㉢ 병원-병실　　㉦ 도서관-열람실
㉣ 숙박시설-객실

3) 답안 작성란

a = ㉢ : 병원–병실, b = ㉣ : 숙박시설–객실, c = ㉤ : 판매시설 – 매장

4. 〈표1〉은 "건축물의 에너지절약설계기준"에 따른 연면적의 합계가 3,500m^{2}인 철골철근콘크리트 구조의 업무용 건축물에 대한 공조설비 장비일람표이다. 〈표2〉를 참고하여 이 건축물의 에너지성능지표 기계설비부분 5번과 6번 항목의 평점(a×b) 합계를 구하시오. (5점)

〈표1〉 공조설비 장비일람표

장비번호	장비명	외기도입풍량 (CMH)	대수	외기도입 제어방식	폐열회수설비
AH-01	공기조화기	12,000	2	엔탈피제어	적용
AH-02	공기조화기	13,000	1	엔탈피제어	–
AH-03	공기조화기	12,500	1	CO_2 기반 외기도입제어	–
AH-04	공기조화기	9,500	1	–	적용

〈표2〉 에너지성능지표 기계설비부문

항목	기본배점(a)				배점(b)				
	비주거		주거						
	대형	소형	주택 1	주택 2	1점	0.9점	0.8점	0.7점	0.6점
5.이코노마이저시스템 등 외기냉방 시스템의 도입	3	1	–	1	전체외기도입 풍량합이 60% 이상 적용 여부				
6.폐열회수 환기장치 또는 바닥열을 이용한 환기장치, 공조기의 폐열 회수 설비	2	2	2	2	전체외기도입 풍량합의 60% 이상 적용 여부				

4) 답안과정 작성란

1) 5번 항목

① 전체 CMM : (12,000×2)+13,000+12,500+9,500=59,000CMH

② 외기냉방 : (12,000×2)+13,000=37,000CMH

③ 전체외기도입 풍량비율= $\frac{37,000}{59,000} \times 100 = 62.71[\%]$: 조건만족

④ 비주거대형의 기본배점(a) : 3점

배점(b) : 1점

⑤ 평점 : a×b=3×1=3점

2) 6번 항목

① 전체 CMH : 59,000CMH

② 폐열회수설비 : (12,000×2)+9,500=33,500

③ 전체 외기도입 풍량비율 = $\frac{33,500}{59,000} \times 100 = 56.78[\%]$: 조건 미충족

④ 기본배점(a) : 2점

배점(b) : 0점

⑤ 평점 : a×b=2×0=0점

3) 합계

3+0=3점

5. 난방 시 공기조화기 운전과 관련하여 다음 물음에 답하시오. (6점)

5-1) 〈그림1〉의 공기조화기가 〈그림2〉와 같이 혼합·가열·가습 프로세스로 운전 될 때 주어진 조건을 이용하여 다음 〈표〉의 항목에 대한 습공기선도에서의 상태변화를 〈보기〉와 같이 표기하시오. (2점)

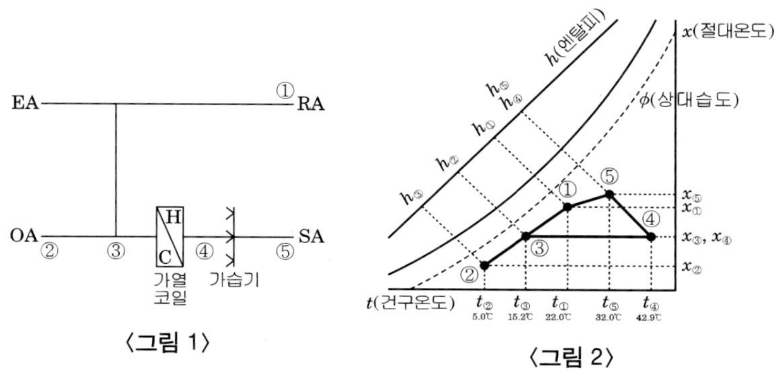

〈그림 1〉 〈그림 2〉

〈보기〉

항목	상태변화
외기부하(Δh)	$h_{③} - h_{②}$

〈표〉

No.	항목	상태변화
(1)	실내 난방열량(Δh)	
(2)	공기조화기 가열코일열량(Δh)	
(3)	실내 가습수증기량(Δx)	
(4)	실내 추출 온도차(Δt)	

5-2) 〈그림1〉의 공기조화기에 폐열회수장치(현열 열교환기)를 〈그림3〉과 같이 공기조화기 EA와 OA 사이에 설치하였을 경우, 설계조건과 〈그림4〉의 습공기 선도를 이용하여 혼합공기 ③의 건구온도(℃)를 계산하시오.(주어진 조건 외의 사항은 고려하지 않음) (4점)

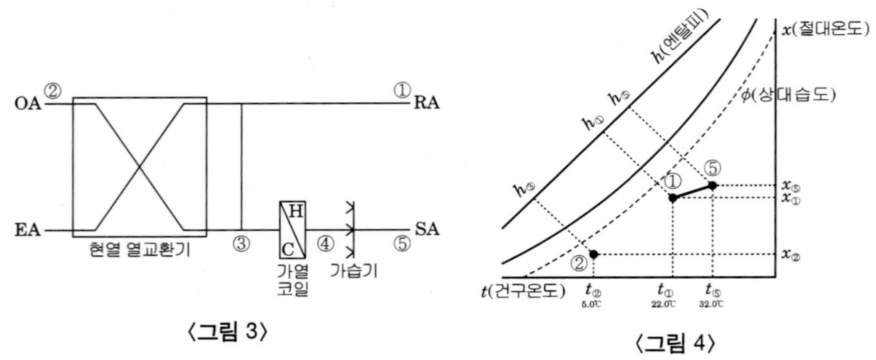

〈그림 3〉

〈그림 4〉

〈설계조건〉
• 외기도입비율 40%
• 현열교환효율 난방시 60%
• 전체 도입 외기는 현열 열교환기를 통과함
• 외기풍량과 배기풍량은 동일함

5-1) 답안 작성란

(1) h5−h1

(2) h4−h3

(3) x5−x4

(4) t5−t1

5-2) 답안 작성란

현열교환 · 효율 $\eta = \frac{t'_2 - t_2}{t_1 - t_2}$ 에서

t'2=t2+(t1−t2)×3=5+(22−5)×0.6=15.2℃

∴ t3=15.2×0.4+22×0.6=19.28℃

6. 다음은 업무용 건축물의 공조방식에 대한 특징을 설명한 것이다. 6-1)~3) 각 항목별로 밑줄 친 부분 중 틀린 내용을 모두 고르고, 바르게 수정하시오. (6점)

6-1) 복사냉방과 공기조화기를 병용할 경우 ㉠평균복사온도가 낮아져 동일한 온열쾌적 조건에서 ㉡냉방 설정온도를 낮출 수 있고 복사냉방이 ㉢잠열부하를 담당하여, 공기조화기만을 적용하는 경우에 비해 ㉣공조풍량을 줄일 수 있어 ㉤팬동력 절감이 가능하다. (2점)

6-2) 프리 액세스 플로어(free access flor)가 적용된 건축물에 바닥취출공조(UFAC) 방식을 적용할 경우, 바닥급기유닛(FTU)의 ㉥개별제어가 가능하다. 그러나 천장취출 공보장식과 동일한 천장고를 유지하고자 할 때 ㉦프리 액세스 플로어의 높이가 증가하고 ㉧층고가 높아진다. (2점)

6-3) 이중덕트 방식은 ㉨전공기방식으로서 ㉩존별 부하변동에 대응이 가능하고 ㉪에너지 절약 측면에서 유리하다. (2점)

6-1) 답안 작성란 ㉡ 냉방 설정온도를 높일 수 ㉢ 현열부하
6-2) 답안 작성란 ◎ 층고가 낮아진다.
6-3) 답안 작성란 ㉪ 에너지 절약 측면에서 불리

7. "건축물의 에너지절약설계기준"에서 규정된 다음 내용과 관련하여 빈 칸에 들어갈 용어로 〈보기〉에서 가장 적합한 기호를 골라 쓰시오. (각 1점, 총 3점)

〈보기〉

㉠ 열교환 장치	㉤ on-off제어
㉡ 가변속제어방식	㉥ 바이패스(by-pass) 설비
㉢ 대수분할	㉦ 백업(back-up) 설비
㉣ 가변익제어	㉧ 분산제어

7-1) (　　)운전이라 함은 기기를 여러 대 설치하여 부하상태에 따라 최적 운전 상태를 유지할 수 있도록 기기를 조합하여 운전하는 방식을 말한다.

7-2) 급수용 펌프 또는 급수가압 펌프의 전동기에는 (　　) 등 에너지 절약적 제어 방식을 채택한다.

7-3) 폐열회수를 위한 열회수설비를 설치할 때에는 중간기에 대비한 (　　)를 설치한다.

7-1) 답안 작성란
㉢ : 대수분할

7-2) 답안 작성란
㉡ : 가변속제어방식

7-3) 답안 작성란
㉥ : 바이패스설비

8. 아래 〈그림〉과 같이 등압법으로 설계된 정풍량 환기덕트 시스템과 관련하여 다음 물음에 답하시오. (단, 취출구 1개당 설계풍량은 1,500CMH이며, 단위길이당 마찰손실은 2 Pa/m, 국부저항은 직관부의 50%로 가정하며, 그 외 제시하지 않은 사항은 고려하지 않음) (4점)

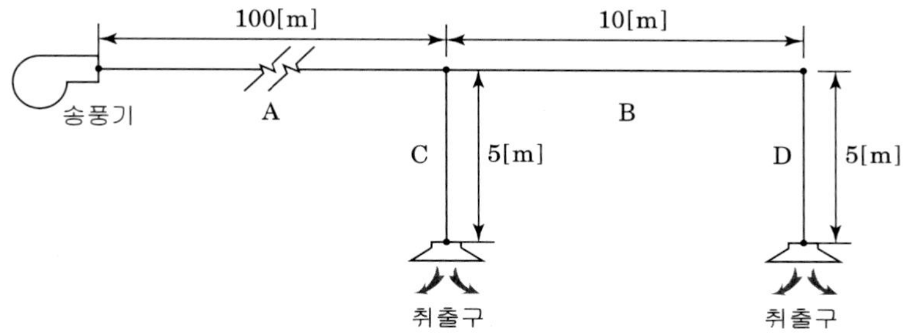

8-1) 송풍기의 효율이 70%일 때 축동력(kW)을 구하시오. (2점)

8-2) 8-1)과 같이 송풍기를 설계하면 덕트구간 A-C와 A-B-D의 마찰 저항 차이로 인해 두 개 취출구의 취출 풍량이 설계 풍량과 달라지게 된다. 이러한 현상을 방지하기 위한 덕트구간 C의 밸런싱 방법 2가지를 서술하시오. (2점)

8-1) 답안 작성란

$$L_s = \frac{Q \cdot P_T}{\eta} = \frac{2 \times 1,500 \times 345}{3,600 \times 10^3 \times 0.7} = 0.41[\mathrm{kW}]$$

$$P_T = (100+10+5) \times 1.5 \times 2 = 345[\mathrm{P_a}]$$

8-2) 답안 작성란

① Damper 조절
② 취출구 조정

9. 아래 〈그림〉과 같이 냉각수 배관, 냉수 배관 및 급수 배관이 설치되어 있는 건축물에서 〈표〉의 각 펌프의 양정을 계산하기 위해 필요한 요소의 기호를 〈보기〉 중에서 골라 모두 쓰시오.(단, 냉각탑과 각 수조의 수위는 그림과 같이 일정하며, 보기 외에 제시하지 않은 사항은 고려하지 않음) (6점)

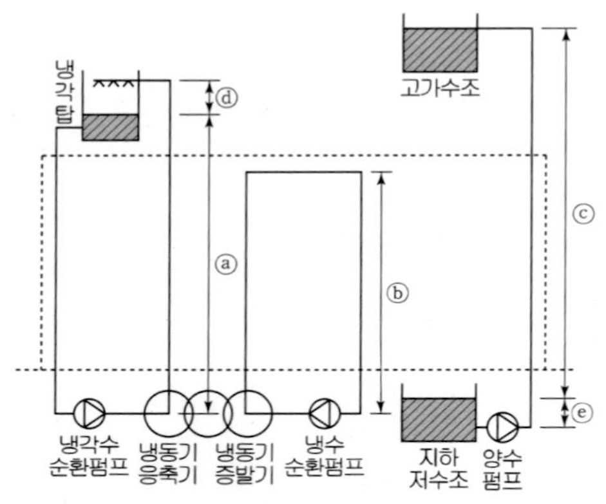

ⓐ 냉각수 배관 건축물 실양정	ⓓ 냉각탑 실양정
ⓑ 냉수 배관 건축물 실양정	ⓔ 급수용 지하 저수조 실양정
ⓒ 급수 배관 건축물 실양정	

〈그림〉

〈보기〉

㉠ 냉각수 배관 건축물 실양정	㉥ 냉각수 배관 직관 및 곡관 마찰손실
㉡ 냉수 배관 건축물 실양정	㉦ 냉수 배관 직관 및 곡관 마찰손실
㉢ 급수 배관 건축물 실양정	㉧ 급수 배관 직관 및 곡관 마찰손실
㉣ 냉각탑 실양정	㉨ 냉동기 응축기 마찰손실
㉤ 급수용 지하 저수조 실양정	㉩ 냉각탑 노즐 소요압력
㉪ 냉동기 증발기 마찰손실	

〈표〉 펌프 양정

구분	필요요소
냉각수 순환펌프 양정	
냉수 순환펌프 양정	
급수 양수펌프 양정	

9) 답안 작성란

냉각수 → ㉣ ㉥ ㉨ ㉩
냉수 → ㉦ ㉪
급수 → ㉢ ㉧

10. 제로에너지건축물 인증을 받기 위해서는 건축물 에너지효율등급 성능수준, 신에너지 및 재생에너지를 활용한 에너지자립도 외에 건축물에너지관리시스템 또는 전자식 원격검침계량기 설치 여부 확인이 필요하다. "건축물의 에너지절약 설계기준"에서 정하는 건물에너지관리시스템(BEMS) 설치 기준 항목 중 '데이터 수집 및 표지', '정보감시', '데이터 조회', '실내외 환경 정보 제공' 외에 에너지 및 설비 관련 5개 항목을 쓰시오. (5점)

10) 답안 작성란

1) 에너지소비현황분석
2) 설비의 성능 및 효율 분석
3) 에너지 소비 예측
4) 에너지 비용 조회 및 분석
5) 제어시스템 연동

11. 건축물을 리모델링하여 에너지 성능을 개선하고자 한다. 주어진 도면 및 계산 조건을 고려하여 다음 물음에 답하시오. (37점)

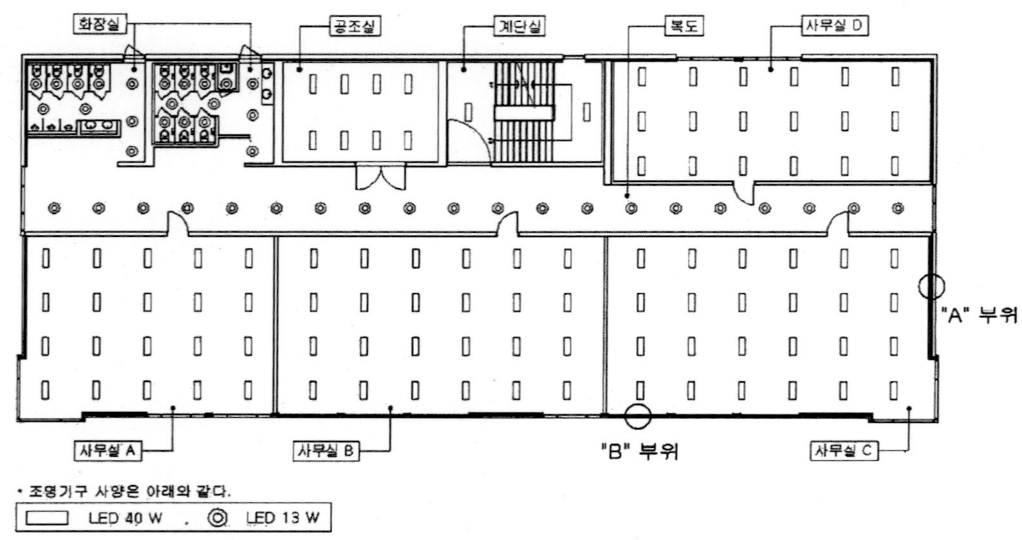

〈그림 1〉 기준층 평면도

11-1) "A" 부위 벽체의 단열계획 과정에서 아래 〈그림 2〉와 같이 두 가지 단열재 설치 계획안이 검토되었다. 〈표 1〉의 조건에서 [1안]의 벽체부위에 대해 2차원 전열해석을 실시한 결과 총 열류량이 33 W/m로 나타났을 때, 열교 부위의 선형 열관류율(W/m · K)을 구하시오. (단, 중간 치수 체계(중심선) 기준을 따르며, 주어진 범위와 조건 외에는 고려하지 않는다) (5점)

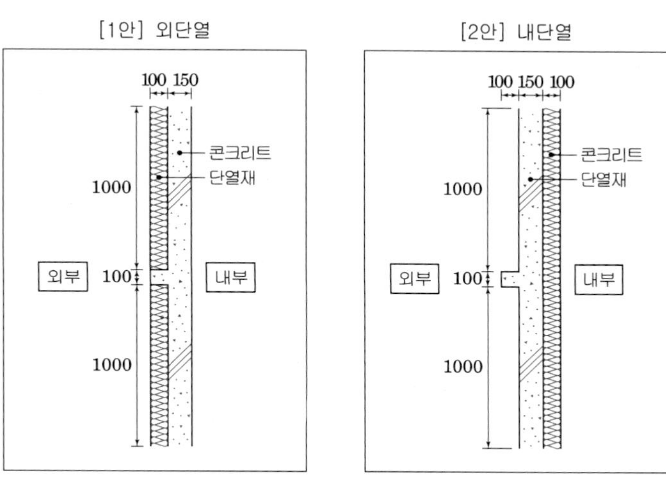

〈그림 2〉 단열재 설치 계획(안)

〈표1〉 전열해석 조건

구분	단위	조건
실내외 온도차 (Ti-To)	K	30
콘크리트의 열전도율	W/m · K	1.500
단열재의 열전도율	W/m · K	0.020
외표면열전달저항	m^2 · K/W	0.050
내표면열전달저항	m^2 · K/W	0.100

11-2) 11-1)에서 제시된 단열재 설치계획과 관련하여 ① [1안]을 [2안]으로 변경하였을 때 예상되는 벽체 총 열류량 변화(증가 또는 감소)를 설명하고, ② 각 설치 대안별로 고려해야 할 동절기 결로발생 유형과 해소방안을 비교하여 서술하시오. (3점)

11-3) 〈그림 3〉 및 〈표 2〉는 리모델링 전 "B" 부위에 설치되어 있던 창의 정보를 나타낸다. 기존 창을 단열성능이 크게 향상된 로이복층창으로 교체하고자 할 때 ① 로이유리의 방사율, ② 중공층 기체의 밀도 및 ③ 간봉의 사양을 어떻게 선정하는 것이 창의 단열성능 향상에 유리한지에 대해 열전달 유형(전도, 대류, 복사)과 연계하여 설명하시오. (6점)

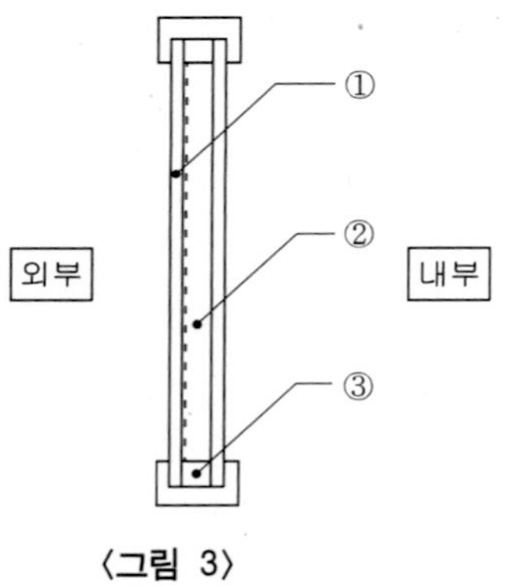

〈그림 3〉

〈표 2〉

구분	사양
① 로이유리	방사율 0.12
② 기체(중공층)	밀도 1.23 kg/m^3
③ 간봉	알루미늄 간봉

11-4) 〈표 3〉의 장비일람표 내용을 바탕으로 건축물 에너지효율등급 평가프로그램의 냉방기기 입력항목인 〈그림 4〉의 ㉠, ㉡에 들어갈 내용을 쓰시오. (3점)

〈표 3〉 장비일람표

흡수식 냉온수기							
장비번호	수량	용도	냉방용량	난방용량	냉방 시 가스 소비량		비 고
			kW	kW	연료	소비량 Nm^3/h	
CH-01	1	냉난방용	176	155	LNG	12	LNG 고위발열량 : 43.1 MJ/Nm^3

냉방기기

[일반데이터]

냉동기 방식: (없음) ▾ — (없음) / 압축식 / 흡수식 / 지역냉방 / 압축식(LNG)

냉동기 총 용량[kW]: ㉠

정격냉열성능지수; 열성능비(COP): ㉡

〈그림 4〉

11-5) "건축물 에너지효율등급 인증 및 제로에너지건축물 인증 기준" [별표1]에서 제시하고 있는 건축물 에너지효율등급 인증기준에 따라 이 건축물의 ① 연간 단위면적당 급탕 에너지요구량을 산출하고, 계산 조건에 주어진 급탕기기 종류별로 예상되는 ② 연간 단위면적당 급탕 에너지소요량과 ③ 연간 단위면적당 급탕 1차에너지소요량 크기를 비교하여 부등호(〈, 〉)로 표시하시오. (4점)

〈표 4〉 용도프로필

구분	단위	용도별 적용 값			
		대규모 사무실	화장실	부속공간	설비실
급탕 요구량	[Wh/(m^2 · d)]	30	0	0	0

〈계산조건〉

- 모든 실의 연간 사용일수는 250일로 함
- 용도별 가중치는 고려하지 않음
- 기타 손실은 고려하지 않음
- 급탕 관련 펌프는 고려하지 않음

급탕기기	전기온수기	가스온수보일러
효율	95%	87%

① 연간 단위면적당 급탕 에너지요구량
: (　　) (kWh/m^2 · 년)

② 급탕기기 종류별 연간 단위면적당 급탕 에너지소요량 크기 비교
: 전기온수기 (　　) 가스온수보일러

③ 급탕기기 종류별 연간 단위면적당 급탕 1차에너지소요량 크기 비교
: 전기온수기 (　　) 가스온수보일러

11-6) 〈그림 1〉과 〈표 5〉를 참고하여 건축물 조명기기 리모델링 후 기준층의 연간 조명전력 절감량(kWh/년)을 구하시오. (5점)

〈표5〉 리모델링 전 · 후 기준층 조명부하 현황

실구분	조명기기		연간사용시간 (h/년)
	리모델링 전	리모델링 후	
사무실A	FL28W×2	평판형 LED 40W	3,000
사무실B			
사무실C			
사무실D			
공조실			
계단	전구식형광등 20W	LED 다운라이트 13W	
화장실			

11-7) 건축물 리모델링 전 냉온수 순환펌프 전동기의 용량이 11 kW, 3상 380 V, 역률 80%이다. 이 전동기의 역률을 95%로 개선시키기 위해 필요한 콘덴서 용량(kVA)을 구하고, 역률개선에 따른 기대효과 2가지를 서술하시오. (5점)

11-8) 태양전지모듈을 설치하여 조명에 소요되는 전력량의 100%를 공급하고자 한다. 다음 계산 조건과 〈표 6〉에 따라 ① 일일 조명에 사용된 전력량(kWh/일), ② 태양전지모듈의 개수(개) 및 ③ 설치면적(m^2)을 구하시오. (각 2점, 총 6점)

〈계산조건〉

- 조명 면적 : 2,000m^2
- 조명 밀도 : 10W/m^2
- 조명 시간 : 12h/일
- 태양전지모듈 정격최대출력 : 300Wp/개
- 정격최대출력 시간 : 4h/일
- 태양전지모듈 면적 : 2m^2/개

〈표 6〉 시간별 조명전력 및 태양전지모듈의 정격최대출력

시간	08~09	09~10	10~11	11~12	12~13	13~14	14~15	15~16	16~17	17~18	18~19	19~20
조명 (kW)	20	20	20	20	20	20	20	20	20	20	20	20
PV (kW)	0	0	60	60	60	60	0	0	0	0	0	0

11-1) 답안 작성란

① 일반부위의 열관류율(U)

$$U = \frac{1}{0.100 + \frac{0.1}{0.020} + \frac{0.15}{1.5} + 0.05} = 0.19W/m^2 \cdot K$$

② 선형열관류율(ϕ)

$$\phi = \frac{33W/m}{30K} - (0.19W/m^2 \cdot K) \times 2m = 0.72W/m \cdot K$$

11-2) 답안 작성란

① 총열류량은 열교부위가 없어져 감소

② [1]안의 경우, 열교부위를 통한 열손실로 인해 내부 벽체표면에 표면결로가 예상됨
해소방안은 내부표면온도를 실내공기의 노점온도 이상으로 만들 수 있는 결로방지용 단열재 설치가 요구됨.
[2]안의 경우, 단열재와 콘크리트 구조체에 내부결로가 발생할 수 있음.
해소방안은 단열재의 고온측에 방습층을 설치함으로써 구조체의 온도구배가 노점온도구배보다 높아지도록 함.

11-3) 답안 작성란

① 로이유리의 방사율이 낮을수록 공기층을 통한 복사열 전달을 줄일 수 있음

② 중공층 기체의 밀도는 공기보다 높은 아르곤 또는 크립톤을 사용하여 대류 열전달을 줄일 수 있음

③ 간봉은 열전도율이 낮은 단열감봉을 사용하여 전도에 의한 열전달을 줄일 수 있음

11-4) 답안 작성란

㉠ 냉동기 총 용량[kW] : 176

㉡ 정격냉열성능지수 : 열성능비(COP) :
(176kW × 3600 ÷ 1000) ÷ ($12Nm^3/h$ × $43.1MJ/Nm^3$) = 633.6 ÷ 517.2 = 1.23

• 정답 : ㉠ : 176, ㉡ : 1.23

11-5) 답안 작성란

① 연간 단위면적당 급탕 에너지요구량 : $30Wh/m^2d \times 250d/yr \div 1000 = 7.5kWh/m^2yr$

② 전기온수기 급탕 에너지 소요량 : $7.5 \div 0.95 = 7.89kWh/m^2yr$

가스온수보일러 급탕 에너지 소요량 : $7.5 \div 0.87 = 8.62kWh/m^2yr$

∴ 전기온수기 (<) 가스온수보일러

③ 전기온수기 급탕 1차에너지 소요량 : $7.89 \times 2.75 = 21.70kWh/m^2yr$

가스온수보일러 급탕 에너지 소요량 : $8.62 \times 1.1 = 9.48kWh/m^2yr$

∴ 전기온수기 (>) 가스온수보일러

- 정답 : ① : 7.5
  ② : <
  ③ : >

11-6) 답안 작성란

* $(56[W] \times 96[개] + 20[W] \times 41[개]) \times 3000[h/년] \times 10^{-3} = 18588[kWh/년]$
* $(40[W] \times 96[개] + 13[W] \times 41[개]) \times 3000[h/년] \times 10^{-3} = 13119[kWh/년]$

$\therefore \Delta W = 18588 - 13119 = 5469[kWh/년]$

11-7) 답안 작성란

① 콘덴서 용량

$$Q = P(\tan\theta_1 - \tan\theta_2) = 11 \times \left(\frac{0.6}{0.8} - \frac{\sqrt{1-0.95^2}}{0.95}\right) = 4.63[kVA]$$

② 역률개선시 효과

- 전력손실 감소
- 전압강하 경감
- 설비용량 여유 증가
- 전기요금 절감

11-8) 답안 작성란

① 일일 조명에 사용된 전력량[kWh/일]

$W_{day} = 2000[m^2] \times 10[W/m^2] \times 12[h/일] \times 10^{-3} = 240[kWh/일]$

② 태양전지 모듈의 개수

$$개수 = \frac{240000[Wh/일]}{300 \times 4[Wh/개]} = 200[개]$$

③ 설치면적

$200개 \times 2[m^2] = 400[m^2]$

맺는 말

나의 '좌충우돌 건축물에너지평가사 도전하기'는 아래와 같이 요약될 수 있을 것 같다.

친구 따라 강남 가듯 '얼떨결에' 원서를 접수했다. 초반에는 가볍게 시작했는데, 시간이 흐르면서 어마어마한 분량과 학습의 깊이에 '어려운 시험'임을 깨닫게 됐다. 나의 수험과정은 한마디로 '정리노트 과정'이었다. 난관이 있었지만 여러 '동력' 덕분에 극복할 수 있었다. 시험장에서는 '매니지먼트'를 잘해서 가까스로 답안지를 제출할 수 있었고, '합격'이라는 행운까지 얻었다. 시작은 '무모한 도전'이었는데, 결과적으로 '가치있는 도전'이 되었다.

건축물에너지평가사 자격시험을 준비하는 과정 자체가 정말 유익한 경험이었다. 패시브하우스·열관류율·결로·환기 등 어설프게 알았던 것을 확실히 배울 수 있는 기회였다. 공조기의 취출온도·송풍량·코일용량을 계산할 수 있게 되어 기계설비설계사와 협의하면서 거드름도 피울 수 있게 됐다.

건축물에너지평가사 자격시험을 통해 얻은 것이 여럿 있다. 내 이름이 적힌 자격증이 하나 생겼고, 명함에 타이틀이 하나 늘었다. '합격'이라는 성취감을 느낄 수 있었고, 가족에게 기분 좋은 소식을 알려 주게 되어 기뻤다. 아빠의 공부하는 모습이 딸아이에게 좋은 영향을 미친 것 같다. 내 무릎에 앉혀서 공부하기도 했는데, 자기도 아빠 따라 한다고 공부하는 시늉을 했다.

그리고, 좋은 사람들을 한꺼번에 알게 되었다. 합격자모임에서부터 협회까지 새로 알게 된 여러 건축물에너지평가사님들이 있다. 다양한 직종의 우수한 인재들을 나의 소셜 네트워크에 한꺼번에 등록할 수 있는 기회가 생겼다.

합격자에서 전문가로 거듭나야 한다

어려운 시험에 합격했다고 주변에서 실력자라고 말해 주기는 하지만, 지금 당장 이 분야의 전문가라고 얘기하기에는 민망하다. 시험은 시험인지라, 다시 책을 보니 많은 부분이 새롭다.

책을 쓰는 과정에 기출문제를 분석하면서 좋은 문제가 많았다는 것을 새삼 느꼈다. 기억이 가물가물하고 생소한 부분도 많아서 복습을 제대로 해야겠다는 다짐도 했다. 2권인 '합격노트'를 출퇴근길에 들고 다니면서 열심히 공부해야 할 것 같다.

건축물에너지평가사는 건축·기계·전기·신재생 부문의 종합적인 지식을 갖춘 전문인력이다. 단순히 도면이나 시공상태를 근거로 시뮬레이션을 하는 에너지효율등급의 평가뿐 아니라, 에너지관리상태를 점검하고, 건축물의 전반적인 에너지절감방안을 제안할 수 있는, 기존 기술자와는 차별화된 전문가로서의 역할을 할 것이라 기대한다. 그러기 위해서는 제도의 정착도 중요하지만, 전문가로서의 역량을 발휘할 수 있도록 실력을 쌓아야 하고, 능동적으로 활동영역을 넓혀야 할 것이다.

현재, 절반은 전문가라고 할 수 있을 것 같다. 어려운 시험에 합격했으니까. 나머지 절반을 채워서 완전한 전문가로 거듭나야 한다.

지구온난화에 따른 기후변화 문제는 우리에게 위중한 사안이다. 에너지절감 이슈는 지역과 세대를 불문하고 공유할 수밖에 없는 공통 아젠다이다. 현재는 미미하지만, 미래에는 창대할 전문가다.

자격시험을 준비하는 미래의 건축물에너지평가사는, 가족을 보살펴야 하는 가장, 새로운 진로를 모색하는 청년과 가정주부, 정년을 앞두거나 노후를 대비하는 인생 선배님 등 다양하고, 사연 또한 남다를 것이다. 학생시절처럼 공부를 한다고 하여 특별대우를 받을 수 없다. 슬기롭게 극복해야 한다. 비슷한 처지였던 나의 경험담이 용기를 북돋을 수 있기를 바란다.

나는 원래 이 분야의 문외한이었는데, 어찌하다 보니 여기까지 오게 됐다. 숙명인지 운명인지 잘 모르겠다. 제도가 시작되는 초기인 만큼 잘 정착되면 좋겠다. 훌륭한 건축물에너지평가사가 많이 배출되어 제도의 취지에 맞는 역할을 하고, 사회적으로도 좋은 인식이 뿌리내리기를 기대한다.

아무쪼록 이 작은 책이 미래의 건축물에너지평가사에게 행운의 부적이 되길 희망한다.